Gerhard Kowol

Projektive Geometrie und Cayley–Klein Geometrien der Ebene

Birkhäuser
Basel · Boston · Berlin

Autor:
Gerhard Kowol
Institut für Mathematik
Universität Wien
Nordbergstraße 15
1090 Wien
Österreich
e-mail: gerhard.kowol@univie.ac.at

2000 Mathematical Subject Classification 51-01, 51N05, 51N15, 51M10

Bibliografische Information der Deutschen Bibliothek
Die Deutsche Bibliothek verzeichnet diese Publikation in der Deutschen Nationalbibliografie;
detaillierte bibliografische Daten sind im Internet über <http://dnb.ddb.de> abrufbar.

ISBN 978-3-7643-9901-6 Birkhäuser Verlag, Basel – Boston – Berlin

© 2009 Birkhäuser Verlag AG
Basel · Boston · Berlin
Postfach 133, CH-4010 Basel, Schweiz
Ein Unternehmen von Springer Science+Business Media
Gedruckt auf säurefreiem Papier, hergestellt aus chlorfrei gebleichtem Zellstoff. TCF ∞
Printed in Germany

ISBN 978-3-7643-9901-6   e-ISBN 978-3-7643-9902-3

9 8 7 6 5 4 3 2 1   www.birkhauser.ch

Vorwort

Wie kaum eine andere Wissenschaft unterliegt die Mathematik der Gefahr, als bloßes Wissen vermittelt bzw. aufgenommen zu werden. Man braucht nur einige Fachbücher durchzublättern, um zu sehen, dass Mathematik meist normiert dargestellt wird, dass nur selten – und wenn, dann in Büchern über angewandte Mathematik – Bezüge zu anderen Wissenschaften aufgezeigt werden. Von einer Einordnung des gebotenen Stoffes in die gesamtmenschliche Erfahrung ist fast nie etwas zu bemerken.

Das ist umso erstaunlicher, als die Mathematik für viele Jahrhunderte als die Wissenschaft par excellence galt, der eine weit über das rein fachliche hinausgehende Bedeutung zukam. Bereits in ihren Ursprüngen bei den Pythagoräern kommt das unübersehbar zum Ausdruck. Pythagoras entdeckte am Monochord die wunderbar einfachen Zahlengesetzmäßigkeiten, die den Intervallen zugrundeliegen, er untersuchte das Auftreten und Wirken der Zahlen in der Natur und erkannte, dass die Zahlen alles beherrschen. Aristoteles fasst in seiner „Metaphysik" die Ansichten der Pythagoräer wie folgt zusammen ([Arist2], I.5 986 a 1ff.): Sie fanden „alles (...) seiner Natur nach als den Zahlen nachgebildet, die Zahlen aber das erste in der gesamten Natur". Und „so nahmen sie an, die Elemente der Zahlen seien Elemente aller Dinge und der ganze Himmel sei Harmonie und Zahl". In diese allumfassende Anschauung ist also die erste in sich geschlossene mathematische Theorie, die pythagoräische Lehre von den geraden und ungeraden Zahlen, eingebettet.

Auch für Platon ist die Bedeutung der Mathematik nicht auf ihre theoretischen Inhalte beschränkt. Ihm zufolge sind Arithmetik und Geometrie – im weiteren auch Musik und Astronomie – die herausragendsten, weil am besten geeigneten Wissenschaften, um die Seele des Menschen vom Bann der sinnenfälligen Anschauung zu befreien und sie zum Reiche der ewigen Ideen zu lenken. „Kein der Geometrie Unkundiger möge durch dieses Tor treten" soll am Eingangstor seiner Akademie zu Athen geschrieben gewesen sein, was eindrücklich den Stellenwert beschreibt, den er diesem Bereich der Mathematik zuwies.

In seinem Werk „Politeia" fordert Platon, dass die Führer seines Idealstaates in den vier genannten Gebieten, den vier Mathemata, kundig sein müssten, um das Volk gerecht und gemäß der ewigen Ideen lenken zu können. Dieser vierfältige Weg, später Quadrivium genannt, ergänzt um das Trivium (Grammatik, Logik bzw. Dialektik und Rhetorik) gehörte in der Folgezeit zur fixen Ausbildung des freien Bürgers der griechischen und römischen Antike. Und dieses Bildungsgut blieb unter dem Titel artes liberales, die sieben freien Künste, bis in die beginnende Neuzeit ein unabdingbarer Bestandteil jeglichen wissenschaftlichen Studiums.

Die Verflechtungen der Mathematik mit Musik und vor allem der Astronomie wurden über die Jahrtausende immer enger, ja letztere Wissenschaft lässt sich heute ohne Verwendung mathematischer Hilfsmittel kaum noch betreiben. Dasselbe gilt für die Physik. Und auch in die anderen Naturwissenschaften, ja selbst in viele Geisteswissenschaften drang und dringt die Mathematik immer vehementer ein.

In früheren Zeiten waren aber noch ganz andere Seiten der Mathematik als deren Anwendbarkeit von Wichtigkeit. Beispielsweise galt sie für Nikolaus Cusanus als einzig wahre und über jeden Zweifel erhabene Wissenschaft, weshalb er sie zur Erklärung schwer einsichtig zu machender theologischer Wahrheiten heranzog; etwa für die Idee der Trinität.

Für viele Philosophen wiederum, etwa Kant, Hegel, Schelling, nahm die Mathematik die erste Rolle unter den Wissenschaften – gleich hinter der Philosophie – ein. Dabei beschäftigte sie oft die Frage, wie mathematische Erkenntnis überhaupt möglich ist, da die Theoreme ja rein gedanklich, also ohne jeglichen Rückgriff auf die Sinneswelt gewonnen werden. Kant nahm sie sogar als Paradigma für seine Erkenntnistheorie. So sind die Beispiele für die synthetischen Urteile a priori, die ihm zufolge das Zustandekommen der Erkenntnis erklären, fast ausschließlich mathematischer Natur.

Wie manch anderer Philosoph vor und nach ihm versuchte Kant auch, den Begriff des Raumes zu klären. Seine Ansicht, dass der Raum nur euklidisch denkmöglich sei, war es, die einen der bedeutendsten Mathematiker aller Zeiten, Carl Friedrich Gauß, davor zurückschrecken ließ, seine Entdeckung einer Geometrie, in der das Parallelenaxiom verletzt war, zu veröffentlichen. Er „fürchtete das Geschrei der Böotier" ([Gauß2], S. 200). Handgreiflicher lässt sich die früher vorhandene Verflechtung von Mathematik und Philosophie kaum demonstrieren.

Heutzutage lässt sich der Mathematiker nicht mehr von Philosophen oder Theologen beeinflussen. Er richtet den Blick einzig auf seine Wissenschaft, meist ohne sich oder anderen Rechenschaft über seine Tätigkeit zu geben. Ja, er ist oft stolz darauf, dass er sich keinerlei Gedanken über das Wesen der mathematischen Objekte macht. Dieser heute vorherrschenden Auffassung ist entgegenzuhalten, dass Fragen der Bedeutung und des Stellenwerts mathematischer Erkenntnisse nicht künstlich aufgeworfen werden, sondern sich ungerufen einstellen und vehement nach einer Antwort verlangen. Und so haben sich auch in jüngerer Zeit einige der bedeutendsten Fachleute diesen Fragen gestellt. Georg Cantor etwa, der Begründer der Mengenlehre, die die Basis der gesamten modernen Mathematik darstellt, wollte seine Theorie der (transfiniten) Kardinal- und Ordinalzahlen unbedingt philosophisch untermauern. Des weiteren vertrat er die Meinung, dass den mathematischen Begriffen eine „transiente" Realität zukommt, d.h. dass sie „Ausdruck oder Abbild von Vorgängen und Beziehungen in der dem Intellekt gegenüberstehenden [physischen oder geistigen] Außenwelt" sind ([Cant], S. 181; siehe auch S. 276). Auch der bekannte Physiker W. Heitler schrieb den mathematischen Tatsachen „eine Realität [zu], deren Heimat weder die materielle Welt noch die Gehirnzellen noch so genialer Forscher ist. Ihre Heimat ist eine Welt der Transzendenz – wie bei allem Geistigen". ([Heit]; zitiert nach [Mesch], S. 131.) Schließlich sei noch I. R. Schafarevitsch zitiert, der das heutige „ziellose" Mathematisieren anprangert: „Die geistige Beschaffenheit der Menschheit gestattet bei längerer Zeitdauer keine Verknüpfung mit einer Tätigkeit, deren Ziel und

Bedeutung nicht angegeben wird"([Scha], S. 34). Ihm zufolge kann die Mathematik sich nur dann fruchtbar weiter entwickeln, wenn ihr von außerhalb ein Sinn gegeben wird, so wie das bei den Pythagoräern der Fall war.

In diesem Buch wird am Beispiel der (projektiven) Geometrie versucht, an die klassische Auffassung der Mathematik anzuschließen und sie nicht als reinen Selbstzweck zu verstehen. So sind immer wieder philosophische Erörterungen eingeflochten oder es werden Fragen behandelt, die zwar durch die Geometrie angeregt sind, deren Beantwortung jedoch über sie hinausgeht. Zugleich wird der in der heutigen Zeit ungewohnte synthetische Zugang zur projektiven Geometrie eingeschlagen, zum einen weil sich dadurch solche Fragen viel eher aufdrängen als beim analytischen Zugang, zum anderen weil dadurch die geometrische Vorstellung besonders angeregt wird. Schließlich wird auch auf das wenig bekannte Auftreten von Ideen der projektiven Geometrie in anderen Wissenschaften, beispielsweise der Botanik, der Mechanik, der Kristallografie, eingegangen.

Durch die gewählte Darstellungsweise und die Beschränkung auf die reelle (bzw. komplexe) projektive Geometrie soll auch die Eigenständigkeit und besondere Qualität dieses Teilgebiets der Mathematik herausgestrichen werden. Ein Punkt, der heutzutage meist völlig untergeht, indem die abstrakte algebraische respektive analytische Beschreibung so schnell wie möglich in den Vordergrund gerückt wird. Dies gilt für die Lehre ebenso wie für die Literatur. In dem epochalen Werk des Autorenkollektivs Nicolas Bourbaki kommt die Geometrie überhaupt nicht vor; und selbst in der umfangreichen „Geschichte der Mathematik 1700–1900" von J. Dieudonné, einem der Gründer von Bourbaki, wird der „elementaren" Geometrie nicht einmal eine Seite gewidmet ([Dieu], S. 92). Für ihn sind allein die algebraischen Aspekte von Bedeutung.

Welcher Studierende hat heute je gehört oder weiß, dass in der reellen ebenen oder räumlichen „anschaulichen" Geometrie, solange Maßverhältnisse keine Rolle spielen, im Gegensatz zu den meisten anderen Teilgebieten der Mathematik Induktionsbeweise nicht vorkommen (man sehe diesbezüglich das Büchlein [Gol] durch); dass Beweise stets konstruktiv sind, es reine Existenzaussagen somit nicht gibt. Erst wenn man die besondere Qualität der reellen Geometrie erlebt hat, zu der natürlich zu allererst die Möglichkeit der Veranschaulichung zählt, ist es meiner Ansicht nach gerechtfertigt, die weiteren faszinierenden Facetten moderner Geometrie kennenzulernen, wie projektive Geometrien über beliebigen Körpern, insbesondere endliche Geometrien, die verschiedenen Arten von Inzidenzgeometrien usw. Erst dann kann man diese vollumfänglich schätzen.

In der Einleitung wird zunächst die sogenannte Hohlwelttheorie vorgestellt, die im weiteren das Studium der Inversionsgeometrie (Kapitel 1) motiviert. Naheliegende Fragen nach der gegenseitigen Abhängigkeit von deren Theoremen führen zum Themenkreis der Axiomatik, der in Kapitel 2 am Beispiel der euklidischen Geometrie genauer behandelt wird. Hier werden auch Hjelmslevs „Natürliche Geometrie" und der unter leicht verändertem Blickwinkel gültige Beweis des Parallelenaxioms nach Lorenzen (und Dingler) sowie der jeweilige erkenntnistheoretische Hintergrund besprochen.

Die Erweiterung der euklidischen zur projektiven Geometrie wurde durch die Einführung der Perspektive in die Malerei im 15. Jahrhundert angeregt. Dies und der axiomatische Aufbau der projektiven Geometrie, der einzig auf dem Grundbegriff der Inzidenz basiert, sind das Thema von Kapitel 3. Dabei wird die zentrale Bedeutung des Dualitätsprinzips herausgearbeitet, dessen konsequente Anwendung dazu führt, dass Geraden und Ebenen als eigenständige Gebilde angesehen werden müssen, deren Begriffsinhalt sich nicht darin erschöpft, eine Menge von Punkten mit gewissen Eigenschaften zu sein, wie das heute durchwegs postuliert wird.

Kapitel 4 enthält die Klassifizierung der Kurven 2. Grades. Die dort vorgestellte eindimensionale Darstellung komplexer Zahlen nach Locher-Ernst scheint kaum bekannt zu sein; sie ermöglicht eine Veranschaulichung der reellen und nicht reellen Punkte von beliebigen Kurven 2. Ordnung. In Anhang 1 zu diesem Kapitel werden die sogenannten Wegkurven und Wegflächen, das sind die Fixgebilde zweidimensionaler Kollineationen, vorgestellt und klassifiziert. Deren Auftreten vor allem in der Botanik wird in Anhang 2 skizziert, wo auch die Anwendungen der projektiven Geometrie in der geometrischen Mechanik und in der geometrischen Kristallografie behandelt werden.

Kapitel 5 beinhaltet die Herleitung der ebenen Cayley–Klein-Geometrien, das sind die euklidische und acht nichteuklidische Geometrien.

In Kapitel 6 schließlich werden die einzelnen nichteuklidischen Geometrien detailliert beschrieben und es wird teilweise auf deren Bedeutung in außermathematischen Gebieten eingegangen. Besonders interessant ist dabei die dualeuklidische Geometrie, beweist doch deren Existenz, dass sich jedes Objekt der Sinneswelt nicht nur atomistisch-punkthaft sondern auch „ebenenhaft" denken lässt. Wie Studien von Edwards und anderen gezeigt haben, scheint dieser Aspekt besonders für das Verständnis der Pflanzenwelt Bedeutung zu haben. Zu Ende dieses Kapitels wird kurz die Koordinatisierung der Cayley–Klein-Ebenen mittels zweidimensionaler reeller Algebren besprochen sowie ein Ausblick auf die 27 räumlichen Cayley–Klein-Geometrien gegeben.

Was die Textgestaltung betrifft, so verweisen hochgestellte Zahlen auf die am Ende des Buches zusammengefassten Anmerkungen.

Die Fertigstellung des Buches war nur durch einen einjährigen Forschungsaufenthalt an der Freien Hochschule für Geisteswissenschaften, Goetheanum, in Dornach, Schweiz, möglich. Für die Bereitstellung eines Arbeitszimmers und wertvolle Gespräche danke ich herzlich dem Leiter der Mathematisch-Astronomischen Sektion, Oliver Conradt. Weiter gebührt herzlicher Dank meinen Kollegen Hanns-Jörg Stoß und Esther Ramharter. Ersterer hat große Teile des Manuskripts gelesen und manch wichtige Anregung gegeben; zweitere hatte für philosophische Fragen stets ein offenes Ohr. Besonders bedanke ich mich auch bei Martina Obermaier und Christine Semler für das Schreiben der Erstfassung in LaTeX sowie bei Miriam Zotter für die professionelle Erstellung der Abbildungen. Schließlich sei Thomas Hempfling vom Birkhäuser Verlag für die problemlose und angenehme Zusammenarbeit herzlich gedankt.

Inhaltsverzeichnis

Kapitel 0

Einleitung

Im Jahre 1869 wurde dem amerikanischen Arzt Cyrus Reed Teed in einer nächtlichen Vision die wahre Kosmographie geoffenbart. Ihr zufolge leben wir nicht auf der Oberfläche einer (angenäherten) Vollkugel, sondern auf der Innenseite einer Hohlkugel, deren feste Schale 100 Meilen misst. Blickt man senkrecht nach oben, so blickt man in Wirklichkeit zu deren Mittelpunkt bzw. zu den Antipoden, die man jedoch nicht sehen kann, da die Atmosphäre zu dicht ist: Häuser, Bäume, Berge etc. sind ebenso zum Mittelpunkt hin orientiert, und auch Sonne, Mond und sämtliche Sterne befinden sich im hohlen Inneren (Abb. 0.1). Alle diese Himmelskörper sind immateriell, blosse Lichtphänomene, nur einer „wahren" Sonne kommt Wirklichkeit zu. Sie befindet sich im Zentrum, hat eine helle und eine dunkle Seite, und rotiert, wodurch sich der Tag-Nacht-Rhythmus erklärt. Sie selbst ist zwar unsichtbar, sie ruft jedoch jene Lichterscheinungen hervor, insbesondere also auch die für uns sichtbare Sonne. Außerhalb der Hohlkugel gibt es gar nichts. (Genaueres kann man in [Sexl] nachlesen.)

Abbildung 0.1 ([Sexl], S. 454)

Teed stellte sein Weltbild schon im folgenden Jahr in einem Büchlein „The Illumination of Koresh: Marvellous Experience of the Great Alchemist in Utica, New York" dar. Später folgte das Buch „The Cellular Cosmogony", in welchem er genauer auf physikalische Aspekte einging. Predigend verbreitete er seine Ansichten und hatte schon bald tausende Anhänger um sich geschart.

Betrachtet man vom rein geometrischen Standpunkt aus diese sogenannte
Hohlwelttheorie, die ja insgesamt gesehen völlig absurd und kurios ist, so bleibt
als Quintessenz, dass das gesamte Weltall sich im Inneren einer Hohlkugel befindet,
die Tiefen des Erdinneren dagegen sich ins frühere Äußere erstrecken. Obwohl auch
dieses Weltbild noch vollkommen abwegig erscheint, lässt es sich durch eine geringe
Modifikation so abändern, dass es physikalisch experimentell unwiderlegbar wird.
Dies beweist der Autor des Buches „Das dreistöckige Weltall der Bibel", Fritz
Braun, der die Hohlwelttheorie als die wahre wissenschaftliche Entsprechung zur
wörtlichen Auslegung des Alten Testaments preist ([Braun]; zitiert nach [Sexl]). Er
führt aus, dass diesem Weltbild nichts anderes zugrunde liegt als die Inversion an
der Kugel, also eine geometrische Transformation, deren Studium bis in das erste
Drittel des 19. Jahrhunderts zurückreicht; aus diesem Grund wird die modifizierte
Hohlwelttheorie heute meist als Inversionsweltbild bezeichnet.[1]

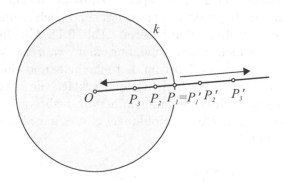

Abbildung 0.2

Das Wesen dieser Transformation sei an der ebenen Version, der *Inversion am
Kreis*, erklärt. Es sei ein Kreis k mit Mittelpunkt O und Radius r fix vorgegeben
(Abb. 0.2). Jedem Punkt P der Ebene, der verschieden von O ist, wird derjenige
Punkt P' auf der Halbgeraden $\langle O, P \rangle_O$ zugeordnet für den

$$|OP| \cdot |OP'| = r^2 \tag{0.1}$$

gilt. Von dieser Transformation wird also jeder Punkt der Ebene, verschieden
von O, erfasst, wobei die Punkte auf der Kreislinie wegen $|OP| = r$ Fixpunkte
sind, während alle anderen sich verändern. Um sich ein genaues Bild zu machen,
genügt es, eine von O ausgehende Halbgerade g herauszugreifen und darauf die
gesetzmässige Bewegung von P und P' zu beschreiben. Durch Drehung in eine
beliebige andere von O ausgehende Halbgerade in der Ebene erhält man dann die
Transformation aller Punkte bei der Inversion am Kreis. Die oben angesprochene *Inversion an der Kugel* ergibt sich durch beliebige räumliche Drehung jener
Halbgeraden um O. Im Rahmen der Hohlwelttheorie ist O der Erdmittelpunkt.

Bewegt sich nun der Punkt P auf g von der Kreislinie k aus beginnend
zum Zentrum O, so nimmt die Länge $|OP|$ stetig von r bis zum Grenzfall 0 ab,

weshalb $|OP'| = \frac{r^2}{|OP|}$ von r an stetig zunimmt und über alle Grenzen wächst. P' bewegt sich also von k weg ins Unendliche. Da die Bedingung (0.1) impliziert, dass zweimalige Anwendung der Inversion die Identität liefert, entspricht umgekehrt einer Bewegung von P von k weg nach außen diejenige von P' von k nach innen.

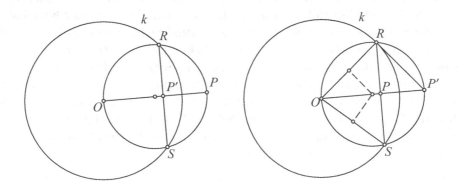

Abbildung 0.3

Konstruktiv lässt sich P' bei gegebenem P leicht finden: liegt P im Äußeren von k, so legt man über der Strecke OP als Durchmesser einen Kreis (Abb. 0.3 links). Dieser schneidet k in zwei Punkten R und S. Deren Fußpunkt auf g ist P'. Der Kathetensatz im rechtwinkeligen Dreieck $\triangle OPR$ besagt nämlich gerade, dass $r^2 = |OR|^2 = |OP'| \cdot |OP|$ gilt. Liegt P im Inneren von k, so geht man einfach umgekehrt vor (Abb. 0.3 rechts); d.h. man errichtet das Lot in P, welches k in R und S schneidet. Der Kreis ORS liefert auf g den Schnittpunkt P'. Ersichtlich sind dabei $\langle R, P' \rangle$ und $\langle S, P' \rangle$ Tangenten an k.

Diese kurze Beschreibung der Inversion wirft bereits einiges Licht auf die Hohlwelttheorie. Läßt man die abstrusen Aussagen über die Himmelskörper beiseite und konzentriert sich allein auf den geometrischen Aspekt, so muss jedenfalls die Angabe, dass der feste Rand der Hohlkugel 100 Meilen mißt, modifiziert werden. Dies ist nämlich experimentell durch entsprechende Bohrungen widerlegbar. Gemäß der geometrischen Inversion an der Erdoberfläche, wobei diese zur Kugel idealisiert wird, muss das gesamte Äußere dem üblichen Erdinneren entsprechen. Das neue Erdinnere reicht also nach allen Seiten unbeschränkt weit. Die früheren unermesslichen Himmelsweiten dagegen haben im zuvor endlichen Erdinneren Platz. Insbesondere übertragen sich daher auch die Entfernungsverhältnisse derart, dass die Entfernung von der Erdoberfläche zum Mittelpunkt der Hohlwelt unendlich ist, während die Entfernung von der Erdoberfläche zum früheren Unendlichen nun bloß rund 6370 km (=Erdradius) beträgt. Man benötigt also gar nicht Teeds Vorstellung einer zu dichten Atmosphäre, um die Unsichtbarkeit der Antipoden zu erklären.

Die simple Übertragung der Längenverhältnisse vom Äußeren auf das Innere und umgekehrt hat zur Folge, dass sich ein Maßstab, der in der Hohlwelt bewegt wird, von unserer euklidischen Betrachtungsweise aus gesehen verändert. Und zwar wächst er, wenn er von der Oberfläche senkrecht in Richtung der festen Schichten gebohrt wird, bzw. wird er kleiner wenn er (senkrecht) zum unerreichbaren Hohlweltzentrum strebt. Als Bewohner der Hohlwelt bemerkt man diese Maßstabsveränderungen natürlich nicht. Kreist also etwa ein Satellit nach unserer Anschauung in 1000 km Höhe um die Erde, so entspricht dies einer Kreisbahn im Inneren der Hohlwelt, die euklidisch gemessen rund 864 km von der Erdoberfläche entfernt ist. (Dieser und die folgenden Werte lassen sich unmittelbar aus Gleichung (0.1) berechnen oder – noch einfacher – mittels Satz 1.1.) Fliegt er in 2000 km Höhe, so ist die entsprechende euklidische Entfernung für die Hohlweltbahn nicht doppelt so groß, sondern nur rund 1522 km. Und der Mond(mittelpunkt), dessen durchschnittliche Distanz zur Erdoberfläche 386000 km beträgt, ist immer noch mehr als 103 km vom Hohlweltzentrum entfernt, kreist also für den euklidischen Betrachter in einer mittleren „Höhe" von 6267 km.

An diesem Beispiel der Hohlwelttheorie zeigt sich schon deutlich der Stellenwert der Geometrie für die Anwendungen. Sie stellt mehrere Interpretationsmöglichkeiten für den durch Beobachtung gewonnenen Datensatz zur Verfügung: hier zum einen die übliche Anschauung, zum anderen eben das durch Inversion an der Erdoberfläche sich ergebende Modell. Das gilt aber nicht nur für diesen konkreten Fall, sondern ganz allgemein, wie die Existenz der dualeuklidischen Geometrie beweist (siehe Kap. 5.2). Ihr zufolge kann jedes Objekt der euklidischen Geometrie auch dualeuklidisch gedeutet werden.

Um zu klären, welcher Interpretation jeweils der Vorzug zu geben ist, muss man daher den Bereich der Geometrie verlassen und auf diejenige Wissenschaft zurückgreifen, aus der die Anwendung stammt. Gerade in der heutigen Zeit, in der der Wissenschaftsbetrieb dem Ausspruch Kants „Ich behaupte, dass in jeder besonderen Naturlehre nur soviel eigentliche Wissenschaft angetroffen werden kann, als darin Mathematik anzutreffen ist" ([Kant2], Vorrede, IX) geradezu verfallen zu sein scheint, kann dieser notwendige Rückgriff, der nicht bloß bei den Anwendungen der Geometrie sondern der Mathematik allgemein gefordert ist, nicht genug betont werden. Mathematik als ein „von aller Erfahrung unabhängiges Produkt des menschlichen Denkens" ([Einst], S. 414) ist eben niemals konstitutiv für die Wirklichkeit.

Aber auch der Rückgriff auf die zuständige Wissenschaft muss nicht zielführend sein, wie das Beispiel der Hohlwelttheorie zeigt, die wie erwähnt, physikalisch experimentell nicht widerlegt werden kann (siehe Anm. 1). In einem solchen Fall müssen umfassendere – wissenschaftstheoretische, philosophische, etc. – Gesichtspunkte herangezogen werden. In unserem Beispiel kann man etwa argumentieren, dass alle anderen Himmelskörper die übliche (angenäherte) Vollkugelgestalt beibehalten müssen. Falls nämlich auch nur einer sich ebenfalls nach außen erstrecken würde und innen hohl wäre, würden sich dieser und die Erde ja gegenseitig durchdringen, was offensichtlich nicht der Fall ist. Somit kann nur für die Erde allein die Hohlwelttheorie gelten.[2]

Wesentlich bekannter – und interessanter – als die Hohlwelttheorie sind die vielfältigen geometrischen Beschreibungsweisen der Planetenbahnen, die im Laufe der Geschichte ersonnen wurden. Hier ist es besonders augenfällig, wie religiöse, philosophische und physikalische Ansichten die geometrische Interpretation des Beobachtungsmaterials beeinflussten, das schon in der Antike hohe Genauigkeit besaß. Platon und Aristoteles postulierten, dass die Planeten, Sonne und Mond sich nur mit gleichförmiger Geschwindigkeit und auf Kreisbahnen bewegen können, mit der Erde als Zentrum. Um sowohl diesen Forderungen als auch den Beobachtungsdaten gerecht zu werden, ersannen die griechischen Astronomen, allen voran Hipparchos und Ptolemaios, unter anderem exzentrische Kreisbewegungen, Epizyklen, und den die Bewegung „gleichförmig machenden" punctum aequans.

Kopernikus andererseits stellte zwei Hypothesen seiner Theorie voran: erstens rotiert die Erde, da dies jeder kugelförmige Körper von Natur aus tut, und zweitens führt die Erde noch eine zusätzliche jährliche Bewegung aus. Der Unterschied zur ptolemäischen Ansicht besteht ansonsten nur darin, dass Erde (zusammen mit dem Mond) und Sonne Platz tauschen; insbesondere ist nun die Sonne das Zentralgestirn. Auch Kopernikus war aber genötigt, Exzenter und Epizykel zu verwenden, da er an der Kreisgestalt der Bahnen festhielt.

Tycho Brahe wiederum führte physikalische Argumente gegen eine Erdrotation ins Treffen, war aber zugleich von den Vorteilen des kopernikanischen Systems überzeugt. Das führte ihn zu der Ansicht, dass die Planeten um die Sonne kreisen, diese aber (und der Mond) um die Erde. Eine vollständige Ausarbeitung dieses Systems hat er jedoch nie gegeben. Erst Kepler konnte sich nach langem Ringen von dem griechischen Ideal lösen, dass die Planeten in Kreisbahnen wandern müssten. Bei ihm durchlaufen bekanntlich die Planeten und die Erde Ellipsenbahnen, in deren einem Brennpunkt die Sonne steht. Epizyklen oder sonstige Modifikationen sind bei ihm nicht mehr nötig.

Ein und dieselbe astronomische Erscheinung führte also zu einer Vielzahl von Interpretationen, wobei betont werden muss, dass geometrisch gesehen alle gleichwertig sind. Die Keplersche Theorie liefert im wesentlichen dieselben Ergebnisse bei der Vorausberechnung der Planetenbewegungen wie die ptolemäische oder die kopernikanische Epizykeltheorie.[3]

Dass die genannten Ansichten geometrisch wirklich gleichwertig sind, sei an zwei Beispielen dargelegt, ohne dabei jedoch auf Details einzugehen ([Dijk], S. 324f.). Wenn in der ptolemäischen Theorie die Sonne auf ihrer Kreisbahn um die Erde nacheinander an zwei Stellen des Fixsternhimmels plaziert ist, so sieht man von der Sonne aus die Erde in den beiden entgegengesetzten Richtungen. Nimmt man mit Kopernikus an, dass die Erde ruht, so besagt dies gerade, dass die Erde von dort aus betrachtet genau denselben Winkel durchläuft wie zuvor die Sonne. Eine Kreisbahn der Sonne um die Erde ist also geometrisch gleichwertig mit einer, natürlich ebenso großen Kreisbahn der Erde um die Sonne als Zentrum.

Um vom System des Ptolemaios auf das des Tycho Brahe zu kommen, muss man ein wenig genauer auf die antike Epizykeltheorie eingehen. Gemäß dieser werden (in erster Näherung) die Planetenbahnen dadurch beschrieben, dass sich der

Planet auf einem Kreis, eben dem Epizykel, bewegt, dessen Mittelpunkt selbst
einen Kreis, den Deferenten, durchläuft mit der ruhenden Erde als Zentrum.
Die Absolutwerte der beiden Kreisradien lassen sich durch Beobachtung nicht
feststellen, sondern nur ihr Verhältnis. Man kann somit je nach Wunsch einen der
beiden Radien frei wählen. Zusätzlich galt der antiken Theorie zufolge, dass für
einen inneren Planeten der Epizykelmittelpunkt auf der Halbgeraden Erde–Sonne
liegt, während für einen äußeren Planeten P der Epizykelradiusstrahl stets parallel zu dieser Halbgeraden ist (Abb. 0.4). Aufgrund der freien Wählbarkeit des
Deferentenradius kann man ihn für einen inneren Planeten gleich dem Abstand

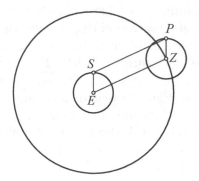

Abbildung 0.4

Erde–Sonne setzen, so dass aufgrund obiger Bedingung die Sonne zum Epizykelmittelpunkt wird, der Planet somit um diese kreist. Für einen äußeren Planeten
P wählt man den Epizykelradius gleich dem Abstand Sonne–Erde ES, wodurch
man zwei kongruente Kreise mit parallelen Radien – zur Sonne bzw. zum Planet –
erhält. Damit bleibt aber auch der Abstand Planet–Sonne stets konstant, nämlich
gleich dem Abstand Erde–Epizykelmittelpunkt EZ. Auch die Bahn eines äußeren Planeten kann demnach als Kreisbahn um die Sonne als Zentrum angesehen
werden. Insgesamt kreisen nun alle Planeten um die Sonne, diese aber um die
Erde.

   Der Vielfalt von astronomischen Systemen gegenüber erhebt sich – wie schon
bei der Hohlwelttheorie – die Frage, welches die *wahre* Bewegung der Planeten wiedergibt. Und diese Frage ist nicht bloß eine akademische, sondern sie hatte zeitweise
weltgeschichtliche Bedeutung. So im Falle von Kopernikus' bahnbrechendem Werk
„De revolutionibus orbium coelestium". Um es den Angriffen seitens der Kirche
zu entziehen wich ihr Andreas Osiander in der Vorrede aus, indem er ausführte,
dass die Aufgabe des Astronomen bloß sei, die Planetenbewegungen berechenbar
zu machen. Ob die dazu notwendigen Hypothesen wahr oder falsch seien, falle
nicht in sein Gebiet (siehe [Dijk], S. 329).

   Kepler andererseits stellte sich ganz entschieden gegen diese Meinung. Für
ihn war schon die Einfachheit seines Systems ein entscheidender Grund für dessen

Wahrheit. Zusätzlich versuchte er erstmals, auch physikalische Begründungen für die Planetenbewegungen zu geben, doch gelang erst Newton eine Lösung dieser Aufgabe. Nicht unerwähnt soll in diesem Zusammenhang bleiben, dass H. Liebmann 1899 gezeigt hat, dass die Gravitationskraft als Ursache für die Bahnformen durch die gesetzmäßige Bedingung ersetzt werden kann, dass sich der Planet immer senkrecht zu seiner Verbindungslinie mit der Sonne bewegt ([Lieb]). Die Keplerschen Gesetze folgen in beiden Fällen.[4]

Heute beantwortet man die Frage nach der wahren Planetenbahn ausweichend: Eine absolute Bahnform gibt es nicht; sie hängt davon ab, welches Bezugssystem man zugrunde legt.

Kapitel 1

Die Inversion am Kreis bzw. an der Kugel

1.1 Grundlegende Eigenschaften

Die im vorigen Kapitel bereits kurz vorgestellte Transformation der Inversion am Kreis bzw. an der Kugel soll nun genauer behandelt werden. Wieder werden wir uns dabei auf den ebenen Fall beschränken, da der räumliche völlig analog verläuft und keinerlei zusätzliche Schwierigkeiten bietet.

Bei gegebenem Kreis k in der euklidischen Ebene ε mit Mittelpunkt O und Radius r war die *Inversion* ι folgendermaßen definiert: Einem Punkt $P \in \varepsilon$, $P \neq O$, wird derjenige Punkt $P' \in \varepsilon$ zugeordnet, $\iota(P) = P'$, der auf der Halbgeraden $\langle O, P \rangle_O$ liegt und durch $|OP'| \cdot |OP| = r^2$ festgelegt ist. Wie erwähnt gilt:

1) $\iota(P) = P$ genau dann, wenn $P \in k$ ist; und

2) ι ist involutorisch, d.h. zweimalige Anwendung von ι liefert die Identität id: $\iota \circ \iota = id$. Insbesondere ist ι eine bijektive Abbildung der Punktmenge $\varepsilon \backslash \{O\}$ auf sich.

Dass der Definitionsbereich von ι nicht ganz ε umfaßt, hat gewisse Nachteile. Beispielsweise zerfällt eine durch O verlaufende Gerade der euklidischen Ebene in zwei Bestandteile, bildet also jetzt keine zusammenhängende Menge mehr. Andererseits legt die *geometrische* Hohlwelttheorie nahe, dass es analog zum gewöhnlichen Erdzentrum einen „Mittelpunkt" des festen Erdkörpers gibt, der ihm entspricht. Wie im vorigen Kapitel herausgearbeitet wurde, ist dieser aber euklidisch gesehen unerreichbar fern, während er für ein Hohlweltwesen nur rund 6370 km (= Erdradius) von der Erdoberfläche entfernt ist.

Man erweitert deshalb die euklidische Ebene um *einen* „unendlich fernen" Punkt U, der als Bild- und Urbildpunkt von O definiert wird:

$$\iota(O) = U, \; \iota(U) = O.$$

ι ist damit auf der sogenannten *konformen* bzw. *inversiven Ebene* $\bar{\varepsilon} = \varepsilon \cup \{U\}$ definiert und dort weiterhin bijektiv und involutorisch.

Den *konformen Raum* erhält man ganz analog aus dem euklidischen, ebenfalls durch Adjunktion eines „unendlich fernen" Punktes.

Durch diese Erweiterung erreicht man, dass die Figuren der euklidischen Geometrie, als Ganzes erhalten bleiben (bzw. mit dem neuen Punkt U versehen werden), die übliche Anschauung also diesbezüglich beibehalten werden kann.

Dass die Bezeichnung „unendlich ferner" Punkt für U berechtigt ist, zeigt der Zusatz zur folgenden allgemeinen Transformationsformel für Distanzen. Sie wurde auch verwendet, um die Zahlenwerte betreffend die geometrische Hohlwelttheorie zu berechnen.

Satz 1.1. *Seien $P, Q \neq O$ Punkte der euklidischen Ebene und P', Q' ihre Bildpunkte bei der Inversion, dann gilt*

$$|P'Q'| = \frac{r^2}{|OP| \cdot |OQ|} |PQ|. \tag{1.1}$$

Beweis. Falls $O \in \langle P, Q \rangle$, so liefert eine simple Rechnung das Ergebnis:

$$|P'Q'| = ||OQ'| \mp |OP'|| = \left| \frac{r^2}{|OQ|} \mp \frac{r^2}{|OP|} \right| = \frac{r^2}{|OP||OQ|} ||OP| \mp |OQ||$$

$$= \frac{r^2}{|OP||OQ|} |PQ|$$

(das $-$-Zeichen gilt, falls $O \notin [P, Q]$; andernfalls das $+$-Zeichen).

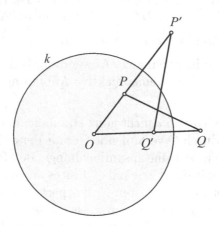

Abbildung 1.1

Es sei nun $O \notin \langle P, Q \rangle$. Aus $|OP||OP'| = r^2 = |OQ||OQ'|$ folgt $|OP| : |OQ| = |OQ'| : |OP'|$. Die Dreiecke $\triangle OPQ$ und $\triangle OQ'P'$ sind somit ähnlich (Abb. 1.1). Insbesondere ergibt sich daraus

$$\frac{|P'Q'|}{|PQ|} = \frac{|OP'|}{|OQ|} = \frac{r^2}{|OP||OQ|}. \qquad \square$$

Zusatz. Strebt P gegen O und somit P' gegen U, so liefert die Formel

$$\lim_{P' \to U} |P'Q'| = \infty. \tag{1.2}$$

Es ist also $U = O'$ von jedem von O verschiedenen Punkt von ε „unendlich weit" entfernt. Aus Stetigkeitsgründen gilt dies auch für O. Zusätzlich setzt man für $P = Q = O$ natürlich $|P'Q'| = 0$.

Bemerkenswerterweise hat man durch Einbeziehen des „Unendlichen" eine Widerlegungsmöglichkeit für die Hohlwelttheorie, die jedoch rein theoretisch ist. Verfolgt man nämlich die Senkrechten in zwei verschiedenen Punkten der Erdoberfläche ins Weltall bis zu den Antipoden, so treffen sie sich gemäß jener Theorie in O (und dies obwohl die Distanzen zweier Punkte auf den Normalen bei Annäherung an O unbeschränkt groß werden). Der üblichen Anschauung zufolge besitzen sie jedoch keinen Schnittpunkt, da jeder Richtung des Raumes ein eindeutig bestimmter Punkt in der unendlich fernen Ebene entspricht (siehe Kap. 3.1).

Wir wollen nun die Inversion ι anschaulich fassbarer machen, indem wir die Bilder einfacher Kurven γ angeben. Genauer gesagt untersuchen wir, welche Kurve $\iota(\gamma)$ durch die Menge der Bildpunkte $\iota(P)$, $P \in \gamma$, gebildet wird.[5] Wir beginnen mit den Geraden:

Satz 1.2. *Die Bildkurve $\iota(g)$ einer Geraden g geht stets durch den Punkt O, g selbst also stets durch U. Sie ist gleich g, falls $O \in g$, andernfalls ein Kreis.*

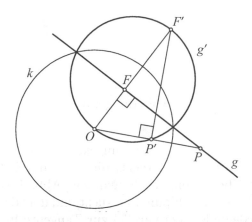

Abbildung 1.2

Beweis. Liegt O auf g, so gilt klarerweise $\iota(g) = g$. Es sei also $O \notin g$ (Abb. 1.2). Mit F werde der Fußpunkt des Lotes von O auf g bezeichnet und es sei P ein beliebiger Punkt von g, $P \neq F$. Wie beim Beweis von Satz 1.1 gezeigt wurde, sind die beiden Dreiecke $\triangle OFP$ und $\triangle OP'F'$ ähnlich ($P' = \iota(P)$, $F' = \iota(F)$), insbesondere ist der Winkel $\angle OP'F'$ stets ein rechter. Nach der Umkehrung des Satzes von Thales durchläuft daher P' den Kreis über dem Durchmesser OF'. Das Bild von g ist folglich ein Kreis durch O. $\square$

Interpretiert man Satz 1.2 im Rahmen der *geometrischen* Hohlwelttheorie, so besagt er, dass die kürzeste Verbindung zweier Punkte euklidisch gesehen nur in Ausnahmefällen eine Strecke ist. Insbesondere verlaufen die Sehstrahlen im allgemeinen längs Kreislinien. Das erklärt, wieso sich gemäß der Hohlwelttheorie der gleiche Horizont ergibt wie bei Anwendung der euklidischen Geometrie, wenn man von einem erhöhten Punkt R aus auf die Erde blickt. Ist P ein Punkt des Horizontes, so gibt im ersteren Fall der (euklidische) Kreisbogen ORP den Verlauf des Sehstrahles an (Abb. 1.3).

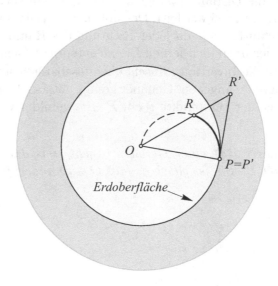

Abbildung 1.3

Aus Satz 1.2 folgt wegen $\iota \circ \iota = id$ umgekehrt, dass ein Kreis l durch O bei der Inversion in eine Gerade g übergeht, die nicht durch O verläuft. Nach der eben durchgeführten Überlegung erhält man sie (Abb. 1.3), indem man zum O diametralen Punkt $\bar{O} \in l$ den Bildpunkt $\bar{O}'$ sucht und dort das Lot auf $\langle O, \bar{O}' \rangle$ fällt. Insbesondere ist g jedenfalls stets parallel zur Tangente in O an den gegebenen Kreis.

Allgemein gilt der

Satz 1.3. *Ist l ein Kreis, so ist, falls $O \in l$, die Bildkurve $\iota(l)$ eine nicht durch O gehende Gerade, die parallel zur Tangente an l in O ist; andernfalls ist sie wieder ein Kreis. In letzterem Fall gilt $\iota(l) = l$ genau dann, wenn $l = k$ ist oder sich l und k orthogonal schneiden.*

Beweis. Den ersten Teil haben wir soeben gezeigt.

Es sei nun $O \notin l$. Fällt der Mittelpunkt M von l mit O zusammen, so liegt l konzentrisch zum Fixkreis k. Aufgrund der Definition der Inversion bildet die

Menge $\iota(l)$ der Bildpunkte wieder einen konzentrischen Kreis zu k. Ist s' dessen Radius, so gilt $s' = \frac{r^2}{s}$, wenn s den Radius von l bezeichnet.

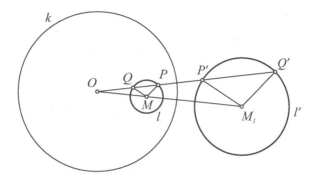

Abbildung 1.4

Wir können uns also auf den Fall $O \notin l$, $M \neq O$ beschränken (Abb. 1.4). Es sei $P \in l$ beliebig, weiter sei Q der zweite, eventuell mit P zusammenfallende, Schnittpunkt der Geraden $\langle O, P \rangle$ mit dem Kreis l. Nach dem Sekantensatz (bzw. Tangentensatz falls $P = Q$) ist $|OP| \cdot |OQ| = p$ von der Lage von P unabhängig (siehe z.B. [Agr], S. 35f.). Dieser Wert p, die *Potenz des Punktes O bezüglich l* ist positiv, falls $\overrightarrow{OP}, \overrightarrow{OQ}$ gleichgerichtet sind (O liegt außerhalb von l), bzw. negativ, falls sie entgegengesetzt gerichtet sind (O liegt innerhalb von l). Aufgrund der Inversion ist $|OP| \cdot |OP'| = r^2$, woraus $\frac{|OP'|}{|OQ|} = \frac{r^2}{p}$ folgt. Streckt man das Dreieck $\triangle OQM$ vom Zentrum O aus um diesen konstanten Faktor, so erhält man ein ähnliches Dreieck $\triangle OP'M_1$. Hierbei ist M_1 unabhängig von P. Wegen $|P'M_1| = \frac{r^2}{p}|QM|$ ist $|P'M_1|$ konstant, so dass der Bildpunkt P' einen Kreis um M_1 durchläuft.

Aus dieser Herleitung folgt auch unmittelbar der 2. Teil von Satz 1.3. Wann bleibt nämlich ein Kreis l bei der Inversion fix? Im Falle $M = O$ muss l der gegegene Inversionskreis k sein; im Falle $M \neq O$ muss jedenfalls $|\frac{r^2}{p}| = 1$, d.h. $p = \pm r^2$ gelten. Sei $p = r^2$: Aufgrund des Grenzfalles des Sekantensatzes – wenn die Sekante zur Tangente wird – besagt dies, dass der Berührpunkt der Tangente von O aus an l auf k liegen muss. Für $M \neq O$ ist l somit genau dann Fixkreis unter ι, falls er k orthogonal schneidet. Gilt $p = -r^2$, so liegt O im Inneren von l und es muß $O = M$ sein, im Widerspruch zu $M \neq O$. $\qquad \square$

Die letzte Aussage von Satz 1.3 ermöglicht eine neue Charakterisierung des Bildpunktes zu einem gegebenen Punkt bei der Inversion. Legt man nämlich durch $P \notin k$, $P \neq O$, einen beliebigen zu k orthogonalen Kreis, so bleibt dieser ja bei der Inversion als Ganzes fest; P' muß also auch auf ihm liegen. Man erhält somit die

Folgerung 1.4. *Der zu P bezüglich k inverse Punkt P' ist der zweite Schnittpunkt zweier zu k orthogonalen Kreise durch P. Umgekehrt schneidet jeder Kreis durch P und P' k orthogonal (Abb. 1.5).*

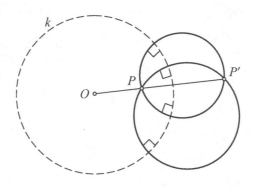

Abbildung 1.5

Beweis. Bezüglich der ersten Aussage sind noch die beiden Ausnahmefälle zu betrachten. Gilt $P = O$, dann sind die Orthogonalkreise die durch O gehenden Geraden. Ihr zweiter gemeinsamer Schnittpunkt ist $U = O'$.

Liegt schließlich P auf k, so hat jeder Orthogonalkreis seinen Mittelpunkt auf der Tangente in P an k. Je zwei solche haben aber P als doppelt zu zählenden Schnittpunkt, d.h. $P' = P$.

Die zweite Aussage der Folgerung ergibt sich aus Satz 1.3, da ein jeder solche Kreis k schneidet und mithin bei Anwendung von ι in sich übergeht.   □

Im nächsten Satz wollen wir die Winkeltreue von Inversionen nachweisen. Dazu sei daran erinnert, dass der Winkel zwischen zwei sich schneidenden Kurven definiert ist als der Winkel, den die Tangenten im Schnittpunkt einschließen. Um ihn eindeutig festzulegen muss man auf den Kurven jeweils einen Durchlaufungssinn angeben. Was den Winkel zwischen zwei (orientierten) Geraden g, h anbelangt, so ist es notwendig, den Winkel in U festzulegen – nach Satz 1.2 ist U ja stets ein Schnittpunkt. Sind nun g und h (euklidisch) parallel, so setzt man $\angle_U(g, h) = 0$. Schneiden sich g und h im Punkt $S \in \varepsilon$, so sei der Winkel in U gleich dem Winkel von g und h in S, jedoch mit entgegengesetzter Orientierung: $\angle_U(g, h) = -\angle_S(g, h)$. Der tiefere Grund dafür wird im nächsten Abschnitt 1.2 klar.

Satz 1.5. *Bei Inversionen bleiben Winkel erhalten, ihre Orientierung ändert sich jedoch.*

Beweis. Der gegebene Winkel werde durch die beiden verschiedenen, mit einem Richtungssinn versehenen Geraden g, h (in dieser Reihenfolge) im Schnittpunkt S gebildet. Wir betrachten zunächst den allgemeinen Fall (Abb. 1.6): $S \neq O, U$ und

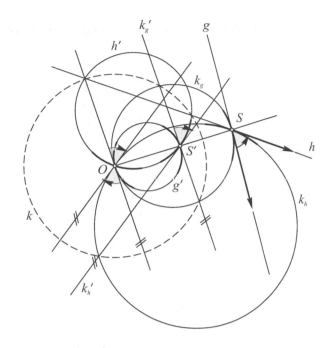

Abbildung 1.6

$O \notin g, h$. Seien k_g, k_h die beiden Kreise durch S und O, die in S die Geraden g bzw. h als Tangente besitzen (mit induziertem Richtungssinn). Da bei der Inversion klarerweise die Berührung erhalten bleibt, ist die Bildgerade k'_g Tangente an den Bildkreis g' in S'. g' ist also der Kreis durch O und S', der in S' die Tangente k'_g besitzt. Nach der an Satz 1.2 anschließenden Überlegung ist dabei k'_g parallel zur Tangente in O an k_g. Analoges gilt für die Bildgerade k'_h und den Bildkreis h'. g' und h' schneiden sich demnach unter demselben Winkel wie die Kreise k_g und k_h in O. Dieser ist gerade der ursprüngliche Winkel mit entgegengesetzter Orientierung.

Es bleiben noch die speziellen Lagen zu betrachten. Ist weiterhin $S \neq O, U$, aber etwa $O \in g$, so modifiziert sich der Beweis nur geringfügig: g übernimmt einfach die Rolle von k_g.

Ist $S = O$, so bleiben g, h unter der Inversion fix. Der Bildwinkel ist dann $\angle_U(g, h)$ und dieser ist nach Definition gleich $-\angle_O(g, h)$.

Schließlich sei $S = U$. Sind g und h parallel, so ist $\angle_U(g, h) = 0$. Unter der Inversion gehen g, h in Kreise g', h' über (oder in eine Gerade und einen Kreis, falls O auf g oder h liegt), die sich in O berühren, d.h. $\angle_O(g', h') = 0$. Es mögen sich also g, h in T schneiden. Da der Fall $T = O$ bereits erledigt ist, können wir $T \neq O$ annehmen. Nach Definition gilt $\angle_U(g, h) = -\angle_T(g, h)$. Wendet man die Inversion an, so wissen wir bereits, dass für den Winkel der Bildfiguren g', h' (zwei Kreise oder ein Kreis und eine Gerade, falls $O \in g$ oder $O \in h$) in T' gilt $\angle_{T'}(g', h') = -\angle_T(g, h)$. Der Winkel $\angle_O(g', h')$ in deren zweiten Schnittpunkt O

ist $-\angle_{T'}(g', h')$. Zusammen folgt die Behauptung $\angle_U(g, h) = -\angle_O(g', h')$.   □

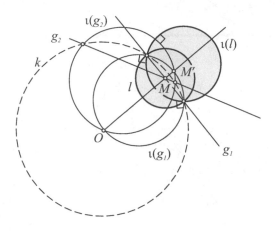

Abbildung 1.7

Die vorangegangenen Sätze ermöglichen es, den Bildpunkt M' des Mittel-punktes M eines Kreises l bei Inversion aufzufinden (Abb. 1.7). Interessant ist natürlich nur der Fall $M \neq O$, da andernfalls auch $M' = O$ gilt. Sei zunächst $O \notin l$. Man betrachte M als Zentrum eines Geradenbüschels. Da jede beliebige Gerade g daraus den Kreis l orthogonal schneidet, ist $\iota(g)$ nach Satz 1.2 und Satz 1.5 stets ein Kreis durch M' und O, welcher den Kreis $\iota(l)$ orthogonal schneidet. Nach der Folgerung 1.4 ist M' also der O zugeordnete Punkt bei der Inversion am Kreis $\iota(l)$.

Ist $O \in l$, so artet $\iota(l)$ zu einer Geraden aus, die Argumentation bleibt aber völlig gleich. M' ist in diesem Fall der an $\iota(l)$ gespiegelte Punkt O.

1.2   Stereographische Projektion

Im euklidischen Raum seien eine Kugel Γ mit Mittelpunkt M und eine Ebene ε vorgegeben (Abb. 1.8). Der Fußpunkt zu M sei F und die durch M verlaufende Normale zu ε schneide Γ in den beiden Punkten N und S („Nord-" bzw. „Südpol"). N bezeichne dabei den weiter von ε entfernt liegenden, falls $M \neq F$, andernfalls irgendeinen der zwei Schnittpunkte. Es gilt dann jedenfalls $c = |NS| \cdot |NF| > 0$. Nach dem räumlichen Analogon zu Satz 1.3 führt die Inversion ι an der Kugel mit Mittelpunkt N und Radius $r = \sqrt{c}$ die Kugel Γ in die Ebene $\varepsilon \cup \{U\}$, also in die konforme Ebene $\bar{\varepsilon}$ über. (Der euklidische Raum ist dabei durch U zum konformen Raum erweitert gedacht.) Sie induziert somit eine bijektive Abbildung $\varphi : \Gamma \to \bar{\varepsilon}$, die durch $\varphi(P) = \iota(P) = P'$ für $P \neq N$ und $\varphi(N) = \iota(N) = U$ gegeben ist. Nach der Definition der Inversion ist P' der Schnittpunkt von $\langle N, P \rangle$ mit ε.

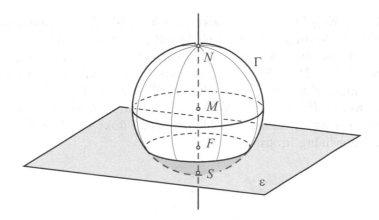

Abbildung 1.8

φ heißt *stereographische Projektion* der gegebenen Kugel Γ auf die gegebene Ebene $\varepsilon \cup \{U\}$. (Meist wird nur der Spezialfall $S \in \varepsilon$ betrachtet.)

Ihre Eigenschaften lassen sich aufgrund der bereits abgeleiteten Eigenschaften der Inversion sofort angeben. Gehen wir zunächst von Geraden g in ε (bzw. $\bar{\varepsilon}$) aus, so bleibt die Ebene $\langle g, N \rangle$ unter ι fest. Sie schneidet in Γ einen durch N verlaufenden Kreis aus. Dieser wird also unter φ auf g abgebildet.

Ist ein Kreis l in ε gegeben, so sei Λ eine beliebige Kugel durch ihn. Das Bild unter $\iota (= \iota^{-1})$ ist wieder eine Kugel. Ihr Schnitt mit Γ ist ein Kreis, das Urbild von l unter φ.

Wendet man dieselben Überlegungen in der umgekehrten Richtung an, indem man von Kreisen auf Γ ausgeht und auf deren Bilder in $\bar{\varepsilon}$ schließt, so ergibt sich der erste Teil des folgenden Satzes; der zweite folgt unmittelbar aus Satz 1.5.

Satz 1.6. *Die stereographische Projektion φ der Kugel Γ auf die konforme Ebene $\bar{\varepsilon}$ führt die Menge aller Kreise auf Γ in die Menge aller Kreise und Geraden von $\bar{\varepsilon}$ über. Dabei entsprechen genau den Kreisen durch N die Geraden von $\bar{\varepsilon}$. Des weiteren ist φ winkelerhaltend.*

Aufgrund der Bijektivität der stereographischen Projektion ist eine beliebige Kugel Γ ein „Modell" der konformen Ebene ε, wobei das hier[6] nur heissen soll, dass man damit ein anschauliches Bild dieser Ebene gewonnen hat. Beispielsweise sieht man daran sofort, dass alle Geraden durch U verlaufen, denn deren Bilder sind genau die Kreise durch N.

Dieses Modell motivierte auch die Definition eines Winkels zweier Geraden in U. Es entspricht ihm nämlich der Winkel in N der (Ur-)Bildkreise und dieser ist entgegengesetzt gleich deren Winkel im zweiten Schnittpunkt (falls er existiert).

Unsere Einführung, die stereographische Projektion mittels der Inversion zu definieren, lässt sich auch umkehren. Sei dazu im konformen Raum eine Ebene $\bar{\varepsilon} = \varepsilon \cup \{U\}$ gegeben und in ihr ein Kreis k mit Mittelpunkt O und Radius r.

Weiter sei Γ eine Kugel mit k als Großkreis (Abb. 1.9). Wieder bezeichnen wir die Schnittpunkte der Normalen auf $\bar{\varepsilon}$ durch M mit N bzw. S. Vermöge der stereographischen Projektion von N aus gibt es zu jedem $P \in \varepsilon$ einen eindeutig bestimmten Urbildpunkt $P' \in \Gamma$, $P' \neq N$. Projiziert man diesen Punkt wiederum stereographisch von S aus, erhält man einen Punkt $P'' \in \bar{\varepsilon}$. Im Falle $P = O$ gilt dabei $P' = S$ und weiter $P'' = U$ (die Verbindungsgerade $\langle S, S \rangle$ ist definitionsgemäß die Tangente in S an Γ). Ersichtlich bleibt jeder Punkt von $k = \Gamma \cap \bar{\varepsilon}$ bei dieser zweimaligen Zuordnung invariant.

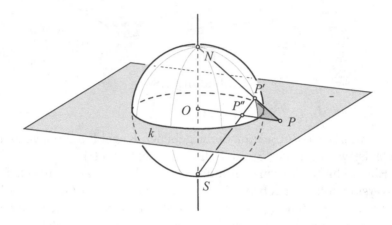

Abbildung 1.9

Wir behaupten: $\alpha : P \rightarrow P''$ ist die Inversion an k. Sei nämlich $P \in \bar{\varepsilon}$ beliebig, $P \neq O$, dann erzeugen die drei Punkte P, N, S eine Ebene $\langle P, N, S \rangle =: \eta$. P und P'' liegen also auf der Geraden $\eta \cap \bar{\varepsilon}$, und zwar auf derselben Halbgeraden von O aus. Da der Winkel $\angle NP'S$ im Kreis $\eta \cap \Gamma$ ein rechter ist, ist $\angle SNP' = \angle SP''O$ und somit das Dreieck $\triangle PON$ ähnlich zum Dreieck $\triangle SOP''$. Aufgrund dessen folgt

$$|PO| : |ON| = |SO| : |P''O|, \quad \text{d.h.} \quad |PO||P''O| = r^2.$$

1.3   Das Übertragungsprinzip

Bislang wurde die Inversion am Kreis (oder an der Kugel) als eigenständiges Studienobjekt betrachtet, als geometrische Transformation, deren Eigenschaft man untersucht. Sie kann aber auch als Hilfsmittel dazu dienen, Sätze der ebenen (oder räumlichen) Geometrie herzuleiten. Grundlage dafür ist, dass sie die erweiterte euklidische Ebene bijektiv in sich abbildet und zugleich gewisse Klassen von Figuren wieder in ganze Klassen überführt, beispielsweise durch O gehende Kreise in Geraden, die nicht durch O gehen. Hat man eine Aussage über eine derartige Klasse vor sich, so erhält man daraus eine neue, indem man die darin zusammengefassten Figuren der Inversion unterwirft, wobei natürlich vorhandene Relationen erhalten bleiben müssen. Das Ergebnis bezieht sich dann wieder auf die euklidische Ebene und ist allgemeingültig, da jene Klasse eindeutig mit der Klasse der Bildfiguren korrespondiert. Dieses sogenannte *Übertragungsprinzip* kann allgemein stets dann angewandt werden, wenn eine bijektive Transformation der euklidischen Ebene oder eines Bereichs, der diese umfasst, gegeben ist, wobei die die Relationen betreffende Zusatzvoraussetzung erfüllt sein muss.

Der Einfachheit halber stellt man oft ein „Wörterbuch" auf, in welchem korrespondierende Objekte einander gegenübergestellt sind. Dies sieht bei der Inversion etwa so aus:

Punkt	Punkt
Gerade durch O	Gerade durch O
Gerade nicht durch O	Kreis durch O
Kreis durch O	Gerade nicht durch O
Kreis nicht durch O	Kreis nicht durch O
Winkel zwischen schneidenden Geraden (Scheitel $\neq O$)	Winkel zwischen den Bildfiguren
Parallele Gerade	Sich in O berührende Bildfiguren
$\lvert PQ\rvert$	$(r^2)\dfrac{\lvert PQ\rvert}{\lvert OP\rvert \cdot \lvert OQ\rvert}$ ^{7}
Berührung (nicht in O) von Gerade und Kreis	Berührung der Bildfiguren
etc.	

Da die Wahl des Inversionskreises und damit des Punktes O völlig freisteht, lassen sich die Sonderfälle und Ausnahmen stets leicht vermeiden. Geht man etwa von der Aussage aus, dass die Winkelsumme im Dreieck 180° ist, so erhält man daraus eine Aussage der Kreisgeometrie, wobei nur O nicht als Ecke des Dreiecks angenommen werden darf. Mittels des „Wörterbuches" ergibt sich der folgende

Satz 1.7. *Gehen drei sich nicht berührende Kreise durch einen gemeinsamen Punkt O, so bilden die anderen drei Schnittpunkte ein Kreisbogendreieck mit der Winkelsumme 180°. Hierbei kann einer der Kreise durch eine Gerade ersetzt werden.*

Das Übertragungsprinzip erlaubt auch einen kurzen Beweis des nächsten Satzes.

Satz 1.8. *Sind A, B, C, D vier Punkte der Ebene, so gilt*

$$\lvert AB\rvert\lvert CD\rvert + \lvert AD\rvert\lvert BC\rvert \geq \lvert AC\rvert\lvert BD\rvert. \tag{1.3}$$

Gleichheit gilt genau dann, wenn die vier Punkte auf einer Geraden oder einem Kreis liegen und in der angegebenen Reihenfolge gemäß einem Richtungssinn aufeinander folgen.

Bemerkung 1.9. Die letztere Aussage ist als *Satz von Ptolemäus* bekannt:

In einem einem Kreis einbeschriebenen Viereck, dessen Ecken A, B, C, D sich in dieser Reihenfolge im Uhrzeiger- bzw. Gegenuhrzeigersinn folgen, ist die Summe *der Produkte der Längen gegenüberliegender Seiten gleich dem Produkt der Diagonalenlängen.*

Beweis von Satz 1.8. Es seien A', B', C' die Bildpunkte von A, B, C bei irgendeiner (festen) Inversion ι mit Zentrum D. Die Dreiecksungleichung angewandt auf $\triangle A'B'C'$ besagt

$$|A'B'| + |B'C'| \geq |A'C'|.$$

Die Transformationsformel für Distanzen (zufolge Satz 1.1) liefert nach Wegbringen der Nenner die behauptete Ungleichung.

Das Gleichheitszeichen in (1.3) gilt genau dann, wenn A', B', C' auf einer Geraden g liegen und B' sich zwischen A' und C' befindet. Nach dem „Wörterbuch" ist das Urbild $\iota^{-1}(g) = \iota(g)$ von g entweder ein Kreis oder g selbst, wobei beide jedenfalls durch $D(= O)$ gehen. Im ersten Fall (Abb. 1.10) liefert die Projektion von g auf $\iota(g)$ von D aus, dass die Strecke $A'C'$ auf den Kreisbogen $\overset{\frown}{AC}$ abgebildet wird, der D nicht enthält.

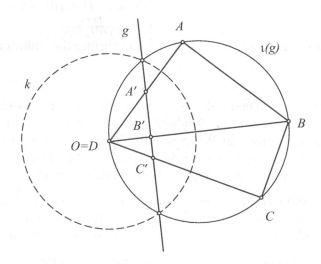

Abbildung 1.10

Im zweiten Fall, wo $A, B, C, D \in g$ gilt, wenden wir eine weitere Inversion an einem (beliebigen) Kreis an, dessen Mittelpunkt M nicht auf g liegt. Für die neuen Bildpunkte A'', B'', C'', D'' gilt dann wegen des Übertragungsprinzips wieder die Gleichheit in obiger Beziehung. Sie liegen also auf einem Kreis, und folgen einander in der angegebenen Reihenfolge gemäß einem Richtungssinn. Daher gilt dies aber auch für die Urbildpunkte A, B, C, D. $\square$

Im Beweis von Satz 1.8 wurde wesentlich nur die Dreiecksungleichung für das von den Punkten A', B', C' gebildete Dreieck verwendet. Nützt man den Cosinussatz aus:

$$|A'C'|^2 = |A'B'|^2 + |B'C'|^2 - 2|A'B'||B'C'|\cos(\angle A'B'C'),$$

erhält man den folgenden

Satz 1.10. *In einem ebenen Viereck A, B, C, D gilt stets*

$$|AC|^2|BD|^2$$
$$= |AB|^2|CD|^2 + |BC|^2|AD|^2 - 2|AB||BC||CD||AD|\cos(\angle ABC + \angle CDA).$$

Beweis. Es genügt wieder die Transformationsformel für Distanzen anzuwenden – D ist wie im vorigen Beweis das Inversionszentrum – und man erhält das Ergebnis, wobei der Winkel $\angle A'B'C'$ gemäß Satz 1.5 ersetzt wird durch den Winkel α, den die (Ur-)Bildfiguren der beiden Geraden $\langle A', B' \rangle$ und $\langle B', C' \rangle$ miteinander einschließen. Dies sind im allgemeinen zwei Kreise durch A, B, D bzw. B, C, D. Eine einfache Überlegung beweist die Gültigkeit von $\cos \alpha = \cos(\angle ABC + \angle CDA)$ (Abb. 1.11):

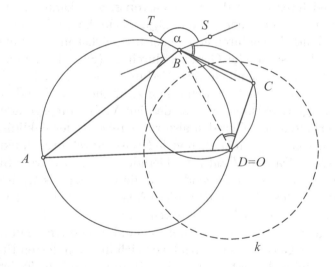

Abbildung 1.11

Wir verwenden den elementargeometrischen Satz, dass $\angle ADB = \angle ABT$, wo T ein Punkt der Tangente an den ersten Kreis in B ist, der nicht in derselben Halbebene bzgl. der Geraden $\langle A, B \rangle$ liegt wie D (Grenzfall des Peripheriewinkelsatzes). Analog ist $\angle BDC = \angle CBS$, mit einem geeigneten Punkt S auf der Tangente in B an den zweiten Kreis. Es gilt somit[8]

$$2\pi - \alpha = \angle ABT + \angle ABC + \angle CBS = \angle ADB + \angle ABC + \angle BDC$$
$$= \angle ABC + \angle ADC. \qquad \square$$

Folgerung 1.11. *Beträgt die Summe zweier Gegenwinkel eines Vierecks 90°, dann ist die Summe der Quadrate der Produkte der Gegenseitenlängen gleich dem Quadrat des Produktes der Diagonalenlängen.*

Dieses Resultat entspricht dem Spezialfall, dass das Dreieck $\triangle A'B'C'$ rechtwinkelig ist. Es entspricht also der Übertragung des Satzes von Pythagoras.

1.4   Kreisverwandtschaften

Im Abschnitt 1.1 hatten wir die konforme Ebene $\bar{\varepsilon} = \varepsilon \cup \{U\}$ eingeführt, um beim Studium der Kreisinversion die übliche Anschauung bezüglich der Figuren der euklidischen Ebene ε, etwa der Geraden oder Kreise durch O, beibehalten zu können. Der hinzugefügte Punkt U war dabei als Bild- bzw. Urbildpunkt des Mittelpunktes O des Inversionskreises definiert.

Vom Standpunkt der euklidischen Geometrie aus gesehen hat U klarerweise eine Sonderstellung, was sich auch darin ausdrückt, dass U von jedem Punkt $P \in \varepsilon$ „unendlich weit" entfernt ist (Satz 1.1). Im Rahmen der konformen Ebene ist jedoch U völlig gleichwertig mit den Punkten von ε, man kann diesen Punkt also in die Anschauung mit einbeziehen. Dies zeigt ja das in Abschnitt 1.2 behandelte Kugelmodell ganz deutlich. Dadurch ergeben sich zunächst ungewohnte Verhältnisse. Beispielsweise gehen sämtliche Geraden durch U (Satz 1.2), und es gibt somit zu jedem Punkt $A \in \varepsilon$ unendlich viele Verbindungsgeraden $\langle A, U \rangle$, nämlich alle Geraden des Büschels in A. Erst wenn man zusätzlich zu U und A einen dritten Punkt $B \in \varepsilon$ vorgibt, existiert eine eindeutige Verbindungsgerade. Sowie U ins Spiel kommt verhalten sich Geraden also wie Kreise in der euklidischen Ebene ε: durch zwei Punkte gehen ja unendlich viele Kreise; durch drei Punkte ist ein Kreis eindeutig festgelegt. Da nun U auf jeder Geraden liegt, ist es vom Standpunkt der konformen Geometrie aus naheliegend, auch die Geraden als Kreise anzusehen.

Das Kugelmodell stützt ebenfalls diese Ansicht, da beide Kurven durch Kreise dargestellt werden, und sich nur dadurch unterscheiden, dass sie durch N oder nicht durch N gehen. Aber auch die übliche euklidische Anschauung zielt dahin, denn man kann jede Gerade als Grenzfall von sich in einem festen Punkt berührenden Kreisen mit unbeschränkt wachsendem Radius ansehen. Ersichtlich wandert dabei ihr Mittelpunkt nach U.

Hatten wir in der euklidischen Geometrie zwischen Geraden und Kreisen unterschieden, so sind die Grundobjekte der konformen (ebenen) Geometrie – neben den Punkten – die Kreise allein; Kreise durch U sind *euklidisch* gesehen die Geraden. Aus diesem Grund spricht man oft auch von der *Kreisgeometrie* (bzw. im Raum von der *Kugelgeometrie*, wobei euklidische Ebenen und Kugeln unter dem Begriff der Kugel subsumiert sind). Zur leichteren Unterscheidung schreiben wir im weiteren den Begriff Kreis hervorgehoben, wenn er sich auf die konforme Geometrie bezieht: `Kreis`.

Aufgrund der ersten fünf Zeilen des „Wörterbuchs" (Abschnitt 1.3) führen die Kreisinversionen diese Grundobjekte stets wieder in solche über, sie „passen" also genau zu dieser Geometrie. Dies gilt auch für die wegen der Erweiterung des Begriffs „Kreis" neu hinzugekommenen Geradeninversionen. Um sie zu definieren kann man die Folgerung 1.4 heranziehen: da zwei zu einer Geraden g orthogonale Kreise sich stets in zu g symmetrisch liegenden Punkten schneiden, ist somit die *Geradeninversion* die gewöhnliche Spiegelung an dieser Geraden. Sie führt natürlich Punkte in Punkte und Kreise in Kreise über.

Wir wollen nun die allgemeinsten Transformationen der konformen Ebene untersuchen, die die Grundobjekte in sich überführen.

Definition 1.12. Eine bijektive Transformation der konformen Ebene $\bar{\varepsilon}$ auf sich, die Kreise stets in Kreise abbildet, heißt *Kreisverwandtschaft*.

Wie sich bald herausstellen wird, sind Kreisverwandtschaften stets Produkte von Inversionen, weshalb diese zwei Arten von Transformationen viele Eigenschaften gemeinsam haben. Wir behandeln zunächst die Winkeltreue und stellen dafür einige elementare Eigenschaften von U fest lassenden Kreisverwandtschaften zusammen.

Hilfssatz 1.13. *Sei κ Kreisverwandtschaft mit $\kappa(U) = U$. Dann gilt:*

1) *κ führt Gerade in Gerade und Kreise in Kreise über.*

2) *κ führt parallele Gerade wieder in parallele Gerade über.*

3) *κ bildet das Innere (Äußere) eines Kreises in das Innere (Äußere) des Bildkreises ab.*

4) *κ führt jeden Winkel in einen eindeutig bestimmten Bildwinkel über.*

5) *κ führt aneinander grenzende Winkel in eben solche über.*

Beweis. 1) Genau die Geraden sind die Kreise durch U.

2) Genau die parallelen (nicht identischen) Geraden haben nur den Punkt U gemeinsam.

3) Ein Punkt des Inneren lässt sich dadurch charakterisieren, dass *jede* Gerade durch ihn den Kreis zweimal schneidet.

4) Der Winkel sei durch die beiden in S angreifenden Schenkel (=Halbgeraden) a, b gegeben. Sei k ein Kreis durch S, der a, b schneidet, und T, U die entsprechenden Schnittpunkte (Abb. 1.12). Nach 1) und 3) wird diese Konfiguration durch κ in eine gleichen Aussehens übergeführt, so dass die in $\kappa(S)$ angreifenden Schenkel $\kappa(a)$, $\kappa(b)$ eindeutig festgelegt sind.

5) Folgt direkt aus 4). $\qquad\square$

Satz 1.14. *Jede Kreisverwandtschaft ist winkeltreu (die Orientierung kann sich ändern).*

Beweis. Es sei κ die Kreisverwandtschaft. Wir beginnen mit dem Fall $\kappa(U) = U$. Wir zeigen zunächst, dass zwei (unorientierte) gleich große Winkel α, β unter κ wieder in gleich große Winkel übergehen. Bezeichnet $|\alpha|$ das (unorientierte) Maß

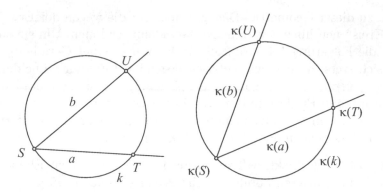

Abbildung 1.12

des Winkels α, so besagt dies, dass die Zuordnung: $|\alpha| \to |\kappa(\alpha)|$, $0 \le |\alpha|, |\kappa(\alpha)| < 2\pi$, eine Funktion ist.

Die beiden Winkel α, β mit $|\alpha| = |\beta|$ seien durch die in S bzw. T angreifenden Schenkel a, b bzw. c, d gegeben. Wir setzen zunächst voraus, dass die vier Schnittpunkte $a \cap c$, $a \cap d$, $b \cap c$, $b \cap d$ (in ε) existieren (Abb. 1.13). Dann lässt sich zeigen, dass S und T auf derselben Seite entweder von $\langle a \cap c, b \cap d \rangle$ oder von

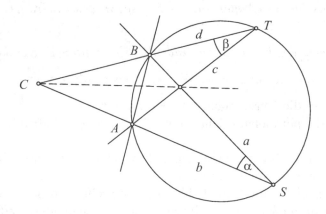

Abbildung 1.13

$\langle a \cap d, b \cap c \rangle$ liegen. Die entsprechenden Punkte seien A, B genannt. Wegen $|\alpha| = |\beta|$ kann S nicht im Winkelfeld von β und T nicht in dem von α liegen. Die Umkehrung des Peripheriewinkelsatzes impliziert: A, B, S, T liegen auf einem Kreis k. Weiter liegt $C := \langle A, S \rangle \cap \langle B, T \rangle$ außerhalb von k. Aufgrund des Hilfssatzes liefert die Anwendung von κ auf diese Konfiguration eine vom gleichen Aussehen. Dabei liegt wegen Punkt 3) $\kappa(C)$ außerhalb von $\kappa(k)$ und somit $\kappa(S)$ und $\kappa(T)$ wieder auf derselben Seite bzgl. $\langle \kappa(A), \kappa(B) \rangle$. Aus dem Peripheriewinkelsatz folgt somit

$|\kappa(\alpha)| = |\kappa(\beta)|$.

Den Fall, dass weniger als vier Schnittpunkte der Schenkel existieren, kann man durch Einführen eines (oder von mehreren) geeigneten Hilfswinkels γ mit $|\alpha| = |\gamma| = |\beta|$ auf den vorigen Fall zurückführen. Es gilt also wirklich stets $|\kappa(\alpha)| = |\kappa(\beta)|$.

Nun ist aufgrund von Punkt 5) des Hilfssatzes die Funktion $f : |\alpha| \to |\kappa(\alpha)|$ additiv (d.h. $f(|\alpha| + |\beta|) = f(|\alpha|) + f(|\beta|)$) und daher monoton, da wir nicht orientierte Winkel betrachten. Nach einem bekannten Ergebnis aus der Analysis folgt daraus $f = c \cdot id$ mit einer geeigneten Konstanten $c \in \mathbb{R}_+$. Da aber der gestreckte Winkel klarerweise unter κ fix bleibt, ergibt sich $c = 1$, d.h. $f = id$, also die behauptete Winkeltreue.

Fall $\kappa(U) \neq U$. Es sei ι die Inversion an einem (beliebigen) Kreis mit Mittelpunkt $\kappa(U)$. Dann gilt $(\iota \circ \kappa)(U) = U$. Da $\iota \circ \kappa$ natürlich wieder eine Kreisverwandtschaft ist, folgt nach dem vorigen Teil des Beweises, dass $\iota \circ \kappa$ winkeltreu ist. Nun ist aber nach Satz 1.5 auch ι winkeltreu, so dass dies auch für $\kappa = \iota \circ (\iota \circ \kappa)$ zutrifft. $\qquad\square$

Satz 1.14 ermöglicht die folgende Charakterisierung der Kreisverwandtschaften:

Satz 1.15. *Jede Kreisverwandtschaft κ ist entweder eine Ähnlichkeitstransformation oder das Produkt einer solchen mit einer Inversion.*

Beweis. Wir unterscheiden wieder die beiden Fälle $\kappa(U) = U$ bzw. $\kappa(U) \neq U$.

$\kappa(U) = U$. Da κ winkelerhaltend ist, geht ein fest vorgegebenes Dreieck $\triangle ABC$ in ein ähnliches über. Durch dessen Angabe ist aber bereits $\kappa(P)$ für beliebiges $P \in \varepsilon$ festgelegt. Ist nämlich $P \neq A, B, C$, so bestimmen die Winkel, die PA, PB, PC mit einer der Dreieckseiten einschließen, P eindeutig. Durch das Bild dieser Seite und jener Winkel erhält man den Punkt $\kappa(P)$.

$\kappa(U) \neq U$. Wie beim analogen Fall im vorigen Beweis sei ι die Inversion an einem beliebigen Kreis mit Mittelpunkt $\kappa(U)$. Die Kreisverwandtschaft $\bar\kappa = \iota \circ \kappa$ hat dann U als Fixpunkt, so dass nach dem eben Bewiesenen $\bar\kappa$ Ähnlichkeitsabbildung ist. Wegen $\kappa = \iota \circ \bar\kappa$ folgt die Behauptung. $\qquad\square$

Folgerung 1.16. *Jede Kreisverwandtschaft ist das Produkt von Inversionen.*

Beweis. Aufgrund des vorigen Satzes genügt es zu zeigen, dass eine beliebige Ähnlichkeitsabbildung τ sich als Produkt von Inversionen darstellen lässt.

Es sei der Ähnlichkeitsfaktorsfaktor von τ gleich k, $k \in \mathbb{R}_+$. Bezeichnet dann ρ die reine Streckung mit irgendeinem Zentrum A um den Faktor k, so ist die Abbildung $\bar\tau = \rho^{-1} \circ \tau$ eine Ähnlichkeit mit Ähnlichkeitsfaktor 1, also eine euklidische Bewegung. Wegen $\tau = \rho \circ \bar\tau$ genügt es somit zu beweisen, dass diese beiden Faktoren Produkte von Inversionen sind.

Nun sind bekanntlich euklidische Bewegungen das Produkt von höchstens drei Spiegelungen, also von Geradeninversionen. Eine reine Streckung mit Zentrum A um den Faktor $k > 0$ schließlich ist das Produkt von zwei Inversionen an konzentrischen Kreisen mit Mittelpunkt $O := A$ und Radien r_1 bzw. r_2, für die $r_2 = \sqrt{k} r_1$ gilt: Klarerweise bleibt jede Gerade $\langle O, P \rangle$ ($P \neq O$) fix. Bei Inversion am ersten Kreis geht die Strecke OP in OP' mit $|OP'| = \frac{r_1^2}{|OP|}$ über. Invertiert man P' am zweiten Kreis ergibt sich wirklich $|OP''| = \frac{r_2^2}{|OP'|} = k \cdot |OP|$. $\square$

Bemerkung 1.17. Aus dem Beweis folgt, dass jede Kreisverwandtschaft das Produkt von maximal sechs Inversionen ist. Eine etwas schärfere Argumentation zeigt, dass bereits vier Inversionen genügen und diese Zahl nicht mehr verkleinert werden kann (siehe z.B. [Cox2], S. 121).

1.5 Möbiustransformationen

Im letzten Abschnitt dieses Kapitels wollen wir die Kreisinversion vom analytischen Standpunkt aus betrachten. Dabei sind zwei Fälle zu unterscheiden, je nachdem ob der Kreis euklidisch gesehen ein Kreis oder eine Gerade ist. Wir beginnen mit dem ersten Fall und wählen zunächst den Ursprung O als dessen Mittelpunkt. Hat dann P die Koordinaten $(x, y) \neq (0, 0)$, so der Bildpunkt P' unter der Inversion $\iota(x', y') = (\lambda x, \lambda y)$ mit $\lambda > 0$. Die Bedingungsgleichung

$$r^2 = |OP||OP'| = \sqrt{x^2 + y^2}\sqrt{(\lambda x)^2 + (\lambda y)^2}$$

liefert $\lambda = \frac{r^2}{x^2 + y^2}$. Ausführlich geschrieben besagt das, dass ι dargestellt wird durch

$$x' = \frac{r^2 x}{x^2 + y^2}, \quad y' = \frac{r^2 y}{x^2 + y^2}, \quad (x, y) \neq (0, 0). \tag{1.4}$$

Dass ι Involution ist, sieht man daraus unmittelbar. Insbesondere folgt daher aus (1.4)

$$x = \frac{r^2 x'}{x'^2 + y'^2}, \quad y = \frac{r^2 y'}{x'^2 + y'^2}. \tag{1.5}$$

Aber auch, dass Kreise/Geraden stets wieder in solche übergeben, lässt sich aus der analytischen Beschreibung sofort ableiten. Die allgemeine Kreisgleichung lautet ja

$$a(x^2 + y^2) + bx + cy + d = 0.$$

Sie stellt genau dann eine Gerade dar, wenn $a = 0$ gilt. Setzt man hierin (1.5) ein, so ergibt sich nach Wegbringen des Nenners

$$ar^4 + br^2 x' + cr^2 y' + d(x'^2 + y'^2) = 0.$$

Dies ist im Allgemeinen wieder die Gleichung eines Kreises. Nur dann wenn $d = 0$ war, also der ursprüngliche Kreis durch O verlief, ist das Bild unter ι eine Gerade.

Wann sind sowohl Ausgangs- als auch Bildfigur Geraden? Dies gilt genau dann, wenn $a = d = 0$ ist. In diesem Falle gehen beide durch O und sie stimmen überein, d.h. die Gerade ist Fixgerade.

Räumlich berechnet sich alles völlig analog.

Will man den Punkt U in die analytischen Betrachtungen miteinbeziehen, geht man am besten zu komplexen Koordinaten über. Ein Punkt P der euklidischen Ebene mit den Koordinaten (x, y) wird dabei durch eine einzige komplexe Koordinate $z = x + iy$ beschrieben. U gibt man die Koordinate ∞, wobei mit diesem Symbol definitionsgemäß auf folgende Weise gerechnet werden soll:

Ist $a \in \mathbb{C}$, so sei

$$a \pm \infty = \infty, \quad \frac{a}{\infty} = 0, \quad \frac{a}{0} = \infty, \quad a \cdot \infty = \infty.$$

Von den fehlenden Ausdrücken sei $\infty + \infty = \infty$ und $\frac{\infty}{0} = \infty$; die anderen bleiben undefiniert.

Mit der neuen Koordinatisierung lautet die Transformation (1.4) nun

$$z' = x' + iy' = \frac{r^2}{|z|^2} z = \frac{r^2}{\bar{z}}. \tag{1.6}$$

Dabei bezeichnet wie üblich $\bar{z} = x - iy$ die konjugiert komplexe Zahl zu z und $|z| = \sqrt{x^2 + y^2} = \sqrt{z\bar{z}}$ den Betrag von z. Für spätere Zwecke sei auch gleich an den Begriff „Argument von z" erinnert: $\arg z = \arctan \frac{y}{x}$. Es gilt dann bekanntlich

$$z = |z|(\cos(\arg z) + i\sin(\arg z)) = |z|e^{i\arg z}.$$

Setzt man in (1.6) $z = 0$, so folgt $z' = \infty$, also wirklich $O' = U$. Analog gilt $U' = O$.

Man kann natürlich auch ohne den Umweg über die geometrische Motivierung direkt von der Menge $\mathbb{C}$ der komplexen Zahlen ausgehen und die Zahl ∞, für die obige Rechenregeln gelten sollen, adjungieren. Veranschaulicht man $\mathbb{C}$ dann in der Gaußschen Zahlenebene wie üblich und erweitert sie um einen Punkt U mit der Koordinate ∞, so erhält man die konforme Ebene $\bar{\epsilon}$, wie sie in der komplexen Analysis eingeführt wird.

Wie sieht die Transformationsformel aus, wenn der Mittelpunkt M des Inversionskreises nicht der Ursprung ist? Sind die komplexen Koordinaten von M, P, P' gegeben durch w, z und z', so muß wegen $|MP||MP'| = r^2$ gelten

$$|z - w| \cdot |z' - w| = r^2. \tag{1.7}$$

Weiter gilt $\arg(z' - w) = \arg(z - w)$, da P und P' auf derselben Halbgeraden durch M liegen. Bezeichnet man diesen Wert mit α, so ist $z - w = se^{i\alpha}$, $z' - w = te^{i\alpha}$, wenn $|z - w| = s$ und $|z' - w| = t$ gesetzt wird. Aus der Bedingungsgleichung (1.7) ergibt sich dann

$$r^2 = |z - w||z' - w| = st = \overline{(z - w)}(z' - w) = (\bar{z} - \bar{w})(z' - w).$$

Somit erhält man als allgemeine Transformationsformel für die Inversion an einem Kreis

$$z' = \frac{r^2}{\bar{z} - \bar{w}} + w = \frac{w\bar{z} + (r^2 - w\bar{w})}{\bar{z} - \bar{w}}. \tag{1.8}$$

Es fehlt noch die Beschreibung der Geradeninversion, also der gewöhnlichen Spiegelung σ_g an einer Geraden g. Wir nehmen zunächst an, dass g durch den Ursprung O geht und die Realteilachse h unter dem Winkel φ schneidet. Bezeichnet ϑ die Drehung um O um den Winkel φ (im Gegenuhrzeigersinn), $\vartheta(z) = e^{i\varphi}z$, so gilt ersichtlich $\sigma_g = \vartheta \circ \sigma_h \circ \vartheta^{-1}$, somit

$$z' = e^{2i\varphi}\bar{z}.$$

Geht nun g durch den Punkt $Q(w)$, so gilt, wenn $\bar{g}$ die zu g parallele Gerade durch O bezeichnet und τ die Translation um den Vektor w, $\tau(z) = z + w : \sigma_g = \tau \circ \sigma_{\bar{g}} \circ \tau^{-1}$. Die allgemeine Geradeninversion wird somit beschrieben durch

$$z' = e^{2i\varphi}(\bar{z} - \bar{w}) + w. \tag{1.9}$$

Aus den Formeln (1.8) und (1.9) lässt sich nun leicht die analytische Beschreibung der Kreisverwandtschaften gewinnen. Diese sind nach Folgerung 1.16 ja gerade die Produkte von Inversionen. Wir schreiben zunächst (1.8) und (1.9) in einheitlicher Form:

$$z' = \frac{a\bar{z} + b}{c\bar{z} + d} \quad \text{mit} \quad ad - bc \neq 0 \quad (a, b, c, d \in \mathbb{C}); \tag{1.10}$$

die Determinantenbedingung ist ja in beiden Fällen erfüllt. Nebenbei sei bemerkt, dass $z = \infty$ bei einer solchen Transformation in $z' = \frac{a}{c}$ übergeht falls $c \neq 0$ ist; andernfalls in ∞. (Ersteres folgt durch den Grenzübergang $z \to \infty$ im äquivalenten Ausdruck $(a + \frac{b}{\bar{z}})/(c + \frac{d}{\bar{z}})$.)

Wie man durch Einsetzen erkennt, hat das Produkt zweier solcher Transformationen wieder die Gestalt (1.10), nur mit z anstelle von $\bar{z}$. Multipliziert man erneut mit einer Inversion der Form (1.10), erhält man dann wieder die *genau gleiche* Gestalt, und so abwechselnd weiter. Jede Kreisverwandtschaft wird also durch

$$\text{i)} \ z' = \frac{a\bar{z} + b}{c\bar{z} + d} \ \text{oder ii)} \ z' = \frac{az + b}{cz + d} \ \text{mit} \ a, b, c, d \in \mathbb{C} \ \text{und} \ ad - bc \neq 0 \tag{1.11}$$

beschrieben. Bezeichnet man mit σ die Spiegelung (=Geradeninversion) an der Achse Im$z = 0$, d.h. $\sigma : z \to \bar{z}$, so lassen sich beide Formen einheitlich durch

$$\nu \circ \sigma^i, \ i = 0, 1, \tag{1.12}$$

darstellen, wobei ν eine Transformation der Gestalt (1.11,ii) ist. Letztere werden *Möbiustransformationen* genannt.

Von diesem Ergebnis gilt auch die Umkehrung, so dass wir zusammen den folgenden Satz erhalten.

Satz 1.18. *Die Kreisverwandtschaften und nur sie sind das Produkt einer Möbi-ustransformation mit einer geeigneten Potenz der Spiegelung σ. Sie werden also genau durch die Formeln* (1.11) *bzw.* (1.12) *beschrieben.*

Beweis. Wir müssen nur noch nachweisen, dass eine solche Transformation ν eine Kreisverwandtschaft beschreibt. Nun lässt sich (1.11,ii) im Falle $c \neq 0$ auch schreiben als

$$z' = \frac{az+b}{cz+d} = \frac{a}{c} + \frac{(bc-ad)}{c^2} \cdot \frac{1}{z + \frac{d}{c}}.$$

$\kappa : z \to z'$ ist also das Produkt der Abbildungen $\kappa_1 : z \to z + \frac{a}{c}$, $\kappa_2 : z \to \frac{bc-ad}{c^2} z$, $\kappa_3 : z \to \frac{1}{z}$ und $\kappa_4 : z \to z + \frac{d}{c}$; $\kappa = \kappa_1 \circ \kappa_2 \circ \kappa_3 \circ \kappa_4$.

Jede einzelne von diesen Abbildungen ist aber eine Kreisverwandtschaft. κ_1, κ_4 sind Translationen um den Vektor $\frac{a}{c}$ bzw. $\frac{d}{c}$; κ_2 ist eine Drehstreckung (insbesondere also eine Ähnlichkeitstransformation) mit dem Ursprung als Zentrum um den Winkel $\alpha = \arg(\frac{bc-ad}{c^2})$ und mit dem Streckungsfaktor $|\frac{bc-ad}{c^2}|$; da $\kappa_3 \circ \sigma\, z$ in $\frac{1}{\bar{z}}$ überführt und letztere Abbildung nach (1.6) die Inversion ι am Einheitskreis ist, folgt, dass auch $\kappa_3 = \iota \circ \sigma$ eine Kreisverwandtschaft ist.

Im Falle $c = 0$ verläuft die Argumentation genauso. Sie vereinfacht sich sogar, da dann $\kappa = \bar{\kappa}_1 \circ \bar{\kappa}_2$ gilt mit $\bar{\kappa}_1 : z \to z + \frac{b}{d}$, $\bar{\kappa}_2 : z \to \frac{a}{d} z$. □

Bemerkung 1.19. Da ersichtlich alle Abbildungen $\kappa_1, \ldots, \kappa_4$ die Orientierung des Winkels erhalten, σ sie andererseits umkehrt, ergibt sich aus dem Beweis und (1.12), dass genau die Möbiustransformationen die orientierungserhaltenden Kreisverwandtschaften sind.

Folgerung 1.20. 1) *Hat eine Möbiustransformation drei Fixpunkte, so ist sie die Identität.*

2) *Hat eine Kreisverwandtschaft drei Fixpunkte, so ist sie entweder die Identität oder die Inversion an dem durch die drei Punkte bestimmten* Kreis.

Beweis. 1) Aufgrund der Formel (1.11,ii) sind die Fixpunkte einer Möbiustransformation ν durch

$$z = \frac{az+b}{cz+d}, \quad \text{also} \quad cz^2 + (d-a)z - b = 0$$

festgelegt. Da diese quadratische Gleichung drei verschiedene Lösungen besitzen soll, müssen sämtliche Koeffizienten verschwinden:

$$c = 0, \quad d - a = 0, \quad b = 0.$$

Wegen der Bedingung $ad - bc \neq 0$ müssen dabei $a = d \neq 0$ sein. ν ist somit wirklich die Identität.

2) Für orientierungserhaltende Kreisverwandtschaften κ folgt die Behauptung aus der letzten Bemerkung und 1).

Es kehre also κ die Orientierung der Winkel um. Bezeichnet dann ι die Inversion an dem durch die drei Fixpunkte bestimmten Kreis, so hat $\iota \circ \kappa$ ebenfalls diese Fixpunkte. Nach 1) gilt $\iota \circ \kappa = id$, da diese Transformation nun orientierungserhaltend ist. Es folgt $\kappa = \iota^{-1} = \iota$, was wir behauptet hatten. □

Eine unmittelbare Konsequenz dieser Folgerung ist, dass eine Möbiustransformation eindeutig festgelegt ist durch die Vorgabe der Bildpunkte zu drei gegebenen Punkten.

Satz 1.21. *Es seien* P_1, P_2, P_3 *und* P'_1, P'_2, P'_3 *zwei Tripel verschiedener Punkte der konformen Ebene. Dann gibt es 1) genau eine Möbiustransformation bzw. 2) genau zwei Kreisverwandtschaften, die* P_i *in* P'_i *(*$i = 1, 2, 3$*) überführen.*

Beweis. 1) Wie man sofort nachrechnet, ist die Abbildung α gegeben durch

$$\alpha(z) = \frac{(z - z_2)(z_1 - z_3)}{(z - z_1)(z_2 - z_3)} \tag{1.13}$$

eine Möbiustransformation, welche die Punkte $P_1(z_1)$, $P_2(z_2)$, $P_3(z_3)$ in $U(\infty)$, $O(0)$, $E(1)$ überführt. Sei β die entsprechende Transformation, die das analoge für P'_1, P'_2, P'_3 leistet. Dann ist $\nu = \beta^{-1} \circ \alpha$ eine Möbiustransformation mit $\nu(P_i) = P'_i$, $i = 1, 2, 3$.

Ist μ eine weitere Möbiustransformation mit dieser Eigenschaft, so hat $\mu^{-1} \circ \nu$ die drei Fixpunkte P_1, P_2, P_3, ist also nach der Folgerung gleich der Identität. Mithin gilt $\mu = \nu$.

2) Es existieren jedenfalls zwei Kreisverwandtschaften κ mit $\kappa(P_i) = P'_i$ ($i = 1, 2, 3$): Die Möbiustransformation ν aus 1) und $\nu \circ \sigma$, wo σ die Inversion an dem durch P_1, P_2, P_3 festgelegten Kreis ist. Ist nun λ eine beliebige Kreisverwandtschaft mit $\lambda(P_i) = P'_i$ ($i = 1, 2, 3$), dann hat $\nu^{-1} \circ \lambda$ die drei Fixpunkte P_1, P_2, P_3, so dass sich aufgrund der Folgerung, Punkt 2) die Behauptung ergibt. □

Der Ausdruck auf der rechten Seite von (1.13) ist in vielen Teilgebieten der Geometrie von grundlegender Bedeutung. Dabei ersetzt man meist z durch z_4 und schreibt ihn suggestiver als Doppelbruch.

Definition 1.22. Es seien $P_1(z_1), \dots, P_4(z_4)$ vier verschiedene Punkte der konformen Ebene. Dann heißt der Ausdruck

$$DV(P_1, P_2; P_3, P_4) = \frac{z_1 - z_3}{z_2 - z_3} : \frac{z_1 - z_4}{z_2 - z_4} \in \mathbb{C}$$

das *Doppelverhältnis* der vier Punkte.

Bemerkung 1.23. 1) Das Doppelverhältnis ist von der Reihenfolge der Punkte abhängig. Wie man sofort nachrechnet gilt:
    i)

$$DV(P_1, P_2; P_3, P_4) = DV(P_2, P_1; P_4, P_3) = DV(P_3, P_4; P_1, P_2) \tag{1.14}$$
$$= DV(P_4, P_3; P_2, P_1)$$

– entsprechend den Permutationen der Indizes id, $(12)(34)$, $(13)(24)$, $(14)(23)$, also der Kleinschen Vierergruppe V_4;

ii) setzt man $\delta = DV(P_1, P_2; P_3, P_4)$, so nimmt das Doppelverhältnis bei den 24 möglichen Vertauschungen der Indizes die 6 Werte

$$\delta, \ \frac{1}{\delta}, \ 1 - \delta, \ \frac{1}{1-\delta}, \ \frac{\delta-1}{\delta}, \ \frac{\delta}{\delta-1} \tag{1.15}$$

je viermal an – entsprechend den Nebenklassen der symmetrischen Gruppe S_4 nach V_4.

2) Ebenso rechnet man leicht nach, dass das Doppelverhältnis invariant bleibt unter Möbiustransformationen ν:

$$DV(\nu(P_1), \nu(P_2); \nu(P_3), \nu(P_4)) = DV(P_1, P_2; P_3, P_4).$$

Ist dagegen κ eine Kreisverwandtschaft, die keine Möbiustransformation ist, so gilt

$$DV(\kappa(P_1), \kappa(P_2); \kappa(P_3), \kappa(P_4)) = \overline{DV(P_1, P_2; P_3, P_4)}.$$

Wir beschließen dieses Kapitel mit einem ersten Hinweis auf die Bedeutung dieses Begriffs.

Satz 1.24. *Vier verschiedene Punkte* $P_1, \ldots, P_4$ *der konformen Ebene liegen genau dann auf einem* Kreis, *wenn* $DV(P_1, P_2; P_3, P_4) \in \mathbb{R}$ *gilt.*

Beweis. Es sei ν die Möbiustransformation, die P_1, P_2, P_3 in U, O, E überführt. Wegen

$$DV(P_1, P_2; P_3, P_4) = DV(U, O; E, P_4') = z_4'$$

liegt $\nu(P_4) = P_4'$ mit der Koordinate z_4' auf dem durch U, O, E festgelegten Kreis – das ist die Realteilachse – genau dann, wenn $z_4' \in \mathbb{R}$ gilt. Somit liegt P_4 genau dann auf dem durch P_1, P_2, P_3 festgelegten Kreis, wenn das Doppelverhältnis der vier Punkte reell ist. $\square$

Aufgaben

1) Sei ι die Inversion an einem gegebenen Kreis k, und P, Q Punkte mit $P \neq Q, \iota(Q)$. Man zeige, dass genau ein Kreis l durch P, Q existiert, der k orthogonal schneidet.

2) Gegeben sei ein Kreis l und Punkte P, Q, beide im Inneren oder im Äußeren von l gelegen. Wieviele Kreise durch P und Q gibt es, die l berühren? (Man verwende die Inversion an einem Kreis k mit Mittelpunkt P.)

3) Was ist das Bild einer gleichseitigen Hyperbel bei der Inversion an einem Kreis, wenn beide den gleichen Mittelpunkt haben (in Abhängigkeit vom Kreisradius)?

4) Man zeige, dass es eine Kreisinversion gibt, die zwei Kreise ohne gemeinsamen Punkt in konzentrische Kreise überführt.

5) Kreis des Apollonios: Gegeben seien zwei Punkte A, B der euklidischen Ebene, und es sei $k \in \mathbb{R}^+$ fest. Man beweise, dass der Ort aller Punkte P mit $PA : PB = k$ ein `Kreis` ist. (Man verwende die Inversion am Einheitskreis mit Mittelpunkt A.)

6) Gegeben seien vier Kreise k_i, $i = 1, 2, 3, 4$, die sich in zyklischer Reihenfolge von außen berühren. Man beweise, dass die vier Berührpunkte auf einem Kreis liege. (Man wende die Inversion an einem Kreis an, dessen Mittelpunkt einer der Berührpunkte ist.)

7) Gegeben seien drei Punkte A, B, C einer Geraden g mit B zwischen A und C sowie die Halbkreise k_1, k_2, k_3 mit den Durchmessern AB, AC, BC, welche in derselben Halbebene bezüglich g liegen. Man konstruiere einen Kreis l_1, der k_1, k_2 von außen und k_3 von innen berührt; im weiteren Kreise l_i, $i \geq 2$, die l_i, l_{i-1} von außen und k_3 von innen berühren.

8) In Fortsetzung des vorigen Beispiels sei r_n der Radius von l_n und h_n der Abstand des Mittelpunkts von l_n von g. Man zeige, dass $h_n = 2nr_n$ gilt. (Man verwende die Inversion am Kreis k mit Mittelpunkt A, der durch die Berührpunkte der Tangenten von A an l_n geht.)

9) Gegeben seien ein Dreieck mit den Ecken A, B, C und dessen Umkreis k. Man zeige: Invertiert man die Seitenmittelpunkte des Dreiecks an k, so sind die Verbindungsgeraden der Bildpunkte Tangenten an k.

10) Die Gleichungen zweier sich schneidender Kreise k_1, k_2 seien

$$k_i : x^2 + y^2 + 2a_ix + 2b_iy + c_i = 0, \quad i = 1, 2.$$

Man finde eine Bedingung dafür, dass sich die Kreise orthogonal schneiden.

11) Sei k ein Kreis mit Mittelpunkt $O(0,0)$ und Radius r, l ein weiterer Kreis mit Mittelpunkt $M(c, d)$ und Radius s. Man berechne die Koordinaten des Mittelpunkts des Bildkreises von l bei Inversion an k.

12) In der euklidischen Ebene ε sei ein Kreis k mit Mittelpunkt O und Radius r gegeben. Man definiere die Zuordnung $\tau : \varepsilon \backslash \{O\} \to \varepsilon \backslash \{O\}$ durch $|O\tau(P)|_o|OP|_o = -r^2$, wobei $|\,.\,|_o$ die orientierte Distanz bedeutet. Man zeige:

    a) $\tau = \iota \circ \sigma$, wo ι die Inversion an k ist und σ eine Spiegelung an O;

    b) alle Kreise durch P und $\tau(P)$ schneiden k in diametral gegenüberliegenden Punkten.

13) *Inversion an einer Hyperbel:* Gegeben sei eine Hyperbel k mit Mittelpunkt O. Jedem Punkt $P \neq O$, von dem aus man zwei Tangenten an k legen kann,

ordne man den Punkt $\chi(P) = \langle O, P \rangle \cap \langle B_1, B_2 \rangle$ zu, wo B_1, B_2 die beiden Berührpunkte sind. Für $P \in k$ sei $\chi(P) = P$ und für alle anderen Punkte $P \neq O$ sei $\chi(P)$ derjenige Punkt mit $\chi(\chi(P)) = P$. Man zeige, dass diese Definition sinnvoll ist. Man beschreibe die Transformation analytisch und gebe die Bildkurve einer beliebigen Geraden an.

14) *Inversion an einer Parabel:* Gegeben sei eine Parabel k mit Achse a. Jedem Punkt P, von dem aus man zwei Tangenten an k legen kann, ordne man den Punkt $\psi(P) = a_P \cap \langle B_1, B_2 \rangle$ zu, wo B_1, B_2 die beiden Berührpunkte sind und a_P die zu a parallele Gerade durch P. Für die anderen Punkte definiere man $\psi(P)$ analog zum vorigen Beispiel. Man zeige, dass $\psi(P)$ für alle Punkte der euklidischen Ebene definiert ist. Man beschreibe die Transformation analytisch und gebe die Bildkurve einer beliebigen Geraden an.

15) Die Kugel Γ im euklidischen Raum habe die Gleichung $x^2 + y^2 + z^2 = 1$. Man finde die Transformationsformel für die stereographische Projektion vom Nordpol $N(0, 0, 1)$ aus auf die um den uneigentlichen Punkt U erweiterte x, y-Ebene, wobei diese durch $\mathbb{C} \cup \{\infty\}$ koordinatisiert sei ($z = x + iy$). Wie lautet die Formel für die Umkehrabbildung?

16) Sei ε eine Ebene im euklidischen Raum, k ein Kreis in ε und P ein Punkt im Inneren von k. Man zeige: Es gibt eine Ebene η und eine Zentralprojektion α von ε auf η derart, dass $\alpha(k)$ ein Kreis mit Mittelpunkt $\alpha(P)$ ist. (Sei p die Polare zu P in Bezug auf k (siehe Def. 4.19). Man lege eine Kugel Γ durch k und eine Tangentialebene durch p an Γ mit Berührpunkt N. Dann betrachte man die stereographische Projektion der Kugel Γ von N aus auf eine geeignete Ebene.)

17) Man beweise geometrisch, dass eine Kreisverwandtschaft,

 a) die vier nicht auf einem Kreis gelegene Punkte invariant lässt, die Identität ist.

 b) die drei Punkte fix lässt, entweder die Identität ist oder die Inversion an dem durch diese Punkte bestimmten Kreis. (Man verwende die Winkelinvarianz von Kreisverwandtschaften.)

18) Gegeben sei ein Kreis k, zwei Punkte P, P' im Inneren von k und von ihnen ausgehende Halbgeraden g^+, g'^+. Man zeige geometrisch, dass es eine Kreisverwandtschaft gibt, die k invariant lässt, P in P' und g^+ in g'^+ überführt.

19) Welche Möbiustransformationen mit zwei Fixpunkten gibt es?

20) Es sei k ein Kreis und A, B, A', B' vier Punkte im Inneren von k. Mittels des Doppelverhältnisses gebe man eine notwendige und hinreichende Bedingung an für die Existenz einer Kreisverwandtschaft, die k invariant lässt und A in A', B in B' überführt. (Man beachte Aufgabe 18.)

Kapitel 2

Axiomatik der euklidischen Geometrie

2.1 Die Bedeutung von Euklids Axiomatik

Die Betrachtungen und Ableitungen des vorangegangenen Kapitels stützen sich auf mancherlei Sachverhalte, die unhinterfragt verwendet wurden: teils waren es Ergebnisse aus der euklidischen Geometrie, wie Satz von Thales, Sekanten- bzw. Tangentensatz, Peripheriewinkelsatz, teils betraf es geometrische Begriffe, z.B. orientierter Winkel, Richtungssinn. Aber auch die Möglichkeit der Koordinatisierung zählt hierzu.

Der Sekantensatz beispielsweise ging beim Beweis von Satz 1.3 ein. Würde er sich wiederum nur mittels der Aussage dieses Satzes ableiten lassen, läge ein Zirkelschluss vor und keines der beiden Ergebnisse wäre in Wahrheit bewiesen; einzig die gegenseitige Beziehung wäre aufgezeigt. Diesem Problem kann man nur dadurch entgehen, dass man einen Beweis des Sekantensatzes angibt, der unabhängig von der Kreisinversion ist. Und so muss man in allen genannten Fällen verfahren.

Dieselbe Frage lässt sich ganz allgemein für das Gesamtsystem der euklidischen Geometrie – im weiteren für das der Mathematik überhaupt – aufwerfen, da ja der Beweis jedes Satzes auf irgendwelchen anderen Ergebnissen basiert. Es ist somit von ganz grundsätzlicher Wichtigkeit, die gegenseitigen Abhängigkeiten von Sätzen bzw. Satzgruppen zu ermitteln, um Zirkelschlüsse zu vermeiden. Man wird auf diese Weise dahin geführt, die euklidische Geometrie bzw. jede andere mathematische Theorie, die man in einem gewissen Umfang entwickeln will, streng deduktiv aufzubauen, wobei man von einfachen Ergebnissen zu immer komplexeren voranschreitet. Das hat natürlich zur Folge – und wurde auch bereits in der Antike genauestens herausgearbeitet –, dass dieser Aufbau bei allerersten Sätzen beginnen muss, die selbst nicht mehr bewiesen werden können. Solche Sätze heißen heute *Axiome* (= für wahr Gehaltenes) oder *Grundsätze*; bei den Griechen wurden sie zunächst meist *Aitemata*, d.h. Forderungen, Postulate genannt.

Ähnliches gilt für die begriffliche Ebene. Die Beschreibung oder Definition eines mathematischen Begriffes verwendet immer schon andere Begriffe, die zuvor bekannt sein müssen und die nicht selbst auf jenen basieren sollen.[9] Beispielsweise setzt der Begriff Tangente an einen Kreis die Begriffe Gerade, Kreis, Schnittpunkt voraus, derjenige des Kreises wiederum den Abstand zweier Punkte, etc. Auch in diesem Fall ist es also notwendig, eine Abstufung der verschiedenen geometrischen Begriffe vorzunehmen, derart, dass die Beschreibung eines Begriffes nur Begriffe von „niedereren" Stufen beinhaltet. Wieder wird man dabei auf erste Begriffe geführt, die sogenannten *Grundbegriffe*.

Es gehört zu den Glanzleistungen der griechischen Mathematik, das ganze Gebäude der (euklidischen) Geometrie auf der Basis einiger weniger Grundsätze und Grundbegriffe errichtet zu haben. Dieser deduktive Aufbau ist bekanntlich Euklid zu verdanken, der ihn in seinen „Elementen" ausgeführt hat. Doch hatten sich schon zuvor Mathematiker derartigen Grundlagenfragen gewidmet, etwa Hippokrates von Chios und Theudios von Magnesia, und vieles davon ist in die „Elemente" eingeflossen. Im ersten der insgesamt 13 Bücher, aus denen dieses Werk besteht, listet Euklid die Grundbegriffe in Definitionen und die Grundsätze in Postulaten und Axiomen auf; in den weiteren der Geometrie gewidmeten Büchern (II–VI, X–XIII) stehen, wenn überhaupt, nur noch Definitionen von abgeleiteten Begriffen am Beginn ([Eukl]). Einige wenige jener grundlegenden ersten Definitionen, die im Folgenden von Wichtigkeit sind, seien hier angeführt.

1. Ein *Punkt* ist, was keine Teile hat.

2. Eine *Linie* breitenlose Länge.

4. Eine *gerade Linie* (*Strecke*) ist eine solche, die zu den Punkten auf ihr gleichmäßig liegt.

5. Eine *Fläche* ist, was nur Länge und Breite hat.

8. Ein ebener *Winkel* ist die Neigung zweier Linien in einer Ebene gegeneinander, die einander treffen, ohne einander gerade fortzusetzen.

9. Wenn die den Winkel umfassenden Linien gerade sind, heißt der Winkel *geradlinig.*

10. Wenn eine gerade Linie auf eine gerade Linie gestellt, einander gleiche Nebenwinkel bildet, dann ist jeder der beiden gleichen Winkel ein *Rechter* [...].

19. *Geradlinige Figuren* sind solche, die von Strecken umfaßt werden, *dreiseitige* die von drei, *vierseitige* die von vier, *vielseitige* die von mehr als vier Strecken umfaßten.

20. Von den dreiseitigen Figuren ist ein *gleichseitiges Dreieck* jede mit drei gleichen Seiten, ein *gleichschenkeliges* jede mit nur zwei gleichen Seiten, ein *schiefes* jede mit drei ungleichen Seiten.

Ein erstes, was dabei auffällt, ist, dass durchaus auch schon abgeleitete Begriffe definiert werden, wie z.B. gleichseitiges, gleichschenkeliges und schiefes Dreieck. Es werden nämlich nicht nur die Grundbegriffe sondern sämtliche für die im 1. Buch behandelte Theorie benötigten Begriffe vorangestellt.

Bemerkenswerter ist, dass auch die Grundbegriffe definiert werden. Da diese jedoch allererste mathematische Begriffe sind, stellen die diesbezüglichen Beschreibungen die Verbindung her zwischen ihnen und Begriffen, die dem Alltagsleben entnommen sind. Dies betrifft zum Teil auch die anderen Definitionen. Beispielsweise sind bei den Definitionen von Punkt, Linie, Fläche aber auch gerade Linie, Winkel, etc. die dabei verwendeten Termini „Teile", „Länge", „Breite",

„gleichmäßig liegen", „Neigung" nicht mehr rein mathematischer Natur, sondern sie sind mit demjenigen Begriffsinhalt behaftet, der ihnen gemäß der Alltagssprache zukommt.

Diejenigen Definitionen, die solche undefinierten Begriffe enthalten, sind somit keine mathematischen Definitionen im üblichen Sinne, wo der Begriffsinhalt des Definiendum dem des Definiens gleich ist. Letztere sind im Grunde genommen bloße Abkürzungen der Sprechweise. Statt dem Satz (Def. 21) „Ein rechtwinkeliges Dreieck ist eine dreiseitige Figur mit einem rechten Winkel" kann man unter Berücksichtigung der Definitionen 19 und 10 genauso gut – nur schwerer verständlich – sagen: „Ein rechtwinkeliges Dreieck ist eine geradlinige Figur, die von drei Strecken umfasst wird, wobei zwei der aufeinander gestellten Strecken einander gleiche Nebenwinkel bilden". Dagegen ergibt der Satz (1. Postulat der „Elemente"): „Gefordert soll sein, dass man von jedem Punkt nach jedem Punkt die Strecke ziehen kann" nach Einsetzen der Definitionen 1, 2, 4 für Punkte, Strecke und Linie den folgenden auch alltagssprachlich sinnlosen Satz: „Gefordert soll sein, dass man von jedem Etwas, das keine Teile hat, zu jedem anderen ebensolchen Etwas eine breitenlose Länge ziehen kann, die zu den Etwassen auf ihr, die keine Teile besitzen, gleichmäßig liegt."

Des weiteren ist es auch gar nicht so, dass jedes Objekt, welches die definierende Bestimmung der Grundbegriffe wirklich erfüllt, unter den Begriff fällt. Schon früh wurde etwa bezüglich der Definition 1 der Einwand gemacht, dass die Seele keine Teile hat, und dennoch kein Punkt ist; genauso wenig wie das Individium (= das Unteilbare), Gott, die Farbe Blau etc.

Die Definitionen der Grundbegriffe bzw. all jener Begriffe in den „Elementen", die nicht weiter erklärte Termini enthalten, dürfen somit nicht wie übliche mathematische Definitionen verstanden werden, sondern zunächst nur als Hinweise auf die zugrundeliegenden Objekte, die einen oder mehrere von deren Charakteristika aufzeigen. Somit hat ein Punkt *jedenfalls* keine Teile, eine Linie eine Ausdehnung nur in einer Richtung. Aber was ein Punkt, eine Linie, etc. nun wirklich ist, scheint dadurch offenzubleiben.

Um diesen Sachverhalt zu klären, muss man berücksichtigen, dass sich die griechische Mathematik nicht als unabhängige Einzelwissenschaft entwickelte, sondern von den Philosophen, insbesondere von Platon und Aristoteles, in deren Denkgebäude mit einbezogen wurde und dadurch wichtige Impulse erhielt. Heutzutage wie auch zu Zeiten der drängenden Probleme bei der Begründung der Mengenlehre um die Wende zum 20. Jahrhundert werden die Mathematiker mit solchen Grundlagenproblemen von den Philosophen allein gelassen; und dies, obwohl – wie sich zeigen wird – eine Theorie des mathematischen Erkennens Grundvoraussetzung ist, um sie einer Lösung zuzuführen.

Aristoteles hatte u.a. in seiner „Analytica Posteriora" die Methodik und den Aufbau jeglicher beweisenden Wissenschaft, also insbesondere der Mathematik, genauestens klargelegt und dabei als deren Grundlagen Definitionen und Axiome erkannt. Die auch notwendigen Grundbegriffe scheint er an anderer Stelle angesprochen zu haben ([Fritz], S. 350 ff.). Obwohl Euklid in seinen „Elementen" sich genau an diese Ausführungen hält, ist es unter Fachleuten umstritten, ob und, wenn ja, inwieweit er wirklich von Aristoteles beeinflusst ist.

Wie dem auch sei, zur Auflösung des obigen Problems trägt die Berücksichtigung selbst der allgemeinen Ansicht des Aristoteles kaum bei. Nach dem 13. Buch seiner „Metaphysik" sind die mathematischen Objekte Zahlen und elementare Figuren und diese sind Akzidentien der Gegenstände der Außenwelt. Sie haben ohne diese keinen Sinn. Der Mathematiker kann sie jedoch gewissermaßen aus ihnen herausheben und sie für sich alleine untersuchen. Akzidentien nun, etwa auch eine Farbe oder ein Geruch, lassen sich überhaupt nicht inhaltlich völlig bestimmen, d.h. definieren. In irgendeiner Weise ist dazu immer ein Hinweis auf einen damit behafteten Gegenstand oder auf ein Sinnesorgan, jedenfalls auf ein physisches Objekt nötig. „Keine Erklärung ist imstande, dasjenige Mittel zu ersetzen, welches allein das Verständnis jener einfachen, auf andere nicht zurückführbaren Begriffe erschließt, nämlich den Hinweis auf geeignete Naturgegenstände" ([Pasch], S. 15). Vom Standpunkt des Aristoteles aus sind die geometrischen Grundbegriffe somit letztlich undefinierbar.

Anders liegt der Fall, wenn man die platonische Auffassung heranzieht. Ihr zufolge sind die mathematischen Ideen wie alle Ideen ihrem Wesen nach unabhängig von der Erscheinungswelt. Sie unterscheiden sich zwar von den schaffenden Ideen, die der sinnesfälligen Welt zugrundeliegen, denn es existieren in der Natur keine Punkte, Geraden, Winkel etc. in der Weise, wie es Wölfe, Sonnenblumen oder Bergkristalle gibt. Aber wie diese spiegeln sie sich an der Urmaterie (hȳlé), wodurch das in den Dingen liegende Mathematische in Erscheinung tritt. Streift der diese Dinge betrachtende Mensch alles Nicht-Ideelle, Scheinhafte ab, so dringt er zu der allein wahren Ideenwelt vor, insbesondere auch zu den mathematischen Ideen.

Die euklidischen Definitionen der Grundbegriffe sind nun insofern sinnvoll, als sie sich nicht auf den Bereich aller Ideen beziehen, sondern nur auf den der mathematischen genauer der geometrischen Ideen. Beispielsweise ist unter all den geometrischen Begriffen, die man durch die Außenwelt angeregt bilden kann, wie Kreis, Viereck, Fläche, Gerade nur einer, wo die entsprechende Figur sich nicht teilen lässt, und dieses ist eben der Punkt; auch existiert nur einer, wo sie nur eine Ausdehnung in einer Richtung besitzt, die Linie, etc. Aber auch in der Arithmetik gibt es ein Objekt, das die Definition 1 erfüllt – die „unteilbare" Einheit, die laut Euklid das ist, „wonach jedes Ding eines genannt wird" (VII. Buch der „Elemente", Def. 1). Und so gibt es in den verschiedensten Wissenschaftsbereichen ein Grundelement, das „keine Teile besitzt".

Dabei liegt darin kein Zirkel vor, dass man schon wissen muss, was zur Geometrie gehört, um die entsprechenden Begriffe abgrenzen zu können. Es bildet ja jeder Mensch diese ersten Begriffe ohne jegliche Beziehung zu diesem Fachgebiet, genauso wie man den Begriff „Baum" bildet ohne Bezug auf die Botanik zu nehmen.[10]

Diese Andeutungen mögen genügen um aufzuzeigen, dass den Definitionen von Euklid durchaus ein Sinn beigelegt werden kann. Doch muss man sich dazu auf die griechische Denkweise einlassen oder eine entsprechende Erkenntnistheorie zugrundelegen und nicht einfach die heute vorherrschende überstülpen. Genauer wollen wir darauf nicht mehr eingehen, da es sich hier nur darum handelt, ganz allgemein eine einleitende Motivierung für die axiomatisierende Methode zu geben. Insbesondere behandeln wir nicht die Schwächen der euklidischen Definitionen, die meist nur aus der heutigen Sichtweise solche sind, wie etwa die scheinbare Tautologie, in Definition 8 den Winkel durch den Begriff der Neigung zu bestimmen oder die schwer verständliche Definition für die gerade Linie.[11] Man vergleiche dazu die ausführlichen Untersuchungen in [Fritz], S. 454–480; und schon in der Antike von Proklos ([Prok], S. 250ff.).

Ausgangspunkt für die ersten Begriffe der euklidischen Geometrie sind sowohl bei Platon als auch bei Aristoteles die uns umgebende Welt, die uns zu deren Bildung anregt. Und darauf baut man ja auch, wenn man Kindern anhand von einfachsten Zeichnungen oder Figuren die geometrischen Grundbegriffe beibringen will[12] (siehe dazu auch den Anhang zu diesem Abschnitt). Insofern gibt es die darin angesprochenen Objekte gewissermaßen von Natur aus. Für die anderen geometrischen Objekte, die nur durch Definitionen beschrieben werden, reicht das Definieren allein für deren Existenz nicht mehr aus.

So lässt sich im Rahmen der räumlichen euklidischen Geometrie ein regulärer Siebenflächner natürlich definieren als ein Körper, der von sieben regelmäßigen, kongruenten n-Ecken begrenzt wird; doch kann man leicht zeigen, dass solch ein Körper nicht existiert. Für alle über die Grundbegriffe hinausgehenden geometrischen Begriffe ist somit die Existenz separat nachzuweisen. Dies geschieht im allgemeinen durch eine Konstruktionsvorschrift, die jedoch nichts mit physischer Ausführbarkeit zu tun hat, sondern nur angibt, wie man mit bereits als existierend erkannten geometrischen Objekten gedanklich umgehen soll, um sie zu erhalten (vgl. dazu auch den Anhang). Beispiele dafür liefern gleich die ersten Problemstellungen des 1. Buches der „Elemente"

§1. Über einer gegebenen Strecke ein gleichseitiges Dreieck zu errichten.[13]

§2. An einem gegebenen Punkte eine einer gegebenen Strecke gleiche Strecke hinzulegen.[13]

§3. Wenn zwei ungleiche Strecken gegeben sind, auf der größeren eine der kleineren gleiche Strecke abzutragen.

Diese Aufgabenstellungen zeigen auch, wie subtil Euklid verfährt. So besagt die zweite, dass eine vorgegebene Strecke sich nicht automatisch in der Ebene verschieben lässt. So trivial dieses Ergebnis ist, zählt es also nicht zu den allerersten, unbeweisbaren geometrischen Grundtatsachen.

Damit sind wir von der begrifflichen Ebene zu der der Sätze bzw. Grundsätze gelangt, denn diese regeln die einzelnen Konstruktions- bzw. Beweisschritte. Euklid unterscheidet in Bezug auf die Grundsätze die schon genannten Aitemata (Postulate, Forderungen) und *Koine Ennoia* (Allgemein Eingesehenes, (allen Wissenschaften) gemeinsame Einsichten). Sie lauten:

Aitemata. Gefordert soll sein:

1. Daß man von jedem Punkt nach jedem Punkt die Strecke ziehen kann,[13]

2. Daß man eine begrenzte gerade Linie zusammenhängend gerade verlängern kann,[13]

3. Daß man mit jedem Mittelpunkt und Abstand den Kreis zeichnen kann,

4. Daß alle rechten Winkel einander gleich sind,

5. Und daß, wenn eine gerade Linie beim Schnitt mit zwei geraden Linien bewirkt, daß innen auf derselben Seite entstehende Winkel zusammen kleiner als zwei Rechte werden, dann die zwei geraden Linien bei Verlängerung ins unendliche sich treffen auf der Seite, auf der die Winkel liegen, die zusammen kleiner als zwei Rechte sind.

Koine Ennoia.

1. Was demselben gleich ist, ist auch einander gleich.

2. Wenn Gleichem Gleiches hinzugefügt wird, sind die Ganzen gleich.

3. Wenn von Gleichem Gleiches weggenommen wird, sind die Reste gleich.

4. Was einander deckt, ist einander gleich.

5. Das Ganze ist größer als der Teil.

Hierbei bezieht sich die erste Gruppe von Aussagen auf die Geometrie im speziellen, die zweite beinhaltet mehr allgemeine logische Aussagen.[14] Aus moderner Sicht sind nur die Aitemata, also die Postulate von Interesse, die heute meist Axiome genannt werden. Wir werden die beiden Begriffe im Folgenden synonym verwenden.

Wie schon zuvor erwähnt wurde, hat sich Aristoteles mit den ersten Grundsätzen einer beweisenden Wissenschaft, den Axiomen, genauestens auseinander gesetzt. Für ihn müssen diese unter anderem wahr, unbeweisbar und einsichtiger als das aus ihnen Geschlossene sein. Am ehesten kann der heutige Mathematiker noch die letzte Forderung nachvollziehen, jedoch wird er sie als irrelevant abtun. Er wird sie aber den euklidischen Postulaten, ausgenommen dem letzten, insofern zugestehen, als sie sicherlich einsichtiger als sämtliche Sätze sind, die Euklid in seinen „Elementen" ableitet.[15] (Auf das letzte Postulat, das sogenannte *Parallelenaxiom*, wird im nächsten Abschnitt 2.2 genauer eingegangen.)

Die anderen beiden Forderungen an die Grundsätze sind nur zu verstehen, wenn man den in ihnen vorkommenden Begriffen einen Inhalt zuerkennt, was, wie oben herausgearbeitet wurde, bei Platon und Aristoteles der Fall ist, wenn auch in unterschiedlicher Weise. Nur Aussagen über inhaltlich zu denkende Begriffe können wahr oder falsch sein. Sie können auch unbeweisbar sein, nämlich wenn sie eine unmittelbar einsichtige Beziehung aussprechen, die allein aus dem Inhalt der jeweiligen Begriffe fließt.

Beispielsweise stehen die von der Anschauung angeregten Begriffe Punkt und gerade Linie von ihrem Inhalt her in einer derartigen Beziehung, dass es auf einer solchen Linie (unbeschränkt viele) Punkte gibt, und dass zwei Punkte genügen, um sie eindeutig festzulegen (siehe Anmerkung 13). Für das Einsehen dieser Beziehung ist kein Rückgriff auf die Anschauung mehr nötig. Ebenso ist etwa die Aussage des Satzes „Keine Wirkung ohne Ursache" eine, die rein aus den Begriffsinhalten folgt und daher unmittelbar evident, mithin unbeweisbar ist.

Es könnte scheinen, dass die Entdeckung der hyperbolischen Geometrie im 1. Drittel des 19. Jahrhunderts einem derartigen Verständnis der Axiome entgegensteht (siehe dazu die folgenden beiden Kapitel 2.2 und 2.3; zur Namensgebung siehe Anmerkung 109). In ihr gelten die ersten vier euklidischen Postulate, nicht jedoch das fünfte, das Parallelenaxiom, wobei man zu ganz anders gearteten Ergebnissen als in der euklidischen Geometrie gelangt. Doch sind hierbei die verwendeten Grundbegriffe, Punkt, Gerade, etc., nicht mehr die ursprünglichen durch die Außenwelt angeregten. Dies ergibt sich schon daraus, dass noch niemand beim Erlernen geometrischer Begriffe, das eben vermittels von Objekten der Sinneswelt geschieht, zur hyperbolischen Geometrie geführt wurde.[16] Die Geraden dieser Geometrie sind also – obwohl sie denselben Namen tragen – nicht die in der euklidischen Definition 4 beschriebenen geraden Linien. Mancherorts wird diesem wichtigen Umstand dadurch Rechnung getragen, dass zwischen Geraden in der euklidischen und der hyperbolischen Geometrie unterschieden wird (vgl. z.B. [Mohr]).

An Euklids Grundsätze lassen sich somit wirklich die aristotelischen Forderungen sinnvoll stellen und sie erfüllen diese auch (mit der in Anm. 15 gemachten Einschränkung die Postulate betreffend; das letzte wird, wie erwähnt, im nächsten Kapitel dahingehend genauer studiert). Wie schon bei den Grundbegriffen muss man dazu aber einen geeigneten erkenntnistheoretischen Bezugsrahmen vorgeben; ein Punkt, der in der heutigen Mathematik allzuoft vernachlässigt oder sogar negiert wird.

Anhang. Die „natürliche Geometrie" von Hjelmslev

Es hat sich gezeigt, dass man Euklids axiomatischem Aufbau der Geometrie ohne Rückgriff auf eine geeignete philosophische Anschauung über die Bedeutung mathematischer Begriffe kein volles Verständnis entgegenbringen kann. Hier soll nun anhand einer anders gearteten Auffassung darüber, was ein Axiomensystem leisten soll, noch deutlicher der Stellenwert der Philosophie und die Notwendigkeit einer erkenntnistheoretischen Grundlegung herausgearbeitet werden; im Zusammenhang mit dem Parallelenaxiom wird dann noch eine weitere Auffassung behandelt werden (siehe Anhang zum folgenden Abschnitt 2.2).

„Sind doch die sinnlich wahrnehmbaren Linien nicht von derselben Art wie diejenigen, von denen der Geometer redet; nichts sinnlich Wahrnehmbares ist in der Weise [d.h. im Sinne des Geometers] gerade oder rund, und der sinnlich wahrnehmbare Kreis berührt das Lineal [= die Gerade] nicht bloß in einem Punkte, sondern er verhält sich so, wie Protagoras in seiner Widerlegung der Geometer sagt." Mit diesem Zitat aus der „Metaphysik" des Aristoteles ([Arist2], III.2 997b 35ff.) leitete der bekannte dänische Geometer J. Hjelmslev 1922 eine Vortragsreihe zum Thema „Die natürliche Geometrie" ein ([Hjel2]). Darin führt er aus, dass die Geometrie, wie sie seit Euklid betrieben wird, nichts mit der Wirklichkeit zu tun hat. Punkte, Geraden, Ebenen erfüllen nicht immer die euklidischen Sätze. So können zwei Geraden, etwa wenn sie gezeichnet sind, mehr als einen Punkt gemeinsam haben, ebenso wie zwei sich von innen berührende Kreise.

Hjelmslev schlägt daher eine neue, eben die „natürliche" Geometrie vor, die diesen Umständen Rechnung trägt. Sie ist so naheliegend, dass sie sogar in den Schulunterricht in Dänemark Eingang gefunden hat. Und man mag sich wundern, wieso nicht schon zu Zeiten des Protagoras ($\sim$ 480–411 v. Chr.) die Entwicklung in diese Richtung ging.

Die Grundlage der „natürlichen Geometrie" ist ein Axiomensystem der Erfahrung im Gegensatz zum Axiomensystem der Willkür, wie er das euklidische und dessen spätere Adaptionen nennt. „Wir verlangen [...], daß die Axiome durch genaue Untersuchungen (Experimente und Wahrnehmungen) kontrolliert und bestätigt werden können. Die Definitionen der Grundbegriffe: Ebene, gerade Linie, rechter Winkel usw. müssen so eingerichtet werden, daß sie eine bestimmte Herstellungstechnik der Dinge festsetzen, die eine Kontrolle für das Bestehen der Grundeigenschaften enthält" ([Hjel2], S. 3).

Aufgrund dieser Forderungen gelangt Hjelmslev zu teilweise radikal anders gearteten Formulierungen bzw. Ergebnissen als in der euklidischen Geometrie. Beispielsweise lautet sein entscheidendes Axiom: „Zwei Punkte haben eine bestimmte Verbindungsstrecke. Diese gehört jeder Geraden an, welche durch die beiden Punkte hindurchgeht" ([Hjel2], S. 4). Der pythagoräische Lehrsatz bekommt die folgende Form: „In einem rechtwinkeligen Dreieck lassen sich die Seiten so durch Zahlen fixieren, daß das Quadrat der Hypothenusezahl der Summe der Quadrate der beiden Kathetenzahlen gleich wird" ([Hjel2], S. 8). Es folgt unter Anwendung des Axioms, dass keine Strecke unbegrenzt teilbar ist und mithin die Länge einer Strecke nicht eindeutig, sondern nur innerhalb einer gewissen Bandbreite bestimmbar ist.

Obwohl diese „natürliche" Geometrie von Hjelmslev sich so nahe wie möglich an der Erfahrung orientiert, hat sie keinerlei nachhaltigen Einfluss ausgeübt. Auch sein Wunsch, dass künftige Wissenschafter sie ausbauen mögen, scheint sich nicht erfüllt zu haben. So wie eben auch die Widerlegung der (euklidischen) Geometrie durch Protagoras der Entwicklung keinen Einhalt gebieten konnte. Der tiefere Grund dafür liegt in der Natur des menschlichen Erkennens.

Bringt man einem Kind den Begriff der Geraden, eines Kreises oder auch eines Baumes, eines Hundes etc. bei, so geschieht das immer durch Hinweisen auf konkrete Exemplare. Diese regen es zur Bildung der entsprechenden Begriffe an.[17] Nebenbei sei angemerkt, dass entgegen der weitverbreiteten Ansicht der Sehsinn nicht unbedingt nötig für das Erlernen der geometrischen Begriffe ist. Der in seinem 1. Lebensjahr vollständig erblindete Nicol Saunderson (1682–1739) brachte es bis zum Universitätsprofessor für Mathematik in Cambridge und er verfasste mehrere Beiträge zur Newtonschen Analysis. Dagegen kommt dem Gleichgewichtsinn eine entscheidende Rolle zu, wie Untersuchungen des russischen Psychologen A. R. Luria gezeigt haben. Näheres zu diesem Thema findet man bei [Schub], S. 197f.

Gegenüber den konkreten Einzelfällen beinhaltet der Begriff nun immer etwas wesentlich Neues. Dadurch kann ein Kind beispielsweise einen Nadelbaum, einen umgestürzten Baum, einen mit blauer Farbe gemalten Baum als Baum erkennen, selbst wenn es nur durch lebende Laubbäume zu dieser Begriffsbildung geführt wurde. Der Begriff ist somit *nicht* das den jeweiligen konkreten Exemplaren sinnenfällig Gemeinsame. Im Gegenteil sind, wie schon Aristoteles ausführt und wie schon oben erwähnt wurde, die sinnenfälligen Erscheinungen an einer Sache bloße Akzidentien, die mit deren Wesen, das eben nur begrifflich erfasst werden kann, nichts zu tun haben.

Und auf eben diese Weise leiten konkret aufgezeigte Strecken oder Punkte das Kind zu den Begriffen Gerade und Punkt etc. Die Akzidentien sind in diesem Fall die jeweils beschränkte Länge der Strecke, die Breite oder Dicke der Strecke und des Punktes, usw.

Wenn also Hjelmslev feststellte, dass ein gezeichneter Kreis und eine Tangente eine Strecke gemeinsam haben, dass Geraden immer nur begrenzte Länge besitzen, und er dies zum Ausgangspunkt seines Axiomensystems macht, so bleibt er auf der Ebene des Sinnenfälligen stehen und negiert das auf der begrifflichen Ebene neu Hinzukommende.

Es sind somit zwei unterschiedliche Auffassungen über das Wesen der Geometrie, die sich bei Euklid und Hjelmslev gegenüberstehen. Dabei ist letztere aber von eingeschränkterem Umfang, da sie einen wesentlichen Teil der menschlichen Erkenntnis, eben die Bildung von reinen Begriffen, unberücksichtigt lässt. Dies zeigt sich auch daran, dass in seiner Zahlenauffassung irrationale Zahlen keinen Platz haben, weil man aufgrund von Messergebnissen allein nie zu ihnen geführt werden kann. Gerade das, was die Mathematik auszeichnet, kann von der sinnenfälligen Erfahrung bzw. von der Physik her nie begründet werden. Daraus folgt zugleich, dass ihre Ver- bzw. Anwendung in den Naturwissenschaften nie das letztlich sinnstiftende Motiv für das Mathematisieren abgeben kann.

2.2 Das Parallelenaxiom

Wie schon kurz erwähnt wurde, entzündete sich vor allem an einem der fünf euklidischen Postulate Kritik, dem letzten. Es lautet:

„Und daß, wenn eine gerade Linie beim Schnitt mit zwei geraden Linien bewirkt, daß innen auf derselben Seite entstehende Winkel zusammen kleiner als zwei Rechte werden, dann die zwei geraden Linien bei Verlängerung ins unendliche sich treffen auf der Seite, auf der die Winkel liegen, die zusammen kleiner als zwei Rechte sind" (Abb. 2.1 links).

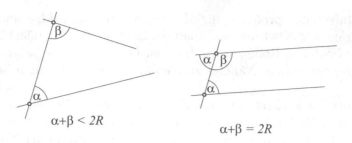

$$\alpha+\beta < 2R \qquad\qquad \alpha+\beta = 2R$$

Abbildung 2.1

Dieses Postulat heißt auch Parallelenaxiom, da seine Aussage explizit nur zur Herleitung einer Charakterisierung paralleler Geraden herangezogen wird. Dabei versteht Euklid unter parallelen geraden Linien solche, „die in derselben Ebene liegen und dabei, wenn man sie nach beiden Seiten ins unendliche verlängert, auf keiner einander treffen" (Def. 23). Die betreffende Charakterisierung lautet zusammengefasst:

Zwei Geraden sind parallel genau dann, wenn sie geschnitten von einer dritten gleiche innere Wechselwinkel liefern bzw. wenn die Innenwinkel zusammen zwei Rechte ausmachen (§28, §29) (Abb. 2.1 rechts).

Dabei wird die eine Richtung, dass die Bedeutung hinreichend für die Parallelität ist, noch ohne, die andere, dass sie auch notwendig ist, mit Hilfe jenes 5. Postulats beweisen.

Die Formulierung des Parallelenaxioms ist im Vergleich zu der der anderen Axiome ungewöhnlich lang, doch „an logischem Wert[18] übertrifft das euklidische Postulat, in dem nur die Angabe der Seite des Treffens wegen I, §17 überflüssig ist, die meisten Ersatzpostulate, wird von keinem übertroffen" ([Eukl], S. 420). Die Kritik richtete sich vor allem darauf, ob es der aristotelischen Forderung an die Grundsätze einer Theorie, nämlich unbeweisbar zu sein, wirklich entspricht. Und so versuchten seit der Antike immer wieder Mathematiker die Aussage des Parallelenaxioms abzuleiten.[19] Damit ist eine Deduktion gemeint, die nur die vier anderen euklidischen Postulate verwendet – der Bestand an Sätzen, die man auf diese Weise herleiten kann, bildet die sogenannte absolute Geometrie.

Oft schlichen sich dabei versteckte Annahmen ein, die diesen vier Grundsätzen hätten hinzugefügt werden müssen. Schon die erste bekannte Modifizierung durch Poseidonios ($\sim$ 135–$\sim$ 51 v. Chr.) leidet an diesem Mangel. Er ersetzt die obige Definition für parallele gerade Linien durch die folgende:

„Parallel sind die Geraden, die in einer Ebene sich weder nähern noch entfernen, sondern alle Senkrechten gleich haben, die von den Punkten der einen zur anderen gezogen werden." ([Prok], S. 287)

Diese harmlos erscheinende Definition birgt bereits ein logisches Problem:

Wieso gibt es überhaupt gerade Linien konstanten Abstands? Will man dies begründen, kann man etwa so vorgehen, dass man eine Gerade vorgibt, in jedem ihrer Punkte sich die Senkrechte (in der gegebenen Ebene) errichtet denkt und darauf eine fixen Abstand abträgt. Dann muss man jedoch zeigen, dass die sich so ergebende Abstandslinie wieder eine *gerade* Linie ist. Wie sich beweisen lässt, muss man dazu aber genau das Parallelenaxiom (oder ein äquivalentes Axiom) voraussetzen! In der hyperbolischen Geometrie, in der ebenfalls die ersten vier euklidischen Postulate gelten, sind dagegen die Abstandslinien zu einer gegebenen Geraden nicht wieder gerade Linien.

Um logisch exakt zu verfahren, hätte also Poseidonios seine Definition von parallel abändern müssen, etwa in der Form:

Parallel zu einer Geraden ist eine Linie konstanten Normalabstands, die mit der Geraden in einer Ebene liegt.

Des weiteren hätte er das Parallelenaxiom ersetzen müssen durch das Postulat:

Eine zu einer Geraden parallele Linie ist wieder eine Gerade.

Dadurch hätte er aber schließlich nichts gewonnen, denn die beiden Axiome sind äquivalent, d.h. jedes lässt sich aus dem anderen unter Verwendung der restlichen vier euklidischen Postulate beweisen.[20] Für den Aufbau der euklidischen Geometrie ist es also ganz gleichgültig, welches der beiden man voraussetzt. Im Sinne der Forderungen von Aristoteles an ein Axiomensystem ist jedoch Euklids Postulat vorzuziehen, da es praktikabler ist. Von einer Kurve nachzuweisen, dass sie gerade ist, ist im allgemeinen viel komplizierter als zu bestimmen, ob zwei Geraden einen Schnittpunkt besitzen.

Außer solchen Mathematikern, die nur aufgrund von versteckten Annahmen das Parallelenaxiom „beweisen" konnten, gab es auch viele, denen dies mittels expliziter Annahmen gelang. Diese wurden aber entweder von ihnen selbst oder zu späterer Zeit als äquivalent zu jenem Axiom erkannt. Beispielsweise gab John Wallis (1616–1703) dem folgendem Postulat den Vorzug (1663; gedruckt 1693):

„Zu jeder beliebigen Figur gebe es stets eine andere ihr ähnliche von beliebiger Größe."

Dabei genügt es, diese Forderung bloß für Dreiecke aufzustellen.[21] Dies zeigt der folgende Nachweis der Äquivalenz zum Parallelaxiom, der – sehr verkürzt – Grundgedanken von Wallis' Beweis wiedergibt.

Beweis. 1) Dass es in der euklidischen Geometrie, also unter der Voraussetzung des Parallelenaxioms, zu einem gegebenen Dreieck stets beliebig große ähnliche gibt, darf als bekannt angenommen werden.

2) Es sei nun die Existenz solcher ähnlicher Dreiecke vorausgesetzt. Gemäß der Bedingung des Parallelenaxioms geht Wallis von zwei Geraden h_1, h_2 aus, die eine Gerade g in den Punkten A und B schneiden und dort Innenwinkel α, β bilden mit $\alpha + \beta < 2R$; R bezeichnet dabei hier und im weiteren den rechten Winkel. Er

denkt sich nun in jedem Punkt P der Strecke AB den Winkel β abgetragen (Abb. 2.2). Im Grenzfall $P = A$ verläuft der entsprechende Schenkel ganz im Winkelfeld,

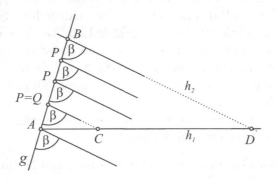

Abbildung 2.2

das von g und h_1 gebildet wird. Ein Stetigkeitsargument zeigt, dass es daher jedenfalls (mindestens) einen Punkt $Q \in AB$ geben muss, so dass der Schenkel in Q h_1 schneidet. Dadurch entsteht ein Dreieck AQC. Es folgt leicht, dass die Seiten des nach Voraussetzung existierenden ähnlichen Dreiecks ABD über der Strecke AB auf die Geraden h_1 und h_2 (und g) zu liegen kommen. Erstere haben demnach den Eckpunkt D als gemeinsamen Schnittpunkt, womit das euklidische 5. Postulat bewiesen ist. $\square$

Im 18. Jahrhundert erreichte das Bemühen der Mathematiker, das Parallelenaxiom aus den anderen Postulaten herzuleiten, einen Höhepunkt.[22] Geronimo Saccheri in Italien, Johann Heinrich Lambert in Deutschland, Adrien-Marie Legendre in Frankreich, John Playfair in England – um nur die wichtigsten zu nennen – befassten sich mit diesem Problem. Letzterem ist auch die wohl am meisten verbreitete äquivalente[20] Fassung des 5. Postulates zu verdanken:

Playfair-Axiom.[23] Zu einer gegebenen Geraden g gibt es durch einen nicht auf ihr liegenden gegebenen Punkt P genau eine Gerade in der von ihnen aufgespannten Ebene, die g nicht schneidet.

Aber auch die anderen genannten Mathematiker wurden immer nur auf – äquivalente – Postulate geführt, die bestenfalls suggestiver oder anschaulicher und deshalb leichter beweisbar schienen als das ursprüngliche Parallelenaxiom. Beispielsweise auf die folgenden:

Es gibt ein Paar nicht kongruenter ähnlicher Dreiecke (G. Saccheri, 1733).
Es gibt zumindest ein Rechteck (G. Saccheri, 1733).
Es gibt keine absolute Längeneinheit (J. H. Lambert, 1766).
Es gibt ein Dreieck mit der Winkelsumme $2R$ (G. Saccheri, 1733; J. H. Lambert, 1766; A.-M. Legendre, 1794).

Durch drei Punkte, die nicht auf einer Geraden liegen, geht stets ein Kreis (A.-M. Legendre, 1794).

Auch wenn Legendre 1833 meinte, „daß die Parallelentheorie durch seine Untersuchungen nach zweitausend Jahren vergeblicher Bemühungen endlich zu einem befriedigenden Abschluß gekommen sei" ([Stä], S. 213), blieben letztlich alle Beweisversuche vergeblich. Ja, zu jenem Zeitpunkt war bei manchen Mathematikern schon ein revolutionärer Umschwung in ihren Ansichten über das Parallelenaxiom eingetreten: War eine Geometrie denkbar, in der die vier ersten euklidischen Postulate gelten sowie die Negation des fünften oder eines ihm äquivalenten? Die meisten Beweisversuche der Abhängigkeit des letzteren von den anderen waren indirekt gewesen, so dass dadurch bereits einige – zum Teil sehr seltsame – Eigenschaften einer solchen Geometrie bekannt waren. Z.B. ergibt sich durch Negation der angeführten Postulate:

Es gibt keine ähnlichen nicht kongruenten Dreiecke; insbesondere sind Dreiecke, die in ihren Winkeln übereinstimmen, bereits kongruent.
Es existiert kein Rechteck, dafür aber eine absolute Längeneinheit.
Die Winkelsumme jedes Dreiecks ist $< 2R$.
Nicht jedes Dreieck besitzt einen Umkreis.

Dass eine solch merkwürdige Geometrie doch vielleicht denkmöglich sei, hat zum ersten Mal Lambert 1766 explizit ausgesprochen ([Stä], S. 203; siehe weiter unten). C. F. Gauß war aber wohl der erste, der konkrete Untersuchungen über diese neue Geometrie anstellte, die er antieuklidische, astrale und schließlich nichteuklidische nannte. Doch scheute er sich, wie schon im Vorwort erwähnt wurde, damit vor die Öffentlichkeit zu treten, da er nur Unverständnis und Hohn erwartete.

Zugleich war ihm – wie er in einem Brief an Schumacher einmal bekannte – der unvermeidliche Meinungsstreit zutiefst zuwider. Auch von den Philisophen erhoffte er sich keine Unterstützung, denn „mir deucht, wir wissen, trotz der nichtssagenden Wort-Weisheit der Metaphysiker eigentlich zu wenig oder gar nichts über das wahre Wesen des Raumes, als daß wir etwas uns unnatürlich vorkommendes mit Absolut Unmöglich verwechseln dürfen" ([Gauß2], S. 187). Damit ist vor allem Kant angesprochen, der in seiner „Kritik der reinen Vernunft" die Geometrie als die Wissenschaft vom Raum bestimmte und sodann feststellte, dass sie nur deshalb betrieben werden kann, weil der Raum reine, nicht empirische Anschauung ist. Da diese a priori in uns angetroffen wird, kann es nur eine Art von Raum und somit auch nur eine Art von Geometrie, die euklidische, geben ([Kant1], Erster Teil. Transzendentale Ästhetik. §1–§3).

Doch nicht nur von philosophischer, sondern auch von theologischer Seite wurde immer wieder behauptet bzw. „bewiesen", dass die euklidische Geometrie die einzig mögliche sei. Beispielsweise argumentiert Thomas von Aquin, der wohl einflussreichste Vertreter des kirchlichen Lehramtes überhaupt, in seinen Summae (Summa theologiae, Summa contra gentiles), dass es selbst Gott unmöglich sei, das „Wunder eines Dreiecks" zu schaffen, dessen Winkelsumme nicht gleich zwei rechten wäre ([Toth2], S. 60).[24]

Fast zeitgleich mit Gauß, um 1825, verfolgten zwei andere Mathematiker jene Idee einer neuen Geometrie. In Ungarn war es János Bolyai, dessen diesbezügliche Resultate als Anhang eines Werkes seines Vaters 1832 mit dem Untertitel „Scientiam Spatii absolute veram exhibens" (= „Die absolut wahre Raumlehre enthüllend") veröffentlicht wurden.[25] Knapp davor, nämlich 1829, erschien die erste Arbeit des russischen Mathematikers Nikolai Iwanowitsch Lobatschewski zur imaginären bzw. Pangeometrie, wie er sie bezeichnete. Als Bolyai dessen Werk 1835 kennenlernte, dachte er, es wäre von seinem kopiert, so ähnlich waren vor allem die Figuren. Hält man dazu, dass auch manche der Abbildungen von Gauß zu diesem Thema fast identisch sind, kann man sich nur verwundern aber auch nachdenklich werden darüber, dass hier an verschiedenen Orten zur fast derselben Zeit wie mit einer Hand gezeichnet wurde.[26]

Den genannten Mathematikern waren bereits die wichtigsten Ergebnisse der neuartigen Geometrie, für die sich seit Felix Klein der Name hyperbolisch eingebürgert hat, bekannt, doch fehlte der schlüssige Nachweis, dass sie wirklich widerspruchfrei ist. In einem Brief an Taurinus bringt Gauß die Problematik auf den Punkt. „Die Annahme[27], daß die Summe der drei Winkel [im Dreieck] kleiner sei als 180°, führt auf eine eigene, von der unsrigen (Euklidischen) Geometrie ganz verschiedene Geometrie, die in sich selbst durchaus konsequent ist.... Die Sätze jener Geometrie scheinen zum Teil paradox und dem Ungeübten ungereimt; bei genauerer ruhiger Überlegung findet man aber, daß sie an sich durchaus nichts unmögliches enthalten.... Alle meine Bemühungen, einen Widerspruch, eine Inkonsequenz in dieser Nicht-Euklidischen Geometrie zu finden, sind fruchtlos gewesen..." ([Gauß2], S. 187).

Es war also zunächst nur das Vertrauen in die eigene mathematische Intuition, die bei Gauß, Bolyai und Lobatschewski zu der Überzeugung führte, dass die neue Geometrie konsistent sei. Und auch die genannten Veröffentlichungen der beiden letzteren enthielten keinen Beweis in dieser Richtung. Der Leser musste also ein ebensolches Vertrauen aufbringen. Immerhin deutete Lobatschewski aber an, dass ein Widerspruch in der hyperbolischen Geometrie einen in der sphärischen nach sich ziehen müsste, da die entsprechenden trigonometrischen Berechnungen ganz eng zusammenhingen. Erst 1868 gelang es dem italienischen Mathematiker Eugenio Beltrami einen schlüssigen Nachweis der Widerspruchsfreiheit der hyperbolischen Geometrie zu geben.

Dem Grundgedanken war bereits Lambert nahegekommen, als er beim Versuch die Abhängigkeit des 5. Postulats von den anderen zu beweisen, ein Viereck mit drei rechten Winkeln betrachtete und sodann drei Fälle unterschied, je nachdem ob der vierte Winkel gleich einem rechten Winkel ist (entsprechend der euklidischen Geometrie) oder größer oder schließlich kleiner als ein solcher. Obwohl er die zweite Annahme zu einem Widerspruch führen konnte, fand er gewisse Resultate, die sich daraus ableiten ließen, in der sphärischen Geometrie bestätigt; beispielsweise, dass die Winkelsumme im Dreieck stets größer als 180° sein müsste.

Und so „sollte [ich] daraus fast den Schluss machen, die dritte Hypothese komme bei einer imaginären Kugelfläche vor" ([Stä], S. 203).

Hier tritt erstmals der entscheidende Gedanke auf, wie man einen solchen Widerspruchsfreiheitsbeweis führen könnte. Man gebe eine (wenn möglich) reelle Fläche im euklidischen Raum an, auf der die hyperbolische Geometrie gültig ist. Wieder ist es die sphärische Geometrie, die hier – zumindest anfänglich – die Richtung weist, in der die Lösung dieses Problems zu suchen ist. Dabei ist aber zu beachten, dass sie gar keine Geometrie in einem ebensolchen Sinn wie die euklidische ist. Um dies einzusehen sei zunächst daran erinnert, dass zwei nicht gegenüber liegende Punkte P, Q auf der Kugel in dieser Geometrie durch den kürzeren der beiden Abschnitte auf dem sie enthaltenden Großkreis verbunden werden. Die Großkreise übernehmen also hier die Rolle der Geraden der euklidischen Ebene.

Aber zwei derartige „Geraden" haben stets *zwei* (diametral gegenüber liegende) Schnittpunkte; und durch zwei solcher Punkte gehen umgekehrt *unendlich* viele „Verbindungsgeraden". Bereits der erste Grundsatz der euklidischen Geometrie, dass durch zwei Punkte genau eine Gerade festgelegt ist, ist hier also verletzt. Erst durch eine geeignete Interpretation des Begriffs „Punkt" kann man auch auf der Kugel zu einer Geometrie – der elliptischen – gelangen, in welcher diese Problematik nicht auftritt (siehe Kap. 6.2).

Sie entfällt aber auch, wenn man nicht zu große Teilbereiche der Kugel betrachtet; etwa Kugelkappen, die kleiner als eine Halbkugel sind. Die sphärische Geometrie liefert dann, dass die 2. Hypothese Lamberts erfüllt ist, d.h. dass der vierte Winkel eines Vierecks mit drei rechten Winkeln stets ein stumpfer ist. Daher gelten in einem solchen Bereich auch alle aus ihr ableitbaren Resultate.

Als tieferen Grund dafür, warum gerade die Kugel diese Eigenschaft besitzt, entdeckte Gauß die Tatsache, dass sie eine Fläche konstanter positiver Krümmung ist.[28] Und er studierte auch die Geometrie, die lokal, also im Kleinen, auf einer Fläche konstanter negativer Krümmung gilt. Dabei stellte sich heraus, dass wirklich die 3. Hypothese Lamberts erfüllt ist und somit auch die Resultate der (ebenen) hyperbolischen Geometrie – zumindest lokal – Gültigkeit besitzen.

Das Paradebeispiel einer solchen Fläche ist die *Pseudosphäre* (Abb. 2.3). Man erhält sie mittels der sogenannten *Schleppkurve* oder *Traktrix*. Diese Kurve wird von einem Massenpunkt P beschrieben, der an einem Faden der Länge r angehängt ist, und dessen anderes Ende A auf einer festen Geraden g, der Leitlinie, entlang geführt wird. Mathematisch wird sie dadurch definiert, dass der Tangentenabschnitt von P zu g konstant ist. Rotiert man die Traktrix um g erhält man die Pseudosphäre. Sie lässt sich folgendermaßen analytisch beschreiben:

$$
\begin{aligned}
x &= \rho \cos \varphi \\
y &= \rho \sin \varphi \qquad\qquad\qquad 0 \le \rho \le r,\ 0 \le \varphi < 2\pi. \qquad (2.1)\\
z &= r \log \frac{r + \sqrt{r^2 - \rho^2}}{\rho} - \sqrt{r^2 - \rho^2}
\end{aligned}
$$

Dabei ist ρ der Normalabstand des Punktes $P(x, y, z)$ von der z-Achse g und φ der

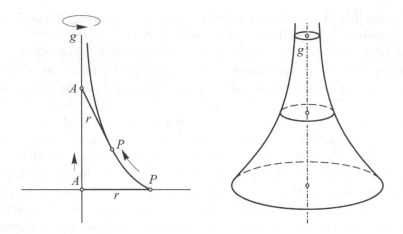

Abbildung 2.3

dem Fußpunkt $P'(x, y, 0)$ von P entsprechende Winkel im Polarkoordinatensystem in der x, y-Ebene, d.i. die Ebene des maximalen Rotationskreises. Da dieser Mittelkreis eine Singularität darstellt, betrachten wir im weiteren, wie allgemein üblich, nur die obere Hälfte der Pseudosphäre.

Auf ihr gelten, wie gesagt, lokal die Resultate der hyperbolischen Geometrie. Dabei sind die – lokalen – „geraden Linien" sogenannte geodätische Linien, das sind solche, wo je zwei Punkte kürzest möglich verbunden sind (Abb. 2.4, von

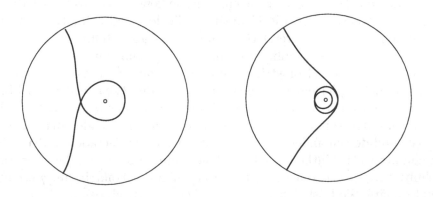

Abbildung 2.4

oben gesehen). Der Winkel zwischen geraden Linien wird über den Winkel der entsprechenden Tangenten im Schnittpunkt definiert und euklidisch gemessen. Es gilt dann z.B. der Satz, dass die Winkelsumme in einem Dreieck, das hinreichend klein ist, stets kleiner als 180° ist.

Um die Widerspruchsfreiheit der (ebenen) hyperbolischen Geometrie nachzu-weisen genügt es aber nicht, lokale Aussagen zu treffen. Man muss ja vor allem die Negation des Parallelenaxioms überprüfen und dazu benötigt man unbeschränkte Geraden. Sie lassen sich aber auf der Pseudosphäre wegen der erwähnten Singula-rität nicht darstellen. Dies ist nun nicht ein Mangel speziell dieser Fläche, sondern er haftet, wie Hilbert 1901 gezeigt hat, jeder Fläche an, auf der die hyperbolische Geometrie lokal gilt ([Hilb4], Anhang V; S. 316).

Trotzdem kann man die Pseudosphäre als Hilfsmittel verwenden, um das Problem der Widerspruchsfreiheit endgültig zu klären.[29] Ausgangspunkt sind die geodätischen Linien auf der (halben) Pseudosphäre. Diese lassen sich auf elemen-tare Weise differentialgeometrisch berechnen und sie bilden jedenfalls Teile von Geraden der hyperbolischen Geometrie. Zu ihnen zählen die sogenannten Meri-diane, die man durch einen die Leitlinie enthaltenden ebenen Schnitt erhält. Alle anderen winden sich um die Pseudosphäre herum (siehe Abb. 2.4).

Wie die Abbildung einer geodätischen Linie zeigt, kann es vorkommen, dass sie sich einmal oder mehrere Male selbst überschneidet. Diese Schwierigkeit lässt sich sofort eliminieren, wenn man den Parameter φ in (2.1) nicht auf das Intervall $[0, 2\pi)$ einschränkt, sondern beliebig in $\mathbb{R}$ variieren lässt. Eine einmalige Umlaufung der Pseudosphäre im positiven Sinn erhöht dann den Wert von φ um 2π. Man muss sich somit vorstellen, dass ein gewisser Teil der hyperbolischen Ebene auf diese Fläche aufgewickelt ist, wodurch sie unendlich viele Schichten erhält. Mit jedem Umlauf landet man in einer neuen Schicht, Überschneidungen treten also nicht mehr auf. Dieses Vorgehen entspricht genau dem des Aufwickelns der ganzen euklidischen Ebene auf einen (unendlichen) Zylinder.

Anschaulicher – und zugleich zielführender – ist es, ein ebenes Bild dieses Sachverhalts zu entwerfen. Man projiziert dabei mittels der Transformation

$$\varphi = \frac{x'}{r}, \quad \rho = \frac{r^2}{y'} \tag{2.2}$$

die Pseudosphäre in die x', y'-Ebene. Jede Schicht entspricht dabei einem Streifen zwischen zwei parallelen Geraden vom Abstand 2π oberhalb der Geraden $y' = r$. Alle Schichten zusammen überdecken dann genau einmal die über dieser Geraden liegende Halbebene. Bei dieser Projektion gehen die Meridiane in zur y'-Achse par-allele Halbgeraden über; die anderen geodätischen Linien in Segmente von Halb-kreisen, deren Mittelpunkte stets auf der x'-Achse liegen (Abb. 2.5).

Der entscheidende Vorteil bei dieser teilweisen Darstellung der hyperboli-schen Ebene gegenüber der auf der Pseudosphäre ist folgender: bei letzterer war der Randkreis eine unüberwindliche Singularität. Dieser wird aber auf die Gerade $y' = r$ projiziert, welche ohne Probleme überschritten werden kann. Man kann sich also Bilder der geodätischen Linien bis zur x'-Achse verlängert denken. Und dies stellt sich als eine vollständige Realisierung der hyperbolischen Ebene heraus; sie wurde erstmals von H. Poincaré (1887; 1902) angegeben. (Dass hier wirklich eine

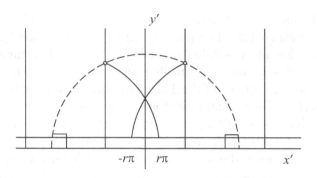

Abbildung 2.5

Realisierung der hyperbolischen Ebene vorliegt, also das entsprechende Axiomensystem erfüllt ist, wird in Kap. 6.1.1 bewiesen.)

Zusammengefasst sieht das Ergebnis unserer Überlegungen so aus: die ganze
hyperbolische Ebene lässt sich in einem Teilgebiet der (koordinatisierten) euklidischen Ebene ε realisieren und zwar in der offenen Halbebene ε_+ oberhalb der
x-Achse – wir schreiben jetzt wieder x, y statt x', y'. Als „Geraden" gelten dabei
die in ε_+ liegenden Halbkreise, deren Mittelpunkt auf der x-Achse liegt, sowie
die gewöhnlichen Halbgeraden, welche die x-Achse orthogonal schneiden. Da die
Projektion (2.2) winkeltreu ist, werden Winkel zwischen diesen „Geraden" wieder
euklidisch gemessen. Distanzen dagegen werden bei der Projektion verändert. Und
zwar errechnet sich der Abstand zweier Punkte $P(x_1, y_1), Q(x_2, y_2) \in \varepsilon_+$ längs der
neuen Geraden gemäß der Formel

$$|PQ| = c \log\left(\frac{x_1 - \bar{y}}{x_2 - \bar{y}} : \frac{x_1 - \bar{x}}{x_2 - \bar{x}}\right) \qquad \text{falls } x_1 \neq x_2 \text{ ist, bzw.}$$

$$|PQ| = c \log \frac{y_2}{y_1} \qquad\qquad\qquad \text{falls } x_1 = x_2 \text{ ist;}$$

dabei sind $U(\bar{x}, 0), V(\bar{y}, 0)$ die beiden Schnittpunkte des Halbkreises durch P, Q
mit der x-Achse; ihre Reihenfolge wird dadurch festgelegt, dass U, P, Q, V in einem
Richtungssinn aufeinander folgen. $c \in \mathbb{R}_+$ ist eine frei wählbare Konstante, wobei
meist $c = \frac{1}{2}$ gesetzt wird. Insbesondere strebt der Abstand gegen $+\infty$, falls x_1
gegen $\bar{x}$ oder x_2 gegen $\bar{y}$ geht, d.h. falls sich P oder Q der x-Achse annähern. Sie
ist also nicht erreichbar und natürlich auch nicht überschreitbar.

Bei dieser Realisierung der hyperbolischen Ebene lassen sich gewisse Grund-
konstruktionen unmittelbar geometrisch lösen: beispielsweise kann man leicht
durch zwei gegebene Punkte die eindeutig bestimmte Verbindungsgerade legen
(Abb. 2.6); es lässt sich jede Strecke – nach dem eben Gesagten – unbeschränkt
verlängern; und zu einer vorgegebenen Geraden g und einem Punkt $P \notin g$ kann
man beliebig viele Geraden h legen, die g nicht schneiden, somit „parallel" zu g
sind. Das Parallelenaxiom ist also ganz augenscheinlich nicht erfüllt.

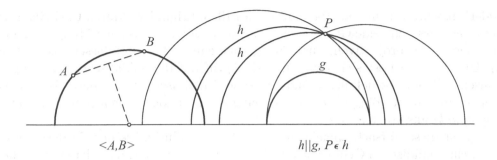

$$<A,B>$$ · · · $$h\|g,\ P\in h$$

Abbildung 2.6

Aber auch abgeleitete Ergebnisse kann man leicht nachprüfen, z.B. dass es kein Rechteck gibt. Legt man nämlich die Seite AB derart, dass deren Symmetrale senkrecht zur x-Achse steht (was man durch eine hyperbolische Bewegung stets erreichen kann) und sind AD, BC senkrecht zu AB mit $|AD| = |BC|$, so ist offensichtlich, dass $\angle C = \angle D < \frac{\pi}{2}$ gilt (Abb. 2.7).

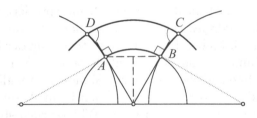

Abbildung 2.7

Aus dieser – wie auch aus jeder anderen – Realisierung der hyperbolischen Ebene innerhalb der euklidischen folgt endlich deren so lange umstrittene Konsistenz. Ein widersprüchliches Ergebnis betreffend die erstere würde ja demnach auch einen entsprechenden Widerspruch in Bezug auf die letztere nach sich ziehen. Da die euklidische Geometrie aber stets als naturgegeben angesehen wurde und somit ex cathedra als widerspruchsfrei galt, muss es eben auch die hyperbolische sein. (Genaueres dazu im nächsten Kapitel.)

Die prinzipielle Frage nach der Denkmöglichkeit einer anderen als der euklidischen Geometrie ist damit geklärt. Es kann aber der Eindruck entstehen, als ob die hyperbolische Geometrie der euklidischen untergeordnet sei. Man muss ja zuerst diese kennen, um die ganzen Wege der obigen Realisierung beschreiten zu können. Diese naheliegende Ansicht wurde zwar durch die schon von Bolyai und Lobatschewski gefundene Tatsache relativiert, dass sich umgekehrt die euklidische Geometrie innerhalb der hyperbolischen realisieren lässt – noch dazu auf wesentlich einfachere Weise (siehe z.B. [Cox2], Kap. 16.8, oder [Ram], Ch. 4.8). Endgültig widerlegt wurde sie in den 70-er Jahren des 19. Jahrhunderts durch F. Kleins Entdeckung, dass sich beide Geometrien – und noch andere – aus einer übergeordneten Geometrie, der projektiven, unabhängig voneinander herleiten lassen (siehe Kap. 5). Und letztere lässt sich ganz ohne Rückgriff auf die euklidische (oder hyperbolische) Geometrie definieren und aufbauen. Euklidische und hyperbolische Geometrie sind somit völlig gleichwertig, keine ist der anderen *vom mathematischen Standpunkt* aus vorzuziehen.

Erst diese Tatsache macht das eigentlich Revolutionäre der Entdeckung einer nicht euklidischen Geometrie aus. Wir hatten ja erkannt, dass der euklidischen Geometrie bei der denkerischen Verarbeitung der Sinnesanschauungen eindeutig Priorität zukommt. Niemand, der Geometrie erlernt oder entdeckt, ist je zu anderen Begriffen und Resultaten als den euklidischen gelangt. Die hyperbolische Geometrie ist dagegen eine Frucht allein des reinen Denkens ohne jegliche Anregung von außen. Da sie unabhängig von der euklidischen Geometrie ist, erhalten die entsprechenden Grundbegriffe auch nicht von dieser her ihren Inhalt, obwohl sie üblicherweise mit denselben Namen Punkt, Gerade, liegt auf, zwischen etc. bezeichnet werden. Das reine Denken besitzt also die Fähigkeit, allein auf sich gestützt Objekte und Inhalte zu begreifen und zugleich darüber völlige Sicherheit zu gewinnen.

Der letzte Absatz darf nicht dahingehend interpretiert werden, dass reines, also gänzlich sinnlichkeitsfreies Denken erst ab dem 19. Jahrhundert in der Mathematik aufgetreten sei. Es wurde durch die Entdeckung der hyperbolischen Geometrie nur wieder einmal – und zwar recht drastisch – vor Augen geführt, dass inhaltliches Denken ohne jeglichen Bezug zur Sinneswelt möglich ist. Schon Platon und Aristoteles war klar, dass Mathematisieren seinem Wesen nach nichts mit der Sinnesanschauung zu tun hat, ja zu dieser in Widerspruch stehen kann.

Wie schon im Anhang zu Abschnitt 2.1 dargestellt wurde, kann jede wirkliche Längenmessung nur rationale Werte liefern, also auch die der Diagonale des Einheitsquadrates. Nur der Mathematiker kann im reinen Denken erkennen, dass deren Länge $\sqrt{2}$ irrational ist. Aristoteles sagt darüber ([Arist2], I.2 983 a 16ff): „..., denn wunderbar erscheint es einem jeden, der den Grund noch nicht erforscht hat, wenn etwas [sogar] durch das kleinste Maß nicht soll meßbar sein ... [doch] über nichts würde sich ein der Geometrie Kundiger mehr wundern, als wenn die Diagonale kommensurabel sein sollte."[30]

Zugleich war es auch Aristoteles – was kaum bekannt ist –, der aussprach, „das Wesen des Dreiecks besteht in seiner Winkelsumme, und diese Winkelsumme kann einen Wert haben, der entweder zwei rechte Winkel beträgt oder nicht; sie kann also entweder gleich oder größer oder aber auch kleiner als zwei rechte Winkel sein" ([Toth2], S. 52). Die an mehreren Stellen verstreuten Konsequenzen, die insbesondere die zweite Annahme nach sich zieht, beweisen, dass sich Aristoteles, wie auch vermutlich die Geometer vor ihm, intensiv mit einer nicht euklidischen Hypothese auseinander gesetzt hat. Und er „gesteht" den Mathematikern zu, sich mit anderen Geometrien zu beschäftigen: „Warum freuen wir uns nicht bei der Überlegung, dass die Winkelsumme im Dreieck zwei Rechten gleich ist ...? [Die]

Freude an der Erkenntnis [wäre] ... ebenso groß, ..., wenn sie drei Rechte oder noch mehr wäre" ([Toth2], S. 53).[31]

Diese Tiefe der dem reinen Denken entsprungenen Ansichten wurde erst wieder durch die Anerkennung der hyperbolischen Geometrie im 19. Jahrhundert erreicht. Bemerkenswerterweise gibt zu genau derselben Zeit dieses sinnlichkeitsfreie Denken auch in der Philosophie ein unübersehbares Lebenszeichen im deutschen Idealismus (genaueres dazu vgl. [Zieg2], Kap. 5). Ein markantes Beispiel ist Hegels „Wissenschaft der Logik". In diesem Werk entwickelt er im dialektischen Fortschreiten einen Begriff aus dem anderen, dabei ganz im Ideellen bleibend. Er gelangt vom allgemeinsten Begriff des „Sein" ausgehend zu dem des „Nichts", weiter zum „Werden" usw., wobei nur der jeweilige Begriffsinhalt wegleitend ist.

Es scheint, also ob die Zeit damals reif geworden ist, dass sich eine Vielzahl von Menschen zu der Stufe des reinen Denkens erhebt, nachdem in der Antike dazu die Saat gelegt worden war. Dass damit eine erkenntnispraktische wie auch -theoretische Begründung für die Möglichkeit *freien* Handelns vorliegt kann hier nicht weiter ausgeführt werden; siehe dazu [Zieg6].

Anhang. Der Beweis des Parallelenaxioms nach Lorenzen

Im Jahre 1984 erschien ein Buch des bekannten Logikers Paul Lorenzen über „Elementargeometrie" ([Lor]), in welchem das Parallelenaxiom bewiesen (!) wird. Es basiert auf bedeutsamen Ausführungen über die Grundlagen der Geometrie des Naturphilosophen Hugo Dingler (1881–1954); siehe [Din1] und [Din2]. (Dingler hat sich intensivst mit der Theorie des Messens auseinandergesetzt und in diesem Zusammenhang auch mit den Grundlagen der Arithmetik und der Physik.)

Lorenzens und Dinglers erkenntnistheoretischer Hintergrund stimmt mit dem in Kap. 2.1 skizzierten überein. Die Grundbegriffe der Geometrie werden durch die Außenwelt angeregt und sie sind dadurch eindeutig bestimmt. Von der Erfahrungswelt ausgehend ist ja – wie schon mehrmals erwähnt wurde – noch niemand zu den Begriffen einer nicht euklidischen Geometrie vorgedrungen; es sind stets die der euklidischen Geometrie.

Dann kommt aber die folgende philosophische Ansicht ins Spiel. Für Lorenzen müssen die geometrischen Begriffe immer auch die Konstruktionsideen beinhalten. Geometrie ist also für ihn nicht eine Wissenschaft, die sich mit irgendwie „existierenden" Dingen beschäftigt, sondern ihre Objekte müssen zumindest theoretisch Realisierungen ermöglichen. (Dingler beginnt sein Buch [Din2] sogar mit dem prägnanten Satz: „Geometrie nicht als Erkenntnis, sondern als *Tat* ist das Thema der vorliegenden Schrift".)

Aus diesem Grunde gibt Lorenzen als erstes einen Weg an, wie man zu den Grundbegriffen gelangen kann ([Lor], S. 22): durch mehrmalige „Schnitt"bildung (z.B. Zerschneiden, Zersägen) eines konkreten festen Körpers. Dadurch erhält man zunächst irgendwie berandete (ebene) Flächen, durch weiteren Schnitt dann (gerade) Linien und durch nochmaligen Schnitt schließlich Punkte. Im anschaulichwörtlichen Sinn ist dann Euklids Definition 1 erfüllt, denn der Punkt kann nicht weiter geteilt werden, er besitzt „keine Teile" mehr. Insgesamt ist die Schrittfolge also nicht wie bei Euklid: Punkt – Linie – Fläche aufgrund der logischen Deduktion, sondern sie kehrt sich um.

Im weiteren geht Lorenzen genauer auf den Kongruenzbegriff ein. Dessen Realisierung ist von der Physik starrer Körper abhängig. Um die Geometrie davon zu befreien, wodurch sie dann der Physik *vorangeht*, fordert er, dass nur die Formen der Figuren, nicht deren Größe, als Objekte der Geometrie angesehen werden dürfen ([Lor], S. 77–79). Dies drückt sich im sogenannten Formprinzip – entsprechend einem Axiom – aus, welches besagt, dass konstruktionsgleiche, also nach derselben Vorschrift konstruierte Figuren *geometrisch* ununterscheidbar sind und es auch bleiben bei Anwendung derselben Konstruktionsvorschriften ([Lor], S. 102). Das bedeutet aber nichts anderes, als dass ähnliche Dreiecke existieren. Trägt man nämlich beispielsweise eine Strecke AB nochmals ab, wobei sich die Strecke AC ergebe, und errichtet über AB ein Dreieck, so kann man ja dieselben Konstruktionsschritte auf die Strecke AC anwenden. Dadurch erhält man ein Dreieck über der Strecke AC. Das Formprinzip impliziert ihre Formgleichheit, d.h. geometrische Ununterscheidbarkeit. Nach dem Resultat von Wallis (Kap. 2.2) ist dann aber klar, dass diese Geometrie die euklidische sein muss, sich also insbesondere das Parallelenaxiom ableiten lässt.

Vergleicht man den Zugang von Lorenzen (und Dingler) mit dem von Euklid, so zeigen sich weitgehend Übereinstimmungen: bei beiden soll die Erfahrungswelt vom Blickpunkt der Geometrie aus begrifflich durchdrungen werden. Beide münden – notwendigerweise – beim selben Ergebnis, der euklidischen Geometrie. Auch die Begriffsinhalte von Punkt, Gerade, Ebene sind dieselben. Inwieweit dies ebenso für die Formgleichheit (Ähnlichkeit; oder eingeschränkter: Kongruenz) gilt, ist umstritten, da Euklid diesbezüglich nicht ganz konsequent ist. Doch hatte er sicherlich ein derartiges Prinzip im Sinn (siehe [Fritz], S. 454 ff.); insofern ist der oft zu hörende Vorwurf haltlos, Euklid verwendete stillschweigend und unreflektiert den Kongruenzbegriff. Und schließlich kannte Euklid, wie die griechischen Mathematiker überhaupt, keine reinen Existenzaussagen, die geometrischen Objekte waren also bei ihm – wie bei Lorenzen – immer als (gedanklich) konstruierbar gedacht.

Trotz aller dieser Gemeinsamkeiten unterscheidet sich aber Euklids Ansicht von der Lorenzens (und Dinglers) in einem wesentlichen Punkt. Die letzteren beiden ordnen die Begriffswelt der Erfahrungswelt unter und betrachten letztere demzufolge auch als leitendes Prinzip beim Aufbau der Geometrie.[32] Das anschauliche Formprinzip wird bei Lorenzen zum Äquivalent des Parallelenaxioms. Für Euklid dagegen spielt sich Geometrie wie jede Wissenschaft im Reiche der Begriffe ab.[33] Ihr Aufbau muss daher logisch-deduktiv sein, ausgehend von den elementarsten Grundbegriffen und -gegebenheiten und fortschreitend zu immer komplexeren Sachverhalten. Auch das Parallelenaxiom gehört der rein begrifflichen Ebene an. Hier zeigt sich der Unterschied beider Ansichten am klarsten: Vom euklidischen Parallelenaxiom lässt sich leicht die Negation aussprechen – und wie sich letztlich herausstellte sogar inhaltlich denken, eben in der hyperbolischen Geometrie. Dem gegenüber lässt sich schwer angeben, was die Negation des Formprinzips bedeuten soll: Es gibt konstruktionsgleiche Figuren, die geometrisch unterscheidbar sind.

Nimmt man die im Anhang zu Kap. 2.1 dargestellte „natürliche" Geometrie von Hjelmslev hinzu, so steht man drei erkenntnistheoretischen Standpunkten gegenüber, die mehr oder weniger ausgesprochen dem jeweiligen Aufbau der Geometrie zugrundeliegen: 1) die Begriffe stellen bloß Abbilder der sinnenfälligen Erfahrungsobjekte im Bereich des Denkens dar (Hjelmslev); 2) die Begriffe haben zwar eine gewisse Eigenständigkeit, sie sind jenen Objekten aber untergeordnet (Lorenzen und Dingler); 3) Begriffs- und Erfahrungswelt stehen sich als (zumindest) gleichwertig gegenüber (Euklid; nach Platon ist die Ideenwelt sogar die einzig wirkliche, die Erfahrungswelt nur ein Abbild davon). Es ist daher sinnvoll, Zusammenhänge, Deduktionen und Gesetze auf der rein begrifflichen Ebene zu studieren (Gauß, Bolyai, Lobatschewski u.a.).

2.3 Die moderne Sicht der Axiomatik

Die Ansichten von Aristoteles über den Aufbau einer deduktiven Wissenschaft, die in Kap. 2.1 dargestellt wurden, sind auch heute noch gültig. Eine solche Wissenschaft muss mit ersten Begriffen, den Grundbegriffen, beginnen. Alle weiteren werden mit deren Hilfe definiert. Und sie muss von unbewiesenen Grundsätzen ihren Ausgang nehmen und allein mittels dieser müssen sich die anderen Sätze deduzieren lassen.

Die nichteuklidische Revolution – so der Titel eines Buches von R. J. Trudeau ([Trud]) – machte jedoch eine Revision der Ansichten über diese Grundelemente notwendig. Es ist ja aufgezeigt worden, wie schwierig es für die Mathematiker des 19. Jahrhunderts war, die Existenz einer nichteuklidischen Geometrie zu akzeptieren und vor allem schlüssig nachzuweisen. Erst durch geeignete Uminterpretation gewisser Grundbegriffe der euklidischen Geometrie konnte ihre Widerspruchsfreiheit erkannt werden. So waren „Geraden" auf der Pseudosphäre geodätische Linien, im Halbebenenmodell Halbkreise und im später zu besprechenden Kleinschen Modell sind es die Strecken zwischen zwei Punkten einer festen Kurve 2. Ordnung (siehe Kap. 5.2).

Schon bei der stereographischen Projektion lag eine ähnliche Situation vor. Im diesbezüglichen Abschnitt 1.2 wurde dargelegt, dass die Kugeloberfläche, aus der der Nordpol N entfernt ist, als Veranschaulichung der euklidischen Ebene aufgefasst werden kann. Dabei entsprechen den Geraden der Ebene genau die Kreise durch N (ohne N selbst). All diese die Geraden repräsentierenden Linien haben wenig bis gar nichts mit der herkömmlichen Anschauung einer Geraden gemein. Sie fallen auch nicht unter den ursprünglichen Begriff der Geraden, wie er in der Antike verstanden wurde. Sein Charakteristikum war ja, dass seine Bildung von der Sinneswelt angeregt ist, er mithin auch zu den entsprechenden Objekten „passen" muss. Was einzig den Namen Gerade rechtfertigt ist entweder die direkte Entsprechung mit euklidischen Geraden (wie im Falle der Kugeloberfläche) oder

es sind gewisse Eigenschaften, die sie mit ihnen teilen; etwa, dass sie kürzeste
Verbindungslinien sind. Will man somit die hyperbolische Geometrie axiomatisch
aufbauen, lässt sich für den Grundbegriff Gerade – wie auch für andere – keine
„Definition" im Sinne Euklids, also kein richtungsgebender Hinweis, wie man ihn
zu verstehen hat, angeben. Die Sinneswelt liefert, im Gegensatz zur euklidischen
Geraden, keinerlei Anhaltspunkte mehr dafür.[34]

Die nichteuklidische Revolution hatte somit notwendigerweise einen Umbruch
in der Auffassung der Axiomatik zu Folge. Nachdem durch sie unwiderruflich Geometrie bzw. allgemein Mathematik als dem reinen Denken zugehörig und der Bezug der euklidischen Geometrie zur Sinneswelt nur als Akzidenz erkannt wurde,
musste jeglicher solche Bezug, soweit er überhaupt vorhanden war, fallen gelassen
werden. Die Grundbegriffe konnten also nicht mehr „definiert" werden, es blieben
nur noch die Relationen zwischen ihnen, die in den Grundsätzen ausgesprochen
werden.

Der erste ganz konsequente axiomatische Aufbau der räumlichen *euklidischen*
Geometrie von diesem veränderten Blickwinkel aus ist David Hilbert zu verdan-
ken, nachdem vor allem Moritz Pasch wichtige Vorarbeiten dazu geleistet hatte.
Letzterer hatte auch erstmals[35] den „Zwischen"-Begriff axiomatisch gefasst, der
bei Euklid gänzlich fehlte (wohl weil bei ihm diesbezüglich doch noch zu sehr die
Anschauung eine Rolle spielte). Hilberts epochales Buch „Grundlagen der Geome-
trie" erschien erstmals 1899 und erlebte seither mehr als ein Dutzend Auflagen.
Es löste eine intensive Suche nach weiteren Axiomensystemen für die euklidische
Geometrie aus – fast jeder Mathematiker zu Beginn des 20. Jahrhunderts, der
etwas auf sich hielt, schuf sein eigenes.[36] Im Anhang 1 sind zwei weitere Axiomensysteme angeführt; zur Entstehungsgeschichte von Hilberts Buch vergleiche man
[Toep].

Wir zitieren aus dem ersten Paragraph von Hilberts Schrift ([Hilb4], S. 2):

„*Erklärung.* Wir denken drei verschiedene Systeme von Dingen: die Dinge des
ersten Systems nennen wir *Punkte* . . . ; die Dinge des *zweiten* Systems nennen wir
Geraden . . . ; die Dinge des *dritten* Systems nennen wir *Ebenen*. . . ; . . . die Punkte,
Geraden und Ebenen heißen die *Elemente der räumlichen Geometrie* oder *des
Raumes.*

Wir denken die Punkte, Geraden, Ebenen in gewissen gegenseitigen Beziehungen und bezeichnen diese Beziehungen durch Worte wie „*liegen*", „*zwischen*",
„*kongruent*"; die genaue und für mathematische Zwecke vollständige Beschreibung
dieser Beziehungen erfolgt durch die *Axiome der Geometrie.*

Die Axiome der Geometrie können wir in fünf Gruppen teilen; jede einzelne
dieser Gruppen drückt gewisse zusammengehörige Grundtatsachen unserer Anschauung aus. Wir benennen diese Gruppen von Axiomen in folgender Weise:

I. 1–8. Axiome der *Verknüpfung,*

II. 1–4. Axiome der *Anordnung,*

III. 1–5. Axiome der *Kongruenz,*

IV. Axiom der *Parallelen*,

V. 1–2. Axiome der *Stetigkeit*."

Von diesen Grundbegriffen finden sich nur die Kongruenz und die Parallelität auch bei Euklid, wobei er jedoch nur für den letzteren ein weiteres Axiom fordert, eben das berühmte 5. Postulat.

Da wir in Kap. 5.1 eine spezielle Geometrie als euklidische erkennen müssen, benötigen wir ein vollständiges Axiomensystem. Wir wählen eines, das sich eng an Hilberts ursprüngliches System anlehnt ([Ros1], §6). Der einzige wesentliche Unterschied besteht darin, dass statt der Kongruenz die Bewegung als Grundbegriff genommen wird, was vom intuitiven Standpunkt aus naheliegender ist.[37] Auch wurde für das Stetigkeitsaxiom eine andere Variante gewählt.

Die Grundelemente des euklidischen Raumes $\mathbb{E}_3$ sind Punkte, Geraden, Ebenen;[38] die weiteren undefinierten Grundbegriffe sind die Relationen „liegt auf" (symbolisch „$\in$"), „zwischen" sowie der Begriff der Bewegung. Dabei wird die erste Relation der sprachlichen Einfachheit und Klarheit wegen auch mittels „geht durch" ausgedrückt. Beides wird heute oft durch das einzige Wort „inzident" wiedergegeben (vgl. das Axiomensystem für den projektiven Raum im Kapitel 3.2.1, A). Die mit Stern bezeichneten Axiome beziehen sich auf den Raum; lässt man sie weg – und natürlich auch den Grundbegriff Ebene –, so erhält man ein Axiomensystem für die euklidische Ebene $\mathbb{E}_2$.

I. Inzidenzaxiome

1. Durch je zwei verschiedene Punkte geht genau eine Gerade.

2. Auf jeder Geraden liegen mindestens zwei Punkte.

3. Es existieren mindestens drei Punkte, die nicht auf einer Geraden liegen.

4*. Durch je drei Punkte, die nicht auf einer Geraden liegen, geht genau eine Ebene.

5*. Auf jeder Ebene liegt mindestens ein Punkt.

6*. Liegen zwei Punkte auf einer Ebene, so auch die durch sie (nach 1) eindeutig festgelegte Gerade.

7*. Haben zwei Ebenen einen Punkt gemeinsam, so mindestens noch einen weiteren.

8*. Es existieren mindestens vier Punkte, die nicht auf einer Ebene liegen.

Bemerkung 2.1. Die Axiome 1 und 4 liegen der üblichen und schon bisher verwendeten Symbolik zugrunde: $\langle A, B \rangle$ für die durch zwei Punkte A, B eindeutig festgelegte Gerade, $\langle A, B, C \rangle$ für die durch drei nicht kollineare Punkte A, B, C eindeutig festgelegte Ebene.

II. Axiome der Anordnung

1. Von drei beliebigen paarweise verschiedenen Punkten einer Geraden liegt genau einer zwischen den beiden anderen.

2. Zu je zwei Punkten einer Geraden existiert auf ihr ein dritter, so dass der zweite zwischen dem ersten und dem dritten liegt.

Bemerkung 2.2. Sind im 1. Axiom A, B, C die drei gegebenen Punkte und liegt etwa B zwischen A und C, so besagt es, dass auch B zwischen C und A liegt.

Sind im 2. Axiom A, B die gegebenen Punkte der Geraden g, so besagt es, dass sowohl ein Punkt $C \in g$ existiert mit B zwischen C und A als auch ein Punkt $D \in g$ mit A zwischen D und B. Wegen dem 1. Axiom gilt dabei $C \neq D$.

Definition 2.3. Sind A, B zwei verschiedene Punkte, so ist die *(abgeschlossene)* *Strecke AB* die Menge aller Punkte Q der durch A, B gehenden Geraden, für die gilt: $Q = A$ oder $Q = B$ oder Q liegt zwischen A und B. Für $A = B$ besteht AB definitionsgemäß aus dem Punkt A allein.

3. *(Axiom von Pasch)* Die Gerade g liege auf der durch die drei Punkte A, B, C (nach I 4) aufgespannten Ebene und gehe durch keinen der Punkte A, B, C. Hat g mit der Strecke AB einen Punkt gemeinsam, so auch mit mindestens einer der Strecken AC oder BC.

Für die Formulierung eines der nächsten Axiome benötigen wir mehrere Begriffe:

Definition 2.4.   a) Es seien M, P zwei verschiedene Punkte und g die durch sie festgelegte Gerade. Dann heisst die Menge aller Punkte Q von g, für die M nicht zwischen P und Q liegt, *Halbgerade* $\langle M, P \rangle_M$ *von g bezüglich M*; ihr gehören jedenfalls die Punkte M und P an.

b) Es sei g eine Gerade, P ein Punkt, der nicht darauf liegt, und α die durch g und P (nach I 2 und I 4) festgelegte Ebene. Dann heisst die Menge bestehend aus allen Punkten von g, dem Punkt P und allen Punkten Q von α, für die die Strecke PQ mit g keine Punkte gemeinsam hat, *(abgeschlossene) Halbebene* $\langle g, P \rangle_g$ *von α bezüglich g*.

c) Es sei γ eine Ebene und P ein Punkt, der nicht auf ihr liegt. Dann heisst die Menge bestehend aus allen Punkten von γ, dem Punkt P und allen Punkten Q, für die die Strecke PQ mit γ keine Punkte gemeinsam hat, *(abgeschlossener) Halbraum* $\langle \gamma, P \rangle_\gamma$ *bezüglich γ*.

Es lässt sich leicht zeigen, dass jeder Punkt M einer Geraden g diese in zwei Halbgeraden zerlegt, d.h. dass es auf g Punkte P, Q gibt, so dass $\langle M, P \rangle_M$ und $\langle M, Q \rangle_M$ nur den Punkt M gemeinsam haben und ansonsten jeder Punkt von g in genau einer dieser Halbgeraden liegt. Analog zerlegt jede Gerade einer Ebene diese in zwei Halbebenen und jede Ebene den Raum in zwei Halbräume.

Definition 2.5. Es seien M ein Punkt, g eine durch M gehende Gerade und γ eine durch g gehende Ebene. Ist g^* eine feste Halbgerade von g bezüglich M, γ^* eine feste Halbebene von γ bezüglich g und Γ^* ein fester Halbraum bezüglich γ, so heisst das Quadrupel $(M, g^*, \gamma^*, \Gamma^*)$ ein *Grundgebilde* oder auch *Fahne*.

In der euklidischen Ebene $\mathbb{E}_2$ entfällt natürlich Γ^* und γ^* ist eine der beiden möglichen Halbebenen bezüglich g.

III. Axiome der Bewegung

1. Jede Bewegung ist eine bijektive Abbildung der Menge aller Punkte auf sich.

2. Liegen die Punkte A, B, C auf einer Geraden und dabei C zwischen A und B, so liegen bei einer beliebigen Bewegung α auch die Punkte $\alpha(A)$, $\alpha(B)$, $\alpha(C)$ auf einer Geraden $\alpha(g)$ und $\alpha(C)$ liegt zwischen $\alpha(A)$ und $\alpha(B)$.

3. Die Bewegungen bilden bezüglich des Hintereinanderausführens eine Gruppe.

4. Zu je zwei Grundgebilden gibt es genau eine Bewegung, die das erste in das zweite überführt.

Bemerkung 2.6. Das letzte Axiom ist sinnvoll, denn aus den ersten drei Axiomen zusammen mit den zuvor aufgelisteten lässt sich ableiten, dass Bewegungen stets Grundgebilde wieder in Grundgebilde überführen. Ebenso gehen stets Ebenen in Ebenen, Halbgeraden in Halbgeraden, Halbebenen in Halbebenen und Halbräume in Halbräume über.

IV. Stetigkeitsaxiom (Dedekindsches Axiom)   Sind alle Punkte einer Geraden so in zwei nichtleere disjunkte Klassen eingeteilt, dass zwischen zwei Punkten ein und derselben Klasse kein Punkt der anderen Klasse liegt, so gibt es einen eindeutig bestimmten Punkt X, der auf jeder Strecke liegt, deren Endpunkte verschiedenen Klassen angehören.

V. Parallelenaxiom   Zu einer gegebenen Geraden g gibt es durch einen nicht auf ihr liegenden Punkt P in der von ihnen aufgespannten Ebene höchstens eine parallele Gerade, d.h. eine solche, die mit g keinen Punkt gemeinsam hat.

Die Ableitung von Sätzen aus den Axiomen erfolgt im Prinzip wie bei Euklid durch Beweise, deren Einzelschritte nur aus der Anwendung eines Axioms oder eines bereits bewiesenen Ergebnisses bestehen. Wir werden das im nächsten Kapitel anhand der Axiomatik der projektiven Geometrie genauer ausführen. Hier sollen nur noch philosophische und logische Implikationen besprochen werden, die sich aus dieser Art des Verständnisses der Grundbegriffe einer mathematischen Theorie ergeben.

Dazu sei zunächst nochmals auf den gewaltigen inhaltlichen Unterschied zwischen Euklid und Hilbert in Bezug auf dieses Verständnis hingewiesen. Euklid gibt zu Beginn Definitionen der Grundbegriffe, die – wie gezeigt wurde – Sinn machen unter der Voraussetzung, dass die Erfahrungswelt zu deren Bildung anregt. Bei Hilbert und allen folgenden Axiomatikern fehlt dagegen jegliche Definition oder Beschreibung jener Begriffe. Sie werden, wie man sagt, *implizit* definiert, d.h. dass *beliebige* Objekte und Relationen, wenn sie nur die Axiome erfüllen, als „Punkt", „Gerade" bzw. „zwischen", „liegt auf"etc. bezeichnet werden können. Eine jede solche Interpretation nennt man *Modell* des Axiomensystems. Hilbert formulierte diesbezüglich recht drastisch ([Hilb3], S. 403): „Man muss jederzeit an Stelle von „Punkten, Geraden, Ebenen", „Tische, Stühle, Bierseidel" sagen können."

Für das reine Denken haben die notwendigen Vorstufen, Bezüge der Begriffe zu sinnenfälligen Konkretisierungen oder eine anders geartete Herkunft, keinerlei Bedeutung. Nur die gegenseitigen Beziehungen der Begriffe, das Beziehungsge-flecht, sind von Wichtigkeit. Man bewegt sich dabei aber zwischen Scylla und Charybdis.

Auf der einen Seite ist man versucht, doch die Begriffe irgendwie festzuna-geln oder auch die Anschauung auf die eine oder andere Art einfließen zu lassen. Gerade bei der euklidischen Geometrie ist die Gefahr in dieser Hinsicht besonders groß. Hilbert selbst sind in der Erstfassung seiner „Grundlagen der Geometrie" diesbezüglich kleine Fehler unterlaufen (vgl. [Hilb4], S. 295 ff).[39] Aber schon der Umstand, dass Gauß, Bolyai und Lobatschewski die hyperbolische Geometrie weit vorantreiben konnten, ohne ein Modell, also eine konkrete Deutung der Axiome, zu besitzen, beweist, dass jene Festlegung auf eine Interpretation nicht notwen-dig ist. Besonders deutlich wird dies bei den modernen Untersuchungen vor al-lem der algebraischen Strukturen, die stets axiomatisch definiert sind. Jedes Buch über Gruppen-, Ring-, Körpertheorie etc. behandelt die Konkretisierungen fast ausschließlich unter den Beispielen, die Theorie fließt allein aus dem jeweiligen Axiomsystem; man bewegt sich somit gänzlich im entsprechenden Beziehungs-geflecht. Nur bei sehr tiefliegenden Problemen etwa in der Gruppentheorie nimmt man zusätzlich spezielle Gruppen zu Hilfe wie Matrizen- oder Permutationsgrup-pen.

Das Abweisen einer konkreten Interpretation der Begriffe verleitet auf der anderen Seite leicht dazu, Axiome als gänzlich inhaltsleere, rein nominalistische Aussagen anzusehen. In letzter Konsequenz führt dies zum sogenannten *Formalis-mus*, wo die einzelne axiomatische Theorie, ja die Mathematik als Ganzes als Spiel mit Zeichen bzw. Symbolen angesehen wird, das nach gewissen Regeln, den Axio-men, verläuft. Hilbert hat zu späterer Zeit diese Ansicht vertreten, unter anderem deshalb, weil er nur dadurch einen schlüssigen Widerspruchsfreiheitsbeweis für die gesamte Mathematik glaubte erbringen zu können. Sein berühmt gewordener Standpunkt kann als Credo dieser Ansicht gelten: „Hierin liegt die feste philoso-phische Einstellung, die ich zur Begründung der Mathematik – wie überhaupt zu allem wissenschaftlichen Denken, Verstehen und Mitteilen – für erforderlich halte; *am Anfang* – so heißt es hier – *ist das Zeichen*" ([Hilb2], S. 163).

Die Problematik der impliziten Definitionen sei auch an einem konkreten Beispiel vorgeführt. Der Logiker Frege stellte einmal im Zusammenhang mit dem

Hilbertschen Axiomensystem das Axiom auf „Jedes Anej bazet wenigstens zwei Ellah" ([Frege], S. 297) und meinte, dass man von da ausgehend wohl kaum irgendwelche Ergebnisse der euklidischen Geometrie ableiten könne. Er hatte einfach die Worte „Punkt", „Gerade", „geht durch" ersetzt durch „Ellah", „Anej", „bazet", also durch Worte, mit denen man keinen Sinn verbindet.

Nimmt man an, dass man wirklich keinen Bezug zur Geometrie herstellen kann – was schwieriger erscheint, wenn man sich die ganze Axiomgruppe der Verknüpfung „übersetzt" denkt –, dann fällt das Axiomensystem gewissermaßen vom Himmel. Die Worte sind inhaltsleer und auch deren Beziehungen kommt keinerlei Sinn zu. Es ist ein rein formales System. Trotzdem ist es, entgegen Freges Ansicht, möglich daraus Folgerungen zu ziehen. Auch ein Computer kann derartiges, wenn man diese verfremdeten Axiome weiter in eine geeignete Symbolsprache übersetzt. Im Sinne der hier vertretenen Auffassung hat dies aber nichts mit Denken zu tun; inhaltlich denkt dabei weder der Computer noch der Mensch. Ein solches Umgehen mit einem frei erfundenen Axiomensystem beweist nur, dass man auch ohne inhaltliches Denken zu „mathematischen" besser „logischen" Ergebnissen gelangen kann. Für einen Formalisten mag das ein anzustrebendes Ziel sein: „Man muß die geometrischen Axiome einer Maschine anvertrauen können, um dann die ganze Geometrie herausrollen zu sehen" (Poincaré in einer Besprechung (1902) von Hilberts „Grundlagen der Geometrie"; zitiert nach [Freu], S. 27). Selbst extreme Formalisten werden aber zugestehen, dass jeder Mathematiker fähig sein sollte, den Grundbegriffen einer axiomatischen Theorie eine konkrete Bedeutung beizulegen, und dass dadurch erst dem formalen System Leben eingehaucht wird.

Der gewaltige Unterschied zwischen der antiken und der modernen Auffassung der Axiomatik zeigt sich auch an sich neu ergebenden Fragestellungen. Aristoteles hatte gefordert, dass Axiome jedenfalls wahr, unbeweisbar und einsichtiger als das aus ihnen Geschlossene sein müssen (siehe Kap. 2.1). Wie dort ausgeführt wurde, sind die ersten beiden Forderungen nur sinnvoll, wenn die in ihnen auftretenden Begriffe geeignet inhaltlich interpretiert werden. Dies soll bei der impliziten Definition aber gerade vermieden werden, wodurch jene beiden Forderungen hinfällig werden. Das auch aus dem Grund, weil die Axiome aus moderner Sicht an sich völlig willkürlich wählbar sind. So war zwar das Axiomensystem der hyperbolischen Geometrie ursprünglich von dem der euklidischen motiviert – man änderte ja nur das Parallelenaxiom ab. Doch soll ja auch von der Herkunft stets abgesehen werden. Es gibt also kein inhaltliches Kriterium dafür, ein bestimmtes Axiomensystem für eine Theorie zu bevorzugen. Einzig praktische Gründe, etwa wie schnell sie sich entwickeln lässt, können dafür ins Treffen geführt werden.

Die neuen Fragestellungen, die in der modernen Axiomatik auftauchen, betreffen die sogenannte *Kategorizität* oder *Monomorphie* und die *Widerspruchsfreiheit*. Die erste bezieht sich darauf, ob sämtliche konkreten Modelle „im Prinzip" übereinstimmen, soll heißen, sich nur durch den Konkretisierungsbereich unterscheiden. Klarerweise war diese Frage für Euklid bzw. die anitken Mathematiker gar nicht vorhanden, da es für sie überhaupt keine Modelle gab. Für das Hilbertsche Axiomensystem der ebenen euklidischen Geometrie haben wir dagegen bereits zwei Konkretisierungen kennengelernt. Die aus der Anschauungswelt abgeleitete (= die von Euklid intendierte Geometrie) – das sogenannte *Standardmodell*, welches wie der euklidische Raum mit $\mathbb{E}_3$ bezeichnet wird – und diejenige, die man daraus durch stereographische Projektion auf der Kugel erhält. Aus der ersteren lässt sich sofort noch eine weitere konkrete Interpretation gewinnen. Man denke sich deren Punkte, Geraden – im Raum auch die Ebenen – „aufgeblasen", so dass ein Punkt nun einer Kugel vom Radius r entspricht, eine Gerade einem (unendlichen) Kreiszylinder vom Durchmesser $2r$, die sämtlich in einer fixen Ebenenschicht der Dicke $2r$ liegen (im Raum entsprechen natürlich alle Ebenen solchen Ebenenschichten). Es ist leicht einzusehen, dass mit den solcherart interpretierten Grundbegriffen und den in naheliegender Weise verstandenen Relationen „geht durch" (bzw. „liegt in"), „zwischen" etc. sämtliche Hilbertschen Axiome erfüllt sind.[40]

Man nennt nun zwei Modelle eines gegebenen Axiomensystems *isomorph*, wenn es eine bijektive Abbildung zwischen deren Grundelemente gibt, derart, dass dabei die in den Axiomen ausgesprochenen Beziehungen zwischen ihnen erhalten bleiben. Sind sämtliche Modelle zueinander isomorph, so heißt das Axiomensystem *kategorisch* oder *monomorph*, andernfalls *polymorph*. Die klassische euklidische Ebene und die zuvor beschriebene „aufgeblasene" Variante sind offensichtlich isomorph (dasselbe gilt im räumlichen Fall). Man muss nur jeder Kugel ihren Mittelpunkt, jedem Zylinder seine Achse (und jeder Ebenenschicht deren Mittelebene) zuordnen.

Dass das Axiomensystem der euklidischen Geometrie sogar kategorisch ist, folgt im Wesentlichen daraus, dass es gestattet, Koordinaten in der euklidischen Ebene (bzw. dem euklidischen Raum) einzuführen. Dies lernt man zum Teil in der analytischen Geometrie – zwar nur für das Standardmodell, aber das Modell spielt dabei in Wirklichkeit gar keine Rolle. Auf die genaue Durchführung wird hier jedoch verzichtet, zum einen, da sie mühsam und aufwendig ist, zum anderen, weil sie sehr ähnlich zu der in Kap. 3.2.2 B dargestellten Einführung von Koordinaten in der projektiven Ebene verläuft. Ein Beweis auf Grundlage der oben angeführten Axiome[41] findet sich in [Pog], Ch. II, unter Berücksichtigung von Ch. III, §6. (Vollständige Beweise der Kategorizität der euklidischen Geometrie findet man bezüglich etwas modifizierter Axiomensysteme z.B. in [Ford], Ch. XIII, oder [Bor], Ch. V, §13.) Es ist dann jedes Modell isomorph zum *Koordinatenmodell*, besser bezeichnet als *arithmetisches Modell*, wobei letzterer Name darauf hinweisen soll, dass keinerlei Bezug zu geometrischen Vorstellungen nahegelegt werden soll. Es wird im Falle der euklidischen Ebene $\mathbb{E}_2$ folgendermaßen festgelegt:

- *Punkte* sind die Paare (x, y) mit $x, y \in \mathbb{R}$;

- *Geraden* sind die Tripel (a, b, c) mit $a, b, c \in \mathbb{R}$ und $(a, b) \neq (0, 0)$, wobei sich nur um einen Skalar unterscheidende Tripel identifiziert werden; anstelle dessen kann man ersichtlich genauso gut fordern, dass $a^2 + b^2 = 1$ gelten soll;

- der Punkt (x, y) *liegt auf* der Geraden (a, b, c) falls $ax + by + c = 0$ gilt;

- der Punkt (x_2, y_2) liegt *zwischen* den Punkten (x_1, y_1) und (x_3, y_3) falls er auf der durch sie gehenden Geraden liegt und falls

   a) $x_1 < x_2 < x_3$ oder $x_1 > x_2 > x_3$ für $x_1 \neq x_3$ gilt bzw.

   b) $y_1 < y_2 < y_3$ oder $y_1 > y_2 > y_3$ für $x_1 = x_3 (= x_2)$;

- *Bewegungen* sind die Transformationen der Gestalt

$$x' = a_1 x + b_1 y + c_1$$
$$y' = a_2 x + b_2 y + c_2,$$

wobei $a_i, b_i, c_i \in \mathbb{R}$ $(i = 1, 2)$ sind und $\begin{pmatrix} a_1 & b_1 \\ a_2 & b_2 \end{pmatrix}$ eine orthogonale Matrix ist. Jede solche lässt sich bekanntlich auch in der Form $\begin{pmatrix} \cos\varphi & -\sin\varphi \\ \pm\sin\varphi & \pm\cos\varphi \end{pmatrix}$ schreiben.[42]

Bei dieser Interpretation der Grundbegriffe und Grundrelationen sind alle Axiome der ebenen euklidischen Geometrie erfüllt. Dies wird, obwohl dem Leser wohl großteils bekannt, im Anhang 2 bewiesen, da wir in Kap. 5.1 von der ebenen projektiven Geometrie ausgehend genau auf dieses Modell geführt werden. Nur durch diesen Nachweis ist dann vollständig gezeigt, dass die ebene euklidische Geometrie sich aus der projektiven herleiten lässt.

Da nun aber alle Modelle isomorph zum Koordinatenmodell sind, sind sie auch untereinander paarweise isomorph, das Axiomensystem ist also wirklich kategorisch. (Dies ergibt sich als Nebenprodukt auch durch unseren Zugang: Gäbe es zwei nicht isomorphe Modelle $\mathbb{E}_2$, so auch zwei nicht isomorphe „Standardmodelle" $\mathbb{E}_2^*$ (siehe Kap. 3.1) für das Axiomensystem der projektiven Ebene. Da wir aber dessen Kategorizität nachweisen, ist dies unmöglich.[43])

Die wenigsten Axiomensysteme sind kategorisch. Gibt es beispielsweise zwei Modelle verschiedener Mächtigkeiten, so kann es schon keine bijektive Zuordnung zwischen deren Grundelementen geben. Dies trifft auf die meisten algebraischen Strukturen zu. So sind Halbgruppen, Gruppen, Ringe, Körper sämtlich durch polymorphe Axiomensysteme definiert, da sie jeweils endliche und unendliche Konkretisierungen besitzen. Dagegen sind die in diesem Buch behandelten Axiomensysteme für die euklidische, projektive und hyperbolische Geometrie kategorisch, stets deshalb, weil sie eine Koordinatisierung ermöglichen.

Bevor wir uns der zweiten der für ein modernes Axiomensystem relevanten Fragestellungen, der nach der Widerspruchsfreiheit, zuwenden, sei noch kurz auf die *Minimalität* oder *Unabhängigkeit* eines Axiomensystems eingegangen. Darunter versteht man, dass kein Axiom aus den anderen hergeleitet werden kann. Diese Problematik war schon in der Antike von zentraler Bedeutung und sie war ja auch der Anstoß für die Untersuchungen über das Parallelenaxiom gewesen. Das Vorgehen, das sich dabei herauskristallisierte, wird auch heute zum Nachweis der Unabhängigkeit eines Axioms angewandt. Man fügt zu den restlichen Axiomen seine Negation hinzu und sucht entweder einen Widerspruch abzuleiten oder ein

Modell dafür zu finden. Im ersten Fall ist das in Frage stehende Axiom abhängig von den anderen, im zweiten Fall unabhängig.

Man darf aber bezüglich der Minimalität nicht zu strenge Maßstäbe anlegen. So kann es insbesondere bei umfangreicheren Axiomensystemen, die nicht in einem aufgelistet werden, der Fall sein, dass die einzelnen Axiomengruppen zwar minimal sind, in der Gesamtheit jedoch Abhängigkeiten statthaben. Dies tritt beim ursprünglichen Hilbertschen Axiomensystem für die euklidische Geometrie wie auch bei dem von uns verwendeten wirklich auf. So lassen sich in Bezug auf ersteres beispielsweise einige Axiome der Verknüpfung und der Anordnung herleiten, wenn man beide Axiomgruppen zusammen voranstellt. Innerhalb der einzelnen Gruppen allein sind sie jedoch unabhängig ([Schm]).

Es ist aber auch zu große logische Spitzfindigkeit nicht angebracht. Würde man in Hilberts Aufbau das Parallelenaxiom an die Spitze stellen, müsste man es in der hier zitierten Fassung angeben. Setzt man es jedoch an die letzte Stelle bzw. betrachtet man das Axiomensystem als Ganzes, reicht es die Forderung an eine einzige Gerade und an einen einzigen nicht auf ihr liegenden Punkt zu stellen. Ebenso muss das sogenannte Archimedische Axiom[44], das von Hilbert in die letzte Axiomengruppe gereiht wurde, nur noch für eine einzelne Strecke und ihre Teilstrecken gefordert werden. Doch wird durch derartige Feinheiten die Theorie unnötig verkompliziert. Man nimmt daher solche Redundanzen in Kauf.

Wie schon zum Teil herausgearbeitet wurde, ist bei der modernen Auffassung der Axiomatik die Frage der Widerspruchsfreiheit von grundlegendster Bedeutung. Auch diese Frage stellte sich – bezüglich der euklidischen Geometrie – weder für Euklid noch für sämtliche Geometer von der Antike bis ins 18. Jahrhundert. Dies ist nicht weiter verwunderlich, war doch die Bildung der Begriffe von der Sinneswelt angeregt. Wie sollte da ein Widerspruch zustande kommen? Erst wenn man keinen konkreten Ausgangspunkt für ein Axiomensystem mehr besitzt, wird man – unweigerlich – mit diesem Problem konfrontiert. Nimmt man die Axiome Euklids samt der Negation des Parallelenaxioms, so hat man ein Paradebeispiel dafür. Und so wie man in diesem Fall zum Ziel gelangt war geht man auch heute vor. Man sucht ein Modell des Axiomensystems und dieses sichert dann dessen Widerspruchsfreiheit, wenn es selbst bereits als widerspruchsfrei erkannt wurde.

Wie konsequent die Abkehr von der euklidischen Axiomatik durch Hilbert war zeigt sich daran, dass er auch für die euklidische Geometrie diese Frage aufwarf. Dies beweist nochmals auf das deutlichste, dass die Wurzeln bzw. die Herkunft dieser Geometrie vom Standpunkt des reinen Denkens aus als irrelevant bzw. als nicht zur Mathematik gehörig betrachtet werden. Hilbert selbst gab das oben angeführte Koordinatenmodell als Konkretisierung an. Ließe sich somit in der euklidischen Geometrie ein Widerspruch ableiten, so aufgrund der Kategorizität des Axiomensystems notwendigerweise auch im letzteren und daher auch im Bereich der reellen Zahlen. Diese wiederum lassen sich mittels bekannter Schlußweisen schließlich bis auf die natürlichen Zahlen zurückführen. Auch dieser Bereich wäre dann nicht widerspruchsfrei.

Man hat damit wieder eine Stufe erreicht, wo ein unmittelbarer Bezug zur

Sinneswelt gegeben ist. Der Begriff der (An-)Zahl ist ja in gewissem Sinne sogar naheliegender[45] als der des Punktes und der Geraden (siehe aber Bemerkung 3.63). Vom inhaltlichen Denken her betrachtet kann somit auch an dieser Stelle kein Widerspruch auftreten.

Die modernen Axiomatiker gehen aber noch eine Schritt weiter und hinterfragen auch die Widerspruchsfreiheit des Bereiches der natürlichen Zahlen. Auch hier sucht man ein konkretes Modell für ein ihn charakterisierendes Axiomensystem, üblicherweise das System der sogenannten Peano-Axiome[46]. Ein solches Modell lässt sich im Rahmen der allgemeinen Mengenlehre finden. Hier endet jedoch dieser Prozess. Es lässt sich zwar die Mengenlehre, wenn auch nicht problemlos und unumstritten, axiomatisieren. Da mit ihr aber nach heutiger Sichtweise die Basis erreicht ist, auf der die gesamte Mathematik gründet, kann die Frage nach ihrer Widerspruchsfreiheit nicht mehr mit dem oben genannten Verfahren beantwortet werden.

Eben dies war einer der Gründe, warum Hilbert den extrem formalistischen Standpunkt einnahm. Er hoffte, durch finitistische, also endliche, völlig überschaubare Methoden den Widerspruchsfreiheitsbeweis führen zu können. Doch konnte K. Gödel 1931 zeigen, dass Hilberts Programm zum Scheitern verurteilt ist[47]: Ein solcher Beweis kann für formale Systeme, wenn sie einen gewissen Umfang haben, mit den Mitteln des Systems grundsätzlich nicht geführt werden. Und bis heute hat man keinen Ausweg aus dieser Sackgasse gefunden. Lässt man inhaltliches Denken nicht zu, beschränkt man sich also auf den Standpunkt des Formalismus, ist die Mengenlehre, also das Fundament der gesamten Mathematik und damit auch die euklidische Geometrie auf Sand gebaut. Der Formalist kann bloß die relative Widerspruchsfreiheit der letzteren feststellen: die euklidische Geometrie ist widerspruchsfrei, wenn es der Bereich der natürlichen Zahlen oder auch die Mengenlehre ist.

Diese äußerst unbefriedigende Situation ist, wie gesagt, ein Ausfluss des rein formalen Vorgehens. Wie unsere Besinnung auf die mathematische Erkenntnis aber zutage förderte, hat es mit wirklichem Denken nichts zu tun. Inhaltliches Denken dagegen kann an allen Stellen der obigen Stufenleiter eingreifen: entweder direkt beim Axiomensystem der euklidischen Geometrie, wie es schon wiederholt dargelegt wurde; oder bei dem für die natürlichen Zahlen; oder auch bei dem für die Mengenlehre. Das Problem bei letzteren beiden liegt dabei im „Zusammendenken" der Objekte zu einer Gesamtheit: Lassen sich die natürlichen Zahlen oder sogar völlig beliebige Objekte willkürlich zu einer Menge zusammenfassen? Dass letzteres nicht immer möglich ist, war durchaus schon Georg Cantor, dem Schöpfer der Mengenlehre, bekannt. Doch für ihn war das – im Gegensatz zu den meisten der späteren Mathematiker – kein Einwand. So schrieb er in einem Brief an Hilbert ([Purk], S. 226): „Ich sage von einer Menge, daß sie als *fertig* gedacht werden kann, ... wenn es ohne Widerspruch möglich ist (wie etwa bei den endlichen Mengen), *alle ihre Elemente als zusammenseiend*, die Menge selbst daher als ein *zusammengesetztes Ding für sich* zu denken ... ". Es kommt also auch bei ihm auf inhaltliches Denken an, nicht darauf, dass aus einer Maschine die ganze Theorie herausrollen können muss.

Das Problem bei jeglicher Axiomatisierung der Mengenlehre liegt darin, dass die vermeintlichen Widersprüche beim Zusammenfassen von Objekten zu einer Menge stets durch gewisse Axiome, also durch einen Formalakt, verhindert werden sollen. Die einzige bekannte Axiomatisierung, die sich auf inhaltliches Denken stützt und daher nicht (gänzlich) formalisierbar ist, stammt von P. Finsler[48]. Sie wurde eben wegen dieser Nicht-Formalisierbarkeit vehement bekämpft und wegen des Rückgriffs auf ein Denken, das scheinbar der modernen Auffassung der Mathematik, in Wirklichkeit aber nur dem nomalistischen Begriffsverständnis entgegenstand. Erst in jüngster Zeit mehren sich die Anzeichen, dass Finslers Standpunkt wieder an Interesse gewinnt. Es hat ja auch den unbeschreibbaren Vorzug, nicht nur in sich konsistent, sondern auch von Seiten des Formalismus aus nicht widerlegbar zu sein. Genaueres dazu findet man in dem Buch „Finsler's Set Theory" von D. Booth und R. Ziegler. Dort wird auch ausführlich auf den erkenntnistheoretischen Hintergrund dieser beiden unterschiedlichen mathematischen Ansichten eingegangen. Dabei kristallisiert sich heraus, dass mit ihnen der alte philosophische Streit zwischen Nominalisten und Realisten wieder auflebt. Wie auch immer man letztlich zu den Grundlagenfragen steht, es hat sich gezeigt, dass man innerhalb der Mathematik allein zu keiner befriedigenden Lösung gelangt, dass eine philosophische bzw. theoretische Durchdringung der mathematischen Tätigkeit unausweichlich ist.

Anhang 1. Andere Axiomensysteme für den euklidischen Raum

Die modernen Axiomensysteme für die euklidische Geometrie beziehen stets die reellen Zahlen mit ein. Dies hat den großen Vorteil, dass das Koordinatenmodell sehr schnell hergeleitet werden kann und damit die Kategorizität des Axiomensystems gesichert ist. Wir geben im weiteren zwei derartige Systeme an.

I. Der geometrische Hintergrund ist hier das Standardmodell des euklidischen Raumes (bzw. der euklidischen Ebene), wobei ein Punkt als Ursprung ausgezeichnet ist. Die Punkte des Raumes können dann eindeutig als Endpunkte der von diesem ausgehenden Ortsvektoren charakterisiert werden. Insbesondere kann mit ihnen wie mit den Vektoren gerechnet werden.

Bei diesem Axiomensystem ist das einzige undefinierte Element der „Punkt" undefinierte Relationen sind

  i) eine Addition + der Punkte;

 ii) eine Multiplikation ∗ der Punkte mit einer reellen Zahl;

iii) eine skalare Multiplikation · der Punkte.

An Axiomen wird nun gefordert, dass

1) die Menge $\mathbb{E}_3$ der Punkte bezüglich der beiden Relationen $+$, $*$ einen dreidimensionalen Vektorraum über $\mathbb{R}$ bildet – dabei wird mit O der Nullpunkt, das ist das Nullelement bezüglich $+$, und mit $-A$ das Inverse zu A bezeichnet;

2) die skalare Multiplikation $\cdot$ ein positiv definites Skalarprodukt auf $\mathbb{E}_3$ ist, d.h., dass für beliebige $A, B, C \in \mathbb{E}_3$ und $\lambda \in \mathbb{R}$ gilt

   i) $A \cdot B = B \cdot A \in \mathbb{R}$;

   ii) $(\lambda * A) \cdot B = \lambda * (A \cdot B)$;

   iii) $(A + B) \cdot C = A \cdot C + B \cdot C$;

   iv) $A \cdot A > 0$ für alle $A \in \mathbb{E}_3$, $A \neq O$.

Wie aus der Linearen Algebra bekannt ist implizieren die Axiome die Existenz einer Orthonormalbasis, mithilfe derer $\mathbb{E}_3$ derart koordinatisiert werden kann, dass die Punkte durch (a, b, c), $a, b, c \in \mathbb{R}$, und die Operationen wie folgt beschrieben werden können:

$$(a_1, b_1, c_1) + (a_2, b_2, c_2) = (a_1 + a_2, b_1 + b_2, c_1 + c_2)$$
$$\lambda * (a, b, c) = (\lambda a, \lambda b, \lambda c)$$
$$(a_1, b_1, c_1) \cdot (a_2, b_2, c_2) = a_1 a_2 + b_1 b_2 + c_1 c_2.$$

Ist U ein Unterraum von $\mathbb{E}_3$, so heißt die Menge $A + \mathsf{U} := \{A + U; U \in \mathsf{U}\}$ *Nebenklasse* von U. Definitionsgemäß sind dann die Geraden die Nebenklassen nach eindimensionalen, die Ebenen diejenigen nach zweidimensionalen Unterräumen. Ein Punkt inzidiert mit einer Geraden bzw. Ebene, wenn er Element der entsprechenden Menge ist; eine Gerade inzidiert mit einer Ebene, wenn jeder Punkt der ersteren auch ein Punkt der zweiteren ist.

Um die Zwischenbeziehung zu definieren, seien P_1, P_2, P_3 drei verschiedene Punkte einer Geraden $A + \mathsf{U}$. Es gilt mithin $P_i = A + U_i$ mit $U_i \in \mathsf{U}$ $(i = 1, 2, 3)$. Ist nun $U_i = (a_i, b_i, c_i)$, so liegt P_2 zwischen P_1 und P_3, falls gilt:

$$a_1 < a_2 < a_3 \quad \text{bzw.} \quad a_1 > a_2 > a_3 \quad \text{falls} \quad a_1 \neq a_3;$$
$$b_1 < b_2 < b_3 \quad \text{bzw.} \quad b_1 > b_2 > b_3 \quad \text{falls} \quad a_1 = a_3, b_1 \neq b_3;$$
$$c_1 < c_2 < c_3 \quad \text{bzw.} \quad c_1 > c_2 > c_3 \quad \text{falls} \quad a_1 = a_3, b_1 = b_3, c_1 \neq c_3.$$

Die Bewegungen schließlich sind diejenigen Abbildungen $f : \mathbb{E}_3 \to \mathbb{E}_3$, für die $f^* := f - f_O$ das Skalarprodukt erhält, d.h. $f^*(A) \cdot f^*(B) = A \cdot B$ für beliebige $A, B \in \mathbb{E}_3$; hierbei ist f_O die konstante Abbildung mit Wert $f(O)$. Wie wieder aus der Linearen Algebra bekannt ist folgt daraus, dass f^* eine orthogonale Abbildung ist. Wegen $f = (id + f_O) \circ f^*$ ist f somit das Produkt einer solchen mit $id + f_O$, das ist per definitionem eine *Translation*.

Wie üblich führt man die Distanz $d(A, B)$ zweier Punkte mittels

$$d(A, B) = \sqrt{(A - B) \cdot (A - B)}$$

ein. Der (unorientierte) Winkel zwischen den verschiedenen Geraden $g = A + \mathsf{U}$, $h = B + \mathsf{V}$, wird definiert durch

$$\angle(g, h) := \arccos(\frac{U \cdot V}{\sqrt{(U \cdot U)(V \cdot V)}}) \quad (U \in \mathsf{U}, \ V \in \mathsf{V}, \ U, V \neq O).$$

Um den Winkel zwischen zwei Ebenen einzuführen verwenden wir den Orthogonalraum $\mathsf{U}^\perp$ zu einem Teilraum U von $\mathbb{E}_3$. Dieser ist definiert durch

$$\mathsf{U}^\perp = \{A \in \mathbb{E}_3; \ A \cdot U = 0 \text{ für alle } U \in \mathsf{U}\}.$$

Hat U die Dimension 2, so bekanntlich $\mathsf{U}^\perp$ die Dimension 1. Man setzt nun für zwei verschiedene Ebenen $\phi = A + \mathsf{U}, \psi = B + \mathsf{V}$

$$\angle(\phi, \psi) := \angle(\mathsf{U}^\perp, \mathsf{V}^\perp).$$

Da die rechte Seite ein Winkel zwischen Geraden und somit bereits definiert ist, ist auch die linke Seite eindeutig festgelegt.

Dieses Axiomensystem kann in abgewandelter Form auch für die in Kap. 5 und 6 behandelten neun ebenen Cayley–Klein-Geometrien verwendet werden. Stets bilden dabei Punkte, aufgefasst als Ortsvektoren, die einzigen undefinierten Grundelemente – siehe [Jag2], Suppl. B.

II. Die undefinierten Grundbegriffe sind jetzt Punkt, Gerade, Ebene, wobei aber letztere beiden Objekte stets Teilmengen der Menge $\mathcal{A}$ aller Punkte sind, die den Bedingungen in den Axiomen genügen. Einzige undefinierte Grundrelation ist die Inzidenz.

An Axiomen werden gefordert:

1) Je zwei verschiedene Punkte inzidieren mit genau einer Geraden.

2) (*Distanzmessung*) Es gibt eine Distanzfunktion $d : \mathcal{A} \times \mathcal{A} \to \mathbb{R}^*$; d.h. sind $A, B, C \in \mathcal{A}$ beliebig, so soll gelten

　　i) $d(A, B) = 0$ genau dann, wenn $A = B$,

　　ii) $d(A, B) = d(B, A)$,

　　iii) $d(A, C) \leq d(A, B) + d(B, C)$ (Dreiecksungleichung).

Dieses Axiom besagt, dass der euklidische Raum ein metrischer Raum ist.

3) (*Koordinatisierung*) Für jede Gerade g gibt es eine bijektive Abbildung $\alpha_g : g \to \mathbb{R}$ mit der Eigenschaft

$$d(A, B) = |\alpha_g(A) - \alpha_g(B)|, \ A, B \in g.$$

Der Wert $\alpha_g(A)$ heißt *Koordinate von A in Bezug auf g*.

Sind $A, B \in g$ und gilt etwa $\alpha_g(A) \leq \alpha_g(B)$, so ist das *abgeschlossene Intervall* $[A, B]$ definiert durch

$$[A, B] = \{C \in g;\ \alpha_g(A) \leq \alpha_g(C) \leq \alpha_g(B)\}.$$

Klarerweise teilt jeder Punkt A einer Geraden g diese in zwei *Halbgeraden*, nämlich

$$g^+ = \{C \in g;\ \alpha_g(A) < \alpha_g(C)\} \text{ und } g^- = \{C \in g;\ \alpha_g(A) > \alpha_g(C)\},$$

die zusammen mit $\{A\}$ eine Partition von g bilden. A selbst heißt *Anfangspunkt* der beiden Halbgeraden.

4) Je drei nicht kollineare Punkte sind mit genau einer Ebene inzident.

5) Für je zwei verschiedene Punkte einer Ebene ist auch die nach Axiom 1 festgelegte Gerade mit dieser Ebene inzident.

6) Ist eine Gerade g mit einer Ebene η inzident, so teilt sie diese in zwei *Halbebenen*; d.h. es gibt Teilmengen η_g^+, η_g^-, die zusammen mit g eine Partition von η bilden, so dass gilt

   i) falls $A, B \in \eta_g^+$ oder $A, B \in \eta_g^-$, dann enthält das Intervall $[A, B]$ keinen Punkt von g,

   ii) falls $A \in \eta_g^+$, $B \in \eta_g^-$ bzw. $A \in \eta_g^-$, $B \in \eta_g^+$, dann enthält das Intervall $[A, B]$ (genau) einen Punkt von g.

Um das nächste Axiom formulieren zu können, benötigen wir die Begriffe des Winkels und des Winkelinneren: Halbgeraden g^+, h^+ mit einem gemeinsamen Anfangspunkt A definieren einen *Winkel* $\angle(g^+, h^+)$ mit der *Ecke* A. Ist $\angle(g^+, h^+)$, $h^+ \neq g^+, g^-$, ein Winkel mit der Ecke A in einer Ebene η und sind B, C feste Punkte mit $B \in g^+$, $C \in h^+$, so sind durch sie und die Trägergeraden g, h von g^+, h^+ die Halbebenen η_g^+, η_h^+ festgelegt. $\eta_g^+ \cap \eta_h^+$ heißt das *Innere des Winkels* $\angle(g^+, h^+)$. (Damit diese Definition sinnvoll ist, muss natürlich gezeigt werden, dass sie unabhängig von der Wahl der Punkte B, C ist.)

7) (*Winkelmessung*) Für jeden Winkel $\angle(g^+, h^+)$ mit der Ecke A in einer Ebene gibt es eine Abbildung $\beta : \angle(g^+, h^+) \to [0, \pi]$ mit den Eigenschaften:

   i) $\beta(\angle(g^+, h^+)) = 0$ falls $g^+ = h^+$; $\beta(\angle(g^+, h^+)) = \pi$ falls $g^+ = h^-$,

   ii) $\beta(\angle(g^+, h^+)) + \beta(\angle(g^+, h^-)) = \pi$,

   iii) ist k_+ eine beliebige, aber feste Halbgerade mit Anfangspunkt A, von der zumindest ein Punkt im Inneren von $\angle(g^+, h^+)$ liegt, so ist $\beta(\angle(g^+, k^+)) + \beta(\angle(k^+, h^+)) = \beta(\angle(g^+, h^+))$,

iv) liegt eine Halbgerade h^+ mit Anfangspunkt A in der Geraden h, dann ist in jeder durch h festgelegten Halbebene η^+ die Zuordnung γ von der Menge $\mathcal{M}$ der Halbgeraden mit Anfangspunkt A auf $(0, \pi)$ mit $\gamma(k^+) = \beta(\angle(k^+, h^+))$ bijektiv.

Für das nächste Axiom sind wieder einige Definitionen notwendig: Drei nicht kollineare Punkte A, B, C sind definitionsgemäß ein *Dreieck*, $[A, B]$, $[A, C], [B, C]$ dessen Seiten. Diese bestimmen ersichtlich eindeutig Halbgeraden c^+, b^+, a^+. Dann sind die Winkel des Dreiecks definiert durch $\angle(a^+, b^+)$, $\angle(a^+, c^+)$, $\angle(b^+, c^+)$.

8) (*WSW-Satz*) Sind zwei Dreiecke A, B, C und A', B', C' gegeben und gilt $d(A, B) = d(A', B')$, $\beta\angle(b^+, c^+) = \beta\angle(b'^+, c'^+)$, $\beta\angle(a^+, c^+) = \beta\angle(a'^+, c'^+)$, so stimmen auch die restlichen Werte überein.

9) (*Parallelität*) Für jede Gerade und jeden nicht mit ihr inzidenten Punkt einer Ebene gibt es genau eine Gerade der Ebene durch diesen Punkt, die mit der Geraden keinen Punkt gemeinsam hat.

10) Zu jeder Ebene η gehören zwei *Halbräume*; d.h. es gibt Mengen η^+, η^-, die zusammen mit η eine Partition der Menge $\mathbb{E}_3$ aller Punkte bilden, so dass gilt

   i) falls $A, B \in \eta^+$ oder $A, B \in \eta^-$, dann enthält das Intervall $[A, B]$ keinen Punkt von g,

   ii) falls $A \in \eta^+, B \in \eta^-$ bzw. $A \in \eta^-, B \in \eta^+$, dann enthält das Intervall $[A, B]$ (genau) einen Punkt von g.

Anhang 2. Das arithmetische Modell

Wir zeigen hier, dass das in Kapitel 2.3 vorgestellte Koordinatenmodell wirklich den Axiomen für die euklidische Ebene genügt. Dabei argumentieren wir zum Großteil sehr knapp, da viele Beweise aus der Linearen Algebra bekannt sind.

I. Inzidenzaxiome   Deren Richtigkeit beruht auf einfachsten Ergebnissen über lineare Gleichungssysteme. Sind etwa $P_i(x_i, y_i)$, $i = 1, 2$, zwei verschiedene Punkte, so gibt es eine bis auf einen Skalar $\neq 0$ eindeutig bestimmte Lösung (a, b, c) des homogenen linearen Gleichungssystems

$$ax_1 + by_1 + c = 0$$
$$ax_2 + by_2 + c = 0.$$

Dabei muss ersichtlich $(a, b) \neq (0, 0)$ gelten, so dass Axiom 1 erfüllt ist. Ähnlich einfach zeigt man die anderen Axiome.

II. Anordnungsaxiome Das erste Axiom überprüft man direkt mittels Fallunterscheidungen, das zweite wird etwa durch den Mittelpunkt M von P, Q erfüllt. Seine Koordinaten sind definitionsgemäß die arithmetischen Mittel der entsprechenden Koordinaten von P und Q.

Das Axiom von Pasch beweist man am einfachsten, indem man die Gerade g mittels einer geeigneten Bewegung in eine spezielle Lage bringt. Dazu muss man aber erst die Bewegungsaxiome 1 und 2 nachweisen. Das erste ist aus der Linearen Algebra bekannt, ebenso die Aussage des zweiten über das Bild einer Geraden unter einer beliebigen Bewegung α. Dass α auch die Zwischenbeziehung erhält kann man durch direkte Rechnung überprüfen, wobei man nur zu berücksichtigen braucht, dass für Punkte $P(x, y)$, die auf einer Geraden (a, b, c) liegen, sich im Falle $a, b \neq 0$ jede der Komponenten stets auf die gleiche Weise durch die andere ausdrücken lässt:

$$y = -\frac{1}{b}(ax + c) \quad \text{bzw.} \quad x = -\frac{1}{a}(by + c).$$

In den Sonderfällen $a = 0$ oder $b = 0$ vereinfacht sich der Nachweis des in Rede stehenden Bewegungsaxioms noch.

Für den Beweis des Axioms von Pasch bezeichne $D \in g$ den Punkt, der zwischen A und B liegt. Wir legen D mittels einer Bewegung α_1 der Gestalt $x' = x + c_1$, $y' = y + c_2$ in den Punkt $O(0, 0)$. Sodann bringen wir das Bild $\alpha_1(g)$, welches wie eben erwähnt, wieder eine Gerade ist, mittels einer geeigneten Bewegung $\alpha_2 : x' = a_1 x + b_1 y$, $y' = a_2 x + b_2 y$ auf die Form $(1, 0, 0)^t$, der y-Achse entsprechend. Setzt man $\alpha = \alpha_2 \circ \alpha_1$, so liegt $\alpha(D)(0, 0)$ auf $\alpha(g)(1, 0, 0)^t$ und nach dem bewiesenen 2. Bewegungsaxiom zwischen $\alpha(A)(x_1, y_1)$ und $\alpha(B)(x_2, y_2)$. Dabei muss $x_1 \neq x_2$ gelten, andernfalls $\langle \alpha(A), \alpha(B) \rangle = \alpha(g)$, also $\langle A, B \rangle = g$ wäre, im Widerspruch zur Voraussetzung. Es folgt $x_1 < 0 < x_2$ oder $x_2 < 0 < x_1$. Wegen $C \notin g$ ist auch $\alpha(C)(x_3, y_3) \notin \alpha(g)$. Daher ist $x_3 \neq 0$. Nun erkennt man sofort, dass $\alpha(g)$ mit der Strecke $\alpha(A)\alpha(C)$ oder $\alpha(B)\alpha(C)$ einen Punkt gemeinsam hat, je nachdem, ob $\mathrm{sgn} x_1 \neq \mathrm{sgn} x_3$ oder $\mathrm{sgn} x_2 \neq \mathrm{sgn} x_3$. Die daraus folgende Aussage für die Urbilder beweist das Axiom von Pasch.

III. Bewegungsaxiome Die ersten beiden Axiome sind bereits gesichert, das dritte ist klar. Das vierte beweisen wir dadurch, dass wir zunächst die Existenz einer Bewegung α nachweisen, die ein beliebiges Grundgebilde $\mathcal{G}(M, g^*, \gamma^*)$ in das spezielle $\mathcal{O}(O, s^*, \sigma^*)$ überführt. Dabei sei letzteres durch die drei Punkte $O(0, 0)$, $A(1, 0)$, $B(0, 1)$ festgelegt, so dass gilt $s = \langle O, A \rangle$, $s^* = \langle O, A \rangle_O$ und $\sigma^* = \langle s, B \rangle_s$. Dazu schafft man zunächst M mittels einer Transformation α_1 der Form $x' = x + c_1$, $y' = y + c_2$ nach O und wendet dann auf das neue Grundgebilde $\alpha_1(\mathcal{G}) = \mathcal{G}_1(O, g_1^*, \gamma_1^*)$ eine geeignete Bewegung α_2 an, die O fest lässt und g_1^* in s^* überführt – deren Existenz ist aus der Linearen Algebra bekannt. Das dadurch erhaltene Grundgebilde $\alpha_2(\mathcal{G}_1)$ stimmt nun entweder bereits mit $\mathcal{O}$ überein, andernfalls man noch die Transformation $\alpha_3 : x' = x$, $y' = -y$ anwenden muss, um $\mathcal{O}$ zu erhalten. Die gesuchte Bewegung ist dann $\alpha_2 \circ \alpha_1$ bzw. $\alpha_3 \circ \alpha_2 \circ \alpha_1$.

Hat man nun zwei beliebige Grundgebilde $\mathcal{G}, \mathcal{G}'$ gegeben, so seien α, β die Bewegungen mit $\alpha(\mathcal{G}) = \mathcal{O}$, $\beta(\mathcal{G}') = \mathcal{O}$. Dann ist $\beta^{-1} \circ \alpha$ eine Bewegung, die $\mathcal{G}$ in $\mathcal{G}'$ überführt.

Sind schließlich γ, γ' zwei Bewegungen mit dieser Eigenschaft, so lässt $\alpha \circ \gamma^{-1} \circ \gamma' \circ \alpha^{-1}$ $\mathcal{O}$ fest. Andererseits sieht man sofort, dass dies nur die identische Abbildung id leistet, woraus $\gamma = \gamma'$ und somit die Eindeutigkeit folgt.

IV. Stetigkeitsaxiom Da die Voraussetzungen dieses Axioms allein auf dem Zwischenbegriff aufbauen kann man aufgrund des zweiten Bewegungsaxioms eine geeignete Bewegung anwenden um die gegebene Gerade auf die Gerade $(0, 1, 0)^t$ – der x-Achse entsprechend – zu legen. Damit haben alle Punkte Koordinaten der Gestalt $(x, 0), x \in \mathbb{R}$. Das Stetigkeitsaxiom ist nun äquivalent zum Dedekindschen Axiom für $\mathbb{R}$, mithin gültig.

V. Parallelenaxiom Dieses folgt wieder unmittelbar aus einem einfachen Ergebnis über lineare Gleichungen.

Aufgaben

1) Man finde den Fehler in folgender Beweisführung, in der gezeigt wird, dass alle Winkel rechte sind: Von einer gegebenen Strecke AB aus werde ein rechter Winkel in A und ein beliebiger Winkel in B abgetragen sowie auf den beiden Schenkeln die gleich langen Strecken AD und BC (Abb. 2.8). Der Schnittpunkt der Streckensymmetralen von AB und CD sei S. Klarerweise sind die Dreiecke $\triangle ADS$ und $\triangle BCS$ kongruent. Somit gilt $\angle SAD = \angle SBC$. Da das Dreieck $\triangle ABS$ gleichschenkelig ist, gilt auch $\angle SAB = \angle SBA$. Zusammen folgt $\angle BAD = \angle ABC$, wie behauptet.

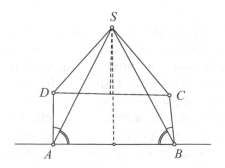

Abbildung 2.8

2) Unter Verwendung der Postulate 1–3 von Euklid löse man die Aufgabe: An einem gegebenen Punkte eine einer gegebenen Strecke gleiche anzulegen ([Eukl] I, §2). Welche zusätzlichen Voraussetzungen werden dabei stillschweigend benötigt? (Man übertrage die Strecke mittels gleichseitiger Dreiecke.)

3) Unter Verwendung eines Kongruenzsatzes für Dreiecke beweise man, dass man in einem gegebenen Punkt einer Geraden die Normale errichten kann ([Eukl] I, §11). Welche weiteren Voraussetzungen gehen hierbei ein?

4) Unter Verwendung eines Kongruenzsatzes für Dreiecke beweise man, dass man von einem gegebenen Punkt aus auf eine Gerade die Normale errichten kann ([Eukl] I, §12). Welche weiteren Voraussetzungen gehen hierbei ein?

5) Mittels der Aufgaben 3) und 4) beweise man die abgeschwächte Form des Playfair-Axioms: Ist g eine Gerade und P ein Punkt, $P \notin g$, so gibt es mindestens eine Parallele zu g durch P in der Ebene $\langle P, g \rangle$. (Hierbei benötigt man das Parallelenaxiom nicht.)

6) In Fortsetzung der vorigen Aufgabe beweise man die Äquivalenz des Parallelenaxioms mit dem Playfair-Axiom.

7) Man zeige: Falls die Winkelsumme für jedes Dreieck konstant gleich c ist, so ist c gleich dem Wert des gestreckten Winkels.

8) Aus den Inzidenzaxiomen folgere man, dass zwei Ebenen entweder keinen Punkt gemeinsam haben, oder eine Gerade, auf der sämtliche gemeinsamen Punkte beider Ebenen liegen.

9) Allein mittels der Inzidenzaxiome zeige man, dass auf jeder Ebene mindestens drei Punkte liegen.

10) Aus den Inzidenz- und Anordnungsaxiomen folgere man, dass es zu zwei gegebenen Punkten einer Geraden stets einen dritten gibt, der zwischen ihnen liegt.

11) Zwei Figuren der euklidischen Ebene heißen kongruent, wenn es eine Bewegung gibt, die die erste in die zweite überführt. Man beweise, dass die Kongruenz eine Äquivalenzrelation ist.

12) Man zeige, dass eine Bewegung, die einen Fixpunkt O besitzt und eine von O ausgehende Halbgerade g^+ als Ganzes fest lässt, jeden Punkt der durch g^+ bestimmten Geraden g fest lässt.

13) Mittels der vorigen Aufgabe löse man im Sinne der modernen Axiomatik die obige Aufgabe 2: eine Strecke an einen vorgegebenen Punkt anzulegen.

14) Man beweise, dass es zu gegebenen Punkten A, B stets eine Bewegung gibt, die A mit B vertauscht. (Sei α eine Bewegung mit $\alpha(A) = B$ und $\alpha(B) = C$, wo C auf der Halbgeraden $\langle B, A \rangle_B$ liegt. Wäre $C \neq A$, also zum Beispiel C zwischen A und B, so betrachte man die Bewegung α^2. Mittels des Stetigkeitsaxioms folgt $\alpha^2 = id$, ein Widerspruch.)

15) Beschreibung der „Natürlichen Geometrie" von Hjelmslev mittels Koordinaten von dualen Zahlen. Dies sind Zahlen der Form $a + b\epsilon$ mit $a, b \in \mathbb{R}$, $\epsilon \neq 0$, $\epsilon^2 = 0$. (Genaueres dazu siehe im Kapitel 6.6.3.) Die Gleichung einer Geraden lautet: $Ax + By + C = 0$, wobei A, B, C duale Zahlen sind. Man zeige:

   a) Das Produkt zweier dualer Zahlen $\neq 0$ ist 0 genau dann, wenn beide ϵ-Zahlen sind, d.h. von der Form $b\epsilon$, $b \in \mathbb{R}$.

   b) zwei Geraden $A_i x + B_i y + C_i = 0$, $i = 1, 2$, haben unendlich viele Punkte gemeinsam, falls $A_1 B_2 - A_2 B_1$ eine ϵ-Zahl ist.

   c) Die Tangenten an einen Kreis haben unendlich viele Punkte mit diesem gemeinsam; speziell der Kreis mit der Gleichung $x^2 + y^2 = 1$ mit der Geraden $y = 1$.

16) Man interpretiere verschiedene Ansichten bezüglich des Unendlichen in der Mathematik (z.B.: finitistischer Standpunkt, demzufolge es keine unendlichen Mengen gibt; Aktual-unendlich; unendlich kleine Größen) vom philosophischen Standpunkt aus.

Kapitel 3

Grundlagen der projektiven Geometrie

3.1 Das Einbeziehen des Unendlichen in die Geometrie

Projiziert man im euklidischen Raum $\mathbb{E}_3$ eine Ebene η auf eine dazu nicht parallele Ebene ε über einen festen Punkt $A \notin \eta$, $A \notin \varepsilon$, so treten zwei auffällige Phänomene auf. Man kann sie sich leicht deutlich machen, indem man eine Wand und den Fußboden eines Zimmers als η bzw. ε repräsentierende Teilbereiche ansieht und ein Auge des Lesers als A wählt. Es lassen sich nun fast allen Punkten $P \in \eta$ mittels des Projektionsstrahles $\langle P, A \rangle$ die entsprechenden Schnittpunkte $P' \in \varepsilon$ zuordnen, doch gilt dies nicht für die Punkte der in Augenhöhe verlaufenden Geraden g. Sie besitzen kein Bild in ε, da die Gerade $\langle P, A \rangle$ parallel zu ε ist (Abb. 3.1).

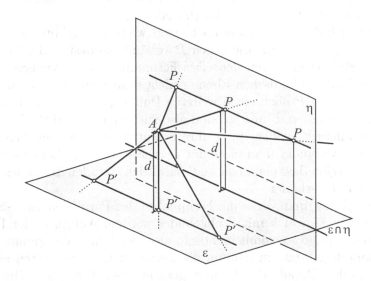

Abbildung 3.1

Umgekehrt treten ganz „harmlose" Punkte von ε nicht als Bilder bei der Projektion auf, nämlich sämtliche Punkte P' der Geraden h durch den Fußpunkt von A, die zur Schnittgeraden $\eta \cap \varepsilon$ parallel ist. Der Grund liegt darin, dass die Gerade $\langle P', A \rangle$ parallel zu η verläuft und somit keinen Schnittpunkt mit η besitzt.

Will man diese Art der Projektion, die sogenannte *Zentralprojektion*, mathematisch exakt beschreiben, muss man also sowohl den Definitionsbereich auf $\eta \backslash g := \{P \in \eta;\; P \notin g\}$ als auch den Bildbereich auf $\varepsilon \backslash h$ einschränken, um wirklich eine wohldefinierte Abbildung zu erhalten. Es liegt demnach ein ähnlicher Fall vor wie bei der Kreisinversion, nur um einiges komplizierter, da dort nur der Mittelpunkt des Inversionskreises ausgenommen werden musste, der als einziger keinen Bildpunkt besaß. Wurde damals durch Hinzunahme *eines* „unendlich fernen" Punktes U die Einschränkung unnötig, geschieht das jetzt durch Erweiterung jeder der beiden Ebenen ε, η durch eine „Ferngerade". Für ε ist dies dann per definitionem die Bildgerade von g, für η ist es die Urbildgerade von h (beachte die Anmerkung 5). Kennzeichnet man die solcherart erweiterten Ebenen durch einen Stern, so wird die Projektion π_A dann eine bijektive Abbildung von η^* auf ε^*.

Nähert man sich einem Punkt $P \in g$ durch Punkte einer Geraden $l \in \eta$, $g \neq l$, an, so liegen deren Bildpunkte wieder auf einer Geraden $l' \in \varepsilon$ und sie streben euklidisch gesehen ins Unendliche. Der Bildpunkt $P' = \pi_A(P)$ heißt deshalb oft auch *„unendlich ferner" Punkt* oder *Fernpunkt* von l'. Da es gleichgültig ist, von welcher Seite man sich auf der Geraden l dem Punkt P nähert, hat eine Gerade somit nur einen Fernpunkt. Jede Durchlaufungsrichtung von l' führt „im Unendlichen" zu ihm.

Lässt man andererseits Punkte von l dem Fernpunkt von l zustreben, so liegen die Bildpunkte auf l' und wandern gegen den Schnittpunkt F' von l und h. Dieser ist somit der Bildpunkt bei der Projektion π_A.

Verfolgen wir die Anschauung noch etwas weiter: Betrachtet man eine beliebige Gerade $m \in \eta$, $m \neq g, l$, die durch P verläuft, so besitzt die Bildgerade m' aufgrund des eben Dargelegten *denselben* Fernpunkt wie l'. Andererseits können sich l' und m' in der euklidischen Ebene ε nicht schneiden, da sonst die Urbildgeraden l und m neben P noch einen weiteren Punkt gemeinsam hätten und daher zusammenfallen müssten. l' und m' sind also zueinander parallel. Nun sind sämtliche zu l' parallelen Geraden durch ihre Schnittpunkte mit der Schnittgeraden $\eta \cap \varepsilon$ festgelegt. Verbindet man diese mit P erhält man sämtliche Geraden durch P, woraus sich ergibt, dass genau die zu l' parallelen Geraden durch den Fernpunkt $P' = \pi_A(P)$ von l' verlaufen.

Ebenso erkennt man, dass die Fernpunkte der Parallelen zu l sämtlich auf den Schnittpunkt F' von h mit l' abgebildet werden. Aufgrund der Bijektivität der Projektion π_A sind sie somit identisch, also gleich dem Fernpunkt F von l.

Insgesamt folgt, dass in der um die Fernelemente erweiterten euklidischen Ebene $\mathbb{E}_2^*$ parallele Gerade durch einen gemeinsamen Fernpunkt charakterisiert sind. Von daher rührt die Aussage, dass sich parallele Geraden „im Unendlichen schneiden". Sie bedeutet, dass der jeweilige ideale Zusatzpunkt, den jede Gerade nun besitzt, genau dann mit einem anderen übereinstimmt, wenn die entsprechenden Geraden parallel sind. Die Situation ist also gewissermaßen anschaulicher als im Falle der konformen Ebene, wo ja *alle* Geraden durch den Punkt U, um den die euklidische Ebene erweitert wurde, gehen. Dort trat demzufolge auch die Schwierigkeit auf, dass eine Gerade im allgemeinen nicht durch zwei Punkte festgelegt ist, dann nämlich, wenn einer von ihnen gleich U ist. Hier dagegen ist eine Gerade stets durch zwei (natürlich verschiedene) Punkte eindeutig bestimmt, gleichgültig ob einer oder sogar beide Fernpunkte sind. Im letzteren Fall ist die Gerade die Ferngerade der Ebene.

Damit klärt sich auch die immer wieder gestellte Frage, „was denn nun im Unendlichen wirklich passiert?" Schneiden sich dort parallele Gerade „wirklich" oder schneiden sich sogar sämtliche Geraden, wie es die konforme Ebene nahelegt? Wie im vorigen Kapitel ausgeführt wurde, regt die Sinnesanschauung unter anderem zur Bildung des Begriffs der euklidischen Ebene an. *Das Unendliche in der Geometrie ist dagegen ein rein ideelles Konstrukt ohne zugrundeliegendes sinnenfälliges Substrat. Und dabei ergeben sich unterschiedliche Auffassungen, je nachdem, welche mathematischen Hilfsmittel man zu dessen Verständnis heranzieht.* Ist es die Inversion am Kreis, so bildet sich dieses Unendliche als ein Punkt ab; ist es wie oben die Zentralprojektion, so als Gerade. Es können ja auch verschiedene Sinne durchaus Unterschiedliches über ein und denselben Sachverhalt nahelegen: Geradlinig bis zum Horizont verlaufende Schienen scheinen für das Auge zusammenzulaufen, während sie für den Tastsinn stets gleichweit voneinander entfernt bleiben. Da zur Beschreibung aber immer ein solches mathematisches Hilfsmittel nötig ist, *kann es überhaupt keine absolute Aussage über das Verhalten von Geraden im Unendlichen geben.*

Den Anstoß, die mathematischen Eigenschaften der Zentralprojektion genau zu untersuchen, gab der Siegeszug des perspektiven Zeichnens bzw. Malens im Europa des ausgehenden Mittelalters und der beginnenden Neuzeit. Zwar verfassten bereits griechische Mathematiker vereinzelt Werke über die Perspektive, z.B. Demokrit, Anaxagoras, Euklid (erhalten ist davon aber nur Euklids „Optika"); auch wurde sie in der Malerei, etwa für Kulissen, damals schon teilweise verwendet, doch war die Zeit dafür offenbar noch nicht reif.[49] Erst nachdem der Florentiner Maler und Architekt Filippo Brunelleschi (1377–1446) die Perspektive (wieder) entdeckt hatte – das erste nach dieser Methode gemalte Bild schuf er 1425 –, begann ihr Siegeszug. Bald danach erschienen die ersten Abhandlungen darüber (L. B. Alberti: „De pictura libri tres" (1435), Piero della Francesca „De prospectiva pingendi" (um 1475) etc.) und die führenden Künstler der Zeit griffen sie mit Begeisterung auf. Am Ende des 16. Jahrhunderts wurden schon fast alle Gemälde perspektiv gemalt. In dieser Akzeptanz offenbart sich ein radikaler Bewusstseinsumschwung. Zuvor wurde das Wesentliche eines Bildes im allgemeinen so dargestellt, dass es voll sichtbar war und sein innerer Gehalt sich deutlich offenbarte; alles andere war schmückendes Beiwerk und wurde „irgendwie" hinzugefügt (siehe Abb. 3.2). Ab der Mitte des 15. Jahrhunderts trat jedoch der Maler bzw. er stellvertretend für den Betrachter insofern in den Mittelpunkt als das von seinem Auge Gesehene exakt wiedergegeben wurde.[50]

Wie die bekannten Bilder von A. Dürer zeigen, wurde das Übertragen des Gesehenen auf das Zeichenblatt so exakt wie möglich durchgeführt, unter Verwendung verschiedenster gerätlicher Hilfsmittel (Abb. 3.3). Und dabei wurde man gerade auf die oben geschilderten Phänomene geführt: die „anschauliche Unendlichkeit",

Abbildung 3.2 Ada-Handschrift: Der Evangelist Matthäus ([Pfis], Tafel 14)

der Horizont, entsprach einer sogenannten Fluchtgeraden; parallele Geraden liefen auf denselben Fluchtpunkt zusammen, während nicht parallele Geraden verschiedene Fluchtpunkte besaßen.

Die Verbindung zwischen derjenigen Geometrie, die solche Fernelemente miteinbezieht – es ist die projektive Geometrie – und der Kunst reicht aber noch weiter. Von den Mathematikern wurden im Laufe der Zeit die Verkettungen von Zentralprojektionen als die für diese Geometrie entscheidenden Transformationen erkannt. Dabei ist zu beachten, dass zu ihnen jetzt auch die *Parallelprojektionen* zählen, sind es doch Zentralprojektionen, deren Zentrum auf der Ferngeraden liegt. Beide Arten von Projektionen werden in der Mathematik in dem einen Begriff der Perspektivität zusammengefasst. (Genaueres siehe Kap. 3.2.2 A) Die Verkettung von Perspektivitäten bildet nun aber auch die Grundlage der sogenannten *Anamorphosis*, eines überaus kuriosen Malstils, dessen Hauptvertreter Jean Francois Niceron (1613–1646) ist[51]. Zeichnet man ein Objekt perspektiv auf ein Zeichenblatt und projiziert das Ergebnis nochmals auf ein anderes, so erhält man im allgemeinen ein total verzerrtes Bild des ursprünglichen Gegenstandes. Dabei werden zwar Geraden wieder als Geraden abgebildet, die Größenverhältnisse stimmen aber überhaupt nicht mehr. Die Abbildung 3.4 gibt ein solcherart entstandenes anamorphotisches Bild von Niceron wieder, wobei bei der zweiten Projektion das

Abbildung 3.3 A. Dürer: Ein Mann zeichnet eine Laute ([Schrö1], S. 34)

Zentrum zusätzlich noch extrem gewählt wurde.[52] Geht man mit dem Auge sehr nahe an das Bild heran und sodann ziemlich weit nach rechts, so sieht man schließlich einen Stuhl in normaler Perspektive.

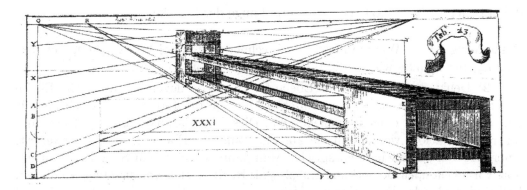

Abbildung 3.4 J.F. Niceron: Etude perspective d'une chaise ([Nic], Tafel 23)

Vom mathematischen Standpunkt aus stellt sich die Frage, welche Eigenschaften bei Perspektivitäten und damit auch bei mehrfacher Anwendung von Perspektivitäten erhalten bleiben. Wie erwähnt gehen jedenfalls Gerade wieder in Gerade – und natürlich Punkte wieder in Punkte – über. Andererseits wird der Mittelpunkt einer Strecke bzw. allgemein der Punkt, der eine Strecke in einem vorgegebenen Verhältnis teilt, nicht wieder auf einen ebensolchen Punkt abgebildet (Abb. 3.5).

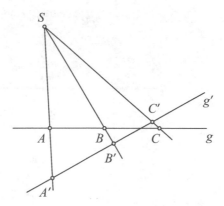

Abbildung 3.5

Dagegen ist jedoch das *Doppelverhältnis bzgl.* $\mathbb{E}_2^*$ eine Invariante bei Perspektivitäten. Dieses ist für vier verschiedene Punkte A, B, C, D einer Geraden g, von denen keiner der Fernpunkt ist, als das Verhältnis der Teilverhältnisse definiert:

$$DV(A, B; C, D) := \frac{|AC|}{|BC|} : \frac{|AD|}{|BD|};$$

dabei bedeutet $|\ldots|$ jetzt die *orientierte* Länge der Strecke.

Bemerkung 3.1. 1) Wie man leicht nachrechnet, gelten bei Vertauschung der Reihenfolge der Punkte wieder die Beziehungen (1.14) und (1.15).

2) Denkt man sich die der Ebene $\mathbb{E}_2^*$ zugrunde liegende euklidische Ebene $\mathbb{E}_2$ komplex koordinatisiert, so stimmt das hier betrachtete Doppelverhältnis mit dem in Kapitel 1.4 eingeführten überein. Dies folgt daraus, dass eine Koordinatentransformation, wenn man sie auf die konforme Ebene $\mathbb{E}_2 \cup \{U\}$ erweitert, einer Kreisverwandtschaft entspricht. Man kann somit wegen Satz 1.24 und der dort vorangehenden Bemerkung 1.23,2) g als Realteilachse voraussetzen. In diesem Fall sind die beiden Definitionen gleich.

Um nun die Invarianz des Doppelverhältnisses zu zeigen, betrachte man vier Punkte A, B, C, D einer Geraden g, die perspektiv über das Zentrum S auf die Punkte A_1, B_1, C_1, D_1 der Geraden h abgebildet werden (Abb. 3.6).

Liegt S auf der Ferngeraden, liegt also eine Parallelprojektion vor, so bleibt bekanntlich das Teilverhältnis invariant, somit auch das Doppelverhältnis. Wir können daher annehmen, dass S ein Punkt der euklidischen Ebene ist. Es seien die Fußpunkte von C, D bzw. C_1, D_1 auf $\langle S, A \rangle$ bzw. $\langle S, B \rangle$ mit $\overline{C}, \overline{D}, \overline{C_1}, \overline{D_1}$ bzw. $\overline{\overline{C}}, \overline{\overline{D}}, \overline{\overline{C_1}}, \overline{\overline{D_1}}$ bezeichnet. Geeignete Anwendung des Strahlensatzes liefert

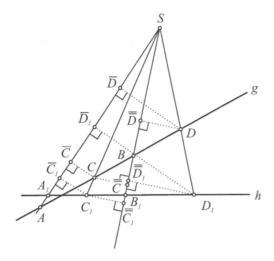

Abbildung 3.6

$\frac{|AC|}{|AD|} = \frac{|C\overline{C}|}{|D\overline{D}|}$ und $\frac{|BC|}{|BD|} = \frac{|C\overline{\overline{C}}|}{|D\overline{\overline{D}}|}$, mithin

$$DV(A, B; C, D) = \frac{|C\overline{C}|}{|C\overline{\overline{C}}|} : \frac{|D\overline{D}|}{|D\overline{\overline{D}}|}.$$

Analog ergibt sich

$$DV(A_1, B_1; C_1, D_1) = \frac{|C_1\overline{C_1}|}{|C_1\overline{\overline{C_1}}|} : \frac{|D_1\overline{D_1}|}{|D_1\overline{\overline{D_1}}|}.$$

Wieder aufgrund des Strahlensatzes ist

$$\frac{|C\overline{C}|}{|C_1\overline{C_1}|} = \frac{|SC|}{|SC_1|} = \frac{|C\overline{\overline{C}}|}{|C_1\overline{\overline{C_1}}|} \quad \text{und} \quad \frac{|D\overline{D}|}{|D_1\overline{D_1}|} = \frac{|SD|}{|SD_1|} = \frac{|D\overline{\overline{D}}|}{|D_1\overline{\overline{D_1}}|},$$

woraus die Behauptung unmittelbar folgt. $\qquad\square$

Diese Eigenschaft legt es nahe das Doppelverhältnis bzgl. $\mathbb{E}_2^*$ auch dann zu definieren, falls einer der vier kollinearen Punkte der Fernpunkt von g ist. Man projiziert die Gerade g von einem Zentrum $S \notin g$ auf irgendeine Gerade h, wobei nur gewährleistet sein muss, dass von den Bildpunkten $\overline{A}, \overline{B}, \overline{C}, \overline{D} \in h$ keiner der Fernpunkt ist (Abb. 3.7). Man definiert dann

$$DV(A, B; C, D) := DV(\overline{A}, \overline{B}; \overline{C}, \overline{D}).$$

Damit erreicht man zugleich, dass Perspektivitäten das Doppelverhältnis auch in der um die Ferngerade erweiterten euklidischen Ebene $\mathbb{E}_2^*$ invariant lassen.

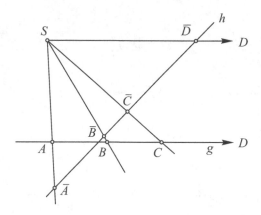

Abbildung 3.7

Bemerkung 3.2. 1) Aufgrund der letzten Eigenschaft ist es leicht einzusehen, dass man, falls einer der Punkte – es sei etwa D – der Fernpunkt von g ist, den Wert des Doppelverhältnisses auch als Grenzwert interpretieren kann (Abb. 3.7). Es ist nämlich das euklidische Doppelverhältnis aufgrund der Definition stetig, wenn man irgendeinen der 4 Punkte variieren lässt. Bezeichnet somit $\overline{P}$ den Bildpunkt von P auf der Geraden h, so folgt

$$DV(\overline{A}, \overline{B}; \overline{C}, \overline{D}) = \lim_{\substack{\overline{P} \to \overline{D} \\ \overline{P} \in h}} DV(\overline{A}, \overline{B}; \overline{C}, \overline{P}).$$

Dies liefert

$$DV(A, B; C, D) = \lim_{\substack{P \to D \\ P \in g}} DV(A, B; C, P) = \lim_{\substack{P \to D \\ P \in g}} \frac{|AC|}{|BC|} : \frac{|AP|}{|BP|} = \frac{|AC|}{|BC|}.$$

Das Doppelverhältnis ist also, wenn D der Fernpunkt von g ist, gleich dem Teilverhältnis $\frac{|AC|}{|BC|}$. Ist insbesondere C der Mittelpunkt der Strecke AB, so gilt $DV(A, B; C, D) = -1$.

2) Das Ergebnis in 1) impliziert insbesondere, dass das Doppelverhältnis bzgl. $\mathbb{E}_2^*$ auch dann mit dem im Kapitel 1.4 eingeführten übereinstimmt, wenn einer der Punkte der Fernpunkt ist. Dagegen macht natürlich die in diesem Fall soeben gegebene Definition des Doppelverhältnisses in der konformen Ebene keinen Sinn.

3.2 Axiomatik der projektiven Geometrie

3.2.1 Der projektive Raum

A) Inzidenzaxiome

Die Erweiterung der euklidischen Geraden, Ebenen bzw. des Raumes durch Fernpunkte, Ferngeraden bzw. eine Fernebene motiviert den Übergang von der euklidischen zur projektiven Geometrie. Vom Standpunkt der Axiomatik, der in diesem Kapitel eingenommen wird, werden dadurch diese Grundelemente der projektiven Geometrie – also Punkt, Gerade, Ebene sowie deren Inzidenz – in einem Modell gedeutet. Und zwar im *Standardmodell* $\mathbb{E}_3^*$, wenn man die entsprechenden Grundelemente der euklidischen Geometrie wie üblich, also im Standardmodell $\mathbb{E}_3$ dieser Geometrie, interpretiert. Sind bei letzterem aber noch die weiteren undefinierten euklidischen Grundbegriffe „zwischen", „Bewegung" zu interpretieren, so sind für die projektive Geometrie außer den genannten keine weiteren Grundbegriffe nötig. Das Standardmodell ist hier also bereits durch die obige Deutung von Punkt, Gerade, Ebene und Inzidenz vollständig festgelegt. Alle anderen Begriffe lassen sich durch sie charakterisieren. Dieses Modell der projektiven Geometrie ist nun nicht mehr direkt durch die Sinneswelt angeregt, wie es beim Standardmodell der euklidischen Geometrie der Fall war. Aber es ist doch eine sich dem Denken unmittelbar aufdrängende Erweiterung des letzteren, wenn man die Zentralprojektion mathematisch studiert. Insofern ist es ebenfalls ein ausgezeichnetes Modell, weshalb es eben auch wieder als Standardmodell bezeichnet wird. An ihm macht man sich oft die Definitionen und Resultate der ebenen bzw. räumlichen projektiven Geometrie klar. Dabei ist jedoch ein wesentlicher Punkt zu beachten: Es dürfen nur Geraden und Ebenen euklidisch gedacht werden bzw. erweitert um ihre Fernelemente. Die Interpretation aller weiteren Begriffe folgt in der projektiven Geometrie daraus mit Notwendigkeit. Dazu zählen etwa die „projektiven Bewegungen" (siehe Kap. 3.1), die mit den euklidischen (starren) Bewegungen bzw. deren Ausdehnung auf das Standardmodell nur wenig gemeinsam haben. Andererseits haben viele Begriffe der euklidischen Geometrie keinerlei Entsprechung in der projektiven, etwa die Begriffe parallel, rechter Winkel, Kreis etc. Erweitert man somit das Standardmodell der euklidischen Geometrie zu dem der projektiven Geometrie, darf man sich dabei nur auf die Grundbegriffe Punkt, Gerade, Ebene, Inzidenz beziehen. Trotzdem werden wir der einfacheren Vorstellbarkeit wegen des öfteren von Kreisen, rechten Winkeln etc. sprechen, doch haben diese Objekte keinerlei Relevanz für die projektive Geometrie, insbesondere fließen keine ihrer Eigenschaften beim Studium dieser Geometrie ein!

Zusätzlich sei gerade in Hinblick auf eines der Hauptziele des Buches, andere Geometrien – speziell auch die euklidische Geometrie selbst – aus der projektiven Geometrie abzuleiten, betont, dass das Standardmodell wie jedes andere Modell auch nur ein Behelf ist, die Anschauung zu unterstützen bzw. Motivationen zu liefern. Auf keinen Fall darf man dem Fehlschluss verfallen, dass die euklidische

Geometrie (bzw. deren Standardmodell) notwendige Vorbedingung für die projektive Geometrie sei – was sie historisch gesehen durchaus war. Ansonsten würde ja die Ableitung der ersteren aus der letzteren einen Zirkel bedeuten.

Obwohl wir uns im weiteren Verlauf des Buches auf die projektive Ebene beschränken werden, präsentieren wir in diesem und dem nächsten Abschnitt *in aller Kürze* ein Axiomensystem für den projektiven Raum. Zum einen tritt hier nämlich eine spezifische Problematik zutage, die die Axiomatik an sich betrifft, und die im zweidimensionalen nicht so offenkundig ist. Zum anderen erfordert die axiomatische Beschreibung der projektiven Ebene ein Axiom, dessen Notwendigkeit nicht unmittelbar einsichtig ist, das sich jedoch vom Räumlichen her leicht motivieren lässt.

Die Grundelemente des projektiven Raumes $\mathbb{P}_3$ sind Punkte, Geraden und Ebenen. Die einzige[53] undefinierte Grundrelation zwischen diesen Objekten ist die Inzidenz. Wie beim Axiomensystem der euklidischen Geometrie bereits erwähnt wurde (Kapitel 2.3), ist „inzident" eine unverfängliche Bezeichnung für „liegt auf" bzw. „geht durch", die man oft wählt, um die Anschauung so wenig wie möglich in eine bestimmte Richtung zu drängen. Insofern ist auch die übliche Wortwahl Punkte, Gerade, Ebene nicht ganz sauber, da sie verleitet, diese Objekte mit den entsprechenden der euklidischen Geometrie zu parallelisieren.

Die im Folgenden geforderten Axiome, die den projektiven Raum festlegen, beziehen sich allein auf diese genannten Grundelemente und die einzige Grundrelation bzw. auf durch sie definierte Begriffe. Die erste Axiomengruppe betrifft die Inzidenz:

I. Inzidenzaxiome

1. Je zwei (verschiedene) Punkte sind mit genau einer Geraden inzident.

2. Jede Gerade ist mit wenigstens drei Punkten inzident.

3. Es existieren mindestens drei Punkte, die nicht mit einer Geraden inzident sind.

4. Je drei Punkte, die nicht mit einer Geraden inzident sind, sind mit genau einer Ebene inzident.

5. Jede Ebene ist mit mindestens einem Punkt inzident.

6. Sind zwei Punkte mit einer Ebene inzident, so auch die durch sie (nach 1) eindeutig festgelegte Gerade.

7. Sind zwei Ebenen mit einem Punkt inzident, so mit mindestens noch einem weiteren.

8. Es gibt mindestens vier Punkte, die nicht alle mit einer Ebene inzident sind.

9. Je zwei Geraden, die mit einer Ebene inzident sind, inzidieren mit einem Punkt.

Wie im Kapitel 2.3 heraus gearbeitet wurde, werden die auftretenden Grundbegriffe bzw. die Grundrelation nicht weiter spezifiziert, sondern durch die Axiome nur implizit charakterisiert. Insbesondere sind alle Punkte des projektiven Raumes untereinander gleichwertig, ebenso wie alle Geraden und alle Ebenen. Es gibt also keine speziell ausgezeichneten Fernpunkte, -geraden, -ebenen! Deren Besonderheit rührt nur vom Standardmodell $\mathbb{E}_3^*$ her – der Leser mache sich (nochmals) klar, dass es wirklich alle Inzidenzaxiome erfüllt[54]. Des weiteren existieren aufgrund des 9. Axioms in der projektiven Geometrie keine parallelen Geraden; wie schon erwähnt, hat also der Begriff parallel in ihr keinerlei Bedeutung.

Vergleicht man die Axiome mit den Inzidenzaxiomen für den euklidischen Raum, so sieht man, dass bloß zwei inhaltliche Unterschiede vorhanden sind. Im Axiom 2 werden nun drei Punkte auf jeder Geraden gefordert während es früher nur zwei waren.[55] Und das letzte Axiom ist völlig neu. Insofern müssen alle Sätze, die sich aus den euklidischen Verknüpfungsaxiomen ableiten lassen, jedenfalls auch jetzt gültig sein. Zusätzlich gelten natürlich neue Resultate. Von den im folgenden genannten beweislos angeführten Sätzen kann der Leser leicht entscheiden, zu welcher der beiden Kategorien sie jeweils zu zählen sind (die Beweise sind im Anhang zu diesem Abschnitt zusammengestellt).

1^d. Je zwei (verschiedene) Ebenen sind mit genau einer Geraden inzident.

2^d. Jede Gerade ist mit wenigstens drei Ebenen inzident.

3^d. Es existieren mindestens drei Ebenen, die nicht mit einer Geraden inzident sind.

4^d. Je drei Ebenen, die nicht mit einer Geraden inzident sind, sind mit genau einem Punkt inzident.

5^d. Jeder Punkt ist mit mindestens einer Ebene inzident.

6^d. Sind zwei Ebenen mit einem Punkt inzident, so auch die durch sie (nach 1^d) eindeutig festgelegte Gerade.

7^d. Sind zwei Punkte mit einer Ebene inzident, so mit mindestens noch einer weiteren.

8^d. Es gibt mindestens vier Ebenen, die nicht alle mit einem Punkt inzident sind.

9^d. Je zwei Geraden, die mit einem Punkt inzident sind, inzidieren mit einer Ebene.

Symbolik. Da sich die projektiven Inzidenzaxiome 1 und 4 von den entsprechenden euklidischen nicht unterscheiden, bleibt die Symbolik unverändert: $\in$ für Inzidenz, $\langle A, B \rangle$ für die durch die Punkte A, B festgelegte Gerade, $\langle A, B, C \rangle$ für die durch die nicht kollinearen Punkte A, B, C festgelegte Ebene.

Des weiteren bezeichnet $g = \alpha \cap \beta$ die nach 1^d durch die Ebenen α, β eindeutig bestimmte Gerade g; $P = \alpha \cap \beta \cap \gamma$ den nach 4^d durch die Ebenen α, β, γ eindeutig bestimmten Punkt. Was die Inzidenz bei den Aussagen 1^d bis 9^d betrifft, so schreibt sie sich nun „verkehrt". Eine mit einer Geraden g inzidente Ebene α wird durch $\alpha \in g$ symbolisiert, eine mit einem Punkt P inzidente Gerade g bzw. Ebene α durch $g \in P$ bzw. $\alpha \in P$. Doch ist das inhaltlich gleichwertig mit $g \in \alpha$, $P \in g$, $P \in \alpha$; vgl. dazu weiter unten.

Vergleicht man die Sätze 1^d bis 9^d mit den entsprechend numerierten Axiomen, so sieht man, dass die dadurch entstehen, dass die Begriffe Punkt und Ebene durch Ebene und Punkt ersetzt, die Begriffe Gerade sowie Inzidenz beibehalten werden.

Ganz allgemein nennt man zwei Aussagen der räumlichen projektiven Geometrie, die sich – vorläufig nur – auf die Inzidenz beziehen, *dual* zueinander, wenn sie bei obiger Ersetzung auseinander hervorgehen. Die Axiome und die entsprechenden Sätze sind somit dual zueinander. Daraus folgt unmittelbar das sogenannte *Dualitätsprinzip*, demzufolge eine Aussage genau dann gültig ist, wenn es die duale Aussage ist. Hat man nämlich einen Beweis für die eine, so lässt er sich letztlich auf einen solchen zurückführen, wo jeder Beweisschritt in der Anwendung eines einzigen Axioms besteht. Dualisiert man diese einzelnen Schritte erhält man einen Beweis der zur ursprünglichen dualen Aussage. Dabei ist unmittelbar klar, dass das Dualisieren der dualisierten Aussage gerade wieder die ursprüngliche Aussage liefert.

An folgendem Satz sei das Dualitätsprinzip und seine Begründung erläutert:

Satz 3.3. *Zu einer gegebenen Geraden g und einer gegebenen Ebene ρ existiert mindestens ein Punkt, der mit beiden inzident ist.*

Dualer Satz 3.4. *Zu einer gegebenen Geraden g und einem gegebenen Punkt R existiert mindestens eine Ebene, die mit beiden inzident ist.*

Beweis des Satzes. Nach den Axiomen 2 und 1 gibt es zwei Punkte A, B, die g eindeutig festlegen: $g = \langle A, B \rangle$. Sei C der gemäß Axiom 5 existierende Punkt mit $C \in \rho$. Falls $C \in g$ gilt sind wir fertig.

Sei also $C \notin g$. Nach Axiom 4 ist dann durch A, B, C eindeutig eine Ebene $\sigma = \langle A, B, C \rangle$ bestimmt. Sie hat mit ρ jedenfalls C gemeinsam, mithin wegen Axiom 7 noch einen weiteren Punkt D. Somit gilt nach Axiom 6: $\langle C, D \rangle \in \rho$ und $\langle C, D \rangle \in \sigma$. Nach demselben Axiom ist aber auch $g = \langle A, B \rangle \in \sigma$. Axiom 9 besagt, dass diese beiden Geraden einen Schnittpunkt T besitzen: $T \in g$ und $T \in \langle C, D \rangle$. Wegen $\langle C, D \rangle \in \rho$ folgt schließlich $T \in \rho$; T ist also der gesuchte gemeinsame Punkt. $\square$

Beweis des dualen Satzes. Nach den Aussagen 2^d und 1^d gibt es zwei Ebenen α, β, die g eindeutig festlegen: $g = \alpha \cap \beta$. Sei γ die gemäß Aussage 5^d existierende Ebene mit $\gamma \in R$. Falls $\gamma \in g$ gilt sind wir fertig.

Sei also $\gamma \notin g$. Nach der Aussage 4^d ist dann durch α, β, γ eindeutig ein Punkt $S = \alpha \cap \beta \cap \gamma$ bestimmt. Er hat mit R jedenfalls γ gemeinsam, mithin wegen Aussage 7^d noch eine weitere Ebene δ. Somit gilt nach Aussage 6^d: $\gamma \cap \delta \in R$ und $\gamma \cap \delta \in S$. Nach derselben Aussage ist aber auch $g = \alpha \cap \beta \in S$. Aussage

9^d besagt, dass diese beiden Geraden eine Verbindungsebene τ besitzen: $\tau \in g$ und $\tau \in \gamma \cap \delta$. Wegen $\gamma \cap \delta \in R$ folgt schließlich $\tau \in R$; τ ist also die gesuchte gemeinsame Ebene. $\qquad\qquad\qquad\qquad\qquad\qquad\qquad\qquad\qquad\qquad\qquad\qquad$ $\square$

Das Dualitätsprinzip, welches, wie sich zeigen wird, auf alle Aussagen der räumlichen projektiven Geometrie anwendbar ist (es gilt auch allgemein im n-dimensionalen projektiven Raum mit entsprechend modifizierten Ersetzungen), hat trotz seines elementaren Charakters weitreichende Konsequenzen. Es besagt nämlich, dass man eine Ebene als „Punkt", also als elementarstes Grundgebilde ansehen kann, einen Punkt als „Ebene", und mithin auch als zweidimensionales Gebilde – und dass diese Ansicht völlig gleichwertig mit der üblichen ist. Wir sind es gewohnt, in dem um die Fernelemente erweiterten euklidischen Raum ein Objekt als aus Punkten bestehend aufgebaut zu denken. Das rührt daher, dass man den punkthaften Aspekt aus der euklidischen Geometrie übernimmt. Doch in diesem Standardmodell des projektiven Raumes ist der ebenenhafte Aspekt völlig gleichberechtigt. Dies besagt aber für den ihm zugrundeliegenden euklidischen Raum, dass man völlig gleichwertig ein Objekt auch als von Ebenen erzeugt denken kann. Eine Kugel lässt sich sowohl als Menge von Punkten ansehen als auch als Menge von Ebenen, den Tangentialebenen. In der Praxis ist das durchaus bekannt: will man eine Kugel aus Ton (oder in Österreich ein Knödel) formen, so kann man von einer ersten Näherung ausgehend – punkthaft – durch Anfügen von kleinen Tonkugeln an geeigneten Stellen immer besser die Kugelform realisieren; aber auch – ebenenhaft – durch Drehen zwischen den Handflächen, die dabei als Repräsentanten der (unendlich ausgedehnten) Tangentialflächen fungieren.[56] Im letzteren Fall ist das Ergebnis sogar schneller erzielbar und zufriedenstellender. Dabei ist zu beachten, dass beim ebenenhaften Aspekt bezüglich des projektiven Raumes Ebenen als *einfache* Grundgebilde angesehen werden müssen. Die Tangentialebenen der Kugel dürfen also konsequenterweise nicht als aus Punkten zusammengesetzte Gebilde *ursprünglich* gedacht werden. Aus diesem Grunde sollte man beim axiomatischen Zugang zur räumlichen projektiven und a fortiori euklidischen Geometrie drei Arten von Grundelementen voraussetzen, die völlig eigenständigen Gebilde sind – so wie wir es getan haben und auch Hilbert es gefordert hat.

Im Gegensatz dazu geht man heute meist davon aus, dass allein die Punkte die Urbausteine der projektiven Geometrie sind, Geraden und Ebenen dagegen per definitionen bestimmte Mengen von Punkten sind. Damit wird jedoch das Dualitätsprinzip durchbrochen, denn die duale Aussage, dass ein Punkt *gleich* einer bestimmten Menge von Ebenen, nämlich des entsprechenden Ebenenbündels, bzw. eine Gerade *gleich* dem durch sie bestimmten Ebenenbüschels ist, lässt sich nicht beweisen. Man müsste, um jenes Prinzip zu erhalten, diese beiden Sachverhalte ebenso per definitionem fordern. Dies tut aber kein Mathematiker. Statt dessen hilft man sich heute meist damit – wenn diese Schwierigkeit überhaupt gesehen wird –, dass man Punkte und Punkte als Menge von Ebenen, welch letztere selbst Punktmengen sind, „identifiziert" (siehe z.B. [Sam], S. 35). Vom formalen Standpunkt ist damit das Problem aus der Welt geschafft, inhaltlich gesehen ist natürlich überhaupt nichts gewonnen.[57] Im Gegenteil, die Identifikation führt noch dazu in einen unendlichen Regress: Wird eine Ebene als Menge von Punkten angesehen, so dual dazu ein Punkt als Menge von Ebenen. Dies impliziert, dass eine Ebene eine Menge von Mengen von Ebenen ist, im weiteren eine Menge von Mengen von Mengen von Mengen von Ebenen usw. (in Abbildung 3.8 ist der zweidimensionale Fall dargestellt, wo also Geraden Mengen von Mengen von ... Mengen von Geraden sind).

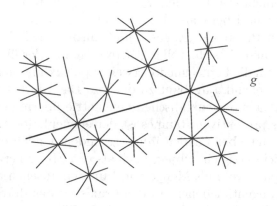

Abbildung 3.8

Die verkürzte Sichtweise kommt dadurch zustande, dass Geraden und Ebenen natürlich Träger von Punkten sind und durch sie auch eindeutig festgelegt werden. Deshalb ist es auch möglich (siehe Anm. 5), die Bilder von Geraden und Ebenen bei einer Transformation durch die Angabe der Bilder der auf ihnen liegenden Punkte zu beschreiben, wie dies ja stets geschieht.[58] Doch sollte man sich dessen bewusst sein, dass das Dualitätsprinzip *erzwingt*, dass Geraden und Ebenen nicht a priori als Punktmengen angesehen werden dürfen, sondern dass sie eigenständige Gebilde sind! Diese Ansicht wurde übrigens bereits von Aristoteles bei seiner Widerlegung der Zenonschen Paradoxa vertreten, wo er argumentiert, dass Zeit nicht aus unteilbaren „Jetztpunkten" und ebensowenig eine Strecke aus Punkten zusammengesetzt sei ([Arist3], Buch VI, 239 b–242 a).[59]

Um die verschiedenen Aspekte zu unterscheiden, verwendet man oft folgende Bezeichnungen:

	punkthaft:		ebenenhaft:
Punktreihe	Gerade	Ebenenbüschel
Punktfeld	Ebene Punkt	Ebenenbündel

Dabei sind Punkt und Ebene sowie Punktfeld und Ebenenbündel zueinander duale Begriffe, ebenso wie Punktreihe und Ebenenbüschel. Gerade als eigenständiges Gebilde ist ein selbstdualer Begriff.[60]

Das Ergebnis des konsequenten Durchdenkens des Dualitätsprinzips regt dazu an, über das rein Mathematische hinauszugehen. Überall begegnet einem ja heute in den Naturwissenschaften ein punkthafter Aspekt: ein Kristall wird als „Menge" von Atomen, ein lebendiges Wesen als „Menge" von Zellen angesehen etc. Doch man kann – mathematisch völlig gleichberechtigt – diese Objekte auch ebenenhaft denken. Für den Kristall wurde dies in ganz konsequenter Weise von R. Ziegler ([Zieg4]) durchgeführt, wobei sogar das sogenannte kristallographische Grundgesetz rein morphologisch und ohne Rückgriff auf den atomaren Aufbau begründet wird. Auch für das Studium von Lebewesen, speziell von Pflanzen, ist dies von grundlegender Bedeutung (siehe den Anhang 2 zu Kap. 4 und den Anhang zu Kap. 6.7.3).

In diesem Zusammenhang sei auch auf den bekannten Welle–Teilchen-Dualismus in der Physik hingewiesen. Damit beschreibt man den Sachverhalt, dass das Licht, aber auch Elementarteilchen, sich zum Teil wie elektromagnetische Wellen, zum Teil wie Materieteilchen verhalten. Ganz ähnlich gilt in der projektiven Geometrie, dass ein und dieselbe Gerade sowohl als Punktreihe als auch als Ebenenbüschel interpretiert werden kann.

Die Konsequenzen des Dualitätsprinzips der räumlichen projektiven Geometrie betreffen nicht nur die Grundelemente sondern auch die Grundrelationen. Aus diesem Grunde weicht unser Axiomensystem ab von dem zugrundeliegenden Hilbertschen Axiomensystem für den euklidischen Raum. Hilbert setzt nämlich zwei Grundrelationen voraus: $P \in g$ und $P \in \varepsilon$, und definiert die Relation $g \in \varepsilon$ dadurch, dass jeder Punkt von g in ε liegt ([Hilb4], Axiom I 6). Geht man im Rahmen der projektiven Geometrie genauso vor, so tritt ein analoges Problem wie zuvor bei den Grundelementen auf, wenn man Ebenen als Punktmengen definiert: das Dualitätsprinzip wird durchbrochen. Wendet man dieses nämlich auf jene Definition von $g \in \varepsilon$ an, so erhält man die Aussage, dass $P \in g$ gleichbedeutend ist damit, dass jede durch g verlaufende Ebene auch mit P inzidiert. Dies lässt sich jedoch nicht beweisen, da ja $P \in g$ eine undefinierte Grundrelation ist, die somit keinerlei Charakterisierung, d.h. äquivalente Beschreibung zulässt. Mithin müssen alle drei Relationen $P \in g$, $P \in \varepsilon$ und $g \in \varepsilon$ als solche undefinierte Grundrelationen für die räumliche projektive Geometrie angenommen werden.

Damit ist unser bisheriges Axiomensystem nun logisch einwandfrei formuliert; jedoch ist es von einem ästhetischen Gesichtspunkt aus unbefriedigend. Es stehen nämlich den *geforderten* Inzidenzaxiomen 1–9 die dualen Aussagen $1^d - 9^d$ als *ableitbare* Sätze gegenüber. Das Dualitätsprinzip legt es jedoch nahe, dass duale Aussagen völlig gleichwertig sein sollten. Aus diesem Grunde bemühte man sich immer wieder, diesem Prinzip gleich im Axiomensystem dadurch Rechnung zu tragen, dass man entweder die Axiome selbstdual gestaltete (d.h. die Aussage stimmt mit der dualen überein) oder zu jedem Axiom die duale Aussage ebenso als Axiom forderte.[61] Dieses Vorgehen schafft nicht nur ästhetische Befriedigung sondern hat auch den unbestreitbaren Vorzug, dass das Dualitätsprinzip sich direkt aus dem Axiomensystem ablesen lässt, mithin nicht bewiesen zu werden braucht. Der Nachteil dabei ist jedoch, dass die Axiome oft so formuliert werden müssen, dass sie nicht unmittelbar einsichtig sind oder das Axiomensystem redundant wird. Anscheinend lassen sich die beiden Gesichtspunkte, ästhetischer und axiomatischer, nicht vereinbaren, weshalb wir bei dem gewählten Aufbau bleiben.

Die Inzidenzaxiome erlauben es, eine zentrale Aussage der (räumlichen) projektiven Geometrie zu beweisen, den Satz von Desargues und dessen Umkehrung. Um ihn zu formulieren, führen wir folgende Terminologie ein:

Definition 3.5.   a) Drei nicht kollineare Punkte A, B, C bilden ein *Dreieck*; dessen drei Seiten sind die Geraden $c = \langle A, B \rangle$, $b = \langle A, C \rangle$ und $a = \langle B, C \rangle$.

b) Drei in einer Ebene liegende, nicht durch einen Punkt gehende Geraden a, b, c bilden ein *Dreiseit*; dessen drei Ecken sind die Schnittpunkte $C = a \cap b$, $B = a \cap c$, $A = b \cap c$.

Satz 3.6 (Satz von Desargues). *Liegen die Schnittpunkte P, Q, R entsprechender Seiten zweier Dreiseite a, b, c und a', b', c' auf einer Geraden, dann gehen die Verbindungsgeraden entsprechender Ecken durch einen Punkt S.*

Beweis. 1) Wir nehmen zunächst an, dass die beiden Dreiseite in den *verschiedenen* Ebenen α, β liegen – den Dreiecken $\triangle ABC$ und $\triangle A''B''C''$ in Abbildung 3.9a entsprechend. Die Punkte P, Q, R liegen dann auf der Geraden $\alpha \cap \beta$. Wir

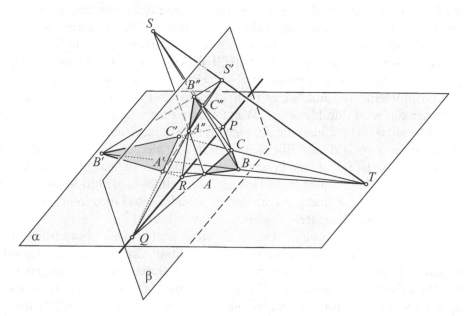

Abbildung 3.9 a

betrachten die Ebenen $\gamma_1 = \langle A, A', R \rangle, \gamma_2 = \langle B, B', P \rangle, \gamma_3 = \langle C, C', Q \rangle$.[62] Wegen $Q = b \cap b' = \langle A, C \rangle \cap \langle A', C' \rangle$ folgt $A, A' \in \gamma_3$, mithin gilt $\langle A, A' \rangle = \gamma_1 \cap \gamma_3$. Entsprechend ergibt sich $\langle B, B' \rangle = \gamma_1 \cap \gamma_2$, $\langle C, C' \rangle = \gamma_2 \cap \gamma_3$. Die Verbindungsgeraden der entsprechenden Ecken gehen daher durch den Punkt $S = \gamma_1 \cap \gamma_2 \cap \gamma_3$.

2) Es mögen nun die Dreiseite in *einer* Ebene α liegen. β sei eine Ebene durch P, Q, R verschieden von α (deren Existenz folgt aus Axiom 8). Wir konstruieren in β ein Hilfsdreiseit mit den Ecken A'', B'', C'' auf folgende Art: Es werde $A'' \in \beta$ beliebig gewählt mit $A'' \notin \langle P, Q \rangle$. Weiter sei $B'' \in \langle A'', R \rangle$ beliebig mit $B'' \neq A'', R$. Schließlich sei $C'' = \langle B'', P \rangle \cap \langle A'', Q \rangle$. Dann gilt $R \in c'' := \langle A'', B'' \rangle$, $P \in a'' := \langle B'', C'' \rangle$ und $Q \in b'' := \langle A'', C'' \rangle$. Es erfüllen somit beide Dreiseite a, b, c und a', b', c' in Bezug auf das Dreiseit a'', b'', c'' die Voraussetzungen des Satzes. Nach Teil 1) gibt es einen Punkt S mit $S = \langle A, A'' \rangle \cap \langle B, B'' \rangle \cap \langle C, C'' \rangle$. Ebenso gibt es einen Punkt S' mit $S' = \langle A', A'' \rangle \cap \langle B', B'' \rangle \cap \langle C', C'' \rangle$. Ersichtlich gilt $S \neq S'$ und $\langle S, S' \rangle \notin \alpha$.

Sei T der Schnittpunkt der Geraden $\langle S, S' \rangle$ mit α. Nun liegen in der Ebene $\langle A'', S, S' \rangle$ die Punkte A, A', T. Da sie auch α angehören, müssen sie auch auf der Schnittgeraden $\alpha \cap \langle A'', S, S' \rangle$ liegen. Somit folgt $T \in \langle A, A' \rangle$. Analog erkennt man, dass auch $T \in \langle B, B' \rangle$ und $T \in \langle C, C' \rangle$ gilt. $\qquad\square$

Satz 3.7 (Umkehrung des Satzes von Desargues). *Gehen die Verbindungsgeraden entsprechender Ecken zweier Dreiecke $\triangle ABC$ und $\triangle A'B'C'$ durch einen Punkt S, so liegen die Schnittpunkte P, Q, R entsprechender Seiten auf einer Geraden.*

Beweis. Der Beweis verläuft wie zuvor in zwei Schritten, wobei wir wieder annehmen, dass keine speziellen Lageverhältnisse auftreten (siehe Anm. 45).

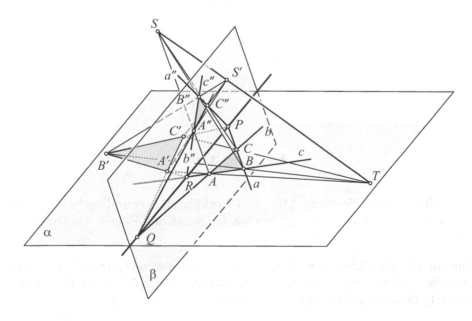

Abbildung 3.9 b

1) Die Dreiecke mögen in verschiedenen Ebenen α, β liegen (den Dreiecken mit den Seiten a, b, c und a'', b'', c'' in Abbildung 3.9 b entsprechend). Aufgrund der Aussage 9^d erzeugen die beiden durch S gehenden Geraden $\langle A, A' \rangle, \langle B, B' \rangle$

eine Ebene δ_1. Ihre Schnittgerade mit α ist c, mit β c'. Somit gehen c, c' durch den Punkt $R = \alpha \cap \beta \cap \delta_1$. Analog erkennt man $a \cap a' = P = \alpha \cap \beta \cap \delta_2$, $b \cap b' = Q = \alpha \cap \beta \cap \delta_3$, wobei δ_2 durch die Geraden $\langle B, B' \rangle, \langle C, C' \rangle$ und δ_3 durch die Geraden $\langle A, A' \rangle, \langle C, C' \rangle$ erzeugt wird. Wegen $P, Q, R \in \alpha \cap \beta$ folgt die Behauptung.

2) Es mögen nun wieder die beiden Dreiecke in einer Ebene α liegen. Es sei $P = a \cap a', R = c \cap c'$. Wir nehmen indirekt an, dass $Q = b \cap b'$ nicht auf $g := \langle P, R \rangle$ liegt (Abb. 3.10). Dann liegt der Punkt $Q_1 := b \cap g$ nicht auf b'. Bezeichnet man mit C'' den Punkt $\langle Q_1, A' \rangle \cap a'$, so erfüllen die beiden Dreiseite a, b, c und $a', \langle A', C'' \rangle, c'$ die Voraussetzungen des Satzes von Desargues. Mithin gehen die Verbindungsgeraden der entsprechenden Ecken, das sind A, B, C und A', B', C'' durch einen Punkt. Dieser muss S sein wegen $S = \langle A, A' \rangle \cap \langle B, B' \rangle$. Mithin gilt $C', C'' \in a' \cap \langle S, C \rangle$, also $C' = C''$. Es liegt also C' auf $\langle Q_1, A' \rangle$, somit Q_1 doch auf $\langle A', C' \rangle = b'$, ein Widerspruch. $\qquad \square$

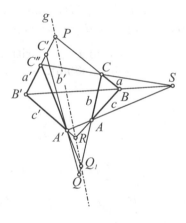

Abbildung 3.10

Dualisiert man die Sätze 3.6 und 3.7 erhält man neue Ergebnisse. Um dies etwa am zweiten vorzuführen, müssen wir zunächst den Begriff des Dreiecks dualisieren.

Definition 3.8. Drei Ebenen α, β, γ, die keine gemeinsame Gerade besitzen, bilden ein *Dreiflach*; dessen drei Kanten sind die Geraden $c = \alpha \cap \beta$, $b = \alpha \cap \gamma$, $a = \beta \cap \gamma$. (Der duale Begriff zum Dreiseit ist das *Dreikant*.)

Satz 3.9. *Liegen die Schnittgeraden entsprechender Ebenen zweier Dreiflache in einer Ebene, so gehen die Verbindungsebenen entsprechender Kanten durch eine Gerade.*

Am Beispiel des Satzes von Desargues lässt sich deutlich der Vorteil der projektiven Sichtweise gegenüber der euklidischen erkennen: Verwendet man das

Standardmodell $\mathbb{E}_3^*$ für den projektiven Raum und nimmt man die beiden Dreiecke als im zugehörigen euklidischen Raum $\mathbb{E}_3$ liegend an, so beinhaltet der Satz verschiedene euklidische Varianten. Und zwar können die beiden Dreiseite des $\mathbb{E}_3$ derart liegen, dass

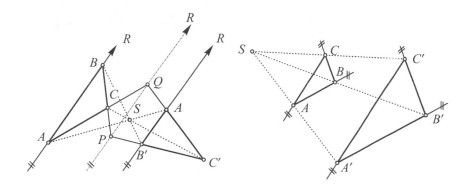

Abbildung 3.11

i) $P, Q, R \in \mathbb{E}_3$ und $S \in \mathbb{E}_3$,

ii) $P, Q \in \mathbb{E}_3$, $R \notin \mathbb{E}_3$ und $S \in \mathbb{E}_3$; d.h. c und c' sind parallel (Abb. 3.11 links),

iii) nur $S \in \mathbb{E}_3$; d.h. die entsprechenden Seiten der Dreiseite sind sämtlich parallel (Abb. 3.11 rechts).

Drei weitere Fälle erhält man, wenn in i), ii), iii) gilt $S \notin \mathbb{E}_3$ (Abb. 3.12). Dies besagt, dass die Verbindungsgeraden entsprechender Eckpunkte zueinander parallel sind.

Anhang. Die Gültigkeit der Aussagen 1^d bis 9^d

Im Folgenden sind kurz die Beweise der Aussagen 1^d bis 9^d zusammengestellt. Außer den Inzidenzaxiomen wird dabei nur der allein durch sie begründete Satz 3.3 verwendet.

1^d: Es seien α, β ($\alpha \neq \beta$) die gegebenen Ebenen. Wir zeigen zunächst, dass es eine Gerade g gibt mit $g \in \alpha$. Nach Axiom 3 gibt es drei nicht kollineare Punkte A, B, C. Die drei verschiedenen Geraden $\langle A, B \rangle, \langle A, C \rangle, \langle B, C \rangle$ haben nach Satz 3.3 mit α jeweils (mindestens) einen Punkt gemeinsam, entsprechend P, Q, R genannt. Ersichtlich können nicht alle drei zusammenfallen. Es gelte etwa $P \neq Q$. Dann gilt $g := \langle P, Q \rangle \in \alpha$. Wieder nach Satz 3.3 gibt es mindestens einen Punkt S, der g und β angehört. Insgesamt folgt $S \in \alpha$ und $S \in \beta$. Axiom 7 impliziert die Existenz eines weiteren Punktes T mit denselben Eigenschaften. Nach Axiom 6 folgt schließlich, dass die Gerade $\langle S, T \rangle$ den Ebenen α und β angehört.

Die Eindeutigkeit folgt leicht mittels des Axioms 4.

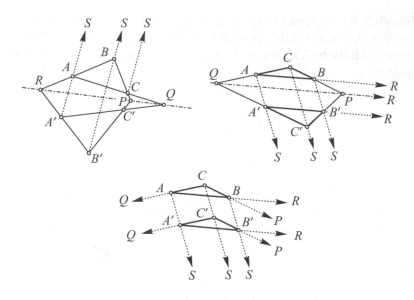

Abbildung 3.12

2^d: Es sei $g = \langle A, B \rangle$ die gegebene Gerade. Nach Axiom 8 gibt es vier Punkte P, Q, R, S, die nicht in einer Ebene liegen. Von den sechs möglichen Verbindungsgeraden $\langle P, Q \rangle, \ldots, \langle R, S \rangle$ können ersichtlich nicht alle mit g einen Punkt gemeinsam haben; sei etwa $\langle P, Q \rangle$ eine derartige. Nach Axiom 2 gibt es noch (mindestens) einen weiteren Punkt T auf $\langle P, Q \rangle$. Dann sind $\langle A, B, P \rangle$, $\langle A, B, Q \rangle$, $\langle A, B, T \rangle$ die gesuchten drei mit g inzidenten Ebenen.

3^d: Es sei $g = \langle A, B \rangle$ die gegebene Gerade und $h = \langle P, Q \rangle$ eine nach dem vorigen Beweis existierende Gerade, die mit g keinen Punkt gemeinsam hat. Man prüft direkt nach, dass die Ebenen $\langle A, B, P \rangle$, $\langle A, B, Q \rangle$, $\langle A, P, Q \rangle$ nicht mit einer Geraden inzident sind.

4^d: Die drei Ebenen seien α, β, γ. Nach 1^d sind α, β mit einer Geraden g inzident: $g = \alpha \cap \beta$. Satz 3.3 impliziert, dass g und γ einen Punkt P gemeinsam haben. Somit gehört P allen drei Ebenen an. – Die Eindeutigkeit folgt wegen Axiom 6.

5^d: Folgt aus Axiom 3.

6^d: Folgt aus den Axiomen 7 und 6.

7^d: Folgt aus Axiom 6 und der Aussage 2^d.

8^d: Die nach Axiom 8 existierenden nicht mit einer Ebene inzidenten Punkte A, B, C, D liefern vier Ebenen $\langle A, B, C \rangle$, $\langle A, B, D \rangle$, $\langle A, C, D \rangle$, $\langle B, C, D \rangle$, die ersichtlich keinen Punkt gemeinsam haben.

9^d: Es sei P ein Punkt, der mit den Geraden $g = \langle A, B \rangle$ und $h = \langle C, D \rangle$ inzident ist. Dann gilt auch $g = \langle P, A \rangle$, $h = \langle P, C \rangle$. Daher sind g, h nach Axiom 4 mit der Ebene $\langle P, A, C \rangle$ inzident.

B) Die weiteren Axiome

Die Inzidenzaxiome hatten wir so nahe wie möglich an denen von Hilbert für den euklidischen Raum orientiert. Man kann diesen Standpunkt weiter verfolgen und nun eine Axiomengruppe anschließen, die sich auf den undefinierten Begriff des „Trennens von Punktepaaren einer Geraden" bezieht – er ist die genaue Entsprechung zum „Zwischen"-begriff im Rahmen der projektiven Geometrie.

Wir wollen jedoch herausarbeiten, dass es, wie zu Beginn dieses Kapitels bereits erwähnt wurde, ausreicht, die Inzidenz als einzige undefinierte Grundrelation zu forden – aus diesem Grund wurde früher die projektive Geometrie auch Geometrie der Lage genannt. Die damit erreichte Minimalität in Bezug auf die undefinierten Begriffe und Relationen wird dadurch erkauft, dass die Einführung weiterer Begriffe, auf die sich die Axiome beziehen, langatmig ist.

Als erstes benötigen wir den fundamentalen Begriff der harmonischen Lage von vier (verschiedenen) kollinearen Punkten A, B, C, D. In der euklidischen Geometrie versteht man darunter, dass $DV(A, B; C, D) = -1$ ist, d.h. dass C die Strecke AB im selben Verhältnis von innen wie D sie von außen teilt. In der projektiven Geometrie gibt es jedoch den Begriff des Teilverhältnisses nicht, so dass man anders vorgehen muss. Dies wollen wir zunächst im Standardmodell $\mathbb{E}_3^*$ motivieren.

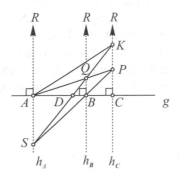

Abbildung 3.13

Es sei eine Ebene η in $\mathbb{E}_3^*$ gegeben, darin drei verschiedene Punkte A, B, C einer Geraden g (Abb. 3.13). Man errichte in ihnen zu g senkrechte Geraden $h_A, h_B, h_C \in \eta$ und wähle auf h_C einen beliebigen Punkt $P \neq C$. Der Schnittpunkt von $\langle A, P \rangle$ mit h_B sei Q, der von $\langle B, P \rangle$ mit h_A sei S. Schließlich werde der in η stets existierende Schnittpunkt von $\langle S, Q \rangle$ und g mit D bezeichnet. Es gilt dann, dass C und D die Strecke AB im selben Verhältnis teilen, nur einer von innen, der andere von außen.

Um dies einzusehen, bilden wir zunächst g perspektiv auf $\langle S, Q \rangle$ ab, wobei als Zentrum der Fernpunkt R von h_C gewählt wird (die Perspektivität ist also eine Parallelprojektion). Dabei gehen A, B, C, D über in $S, Q, K = h_C \cap \langle S, Q \rangle, D$.

Sodann bilden wir $\langle S, Q \rangle$ über das Zentrum A perspektiv auf h_C ab. Die Bildpunkte von S, Q, K, D sind dann R, P, K, C. Da wir bereits wissen, dass das Doppelverhältnis bzgl. η – aufgefasst als Ebene $\mathbb{E}_2^*$ – bei Perspektivitäten invariant bleibt, folgt insbesondere

$$DV(A, B; C, D) = DV(R, P; K, C) = DV(C, K; P, R);$$

letztere Gleichheit gilt nach Bemerkung 3.1,1). Aufgrund der Bemerkung 3.2,1) gilt nun wirklich $DV(C, K; P, R) = -1$, da P Mittelpunkt der Strecke CK ist. (Aufgrund des Strahlensatzes gilt $|KP| : |QB| = |SK| : |SQ|$ sowie $|CP| : |BQ| = |AC| : |AB|$. Hierbei sind die rechten Seiten gleich, wieder aufgrund des Strahlensatzes. Mithin folgt $|CP| = -|KP|$.)

Bemerkung 3.10. Wir heben den im Beweis benützten Sonderfall hervor, der immer wieder verwendet wird:

Sind A, B, C, D vier verschiedene Punkte einer Geraden g im Standardmodell $\mathbb{E}_3^*$ und ist D der Fernpunkt von g, so liegen sie genau dann harmonisch, d.h. $DV(A, B; C, D) = -1$, wenn C der Mittelpunkt der Strecke AB ist.

Die somit in harmonischer Lage sich befindenden Punkte A, B, C, D lassen sich nun unmittelbar mit Hilfe des – euklidisch gesehen – ausgearteten Vierecks $PQRS$ erhalten. Zwei Punkte, nämlich A, B, sind die Schnittpunkte der Paare gegenüberliegender Seiten $\langle P, Q \rangle, \langle R, S \rangle$ bzw. $\langle P, S \rangle, \langle Q, R \rangle$. Die anderen beiden Punkte C, D ergeben sich als Schnitt der Diagonalen $\langle P, R \rangle$ bzw. $\langle Q, S \rangle$ mit g. Damit diese Konstruktion allgemein gültig ist, muss natürlich jedes Viereck, dass solcherart etwa A, B und C liefert, immer auch zum vierten Punkt D führen. Dies wird weiter unten rein aus den bisherigen Axiomen, also ohne Rückgriff auf das Standardmodell, bewiesen.

Zunächst definieren wir

Definition 3.11. Vier Punkte P, Q, R, S einer Ebene des $\mathbb{P}_3$, von denen keine drei kollinear sind, bilden die Ecken eines *vollständigen Vierecks*. Seine Seiten, die sechs Verbindungsgeraden, schneiden sich zusätzlich noch in drei weiteren Punkten, den *Neben-* oder *Diagonalpunkten*. Die entsprechenden drei Paare von Seiten heißen Paare von *Gegenseiten* des vollständigen Vierecks.

Bemerkenswerterweise lässt sich aufgrund der bisherigen Axiome die im Standardmodell $\mathbb{E}_3^*$ augenscheinliche Tatsache nicht beweisen, dass die drei Nebenpunkte ein echtes Dreieck bilden. Dies muss durch ein Axiom gesichert werden.

Axiom (von Fano). Die drei Nebenpunkte eines vollständigen Vierecks sind nie kollinear.

Insbesondere sind diese drei Punkte voneinander verschieden. Sie bilden demnach ein Dreieck, das *Neben-* oder *Diagonaldreieck*. Dessen Seiten können durch keine der Ecken des Ausgangsvierecks gehen, denn sonst wären zumindest drei seiner Ecken kollinear, was der Definition des vollständigen Vierecks widerspricht.

Satz 3.12. *Zu zwei verschiedenen Punkten A, B einer Ebene η des $\mathbb{P}_3$ existiert stets ein vollständiges Viereck $PQRS$ in η derart, dass sich zwei Paare von Gegenseiten in A bzw. B treffen und die restlichen zwei Gegenseiten $\langle A, B \rangle$ in zwei weiteren Punkten C, D schneiden; dabei kann $C \in \langle A, B \rangle$, $C \neq A, B$, beliebig vorgegeben werden. Insbesondere liegen auf jeder Geraden mindestens vier Punkte.*

Beweis. Sei $C \in g := \langle A, B \rangle$, $C \neq A, B$, fest vorgegeben. Wir wählen in η einen beliebigen Punkt $P \notin g$ und eine beliebige Gerade h durch B mit $h \neq g$, $P \notin h$ (Abb. 3.14). Ihr Schnittpunkt mit $\langle A, P \rangle$ sei Q. Wir setzen $R = h \cap \langle C, P \rangle$ und $S = \langle B, P \rangle \cap \langle A, R \rangle$. Von den so erhaltenen ersichtlich verschiedenen Punkten P, Q, R, S sind keine drei kollinear. Wir zeigen dies nur in einem Fall: wäre etwa $R \in \langle P, Q \rangle$, so wäre $h = \langle B, Q \rangle = \langle R, Q \rangle = \langle P, Q \rangle = \langle A, Q \rangle$, so dass $h = \langle A, B \rangle = g$ folgte, ein Widerspruch. Ähnlich schließt man in den anderen Fällen.

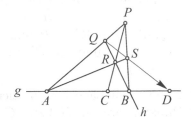

Abbildung 3.14

Dass das vollständige Viereck $PQRS$ die behaupteten Eigenschaften besitzt erkennt man unmittelbar aus der Konstruktion. Insbesondere sind C, D verschieden, andernfalls die drei Nebenpunkte kollinear wären, im Widerspruch zum Axiom von Fano. $\qquad \square$

Definition 3.13. Gegeben seien vier verschiedene kollineare Punkte A, B, C, D. Man nennt C und D *harmonisch konjugiert* in Bezug auf A und B, symbolisch $H(AB, CD)$, wenn es ein vollständiges Viereck gibt mit A und B als Nebenecken, dessen restliche zwei Seiten durch C bzw. D gehen. Man sagt auch kurz, dass A, B, C, D *harmonisch*[63] liegen.

Aufgrund der Folgerung ist zwar gesichert, dass es harmonisch konjugierte Punktepaare gibt, jedoch ist nicht unmittelbar einsichtig, dass die Definition wirklich sinnvoll ist, d.h. dass zu drei vorgegebenen kollinearen Punkten A, B, C genau ein weiterer Punkt D existiert mit $H(AB, CD)$. Darauf wurde bereits oben hingewiesen. Doch lässt sich dies folgendermaßen einsehen:

Satz 3.14. *Drei verschiedene Punkte A, B, C einer Geraden g bestimmen genau einen Punkt $D \in g$ mit $H(AB, CD)$, den vierten harmonischen Punkt zu C bzgl. A, B.*

Beweis. Es seien $PQRS$ und $P'Q'R'S'$ zwei vollständige Vierecke (eventuell in verschiedenen Ebenen) mit

$$A = \langle P, Q \rangle \cap \langle R, S \rangle = \langle P', Q' \rangle \cap \langle R', S' \rangle,$$
$$B = \langle P, S \rangle \cap \langle Q, R \rangle = \langle P', S' \rangle \cap \langle Q', R' \rangle$$

und

$$C = g \cap \langle P, R \rangle = g \cap \langle P', R' \rangle,$$

wobei $g = \langle A, B \rangle$ ist.

Dann sind für die beiden Dreiseite mit den Ecken P, Q, R und P', Q', R' die Voraussetzungen des Desarguesschen Satzes erfüllt. Es gehen somit die Geraden $\langle P, P' \rangle, \langle Q, Q' \rangle, \langle R, R' \rangle$ durch einen Punkt T. Betrachtet man die Dreiseite mit den Ecken P, R, S und P', R', S' so gehen aus demselben Grund $\langle P, P' \rangle, \langle R, R' \rangle, \langle S, S' \rangle$ durch einen Punkt, und zwar ebenfalls T. Damit kann man aber auf die Dreiecke Q, R, S und Q', R', S' die Umkehrung des Satzes von Desargues anwenden, so dass $\langle R, S \rangle \cap \langle R', S' \rangle = A$, $\langle Q, R \rangle \cap \langle Q', R' \rangle = B$ und $\langle Q, S \rangle \cap \langle Q', S' \rangle$ kollinear sind. Mithin haben die Geraden $\langle Q, S \rangle$ und $\langle Q', S' \rangle$ mit $g = \langle A, B \rangle$ den gleichen Schnittpunkt D. $\qquad\square$

Die Definition der harmonischen Lage bezieht sich nicht auf die einzelnen Punkte, sondern auf die Punktepaare A, B bzw. C, D. Es folgt daher aus $H(AB, CD)$ automatisch auch $H(AB, DC)$, $H(BA, CD)$ und $H(BA, DC)$. Zusätzlich gilt

Satz 3.15. *Sind A, B, C, D vier kollineare Punkte, so folgt aus $H(AB, CD)$ $H(CD, AB)$ (und mithin auch $H(CD, BA)$, $H(DC, AB)$, $H(DC, BA)$.)*

Beweis. Gegeben sei ein vollständiges Viereck $PQRS$, dessen Paare von Gegenseiten $\langle P, Q \rangle, \langle R, S \rangle$ bzw. $\langle P, S \rangle, \langle Q, R \rangle$ sich in A bzw. B treffen und dessen zwei weitere Gegenseiten $\langle P, R \rangle$ bzw. $\langle Q, S \rangle$ die Gerade $g = \langle A, B \rangle$ in C bzw. D schneiden (Abb. 3.15). Sei $T = \langle D, R \rangle \cap \langle Q, C \rangle$ und $U = \langle P, R \rangle \cap \langle Q, S \rangle$.

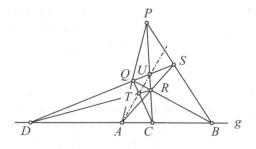

Abbildung 3.15

Wir betrachten das vollständige Viereck $QTRU$. Nach Konstruktion gilt $C = \langle Q, T \rangle \cap \langle R, U \rangle$, $D = \langle T, R \rangle \cap \langle U, Q \rangle$ und die Seite $\langle Q, R \rangle$ schneidet g in B. Es ist somit nur noch zu zeigen, dass $g \cap \langle T, U \rangle = A$ gilt bzw. äquivalent $A \in \langle T, U \rangle$. Dazu betrachten wir die Dreiseite mit den Ecken P, U, S bzw. Q, T, R. Entsprechende Seiten schneiden sich in den kollinearen Punkten C, D, B. Mithin geht nach dem Satz von Desargues wirklich $\langle T, U \rangle$ durch den Schnittpunkt $\langle P, Q \rangle \cap \langle S, R \rangle = A$. $\square$

Bevor wir die restlichen Axiome für den Aufbau der räumlichen projektiven Geometrie angeben, zeigen wir, dass das Dualitätsprinzip weiterhin gilt. Dazu müssen wir nur die dualisierte Aussage des Axioms von Fano beweisen.

Definition 3.16. Vier Ebenen $\pi, \varpi, \rho, \sigma$ durch einen Punkt, von denen keine drei durch eine Gerade gehen, bilden die Flächen eines *vollständigen Vierflachs*.[64] Seine Kanten, die sechs Schnittgeraden, liefern zusätzlich drei weitere Ebenen, die *Neben-* oder *Diagonalflächen*. Die entsprechenden drei Paare von Kanten heißen Paare von *Gegenkanten* des vollständigen Vierflachs.

Satz 3.17 (Dualisierung des Axioms von Fano). *Die drei Nebenebenen eines vollständigen Vierflachs gehen nie durch eine Gerade.*

Beweis. Es sei S der gemeinsame Punkt der Flächen des Vierflachs und α, β, γ dessen Diagonalflächen. Wir nehmen indirekt an, dass letztere eine gemeinsame Gerade g besitzen. Sei η eine beliebige Ebene, die S nicht enthält. Schneidet man das vollständige Vierflach mit η erhält man ein sogenanntes vollständiges Vierseit (siehe Kap. 3.2.2 A *Begriffe*) bestehend aus vier Geraden und deren sechs (verschiedenen) Schnittpunkten. Die Schnittgeraden von η mit α, β, γ bilden dessen Nebenseiten. Nach Annahme gehen sie durch den Punkt $g \cap \eta$. Dies widerspricht aber der dualen Aussage in der projektiven Ebene des Axioms von Fano, deren Gültigkeit im nächsten Abschnitt gezeigt wird (siehe Satz 3.34). $\square$

Dualisiert man Satz 3.12, so ermöglicht dies die weitere

Definition 3.18. Gegeben sind vier verschiedene Ebenen $\alpha, \beta, \gamma, \delta$ einer Geraden g. γ und δ sind *harmonisch konjugiert* in Bezug auf α und β, symbolisch $H(\alpha\beta, \gamma\delta)$, wenn es ein vollständiges Vierflach gibt mit α und β als Nebenflächen, dessen restliche zwei Kanten in γ bzw. δ liegen. Man sagt auch kurz, dass $\alpha, \beta, \gamma, \delta$ harmonisch liegen.

Bemerkung 3.19. Dass bei gegebenen Ebenen α, β, γ eines Büschels g genau eine Ebene $\delta \in g$ existiert, die $H(\alpha\beta, \gamma\delta)$ erfüllt, folgt wieder aufgrund des Dualitätsprinzips. δ heißt die *vierte harmonische Ebene* zu γ bzgl. α, β.

Der Zusammenhang zwischen der harmonischen Lage von Punkten bzw. Ebenen wird durch folgenden grundlegenden Satz hergestellt:

Satz 3.20. 1) *Vier harmonische Ebenen eines Büschels h werden von jeder Geraden g, die mit h keinen Punkt gemeinsam hat, in vier harmonischen Punkten geschnitten.*

2) *Vier harmonische Punkte einer Geraden g erzeugen zusammen mit jeder Geraden h, die mit g keinen Punkt gemeinsam hat, vier harmonische Ebenen.*

Beweis. Da die Aussagen von 1) und 2) zueinander dual sind, genügt es, eine davon zu zeigen. Wir zeigen letztere. Seien dazu die harmonisch liegenden Punkte A, B, C, D gegeben und R ein fester Punkt aus h. In der Ebene $\eta := \langle R, A, B \rangle$ kon-

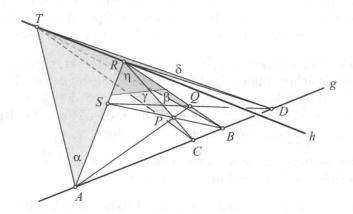

Abbildung 3.16

struieren wir ein Viereck, dessen eine Ecke R ist, welches auf die harmonische Lage jener vier Punkte führt (Abb. 3.16). Dazu wählen wir $S \in \langle A, R \rangle$ beliebig, $S \neq R$. Weiter sei $P := \langle B, S \rangle \cap \langle C, R \rangle$ und $Q := \langle A, P \rangle \cap \langle B, R \rangle$. Das Viereck $PQRS$ liefert nun wie üblich A, B als Schnittpunkte von zwei Paaren von Gegenseiten; da $C = \langle P, R \rangle \cap \langle A, B \rangle$ ist muss $D = \langle Q, S \rangle \cap \langle A, B \rangle$ gelten.

Sei nun $T \neq R$ ein weiterer Punkt von h, so dass also $h = \langle R, T \rangle$ ist. Wir müssen zeigen, dass die Ebenen

$$\alpha = \langle A, R, T \rangle = \langle A, S, T \rangle, \ \beta = \langle B, R, T \rangle = \langle B, Q, T \rangle,$$

$$\gamma = \langle C, R, T \rangle, \ \delta = \langle D, R, T \rangle$$

harmonisch liegen.

Wir betrachten die Ebenen $\pi = \langle A, P, T \rangle, \varpi = \langle Q, S, T \rangle, \rho = \langle S, B, T \rangle, \sigma = \langle B, A, T \rangle$ mit dem gemeinsamen Punkt T. Wie aus dem weiteren Beweis hervorgeht sind dies wirklich die Flächen eines Vierflachs. Wegen $\pi \cap \sigma = \langle A, T \rangle$, $\varpi \cap \rho = \langle S, T \rangle$ bzw. $\pi \cap \varpi = \langle Q, T \rangle$, $\rho \cap \sigma = \langle B, T \rangle$ sind α bzw. β Nebenflächen. Da die restlichen beiden Kanten $\pi \cap \rho = \langle P, T \rangle$ bzw. $\varpi \cap \sigma = \langle D, T \rangle$ in γ bzw. δ liegen, ist die Behauptung bewiesen. □

Die harmonische Lage von vier Punkten ist nun derjenige Sachverhalt, der es gestattet, die die Anordnung betreffende Axiomengruppe der euklidischen Geometrie auf die projektive Geometrie zu übertragen. Dazu überlegen wir zunächst wieder anhand des Standardmodells $\mathbb{E}_3^*$, dass und inwieweit der „Zwischen"-begriff modifiziert werden muss.

Hat man zwei Punkte A, B in einer euklidischen Ebene $\varepsilon \in \mathbb{E}_3^*$ gegeben, so ist anschaulich klar, welche Punkte $C \in \langle A, B \rangle$ zwischen ihnen liegen. Mathematisch beschreiben lässt sich dieser Sachverhalt folgendermaßen: A und B bestimmen drei offene, elementfremde Abschnitte auf der Geraden $g = \langle A, B \rangle$, die zusammen mit den Punkten A, B die Gerade einfach überdecken. Genau in einem gilt, dass *jede* Folge von Punkten, die gemäß eines Richtungssinnes von g aufeinander folgen, gegen A oder B oder einen Punkt dieses Abschnitts strebt. Und genau die Punkte C dieses solcherart ausgezeichneten Abschnitts liegen zwischen den Punkten A, B.

Erweitert man nun die Gerade g um ihren Fernpunkt F, so zerlegen A, B sie nur noch in zwei (offene) Abschnitte und in beiden gilt obige Eigenschaft. Man kann also keinen als durch A, B bestimmtes „Inneres" auszeichnen. Erst wenn man irgendeinen weiteren Punkt $D \in g$ vorgibt, $D \neq A, B$, und ihn sich aus g entfernt denkt, lässt sich obige Argumentation übernehmen; dabei ist natürlich der Fernpunkt F der Grenzpunkt jeder unbeschränkt monoton fallenden bzw. steigenden Folge von Punkten auf g. Man erhält dann die bezüglich D zwischen A und B liegenden Punkte C. Dabei liegen D und diese Punkte C in Bezug auf A, B stets in verschiedenen der beiden Abschnitte. Man sagt dann: C, D liegen getrennt bezüglich A, B (Abb. 3.17).

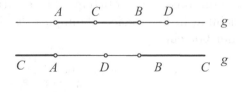

Abbildung 3.17

Diese letztere Eigenschaft lässt sich nun mit Hilfe der harmonischen Lage charakterisieren. Liegen nämlich die Punkte C, D in ein und demselben Abschnitt bezüglich A, B, so gibt es (genau) ein Paar von Punkten P, Q mit $H(AB, PQ)$ und $H(CD, PQ)$; im anderen Fall, also wenn sie getrennt liegen, dagegen nicht.

Um dies einzusehen, denken wir uns die euklidische Gerade $\langle A, B \rangle$ koordinatisiert, wobei die Punkte A, B, C, D die Koordinaten a, b, c, d haben mögen. Dabei können wir offenbar $a = 0$, $b, c, d > 0$ voraussetzen – letztere Beziehungen lassen sich, wenn nötig, durch Umbenennung der Punkte erreichen. Ein Punktepaar $P(p), Q(q)$, das zu A, B harmonisch liegt, muss dann

$$\frac{p-0}{p-b} = -\frac{q-0}{q-b}$$

erfüllen. Soll es zugleich mit C, D harmonisch sein, muss auch gelten

$$\frac{p-c}{p-d} = -\frac{q-c}{q-d}.$$

Ausgerechnet ergibt sich

$$2pq = (p + q)b \quad \text{und} \quad 2pq = (p + q)(c + d) - 2cd. \tag{3.1}$$

Löst man diese Gleichungen nach $p + q$ und pq auf, erhält man[65]

$$p + q = \frac{2cd}{c + d - b} \quad \text{und} \quad pq = \frac{bcd}{c + d - b}.$$

Die gesuchten Koordinaten p und q sind nun gerade die Lösungen der quadratischen Gleichung

$$x^2 - (p + q)x + pq = x^2 - \frac{2cd}{c + d - b}x + \frac{bcd}{c + d - b} = 0.$$

Sie fallen genau dann reell aus, wenn die Diskriminante $\Delta > 0$ ist. Eingesetzt führt das auf die Bedingung

$$c^2 d^2 - bcd(c + d - b) = cd(b - c)(b - d) > 0.$$

Da $c, d > 0$ angenommen wurden, ist das gleichwertig mit $b < c, d$ oder $b > c, d$, was wir behauptet hatten.

Es fehlt noch der Fall, dass einer der Punkte, etwa D, der Fernpunkt ist. Aus $H(CD, PQ)$ folgt dann, dass C der Mittelpunkt der Strecke PQ ist, also gilt $c = \frac{p+q}{2}$. Die erste Gleichung in (3.1) liefert dann $pq = bc$. Mithin sind in diesem Fall p, q die Lösungen der Gleichung

$$x^2 - 2cx + bc = 0.$$

Sie sind genau dann reell, wenn $\Delta = 4c(c - b) > 0$ gilt. Wegen $c > 0$ ist dies gleichwertig mit $b < c$. Die Behauptung ist also auch in diesem Fall richtig.

Nachdem wir auf diese Weise im Standardmodell den Begriff des Trennens von Punktepaaren geklärt haben, definieren wir allgemein:

Definition 3.21. Für vier verschiedene Punkte A, B, C, D einer Geraden g des projektiven Raums $\mathbb{P}_3$ definiert man: A, B *trennen* C, D, wenn es kein zu beiden Paaren harmonisches Punktepaar P, Q gibt; symbolisch: $AB \asymp CD$.

Die diesbezüglich geforderten Axiome sind im Standardmodell $\mathbb{E}_3^*$ aufgrund der eben durchgeführten Überlegung unmittelbar einsichtig.

II. Trennungsaxiome

1. Sind die Punkte C, D harmonisch konjungiert zu den Punkten A, B, so trennen sie einander.

2. Sind A, B, C, D vier verschiedene kollineare Punkte, so gilt genau eine der Relationen $AB \asymp CD$, $AC \asymp BD$, $AD \asymp BC$.

3. Gilt $AB \asymp CD$, so ist für jeden *weiteren* Punkt E der Geraden $\langle A, B \rangle$ genau eine der Beziehungen $AB \asymp CE$ oder $AB \asymp DE$ erfüllt.

Die ersten beiden Axiome implizieren insbesondere, dass es zu gegebenen vier Punkten einer Geraden stets mindestens zwei weitere auf ihr gibt (Aufgabe 1).

Bevor wir Folgerungen aus diesen Axiomen ziehen, zeigen wir zunächst wieder, dass sich die dazu dualen Ausagen beweisen lassen, so dass das Dualitätsprinzip weiterhin durchgängig gilt. Dazu dualisieren wir zunächst Definition 3.21.

Definition 3.22. Sind $\alpha, \beta, \gamma, \delta$ vier verschiedene Ebenen eines Büschels g, so *trennt* das Paar α, β das Paar γ, δ, wenn es kein Paar ρ, σ von Ebenen des Büschels g gibt mit $H(\alpha\beta, \rho\sigma)$ und $H(\gamma\delta, \rho\sigma)$; symbolisch schreibt man wieder $\alpha\beta \asymp \gamma\delta$.

Die dualen Aussagen zu den Axiomen lauten dann:

1^d. Sind die Ebenen γ, δ harmonisch konjugiert zu den Ebenen α, β, so trennen sie einander.

2^d. Sind $\alpha, \beta, \gamma, \delta$ vier verschiedene Ebenen eines Büschels, so gilt genau eine der Relationen $\alpha\beta \asymp \gamma\delta$, $\alpha\gamma \asymp \beta\delta$, $\alpha\delta \asymp \beta\gamma$.

3^d. Gilt $\alpha\beta \asymp \gamma\delta$, so ist für jede weitere Ebene ϵ des Büschels $\alpha \cap \beta$ genau eine der Beziehungen $\alpha\beta \asymp \gamma\epsilon$ oder $\alpha\beta \asymp \delta\epsilon$ erfüllt.

Die Beweise dieser drei Sätze beruhen alle auf der folgenden Tatsache:

Satz 3.23. 1) *Vier einander trennende Ebenen eines Büschels h werden von jeder Geraden g, die mit h keinen Punkt gemeinsam hat, in vier einander trennenden Punkten geschnitten.*

2) *Umgekehrt erzeugen vier einander trennende Punkte einer Geraden g zusammen mit jeder Geraden h, die mit g keinen Punkt gemeinsam hat, vier Ebenen, die einander trennen.*

Diese beiden Aussagen folgen sofort daraus, dass das Trennen von Punkten bzw. Ebenen mittels der harmonischen Lage definiert ist und wegen Satz 3.20. □

Um nun etwa 1^d zu beweisen, nimmt man indirekt an, dass die harmonisch liegenden Ebenen $\alpha, \beta, \gamma, \delta$ des Büschels h einander nicht trennen. Schneidet man sie mit einer Geraden g, so erhielte man vier harmonisch liegende Punkte, die einander ebenfalls nicht trennen – ein Widerspruch zu Axiom 1. Völlig analog verfährt man in den beiden anderen Fällen 2^d, 3^d. □

Definition 3.24. Sind A, B, C drei verschiedene kollineare Punkte, so ist der durch A, B in Bezug auf C festgelegte *Abschnitt $AB|C$* definiert durch

$$AB|C = \{X \in \langle A, B \rangle; \ AB \asymp CX\}.$$

Insbesondere enthält $AB|C$ die Punkte A, B, C nicht. Nimmt man A, B hinzu, gelangt man zum (abgeschlossenen) *Intervall*

$$\overline{AB}|C = AB|C \cup \{A, B\}.$$

Gemäß Axiom 1 enthält jeder Abschnitt mindestens einen Punkt, nämlich D mit $H(AB, CD)$. Im Standardmodell ist der Abschnitt $AB|C$ die Strecke AB, die C nicht enthält, ohne die Endpunke A, B. Die Tatsache, dass dort zwei Punkte A, B genau zwei solche Abschnitte festlegen, wird im allgemeinen Fall durch das Axiom 3 gesichert:

Satz 3.25. *Wenn $AB \asymp CD$, so teilen die Punkte A, B die Gerade $g = \langle A, B \rangle$ in genau zwei elementfremde Abschnitte $AB|C$ und $AB|D$, die zusammen mit A, B eine Partition der Menge der Punkte von g bilden.*

Beweis. Nach Axiom 3 liegt ein beliebiger Punkt $E \in g$, $E \neq A, B, C, D$ in genau einem der beiden obigen Abschnitte. Ist aber $E = C$ (bzw. D), so gilt $E \in AB|D$ (bzw. $AB|C$). ☐

Satz 3.26. *Durch $n \geq 2$ verschiedene Punkte $A_1, \ldots, A_n$ einer Geraden g lassen sich n Abschnitte derart festlegen, dass jeder Punkt $P \in g$, $P \neq A_i$ $(i = 1, \ldots, n)$, in genau einem liegt.*

Beweis. Wir beweisen die Behauptung induktiv. Der Fall $n = 2$ wurde gerade behandelt. Der Fall $n = 3$ folgt in analoger Weise aus dem Axiom 2. Seien also $n \geq 4$ verschiedene Punkte $A_1, \ldots, A_n$ gegeben. Nach Induktionsannahme liegt A_n in genau einem Abschnitt $A_i A_j | A_k$. Wir zeigen, dass sich dieser in genau zwei Abschnitte unterteilen läßt; genauer:

$$A_i A_j | A_k = A_i A_n | A_k \cup A_j A_n | A_k \cup \{A_n\}. \tag{3.2}$$

Ist nämlich $P \in A_i A_j | A_k$, $P \neq A_n$, so gilt $A_i A_j \asymp A_k P$, also aufgrund der Definition auch $A_k P \asymp A_i A_j$. Axiom 3 impliziert $A_k P \asymp A_i A_n$ oder $A_k P \asymp A_j A_n$, was wir behauptet hatten. ☐

Wie oben bemerkt wurde, enthält jeder Abschnitt mindestens einen Punkt, so dass aufgrund der Folgerung n Punkte einer Geraden die Existenz von n weiteren implizieren. Wiederholte Anwendung auf (3.2) liefert die

Folgerung 3.27. *Jeder Abschnitt enthält unendlich viele Punkte.*

Es fehlt uns nur noch ein Analogon zum Stetigkeitsaxiom. Dies wird uns bereits in die Lage versetzen, projektive Koordinaten einführen zu können, woraus im weiteren die Kategorizität des Axiomensystems folgen wird.

Um dieses Axiom formulieren zu können, benötigen wir zunächst den Begriff des *Richtungssinns* auf einer Geraden. Legt man das Standardmodell $\mathbb{E}_3^*$ zugrunde, so ist anschaulich klar, was darunter gemeint ist. Allgemein lässt sich der Richtungssinn z.B. auf die folgende Weise exakt fassen:

Gegeben seien drei verschiedene Punkte A, B, C einer Geraden g. Identifiziert man Anordnungen, die durch zyklische Vertauschung auseinander hervorgehen, so erhält man zwei mögliche *Reihenfolgen von Anordnungen* $\prec_{(A,B,C)} =: \ \prec$ und $\prec_{(A,C,B)} =: \ \prec^* =: \ \succ$:

$$A \prec B \prec C \prec A$$

entsprechend den geordneten Tripeln (A, B, C), (B, C, A), (C, B, A) bzw.

$$A \prec^* C \prec^* B \prec^* A, \quad \text{also } A \succ B \succ C \succ A$$

entsprechend (A, C, B), (C, B, A), (B, A, C).

Es sei nun eine feste Reihenfolge betrachtet, etwa $A \prec B \prec C \prec A$. Ist dann $D \in g$ ein beliebiger Punkt, $D \neq A, B, C$, so liegt er nach Satz 3.26 in genau einem der Abschnitte $AB|C$, $BC|A$, $CA|B$. Gilt etwa $D \in AB|C$, so definiert man $A \prec D \prec B \prec C \prec A$; entsprechend in den anderen Fällen. Insbesondere gilt also genau eine der Möglichkeiten[66]

$$A \prec D \prec B \prec C \prec A, \quad A \prec B \prec D \prec C \prec A, \quad A \prec B \prec C \prec D \prec A.$$

Sind D, E, F ebenfalls drei verschiedene Punkte von g, so heißen die Reihenfolgen $\prec_{(A,B,C)} =: \prec$ und $\prec_{(D,E,F)}$ *kompatibel*, wenn gilt $D \prec E \prec F$. Man sagt dann, dass die beiden Tripel denselben *Richtungssinn* festlegen. Diese Beziehung ist wirklich eine Äquivalenzrelation (siehe Aufgabe 2), so dass man symbolisch schreiben kann: $S(ABC) = S(DEF)$. Insbesondere gilt definitionsgemäß $S(ABC) = S(BCA) = S(CBA)$ und $S(ACB) = S(CBA) = S(BAC)$ sowie $S(ABC) \neq S(ACB)$. Deshalb stimmt $S(DEF)$ entweder mit $S(ABC)$ oder mit $S(ACB)$ überein. Im ersten Fall sagt man, dass (A, B, C) und (D, E, F) *denselben (Richtungs-)Sinn*, im anderen Fall, dass sie *entgegengesetzten (Richtungs-)Sinn* haben.

Aus der Definition von $\prec$, Satz 3.25 und dem 1. Trennungsaxiom ergibt sich unmittelbar der

Satz 3.28. *Sind A, B, C, D vier kollineare Punkte, so gilt $AB \asymp CD$ genau dann, wenn $S(ABC) \neq S(ABD)$. Insbesondere gilt dies, falls D der vierte harmonische Punkt zu C bzgl. A, B ist.*

Bemerkung 3.29. 1) Ist D ein fester Punkt einer Geraden g, so legt ein Richtungssinn $S(ABC)$ auf g auf folgende Weise eine *lineare Ordnung* $<_D$ mit kleinstem Element D fest:

 i) $P <_D Q$ genau dann wenn $S(ABC) = S(DPQ)$ $(P, Q \neq D)$,

 ii) $D <_D P$ für alle $P \in g$, $P \neq D$.

Die entgegengesetzte Ordnung $>^D$ mit größtem Element D ist dann definiert durch

 i) $P >^D Q$ genau dann wenn $S(ABC) \neq S(DPQ)$ $(P, Q \neq D)$,

 ii) $D >^D P$ für alle $P \in g$, $P \neq D$.

Ersichtlich sind $<_D$ und $>^D$ wirklich lineare Ordnungen, d.h. a) für $P, Q \in g$, $P \neq Q$, gilt genau eine der Beziehungen $P <_D Q$ oder $Q <_D P$ und b) $<_D$ ist transitiv; entsprechend für $>^D$.

2) Man kann natürlich unter den Voraussetzungen von 1) genauso gut eine lineare Ordnung $<^D$ mit größtem Element D definieren, wobei ii) ersetzt wird

durch

ii') $P <^D D$ für alle $P \in g$, $P \neq D$.

Die entgegengesetzte Ordnung ist dann $>_D$.

3) Die Motivation für die Alternativen 1) und 2) kommt natürlich wieder vom Standardmodell her. Ist g die x-Achse und D deren Fernpunkt, so streben sowohl die Punkte mit den Koordinaten $(n, 0)$, $n \in \mathbb{N}$, gegen D als auch die mit den Koordinaten $(-n, 0)$, $n \in \mathbb{N}$. D kann daher sowohl als kleinstes als auch als größtes Element bezüglich der üblichen Ordnung der Punkte der x-Achse angesehen werden.

Mit diesen Begriffen ausgestattet können wir nun das Stetigkeitsaxiom für den projektiven Raum formulieren, welches die direkte Übertragung des entsprechenden Axioms für den euklidischen Raum darstellt:

III. Stetigkeitsaxiom

1. Sind alle von einem festen Punkt X verschiedenen Punkte einer Geraden g so in zwei nichtleere disjunkte Klassen K_1, K_2 eingeteilt, dass stets $S(XA_1A_2) = S(XB_1B_2)$ gilt für $A_i, B_i \in K_i$, $i = 1, 2$, so gibt es einen eindeutig bestimmten Punkt $Y \in g$ mit $Y \in \overline{A_1A_2}|X$ für beliebige $A_i \in K_i$, $i = 1, 2$.

Bemerkung 3.30. Sind $A_i \in K_i$, $i = 1, 2$, fest gewählt, so gilt dann für die durch den Richtungssinn $S(XA_1A_2)$ bestimmte Ordnung $<_X$:

$$X <_X B_1 <_X Y <_X B_2 \text{ für } B_i \in K_i, \ B_i \neq Y, \ i = 1, 2.$$

Auch dieses Axiom ist im Standardmodell $\mathbb{E}_3^*$ erfüllt: Ist X der Fernpunkt F von g, so entspricht es exakt dem Stetigkeitsaxiom für $\mathbb{E}_3$. Für $X \neq F$ sind zwei Fälle möglich:

i) Es gibt Punkte $A_1 \in K_1$, $A_2 \in K_2$, verschieden von X, die auf einer der beiden von X ausgehenden Halbgeraden (in $\mathbb{E}_3$) liegen. Dann entspricht das Stetigkeitsaxiom dem euklidischen eingeschränkt auf das Intervall $[A_1, A_2]$.

ii) Alle Punkte A_1 von K_1 liegen auf einer von X ausgehenden Halbgeraden, alle Punkte A_2 von K_2 auf der anderen. Dann erfüllt der Fernpunkt F die Aussage des Stetigkeitsaxioms.

Das Standardmodell ist somit wirklich ein Modell des projektiven Raumes.

Wie immer wollen wir die Frage klären, ob die duale Aussage dieses Axioms ableitbar ist. Dazu muss man die Begriffe des Abschnitts bzw. Intervalls, des Richtungssinns, der Ordnungsrelation dualisieren. Dies macht keinerlei Schwierigkeiten. Man gelangt dadurch zum *Winkelfeld* bzw. *abgeschlossenen Winkelfeld* – genauer, dem bezüglich der Ebene γ durch die Ebenen α, β bestimmten (abgeschlossenen) Winkelfeld, wobei α, β, γ einem Büschel angehören –, zum *Richtungssinn*, zur *linearen Ordnung im Ebenenbüschel.* So besteht etwa das Winkelfeld $\alpha\beta|\gamma$ aus der Menge aller Ebenen $\delta \in g$ mit $\alpha\beta \asymp \gamma\delta$.

Ganz analog wie bei der harmonischen Lage bzw. dem Begriff des Trennens übertragen sich die jeweiligen Begriffe von den Punkten einer Geraden auf ein Ebenenbüschel, indem man die Verbindungsebenen des jeweiligen Punktes mit der Trägergeraden des Büschels bildet; für die Übertragung in die umgekehrte Richtung braucht man nur das Ebenenbüschel mit einer Geraden zu schneiden. Aus diesem Grunde ist unmittelbar klar, dass die duale Aussage des Stetigkeitsaxiom gültig ist:

1^d. Sind alle von einer festen Ebene ξ verschiedenen Ebenen einer Geraden g so in zwei nichtleere disjunkte Klassen K_1, K_2 eingeteilt, dass stets $S(\xi\alpha_1\alpha_2) = S(\xi\beta_1\beta_2)$ gilt für $\alpha_i, \beta_i \in K_i$, $i = 1, 2$, so gibt es eine eindeutig bestimmte Ebene $\upsilon \in g$ mit $\upsilon \in \overline{\alpha_1\alpha_2}|\xi$ für beliebige $\alpha_i \in K_i$, $i = 1, 2$.

Insgesamt folgt also das

Dualitätsprinzip für den projektiven Raum $\mathbb{P}_3$*:* Eine Aussage über den projektiven Raum ist genau dann richtig, wenn es die dazu duale ist. Diese erhält man, indem man in der ursprünglichen Aussage die Worte Punkt durch Ebene und Ebene durch Punkt ersetzt; insbesonders bedeutet dies, dass abgeleitete Begriffe auch durch die entsprechenden dualen zu ersetzen sind.

Die wichtigste Konsequenz des Stetigkeitsaxioms ist, dass das nunmehr komplette Axiomensystem für den projektiven Raum kategorisch ist. Wie üblich folgt das daraus, dass die Axiome es gestatten, $\mathbb{P}_3$ zu koordinatisieren, so dass jedes Modell, wie z.B. das Standardmodell, isomorph zu diesem Koordinatenmodell ist. Wir werden im nächsten Kapitel den Nachweis nur für den Fall der projektiven Ebene führen, der uns in diesem Buch vor allem interessiert. Dort wird auch auf die Fragen nach der Widerspruchsfreiheit und der Unabhängigkeit des Axiomensystems eingegangen.

3.2.2 Die projektive Ebene

A) Axiomatik

Vom projektiven Raum $\mathbb{P}_3$ ausgehend kann man den Bestand an Begriffen und Sätzen untersuchen, der sich auf eine beliebig vorgegebene Ebene η bezieht. Man gelangt dadurch zur projektiven Geometrie der Ebene, diese selbst ist eine projektive Ebene $\mathbb{P}_2$. Die Grundelemente sind Punkte, Geraden der Ebene η, als Grundrelation bleibt nur noch „Punkt inzidiert mit Gerade". Was die Sätze betrifft, so inkludieren sie entweder den zweidimensionalen Fall, etwa der Satz von Desargues, oder sie induzieren auf naheliegende Weise entsprechende Resultate. Beispielsweise liefert der duale Satz von Desargues eine Aussage für η, indem man die Schnittfiguren der beiden Dreiflache mit η betrachtet. Man erhält dann genau die ebene Version des Satzes von Desargues:

Satz 3.31. *Liegen die Schnittpunkte entsprechender Seiten zweier Dreiseite auf einer Geraden, so gehen die Verbindungsgeraden entsprechender Ecken durch einen Punkt.*

Auf diese Weise gelangt man unmittelbar zu den Begriffen: harmonische Lage von vier Geraden eines Büschels in η, trennende Geradenpaare, Richtungssinn etc. und zu den entsprechenden Sätzen.

Natürlich muss es zur projektiven Geometrie der Ebene ein duales Pendant geben: Es ist die projektive Geometrie bzgl. eines Punktes E, die sogenannte *Bündelgeometrie*. Hier sind die Grundelemente die Ebenen und Geraden durch E. Die einzige Grundrelation ist: „Gerade inzidiert mit Ebene". Es sei dem Leser überlassen, Sätze dieser Geometrie aufzustellen.

Will man die projektive Ebene axiomatisch einführen, so wie das im Folgenden geschehen soll, lässt man sich ebenfalls durch den dreidimensionalen Fall leiten. Die undefinierten Grundbegriffe sind dann, wie gesagt, Punkt und Gerade und die entsprechende Inzidenzrelation.

Von der ersten Gruppe der Inzidenzaxiome beziehen sich die Axiome 1, 2, 3 und 9 nur auf die Ebene, wobei im letzteren der Zusatz, dass die beiden Geraden in einer Ebene liegen sollen, natürlich bedeutungslos ist. Alle anderen Axiome beinhalten echt räumliche Aussagen, d.h. benötigen den Begriff der Ebene wesentlich.

Der Vollständigkeit halber listen wir die betreffenden Inzidenzaxiome auf:

1. Je zwei (verschiedene) Punkte sind mit genau einer Geraden inzident.

2. Jede Gerade ist mit wenigstens drei Punkten inzident.

3. Es existieren mindestens drei Punkte, die nicht mit einer Geraden inzident sind.

4. Je zwei Geraden inzidieren mit einem Punkt.

Interessanterweise ist durch diese vier Axiome das Verhalten bezüglich der Inzidenz nicht eindeutig festgelegt. Wie Hilbert gezeigt hat, gibt es Modelle, in denen der Satz von Desargues gilt, aber auch solche, wo er nicht gilt ([Hilb4], 5. Kap.; der Beweis der ebenen Version des Satzes erfolgte ja auch über den Umweg der räumlichen Version); man spricht von desarguesschen bzw. nicht-desarguesschen Konfigurationen. Unser Zugang, dass die Sätze betreffend den projektiven Raum in ihrer ebenen Variante gültig sein sollen, und dass der erweiterte euklidische Raum (bzw. die entsprechende Ebene) stets als Modell dienen können soll, führen daher zur Forderung nach der Gültigkeit des Satzes von Desargues. Man muss somit ihn oder ein dazu äquivalentes Resultat als Axiom voraussetzen; um dem sprachlichen Ausdruck nicht Gewalt anzutun, verwenden wir die frühere Formulierung, vermeiden also den Begriff der Inzidenz:

5. Liegen die Schnittpunkte entsprechender Seiten zweier Dreiseite auf einer Geraden, dann gehen die Verbindungsgeraden entsprechender Ecken durch einen Punkt.

Diese insgesamt fünf Inzidenzaxiome erlauben es nun wieder, die dazu dualen Aussagen – jetzt aber in der Ebene – abzuleiten. Man erhält sie mittels Ersetzen von Punkt durch Gerade bzw. Gerade durch Punkt; die Inzidenzrelation bleibt unverändert.

1^d. Je zwei (verschiedene) Geraden sind mit genau einem Punkt inzident.

2^d. Jeder Punkt ist mit wenigstens drei Geraden inzident.

3^d. Es existieren mindestens drei Geraden, die nicht mit einem Punkt inzident sind.

4^d. Je zwei Punkte inzidieren mit einer Geraden.

5^d. Gehen die Verbindungsgeraden entsprechender Ecken zweier Dreiecke durch einen Punkt, so liegen die Schnittpunkte entsprechender Seiten auf einer Geraden.

Die duale Aussage zum 5. Axiom ist also gerade die Umkehrung des (ebenen) Satzes von Desargues, also eben dieses Axioms.

Bemerkung 3.32. Fasst man Geraden als Mengen von Punkten auf, so müssen Punkte jetzt als Mengen von Geraden angesehen werden (vgl. die entsprechende Argumentation für $\mathbb{P}_3$ im vorigen Abschnitt). Der duale Begriff zu Punktreihe ist in der projektiven Ebene somit das *Geradenbüschel*.

Um diese Aussagen zu beweisen, dürfen natürlich nur die genannten fünf Axiome der *ebenen* projektiven Geometrie verwendet werden. 1^d ist gerade das Axiom 4 und 4^d das Axiom 1. Die Beweise von 2^d und 3^d sind elementare Übungsaufgaben. Die Gültigkeit von 5^d schließlich hatten wir bereits erkannt: Teil 2) des Beweises von Satz 3.7 betraf gerade diese Aussage und wurde allein unter Verwendung des Satzes von Desargues, also ohne Zuhilfenahme räumlicher Argumente, geführt.

Auch die für die weiteren Axiome benötigten Begriffe sowie diese Axiome selbst haben keinen direkten Bezug zum Dreidimensionalen, können also unverändert für die projektive Ebene übernommen werden. Dazu muss man sich nur vergewissern, dass die Beweise der Sätze, soweit sie für die Formulierung der Axiome bzw. Definition jener Begriffe von Bedeutung waren, mit einer nur die Ebene betreffenden Argumentation geführt worden sind bzw. mit leichter Adaption so geführt werden können. Dies ist offensichtlich der Fall.

Der Bestand an Begriffen und Sätzen ist somit der Folgende:

Begriffe: Vollständiges Viereck, harmonische Lage von vier Punkten, trennende Punktepaare, Abschnitt, Intervall, Richtungssinn und lineare Ordnung; deren Dualisierungen bezüglich der projektiven Ebene, insbesondere das *vollständige Vierseit* und das zugehörige *Nebendreiseit*.

Sätze: Alle Sätze und Bemerkungen des vorigen Abschnitts, ausgenommen die Sätze 3.17, 3.20, 3.23 und Bemerkung 3.19, da sie räumliche Aussagen beinhalten.

Schließlich listen wir die im vorigen Abschnitt 3.2.1 B) formulierten Axiome auf, um das Axiomensystem für die ebene projektive Geometrie vollständig vorliegen zu haben:

6. Die drei Nebenpunkte eines vollständigen Vierecks sind nie kollinear.

7. Sind die Punkte C, D harmonisch konjugiert zu den Punkten A, B, so trennen sie einander $(AB \times CD)$.

8. Sind A, B, C, D vier verschiedene kollineare Punkte, so gilt genau eine der Relationen $AB \times CD$, $AC \times BD$, $AD \times BC$.

9. Gilt $AB \times CD$, so ist für jeden *weiteren* Punkt E der Geraden $\langle A, B \rangle$ genau eine der Beziehungen $AB \times CE$ oder $AB \times DE$ erfüllt.

10. Sind alle von einem festen Punkt X verschiedenen Punkte einer Geraden g so in zwei nichtleere disjunkte Klassen K_1, K_2 eingeteilt, dass stets $S(XA_1A_2) = S(XB_1B_2)$ gilt für $A_i, B_i \in K_i$, $i = 1, 2$, so gibt es einen eindeutig bestimmten Punkt $Y \in g$ mit $Y \in \overline{A_1A_2}|X$ für beliebige $A_i \in K_i$, $i = 1, 2$.

Damit ist die projektive Ebene axiomatisch eingeführt.

Die angegebenen Axiome – bis auf das fünfte – sind diejenigen aus dem Axiomensystem des projektiven Raumes, die sich auf eine fix vorgegebene Ebene ε beziehen und daher automatisch in ε gültig sind. Aber auch das fünfte Axiom ist in ε erfüllt aufgrund des Satzes von Desargues. Es ist somit jede Ebene ε des $\mathbb{P}_3$ ein Modell der projektiven Ebene, wobei ε jetzt natürlich als Trägerebene der Grundelemente Punkte und Geraden anzusehen ist. Insbesondere ist die erweiterte euklidische Ebene $\mathbb{E}_2^*$ ein Modell für $\mathbb{P}_2$, das *Standardmodell*.

Naturgemäss betrifft die erste Frage wieder die Gültigkeit des Dualitätsprinzips. Wie schon erwähnt lassen sich die dafür benötigten Begriffe des vollständigen Vierseits (mit den Neben- oder Diagonalseiten und dem von ihnen gebildeten Neben- oder Diagonaldreiseit), der harmonischen Lage von vier Geraden eines ebenen Büschels, trennende Geradenpaare, Richtungssinn im Geradenbüschel etc. ohne jegliche Schwierigkeiten durch Dualisieren der entsprechenden Begriffe für Punkte definieren. Da wir das Dualitätsprinzip bezüglich der Inzidenz schon bewiesen haben, folgt mittels dessen Anwendung, dass die vierte harmonische Gerade durch die Definition eindeutig festgelegt wird.

Als erstes leiten wir die duale Aussage des Axioms von Fano (Axiom 6) ab.

Satz 3.33. *Die drei Nebenseiten eines vollständigen Vierseits gehen nie durch einen Punkt.*

Beweis. Es sei $pqrs$ ein vollständiges Vierseit und $A = p \cap q$, $B = p \cap r$, $C = p \cap s$, $D = q \cap r$, $E = q \cap s$, $F = r \cap s$ dessen sechs Ecken (Abb. 3.18). Wir nehmen indirekt an, dass die Nebenseiten $a = \langle A, F \rangle$, $b = \langle B, E \rangle$, $c = \langle C, D \rangle$ durch einen Punkt S gehen. Sei dieser etwa $S = a \cap b$. Dann sind also S, C, D kollinear. Dies steht aber im Widerspruch zum Axiom von Fano, bilden doch diese Punkte das Nebendreieck des vollständigen Vierecks $ABEF$.   □

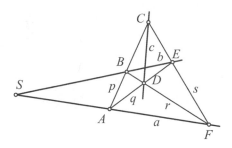

Abbildung 3.18

Im weiteren benötigen wir den Zusammenhang zwischen der harmonischen Lage von Punkten und Geraden (vgl. Satz 3.20).

Satz 3.34. 1) *Vier harmonische Geraden eines Büschels R werden von jeder nicht durch R gehenden Geraden g in vier harmonischen Punkten geschnitten.*

2) *Vier harmonische Punkte einer Geraden g liefern verbunden mit einem beliebigen, nicht auf g liegenden Punkt R vier harmonische Geraden.*

Beweis. Da die beiden Aussagen zueinander dual sind, genügt es wie im räumlichen Fall die zweite zu zeigen. Dies ist aber bereits dort geschehen. Die Verbindungsgeraden $a = \langle R, A \rangle$, $b = \langle R, B \rangle$, $c = \langle R, C \rangle$, $d = \langle R, D \rangle$ (A, B, C, D waren die harmonisch liegenden Punkte auf g) sind in harmonischer Lage (siehe Abb. 3.17): Das vollständige Vierseit g, $\langle B, S \rangle$, $\langle S, Q \rangle$, $\langle A, Q \rangle$ hat die Paare gegenüberliegender Ecken[67] A, S bzw. Q, B auf a bzw. b, die Ecke P liegt auf c und die Ecke D auf d. □

Wir formulieren den letzten Satz noch auf andere Weise und führen dazu folgende grundlegende Begriffe ein:

Definition 3.35. 1) In der projektiven Ebene $\mathbb{P}_2$ seien ein Geradenbüschel mit Zentrum G und eine Punktreihe g mit $G \notin g$ gegeben. Die Abbildungen

$$\alpha_{G,g} : G \to g \text{ definiert durch } x \in G \mapsto x \cap g \text{ und}$$

$$\alpha_{g,G} : g \to G \text{ definiert durch } X \in g \mapsto \langle X, G \rangle$$

heißen *Korrespondenzen* oder *Elementarzuordnungen*. (In älteren Büchern wird ersteres Schnittbildung, letzteres Scheinbildung genannt.)

2) Das Produkt von $N \geq 1$ Korrespondenzen heißt (eindimensionale) *Projektivität*; es wird symbolisch mit $\overline{\wedge}$ bezeichnet.

3) *Perspektivitäten* sind Projektivitäten π, die sich als Produkt von zwei Korrespondenzen schreiben lassen. Genauer gilt:

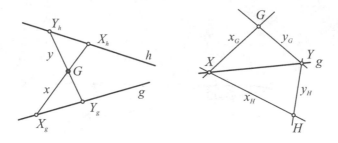

Abbildung 3.19

Ist $\pi = \alpha_{G,h} \circ \alpha_{g,G}$ $(g \neq h)$, so ist π die Perspektivität der Punktreihen g und h mit *Perspektivitätszentrum* G, bezeichnet mit $g \overset{G}{\wedge} h$ (Abb. 3.19 links);

ist $\pi = \alpha_{g,H} \circ \alpha_{G,g}$ $(G \neq H)$, so ist π die Perspektivität $G \overset{g}{\wedge} H$ der Geradenbüschel G und H mit *Perspektivitätsachse* g (Abb. 3.19 rechts).[68]

Der letzte Satz kann nun so ausgesprochen werden:

Satz 3.36. *Korrespondenzen und daher auch Perspektivitäten bzw. Projektivitäten erhalten die harmonische Lage.*

Was die dualen Aussagen zu den Axiomen 7 bis 9 betrifft, so lassen sie sich völlig analog zum räumlichen Fall herleiten (statt Satz 3.20 ist nun Satz 3.34 die Basis für alle Beweise). Dies gilt auch für die Dualisierung des Stetigkeitsaxioms. Man muss dazu nur beachten, dass aufgrund des vorigen Satzes unmittelbar folgt:

Satz 3.37. *Korrespondenzen und somit Perspektivitäten bzw. Projektivitäten erhalten die getrennte Lage von Punkte- bzw. Geradenpaaren, führen Abschnitte/Winkelfelder wieder in Abschnitte/Winkelfelder, Richtungssinne wieder in Richtungssinne und lineare Ordnungen in ebensolche.*

Damit gilt also durchgängig das

Dualitätsprinzip für die projektive Ebene: Eine Aussage über die projektive Ebene ist genau dann richtig, wenn es die dazu duale ist. Diese erhält man, indem man in der ursprünglichen Aussage die Worte Punkt durch Gerade und Gerade durch Punkt ersetzt sowie abgeleitete Begriffe durch ihre dualen, die man auf eben dieselbe Weise erhält.

Bevor wir auf relevante Fragen eingehen, die die Axiomatik der projektiven Ebene betreffen, stellen wir einige grundlegende Ergebnisse zusammen.

Satz 3.38. *Die Seiten eines vollständigen Vierecks haben mit den Seiten des Nebendreiecks sechs weitere Schnittpunkte gemeinsam, die zugleich die Schnittpunkte* *eines Vierseits sind, dessen Nebendreiseit mit dem zum ursprünglichen Nebendreieck gehörigen Dreiseit übereinstimmt. In dieser aus dreizehn Punkten und Geraden bestehenden selbstdualen Konfiguration liegen je vier kollineare Punkte bzw. je vier Geraden durch einen Punkt harmonisch. Sie wird* harmonische Grundfigur *genannt.*

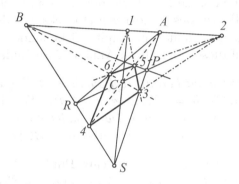

Abbildung 3.20

Beweis. Gegeben sei das Viereck $PQRS$, dessen Nebendreieck sei $\triangle ABC$ und die im Satz angesprochenen sechs weiteren Schnittpunkte seien mit $1, \ldots, 6$ bezeichnet (Abb. 3.20). Wir zeigen an einem Beispiel, dass diese Punkte die Ecken eines vollständigen Vierseits sind. Betrachtet man die Dreiecke $\triangle SQP$ und $\triangle BAC$, so gehen die Verbindungsgeraden entsprechender Seiten, also $\langle S, B \rangle, \langle Q, A \rangle, \langle P, C \rangle$, durch den Punkt R. Nach der Umkehrung des Satzes von Desargues (Satz 3.7) folgt, dass die Schnittpunkte entsprechender Seiten, das sind die Punkte 1,5,3, kollinear sind.

Die restlichen Aussagen des Satzes sind evident. Beispielsweise liegen die Punktepaare $(2,1)$ und (A, B) aufgrund des Vierecks 3,4,6,5 harmonisch. Die harmonische Lage überträgt sich auf die anderen Geraden mittels Anwendung geeigneter Perspektivitäten. $\qquad\square$

Satz 3.39. *Gilt für vier kollineare Punkte A, B, C, D eine der Beziehungen*

$$H(AB, CD), \quad H(AB, DC), \quad H(BA, CD), \quad H(BA, DC),$$
$$H(CD, AB), \quad H(CD, BA), \quad H(DC, AB), \quad H(DC, BA),$$

so auch alle anderen.

Beweis. Der Beweis des räumlichen Analogons (Satz 3.15) gilt auch hier. $\qquad\square$

Aus diesem Satz und der Definition des Trennens von Punktepaaren folgt

Satz 3.40. *Gilt für vier kollineare Punkte A, B, C, D eine der folgenden Beziehungen, so auch alle anderen:*

$$AB \asymp CD, \quad AB \asymp DC, \quad BA \asymp CD, \quad BA \asymp DC,$$
$$CD \asymp AB, \quad CD \asymp BA, \quad DC \asymp AB, \quad DC \asymp BA.$$

Die nächsten beiden Sätze führen wir beweislos an (siehe die Aufgaben 3 und 4). Sie zielen auf den Begriff des projektiven Dreiecks, der den Ausgangspunkt für die Dreieckslehre in den einzelnen in Kapitel 6 behandelten Geometrien bildet. Genauer gehen wir auf diesen Begriff im Anhang 2 zu Ende des 3. Kapitels ein.

Satz 3.41. *Es seien drei nicht kollineare Punkte A, B, C gegeben mit den Verbindungsgeraden $a = \langle B, C \rangle$, $b = \langle C, A \rangle$, $c = \langle A, B \rangle$. Sei $AB|X$ ein fest gewählter Abschnitt auf c, $AC|Y$ einer auf b. Dann bildet die Menge der Schnittpunkte $\langle P, Q \rangle \cap a$, $P \in AB|X$, $Q \in AC|Y$, einen Abschnitt $BC|Z$.*

Definition 3.42. Es seien drei nicht kollineare Punkte A, B, C gegeben mit den Verbindungsgeraden $a = \langle B, C \rangle$, $b = \langle C, A \rangle$, $c = \langle A, B \rangle$. Sind dann $AB|X$, $AC|Y$ fest gewählte Abschnitte auf c bzw. b und ist $BC|Z$ der aufgrund des vorigen Satzes dadurch eindeutig bestimmte Abschnitt auf a, so bilden die zugehörigen Komplemente, das sind die Intervalle $\overline{AB}|X'$, $\overline{AC}|Y'$, $\overline{BC}|Z'$ mit $H(AB, XX')$, $H(AC, YY')$, $H(BC, ZZ')$ die *Seiten* eines *projektiven Dreiecks* oder *P-Dreiecks* $\triangle ABC$.

Da auf jeder Geraden bzgl. zweier Punkte zwei Abschnitte vorhanden sind, gibt es also genau vier P-Dreiecke, jeweils mit den Ecken A, B, C (Abb. 3.21 links). Wählt man im Standardmodell z.B. für a bzw. b die x- bzw. y-Achse und für c die Ferngerade, so stellen die durch das kartesische Achsenkreuz erzeugten vier Quadranten vier P-Dreiecke dar (Abb. 3.21 rechts).

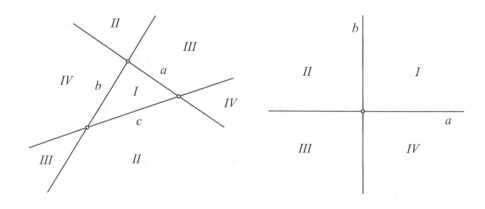

Abbildung 3.21

Satz 3.43 (Axiom von Pasch). *Ist g eine Gerade, die eine Seite eines P-Dreiecks schneidet, aber durch keine der Ecken geht, so schneidet sie noch genau eine weitere Seite.*

Satz 3.44. *Gegeben seien zwei feste Punkte A, B einer Geraden g. Für $X \in g$, $X \neq A, B$, sei $\overline{X}$ bzw. X' definiert durch $H(AB, X\overline{X})$ bzw. $H(AX, BX')$. Zusätzlich werde $\overline{A} = A' = A$ und $\overline{B} = B' = B$ gesetzt.*

a) *Durchläuft X die Gerade g gemäß der linearen Ordnung $<_A$, so durchläuft $\overline{X}$ sie gemäß der entgegengesetzten Ordnung $>^A$.*

b) *X' durchläuft g gemäß der ursprünglichen Ordnung $<_A$.*

Beweis. Wir zeigen zunächst, dass bei den Zuordnungen $\varphi : g \to g$, $\varphi(X) = \overline{X}$ bzw. $\psi : g \to g$, $\psi(X) = X'$ ein Richtungssinn wieder in einen Richtungssinn und somit, da A stets Fixpunkt ist, $<_A$ entweder in $>^A$ oder $<_A$ übergeht. Wegen Satz 3.37 genügt dafür der Nachweis, dass sich φ und ψ als Produkt von Perspektivitäten darstellen lassen.

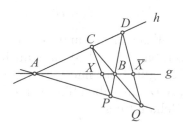

Abbildung 3.22

a) Sei $h \neq g$ eine Gerade durch A und seien $C, D \in h$ zwei fest gewählte Punkte (Abb. 3.22). Weiter seien P, Q definiert durch

$$P = \langle B, D \rangle \cap \langle C, X \rangle, \quad Q = \langle A, P \rangle \cap \langle B, C \rangle.$$

Dann erhält man $\overline{X}$ mittels des Vierecks $CDPQ$ und es gilt

$$ABX \overset{C}{\barwedge} DBP \overset{A}{\barwedge} CBQ \overset{D}{\barwedge} AB\overline{X}.$$

Wegen $S(ABX) \neq S(AB\overline{X})$ (Axiom 7 und Satz 3.28) ist der Richtungssinn entgegengesetzt.

b) Seien h, C, D wie zuvor gewählt und sei $E \in h$ mit $H(AC, ED)$ (Abb. 3.23). Sei $F = \langle C, X \rangle \cap \langle E, B \rangle$. Da die Perspektivität $g \overset{F}{\barwedge} h$ die harmonische Lage erhält, gilt $\langle D, F \rangle \cap g = X'$. Es folgt

$$ABX \overset{C}{\barwedge} EBF \overset{D}{\barwedge} ABX'.$$

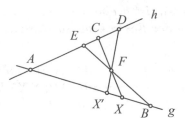

Abbildung 3.23

Wäre $S(ABX) \neq S(ABX')$, so hätte man $AB \asymp XX'$; andererseits impliziert $H(AX, BX')$ die Beziehung $AX \asymp BX'$. Beides zugleich kann aber wegen Axiom 8 nicht gelten. Mithin muss wirklich $S(ABX) = S(ABX')$ sein.   □

Folgerung 3.45. *Es seien* A, A', B, B', D *fünf verschiedene Punkte einer Geraden* g *mit vorgegebener linearer Ordnung* $<_D$. *Gilt dann* $A <_D A'$, $B <_D B'$ *und sind* C, C' *definiert durch* $H(AB, CD)$ *bzw.* $H(A'B', C'D)$, *so gilt auch* $C <_D C'$.

Beweis. Geht X von A nach A' gemäß $<_D$ und ist Y festgelegt durch $H(XB, YD)$, so folgt aufgrund des vorigen Satzes, Teil b), dass auch Y gemäß $<_D$ von C nach C'' geht, wobei $H(A'B, C''D)$ gilt. Geht nun V von B nach B' gemäß $<_D$, so geht W, definiert durch $H(A'V, WD)$ im selben Sinn von C'' nach C'. Zusammen folgt $C <_D C'' <_D C'$, also die Behauptung.   □

Wir wenden uns nun Fragen der Axiomatik betreffend das Axiomensystem für die projektive Ebene zu. Wie am Beispiel der euklidischen Geometrie herausgearbeitet wurde, können dabei ganz allgemein drei grundsätzliche Fragen gestellt werden: die nach der Kategorizität, der Widerspruchsfreiheit und der Unabhängigkeit der Axiome. Von diesen Fragen wollen wir nur die erste ausführlich behandeln und zwar werden wir zeigen, dass allein aufgrund der angegebenen Axiome eine Koordinatisierung der projektiven Ebene möglich ist, so dass das Axiomensystem jedenfalls kategorisch ist. (Wie erwähnt, gilt ein analoges Resultat auch für das Axiomensystem des projektiven Raumes.) Es sind also alle Modelle zueinander äquivalent. Somit ist es legitim, sich anhand des Standardmodells Begriffe und Ergebnisse, die die projektive Ebene betreffen, klar zu machen. Diesbezüglich sei aber nochmals betont, dass manchmal benutzte euklidische Begriffe, wie parallele Gerade, rechter Winkel, Kreise, nur der leichteren Vorstellbarkeit wegen verwendet werden. Sie haben keine Entsprechung in der projektiven Geometrie und fließen natürlich auch nicht in die Argumentation ein (siehe den Beginn des Kapitels 3.2.1.A)).

Aus der möglichen Koordinatisierung der projektiven Ebene folgt die Widerspruchsfreiheit des Axiomensystems wie im euklidischen Fall: ein etwaiger Widerspruch müsste auch im Koordinatenmodell und im weiteren bei den reellen Zahlen auftreten.

Was schließlich die Unabhängigkeit unseres Axiomensystems betrifft, so lässt sich zeigen, dass nicht alles davon gefordert werden muss, dass es also nicht unabhängig ist. Doch war auch die Zielsetzung eine ganz andere gewesen. Nämlich zum einen so nahe wie möglich an den Hilbertschen Inzidenzaxiomen für die euklidische Geometrie zu bleiben; zum anderen keine weiteren undefinierten Grundbegriffe neben Punkt, Gerade und Inzidenz mehr einzuführen. Hätten wir noch zusätzlich auf die Unabhängigkeit der Axiome unser Augenmerk gelenkt, wäre die Herleitung einzelner Sätze wesentlich komplizierter und damit undurchsichtiger geworden.

B) Koordinaten

Wir wenden uns nun der Koordinatisierung der projektiven Ebene zu. Da der eindimensionale Fall dafür die Grundlage abgibt, koordinatisieren wir zunächst eine beliebige projektive Gerade g von $\mathbb{P}_2$, die dabei natürlich als Punktreihe aufgefasst wird. Dazu wählen wir drei verschiedene Punkte $O, E, U \in g$, die es aufgrund von Axiom 2 gibt, und geben ihnen die Koordinaten $0, 1$ und ∞. Letzteres ist zunächst nur ein Hilfssymbol, das bloß nahelegen soll, dass der willkürlich gewählte Punkt U vom Standardmodell her interpretiert die Rolle des Fernpunktes von g übernimmt. Im weiteren Verlauf wird auch er übliche Koordinaten erhalten.

Bei der Behandlung der harmonischen Lage von vier Punkten im Standardmodell (Abschnitt 3.2.1 B)) hatten wir darauf hingewiesen, dass zu zwei vorgegebenen Punkten $A, B \in \mathbb{E}_2$ die Punkte $M, F \in \langle A, B \rangle$ harmonisch liegen, wenn M der Mittelpunkt der (euklidischen) Strecke AB und F der Fernpunkt von $\langle A, B \rangle$ ist. Dies motiviert die folgende Koordinatisierung der Punkte von g.[69]

Zunächst geben wir dem Punkt E_2 mit $H(OE_2, EU)$ die Koordinate 2. Seien dann die Punkte $E_0 := O$, $E_1 := E$, $E_2, \dots, E_{n-1} \in g$ ($n \geq 3$) bereits definiert und ihnen die Koordinaten $0, 1, 2, \dots, n-1$ zugeordnet, so erhält $E_n \in g$ mit $H(E_{n-2}E_n, E_{n-1}U)$ die Koordinate n. Für eine negative ganze Zahl $-n$ wird analog vorgegangen: E_{-n} wird induktiv durch $H(E_{-n}E_{-(n-2)}, E_{-(n-1)}U)$ festgelegt und mit der Koordinate $-n$ versehen.

Als nächstes werden die „Mittelpunkte" $E_{n+\frac{1}{2}}$, $n \in \mathbb{Z}$, durch $H(E_n E_{n+1}, E_{n+\frac{1}{2}}U)$ definiert und ihnen die Koordinate $n + \frac{1}{2}$ zugeordnet. Setzt man dieses Verfahren der „Mittelpunktsbildung" induktiv fort, so treten schließlich alle Brüche der Form

$$n + n_1 2^{-1} + \cdots + n_k 2^{-k} \text{ mit } n \in \mathbb{Z}, n_i \in \{0, 1\} \text{ für } i = 1, \dots, k$$

als Koordinaten von Punkten auf. Dies sind gerade die *dyadischen Brüche* oder *Dualbrüche*.

Bemerkung 3.46. Indem man direkt auf die Definition des Richtungssinnes und der ihm entsprechenden linearen Ordnung zurückgeht lässt sich unschwer zeigen, dass die Ordnung der dyadischen Brüche nach wachsender Größe mit dem Richtungssinn $S(UOE) = S(UE_n E_{n+1})$ ($n \in \mathbb{Z}$ beliebig) korrespondiert (siehe Aufgabe 5).

Anders gesagt: Sind i, j dyadische Brüche, so ist $i < j$ genau dann, wenn $E_i <_U E_j$ gilt. Wegen dieser Parallelität schreiben wir im weiteren stets $<$ für $<_U$.

Ist nun $r \in \mathbb{R}$ eine beliebige reelle Zahl, jedoch kein dyadischer Bruch, so besitzt r bekanntlich eine eindeutige Dualbruchentwicklung

$$r = m + \sum_{i=1}^{\infty} m_i 2^{-i} \text{ mit } m \in \mathbb{Z}, \; m_i \in \{0, 1\} \; (i \geq 1).$$

Dann teilen wir die Menge der Punkte von $g \setminus \{U\}$ folgendermaßen in zwei Klassen:

$$K_1 = \{P \in g \setminus \{U\}; \; P < E_l \text{ für einen dyadischen Bruch } l < r\}$$
$$K_2 = \{P \in g \setminus \{U\}; \; E_l < P \text{ für alle dyadischen Brüche } l < r\}.$$

Ersichtlich erfüllen K_1, K_2 die Voraussetzungen des Stetigkeitsaxioms, so dass ein eindeutig bestimmter Punkt R existiert mit

$$P < R < Q, \quad P \in K_1, \; Q \in K_2 \text{ beliebig}, P, Q \neq R.$$

Diesem Punkt weisen wir definitionsgemäß die Koordinate r zu.

Damit haben wir bis jetzt gezeigt, dass jede reelle Zahl sowie das Symbol ∞ als Koordinate eines Punktes auf g auftritt. Der nächste Schritt besteht im Nachweis, dass dadurch bereits sämtliche Punkte erfasst sind, die Koordinatisierung von g mithin bereits abgeschlossen ist. Zuvor beschreiben wir aber noch das klassische Verfahren, wie mithilfe des sogenannten *Möbiusnetzes* die Punkte, deren Koordinaten dyadische Brüche sind, auf einfache Weise aufgefunden werden können. Dabei ist zu beachten, dass trotz des anschaulichen Charakters dieses Verfahren rein begrifflicher Natur ist.

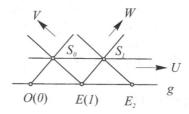

Abbildung 3.24

Wie stets ziehen wir das Standardmodell $\mathbb{E}_2^*$ zur Motivierung heran: Hier lassen sich auf die in Abbildung 3.24 dargestellte Art, ausgehend von den Punkten O, E mit den Koordinaten $0, 1$ und dem Fernpunkt U von g, die Punkte mit ganzzahligen und im weiteren mit dyadischen Koordinaten konstruieren.

Wir beschreiben die Methode gleich allgemein: Wir legen durch U eine von g verschiedene Gerade h – in Abbildung 3.24 ist h die Ferngerade – und wählen auf ihr zwei Punkte V, W (Abb. 3.25). Sodann verbinden wir den Schnittpunkt S_0 von $\langle V, E \rangle$ und $\langle O, W \rangle$ mit U. Die so erhaltene Gerade l hat mit $\langle E, W \rangle$ den Schnittpunkt S_1. $\langle V, S_1 \rangle \cap g$ liefert E_2. Der Grund dafür liegt darin, dass sich zwei Paare gegenüberliegender Seiten des Vierecks VWS_0S_1 in E bzw. U schneiden, während dessen Nebenseiten g in den Punkten O und E_2 treffen. Es gilt somit wirklich $H(OE_2, EU)$. Aus der Abbildung lässt sich unmittelbar ablesen, wie man die weiteren Punkte E_n ($n \in \mathbb{Z}$) mittels der Hilfspunkte $S_{n-1} \in l$ erhält.

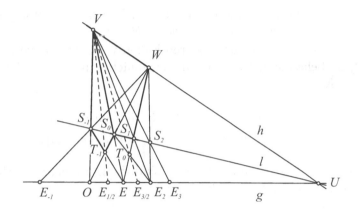

Abbildung 3.25

Bezeichnet man den Schnittpunkt von $\langle S_{n-2}, E_n \rangle$ und $\langle S_{n-1}, E_{n-1} \rangle$ mit T_{n-2}, so trifft die Nebenseite $\langle V, T_{n-2} \rangle$ des Vierecks $VS_{n-2}T_{n-2}S_{n-1}$ die Gerade g im Punkt $E_{n-\frac{1}{2}}$. Verfolgt man dieses Prinzip immer weiter, gelangt man zu allen Punkten mit dyadischen Brüchen als Koordinaten.

Bemerkung 3.47. Man kann die Verfeinerung auch etwas anders durchführen. Dazu zeigen wir zunächst, dass die Punkte T_i, $i \in \mathbb{Z}$, auf einer Geraden l_1 durch U liegen. Die Vierecke $S_{n-2}S_{n-1}E_nE_{n-1}$ und $S_{n-1}S_nE_{n+1}E_n$ haben $\triangle T_{n-2}UV$ bzw. $\triangle T_{n-1}UV$ als Nebendreieck (siehe Abb. 3.25). Nun haben die Geraden $\langle T_{n-2}, U \rangle$ und $\langle T_{n-1}, U \rangle$ mit $\langle E_n, V \rangle$ nach Satz 3.38 denselben Schnittpunkt X_{n-1}, der durch $H(S_{n-1}E_n, X_{n-1}V)$ gegeben ist. Somit gilt $\langle T_{n-2}, U \rangle = \langle T_{n-1}, U \rangle$. Da $n \in \mathbb{Z}$ beliebig war, folgt die Behauptung.

Nimmt man nun statt O, E, U die Punkte $O, E_{\frac{1}{2}}, U$ als Ausgangspunkte und konstruiert damit das Möbiusnetz, so übernimmt l_1 die Rolle von l, T_{-1} die von S_0 und man erhält die Punkte $E_{\frac{x}{2}}$, $x \in \mathbb{Z}$. Die den Punkten T_i, $i \in \mathbb{Z}$, nunmehr entsprechenden Punkte liegen wiederum auf einer Geraden l_2, die zusammen mit den Ausgangspunkten $O, E_{\frac{1}{4}}, U$ zu den Punkten $E_{\frac{x}{4}}$, $x \in \mathbb{Z}$, führt; und so weiter.

Wie erwähnt, fehlt zur endgültigen Koordinatisierung von g noch der Nachweis, dass jedem Punkt von g wirklich eine Koordinate zugeordnet ist. Dieser beruht auf dem folgenden Resultat:

Satz 3.48. *Zu jedem von U verschiedene Punkt $P \in g$, der nicht durch einen dyadischen Bruch koordinatisiert ist, gibt es ein eindeutig bestimmtes $n \in \mathbb{Z}$ mit $E_n < P < E_{n+1}$ bzw. gleichwertig $P \in E_n E_{n+1} | U$.*

Beweis. Existenz. Wir unterscheiden drei Fälle:

1) Es gibt $k, l \in \mathbb{Z}$ mit $E_k < P < E_l$;
2) $E_k < P$ für alle $k \in \mathbb{Z}$;
3) $P < E_k$ für alle $k \in \mathbb{Z}$.

Im ersten Fall folgt aufgrund der vorletzten Bemerkung sofort, dass es einen Index $n \in \mathbb{Z}$, $k \leq n < l$, geben muss mit $E_n < P < E_{n+1}$.

Da die Beweise in den beiden anderen Fällen völlig analog verlaufen, genügt es den Fall 2) zu behandeln. Dazu teilen wir zunächst die Menge der Punkte von $g \setminus \{U\}$ in zwei Klassen

$$K_1 = \{Q \in g \setminus \{U\}; \ Q < E_k \text{ für ein } k \in \mathbb{Z}\},$$
$$K_2 = \{Q \in g \setminus \{U\}; \ E_k < Q \text{ für alle } k \in \mathbb{Z}\}.$$

Die Voraussetzungen des Stetigkeitsaxioms sind dann klarerweise erfüllt, so dass es einen eindeutig bestimmten Punkt R gibt mit

$$Q_1 < R < Q_2, \quad Q_1 \in K_1, \ Q_2 \in K_2 \text{ beliebig}, Q_1, Q_2 \neq R.$$

Wegen $E_k \in K_1$ für alle $k \in \mathbb{Z}$ folgt dabei $R \notin K_1$, also $R \in K_2$. Es ist also R das kleinste Element von K_2 bezüglich $<$ (insbesondere gilt $R \leq P$).

Wir verwenden nun das durch das Möbiusnetz beschriebene Verfahren, welches von den Punkten $E_0 := O$, $E_1 := E$, U ausgehend die Punkte E_k ($k \geq 2$) lieferte, um eine Abbildung $\varphi : X \mapsto X'$ ($X, X' \in g$) zu konstruieren. Dazu schneiden wir die Gerade $\langle X, W \rangle$ mit l und verbinden den so erhaltenen Schnittpunkt S mit V. Diese Gerade trifft g in X' (siehe Abb. 3.25).

Aufgrund der Definition ist diese Zuordnung Produkt zweier Perspektivitäten: $g \overset{W}{\wedge} l \overset{V}{\wedge} g$. Nach Satz 3.37 führt φ somit einen Richtungssinn wieder in einen Richtungssinn über und dieser ist gleichgerichtet, da $\varphi(E_k) = E_{k+1}$ ($k \geq 1$) gilt. Da U ersichtlich Fixpunkt unter φ ist, gilt somit $X < \varphi(X)$ für $X \in g$, $X \neq U$. Insbesondere muss das Urbild R_1 von R in K_1 liegen. Es gibt also ein $k \in \mathbb{Z}$ mit $R_1 < E_k$. Dann folgt aber $R = \varphi(R_1) < \varphi(E_k) = E_{k+1}$, ein Widerspruch. Fall 2) (und Fall 3)) können somit nicht auftreten.

Die *Eindeutigkeit* des Index n schließlich ist klar.   □

Um nun zu zeigen, dass jeder Punkt von g mit einer Koordinate versehen ist, betrachten wir einen beliebigen, aber festen Punkt $P \in g$, $P \neq U$, der nicht durch einen dyadischen Bruch koordinatisiert ist. Nach dem letzten Satz gilt $P \in E_n E_{n+1} | U$ für ein passendes $n \in \mathbb{Z}$. Wir schließen nun weiter mittels „Intervallschachtelung". Da $E_{n+\frac{1}{2}} \in E_n E_{n+1} | U$ und P nach Voraussetzung verschieden von $E_{n+\frac{1}{2}}$ ist, muss P in $E_n E_{n+\frac{1}{2}} | U$ oder in $E_{n+\frac{1}{2}} E_{n+1} | U$ liegen. So fortfahrend erhält man eine nach Voraussetzung nicht abbrechende Folge von Abschnitten, in denen P liegt. Bezeichnet man die linken Randpunkte mit A_k, die rechten mit B_k – also $A_1 := E_n$, $B_1 := E_{n+1}$, $A_2 := E_n$ oder $E_{n+\frac{1}{2}}$, $B_2 := E_{n+\frac{1}{2}}$ oder E_{n+1}, je nachdem, in welchem Abschnitt P beim zweiten Schritt liegt –, so sind deren jeweilige Koordinaten dyadische Brüche und es gilt

$$A_1 \leq A_2 \leq \cdots \leq A_k \leq A_{k+1} \leq \cdots < P < \cdots \leq B_{k+1} \leq B_k \leq \cdots \leq B_2 \leq B_1.$$
$$(3.3)$$

Wir zeigen als nächstes, dass P der einzige Punkt von g ist, der in sämtlichen Intervallen $\overline{A_k B_k}|U$, $k \geq 1$, liegt. Dazu bilden wir die Klasseneinteilung

$$K_1 = \{Q \in g \setminus \{U\}; \quad Q < A_k \text{ für ein } k\}$$
$$K_2 = \{Q \in g \setminus \{U\}; \quad A_k < Q \text{ für alle } k\}.$$

Wie beim Beweis des letzten Satzes sieht man, dass es einen Punkt $R \in K_2$ geben muss mit

$$Q_1 < R < Q_2, \quad Q_1 \in K_1, \quad Q_2 \in K_2 \text{ beliebig, } Q_2 \neq R.$$

Bildet man die Klasseneinteilung

$$L_1 = \{Q \in g \setminus \{U\}; \quad Q < B_k \text{ für alle } k\}$$
$$L_2 = \{Q \in g \setminus \{U\}; \quad B_k < Q \text{ für ein } k\},$$

so ergibt sich analog die Existenz eines Punktes $S \in L_1$ mit

$$Q_1 < S < Q_2, \quad Q_1 \in L_1, \quad Q_2 \in L_2 \text{ beliebig, } Q_1 \neq S.$$

Nach Konstruktion ist $R \leq Q \leq S$ für jeden Punkt $Q \in \bigcap_{k \geq 1} \overline{A_k B_k}|U$. Wir müssen somit $R = S$ beweisen.

Wäre $R < S$, so definieren wir zwei weitere Punkte R', S' durch $H(US, RR')$ bzw. $H(UR, SS')$. Es gilt dann $S' < R$ und $S < R'$, so dass es Indizes $m, n \in \mathbb{N}$ geben muss mit $S' < A_m < R$ und $S < B_n < R'$. O.b.d.A. sei $m \leq n$. Dann gilt insbesondere

$$S' < A_n < R \text{ und } S < B_n < R'.$$

Bildet man nun A_{n+1}, B_{n+1}, so entsteht *genau ein* neuer Punkt, etwa A_{n+1}. Dieser ist festgelegt durch $H(A_n B_n, A_{n+1} U)$ und erfüllt $A_n < A_{n+1} < B_n$. Schließlich definieren wir noch den Punkt $\overline{A_n}$ durch $H(UR, A_n \overline{A_n})$.

Lässt man X von S' über A_n nach R laufen, so impliziert Satz 3.45, Teil a), dass $\overline{X}$ gegeben durch $H(UR, X\overline{X})$ von S über $\overline{A_n}$ nach R gemäß der entgegengesetzten Ordnung läuft. Insbesondere gilt also $\overline{A_n} < S$. Somit kann man X von $\overline{A_n}$ (über S) nach B_n gemäß $<$ laufen lassen. Der zweite Teil jenes Satzes besagt dann, dass X' mit $H(UX', A_n X)$ von R nach A_{n+1} auch gemäß $<$ läuft. Insbesondere müsste also $R < A_{n+1}$ sein, im Widerspruch zu $A_k < R$ für alle $k \geq 1$.

Ist bei der Konstruktion von A_{n+1}, B_{n+1} der neu entstehende Punkt gleich $\overline{B_{n+1}}$, so verfährt man auf ganz analoge Weise. Unter Verwendung des Punktes $\overline{B_n}$ gegeben durch $H(US, B_n\overline{B_n})$ erhält man jetzt den Widerspruch $B_{n+1} < S$. Die Koordinaten von A_k, B_k haben die Gestalt

$$n + n_1 2^{-1} + \cdots + n_k 2^{-k} \text{ bzw. } n + n_1 2^{-1} + \cdots + (n_k + 1)2^{-k}$$
$$(n \in \mathbb{Z};\ n_i \in \{0, 1\} \text{ für } i \geq 1).$$

In $\mathbb{R}$ wird dadurch eine Intervallschachtelung festgelegt, die eine reelle Zahl t (verschieden von einem dyadischen Bruch) eindeutig bestimmt. Zu dieser gehört gemäß der bereits getroffenen Zuordnung ein Punkt $T \in g$, dessen Koordinate t ist und der ebenfalls (3.3) erfüllt. Da es nur einen solchen Punkt gibt, stimmt der Ausgangspunkt P mit T überein und ist somit koordinatisiert.

Fasst man das gesamte Koordinatisierungsverfahren zusammen, so zeigt sich, dass man ausgehend von drei willkürlich gewählten Punkten O, E, U jedem Punkt $P \neq U$ der Geraden g eine reelle Zahl als Koordinate zuordnen kann und umgekehrt. Diese Zuordnungen sind zueinander invers, insbesondere also bijektiv, und ordnungstreu in Bezug auf die durch $S(UOE)$ festgelegte Ordnung $<_U$ auf g und die natürliche Ordnung $<$ auf $\mathbb{R}$.

Die Koordinatisierung gestattet es somit, Begriffe und Aussagen betreffend $\mathbb{R}$ auf $g \setminus \{U\}$ zu übertragen und diesbezüglich völlig analog wie in der reellen Analysis zu argumentieren. Beispielsweise kann man monotone Punktfolgen und Grenzwerte derselben definieren oder auch die „natürliche" Topologie einführen: eine Basis für die offenen Mengen bilden die Intervalle $\{P_r;\ a < r < b\}$ mit $a, b \in \mathbb{R}$, $a < b$; dabei bezeichnet P_r den Punkt mit der Koordinate r, $r \in \mathbb{R}$. Bezüglich dieser Topologie gilt

Satz 3.49. a) *Die Koordinatisierungsfunktion $\kappa : \mathbb{R} \to g \setminus \{U\}$ gegeben durch $\kappa(r) = P_r$ ist ein Homöomorphismus (also eine bijektive stetige Funktion, deren Inverse ebenfalls stetig ist).*

b) *Die Punkte mit dyadischen Koordinaten liegen dicht in $g \setminus \{U\}$ unabhängig davon wie die Grundpunkte gewählt werden.*

Bemerkung 3.50. Will man dem Punkt U keine Sonderrolle zukommen lassen, muss man zur sogenannten Einpunkt-Kompaktifizierung $\overline{\mathbb{R}}$ von $\mathbb{R}$ übergehen. Diese erhält man, indem man zu $\mathbb{R}$ ein symbolisches Element ∞ adjungiert und geeignet dessen Umgebungen definiert, wodurch $\overline{\mathbb{R}}$ zu einem kompakten Raum wird. Speziell hat dann jede unbeschränkt monoton fallende oder steigende Folge reeller Zahlen den Grenzwert ∞. Dehnt man die Koordinatisierungsfunktion κ auf $\overline{\mathbb{R}}$ aus, indem man $\kappa(\infty) = U$ definiert, so wird κ zu einem Homöomorphismus von $\overline{\mathbb{R}}$ auf g. Insbesondere ist dann U der Grenzpunkt jeder unbeschränkten monotonen Punktfolge.

Wir wenden uns nun der Koordinatisierung der projektiven Ebene zu. Statt drei Punkten wie im eindimensionalen Fall werden nun vier Punkte vorgegeben, von denen keine drei kollinear seien, also ein Viereck $OEUV$ (Abb 3.26). Es bezeichne E_1 den Schnittpunkt von $\langle E, V \rangle$ mit $g_1 := \langle O, U \rangle$ und E_2 denjenigen von $\langle E, U \rangle$ mit $g_2 := \langle O, V \rangle$. Man fasst O, E_1, U als Grundpunkte eines Koordinatensystems auf g_1 auf und O, E_2, V als solche in Bezug auf g_2. Die entsprechenden Koordinaten seien mit $(0)_1, (1)_1, (\infty)_1$ bzw. analog mit dem Index 2 bezeichnet. Ein beliebiger Punkt $P \notin \langle U, V \rangle$ lässt sich dann wie folgt „einfangen": hat der Schnittpunkt von $\langle V, P \rangle$ mit g_1 die Koordinate $(p)_1$, der von $\langle U, P \rangle$ mit g_2 die Koordinate $(q)_2$, so wird P das Tupel $((p)_1, (q)_2)$ zugeordnet.

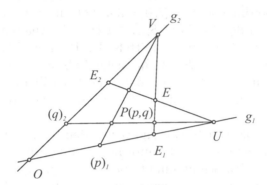

Abbildung 3.26

In Analogie mit der euklidischen Ebene ersetzt man $(r)_1$ durch $(r, 0)$ und $(s)_2$ durch $(0, s)$. g_1 und g_2 werden so zur „x-Achse" bzw. „y-Achse" und der Punkt P besitzt dann die sogenannten *inhomogenen Punktkoordinaten* (p, q). Dabei ist jedoch zum einem zu beachten, dass x- und y-Achse nicht normal aufeinander stehen, zum anderen, dass die Einheitspunkte nicht gleich weit von O entfernt liegen. Die Begriffe Winkel und Distanzen sind in der projektiven Geometrie überhaupt nicht definiert. E_1, E_2 sind also völlig willkürliche Punkte, denen man nur die Koordinaten $(1)_1$ und $(1)_2$ beilegt.

Mittels obiger Methode sind alle Punkte $P \notin \langle U, V \rangle$ koordinatisiert. Ganz analog wie im euklidischen Fall kann man aufgrund dieser Koordinatisierung topologische Ergebnisse erhalten. Die beiden „Achsen" sind ja wegen Satz 3.49 homöomorph zu $\mathbb{R}$, so dass sich die Produkttopologie von $\mathbb{R}^2$ auf die projektive Ebene ohne die Gerade $\langle U, V \rangle$ mittels der Koordinatisierung überträgt. Es gilt dann bezüglich dieser Topologien:

Satz 3.51. a) *Die Koordinatisierungsfunktion $\bar{\kappa} : \mathbb{R}^2 \to \mathbb{P}^2 \backslash \langle U, V \rangle$ gegeben durch $\bar{\kappa}((x, y)) = P$, wo P die Koordinaten (x, y) besitzt, ist ein Homöomorphismus.*

b) *Die Punkte, bei denen beide Koordinaten dyadische Zahlen sind, liegen dicht in $\mathbb{P}^2 \backslash \langle U, V \rangle$ unabhängig davon wie die Grundpunkte gewählt werden.*

Würde man die Koordinatisierung auch auf die Punkte der Geraden $\langle U, V \rangle$ anwenden, erhielten sie sämtlich als Koordinaten (∞, ∞).[70] Diese Gerade entspricht also aufgrund der Koordinatisierung der Ferngeraden.

Bevor wir auf diesen Fall genauer eingehen bemerken wir, dass sich das Möbiusnetz der zweidimensionalen Koordinatisierung einfügt. Um das einzusehen muss man nur die Bezeichnungen von Abbildung 3.25 anpassen: die früheren Punkten S_0, E entsprechen E, E_1, die frühere Gerade g ist jetzt g_1.

Wir benützen im weiteren das Möbiusnetz, um die Gleichung einer Geraden herzuleiten. Die Koordinatisierung $(i, 0)$ auf g_1 hatten wir beim Möbiusnetz mittels der Punkte V, W und den Punkten $S_{i-1} \in l$ ($i \in \mathbb{Z}$) erhalten. Analog ergibt sich die Koordinatisierung $(0, j)$ auf g_2 mittels der Punkte U, W und den Punkten $R_{j-1} \in \langle E, V \rangle$, $j \in \mathbb{Z}$ ($E = S_0 = R_0$, siehe Abb. 3.25). Der Schnittpunkt der Geraden $\langle V, (i, 0) \rangle$ und $\langle U, (0, j) \rangle$ hat dann die Koordinaten (i, j), $i, j \in \mathbb{Z}$. Wir behaupten nun, dass ein solcher Punkte $P(i, j)$ auf der Geraden $m = \langle (i - j, 0), W \rangle$ liegt.

Wir nehmen zunächst $j \geq 0$ an und verwenden Induktion nach j. Für $j = 0, 1$ ist nichts zu zeigen. Sei also die Behauptung für alle Punkte (i, k) mit $k < j$ gezeigt. Bezeichnen wir den Schnittpunkt von m mit $\langle (0, j), U \rangle$ mit Q, so hat Q die Koordinaten (q, j). Da die Punktepaare $(0, j - 2), (0, j)$ und $(0, j - 1), V$ auf g_2 nach Definition harmonisch sind, sind es auch die entsprechenden Verbindungsgeraden mit U. Schneidet man sie mit m, erhält man die harmonischen Punktepaare $(i - 2, j - 2), Q$ und $(i - 1, j - 1), W$ – die Koordinaten des jeweils ersten Punktes ergeben sich dabei aufgrund der Induktionsannahme. Projiziert man m auf g_1 über das Zentrum V ergeben sich die harmonisch liegenden Punktepaare $(i - 2, 0)$, $(q, 0)$ und $(i - 1, 0)$, U. Wieder nach Definition muss daher $q = i$ sein, was wir behauptet hatten.

Ähnlich schließt man im Falle $j < 0$. $\qquad\qquad\qquad\qquad\qquad\qquad\square$

Satz 3.52. *Der zu den Punkten* $A(a, 0)$, $B(b, 0)$, $A \neq B$, *in Bezug auf* U *vierte harmonische Punkt ist* $C(\frac{a+b}{2}, 0)$.

Beweis. Wir beweisen den Satz in zwei Schritten und setzen dazu $c = \frac{a+b}{2}$.

1) a, b sind dyadische Brüche. Dann genügt es, den Fall $a = \frac{a'}{2^k}$, $b = \frac{b'}{2^k}$, $c = \frac{c'}{2^k}$ mit $a', b', c' \in \mathbb{Z}$ zu betrachten. Ist nämlich $a = \frac{a'}{2^r}$, $b = \frac{b'}{2^s}$ mit $r \leq s$, so gehen wir über zu $a = \frac{a''}{2^{s+1}}$, $b = \frac{b''}{2^{s+1}}$. Dabei sind a'', b'' gerade. Damit ist dann auch $c = \frac{a+b}{2}$ von der Form $\frac{c''}{2^{s+1}}$ mit $c'' \in \mathbb{Z}$.

i) $k = 0$. Es sind also $a, b, c \in \mathbb{Z}$. Wir betrachten das Viereck mit den Punkten V, W, $X(c, c - a)$, $Y(b, c - a)$. Aufgrund der Koordinatisierung geht die Gerade $\langle X, Y \rangle$ durch U; U ist also der Schnittpunkt dieser Seite mit der gegenüberliegenden $\langle V, W \rangle$. Andererseits liegt nach dem eben Bewiesenen Y auf der Geraden $\langle C, W \rangle$, mithin C auf $\langle Y, W \rangle$. Deren gegenüberliegende Seite $\langle X, V \rangle$ geht auch durch C, so dass C und U zwei Nebenecken des vollständigen Vierecks $VWXY$ sind. Dessen restliche Seiten $\langle W, X \rangle$ und $\langle Y, V \rangle$ schneiden die Nebenseite

$g_1 = \langle C, U \rangle$ in A (aufgrund des eben Gezeigten) und B (aufgrund der Koordinatisierung). A, B liegen also harmonisch zu C, U.

ii) $k \in \mathbb{N}_0$ beliebig. Wie in Bemerkung 3.47 gezeigt wurde, kann man die Punkte mit den Koordinaten $(\frac{x}{2^k}, 0)$, $x \in \mathbb{Z}$, auch dadurch erhalten, dass man von den Grundpunkten $O, E(\frac{1}{2^k}, 0), U$ ausgeht und dann das Verfahren der ganzzahligen Koordinatisierung anwendet. Mithin kann man die Koordinaten von A, B, C alle als ganzzahlig annehmen. Teil i) liefert dann die Behauptung.

2) a, b sind nicht beide dyadische Brüche.

i) Eine der beiden Zahlen, etwa b sei dyadisch. Wir betrachten die Abbildungen $\alpha, \beta : g \setminus \{U\} \to g \setminus \{U\}$ definiert durch

$$\alpha(X) = Y \text{ mit } \begin{cases} H(XB, YU) & \text{falls } X \neq B \\ Y = B & \text{falls } X = B \end{cases}$$

und

$$\beta(X) = Z, \text{ wobei die Koordinaten die Beziehung } z = \frac{x+b}{2} \text{ erfüllen.}$$

Beide sind ordnungstreu bezüglich der durch den Richtungssinn $S(UOE)$ definierten Ordnung $<_U$: α aufgrund von Satz 3.44, Teil b); β, da $<_U$ der Ordnung $<$ auf $\mathbb{R}$ entspricht.

Weiter stimmen α, β wegen Teil 1) des Beweises auf der Menge der Punkte mit dyadischen Koordinaten überein. Da diese Menge gemäß Satz 3.49, Teil b) dicht in $g \setminus \{U\}$ ist, folgt nach einem bekannten Satz der Analysis (übertragen auf $g \setminus \{U\}$), dass $\alpha(X) = \beta(X)$ gilt für alle $X \in g \setminus \{U\}$. Insbesondere gilt für eine gegen X konvergierende Punktfolge $\{X_i\}_{i \geq 1}$,

$$\lim_{i \to \infty} \alpha(X_i) = \alpha(X),$$

da dies für β gilt (β ist ja stetig bzgl. der von $\mathbb{R}$ auf $g \setminus \{U\}$ übertragenen Topologie).

Es sei nun $\{a_i\}_{i \geq 1}$ eine Folge dyadischer Brüche mit $\lim_{i \to \infty} a_i = a$. Ihr entspricht eine Folge von Punkten $\{A_i(a_i, 0)\}_{i \geq 1}$ mit $\lim_{i \to \infty} A_i = A$. Setzt man $\alpha(A_i) = C_i = \beta(A_i)$, $i \geq 1$, so gilt nach Teil 1) des Beweises für die Koordinaten von C_i: $C_i(c_i, 0)$ mit $c_i = \frac{a_i + b}{2}$. Da letztere Folge gegen c konvergiert folgt schließlich

$$C = \lim_{i \to \infty} C_i = \lim_{i \to \infty} \alpha(A_i) = \alpha(A),$$

also $H(AB, CU)$.

ii) Beide Zahlen a, b sind nicht dyadisch. Man kann den eben geführten Beweis wortgetreu übernehmen; nur muss man jeweils statt auf Teil 1) des Beweises auf Teil 2,i) verweisen. $\square$

Satz 3.52 setzt uns in die Lage, die Gleichung einer Geraden aufzustellen:

Satz 3.53. *Die projektive Ebene sei mittels der Grundpunkte O, E, U, V koordinatisiert und es sei $g \neq \langle U, V \rangle$ eine beliebige Gerade. Dann erfüllen die Koordinaten der Punkte $P \in g$, $P \neq g \cap \langle U, V \rangle$, eine Gleichung 1. Grades.*

Beweis. Geht die Gerade g durch V oder U, so haben definitionsgemäß alle Punkte denselben x- bzw. y-Wert. Wir erhalten als Gleichung daher $x = $ const. bzw. $y = $ const.

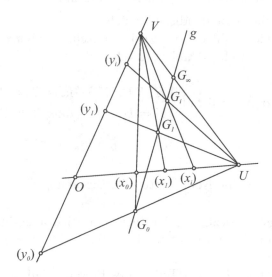

Abbildung 3.27

Sei also g eine Gerade, die nicht durch U oder V geht (Abb. 3.27). Ihr Schnitt mit $\langle U, V \rangle$ werde mit G_∞ bezeichnet; G_0, G_1 seien zwei weitere Punkte auf g. Mittels dieser drei Punkte lässt sich auf g eine (eindimensionale) Koordinatisierung einführen. Gibt man dabei G_0, G_1, G_∞ entsprechend die Koordinaten $0, 1, \infty$, so sei G_r der Punkt mit der Koordinate $r \in \mathbb{R}$. Insbesondere sind die Punkte G_i für $i \in \mathbb{N}$, $i \geq 2$, induktiv festgelegt durch $H(G_i G_{i-2}, G_{i-1} G_\infty)$. Für $i < 0$ ist G_i induktiv definiert durch $H(G_i G_{i+2}, G_{i+1} G_\infty)$. Verbindet man diese Punkte G_i, $i \in \mathbb{Z}$, mit V und schneidet die Geraden mit $\langle O, U \rangle$ erhält man die x-Werte der Punkte G_{i-1}, G_i, G_{i+1}: x_{i-1}, x_i, x_{i+1}. Analog ergeben sich die y-Werte: y_{i-1}, y_i, y_{i+1}. Satz 3.34 und Satz 3.52 implizieren nun

$$x_i = \frac{x_{i-1} + x_{i+1}}{2} \quad \text{und} \quad y_i = \frac{y_{i-1} + y_{i+1}}{2}. \tag{3.4}$$

Da die Ausgangspunkte $G_0(x_0, y_0)$, $G_1(x_1, y_1)$ verschieden sind, ist das homogene Gleichungssystem

$$ax_0 + by_0 + c = 0$$
$$ax_1 + by_1 + c = 0$$

bis auf eine Konstante $\neq 0$ eindeutig lösbar. Aufgrund der Bedingungen (3.4) folgt daraus leicht:

$$ax_i + by_i + c = 0 \quad \text{für } i \in \mathbb{Z}.$$

Es erfüllen also die Koordinaten aller Punkte G_i mit $i \in \mathbb{Z}$ die Gleichung $ax + by + c = 0$. Aber auch die, deren Index ein dyadischer Bruch ist. Für die Punkte $G_{i+\frac{1}{2}}$ ergibt sich dies, weil $x_{i+\frac{1}{2}} = \frac{x_i + x_{i+1}}{2}$ und $y_{i+\frac{1}{2}} = \frac{y_i + y_{i+1}}{2}$ gilt und (x_i, y_i), (x_{i+1}, y_{i+1}) jener Gleichung genügen. Durch Induktion erkennt man die Richtigkeit der Aussage für sämtliche Punkte G_t, wo t ein beliebiger dyadischer Bruch ist: $t = i + \frac{i_1}{2} + \cdots + \frac{i_k}{2^k}$ $(k > 0)$, $i_j \in \{0, 1\}$ für $j = 0, \ldots, k$.

Sei nun $r \in \mathbb{R}$ kein dyadischer Bruch und $\{t_j\}_{j \in \mathbb{N}}$ eine beliebige Folge dyadischer Brüche mit $\lim_{j \in \mathbb{N}} t_j = r$. Nach Satz 3.49 gilt dann $\lim_{j \in \mathbb{N}} G_{t_j} = G_r$. Wegen Satz 3.51 ist dies gleichbedeutend mit

$$\lim_{j \in \mathbb{N}} x_{t_j} = x_r, \quad \lim_{j \in \mathbb{N}} y_{t_j} = y_r$$

für $G_{t_j}(x_{t_j}, y_{t_j})$ $(j \in \mathbb{N})$ und $G_r(x_r, y_r)$.

Nun ist $\alpha(x, y) = ax + by + c$ eine stetige Funktion von $\mathbb{R}^2$ in $\mathbb{R}$, die auf der Menge $M = \{(x_t, y_t); t \text{ dyadischer Bruch}\}$ konstant 0 ist. Daher gilt auch $\alpha(x, y) = 0$ für alle Elemente des Abschlusses $\overline{M}$ von M. Es ist somit $ax_r + by_r + c = 0$ für alle $r \in \mathbb{R}$, was wir behauptet hatten. $\qquad \square$

Bemerkung 3.54. Es gilt auch die Umkehrung dieses Satzes: Erfüllen die Koordinaten der Punkte $P(x, y)$ eine lineare Gleichung, so liegen sie auf einer Geraden (Aufgabe 6).

Wir können nun die versprochene Koordinatisierung der Ferngeraden auch für die Punkte der Geraden $\langle U, V \rangle$ nachholen. Mittels vier vorgegebener Punkte O, E, U, V, von denen keine drei kollinear sind, hatten wir ja inhomogene Koordinaten für sämtliche Punkte der projektiven Ebene angegeben, die nicht auf $\langle U, V \rangle$ liegen. Hat nun ein solcher Punkt P die Koordinaten (p, q), so ersetzen wir dieses Tupel durch die Klasse von Tripel $(\lambda, \lambda p, \lambda q)$ mit $\lambda \in \mathbb{R}$, $\lambda \neq 0$; oder, was auf dasselbe hinauskommt, durch die Klasse (p_0, p_1, p_2), $p_0 \neq 0$, mit $\frac{p_1}{p_0} = p$, $\frac{p_2}{p_0} = q$. Diese Klasse als auch ein einzelner Repräsentant wird als *homogene Punktkoordinaten* von $P \notin \langle U, V \rangle$ bezeichnet. So besitzt der Punkt $(3, -4)$ die homogenen Koordinaten $(\lambda, 3\lambda, -4\lambda)$, $\lambda \in \mathbb{R}^*$. Der Punkt mit den homogenen Koordinaten $(2, -1, 5)$ – das ist also ein Repräsentant der Klasse $(2\lambda, -\lambda, 5\lambda)$, $\lambda \in \mathbb{R}^*$ – hat die inhomogenen Koordinaten $(-\frac{1}{2}, \frac{5}{2})$. Er kann natürlich homogen genauso gut durch $(\frac{2}{5}, -\frac{1}{5}, 1)$ oder $(2\sqrt{2}, -\sqrt{2}, 5\sqrt{2})$ beschrieben werden.

Um nun die Koordinatisierung der Punkte auf $h := \langle U, V \rangle$ zu motivieren, wählen wir eine beliebige, nicht durch V gehende Gerade l der projektiven Ebene. Ihr Schnittpunkt mit h sei W (Abb. 3.28). Projiziert man die monotone Punktfolge $\{A_k\}_{k \geq 1}$, wobei A_k die Koordinaten $(k, 0)$ besitzen soll $(k \geq 1)$, über V auf l, so erhält man eine Punktfolge $\{B_k\}_{k \geq 1}$, die wieder monoton ist und W als Grenzpunkt besitzt, da $\{A_k\}_{k \geq 1}$ U als Grenzpunkt hat (siehe Bemerkung 3.50). Ist die

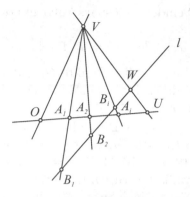

Abbildung 3.28

Gleichung von l durch $ax + by + c = 0$ gegeben, so berechnen sich die Koordinaten von B_k zu $(k, -\frac{c+ak}{b})$. Als Repräsentanten für die homogenen Koordinaten nehmen wir $(-\frac{b}{k}, -b, \frac{c}{k} + a)$. Für $k \to \infty$ geht B_k gegen W. Da die letzteren Koordinaten als Grenzwert $(0, -b, a)$ besitzen, wählt man dies bzw. $(0, -\lambda b, \lambda a)$, $\lambda \in \mathbb{R}^*$, als homogene Koordinaten von W. Ginge man von einer anderen Geraden l' durch W aus, so würde l' wegen $l' \cap l \in h$ durch eine Gleichung $ax + by + c' = 0$ beschrieben; die Koordinaten der entsprechenden Punktfolge B'_k strebten somit demselben Grenzwert zu. Hätte man andererseits statt obigem Repräsentanten einen anderen gewählt, so hätte sich als Grenzwert ebenso ein Repräsentant der durch $(0, -b, a)$ festgelegten Klasse ergeben. Damit sind also die derart definierten Koordinaten von W unabhängig von der gewählten Ausgangsgeraden l und den Repräsentanten für die homogenen Koordinaten von B_k.

Speziell erhält U die homogenen Koordinaten $(0, 1, 0)$ bzw. $(0, \lambda, 0)$, $\lambda \in \mathbb{R}^*$. Auf ganz analoge Weise erkennt man, dass V die homogenen Koordinaten $(0, 0, 1)$ bzw. $(0, 0, \lambda)$, $\lambda \in \mathbb{R}^*$, zugeordnet werden.[71]

Bemerkung 3.55. 1) Im Standardmodell stimmt die Gleichung einer Geraden mit der üblichen überein. Dabei ist bekanntlich der Vektor $(-b, a)$ der Richtungsvektor der Geraden. Die letzten beiden Koordinaten des Fernpunktes geben somit die Richtung der Geraden an.

2) Analog wie in der projektiven Ebene $\mathbb{P}_2$ führt man homogene Koordinaten in $\mathbb{P}_1$, also in der projektiven Geraden, ein. Mittels dreier Punkte O, E, U wurde jedem Punkt $\neq U$ eine reelle Zahl als inhomogene Koordinate zugeordnet, U selbst durch das Symbol ∞ beschrieben. Man geht zu homogenen Koordinaten über, indem man (p) durch $(\lambda, \lambda p)$, $\lambda \in \mathbb{R}^*$, ersetzt, und für (∞) die Klasse $(0, \lambda)$, $\lambda \in \mathbb{R}^*$, bzw. einen Repräsentanten daraus wählt.

Im projektiven Raum $\mathbb{P}_3$ schließlich werden homogene Koordinaten ebenfalls auf genau die gleiche Weise eingeführt. Man erhält dann aus den Tripeln der inhomogenen Koordinaten Klassen von Quadrupeln und jedes der Form (a_0, a_1, a_2, a_3), wo nicht alle Komponenten 0 sind, ist Repräsentant einer Klasse.

Verwendet man homogene Koordinaten für die Punkte einer Geraden, so geht deren Gleichung $ax + by + c = 0$ wegen $x = \frac{x_1}{x_0}$, $y = \frac{x_2}{x_0}$ über in $ax_1 + bx_2 + cx_0 = 0$. Man erkennt sofort, dass ihr Schnittpunkt mit der Geraden $\langle U, V \rangle$ – eben $(0, -b, a)$ – diese Gleichung erfüllt. Sie wird also von *sämtlichen* Punkten der Geraden und keinem anderen befriedigt.

Aber auch die bisher ausgeklammerte Gerade $\langle U, V \rangle$ lässt sich unter Verwendung homogener Koordinaten beschreiben. Auf ihr liegen ja alle Punkte mit Koordinaten $(0, r, s)$, $r, s \in \mathbb{R}$ beliebig, $(r, s) \neq (0, 0)$, so dass diese Gerade die Gleichung $x_0 - 0$ besitzt.

Meist schreibt man die allgemeine Geradengleichung in der Kurzform

$$\langle n^t, x \rangle = 0,$$

wobei $n = \begin{pmatrix} n_0 \\ n_1 \\ n_2 \end{pmatrix}$ Element von $\mathbb{R}_3 \backslash \{(0,0,0)\}$ ist, $x = (x_0, x_1, x_2)$ Element von $\mathbb{R}^3 \backslash \{(0,0,0)\}$, und die Klammern das (Standard-)Skalarprodukt $n_0 x_0 + n_1 x_1 + n_2 x_2$ bedeuten. – Der Grund für die unterschiedlichen Darstellungen von n und x wird weiter unten angegeben (Bemerkung 3.58).

Lemma 3.56. *Sind A, B zwei verschiedene Punkte der projektiven Ebene und $a = (a_0, a_1, a_2)$, $b = (b_0, b_1, b_2)$ feste Repräsentanten der Koordinaten von A, B, so gilt $C \in g := \langle A, B \rangle$ genau dann, wenn $c = \lambda a + \mu b$ ist mit geeigneten $\lambda, \mu \in \mathbb{R}$, $(\lambda, \mu) \neq (0, 0)$; dabei ist c ein beliebiger, aber fester Repräsentant der Koordinaten von C.*

Beweis. Die homogene Gleichung $\langle n^t, x \rangle = 0$ der Geraden g hat die beiden linear unabhängigen Lösungen a und b. Jede andere Lösung ist eine Linearkombination davon. $\square$

Bemerkung 3.57. 1) Da dieses Lemma später immer wieder verwendet wird, sei genauer auf die Aussage eingegangen: Projektiv interpretiert ist die Einschränkung auf fixe Repräsentanten a, b bedeutungslos, weshalb sich *jeder* Punkt $C \in \langle A, B \rangle$, $C \neq A, B$, beschreiben lässt durch $c = a + b$. Betrachtet man somit zwei verschiedene Punkte $C, D \in \langle A, B \rangle$, $C, D \neq A, B$, so wird die Aussage unsinnig ([Cox3], S. 114f.).

Das Lemma ist somit als *algebraisches* Hilfsmittel anzusehen mit folgender genauerer Bedeutung: Es seien a, b wie gefordert fixe Repräsentanten für die Koordinaten von A, B.

i) Ist $C \in \langle A, B \rangle$ und c ein beliebiger, aber fester Repräsentant der Koordinaten von C, so gibt es *eindeutig bestimmte* Koeffizienten λ, μ mit $c = \lambda a + \mu b$. Wählt man einen anderen Repräsentanten c' mit $c' = \nu c$ ($\nu \in \mathbb{R}^*$), so gilt für die entsprechenden Koeffizienten λ', μ': $\lambda' = \nu \lambda$, $\mu' = \nu \mu$. Dies folgt unmittelbar aus dem Beweis.

ii) Ist umgekehrt $c = \lambda a + \mu b$, so liegt der Punkt C mit dem Koordinatenvektor c auf der Geraden $\langle A, B \rangle$.

In den Anwendungen wird das Lemma meist in folgender modifizierter Form gebraucht:

Ist $C \in \langle A, B \rangle$, $C \neq B$, und sind a, b wie zuvor, so gibt es einen Repräsentanten c der Koordinaten von C und ein $\sigma \in \mathbb{R}$, *beide eindeutig bestimmt*, mit $c = a + \sigma b$.

Dies ergibt sich unmittelbar aus i).

2) Sind A, B, a, b wie zuvor, so lässt sich die Gerade $g = \langle A, B \rangle$, aufgefasst als eindimensionales projektives Gebilde, aufgrund von i) durch $C(\lambda, \mu)$ homogen koordinatisieren – die Grundpunkte sind dabei $O = A$, $U = B$ und der durch sie bestimmte Punkt $E(a + b)$.[72] Damit diese Definition sinnvoll ist, müssen harmonisch liegende Punkte auch aufgrund der eindimensionalen Koordinatisierung harmonische Punktepaare sein; es muss also beispielsweise Satz 3.52 gelten. Wir verschieben den Nachweis bis zur allgemeinen Charakterisierung der harmonischen Lage (Satz 3.77), was möglich ist, da bis dorthin von der jetzigen Bemerkung 3.57 nie Gebrauch gemacht wird.

Der modifizierten Form des Lemmas entspricht der Übergang zu inhomogenen Koordinaten: $C(\sigma)$ mit $\sigma = \frac{\mu}{\lambda}$. Insbesondere lässt sich dann auch $C = B$ mit einbeziehen, indem man $\sigma = \infty$ setzt.

3) Die Aussagen des Lemmas und der anschließenden Bemerkungen gelten auch im dreidimensionalen Fall; ebenso im Eindimensionalen nach einfacher Adaption. Beispielsweise lautet das Lemma im ersten Fall:

Sind A, B zwei verschiedene Punkte der (homogen koordinatisierten) projektiven Geraden g und sind $a = (a_0, a_1, a_2, a_3)$, $b = (b_0, b_1, b_2, b_3)$ *feste* Repräsentanten der Koordinaten von A, B, so gilt $C \in g$ genau dann, wenn $c = \lambda a + \mu b$ ist mit geeigneten $\lambda, \mu \in \mathbb{R}$, $(\lambda, \mu) \neq (0, 0)$; dabei ist c ein beliebiger, aber fester Repräsentant der Koordinaten von C.

Bislang haben wir auf einseitige Weise den Punktaspekt der projektiven Ebene betont. Aufgrund des Dualitätsprinzips kann man aber auch völlig gleichberechtigt mittels der Geraden eine Koordinatisierung einführen. Ausgangspunkt ist nun ein Vierseit, also vier Geraden o, e, u, v, von denen keine drei durch einen Punkt gehen (Abb. 3.29). Die Schnittpunkte von o mit u bzw. v werden G_1, G_2 genannt; die Gerade durch G_1 und den Schnittpunkt von e mit v sei e_1, die durch G_2 und den Schnittpunkt von e mit u sei e_2. Die drei Geraden o, e_1, u im Büschel G_1 erhalten nun die inhomogenen Koordinaten $(0)_1, (1)_1, (\infty)_1$; analog die Geraden o, e_2, v im Büschel $G_2 : (0)_2, (1)_2, (\infty)_2$. Dadurch lassen sich sämtliche Geraden in beiden Büscheln koordinatisieren. Hat man nun eine beliebige Gerade h der projektiven Ebene, die nicht durch den Schnittpunkt O von u und v verläuft, so schneidet sie v in einem Punkt H_1, u in einem Punkt H_2. h erhält dann die *inhomogenen Geradenkoordinaten* $\binom{(p)_1}{(q)_2}$ – kurz $\binom{p}{q}$ –, falls $\langle H_1, G_1 \rangle$ durch $(p)_1$, $\langle H_2, G_2 \rangle$ durch

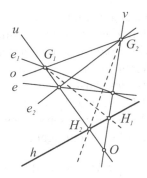

Abbildung 3.29

$(q)_2$ koordinatisiert sind. Insbesondere erhalten die Geraden des Büschels G_2 als 1. Komponente 0, die des Büschels G_1 als 2. Komponente 0.

Bemerkung 3.58. Der Grund, warum Geradenkoordinaten anders angeschrieben werden als Punktkoordinaten, liegt natürlich darin, sie zu unterscheiden. Man könnte jene aber genauso gut durch eine andere Symbolik bezeichnen. Der Vorteil der hier gewählten besteht darin, dass die Kurzschreibweise $\langle \mathbf{n}^t, \mathbf{x} \rangle = 0$ für die allgemeine Geradengleichung verwendet werden kann. Wie im Folgenden gezeigt wird entspricht nämlich das Tripel $\mathbf{n} = \begin{pmatrix} n_0 \\ n_1 \\ n_2 \end{pmatrix}$ – im Folgenden aus Platzersparnisgründen meist als $(n_0, n_1, n_2)^t$ geschrieben – bei geeigneter Koordinatisierung genau den Geradenkoordinaten der gegebenen Geraden.[73]

Durch Fortsetzen des Dualisierens ergibt sich (vgl. Satz 3.53), dass die Geraden h eines Büschels $G \neq O (:= u \cap v)$, $h \notin O$, eine lineare Gleichung $ax + by + c = 0$ erfüllen – dabei sind $(x, y)^t$ nun Geradenkoordinaten. Um auch die durch O gehende Gerade des Büschels G bzw. das Büschel O selbst mit einzubeziehen, muss man wieder zu homogenen Koordinaten übergehen.

Sei dazu zunächst eine Gerade $l \in G$ betrachtet, die inhomogen koordinatisiert ist durch $(p, q)^t$. Man setzt wieder $p = \frac{p_1}{p_0}$, $q = \frac{p_2}{p_0}$ mit frei wählbarem $p_0 \in \mathbb{R}^*$. Die *homogenen Geradenkoordinaten* von l sind dann gegeben durch die Menge aller Tripel $(p_0, p_1, p_2)^t$ oder einen Repräsentanten davon.

Analog zum Fall der Punktkoordinaten schließt man weiter: Hat das Geradenbüschel $G \neq O$ die Gleichung $ax + by + c = 0$ bzw. homogen $ax_1 + bx_2 + cx_0 = 0$, so besitzt die durch O gehende Büschelgerade die homogenen Geradenkoordinaten $(0, -b, a)^t$ bzw. $(0, -\lambda b, \lambda a)^t$, $\lambda \in \mathbb{R}^*$. Das Büschel O schließlich hat die Gleichung $x_0 = 0$.

Wieder schreibt man die allgemeine Gleichung eines Büschels in der Form $n_0 x_0 + n_1 x_1 + n_2 x_2 = 0$ bzw. kurz $\langle \mathbf{x}^t, \mathbf{n} \rangle = 0$.

Es ist nun naheliegend, bei gegebenem Punktkoordinatensystem ein Geraden-koordinatensystem so zu wählen, dass in der Gleichung einer Geraden g der Form $\langle n^t, x \rangle = 0$ die Komponenten des Spaltenvektors n gerade die Geradenkoordinaten von g sind.[74] Dies lässt sich leicht erreichen, wenn man beachtet, dass die homogenen Koordinaten der Punkte des Ausgangsvierecks $OEUV$ für ein Punktkoordinatensystems lauten: $O(1,0,0)$, $E(1,1,1)$, $U(0,1,0)$, $V(0,0,1)$; entsprechendes gilt für die Geraden $oeuv$ des Ausgangsvierseits eines Geradenkoordinatensystems. Daher erhält man folgende Geradengleichungen:

$$\langle U, V \rangle : x_0 = 0, \quad \langle O, V \rangle : x_1 = 0, \quad \langle O, U \rangle : x_2 = 0.$$

Deren Geradenkoordinaten sind dann entsprechend: $(1,0,0)^t, (0,1,0)^t, (0,0,1)^t$. Es muss also gelten: $\langle U, V \rangle = o, \langle O, V \rangle = u, \langle O, U \rangle = v$. Schließlich muss die Gerade mit der Gleichung $x_1 + x_2 + x_0 = 0$ gleich e werden. Deren Schnittpunkte mit $\langle O, U \rangle$ bzw. $\langle O, V \rangle$ sind $F_1(1,-1,0)$ bzw. $F_2(1,0,-1)$. Mithin muss $e = \langle F_1, F_2 \rangle$ sein.

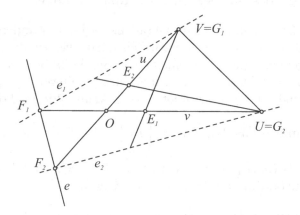

Abbildung 3.30

Wir fassen diesen Gedankengang in folgender Definition zusammen, wobei wir daran erinnern, dass die Punkte E_1, E_2 festgelegt waren durch $E_1 = \langle E, V \rangle \cap \langle O, U \rangle$, $E_2 = \langle E, U \rangle \cap \langle O, V \rangle$; F_1, F_2 sind dann die zu E_1 bzw. E_2 vierten harmonischen Punkte bezüglich O, U bzw. O, V (Abb. 3.30).

Definition 3.59. Durch ein Viereck $OEUV$ sei ein Punktkoordinatensystem festgelegt. Wählt man die Geraden o, e, u, v folgendermaßen

$$o = \langle U, V \rangle, \quad e = \langle F_1, F_2 \rangle, \quad u = \langle O, V \rangle, \quad v = \langle O, U \rangle,$$

wobei F_1, F_2 durch $H(E_1 F_1, OU)$ bzw. $H(E_2 F_2, OV)$ definiert sind, so erhält man ein Vierseit. Das dadurch bestimmte Geradenkoordinatensystem bildet zusammen mit dem gegebenen Punktkoordinatensystem ein *vollständiges Koordinatensystem*.

Bemerkung 3.60. Durch Dualisieren erhält man zu einem gegebenen Geradenkoordinatensystem ein ihm entsprechendes Punktkoordinatensystem. Diese zusammen bilden wieder ein *vollständiges Koordinatensystem*; und zwar dasselbe wie zuvor, wenn man von dem dort erhaltenen Vierseit *oeuv* ausgeht.

Es fehlt noch der Nachweis, dass in Bezug auf das vollständiges Koordinatensystem wirklich bei *jeder* Geradengleichung $\langle \mathbf{n}^t, \mathbf{x} \rangle = 0$ der Spaltenvektor $\mathbf{n}$ die Koordinaten der jeweiligen Geraden angibt. Dies sei dem Leser überlassen (Aufgabe 7).

Dual dazu gilt, dass in jeder Gleichung $\langle \mathbf{x}^t, \mathbf{n} \rangle = 0$ eines Geradenbüschels G der Zeilenvektor $\mathbf{n}$ die Punktkoordinaten von G angibt.

Weitere Ausführungen zum Thema Koordinatensysteme findet man in [Stoß1] und [Stoß2] .

Wir wenden uns nun der Frage nach der Kategorizität des Axiomensystems für die projektive Ebene zu. An Grundelementen hatten wir nur die Begriffe Punkt und Gerade und die Relation der Inzidenz. Die Axiome erlauben, wie wir gesehen haben, die Koordinatisierung in homogenen Koordinaten: Punkte lassen sich durch Tripel (p_0, p_1, p_2) mit nicht sämtlich verschwindenden $p_i \in \mathbb{R}$, eindeutig bis auf skalare Vielfache $\neq 0$, beschreiben. Geraden werden durch Tripel $\begin{pmatrix} n_0 \\ n_1 \\ n_2 \end{pmatrix}$ koordinatisiert, die denselben Bedingungen genügen. Die Inzidenz schließlich besagt, dass $n_0 p_0 + n_1 p_1 + n_2 p_2 = 0$ gilt.

Hat man somit zwei beliebige Modelle für das Axiomensystem gegeben, so lassen sich beide nach Vorgabe von je vier Punkten, von denen keine drei kollinear sind, koordinatisieren. Ordnet man dann koordinatengleiche Punkte bzw. Geraden einander zu, so bleibt dabei die Inzidenz trivialerweise erhalten. Damit ist das Axiomensystem definitionsgemäß kategorisch. Dasselbe Resultat gilt, wie schon früher erwähnt wurde, im dreidimensionalen Fall.

Einige der öfter verwendeten Modelle für die projektive Ebene seien im Folgenden vorgestellt. Dabei genügt es, jeweils die Grundbegriffe Punkt, Gerade, Inzidenz zu erläutern, da alle anderen in den Axiomen verwendeten Begriffe mittels dieser explizit definiert wurden.

1) Das Standardmodell.

2) Das Bündelmodell. Wählt man die Fernebene ω des Standardmodells $\mathbb{E}_3^*$ des projektiven Raumes als Modell für die projektive Ebene und verbindet deren Grundelemente mit einem festen Punkt $O \in \mathbb{E}_3$, so erhält man das Bündelmodell: Punkte sind dann definitionsgemäß genau die Geraden durch O, Geraden die Ebenen durch O; und Inzidenz bedeutet einfach, dass die entsprechende Gerade und Ebene inzident sind.

Da es bei diesem Modell offensichtlich von keinerlei Bedeutung ist, dass die Geraden und Ebenen Fernelemente besitzen, kann man das Bündelmodell auch im Standardmodell $\mathbb{E}_3$ des euklidischen Raumes ansiedeln. Dieses Modell besitzt den Vorteil, dass alle Punkte bzw. alle Geraden untereinander gleichwertig sind, also keine Fernelemente oder sonst irgendwie ausgezeichnete Elemente vorhanden sind.

3) Das arithmetische Modell. Es leitet sich von der Koordinatisierung her: ein Punkt X *ist* eine Menge von Tripeln $\lambda\mathbf{x} = (\lambda x_0, \lambda x_1, \lambda x_2) \in \mathbb{R}^3\backslash\{(0,0,0)\}$, $\lambda \in \mathbb{R}$ beliebig, oder ein Repräsentant davon; eine Gerade y *ist* eine Menge von Tripeln $\mu\mathbf{y} = \begin{pmatrix} \mu y_0 \\ \mu y_1 \\ \mu y_2 \end{pmatrix} \in \mathbb{R}_3\backslash\{(0,0,0)\}$, $\mu \in \mathbb{R}$ beliebig, oder ein Repräsentant davon; ein Punkt X inzidiert mit der Geraden y, wenn gilt $\langle (\mu\mathbf{y})^t, \lambda\mathbf{x} \rangle = 0$ bzw. gleichwertig $\langle \mathbf{y}^t, \mathbf{x} \rangle = 0$. Auch bei diesem Modell gibt es ersichtlich keine ausgezeichneten Punkte oder Geraden.

4) Aufgrund des Dualitätsprinzips ist mit jedem Modell auch dasjenige mit den dualisierten Grundelementen ein weiteres Modell. So liefert das zweite ein Modell, in welchem die üblichen Geraden die Punkte und die üblichen Punkte die Geraden sind! Dualisiert man das dritte, so sind die Punkte jetzt Spaltenvektoren, Geraden Zeilenvektoren (oder Mengen davon), jeweils mit den genannten Bedingungen.

Was die Gültigkeit der Axiome für diese Modelle betrifft sind zwei Standpunkte möglich:

i) Man setzt die euklidische Geometrie als bereits axiomatisch eingeführt oder als sonstwie bekannt voraus. Dann ist das Axiomensystem der projektiven Ebene für sämtliche Modelle erfüllt. Für das Standardmodell haben wir das unter Verwendung von allein die euklidische Ebene betreffenden Ergebnissen nachgewiesen. Und die anderen Modelle leiten sich direkt daraus ab.

ii) Man setzt die euklidische Geometrie nicht als schon irgendwie bekannt voraus. Dann muss man für eines der Modelle die Gültigkeit der Axiome nachweisen und dann die Isomorphie der Modelle angeben.

Da wir die ebene euklidische Geometrie aus der projektiven Geometrie herleiten wollen, nehmen wir naturgemäß den zweiten Standpunkt ein – die Heranziehung des Standardmodells beschränkte sich ja einzig darauf, Begriffe und Ergebnisse zu motivieren oder zu veranschaulichen; und dies wird auch im weiteren der Fall sein. Wie üblich werden wir für das arithmetische Modell den Nachweis erbringen, dass es die Axiome für die projektive Ebene erfüllt. Dies geschieht jedoch erst an späterer Stelle (Anhang 1 am Ende des 3. Kapitels), um das Vorgehen motivieren zu können. Die Isomorphie zum Standardmodell ergibt sich im Zuge der genannten Herleitung.

Zum Abschluss dieses Kapitels behandeln wir noch die im weiteren benötigte Addition und Multiplikation von Punkten einer Geraden. Diese beiden Operationen eröffnen auch eine alternative Möglichkeit, Koordinaten auf einer Geraden einzuführen.

Addition. Sei g eine Gerade der projektiven Ebene, O, E_1, U drei Punkte auf ihr, die eine Koordinatisierung auf g festlegen. Haben $A_a, A_b \in g$, beide $\neq U$, die inhomogenen Koordinaten a bzw. b, so erhält man den Punkt A_{a+b} mit der Koordinate

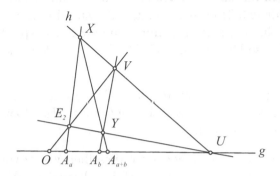

Abbildung 3.31

$a + b$ folgendermaßen (Abb. 3.31): Man legt durch U eine beliebige Gerade $h \neq g$ und verbindet einen beliebig gewählten Punkt $E_2 \notin g, h$ mit O. Der Schnittpunkt von $\langle O, E_2 \rangle$ mit h werde mit V bezeichnet. Weiter sei der Schnittpunkt von $\langle A_a, E_2 \rangle$ mit h gleich X, der von $\langle A_b, V \rangle$ mit $\langle E_2, U \rangle$ gleich Y gesetzt. Dann schneidet $\langle X, Y \rangle$ die Gerade g in A_{a+b}.

Beweis. Wie vorausgesetzt geben wir den Punkten O, E_1, U die homogenen Koordinaten $(1, 0, 0)$, $(1, 1, 0)$, $(0, 1, 0)$; die Punkte E_2 und V seien durch $(1, 0, 1)$ und $(0, 0, 1)$ koordinatisiert. (Diese Koordinatisierung entspricht den Grundpunkten O, E, U, V, wobei E der Schnittpunkt von $\langle U, E_2 \rangle$ mit $\langle V, E_1 \rangle$ ist.) Da A_a bzw. A_b die Koordinaten $(1, a, 0)$ bzw. $(1, b, 0)$ besitzen, lautet die Gleichung der Geraden $\langle A_a, E_2 \rangle$

$$-ax_0 + x_1 + ax_2 = 0.$$

h ist die Gerade $x_0 = 0$, somit hat X die Koordinaten $(0, a, -1)$. Weiter sind die Gleichungen von $\langle A_b, V \rangle$ bzw. $\langle E_2, U \rangle$ gegeben durch

$$\begin{aligned} -bx_0 + x_1 &= 0 \\ x_0 - x_2 &= 0. \end{aligned}$$

Der Schnittpunkt Y besitzt dann die Koordinaten $(1, b, 1)$. Nun lässt sich die Gleichung der Geraden $\langle X, Y \rangle$ aufstellen:

$$(a + b)x_0 - x_1 - ax_2 = 0.$$

Schneidet man die Gerade $\langle X, Y \rangle$ mit g, deren Gleichung $x_2 = 0$ lautet, erhält man schließlich für A_{a+b} als homogene Koordinaten $(1, a + b, 0)$, somit als inhomogene Koordinate wie behauptet $a + b$. □

Bemerkung 3.61. 1) Wendet man das angegebene Verfahren auf A_a und U an, so ergibt sich als resultierender Punkt stets U; symbolisch: $a+\infty = \infty$ für alle $a \in \mathbb{R}$. Analog erhält man $\infty+a = \infty$ für $a \in \mathbb{R}$. Zusätzlich setzt man noch $\infty+\infty = \infty$, so dass die Addition für sämtliche Punkte von g definiert ist.

2) Aus Abbildung 3.31 ergibt sich, dass die Zuordnung $\pi : g \to g$ mit $\pi(A_x) = A_{a+x}$, $a \in \mathbb{R}$ fest, eine Projektivität mit dem einzigen Fixpunkt U ist. Setzt man nämlich $l := \langle E, U \rangle$, so lässt sie sich als Produkt von Perspektivitäten darstellen:
$$g \overset{V}{\wedge} l \overset{X}{\wedge} g.$$

3) Wendet man π wiederholt an, so erhält man die Punkte A_x, A_{x+a}, A_{x+2a}, $\ldots, A_{x+ia}, \ldots$. Man spricht dann von einer *additiven Skala* bzw. von einem *Schrittmaß* (siehe z.B. [Osth], III.3.3).

Multiplikation. Die Voraussetzungen seien dieselben wie zuvor. Dann konstruiert man den Punkt A_{ab} mit der Koordinate ab folgendermaßen (Abb. 3.32): h, E_2, V, X mögen die Bedeutung wie zuvor besitzen. Weiter werde der Schnittpunkt von $\langle E_1, E_2 \rangle$ mit h durch Z bezeichnet, der von $\langle A_b, Z \rangle$ mit $\langle O, V \rangle$ durch W. Dann schneidet $\langle X, W \rangle$ die Gerade g in A_{ab}.

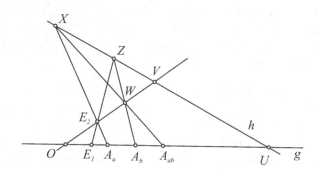

Abbildung 3.32

Beweis. Da die Gleichung von $\langle E_1, E_2 \rangle$ durch $x_0 - x_1 - x_2 = 0$ gegeben ist, hat Z die Koordinaten $(0, 1, -1)$. Die Gleichung der Geraden $\langle A_b, Z \rangle$ errechnet sich dann als $-bx_0 + x_1 + x_2 = 0$. Deren Schnittpunkt W mit der Geraden $\langle O, V \rangle : x_1 = 0$ besitzt daher die Koordinaten $(1, 0, b)$. Legt man nun die Gerade durch X und W, so ergibt sich
$$-abx_0 + x_1 + ax_2 = 0.$$

Indem man $x_2 = 0$ setzt erhält man die Koordinaten von $A_{ab} : (1, ab, 0)$. $\square$

Bemerkung 3.62. 1) Wieder liefert die Konstruktion auch in dem Falle ein Ergebnis, wo ein Punkt gleich U ist. Hierbei muss aber der andere $\neq O$ sein. Und zwar erhält man stets wieder U. Symbolisch: $a \cdot \infty = \infty \cdot a = \infty$ für alle $a \in \mathbb{R}$, $a \neq 0$.

2) Ähnlich wie im Fall der Addition erkennt man auch, dass die Zuordnung $\pi : g \to g$ mit $\pi(A_x) = A_{ax}$, $a \in \mathbb{R}^*$ fest, eine Projektivität mit den Fixpunkten O und U ist.

3) Wendet man π wiederholt an, erhält man die Punkte $A_x, A_{xa}, A_{xa^2}, \ldots,$ $A_{xa^i}, \ldots$. Man spricht dann von einer *multiplikativen Skala* bzw. von einem *Wachstumsmaß* (siehe z.B. [Osth], III.3.3).

Bemerkung 3.63. Wir hatten die Koordinatisierung der Punkte einer Geraden mit Hilfe der harmonischen Lage und mittels Grenzwertbetrachtungen durchgeführt. Man kann aber auch eine Addition bzw. Multiplikation auf der Menge K der Punkte $\neq U$ definitionsgemäß auf obige Weise einführen und dann zeigen, dass sie alle Rechenregeln eines Körpers erfüllen. Weiter lassen sich, wie wir wissen, die Punkte dem Richtungssinn $S(OEU)$ entsprechend anordnen. Diesbezüglich bildet K sogar einen angeordneten Körper. Verwendet man noch das Stetigkeitsaxiom, so folgt, dass K auch vollständig ist, was die Isomorphie von K mit $\mathbb{R}$ impliziert. (Hilberts axiomatische Einführung der reellen Zahlen in [Hilb1] besagt gerade, dass sie einen vollständigen, angeordneten Körper bilden.) Es lässt sich also auch auf diese Weise die Koordinatisierung aller Punkte $\neq U$ der Geraden g mittels reeller Zahlen einführen (siehe etwa [Cox1], Kap. 11).

Zugleich ist damit eine Methode gegeben, wie man *rein geometrisch* die reellen Zahlen *einführen* kann. Üblicherweise wird ja der Arithmetik eine Priorität vor der Geometrie eingeräumt,[75] was sich beispielsweise bei den Widerspruchsfreiheitsbeweisen für die euklidische, projektive und andere Geometrien zeigt, die sämtlich in der Rückführung auf $\mathbb{R}$ bestehen. Völlig gleichberechtigt lässt sich aber die Widerspruchsfreiheit von $\mathbb{R}$ auf die der projektiven (und a fortiori der euklidischen) Geometrie gründen. Erstmals argumentierte Chr. von Staudt in dieser Richtung, indem er die reellen und komplexen Zahlen, damit ihnen „nichts unklares bleibe", mittels des Begriffs des „Wurfs" *einführte* ([Stau2], §1 (Heft 1); §19, 20 (Heft 2)); die vollständige rein geometrische Herleitung der Körpereigenschaften findet man in [Juel], Kap. V, §1. Auf andere Weise und im Rahmen der euklidischen Geometrie lassen sich mittels der sogenannten Streckenrechnung die rationalen bzw. reellen Zahlen einführen (zu dieser siehe [Hilb4], 3. Kap. §15; 5. Kap. §24).

3.3 Projektivitäten

Vergleicht man die Axiomensysteme der euklidischen und der projektiven Geometrie so fällt auf, dass bei letzterer eine ganze Axiomengruppe fehlt: diejenige, welche die Bewegungen betrifft. Andererseits gibt es gewisse der projektiven Geometrie inhärente Transformationen, nämlich die Projektivitäten, welche deren Rolle übernehmen (die Analoga im eindimensionalen Fall wurden bereits eingeführt). Beim genaueren Studium wird sich aber zeigen, dass dabei das Standardmodell an seine Grenzen stößt: zwar führen euklidische Bewegungen stets auf Projektivitäten, doch sind umgekehrt die Einschränkungen von Projektivitäten auf die euklidische

Ebene im allgemeinen keine Bewegungen (falls sie überhaupt existieren), sondern Affinitäten. Dieser Sachverhalt wird uns in Kap. 5.1 beschäftigen.

3.3.1   Eindimensionale Projektivitäten

Im vorigen Kapitel hatten wir eindimensionale Projektivitäten als Produkt von $N \geq 1$ Korrespondenzen definiert. Perspektivitäten sind Projektivitäten, die sich als Produkt von 2 Korrespondenzen darstellen lassen. Aufgrund von deren Definition lassen sich letztere ersichtlich folgendermaßen charakterisieren:

Lemma 3.64.   1) *Es seien g, h zwei verschiedene Punktreihen. $\pi : g \to h$ ist eine Perspektivität genau dann, wenn die Verbindungsgeraden zugeordneter Punkte durch einen festen Punkt Z gehen.*

2) *Es seien G, H zwei verschiedene Geradenbüschel. $\pi : G \to H$ ist eine Perspektivität genau dann, wenn die Schnittpunkte zugeordneter Geraden auf einer festen Geraden z liegen.*

Wie bereits früher erwähnt wurde, erhalten Projektivitäten die harmonische Lage und daher auch alle Objekte, die mittels dieses Begriffes definiert wurden. Da Korrespondenzen klarerweise bijektive Abbildungen sind, sind auch Projektivitäten bijektiv. Des weiteren ist mit π auch π^{-1} eine Korrespondenz, weshalb mit π auch π^{-1} eine Projektivität ist. Somit bilden die Projektivitäten $\pi : g \to g$ bzw. $\pi : G \to G$ eine Gruppe.

Wichtige Beispiele von Projektivitäten liefern die am Schluß des letzten Kapitels behandelten Transformationen.

Satz 3.65. *Es sei die projektive Gerade g inhomogen koordinatisiert und $A_b \neq U$ fest. Dann sind die Zuordnungen $\sigma_b : A_x \to A_{x+b}$ bzw. $\tau_b : A_x \to A_{xb}$ Projektivitäten (dabei bezeichnet wie üblich der Index die Koordinate des Punktes).*

Beweis. Da A_b fest gewählt ist, ist auch der Punkt $Y \in \langle E_2, U \rangle$ in der Definition der Addition (siehe Abb. 3.31) fix. Dann liefert die Kette der Perspektivitäten $g \overset{E_2}{\barwedge} h \overset{Y}{\barwedge} g$ gerade σ_b.

Im Falle der Multiplikation ist der Punkt W fest (siehe Abb. 3.32) und τ_b erhält man durch $g \overset{E_2}{\barwedge} h \overset{W}{\barwedge} g$. $\square$

Das vorige Ergebnis wird ergänzt durch folgenden

Satz 3.66. *Es sei g wie zuvor. Dann ist die Zuordnung $\rho : A_x \to A_{1/x}$ eine Projektivität.*

Beweis. $A_{1/x}$ findet man, indem man die Konstruktion betreffend die Multiplikation in umgekehrter Richtung durchläuft. Es ist $A_{xy} = E_1$ und A_x bekannt, gesucht ist der zweite Faktor $A_y = A_{1/x}$. $\langle A_x, E_2 \rangle$ liefert $X(\in h)$, $\langle X, A_{xy} \rangle = \langle X, E_1 \rangle$ schneidet $\langle O, V \rangle$ in W und der Schnittpunkt von $\langle W, Z \rangle$ mit g ist $A_{1/x}$; dies gilt auch für $x = 0$ und $x = \infty$. Ersichtlich kann man ρ daher als Produkt der folgenden Perspektivitäten darstellen:

$$g \overset{E_2}{\underset{\wedge}{=}} h \overset{E_1}{\underset{\wedge}{=}} \langle O, V \rangle \overset{Z}{\underset{\wedge}{=}} g. \qquad \qquad \square$$

Folgerung 3.67. *Jede Transformation $\pi : A_x \to A_{x'}$ der projektiven Geraden g, die*

$$x' = \frac{ax + b}{cx + d} \quad mit \quad ad - bc \neq 0 \quad (a, b, c, d \in \mathbb{R}) \tag{3.5}$$

erfüllt, ist eine Projektivität. Dabei soll der Wert für $x = \infty$ gleich $x' = \frac{a}{c}$ sein; insbesondere ist in diesem Fall $x' = \infty$, falls $c = 0$ gilt.

Beweis. Der Übersichtlichkeit halber bezeichnen wir die Koordinatenabbildung zu einer beliebigen Transformation $\pi : A_x \to A_{x'}$ mit $\hat{\pi}$, $\hat{\pi} : x \to x'$. Sei zunächst $c \neq 0$. Dann kann man die rechte Seite von (3.5) umformen zu

$$x' = \frac{a}{c} + \frac{b - \frac{ad}{c}}{cx + d}.$$

Es gilt somit

$$\hat{\pi} = \hat{\pi}_5 \circ \hat{\pi}_4 \circ \hat{\pi}_3 \circ \hat{\pi}_2 \circ \hat{\pi}_1,$$

wobei die einzelnen Transformationen gegeben sind durch:

$$\hat{\pi}_1(x) = cx, \ \hat{\pi}_2(x) = x + d, \ \hat{\pi}_3(x) = \frac{1}{x}, \ \hat{\pi}_4(x) = (b - \frac{ad}{c})x, \ \hat{\pi}_5(x) = x + \frac{a}{c}.$$

Nach den vorangegangenen Sätzen sind die zugehörigen Abbildungen π_i, $i = 1, \ldots, 5$, sämtlich Projektivitäten, mithin auch π selbst.

Ist $c = 0$, so vereinfacht sich (3.5) zu

$$x' = \frac{ax + b}{d} \quad mit \quad ad \neq 0.$$

In diesem Fall greift dasselbe Argument, da nun $\hat{\pi} = \hat{\pi}_2 \circ \hat{\pi}_1$ gilt mit $\hat{\pi}_1 = \frac{a}{d}x$, $\hat{\pi}_2(x) = x + \frac{b}{d}$.

Der Zusatz betreffend den Wert von (3.5) an der Stelle $x = \infty$ folgt sofort daraus, dass U bei den Abbildungen $\sigma_b : A_x \to A_{x+b}$ und $\tau_b : A_x \to A_{xb}$ fix bleibt, bei Anwendung von $\rho : A_x \to A_{1/x}$ dagegen in A_0 übergeht. $\qquad \square$

Wie sich bald zeigen wird, gilt von diesem Satz auch die Umkehrung. Dazu benötigen wir den sogenannten

Satz 3.68 (Fundamentalsatz). *Sind $A, B, C \in g$, $A', B', C' \in g'$ je drei verschiedene Punkte auf den projektiven Geraden g und g', so existiert genau eine Projektivität $\pi : g \to g'$ mit $\pi(A) = A', \pi(B) = B'$ und $\pi(C) = C'$. Insbesondere ist eine Projektivität $\pi : g \to g$ mit drei Fixpunkten die Identität.*

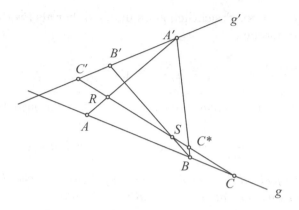

Abbildung 3.33

Beweis. a) Wir zeigen zunächst, dass es zumindest eine Projektivität mit der gewünschten Eigenschaft gibt. Sei zunächst $g \neq g'$ und es falle keiner der 6 Punkte mit dem Schnittpunkt von g, g' zusammen. Bezeichnet man dann mit R bzw. S den Schnittpunkt von $\langle A, A' \rangle$ bzw. $\langle B, B' \rangle$ mit $\langle C, C' \rangle$ (Abb. 3.33), so führt die Projektivität $\pi : g \overset{R}{\barwedge} \langle A', B \rangle \overset{S}{\barwedge} g'$ die Punkte A, B, C wirklich in A', B', C' über.

Ist eine der obigen Bedingungen nicht erfüllt, so erzwingt man sie, indem man eine neue Gerade g'' wählt und g' mittels einer Perspektivität σ auf g'' abbildet. Sind die Bildpunkte von A', B', C' unter σ gleich A'', B'', C'', so existiert nach dem eben Bewiesenen eine Projektivität π mit $\pi(A) = A''$, $\pi(B) = B''$, $\pi(C) = C''$. Dann leistet aber $\sigma^{-1} \circ \pi$ das Gewünschte.

b) Um die Eindeutigkeit nachzuweisen, benennen wir die drei Ausgangspunkte in O, E, U um, die Bildpunkte entsprechend in O', E', U'. Sie legen auf g bzw. g' eine (inhomogene) Koordinatisierung fest. Dabei ist etwa der Punkt $E_2 \in g$ mit der Koordinate 2 definiert durch $H(EU, OE_2)$. Ist nun $\pi : g \to g'$ eine beliebige Projektivität mit $\pi(O) = O'$, $\pi(E) = E'$, $\pi(U) = U'$, so muss $E_2' := \pi(E_2)$ $H(E'U', O'E_2')$ erfüllen. $E_2' \in g'$ hat also die Koordinate 2 und ist somit eindeutig bestimmt. Hat man ganz allgemein einen Punkt $P \in g$, dessen Koordinate ein dyadischer Bruch ist, so kann er ausgehend von den Punkten O, E, U durch fortgesetzte Konstruktion vierter harmonischer Punkte erhalten werden. Da π die harmonische Lage erhält, gelangt man auf genau dieselbe Weise, diesmal ausgehend von O', E', U', zum Bildpunkt $P' := \pi(P)$, dessen Koordinate daher gleich der von $P \in g$ ist.

Ist schließlich $P \in g$, $P \neq U$, ein Punkt mit einer nicht dyadischen Koordinate $r \in \mathbb{R}$, so ist P nach Satz 3.49, Teil b), Grenzpunkt einer monotonen (z.B. aufsteigenden) Punktfolge $\{A_k\}_{k \geq 1}$ mit dyadischen Koordinaten. Da $\pi(A_k) \in g'$ stets dieselbe Koordinate wie A_k besitzt ($k \geq 1$), hat auch der Grenzpunkt P' der Folge $\{\pi(A_k)\}_{k \geq 1}$ die Koordinate r. Es bleibt zu zeigen, dass $P' = \pi(P)$ gilt.

Wegen der Ordnungstreue von π muss jedenfalls $\pi(A_k) < \pi(P)$ für $< := <_{U'}$ gelten, somit auch $P' \leqq \pi(P)$. Wäre nun $P' < \pi(P)$, so gäbe es wieder nach Satz 3.49, Teil b), einen Punkt $Q' \in g'$ mit dyadischer Koordinate, der $P' < Q' < \pi(P)$ erfüllt. Wegen $\pi(A_k) < Q' =: \pi(Q)$ für $k \geq 1$ müsste auch für die Urbilder gelten: $A_k < Q < P$ $(k \geq 1)$, ein offensichtlicher Widerspruch.

Damit sind wirklich die Bildpunkte zu allen $P \in g$ eindeutig festgelegt, π also eindeutig bestimmt. $\qquad\square$

Bemerkung 3.69. Sind O, E, U und O', E', U' zwei Tripel von verschiedenen Punkten derselben Geraden g, so lässt sich die eindeutig bestimmte Projektivität $\pi : g \to g$ mit $\pi(O) = O'$, $\pi(E) = E'$, $\pi(U) = U'$ auch als Koordinatentransformation deuten. Dazu betrachte man die identische Abbildung $id : g \to g$, $id(P) = P$, und wähle die Koordinaten von P einmal bzgl. dem durch O, E, U, das andere Mal bzgl. dem durch O', E', U' festgelegten Koordinatensystem. Es ändern sich dann die Koordinaten während die Punkte festbleiben. Bei der Punkttransformation π ist es gerade umgekehrt. Wir werden weiter unten sehen, dass dieser Alternative zwei Interpretationen ein und desselben analytischen Sachverhalts entsprechen.

Folgerung 3.70. *Besitzt eine Projektivität $\pi : g \to g'$ einen Fixpunkt und ist $g \neq g'$, so ist π eine Perspektivität.*

Beweis. Der Fixpunkt A gehört g und g' an, ist somit der Schnittpunkt der beiden Geraden. Seien nun $B, C \in g$, verschieden von A, und $S = \langle B, \pi(B)\rangle \cap \langle C, \pi(C)\rangle$. Die Perspektivität $\sigma : g \to g'$ mit Zentrum S leistet dann $\sigma(B) = \pi(B)$, $\sigma(C) = \pi(C)$ und $\sigma(A) = A = \pi(A)$. Nach dem Fundamentalsatz folgt $\sigma = \pi$. $\qquad\square$

Im Wesentlichen wurde beim Beweis des Fundamentalsatzes nur verwendet, dass π eine bijektive Abbildung ist, welche die harmonische Lage erhält. Das legt es nahe, dass er sich auf folgende Weise verschärfen lässt:

Satz 3.71. *Sind A, B, C und A', B', C' zwei Tripel verschiedener Punkte auf den Geraden g bzw. g', so existiert genau eine bijektive Abbildung $\pi : g \to g'$, welche die harmonische Lage erhält, derart, dass $\pi(A) = A'$, $\pi(B) = B'$, $\pi(C) = C'$ gilt.*

Beweis. Da Projektivitäten jedenfalls unter diese Abbildungen fallen, ist die Existenzzusage klar.

Der Beweis der Eindeutigkeit kann wörtlich vom Fundamentalsatz übernommen werden, wobei π jetzt eine beliebige bijektive Abbildung ist, welche die harmonische Lage erhält und $\pi(O) = O'$, $\pi(E) = E'$, $\pi(U) = U'$ erfüllt. Dazu ist nur die Ordnungstreue einer solchen Abbildung nachzuweisen. Nun wurde die Ordnung aber mittels der Trennung, diese wiederum mittels der harmonischen Lage definiert. Da letztere bei Anwendung von π erhalten, muss dasselbe auch für die Ordnung gelten. $\qquad\square$

Folgerung 3.72. *Eine bijektive Abbildung $\pi : g \to g'$ ist genau dann eine Projektivität, wenn sie die harmonische Lage erhält.*

Beweis. Es ist nur zu zeigen, dass letztere Abbildungen stets Projektivitäten sind. Es sei also $\sigma : g \to g'$ eine solche. Sie führe die vorgegebenen Punkte $A, B, C \in g$ in $A', B', C' \in g'$ über. Nach dem Fundamentalsatz gibt es auch eine Projektivität $\pi : g \to g'$, die jene drei Punkte in die gleichen Punkte überführt. Da π und σ die Voraussetzungen des letzten Satzes erfüllen, muß $\pi = \sigma$ gelten. σ ist also wirklich eine Projektivität. $\square$

Wir sind nun in der Lage, die Projektivitäten von Punktreihen auf sich analytisch beschreiben zu können.

Satz 3.73. *Es sei g eine inhomogen koordinatisierte projektive Gerade. Die Transformation $\pi : g \to g$, $\pi(A_x) = A_{x'}$ ist genau dann eine Projektivität, wenn die zugehörige Koordinatentransformation $\hat{\pi} : x \to x'$ in der Form*

$$x' = \frac{ax + b}{cx + d} \quad mit \quad ad - bc \neq 0 \quad (a, b, c, d \in \mathbb{R}) \tag{3.6}$$

dargestellt werden kann. Wieder soll dabei $x' = \frac{a}{c}$ sein, falls $x = \infty$ ist, mit $\frac{a}{c} = \infty$ für $c = 0$.

Beweis. Einen Teil der Aussage haben wir bereits in der Folgerung 3.67 gezeigt. Sei nun π eine beliebige Projektivität. Sie führe die drei Grundpunkte $A_0 := O$, $A_1 := E$, $A_\infty := U$ in die drei verschiedenen Punkte A_r, A_s, A_t über. Ist φ diejenige Transformation, deren zugehörige Koordinatentransformation durch $\hat{\varphi} : x \to x'$ mit

$$x' = \frac{t(s - r)x + r(t - s)}{(s - r)x + (t - s)}$$

gegeben ist, so gilt $\varphi(A_0) = A_r, \varphi(A_1) = A_s, \varphi(A_\infty) = A_t$. Da $(t-r)(t-s)(s-r) \neq 0$ ist, ist φ nach der erwähnten Folgerung eine Projektivität. Sie muss aufgrund des Fundamentalsatzes mit π übereinstimmen. $\hat{\pi}$ hat somit wirklich die angegebene Form. $\square$

Folgerung 3.74. *Ist die projektive Gerade g homogen koordinatisiert, so ist die Transformation $\pi : g \to g$ genau dann eine Projektivität, wenn die zugehörige Koordinatentransformation $\hat{\pi}$ die Gestalt*

$$\begin{array}{rcl} \lambda x'_0 & = & dx_0 + cx_1 \\ \lambda x'_1 & = & bx_0 + ax_1 \end{array} \quad mit \quad ad - bc \neq 0 \quad (a, b, c, d \in \mathbb{R}, \lambda \in \mathbb{R}^*) \tag{3.7}$$

hat.

Bemerkung 3.75. In Analogie zur Linearen Algebra schreibt man kurz $\lambda \mathbf{x}'^t = \mathbf{A}\mathbf{x}^t$ mit $\det \mathbf{A} \neq 0$, wobei $\mathbf{A}$ die Matrix $\begin{pmatrix} d & c \\ b & a \end{pmatrix}$ ist. Dabei ist aber zu beachten, dass $\hat{\pi}$ keine lineare Abbildung ist, schon allein deshalb, weil ihr Definitionsbereich kein Vektorraum ist. Er besteht ja aus Klassen, wobei in jeder Klasse genau diejenigen reellen Zahlen $(x_0, x_1) \neq (0, 0)$ liegen, die sich nur um einen skalaren Faktor $\neq 0$

unterscheiden. $\hat{\pi}$ wird jedoch durch die nicht-singuläre lineare Abbildung $\varphi : \mathbb{R}^2 \to \mathbb{R}^2$ gegeben durch $(x_0, x_1) \mapsto (dx_0 + cx_1, bx_0 + ax_1)$ induziert: ersichtlich respektiert nämlich φ die Bedingungen für homogene Koordinaten.

Satz 3.73 und Folgerung 3.74 lassen sich unschwer auf den Fall übertragen, wo Gerade und Bildgerade verschieden sind:

Folgerung 3.76. *Es sei $\pi : g \to g'$ eine bijektive Abbildung zwischen verschiedenen eindimensional homogen (oder inhomogen) koordinatisierten Geraden der projektiven Ebene. π ist genau dann eine Projektivität, wenn die π entsprechende Koordinatentransformation $\hat{\pi}$ die Gestalt (3.7) (bzw. (3.6)) hat. Insbesondere lässt sich in diesem Fall g' derart koordinatisieren, dass $\hat{\pi} = \nu \cdot id$, $\nu \in \mathbb{R}^*$, gilt.*

Beweis. Es seien O, E, U die Grundpunkte der Koordinatisierung auf g. Dann legen die Punkte $\pi(O), \pi(E), \pi(U)$ eine Koordinatisierung auf g' fest. Ist π Projektivität, so impliziert das entsprechende Verfahren, dass $P \in g$ und $\pi(P) \in g'$ dieselben Koordinaten besitzen. Somit gilt $\hat{\pi} = \nu \cdot id$, wie im Zusatz behauptet wurde. Um die Gestalt von $\hat{\pi}$ bezüglich des ursprünglichen Koordinatensystems von g' zu erhalten, muss man noch eine Koordinatentransformation auf g' durchführen. Diese wird aber aufgrund des Satzes gerade durch (3.7) beschrieben. Die Zusammensetzung mit $\nu \cdot id$ ändert daran nichts.

Ist dagegen π keine Projektivität, so muss es vier harmonisch liegende Punkte A, B, C, D geben, deren Bildpunkte $\pi(A), \pi(B), \pi(C), \pi(D)$ nicht harmonisch sind. Es sei dabei etwa D der vierte harmonische Punkt zu B bzgl. A, C. Da die Aussage des Satzes ersichtlich unabhängig von der Wahl der Koordinatisierungen auf g, g' ist, können wir A, B, C als die Grundpunkte O, E, U in Bezug auf g ansehen; entsprechend $\pi(A), \pi(B), \pi(C)$ in Bezug auf g'. Es sei nun indirekt angenommen, dass $\lambda(\hat{\pi}(\mathbf{x}))^t = \mathbf{A}\mathbf{x}^t$ gilt. Dann muss $\mathbf{A}$ den Bedingungen

$$\begin{pmatrix} a & b \\ c & d \end{pmatrix} \begin{pmatrix} 1 \\ 0 \end{pmatrix} = \lambda_1 \begin{pmatrix} 1 \\ 0 \end{pmatrix}, \quad \begin{pmatrix} a & b \\ c & d \end{pmatrix} \begin{pmatrix} 0 \\ 1 \end{pmatrix} = \lambda_2 \begin{pmatrix} 0 \\ 1 \end{pmatrix},$$

$$\begin{pmatrix} a & b \\ c & d \end{pmatrix} \begin{pmatrix} 1 \\ 1 \end{pmatrix} = \lambda_3 \begin{pmatrix} 1 \\ 1 \end{pmatrix}$$

genügen. Diese implizieren $\mathbf{A} = \mu I_2$, so dass also D und $\pi(D)$ dieselben Koordinaten besitzen; wegen $H(AC, BD)$ sind sie gleich $\lambda_4(1, -1)$. Somit wären doch $\pi(A), \pi(B), \pi(C), \pi(D)$ in harmonischer Lage, ein Widerspruch. $\square$

Mittels der analytischen Beschreibung der Projektivitäten sind wir in der Lage die Bedingung für das Harmonisch-Liegen von vier Punkten anzugeben. Sie stellt sich gerade als diejenige heraus, welche im Standardmodell abgeleitet wurde (Kapitel 3.1).

Satz 3.77. a) *Sei die projektive Gerade g inhomogen koordinatisiert und seien A, B, C drei verschiedene Punkte auf g mit den Koordinaten a, b, c. $D \in g$*

liegt genau dann harmonisch zu C bzgl. A, B, wenn für seine Koordinate d gilt

$$\frac{c-a}{c-b} : \frac{d-a}{d-b} = -1. \tag{3.8}$$

Ist dabei einer der Werte ∞, so bedeutet ein Ausdruck wie $\frac{\infty-a}{\infty-b}$ stets 1.

b) *Ist g homogen koordinatisiert, so lautet die entsprechende Bedingung*

$$\frac{\det(\mathsf{c},\mathsf{a})}{\det(\mathsf{c},\mathsf{b})} : \frac{\det(\mathsf{d},\mathsf{a})}{\det(\mathsf{d},\mathsf{b})} = -1,$$

wobei etwa $\det(\mathsf{c},\mathsf{a})$ *bedeutet:* $\det\begin{pmatrix} c_0 & c_1 \\ a_0 & a_1 \end{pmatrix} = c_0 a_1 - c_1 a_0.$

Beweis. a) Nach Satz 3.52 gilt $H(\bar{A}\bar{B}, \bar{C}\bar{D})$ für die speziellen Punkte mit den Koordinaten $\bar{A}(0), \bar{B}(1), \bar{C}(\infty), \bar{D}(\frac{1}{2})$. Aufgrund der getroffenen Vereinbarung ist die Bedingung (3.8) erfüllt. Um den allgemeinen Fall zu erledigen, legen wir eine Projektivität $\pi : g \to g$ durch $\pi(\bar{A}) = A$, $\pi(\bar{B}) = B$, $\pi(\bar{C}) = C$ fest. Da sie die harmonische Lage erhält gilt auch $\pi(D) = \bar{D}$. Gemäß dem Beweis des Satzes 3.73 hat die zugehörige Koordinatentransformation die Gestalt

$$x' = \frac{c(b-a)x + a(c-b)}{(b-a)x + (c-b)}.$$

$$d = \frac{c(b-a)\frac{1}{2} + a(c-b)}{(b-a)\frac{1}{2} + (c-b)} = \frac{ac - 2ab + bc}{2c - a - b}$$

erfüllt dann wirklich die Bedingung (3.8).

b) folgt daraus unmittelbar. $\square$

Beweis von Bemerkung 3.57, 2). Es sei g eine feste Gerade der projektiven Ebene und es seien $P, Q, R, S \in g$ vier harmonisch liegende Punkte: $H(PQ, RS)$. Deren Koordinaten seien $P(p_0, p_1, p_2)$ und entsprechend für die anderen Punkte. Andererseits sei g mit Hilfe der Grundpunkte $A, B, E \in g$ gemäß Bemerkung 3.57,2) eindimensional homogen koordinatisiert. Zu zeigen ist, dass die entsprechenden neuen Koordinaten von P, Q, R, S die Bedingung des Satzes 3.77 erfüllen.

Für den Beweis nehmen wir zunächst an, dass keiner der Punkte auf der Ferngeraden liegt, so dass wir $p_0, q_0, r_0, s_0 = 1$ setzen können. Projiziert man die vier Punkte von $V(0,0,1)$ aus auf die Gerade mit der Gleichung $x_2 = 0$, so erhält man als inhomogene Koordinaten der Bildpunkte: $P'(p_1, 0)$, $Q'(q_1, 0)$, $R'(r_1, 0)$, $S'(s_1, 0)$. Da diese Punkte wieder harmonisch liegen, gilt nach Unterdrückung der letzten Komponente gemäß (3.8):

$$\frac{r_1 - p_1}{r_1 - q_1} : \frac{s_1 - p_1}{s_1 - q_1} = -1. \tag{3.9}$$

Auf der anderen Seite können wir annehmen, dass P, Q gleich den Grundpunkten A, B sind, da Koordinatentransformationen auf g eindimensionalen Projektivitäten entsprechen und diese die harmonische Lage respektieren. Haben nun R, S die homogenen Koordinaten (α, β), (γ, δ), so gilt

$$(1, r_1, r_2) = \alpha(1, p_1, p_2) + \beta(1, q_1, q_2),$$

$$(1, s_1, s_2) = \gamma(1, p_1, p_2) + \delta(1, q_1, q_2).$$

Es folgt $\beta = 1 - \alpha$, $\delta = 1 - \gamma$ und damit

$$r_1 = \alpha p_1 + (1 - \alpha) q_1, \quad s_1 = \gamma p_1 + (1 - \gamma) q_1.$$

Eingesetzt in (3.9) ergibt sich

$$\frac{1 - \alpha}{\alpha} = -\frac{1 - \gamma}{\gamma}.$$

Dies entspricht gerade der Bedingung (3.8), da P, Q, R, S die inhomogenen Koordinaten (0), (∞), $(\frac{\beta}{\alpha}) = (\frac{1-\alpha}{\alpha})$, $(\frac{\delta}{\gamma}) = (\frac{1-\gamma}{\gamma})$ besitzen.

Liegt schließlich einer der Punkte P, Q, R, S oder alle auf der Ferngeraden, so folgt der Beweis durch einfache Adaption (Aufgabe 8). $\qquad\square$

Wendet man eine Koordinatentransformation der Form (3.6) bzw. (3.7) auf die links stehenden Ausdrücke in den entsprechenden Bedingungen des Satzes an, so zeigt sich, dass sie invariant bleiben. Dieser Ausdruck heißt das Doppelverhältnis der vier Punkte – er stimmt gerade mit dem im Standardmodell behandelten Begriff überein.

Definition 3.78. Sind A, B, C, D vier verschiedene Punkte einer projektiven Geraden g mit den inhomogenen Koordinaten a, b, c, d, so heißt der Ausdruck

$$\frac{c - a}{c - b} : \frac{d - a}{d - b}$$

das *Doppelverhältnis* $DV(A, B; C, D)$ der vier Punkte; es reduziert sich wie zuvor, wenn einer der Punkte U ist.

Ist g homogen koordinatisiert, so ist es definiert durch

$$\frac{\det(\mathrm{c}, \mathrm{a})}{\det(\mathrm{c}, \mathrm{b})} : \frac{\det(\mathrm{d}, \mathrm{a})}{\det(\mathrm{d}, \mathrm{b})}. \tag{3.10}$$

Wir stellen einige Eigenschaften des Doppelverhältnisses zusammen:

Eigenschaften 3.79. 1) Das Doppelverhältnis bleibt unter Projektivitäten $\pi : g \to g'$ invariant:

$$DV(\pi(A), \pi(B); \pi(C), \pi(D)) = DV(A, B; C, D).$$

Dies erkennt man unmittelbar durch Nachrechnen.

Insbesondere folgt daraus, dass das Doppelverhältnis invariant ist bei Koordinatentransformationen bezüglich g. Somit sind die Definitionen wirklich sinnvoll. (Ersichtlich hängt im homogenen Fall dessen Wert auch nicht vom Repräsentanten ab.)

Ein Spezialfall von 1) ist

2) Vier verschiedene Geraden eines ebenen Büschels S werden von allen nicht durch S gehenden Geraden in Punkten mit demselben Doppelverhältnis geschnitten.

3) Nach der Bemerkung 3.57,1) gilt für fest gewählte Repräsentanten a, b, c, d der Koordinaten von A, B, C, D

$$c = \alpha a + \beta b, \quad d = \gamma a + \delta b$$

mit geeigneten $\alpha, \beta, \gamma, \delta \in \mathbb{R}$, $(\alpha, \beta), (\gamma, \delta) \neq (0, 0)$. Setzt man dies in (3.10) ein, so erhält man unter Verwendung der Rechenregeln für Determinanten

$$DV(A, B; C, D) = \frac{\beta}{\alpha} : \frac{\delta}{\gamma}. \tag{3.11}$$

Wählt man andere Repräsentanten für die Koordinaten, so ändern sich zwar die Koeffizienten $\alpha, \beta, \gamma, \delta$, der Wert des Doppelverhältnisses bleibt nach 1) davon aber unberührt. Das erkennt man natürlich auch sofort durch direktes Nachrechnen.

4) Es gilt $H(AB; CD)$ genau dann, wenn $DV(A, B; C, D) = -1$ ist.

5) Das Doppelverhältnis ist stets eine reelle Zahl $\neq 0, 1$, die aufgrund von 1) koordinatenunabhängig ist. Ist umgekehrt $r \in \mathbb{R}$, $r \neq 0, 1$, und sind A, B, C vorgegeben, so gibt es genau einen Punkt D mit $DV(A, B; C, D) = r$. Haben dabei A, B, C entsprechend die Koordinaten $\infty, 0, 1$, dann hat D gerade r als Koordinate (Aufgabe 9).

Wenn zwei der vier Punkte zusammenfallen, werden auch die Werte $0, 1, \infty$ angenommen.

6) Bei den 24 möglichen Vertauschungen der Punkte A, B, C, D kann das Doppelverhältnis maximal 6 verschiedene Werte annehmen (vgl. Bemerkung 1.23 ii) in Kap. 1.5). Genauer gilt für $DV(A, B; C, D) = r$:

$$DV(A, B; D, C) = \tfrac{1}{r}, \qquad DV(A, C; B, D) = 1 - r,$$
$$DV(A, C; D, B) = \tfrac{1}{1-r}, \qquad DV(A, D; B, C) = \tfrac{r-1}{r},$$
$$DV(A, D; C, B) = \tfrac{r}{r-1}.$$

Wir können nun auch den Trennungsbegriff algebraisch charakterisieren, der ja die harmonische Lage zur Grundlage hatte. Seien A, B, C, D vier verschiedene Punkte einer homogen koordinatisierten Geraden g und seien a, b fixe Repräsentanten für die Koordinaten von A, B. Aufgrund der Bemerkung 3.57,1) gibt es dann Repräsentanten c, d für die Koordinaten von C, D und reelle Zahlen $\gamma, \delta \neq 0$, jeweils eindeutig bestimmt, mit

$$c = a + \gamma b, \quad d = a + \delta b.$$

Mit dieser Voraussetzung gilt der

Satz 3.80. *Genau dann gilt* $AB \asymp CD$, *wenn* $DV(A,B;C,D) < 0$ *bzw. gleichwertig* $\frac{\gamma}{\delta} < 0$ ($\Leftrightarrow \gamma\delta < 0$) *ist.*

Beweis. Die Gleichwertigkeit der beiden Bedingungen folgt wegen Eigenschaft 3). Wir zeigen die äquivalente Behauptung: $AB \not\asymp CD$ genau dann, wenn $\gamma\delta > 0$ ist.

Falls $AB \not\asymp CD$, so existiert definitionsgemäß ein Punktepaar M, N mit $H(MN, AB)$ und $H(MN, CD)$. Für den jeweiligen Koordinatenvektor gilt dann $\mathbf{m} = \mathbf{a} + \mu\mathbf{b}$, $\mathbf{n} = \mathbf{a} + \nu\mathbf{b}$, $\mu, \nu \in \mathbb{R}^*$. Aufgrund der Eigenschaften 3) und 4) folgt

$$\frac{\mu}{\nu} = -1, \text{ d.h. } \nu = -\mu,$$

sowie

$$\frac{\det(\mathbf{a} + \mu\mathbf{b}, \mathbf{a} + \gamma\mathbf{b})}{\det(\mathbf{a} + \mu\mathbf{b}, \mathbf{a} + \delta\mathbf{b})} : \frac{\det(\mathbf{a} + \nu\mathbf{b}, \mathbf{a} + \gamma\mathbf{b})}{\det(\mathbf{a} + \nu\mathbf{b}, \mathbf{a} + \delta\mathbf{b})} = -1.$$

Letzteres impliziert

$$\frac{\gamma - \mu}{\delta - \mu} : \frac{\gamma - \nu}{\delta - \nu} = -1.$$

Mit $\nu = -\mu$ folgt: $\gamma\delta = \mu^2 > 0$.

Ist umgekehrt $\gamma\delta > 0$, so liegen die Punkte M, N mit den Koordinaten $\mathbf{m} = \mathbf{a} + \sqrt{\gamma\delta}\mathbf{b}$, $\mathbf{n} = \mathbf{a} - \sqrt{\gamma\delta}\mathbf{b}$ aufgrund der Rechnung harmonisch zu A, B und C, D. □

Wir haben bis jetzt Projektivitäten zwischen Punktreihen betrachtet. Durch Dualisieren erhält man die entsprechenden Ergebnisse für Projektivitäten zwischen Geradenbüschel. Zugleich wird man durch Dualisieren auf den Begriff des Doppelverhältnisses von vier verschiedenen Geraden eines Büschels geführt.

Um die Betrachtung der eindimensionalen Projektivitäten abzuschließen, müssen wir noch solche zwischen ungleichartigen Gebilden untersuchen. Das entsprechende Ergebnis formulieren wir gleich allgemein:

Satz 3.81.   1) *Jede eindimensionale Projektivität* $\pi : \mathcal{G} \to \mathcal{G}'$ *zweier Grundgebilde lässt das Doppelverhältnis, speziell die harmonische Lage, invariant.*

2) *Jede Abbildung* $\pi : \mathcal{G} \to \mathcal{G}'$ *zweier eindimensionaler Grundgebilde, welche die harmonische Lage erhält, ist eine eindimensionale Projektivität.*

Beweis. 1) Da Projektivitäten Produkte von Korrespondenzen sind, reicht es, die Aussage für letztere zu beweisen. Sei dazu $\pi : G \to g$ eine Korrespondenz (der Fall $\pi : g \to G$ ist dual). Da für Perspektivitäten wegen Eigenschaft 2) bzw. ihrer Dualisierung jedenfalls die Behauptung gilt, können wir für G und g spezielle Koordinaten wählen: $G(0,0,1)$ und $g(0,0,1)^t$. Ist P ein beliebiger Punkt von g, so sind seine homogenen Koordinaten gleich $(p_0, p_1, 0)$. Die entsprechenden eindimensionalen erhält man gemäß des allgemeinen Verfahrens durch Weglassen der 0: (p_0, p_1). Das Doppelverhältnis der Punkte $A, B, C, D \in g$ ist somit durch (3.10) gegeben.

Andererseits hat die Verbindungsgerade von P mit G die Koordinaten $(-p_1, p_0, 0)^t$. Die eindimensionalen Koordinaten bezüglich des Büschels G sind dann analog $\bar{p}^t = (-p_1, p_0)$. Wegen $\det(\bar{c}, \bar{a}) = \det(c, a)$ und entsprechend in den anderen Fällen folgt nun die Behauptung.

2) Sind $\mathcal{G}$ und $\mathcal{G}'$ gleichartige Grundgebilde, so gilt die Aussage nach der Folgerung 3.72 bzw. ihrer Dualisierung. Seien nun $\mathcal{G}, \mathcal{G}'$ ungleichartig und $\sigma : \mathcal{G}' \to \mathcal{H}$ eine Korrespondenz. Da σ nach 1) die harmonische Lage erhält, hat auch $\varphi := \sigma \circ \pi$ diese Eigenschaft. φ hat aber gleichartige Gebilde als Definitions- bzw. Bildbereich, ist also nach dem eben Gesagten eine Projektivität. Damit ist aber auch $\pi = \sigma^{-1} \circ \varphi$ eindimensionale Projektivität. $\qquad\square$

Folgerung 3.82. *Projektivitäten sind genau diejenigen bijektiven Abbildungen, die das Doppelverhältnis invariant lassen bzw. die die harmonische Lage erhalten.*

A) Involutionen

Eine wichtige Klasse eindimensionaler Projektivitäten einer Punktreihe bzw. eines Geradenbüschels in sich bilden die Involutionen.

Definition 3.83. Eine Projektivität $\pi : g \to g$ (bzw. $G \to G$), $\pi \neq id$, mit der Eigenschaft $\pi \circ \pi = id$ heißt *Involution*.

Aus $\pi(A) = A'$ folgt also stets $\pi(A') = A$.

Die Transformation, die jedem Punkt X einer Geraden den vierten harmonischen Punkt $\bar{X}$ bzgl. zweier fester Punkte A, B zuordnet, ist offenbar eine Involution. Dabei gilt gemäß der Festlegung in Satz 3.44 $\bar{A} = A$, $\bar{B} = B$, d.h. A, B sind Fixpunkte.

Weitere Beispiele werden durch den folgenden Satz nahegelegt, in welchem Involutionen charakterisiert werden.

Satz 3.84. *Eine Projektivität ist genau dann eine Involution, wenn sie zwei Punkte A, A' $(A \neq A')$ einander gegenseitig zuordnet.*

Beweis. Es sei π eine Projektivität, die $\pi(A) = A'$, $\pi(A') = A$ erfüllt. Weiter sei $X \in g$ beliebig, aber fest, mit $X \neq A, A'$ und $\pi(X) =: X' \neq X$. Wir zeigen zunächst, dass es eine Kette von Perspektivitäten, also eine Projektivität α_X gibt, die A mit A' und X mit X' vertauscht. Dazu wählen wir ein Dreieck RST, dessen Seiten durch A, X und X' gehen (Abb. 3.34). Sei $U = \langle A', R \rangle \cap \langle S, T \rangle$ und $V = \langle A, U \rangle \cap \langle X, T \rangle$. Dann gilt

$$AA'XX' \overset{R}{\barwedge} SUTX' \overset{A}{\barwedge} RVTX \overset{U}{\barwedge} A'AX'X.$$

Aufgrund des Fundamentalsatzes muss π mit α_X übereinstimmen. Auch π vertauscht also X mit X'. Da X beliebig war (falls $\pi(X) = X$ gelten sollte, ist die letzte Aussage ja automatisch erfüllt), ist π eine Involution. $\qquad\square$

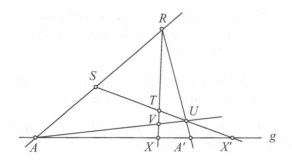

Abbildung 3.34

Folgerung 3.85. *Schneidet man die sechs Seiten eines vollständigen Vierecks ABCD mit irgendeiner Geraden g, die nicht durch eine Ecke geht, so bilden die Schnittpunkte gegenüberliegender Seiten Paare einander zugeordneter Punkte einer Involution.*

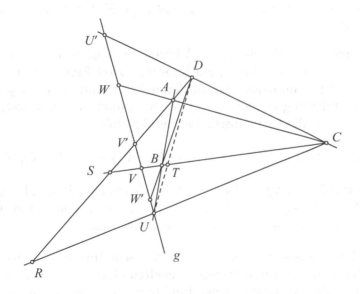

Abbildung 3.35

Beweis. Die Schnittpunkte von g mit den gegenüberliegenden Seiten $\langle A, B \rangle$ und $\langle C, D \rangle$ seien mit U, U', die mit $\langle B, C \rangle$, $\langle D, A \rangle$ mit V, V', und die mit $\langle A, C \rangle$, $\langle B, D \rangle$ mit W, W' bezeichnet (Abb. 3.35). Wir betrachten die folgende Kette von Perspektivitäten:

$$UU'VW \overset{C}{\barwedge} RDSA \overset{U}{\barwedge} CTSB \overset{D}{\barwedge} U'UV'W'.$$

Deren Produkt ist somit eine Projektivität π, die insbesondere V in V' und W in W' überführt. Da sie U mit U' vertauscht, ist sie nach Satz 3.84 eine Involution, es gilt also $\pi(V') = V$ und $\pi(W') = W$. $\square$

Bemerkung 3.86. Geht g durch zwei Nebenecken des Vierecks $ABCD$, so erhält man gerade die Definition der harmonischen Beziehung.

Folgerung 3.87. *Jede eindimensionale Projektivität $\pi : g \to g$ lässt sich als Produkt von höchstens zwei Involutionen darstellen.*

Beweis. Falls $\pi = id$ gilt oder Involution ist, ist nichts zu zeigen. Sei also $A \in g$ mit $A \neq \pi(A) =: A'$ und $A \neq \pi(A') =: A''$. Wir definieren eine (hyperbolische) Involution α durch $\alpha(A) = A''$, $\alpha(A'') = A$ und $\alpha(A') = A'$. Dann gilt $(\alpha \circ \pi)(A) = A'$, $(\alpha \circ \pi)(A') = A$. Die Projektivität $\alpha \circ \pi$ vertauscht also A und A', ist somit nach Satz 3.84 eine Involution β. Es folgt $\pi = \alpha^{-1} \circ \beta = \alpha \circ \beta$. $\square$

Satz 3.88. *Eine Involution besitzt entweder keinen oder zwei Fixpunkte; im ersten Fall heißt sie* elliptisch, *im zweiten Fall* hyperbolisch. *Die hyperbolischen Involutionen sind gegeben durch $\pi(X) = X'$ mit $H(MN, XX')$, wo M, N die beiden Fixpunkte sind.*

Beweis. Da eine Projektivität mit ≥ 3 Fixpunkten nach dem Fundamentalsatz die Identität ist, kann eine Involution höchstens zwei Fixpunkte besitzen. Sei α eine Involution mit (zumindest) einem Fixpunkt M und A, A', $A \neq A'$, ein weiteres Paar einander zugeordneter Punkte. Der Punkt N werde festgelegt durch $H(MN, AA')$. Da α die harmonische Lage erhält, folgt

$$H(MN, AA') = H(\alpha(M)\alpha(N), \alpha(A)\alpha(A')) = H(M\alpha(N), A'A).$$

Mithin muss wirklich $\alpha(N) = N$ gelten, N ist also zweiter Fixpunkt von α. Da die durch $H(MN, XX')$ gegebene Involution M in M, N in N und A in A' überführt, muss sie mit α übereinstimmen, was wir behauptet hatten. $\square$

Bemerkung 3.89. Insbesondere kehren hyperbolische Involutionen nach Satz 3.45, Teil a) den Richtungssinn um. Dagegen behalten elliptische Involutionen ihn bei, da gegenläufige Projektivitäten einer Punktreihe in sich mindestens einen Fixpunkt besitzen (Aufgabe 11).

Dies lässt sich auch folgendermaßen ausdrücken:

Sind A, A', B, B' vier verschiedene kollineare Punkte und ist die Involution π festgelegt durch $\pi(A) = A'$, $\pi(A') = A$, $\pi(B) = B'$, so ist sie hyperbolisch, falls $AA' \not\asymp BB'$, bzw. elliptisch, falls $AA' \asymp BB'$.

Beweis. Genau dann ist die Involution gegenläufig, wenn $S(AA'B) \neq S(A'AB')$ ist. Nun ist aber $S(A'AB') \neq S(AA'B')$, weshalb jene Bedingung äquivalent zu $S(AA'B) = S(AA'B')$ ist. Aufgrund von Satz 3.29 entspricht dies gerade $AA' \not\asymp BB'$. $\square$

Bemerkung 3.90. Die geometrische Entsprechung der Addition bzw. Multiplikation der inhomogenen Koordinate zweier Punkte einer Geraden g (vgl. Kap. 3.3.2 B)) lässt sich jeweils auch mittels einer hyperbolischen Involution durchführen: Es seien $O(0)$, $E_1(1)$, $U(\infty)$, $A_a(a)$, $A_b(b)$ $(a, b \neq \infty)$ auf g vorgegeben.

i) Ist $\pi : g \to g$ die Involution festgelegt durch $\pi(A_a) = A_b$, $\pi(U) = U$, so hat $\pi(O)$ die Koordinate $a + b$.

ii) Ist $\chi : g \to g$ die Involution festgelegt durch $\chi(O) = U$, $\chi(A_a) = \chi(A_b)$, so hat $\chi(E_1)$ die Koordinate ab (Aufgabe 12).

Bemerkung 3.91. Im Gegensatz zu den Involutionen können Projektivitäten $\pi : g \to g$ auch genau einen Fixpunkt besitzen. Ein Beispiel für diesen Fall, den der sogenannten *parabolischen Projektivität*, wurde bei der geometrischen Entsprechung der Addition inhomogener Koordinaten angegeben (Kap. 3.3.2 B)). In diesem Fall zählt der Fixpunkt doppelt; d.h. dass eine parabolische Projektivität π bereits durch Angabe des Fixpunktes F und *eines* weiteren Punktes A und dessen Bildpunktes A' eindeutig festgelegt ist. Es gilt nämlich $H(FA', A\pi(A'))$ (siehe [Cox1], S. 49).

Abschließend zeigen wir noch den für spätere Argumentationen wichtigen

Satz 3.92. *Ist $\alpha : g \to g$ elliptische Involution, so gibt es eine von einem beliebigen Punkt $S \in g$ ausgehende harmonische Darstellung von α, d.h. es existiert genau ein Punktepaar $(T, \alpha(T))$, $T \in g$, mit $H(S\alpha(S), T\alpha(T))$.*

Beweis. Es sei $\beta : g \to g$ die hyperbolische Involution, die jedem Punkt $X \in g$ den vierten harmonischen Punkt $\overline{X}$ bzgl. $S, \alpha(S)$ zuordnet; insbesondere lässt sie diese beiden Punkte fest (Satz 3.45). Wegen $(\alpha \circ \beta)(S) = \alpha(S)$ und $(\alpha \circ \beta)(\alpha(S)) = S$ ist die Projektivität $\alpha \circ \beta$ Involution (Satz 3.84). Sie ist hyperbolisch, da α den Richtungssinn erhält, β ihn umkehrt, $\alpha \circ \beta$ also gegenläufig ist. Ist nun T Fixpunkt von $\alpha \circ \beta$, so folgt $\alpha(T) = \alpha((\alpha \circ \beta)(T)) = \beta(T) = \overline{T}$ und daher $H(S\alpha(S), T\alpha(T))$. $\alpha(T) = \beta(T)$ impliziert aber auch

$$(\alpha \circ \beta)(\alpha(T)) = (\alpha \circ \beta)(\beta(T)) = \alpha(T),$$

so dass $\alpha(T)$ der zweite Fixpunkt von $\alpha \circ \beta$ ist, die Rolle von T also übernehmen kann. Damit haben wir gezeigt, dass es zumindest zwei Punkte gibt, die eine von S ausgehende harmonische Darstellung von α liefern.

Ist schließlich X ein beliebiger solcher Punkt, d.h. gilt $H(S\alpha(S), X\alpha(X))$, so folgt nach Definition von $\beta : \alpha(X) = \beta(X)$ und weiter $(\alpha \circ \beta)(X) = \alpha^2(X) = X$. X muss also einer der beiden Fixpunkte von $\alpha \circ \beta$ sein. $\square$

3.3.2 Zweidimensionale Projektivitäten

Will man Transformationen der projektiven Ebene $\mathbb{P}_2$ in sich definieren, so muss man beachten, dass aufgrund des Dualitätsgesetzes sämtliche Punkte *und* sämtliche Geraden die bestimmenden Grundelemente sind. Eine solche Transformation wirkt also sowohl auf die Punkte als auch auf die Geraden und hat auch diese als Bildelemente.

Definition 3.93. Eine *zweidimensionale Projektivität* ist eine bijektive Abbildung $\pi : \mathbb{P}_2 \to \mathbb{P}_2$, die in den Punktreihen und den Geradenbüscheln, also den eindimensionalen Gebilden, eine eindimensionale Projektivität induziert.

Bemerkung 3.94. 1) Da wir uns auf den Fall der projektiven Ebene beschränken, stimmen Definitions- und Bildbereich für π überein. Für die allgemeine zweidimensionale Projektivität im projektiven Raum ist dies natürlich nicht erfüllt. Hier gilt $\pi : \varepsilon \to \varepsilon'$, wo $\varepsilon, \varepsilon'$ zwei gegebene projektive Ebenen sind.

2) Aufgrund der Folgerung 3.82 ist klar, dass zweidimensionale Projektivitäten auch als solche bijektive Transformationen charakterisiert werden können, die die harmonische Lage erhalten, oder auch als solche, die das Doppelverhältnis invariant lassen.

Welche Arten von zweidimensionalen Projektivitäten gibt es nun? Nach der Definition im eindimensionalen Fall können Punkte entweder wieder in Punkte oder in Geraden übergehen, ebenso Geraden. Nun ist es offensichtlich, dass es jedenfalls drei nicht auf einer Geraden liegende Punkte geben muss, die denselben Bildtyp besitzen und dieser tritt dann notwendigerweise bei *allen* Punkten der Ebene auf. Analoges gilt natürlich auch für die Geraden. Es gibt somit zunächst die zwei Möglichkeiten: a) die Projektivität π führt Punkte stets wieder in Punkte über, b) π führt Punkte stets in Geraden über.

Im ersten Fall gehen kollineare Punkte aufgrund der Definition wieder in kollineare Punke über – weshalb π dann auch *Kollineation* heißt –, somit also auch Geraden immer in Geraden und Geradenbüschel in Geradenbüschel. Im zweiten Fall, dem der sogenannten *Korrelation*, gehen kollineare Punkte in Geraden eines Büscheln über, eine Gerade somit in das Zentrum eines Büschels, also einen Punkt; und ein Geradenbüschel daher in eine Punktreihe. In beiden Fällen reicht es somit die Bilder einer Art von Grundelementen, etwa der Punkte, anzugeben. Die Bilder der anderen Art ergeben sich daraus mit Notwendigkeit.

Bemerkung 3.95. Es lassen sich die Kollineationen allein schon dadurch charakterisieren, dass sie bijektiv sind und kollineare Punkte stets in kollineare Punkte überführen. Denn vier harmonisch liegende Punkte lassen sich mittels eines vollständigen Vierecks erhalten und dieses geht bei Anwendung einer Kollineation wieder in ein solches über. Somit bleibt die harmonische Lage erhalten.

Entsprechend sind Korrelationen solche bijektive Transformationen, die kollineare Punkte stets in Geraden eines Büschels überführen.

Kollineationen bzw. Korrelationen auf diese Weise einzuführen ist in gewissem Sinn natürlicher als der hier gewählte Zugang. Jedoch hat er im Gegensatz zu diesem den Nachteil, bei Verallgemeinerung auf projektive Räume beliebiger Dimension den Fall der projektiven Geraden nicht mit einzuschließen.

A) Kollineationen

Wir wenden uns zunächst den Kollineationen zu. Wichtige Beispiele werden durch die Ausdehnungen der euklidischen Bewegungen auf das Standardmodell der projektiven Ebene geliefert. Um dies einzusehen, reicht es Spiegelungen zu betrachten, da jede Bewegung sich als Produkt solcher darstellen lässt. Es sei also σ eine Spiegelung mit der Spiegelachse q. Um das Bild F' eines beliebigen Fernpunktes F anzugeben, fasst man diesen als den gemeinsamen Punkt paralleler Geraden auf. Spiegelt man sie, erhält man wieder parallele Geraden, deren Fernpunkt somit F' ist; die Ferngerade bleibt also als Ganzes fest. Insbesondere ist diese Transformation bijektiv und daher eine Kollineation, da sie klarerweise Gerade wieder in Gerade überführt. Eine Gerade, die (erweiterte) Spiegelachse q bleibt dabei punktweise fest, und alle Geraden senkrecht zu q bleiben als Ganzes fest. Daher ist deren Fernpunkt ein Fixpunkt.

Bei der Ausdehnung einer Translation bleibt ebenfalls eine Gerade punktweise fest, nämlich die Ferngerade. Und alle Geraden parallel zur Translationsrichtung bleiben als Ganzes fest, deren Fernpunkt ist also jetzt ein Fixpunkt. Beide Abbildungen fallen somit unter den folgenden allgemeinen Begriff:

Definition 3.96. Eine zweidimensionale Projektivität, die jeden Punkt einer festen Geraden q, der Achse, und jede Gerade eines festen Punktes Q, des Zentrums, invariant lässt, heißt *perspektive* (auch *zentrale* oder *axiale*) *Kollineation*. Falls $q \notin Q$ heißt sie (ebene) *Homologie*, andernfalls (ebene) *Elation*.

Die der Spiegelung entsprechende Transformation ist also eine Homologie, die der Translation entsprechende eine Elation.

Satz 3.97. *Durch das Zentrum Q und die Achse q und ein Paar sich entsprechender Punkte (die notwendigerweise auf einer Geraden durch Q liegen) oder ein Paar sich entsprechender Geraden (deren Schnittpunkt auf q liegen muss) ist eine perspektive Kollineation eindeutig bestimmt.*

Beweis. Wir zeigen zunächst die Eindeutigkeit: Bei einer perspektiven Kollineation werde dem Punkt A der Punkt A' zugeordnet, wobei $A' \in \langle Q, A \rangle$, also $Q \in \langle A, A' \rangle$ gilt. Nun sei X ein beliebiger Punkt der projektiven Ebene mit $X \notin \langle A, Q \rangle$. Da jede Gerade durch Q als Ganzes und jeder Punkt von q unter der perspektiven Kollineation invariant bleibt, muss der Bildpunkt X' die beiden Bedingungen $X' \in \langle X, Q \rangle$ und $S_X = \langle A', X' \rangle \cap \langle A, X \rangle \in q$ erfüllen, wodurch er eindeutig festgelegt ist. Ist $X \in \langle A, Q \rangle$, so verwendet man ein eben konstruiertes Paar B, B' entsprechender Punkte und verfährt auf dieselbe Weise.

Um die Existenz einer perspektiven Kollineation aufgrund der Bedingungen des Satzes nachzuweisen, konstruieren wir die Abbildung $\alpha : \mathbb{P}_2 \to \mathbb{P}_2$, $X \mapsto X'$, wie zuvor. Es sei nun $g(\neq q)$ eine beliebige, feste Gerade, $R = g \cap q$, $X \in g$, $X \neq R$, fest und $Y \in g$ beliebig. Nach Konstruktion liegen die Dreiecke $\triangle AXY$ und $\triangle A'X'Y'$ perspektiv in Bezug auf den Punkt Q, so dass nach dem dualen Satz von Desargues die Schnittpunkte entsprechender Seiten auf einer Geraden, nämlich q liegen (siehe Abb. 3.36). Insbesondere liegen also sämtliche Punkte Y'

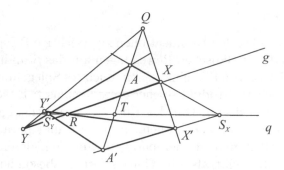

Abbildung 3.36

auf der Geraden $\langle R, X' \rangle$. α führt somit kollineare Punkte stets wieder in solche über, ist also nach Bemerkung 3.95 jedenfalls Kollineation. Da sie auf q die drei Punkte $R, S_X, T = \langle Q, A \rangle \cap q$ fest lässt, induziert sie auf q die Identität; q ist also Fixpunktgerade von α. Nach Konstruktion bleiben auch alle Geraden durch Q als Ganzes unter α fest, so dass α wirklich perspektive Kollineation ist. $\square$

Ein Spezialfall, welcher bei der der Spiegelung entsprechenden Transformation vorliegt, sei besonders hervorgehoben:

Definition 3.98. Eine Homologie χ mit Zentrum Q und Achse q heißt *harmonische Homologie*, falls es einen Punkt $A \notin q$, $A \neq Q$, gibt mit $H(AA', Q\bar{A})$, wobei $A' = \chi(A)$ der Bildpunkt von A und $\bar{A} = \langle Q, A \rangle \cap q$ ist.

Satz 3.99. *Ist χ harmonische Homologie, so gilt für jeden Punkt $X \notin q$, $X \neq Q$, und dessen Bildpunkt X': $H(XX', Q\bar{X})$, wobei $\bar{X} = \langle Q, X \rangle \cap q$ ist.*

Beweis. Im Falle $X \notin \langle Q, A \rangle$ bezeichne S den Schnittpunkt $S = \langle A, X \rangle \cap q$ (Abb. 3.37). Dann liegen die Geraden $\langle Q, S \rangle, \langle A, S \rangle, \langle \bar{A}, S \rangle, \langle A', S \rangle$ harmonisch. Schneidet man sie mit $\langle Q, X \rangle$ folgt die Behauptung.

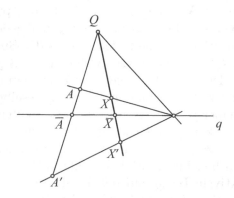

Abbildung 3.37

Ist $X \in \langle Q, A \rangle$, so verwendet man statt A, A' ein eben konstruiertes neues Punktepaar. $\qquad \square$

Wir betrachten nun die allgemeinen Kollineationen und werden zeigen, dass sie sich stets als Produkt von perspektiven Kollineationen darstellen lassen. Dazu beweisen wir zunächst folgenden

Hilfssatz 3.100. *Ein Viereck ABCD lässt sich in jedes Viereck ABCD' durch Anwendung zweier perspektiver Kollineationen überführen.*

Beweis. Sei S der Schnittpunkt von $\langle A, D \rangle$ und $\langle B, D' \rangle$ und α die aufgrund von Satz 3.97 eindeutig bestimmte Homologie mit Achse $\langle B, C \rangle$ und Zentrum A, die D in S abbildet. Weiter sei β die Homologie mit Achse $\langle A, C \rangle$ und Zentrum B, die S in D' überführt. Ersichtlich leistet dann $\beta \circ \alpha$ das Gewünschte. $\qquad \square$

Bemerkung 3.101. Ein analoges Resultat gilt, wenn ein Paar entsprechender Vierseite $abcd$, $abcd'$ gegeben ist.

Satz 3.102. *Eine Kollineation ist durch die Angabe zweier zugeordneter Vierecke (Vierseite) eindeutig bestimmt.*

Beweis. 1) Wir zeigen zunächst, dass es eine Kollineation gibt, die ein gegebenen Viereck $ABCD$ in ein Viereck $A'B'C'D'$ überführt. Liegen nämlich die Punkte derart, dass die im folgenden auftretenden Quadrupel stets wieder Vierecke beschreiben, so lassen sich aufgrund des Hilfssatzes die einzelnen Transformationen durch jeweils zwei Homologien darstellen:

$$ABCD \rightarrow A'BCD \rightarrow A'B'CD \rightarrow A'B'C'D \rightarrow A'B'C'D'.$$

Deren Produkt liefert somit die gesuchte Kollineation.

Sollten die gegebenen Punkte nicht die genannte Bedingung erfüllen, schiebt man ein Hilfsviereck $\bar{A}\bar{B}\bar{C}\bar{D}$ ein, das sowohl in Bezug auf $ABCD$ als auch auf $A'B'C'D'$ jenen Bedingungen genügt.

2) Um die Eindeutigkeit nachzuweisen, nehmen wir an, es gäbe zwei Kollineationen α, β mit $\alpha(A) = \beta(A) = A', \ldots, \alpha(D) = \beta(D) = D'$. Dann lässt die Kollineation $\gamma = \beta^{-1} \circ \alpha$ das Ausgangsviereck $ABCD$ invariant und damit auch die sechs Verbindungsgeraden (als Ganzes). Mithin sind die drei Nebenecken R, S, T Fixpunkte unter γ. Da nun auf jeder der sechs Geraden drei Fixpunkte liegen und γ auf ihnen definitionsgemäß eine eindimensionale Projektivität induziert, müssen diese nach dem Fundamentalsatz (Satz 3.68) sogar punktweise festbleiben. Jede andere Gerade g hat mit den sechs Geraden zumindest drei Schnittpunkte, besitzt also ebenso drei Fixpunkte unter γ. Aus demselben Grund muss dann wieder jeder Punkt von g festbleiben, γ ist also die Identität. Daraus folgt $\alpha = \beta$. $\qquad \square$

Aus dem ersten Teil des Beweises ergibt sich unmittelbar die

Folgerung 3.103. *Jede Kollineation ist Produkt von perspektiven Homologien.*

Bemerkung 3.104. Satz 3.102 lässt sich auch leicht direkt zeigen, ohne die Verwendung von Homologien. Und zwar indem man $ABCD$, $A'B'C'D'$ jeweils als die Grundpunkte eines homogenen Koordinatensystems ansieht. Ordnet man dann dem Punkt $X \in \mathbb{P}_2$ mit den Koordinaten (x_0, x_1, x_2) den Punkt $X' \in \mathbb{P}_2$ zu, der bezüglich des 2. Koordinatensystems dieselben Koordinaten besitzt, so ist diese Zuordnung klarerweise bijektiv und führt Punkte in Punkte, Geraden in Geraden über, ist also eine Kollineation.– Synthetische direkte Beweise findet man z.B. in [Stoß4], Fundamentalsatz 4-2, oder [Cox1], S. 57.

Insbesondere lassen sich also aufgrund von Satz 3.102 Kollineationen stets als Koordinatentransformationen interpretieren.

Zum Abschluß wollen wir noch die analytische Beschreibung der Kollineationen angeben.

Satz 3.105. *Jede Kollineation* $\alpha : X(x_0, x_1, x_2) \mapsto X'(x_0', x_1', x_2')$ *lässt sich beschreiben durch*

$$
\begin{aligned}
\lambda x_0' &= a_{00}x_0 + a_{01}x_1 + a_{02}x_2 \\
\lambda x_1' &= a_{10}x_0 + a_{11}x_1 + a_{12}x_2 \qquad \textit{mit } \det(a_{ij})_{i,j=0,1,2} \neq 0, \ \lambda \in \mathbb{R}^*; \qquad (3.12) \\
\lambda x_2' &= a_{20}x_0 + a_{21}x_1 + a_{22}x_2
\end{aligned}
$$

kurz: $\lambda \mathbf{x}'^t = \mathbf{A}\mathbf{x}^t$ *mit* $\mathbf{A} \in GL_3(\mathbb{R})$. *Umgekehrt beschreibt jede Abbildung dieser Gestalt eine Kollineation.*

Beweis. Die zweite Aussage des Satzes folgt unmittelbar aufgrund der Bemerkung 3.95: Eine derartige (Koordinaten-)Transformation ist wohldefiniert (vgl. Bemerkung 3.75) und bijektiv. Das gilt somit ebenso für die entsprechende Punkttransformation und diese erhält auch die Kollinearität. Die Punkte einer Geraden genügen ja einer Gleichung der Gestalt $\langle \mathbf{n}^t, \mathbf{x} \rangle = 0$. Anwendung einer Transformation (3.12) liefert $0 = \langle \mathbf{n}^t, \mathbf{x}'(\mathbf{A}^t)^{-1} \rangle = \langle ((\mathbf{A}^t)^{-1}\mathbf{n})^t, \mathbf{x}' \rangle$, also wieder die Gleichung einer Geraden.

Um die erste Aussage des Satzes abzuleiten, nehmen wir an, dass die gegebene Kollineation α das Viereck $ABCD$ in das Viereck $A'B'C'D'$ überführe. Es seien $\mathbf{a} = (a_0, a_1, a_2)$, $\mathbf{a}' = (a_0', a_1', a_2')$ fest gewählte Repräsentanten der Koordinaten von A, A' und entsprechend für die anderen Punkte. Da je drei der Punkte A, B, C, D nicht auf einer Geraden liegen, sind die zugehörigen Repräsentanten linear unabhängig im Vektorraum $\mathbb{R}^3$ und bilden daher eine Basis. Insbesondere gibt es daher reelle Zahlen $\lambda_0, \lambda_1, \lambda_2$ mit $\mathbf{d} = \lambda_0\mathbf{a} + \lambda_1\mathbf{b} + \lambda_2\mathbf{c}$. Dabei kann keiner der Koffizienten λ_i, $i = 0, 1, 2$, gleich 0 sein, da sonst die restlichen Vektoren linear abhängig wären. Ganz analog gilt $\mathbf{d}' = \mu_0\mathbf{a}' + \mu_1\mathbf{b}' + \mu_2\mathbf{c}'$ mit $\mu_i \neq 0$, $i = 0, 1, 2$. Wie aus der Linearen Algebra bekannt ist, gibt es nun eine eindeutig bestimmte lineare Abbildung $\varphi : \mathbb{R}^3 \to \mathbb{R}^3$, die

$$
\varphi(\mathbf{a}) = \nu \frac{\mu_0}{\lambda_0}\mathbf{a}' , \quad \varphi(\mathbf{b}) = \nu \frac{\mu_1}{\lambda_1}\mathbf{b}' , \quad \varphi(\mathbf{c}) = \nu \frac{\mu_2}{\lambda_2}\mathbf{c}'
$$

erfüllt – ν ist dabei eine beliebige, aber fest vorgegebene reelle Zahl $\neq 0$. Dabei ist φ nicht singulär, da $\mathbf{a}', \mathbf{b}', \mathbf{c}'$ linear unabhängig sind. Wendet man φ auf $\mathbf{d}$ an, so folgt

$$\varphi(\mathsf{d}) = \varphi(\lambda_0\mathsf{a} + \lambda_1\mathsf{b} + \lambda_2\mathsf{c}) = \nu(\mu_0\mathsf{a}' + \mu_1\mathsf{b}' + \mu_2\mathsf{c}') = \nu\mathsf{d}'.$$

Die φ entsprechende projektive Abbildung $\hat{\varphi}$ (vgl. Folgerung 3.74) erfüllt also $\hat{\varphi}(A) = A', \ldots, \hat{\varphi}(D) = D'$ und hat die Gestalt (3.12). Nach dem ersten Teil des Beweises ist $\hat{\varphi}$ eine Kollineation. Somit sind α und $\hat{\varphi}$ Kollineationen, die auf das gegebene Viereck $ABCD$ gleich wirken. Aufgrund von Satz 3.102 muss daher $\alpha = \hat{\varphi}$ gelten und α hat die behauptete Gestalt. $\qquad\square$

B) Korrelationen

Wie schon erwähnt wurde gibt es neben den Kollineationen noch einen zweiten Typ von zweidimensionalen Projektivitäten, die Korrelationen. Es sind diejenigen bijektiven Abbildungen der projektiven Ebene in sich, die kollineare Punkte in Geraden eines Büschels überführen und folglich Gerade stets in einen Punkt, das Zentrum des Büschels.

Auf ganz naheliegende Weise lassen sich die Ergebnisse über Kollineationen auf den Fall der Korrelationen übertragen. Man braucht nur im Bildbereich „dual" zu argumentieren. Deshalb seien die entsprechenden Resultate nur aufgelistet.

Satz 3.106. *Eine Korrelation ist durch die Angabe eines Vierecks (Vierseits) und eines zugeordneten Vierseits (Vierecks) eindeutig bestimmt.*

Hierbei kann natürlich nicht der ursprüngliche Beweis des Satzes „dualisiert" werden, da er sich auf Homologien stützt, sondern nur der in der anschließenden Bemerkung angegebene.

Bemerkung 3.107. Wie in Kapitel 4.2 gezeigt wird, treten Korrelationen auf ganz natürliche Weise beim Studium der sogenannten Kurven 2. Ordnung bei der Pol-Polare-Beziehung auf. Damit lässt sich der Satz unmittelbar auf folgende Weise einsehen: Sind $ABCD$, $abcd$ das gegebene Viereck bzw. Vierseit, ψ eine fixe Korrelation und φ diejenige Kollineation, die $ABCD$ in $\psi^{-1}(a), \psi^{-1}(b), \psi^{-1}(c), \psi^{-1}(d)$ überführt (Satz 3.102), so ist $\psi \circ \varphi$ die gesuchte Korrelation.

Satz 3.108. *Jede Korrelation $\alpha : X(x_0, x_1, x_2) \mapsto x'(x_0', x_1', x_2')^t$ lässt sich beschreiben durch*

$$\begin{aligned}
\lambda x_0' &= a_{00}x_0 + a_{01}x_1 + a_{02}x_2 \\
\lambda x_1' &= a_{10}x_0 + a_{11}x_1 + a_{12}x_2 \qquad \text{mit } \det(a_{ij})_{i,j=0,1,2} \neq 0, \ \lambda \in \mathbb{R}^*; \qquad (3.13) \\
\lambda x_2' &= a_{20}x_0 + a_{21}x_1 + a_{22}x_2
\end{aligned}$$

kurz: $\lambda\mathsf{x}' = \mathsf{A}\mathsf{x}^t$ mit $\mathsf{A} \in GL_3(\mathbb{R})$. Es sind also jetzt $\mathsf{x} = (x_0, x_1, x_2)$ Punktkoordinaten und $\mathsf{x}' = (x_0', x_1', x_2')^t$ Geradenkoordinaten.

Wir wenden uns nun speziellen Korrelationen zu, die im weiteren noch eine große Rolle spielen werden.

Definition 3.109. Eine Korrelation π mit $\pi \circ \pi = id$ heißt *Polarität*. Ausführlich besagt dies, dass aus $\pi(A) = a$ folgt $\pi(a) = A$ und umgekehrt. a wird dabei die *Polare* des Punktes A, A der *Pol* der Geraden a genannt.

Aufgrund der Definition folgt unmittelbar das

Lemma 3.110. *Liegt A auf der Polaren von B, so liegt B auf der Polaren von A.*

Beweis. $A \in \pi(B)$ impliziert $B = \pi(\pi(B)) \in \pi(A)$. $\square$

Satz 3.111. *Jede Korrelation π, welche den Ecken eines Dreiecks ABC die gegenüberliegenden Seiten a, b, c zuordnet, ist eine Polarität.*

Beweis. Da $a = \langle B, C \rangle$ ist, muss der Bildpunkt $\pi(a)$ mit dem Schnittpunkt von b und c übereinstimmen, d.h. $\pi(a) = A$. Analog folgt $\pi(b) = B$ und $\pi(c) = C$. Es sei nun P ein beliebiger fester Punkt derart, dass $ABCP$ ein Viereck bildet, und sei $p = \pi(P)$. Da die Kollineation $\pi \circ \pi$ durch die Wirkung auf dieses Viereck eindeutig festgelegt ist, bleibt noch zu zeigen, dass $\pi(p) = P$ gilt.

Dazu läßt man den Punkt X die Gerade c durchlaufen. Dann durchläuft $\pi(X)$ das Geradenbüschel C. Schneidet man dieses wieder mit c, erhält man eine eindimensionale Projektivität α auf $c : \alpha(X) = \pi(X) \cap c$. Ersichtlich gilt $\alpha(A) = B$, $\alpha(B) = A$. Nach Satz 3.84 ist α daher einer Involution.

Die Schnittpunkte von p mit a, b, c seien mit D, E, F bezeichnet. Dann geht die Gerade $\langle C, P \rangle$ bei π über in F; ihr Schnittpunkt G mit c erfüllt somit $\alpha(G) = F$. Mithin muss auch $\alpha(F) = G$ gelten. Das impliziert $G \in \pi(F) = \langle C, \pi(P) \rangle$, also $\pi(F) = \langle C, G \rangle = \langle C, P \rangle$. Insbesondere liegt P auf $\pi(F)$. Analog erkennt man $P \in \pi(E)$ (und $P \in \pi(D)$). Es folgt daher wirklich $\pi(p) = \pi(\langle F, E \rangle) = \pi(F) \cap \pi(E) = P$. $\square$

Die in dem Satz angesprochene Eigenschaft charakterisiert Polaritäten:

Satz 3.112. *Jede Polarität besitzt ein selbstpolares Dreieck, d.h. ein Dreieck, dessen Ecken den gegenüberliegenden Seiten zugeordnet sind und umgekehrt.*

Beweis. Es genügt zu zeigen, dass Punkte P, Q existieren mit $P \notin \pi(P)$, $Q \notin \pi(Q)$ und $P \in \pi(Q)$. Aufgrund von Lemma 3.110 gilt dann nämlich auch $Q \in \pi(P)$ und das Dreieck PQR mit $R = \pi(P) \cap \pi(Q)$ ist selbstpolar.

Offenbar existieren stets Punkte, die nicht mit ihrer Bildgeraden inzidieren. Sind nämlich A, B zwei Punkte mit $A \in \pi(A)$, $B \in \pi(B)$ und $B \notin \pi(A)$, dann folgt wieder wegen Lemma 3.110: $C := \pi(A) \cap \pi(B)$ liegt nicht auf $\pi(C) = \langle A, B \rangle$.

Es sei nun M ein Punkt mit $M \notin \pi(M)$. Gibt es einen Punkt $N \in \pi(M)$ mit $N \notin \pi(N)$, so ist das gewünschte Punktepaar gefunden. Andernfalls muss jeder Punkt $X \in \pi(M)$ auf seiner Polaren liegen und diese ist daher $\langle X, M \rangle$. (Der Fall kann nicht eintreten, denn es gilt der Satz: Auf jeder Geraden liegen höchstens zwei derartige Punkte (Aufgabe 18).) Seien U, V zwei feste Punkte von $\pi(M)$ und $S \in \langle M, U \rangle = \pi(U)$ beliebig, $S \neq M, U$ (Abb. 3.38). Die Polare von S geht dann durch U, ihr Schnitt mit $\langle M, V \rangle = \pi(V)$ sei T. Es folgt: $S \in \pi(T)$, $S \notin \pi(S)$ und $T \notin \pi(T)$, d.h. das Punktepaar S, T hat die gewünschten Eigenschaften. $\square$

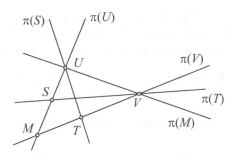

Abbildung 3.38

Anhang 1. Das arithmetische Modell für $\mathbb{P}_2$

In Kapitel 3.2.2,B) hatten wir das arithmetische Modell $\mathbb{A}_2$ für die projektive Ebene vorgestellt, jedoch noch nicht gezeigt, dass es wirklich das entsprechende Axiomensystem erfüllt. Da wir nun dabei auftretende Begriffe zur Verfügung haben, wollen wir den Beweis nachholen. Er wird üblicherweise so geführt, dass man zusätzlich zu den Grundelementen von $\mathbb{A}_2$, das sind Punkte, Geraden, Inzidenz, auch alles, was bisher abgeleitet wurde, als bekannt voraussetzt; insbesondere die Beschreibungen der harmonischen Lage und der Trennung mittels des Doppelverhältnisses (Satz 3.77 und Satz 3.80) und die Deutung der Kollineationen als Koordinatentransformationen. Hat man gezeigt, dass diese speziellere Konkretisierung ein Modell für $\mathbb{P}_2$ ist, so gilt dies auch für $\mathbb{A}_2$. Das folgt einfach daraus, dass ein Gegenbeispiel bezüglich $\mathbb{A}_2$ zu einem Axiom auch eines für dieses Modell wäre.

Wir gehen dagegen so vor, dass wir außer den Grundelementen von $\mathbb{A}_2$ nichts als bekannt voraussetzen. Dadurch wird zwar der Nachweis der Gültigkeit der in Kap. 3.2.2,A) formulierten Axiome ein klein wenig umfangreicher, doch hat er den Vorteil, dass man direkt verifizieren kann, inwieweit die später behandelte komplexe projektive Ebene die Axiome erfüllt (siehe Kap. 4.5.1).

Die Grundbegriffe des arithmetischen Modells waren wie folgt definiert:

ein *Punkt X* ist eine Menge von Tripeln $\lambda \mathbf{x} = (\lambda x_0, \lambda x_1, \lambda x_2) \in \mathbb{R}^3 \backslash \{(0,0,0)\}$ mit $\lambda \in \mathbb{R}$ beliebig bzw. ein Repräsentant davon;

eine *Gerade u* ist eine Menge von Tripeln $\mu \mathbf{u} = (\mu u_0, \mu u_1, \mu u_2)^t \in \mathbb{R}_3 \backslash \{(0,0,0)^t\}$ mit $\mu \in \mathbb{R}$ beliebig bzw. ein Repräsentant davon;

ein Punkt X *inzidiert* mit der Geraden u, wenn $\langle (\mu \mathbf{u})^t, \lambda \mathbf{x} \rangle = 0$ bzw. gleichwertig $\langle \mathbf{u}^t, \mathbf{x} \rangle = 0$ gilt.

Axiom 1. Sind X, Y zwei verschiedene Punkte, so sind zwei beliebig gewählte Repräsentanten $\mathbf{x}, \mathbf{y}$ als Vektoren des $\mathbb{R}^3$ linear unabhängig. Daher hat das Gleichungssystem

$$\langle \mathbf{u}^t, \mathbf{x} \rangle = 0, \quad \langle \mathbf{u}^t, \mathbf{y} \rangle = 0$$

genau eine linear unabhängige Lösung.

Axiom 2. Bei gegebenem Vektor $u \in \mathbb{R}_3$, $u \neq o^t$, hat das Gleichungssystem $\langle u^t, z \rangle = 0$ zwei linear unabhängige Lösungen $x, y \in \mathbb{R}^3$. Dann sind $x, y, x + y$ Repräsentanten dreier verschiedener Punkte der Geraden u.

Axiom 3. Ersichtlich liegen die durch $(1, 0, 0)$, $(0, 1, 0)$, $(0, 0, 1)$ repräsentierten Punkte nicht auf einer Geraden.

Axiom 4. Sind u, v zwei verschiedene Geraden, so besitzt das Gleichungssystem

$$\langle u^t, x \rangle = 0, \quad \langle v^t, x \rangle = 0$$

(genau) eine linear unabhängige Lösung x, welche den gemeinsamen Punkt bestimmt.

Axiom 5. Die Seiten der beiden Dreiseite seien mit u, v, w bzw. u', v', w' bezeichnet; deren Ecken mit $A = v \cap w$, $B = w \cap u$, $C = u \cap v$ bzw. analog mit A', B', C'. Weiter sei $P = u \cap u'$, $Q = v \cap v'$, $R = w \cap w'$ und $s = \langle P, Q \rangle = \langle P, R \rangle$. Für den Beweis nehmen wir an, dass alle Geraden verschieden sind und keine der Ecken auf s liegt. Sollte das nicht der Fall sein – was geometrisch gesehen speziellen Lagen entspricht –, so vereinfacht er sich (Aufgabe 21).

Nun besitzt die Gleichung $\langle z^t, p \rangle = 0$ genau zwei linear unabhängige Lösungen, z.B. u, s, wobei dies irgend zwei fixe Repräsentanten von u, s sind. Ist u' ein ebensolcher für u', so gibt es somit reelle Zahlen α, β mit $u' = \alpha u + \beta s$. Wegen $u' \neq u, s$ sind $\alpha, \beta \neq 0$. Indem wir durch β dividieren und die Repräsentanten u, u' durch $\frac{\alpha}{\beta} u =: \overline{u}$, $\frac{1}{\beta} u' =: \overline{u'}$ ersetzen erhalten wir

$$\overline{u'} = \overline{u} + s.$$

Analog gibt es Repräsentanten $\overline{v}, \overline{v'}$ und $\overline{w}, \overline{w'}$ der Geradenpaare v, v' bzw. w, w', so dass gilt

$$\overline{v'} = \overline{v} + s, \quad \overline{w'} = \overline{w} + s.$$

Da die Gerade $t_1 = \langle A, A' \rangle$ durch $A = v \cap w$ und $A' = v' \cap w'$ geht, gilt für einen fest gewählten Repräsentanten t_1 von t_1

$$t_1 = \lambda \overline{v} + \mu \overline{w}, \ t_1 = \rho \overline{v'} + \sigma \overline{w'} = \rho(\overline{v} + s) + \sigma(\overline{w} + s)$$

mit geeigneten $\lambda, \mu, \rho, \sigma \in \mathbb{R}$. Daraus resultiert die Beziehung

$$(\rho - \lambda)\overline{v} + (\sigma - \mu)\overline{w} + (\rho + \sigma)s = o^t.$$

Nun sind die Vektoren $\overline{v}, \overline{w}, s$ linear unabhängig, andernfalls wäre $v \cap w = v \cap s = w \cap s$, also $A = Q = R$, was wir ausgeschlossen hatten. Somit muss $\sigma = -\rho$ sein und daher $t_1 = \rho(\overline{v} - \overline{w})$. Indem man t_1 durch $\overline{t_1} := \frac{1}{\rho} t_1$ ersetzt, erhält man schließlich

$$\overline{t_1} = \overline{v} - \overline{w}.$$

Analog erkennt man, dass es Repräsentanten $\overline{\mathsf{t}_2}, \overline{\mathsf{t}_3}$ für die Verbindungsgeraden $t_2 = \langle B, B' \rangle$, $t_3 = \langle C, C' \rangle$ gibt mit

$$\overline{\mathsf{t}_2} = \overline{\mathsf{w}} - \overline{\mathsf{u}}, \quad \overline{\mathsf{t}_3} = \overline{\mathsf{u}} - \overline{\mathsf{v}}.$$

Insgesamt folgt $\overline{\mathsf{t}_3} = -(\overline{\mathsf{t}_1} + \overline{\mathsf{t}_2})$, so dass also t_3 durch den Schnittpunkt $t_1 \cap t_2$ geht.

Um die weiteren Axiome nachzuweisen, werden wir jeweils eine spezielle Wahl für die auftretenden Punkte und Geraden treffen.[76] Dass dies keinerlei Einschränkung bedeutet, beruht darauf, dass wir „Koordinatentransformationen" anwenden können. Diese entsprechen den im Abschnitt 3.3.2,A) betrachteten Kollineationen (vgl. Satz 3.105), doch müssen wir jetzt natürlich von unserem geometrischen Wissen absehen.

Wir gehen also von einer beliebigen bijektiven linearen Abbildung $\varphi : \mathbb{R}^3 \to \mathbb{R}^3$ gegeben durch

$$(\varphi(\mathbf{x}))^t = \mathsf{A}\mathbf{x}^t, \quad \mathsf{A} \in GL_3(\mathbb{R}),$$

aus. Wegen $\varphi^{-1}(\mathsf{o}) = \mathsf{o}$ und $\varphi(\lambda \mathbf{x}) = \lambda \varphi(\mathbf{x})$ ($\lambda \in \mathbb{R}$) induziert sie eine Abbildung $\hat{\varphi}$ auf der Menge der Punkte von $\mathbb{A}_2$ auf sich. Diese hat folgende Eigenschaften:

i) $\hat{\varphi}$ ist bijektiv. (Klar.)

ii) $\hat{\varphi}$ führt kollineare Punkte wieder in kollineare Punkte über und nicht kollineare Punkte in nicht kollineare Punkte. (Siehe den Beweis von Satz 3.105.) Insbesondere kann daher $\hat{\varphi}$ auch als bijektive Abbildung der Menge der Geraden von $\mathbb{A}_2$ auf sich angesehen werden.

iii) Sind $ABCD, A'B'C'D'$ zwei Vierecke, so gibt es genau eine Abbildung $\hat{\varphi}$ mit $\hat{\varphi}(A) = A'$, $\hat{\varphi}(B) = B'$, $\hat{\varphi}(C) = C'$, $\hat{\varphi}(D) = D'$. (Das Ergebnis ist aus der Linearen Algebra bekannt; es wurde im Wesentlichen im Beweis des Satzes 3.105 gezeigt.)

iv) Ist $ABCD$ ein Viereck mit den Nebenpunkten P, Q, R, so impliziert ii), dass das Bildviereck $A'B'C'D'$ die Nebenpunkte $\hat{\varphi}(P), \hat{\varphi}(Q), \hat{\varphi}(R)$ besitzt. Ebenfalls wegen ii) sind letztere genau dann kollinear, wenn P, Q, R es sind.

Bevor wir weitere Eigenschaften von $\hat{\varphi}$ anführen beweisen wir das

Axiom 6. Aufgrund der letzten Eigenschaft können wir uns auf das spezielle Viereck $OEUV$ mit den Repräsentanten

$$O(1, 0, 0), \ E(1, 1, 1), \ U(0, 1, 0), \ V(0, 0, 1)$$

beschränken. Die Verbindungsgeraden sind dann bis auf Vielfache gegeben durch

$$\langle O, E \rangle = (0, 1, -1)^t, \quad \langle O, U \rangle = (0, 0, 1)^t, \quad \langle O, V \rangle = (0, 1, 0)^t,$$
$$\langle E, U \rangle = (1, 0, -1)^t, \quad \langle E, V \rangle = (1, -1, 0)^t, \quad \langle U, V \rangle = (1, 0, 0)^t.$$

Somit werden die Nebenecken repräsentiert durch $(1,1,0)$, $(1,0,1)$, $(0,1,1)$ und diese sind offensichtlich nicht kollinear.

Wir können nun mit der Auflistung der Eigenschaften der Abbildung $\hat{\varphi}$ fortfahren:

v) $\hat{\varphi}$ respektiert die harmonische Lage. (Dies folgt sofort aus Eigenschaft iv); aufgrund der Gültigkeit von Axiom 6 ist deren Existenz gesichert.)

vi) $\hat{\varphi}$ respektiert das Trennen von Punktepaaren, Richtungssinne und Ordnungen auf Geraden. (Diese Begriffe wurden sämtlich allein durch die harmonische Lage definiert, weshalb Eigenschaft v) anwendbar ist.)

vii) Sind A, B, C, D vier verschiedene Punkte einer Geraden und $\mathsf{a}, \mathsf{b}, \mathsf{c}, \mathsf{d}$ feste Repräsentanten, so folgt aus dem Beweis von Axiom 2:

$$\mathsf{c} = \alpha\mathsf{a} + \beta\mathsf{b}, \quad \mathsf{d} = \gamma\mathsf{a} + \delta\mathsf{b} \quad \text{mit eindeutig bestimmten } \alpha, \beta, \gamma, \delta \in \mathbb{R}^*. \quad (3.14)$$

Dann ist der Wert $\frac{\beta}{\alpha} : \frac{\delta}{\gamma}$, das dadurch *definierte* Doppelverhältnis $DV(A, B; C, D)$ der vier Punkte, unabhängig von der Wahl der Repräsentanten. Weiter gilt: Sind A', B', C', D' die Bildpunkte der gegebenen Punkte unter $\hat{\varphi}$, so ist $DV(A', B'; C', D') = DV(A, B; C, D)$. (Beides rechnet man direkt nach.)

Wir sind nun in der Lage, die restlichen Axiome für $\mathbb{A}_2$ nachzuweisen. Dazu müssen wir zunächst die Bedeutung des Harmonisch-Liegens von vier kollinearen Punkten A, B, C, D klären. Wegen Eigenschaft v) können wir $A = O(1,0,0)$, $B = U(0,1,0)$ wählen. Es ist dann $\mathsf{c} = (1, c, 0)$ ein Repräsentant für C. Da die Definition der harmonischen Lage unabhängig vom verwendeten Viereck ist, wählen wir hierfür $P(0,0,1)$, $Q(0,1,1)$, $R(1,c,c)$, $S(1,0,c)$. Dann sind O bzw U die Schnittpunkte der Paare von Gegenseiten $\langle P, S \rangle$, $\langle Q, R \rangle$ bzw. $\langle P, Q \rangle$, $\langle R, S \rangle$ und die Seite $\langle P, R \rangle$ geht durch C. Mithin ist $\langle Q, S \rangle \cap \langle O, U \rangle = D(1, -c, 0)$ der vierte harmonische Punkt zu C in Bezug auf A, B.

Drückt man c, d gemäß (3.14) durch a, b aus, so gilt $\alpha = 1$, $\beta = c$, $\gamma = 1$, $\delta = -c$. Man erhält somit $DV(A, B; C, D) = -1$. Wie zu erwarten war, charakterisiert somit diese Bedingung die harmonische Lage.

Ebenso wird die Trennung wieder durch $DV(A, B; C, D) < 0$ beschrieben. Der Beweis des entsprechenden Satzes 3.80 kann unverändert übernommen werden. Insbesondere folgt daraus die Gültigkeit von *Axiom 7*.

Axiom 8. Wählt man wie eben $\mathsf{a} = (1,0,0), \mathsf{b} = (0,1,0), \mathsf{c} = (1,c,0), \mathsf{d} = (1,d,0)$ als Repräsentanten der Punkte A, B, C, D, so gilt

$$\begin{array}{lll}
\mathsf{c} = 1 \cdot \mathsf{a} + c \cdot \mathsf{b} & \mathsf{b} = -\frac{1}{c} \cdot \mathsf{a} + \frac{1}{c} \cdot \mathsf{c} & \mathsf{b} = -\frac{1}{d} \cdot \mathsf{a} + \frac{1}{d} \cdot \mathsf{d} \\
\mathsf{d} = 1 \cdot \mathsf{a} + d \cdot \mathsf{b} & \mathsf{d} = (1 - \frac{d}{c}) \cdot \mathsf{a} + \frac{d}{c} \cdot \mathsf{c} & \mathsf{c} = (1 - \frac{c}{d}) \cdot \mathsf{a} + \frac{c}{d} \cdot \mathsf{d}
\end{array}$$

Die Relationen $AB \asymp CD$, $AC \asymp BD$, $AD \asymp BC$ sind dann äquivalent zu

$$\frac{c}{d} < 0, \quad 1 - \frac{c}{d} < 0, \quad 1 - \frac{d}{c} < 0,$$

also zu den sich gegenseitig ausschließenden Bedingungen

$$\frac{c}{d} < 0, \quad 1 < \frac{c}{d}, \quad 0 < \frac{c}{d} < 1.$$

Axiom 9. Es seien A, B, C, D und ihre Repräsentanten wie beim vorigen Beweis gewählt und es sei $E(1, e, 0)$ mit $e \neq 0, c, d$. Da die Aussage des Axioms symmetrisch bezüglich C, D ist, können wir $c > 0$ annehmen. Es ist dann $d < 0$. Ist nun $AB \not\asymp CE$, also $\frac{c}{e} > 0$, so ist auch $e > 0$, mithin wirklich $\frac{d}{e} < 0$, d.h. $AB \asymp DE$.

Axiom 10. Wieder können wir $\langle O, U \rangle$ als die zu betrachtende Gerade g annehmen und $X = U$ setzen. Als Repräsentanten für einen beliebigen Punkt $P \in g$, $P \neq U$, wählen wir stets $(1, p, 0)$. Es seien nun $P_i \in K_i$, $i = 1, 2$, zwei vorgebene Punkte und es gelte etwa $p_1 < p_2$. Dann entspricht die zum Richtungssinn $S(UP_1P_2)$ gehörige Ordnung $<_U$ gerade der $<$-Ordnung auf $\mathbb{R}$ (in der 2. Komponente). Die Aussage von Axiom 10 ist somit äquivalent zum Dedekindschen Axiom für $\mathbb{R}$, mithin also erfüllt.

Anhang 2. Projektive Dreiecke

In Definition 3.42 wurden die Begriffe des projektiven oder P-Dreiecks und seiner Seiten eingeführt. Wir dualisieren zunächst diese Begriffe und beginnen dabei mit der Entsprechung von Satz 3.41.

Satz 3.113. *Es seien drei Geraden a, b, c mit den verschiedenen Schnittpunkten $C = a \cap b$, $B = c \cap a$, $A = b \cap c$ gegeben. Sei $ab|x$ ein fest gewähltes Winkelfeld in C, $ac|y$ eines in B. Dann bildet die Menge aller Geraden $\langle p \cap q, A \rangle$ mit $p \in ab|x$, $q \in ac|y$, ein Winkelfeld $bc|z$ in A.*

Definition 3.114. Es seien drei Geraden a, b, c mit den verschiedenen Schnittpunkten $C = a \cap b$, $B = c \cap a$, $A = b \cap c$ gegeben. Sind dann $ab|x$, $ac|y$ fest gewählte Winkelfelder in C bzw. B und $bc|z$ das nach dem vorigen Satz eindeutig bestimmte Winkelfeld in A, so bilden die zugehörigen Komplemente, das sind die abgeschlossenen Winkelfelder $\overline{ab}|x'$, $\overline{ac}|y'$, $\overline{bc}|z'$ mit $H(ab, xx')$, $H(ac, yy')$, $H(bc, zz')$ die *Sektoren* eines *projektiven Dreiseits* oder *P-Dreiseits* $\triangle abc$.

Analog zum Fall des P-Dreiecks bestimmen drei nicht durch einen Punkt gehende Geraden vier P-Dreiseite. In Abbildung 3.39 sind die entsprechenden Sektoren eingezeichnet. Es zeigt sich, dass zu einem festen P-Dreieck ein P-Dreiseit gehört, dessen Sektoren – anschaulich gesprochen – die Außenwinkel(felder) sind.

Für die Dreieckslehre in den verschiedenen in Kapitel 6 behandelten Geometrien benötigen wir auch die folgenden, sich an der euklidischen Geometrie orientierenden, wohl bekannten Begriffe.

Definition 3.115. Ist $\triangle ABC$ ein festes P-Dreieck, so heißt dasjenige durch die Geraden b, c im Büschel A bestimmte abgeschlossene Winkelfeld, welches die auf a gelegene Seite enthält, das *Innenwinkelfeld bei A*, kurz meist als *Winkel $\angle_A$ bei A* bezeichnet; entsprechend für die Ecken B und C.

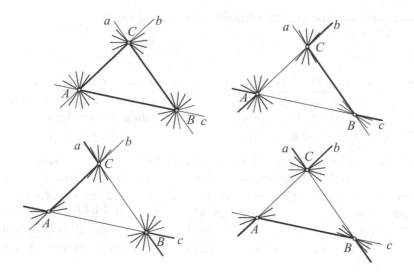

Abbildung 3.39

Dual dazu spricht man von den *Innensegmenten* eines festen P-Dreiseits $\triangle abc$.

In Abbildung 3.40 sind die Innenwinkelfelder der vier möglichen P-Dreiecke $\triangle ABC$ dargestellt sowie deren duale Analoga. Letztere entsprechen, anschaulich gesprochen, den „Außenseiten" des zugehörigen P-Dreiecks.

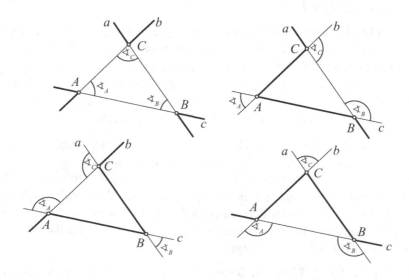

Abbildung 3.40

Definition 3.116. Ein Punkt $P \in \mathbb{P}_2$, $P \notin a, b, c$, liegt im *Inneren* eines festen P-Dreiecks $\triangle ABC$, wenn jede Gerade g durch P, die durch keine Ecke geht, mindestens eine Seite schneidet (nach dem Satz 3.43 von Pasch schneidet g dann genau zwei Seiten).

Durch dualisieren erhält man den Begriff des *Inneren* eines festen P-Dreiseits $\triangle abc$.

Aus der Definition folgt unmittelbar: Sind zwei Punkte P, Q im Inneren eines P-Dreiecks $\triangle ABC$ gegeben und ist U einer der Schnittpunkte von $\langle P, Q \rangle$ mit dessen Seiten, so liegt das ganze Intervall $\overline{PQ}|U$ im Inneren von $\triangle ABC$.

Geht man von einem festen P-Dreieck mit seinem Inneren aus und betrachtet das zugehörige Dreiseit, so besteht dessen Inneres aus denjenigen Geraden, die nicht durch das Dreiecksinnere gehen, also anschaulich gesprochen ganz im Äußeren jenes Dreiecks verlaufen (siehe Abb. 3.41).

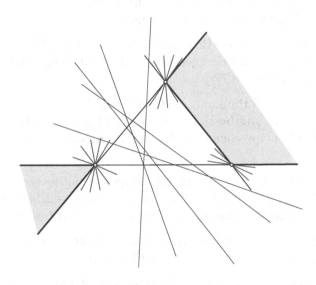

Abbildung 3.41

Aufgaben

1) Man folgere aus den ersten beiden Trennungsaxiomen zusammen mit Satz 3.14, dass zu gegebenen vier (verschiedenen) Punkten einer Geraden g stets mindestens zwei weitere – und daher unendlich viele – Punkte auf g existieren.

2) Man zeige, dass die Beziehung der Kompatibilität von Reihenfolgen bezüglich zweier Punktetripel eine Äquivalenzrelation ist.

3) Man beweise Satz 3.41. (Seien g, g' zwei Gerade mit $A, B, C \notin g, g'$ und seien P, Q, R bzw. P', Q', R' die entsprechenden Schnittpunkte von g bzw. g' mit c, b, a. Mittels der Perspektivitäten $b \overset{S}{\overline{\overline{\wedge}}} c$ und $a \overset{S}{\overline{\overline{\wedge}}} c$, $S = g \cap g'$, zeige man, dass $AC \asymp RR'$ nur gelten kann, wenn $AB \asymp PP'$ oder $BC \asymp QQ'$ gilt.)

4) Mittels der vorigen Aufgabe beweise man das „Axiom von Pasch" (Satz 3.43).

5) Man beweise die Aussage von Bemerkung 3.46: Sind i, j dyadische Brüche und sind nach Vorgabe dreier verschiedener Punkte O, E, U einer Geraden g E_i, E_j Punkte von g mit den Koordinaten i, j, so gilt $E_i \prec_U E_j$ genau dann, wenn $i < j$ ist.

6) Man zeige: Erfüllen die Koordinaten der Punkte $P(\bar{x}, \bar{y})$ eine lineare Gleichung, so liegen sie auf einer Geraden (Bemerkung 3.54).

7) Gegeben sei ein vollständiges Koordinatsystem. Man zeige, dass in der Gleichung einer Geraden g der Form $\langle \mathbf{n^t}, \mathbf{x} \rangle = 0$ der Spaltenvektor stets die Geradenkoordinaten von g angibt (Bemerkung 3.60).

8) Man führe den Beweis von Bemerkung 3.57,2) in den Fällen, wo mindestens einer der Punkte auf der Ferngeraden liegt. (Man vergleiche den allgemeinen Beweis nach dem Satz 3.77.)

9) Es seien A, B, C drei Punkte einer Geraden g. Man zeige: zu $r \in \mathbb{R}$, $r \neq 0, 1$, gibt es einen eindeutig bestimmten Punkt $D \in g$ mit $DV(A, B; C, D) = r$. Haben A, B, C entsprechend die Koordinaten $\infty, 0, 1$, so hat D die Koordinate r.

10) Mittels Dualisierung erkläre man das Doppelverhältnis von vier Ebenen eines Büschels $\mathcal{B}$ im projektiven Raum und zeige, dass eine Ebene $\notin \mathcal{B}$ diese in vier Geraden schneidet, die das gleiche Doppelverhältnis besitzen.

11) Man beweise, dass eine Projektivität einer Punktreihe in sich, die den Richtungssinn umkehrt, mindestens einen Fixpunkt besitzt.

12) Man beweise die Bemerkung 3.90, dass sich Addition und Multiplikation der inhomogenen Koordinaten zweier Punkte einer Geraden jeweils mittels einer hyperbolischen Involution durchführen lassen.

13) Kreuzliniensatz: Es seien g, g' $(g \neq g')$ zwei Geraden des $P_2(\mathbb{R})$ und $\pi : g \to g'$ eine Projektivität zwischen ihnen. Man zeige, dass die Schnittpunkte $\langle A, \pi(B) \rangle \cap \langle \pi(A), B \rangle$ $(A \neq B)$ sämtlich auf einer Geraden liegen. (π induziert eine Perspektivät zwischen den Geradenbüscheln A und $\pi(A)$.)

14) Mittels des vorigen Beispiels zeige man den Satz von Pappos: Liegen die Ecken eines Sechsecks abwechselnd auf zwei Geraden g, g', so liegen auch die Schnittpunkte der Gegenseiten auf einer Geraden.

15) Man beweise, dass sich jede eindimensionale Projektivität als Produkt von zwei Involutionen darstellen lässt.

16) Man zeige, dass eine perspektive Kollineation bereits durch eine der in Definition 3.96 angegebenen Bedingungen charakterisiert wird; d. h. eine zweidimensionale Projektivität ist eine perspektive Kollineation, falls sie a) eine Gerade punktweise oder b) ein Geradenbüschel elementweise fix lässt.

17) Mittels der vorigen Aufgabe zeige man, dass das Produkt zweier perspektiver Kollineationen, falls sie dieselbe Achse haben, wieder eine solche ist mit gleicher Achse. Wie liegen die Zentren dieser Kollineationen zueinander?

18) Man beweise, dass bei einer gegebenen Polarität stets höchstens zwei Punkte einer Geraden auf ihrer Polare liegen können.

19) Es sei π eine Polarität mit selbstpolarem Dreieck $\triangle ABC$. Man zeige, dass π auf den Seiten entweder zwei hyperbolische und eine elliptische Involution (hyperbolische Polarität) oder drei elliptische Involutionen (elliptische Polarität) induziert. (Es sei G ein Punkt, der keiner der Seiten des Dreiecks angehört, und $\pi(G) = g$. Ist z.B. $a = \langle B, C \rangle$ eine Seite des Dreiecks, so sind $\langle A, G \rangle \cap a$, $g \cap a$ zugeordnete Punkte der Involution auf a. Welche Lagen sind möglich?)

20) Man beweise: Ist π eine Korrelation, die vier Ecken eines Fünfecks den entsprechend gegenüber liegenden Seiten zuordnet, so ist π eine Polarität. Welche Gerade wird der 5. Ecke zugeordnet?

21) Man zeige, dass für das arithmetische Modell $\mathbb{A}_2$ der projektiven Ebene das Axiom 5, also der Satz von Desargues, auch in den Fällen erfüllt ist, wo spezielle Lagen auftreten. (Siehe den allgemeinen Beweis im Anhang 1 zu Kapitel 3.)

Kapitel 4

Kurven 2. Grades

4.1 Kurven 2. Ordnung und 2. Klasse

In der euklidischen Geometrie sind bekanntlich die Nullstellenmengen von Polynomen 2. Grades in zwei Unbestimmten x, y geometrisch gesehen gerade die (nicht ausgearteten und ausgearteten) „Kegelschnitte"[77]. Den entsprechenden Kurven im Rahmen der projektiven Geometrie ist dieses Kapitel gewidmet. Neben dem eigenständigen Interesse, das ihr Studium besitzt, sind diese Kurven die entscheidenden Objekte, mittels derer im weiteren spezielle Geometrien aus der projektiven Geometrie erhalten werden können; insbesondere die früher behandelte hyperbolische sowie auch die euklidische Geometrie. Dabei benötigen wir für jene Kurven natürlich eine Erzeugungsweise, die unabhängig von der euklidischen Definition ist. Dies kann analytisch oder *synthetisch*, also rein geometrisch, geschehen. Der Intention des Buches entsprechend wählen wir den zweiten Zugang, wobei jedoch auch bald der erste mit einbezogen wird. (Genaueres dazu siehe Abschnitt 4.3.)

Die wichtigsten synthetischen Erzeugungsweisen von Kurven 2. Ordnung stammen von Chr. von Staudt bzw. J. Steiner. Wir folgen der letzteren, unter anderem deshalb, weil sie sich leicht verallgemeinern lässt. Die erstere wird im nächsten Abschnitt behandelt.

Definition 4.1.   1) Seien A, B zwei verschiedene Geradenbüschel der projektiven Ebene und $\pi : A \to B$ eine Projektivität, die keine Perspektivität ist. Die Schnittpunkte einander zugeordneter Geraden, also $\{g \cap \pi(g); g \in A\}$, bilden eine *nicht ausgeartete (reelle) Kurve* (oder *Punktreihe*) *2. Ordnung*.

2) Dual: Seien a, b zwei verschiedene Punktreihen der projektiven Ebene und $\pi : a \to b$ eine Projektivität, die keine Perspektivität ist. Die Verbindungsgeraden einander zugeordneter Punkte, also $\{\langle P, \pi(P)\rangle; P \in a\}$, bilden eine *nicht ausgeartete (reelle) Kurve 2. Klasse* (oder *Geradenbüschel 2. Ordnung*).[78]

Bemerkung 4.2. Wie schon in Anmerkung 5 betont wurde, sind Kurven in der projektiven Ebene im allgemeinen eigenständige Gebilde, die eine punkthafte und eine geradenhafte Ausprägung besitzen. Wie unten gezeigt wird, sind es für die den nicht ausgearteten Kegelschnitten entsprechenden Kurven gerade die beiden hier definierten Kurvenarten, die also nur einseitige Ausprägungen davon sind.

Dies hat auch Rückwirkungen auf die euklidische Sichtweise. Beispielsweise kann ein Kreis definiert werden als die Menge aller Punkte, die von einem festen Punkt konstanten Abstand haben; oder auch als Kurve, die von einer um einen Punkt gedrehten, mit ihm nicht inzidenten Geraden umhüllt wird. Durch beides wird der Kreis nur einseitig beschrieben. Man kann ihn ja auch erhalten, indem man bei einer Strecke, auf die sich die eigenständige Qualität einer Geraden überträgt, die Enden zusammenbiegt und dann die größtmögliche Fläche damit umschließt.[79] Sachgemäß ist es – in der projektiven Geometrie ganz besonders – Kurven als Punkt-Geraden-Objekte zu definieren (siehe [Loch1], Kap. 2). Für die hier betrachteten Kurven wird das im nächsten Abschnitt nachgeholt.

Bemerkung 4.3. Lässt man in der Definition auch Perspektivitäten zu, so schneiden sich im ersten Fall entsprechende Geraden in Punkten der Perspektivitätsachse. Hinzu kommt noch die Gerade $h = \langle A, B \rangle$, wenn man definitionsgemäß sämtliche ihrer Punkte als Schnittpunkte $h \cap \pi(h) = h \cap h$ ansieht. Auf diese Weise erhält man eine ausgeartete Kurve 2. Ordnung.

Dual dazu erhält man als ausgeartete Kurve 2. Klasse zwei Geradenbüschel, deren eines Zentrum das Perspektivitätszentrum ist, deren anderes der Schnittpunkt $a \cap b$. Wir werden in Kapitel 4.4 auf diese – und weitere – Ausartungsfälle eingehen.

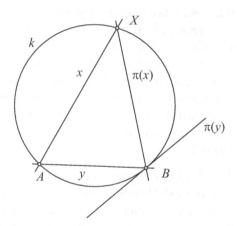

Abbildung 4.1

Um die Definition zu motivieren, betrachten wir im Standardmodell $\mathbb{E}_2^*$ einen Kreis k und darauf zwei verschiedene Punkte A, B (Abb. 4.1). Schneidet eine Gerade x des Büschels A den Kreis im Punkt X, so ordne man ihr die Gerade $\pi(x) := \langle B, X \rangle$ des Büschels B zu; im Falle $X = B$ sei $\pi(x)$ die Tangente in B an k. π ist ersichtlich eine Projektivität: wählt man nämlich ein festes Paar zugeordneter Geraden $x_0, \pi(x_0)$ als Ausgangspunkt, so folgt nach dem Peripheriewinkelsatz, dass π auch durch $\angle(x, x_0) = \angle(\pi(x), \pi(x_0))$ charakterisiert werden kann. Somit gehen natürlich harmonisch liegende Geraden des Büschels A in ebensolche des Büschels B über, wodurch π als Projektivität nachgewiesen ist. Aufgrund der Konstruktion ist somit der Kreis eine Kurve 2. Ordnung.

Diese Motivation lässt sich noch weiterführen. Dazu gehen wir zum Standardmodell $\mathbb{E}_3^*$ des projektiven Raumes über und betrachten hier zwei verschiedene Ebenen ε, η. In ε seien Geradenbüschel A, B wie eben projektiv aufeinander bezogen und k der dadurch erzeugte Kreis. Von einem festen Punkt $P \notin \varepsilon$, $P \notin \eta$ projizieren wir nun ε auf η. Man erhält zwei Geradenbüschel A', B' in η, wobei die induzierte Zuordnung zwischen ihnen natürlich wieder eine Projektivität ist. Die Schnittpunkte entsprechender Geraden liegen nun auf dem Bild des Kreises. Da die Projektionsstrahlen von P zum Kreis k einen Kegel mit Spitze P erzeugen, ist es ein Kegelschnitt; und zwar ein beliebiger, da η (und P) frei wählbar waren. Mithin fällt jeder nicht ausgeartete Kegelschnitt in $\mathbb{E}_2^*$, also Ellipsen, Hyperbeln, Parabeln, unter die Kurven 2. Ordnung.

Wir wenden uns nun den allgemeinen Eigenschaften von (nicht ausgearteten) Kurven 2. Ordnung bzw. 2. Klasse zu. Da sich die Ergebnisse durch simples Dualisieren von einem Typ auf den anderen übertragen lassen, beschränken wir uns fast ausschließlich auf die erstere Art von Kurven.

Satz 4.4.   1) *Die Zentren A, B der projektiv aufeinander bezogenen Geradenbüschel liegen auf der Kurve 2. Ordnung.*

  2) *Die Zentren A, B zweier Geradenbüschel bestimmen zusammen mit drei weiteren Punkten X, Y, Z eindeutig eine durch sie gehende Kurve 2. Ordnung, insofern keine drei der fünf Punkte auf einer Geraden liegen.*

Beweis. 1) Die Gerade $g = \langle A, B \rangle$ gehört sowohl dem Büschel A als auch dem Büschel B an. Sie kann keine Fixgerade unter der Projektivität $\pi : A \to B$ sein, da andernfalls π Perspektivität wäre (dualisierte Folgerung 3.70). Somit liegen $B = g \cap \pi(g)$ und $A = \pi^{-1}(g) \cap \pi(\pi^{-1}(g)) = \pi^{-1}(g) \cap g$ auf der Kurve.

  2) Es seien die Geraden $\langle A, X \rangle$ bzw. $\langle B, X \rangle$ mit x bzw. x' bezeichnet; analog in den anderen Fällen. Da X, Y, Z Punkte der Kurve sein sollen, muss $x \to x'$, $y \to y'$, $z \to z'$ gelten. Dadurch ist aber nach dem Fundamentalsatz eindeutig eine Projektivität π festgelegt und mithin auch die entsprechende Kurve 2. Ordnung. Wegen 1) geht sie durch A und B. $\square$

Dieser Satz gestattet es, eine einfache Methode für die Konstruktion einer Kurve 2. Ordnung anzugeben (Abb. 4.2). Man wählt drei Geraden x, y, z des Büschels A und die ihnen entsprechenden Bildgeraden x', y', z' von B; dabei seien sämtliche Geraden verschieden von $g = \langle A, B \rangle$. Die jeweiligen Schnittpunkte seien mit X, Y, Z bezeichnet und die Verbindungsgeraden $\langle X, Y \rangle$ bzw. $\langle X, Z \rangle$ mit a bzw. b. Schneidet man das Büschel A mit a, das Büschel B mit b, so wird eine Projektivität $\hat{\pi} : a \to b$ der Punktreihen a, b induziert. Da sie einen Fixpunkt, nämlich X besitzt, muss sie nach der schon vorhin erwähnten Folgerung zum Fundamentalsatz eine Perspektivität sein. Deren Zentrum S ist gegeben durch $\langle A, Z \rangle \cap \langle B, Y \rangle$. Um zu einer beliebigen Geraden $u \in A$ die Bildgerade $u' \in B$ zu finden, verbindet man den Schnittpunkt $U = u \cap a$ mit S. Diese Gerade schneidet b in einem Punkt U'. u' ist dann gleich $\langle U', B \rangle$.

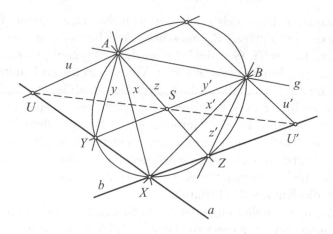

Abbildung 4.2

Bemerkung 4.5. Da π beliebig war, folgt insbesondere, dass sich jede Projektivität zwischen zwei verschiedenen Geradenbüscheln (Punktreihen) als Produkt zweier Perspektivitäten erhalten lässt. Haben die Büschel selbes Zentrum (bzw. die Punktreihen dieselbe Trägergerade), so kann man sie jedenfalls als Produkt von drei Perspektivitäten schreiben: man braucht ja nur die Projektivität mittels einer Perspektivität auf ein beliebiges weiteres Büschel (eine weitere Gerade) zu übertragen, womit sich dann der schon bewiesene Fall anwenden lässt.

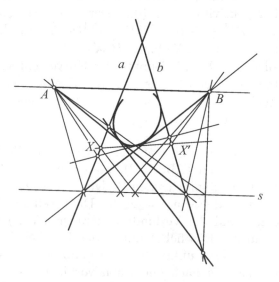

Abbildung 4.3

Dualisiert man die eben dargestellte Methode, ergibt sich folgendes Konstruktionsverfahren für die Kurven 2. Klasse (Abb. 4.3): Man geht von drei beliebigen paarweise verschiedenen Geraden a, b, s aus und von zwei mit ihnen nicht inzidenten Punkten A, B. Die Kette der Perspektivitäten $a \stackrel{A}{\overline{\wedge}} s \stackrel{B}{\overline{\wedge}} b$ liefert eine Projektivität zwischen den Punktreihen a, b, die definitionsgemäß eine Kurve 2. Klasse erzeugen. Aufgrund der vorangegangenen Überlegung erhält man auf diese Weise jede derartige Kurve.

Die Definition der Kurven 2. Ordnung und Teil 1) des letzten Satzes besagen insbesondere, dass auf jeder Geraden durch A (bzw. B) neben A (bzw. B) genau noch ein weiterer Punkt der Kurve k liegt, falls der Schnittpunkt der einander entsprechenden Geraden nicht mit A (bzw. B) zusammenfällt. Letzteres tritt genau für $g := \langle A, B \rangle$ auf, wobei diese Gerade beiden Büscheln angehört. Für $g \in A$ hat $\pi(g) \in B$ nur den Punkt B mit k gemeinsam; für $g \in B$ ist A der einzige Punkt von k, der auf $\pi^{-1}(g) \in A$ liegt. Motiviert durch die nicht ausgearteten Kegelschnitte, die ja, wie oben gezeigt wurde, Kurven 2. Ordnung im Standardmodell sind, werden A bzw. B als doppelt zu zählende Schnittpunkte angesehen und die entsprechenden Geraden $\pi^{-1}(g)$ bzw. $\pi(g)$ als *Tangenten* an die Kurve; A bzw. B sind dann die *Berührpunkte* (Abb. 4.4).

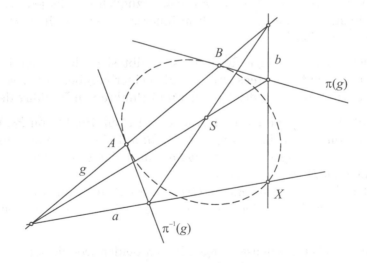

Abbildung 4.4

Ersichtlich lässt sich der zweite Teil des letzten Satzes dann in folgender Weise modifizieren:

Satz 4.6. *Die Zentren A, B zweier Geradenbüschel bestimmen zusammen mit je einer ausgezeichneten Geraden $u \in A$, $u' \in B$, $u, u' \neq \langle A, B \rangle$, und einem Punkt X eindeutig eine Kurve 2. Ordnung, die durch A, B, X geht und u, u' als Tangenten (in A bzw. B) besitzt.*

Was schließlich die Anzahl der Schnittpunkte einer nicht ausgearteten Kurve 2. Ordnung k mit einer beliebigen Geraden h betrifft, so gilt das

Lemma 4.7. *h schneidet k in höchstens zwei Punkten.*

Beweis. Für $A \in h$ oder $B \in h$ wurde dies schon oben gezeigt. Seien also $A, B \notin h$. Gäbe es nun drei Punkte X, Y, Z von k, die auf h liegen, so wären aufgrund des Fundamentalsatzes die beiden Geradenbüschel A, B über die Achse h perspektiv aufeinander bezogen, was per definitionem ausgeschlossen ist. $\square$

Damit ist von der synthetischen Seite her der tiefere Grund aufgezeigt, warum diese Kurven von 2. Ordnung heißen. In der analytischen Beschreibung wird sich das dadurch widerspiegeln, dass ihnen gerade quadratische Formen entsprechen (siehe Abschnitt 4.3).

Lemma 4.7 erlaubt eine Einteilung aller Punkte und Geraden der projektiven Ebene:

Definition 4.8. Es sei k eine Kurve 2. Ordnung und h eine Gerade von $\mathbb{P}_2$. Hat h mit k zwei Schnittpunkte, so heißt h *schneidende* oder *äußere Gerade*; bei einem – doppelt zu zählenden – Schnittpunkt heißt h *Tangente an k*; im Falle keines Schnittpunkts nennt man h *nicht schneidende* oder *innere Gerade*.

Ein Punkt $P \in \mathbb{P}_2$ heißt *innerer Punkt* bezüglich k, falls jede Gerade g mit $P \in g$ schneidende Gerade ist; ist P kein innerer Punkt und liegt P nicht auf k, so heißt P *äußerer Punkt*.

Dualisiert man das obige Resultat, so ergibt sich, dass jeder Punkt P der projektiven Ebene auf höchstens zwei Geraden einer gegebenen Kurve 2. Klasse $\bar{k}$ liegt. Die analoge Einteilung der Geraden und Punkte von $\mathbb{P}_2$ führt dann zur

Definition 4.9. Es sei $\bar{k}$ eine Kurve 2. Klasse und P ein Punkt von $\mathbb{P}_2$. Liegt P auf zwei Geraden von $\bar{k}$, so heißt P *äußerer Punkt*; auf einer – doppelt zu zählenden – Geraden, so ist P *Träger-* oder *Stützpunkt*; im Falle er auf keiner Geraden von $\bar{k}$ liegt, nennt man P *inneren Punkt*.

Eine Gerade $g \in \mathbb{P}_2$ heißt *innere Gerade* bezüglich $\bar{k}$, falls jeder Punkt P von g äußerer Punkt ist; ist g keine innere Gerade und ist $g \notin \bar{k}$, so heißt g *äußere Gerade*.

Dass die gleichen Namensgebungen in den beiden Definitionen gerechtfertigt ist, folgt zum einen aufgrund des Zusammenhangs von Kurven 2. Ordnung und 2. Klasse (Satz 4.17), zum anderen durch die im nächsten Abschnitt behandelte Polarentheorie (siehe Aufgabe 5).

Nach dem 2. Teil von Satz 4.4 bestimmen fünf Punkte eindeutig eine Kurve 2. Ordnung. Es stellt sich aber die Frage, ob dabei die Wahl der Zentren der Geradenbüschel – A und B waren dort ja ausgezeichnet – eine Rolle spielt. Sie wird durch folgenden Satz beantwortet:

Satz 4.10. *Fünf Punkte, von denen keine drei kollinear sind, liegen auf einer eindeutig bestimmten Kurve 2. Ordnung.*

Beweis. Wir verwenden dieselben Bezeichnungen wie im Beweis des 2. Teils des vorigen Satzes; insbesondere seien A, B die Zentren der Geraden-büschel, welche durch $x \to x'$, $y \to y'$, $z \to z'$ projektiv aufeinander bezogen sind. Wir wählen auf der dadurch bestimmten Kurve 2. Ordnung k einen weiteren Punkt W und setzen $\langle A, W \rangle = w$, $\langle B, W \rangle = w'$ (Abb. 4.5). Lässt man dann den Punkt X

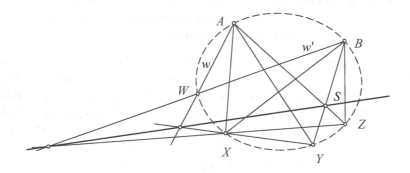

Abbildung 4.5

k durchlaufen und hält A, B, Y, Z, W fest, so wird die Kurve auch erzeugt durch die Schnittpunkte entsprechender Geraden der Büschel Y und Z, nämlich $\langle Y, X \rangle$ und $\langle Z, X \rangle$. Schneidet man das erste Büschel mit w, das zweite mit w', so induziert die Zuordnung $\pi : \langle Y, X \rangle \to \langle Z, X \rangle$ (Y, Z sind fest) eine zwischen diesen beiden Schnittgeraden. Letztere ist aber eine Perspektivität, da die Verbindungsgerade entsprechender Punkte stets durch den Punkt S ($= \langle A, Z \rangle \cap \langle B, Y \rangle$) geht. Mithin ist π eine Projektivität. Es liefern somit die Geradenbüschel Y, Z zusammen mit π eine Kurve 2. Ordnung, die mit der gegebenen übereinstimmt. $\square$

Eine Folgerung dieses Ergebnisses ist

Satz 4.11 (Satz von Pascal). *Liegen die Ecken eines Sechsecks auf einer Kurve 2. Ordnung, so schneiden sich die Paare von Gegenseiten in drei Punkten einer Geraden, der sogenannten* Pascalschen Geraden.

Beweis. Es seien die Ecken des Sechsecks in der Reihenfolge ihrer Durchlaufung mit A, W, B, Y, X, Z bezeichnet (siehe Abb. 4.5). Denkt man sich in A, B Geradenbüschel, die mittels der früher angegebenen Methode, also vermöge der perspektiven Punktreihen $\langle X, Y \rangle \overset{S}{\barwedge} \langle X, Z \rangle$ ($S = \langle A, Z \rangle \cap \langle B, Y \rangle$) projektiv aufeinander bezogen sind, so erzeugen sie nach dem letzten Satz gerade die gegeben Kurve 2. Ordnung. Nach jener Konstruktion liegen dabei die Schnittpunkte der Gegenseiten, $\langle A, W \rangle \cap \langle X, Y \rangle$ und $\langle W, B \rangle \cap \langle X, Z \rangle$, auf einer Geraden durch S, das ist der Schnittpunkt der restlichen beiden Gegenseiten. $\square$

Von diesem Satz gilt auch die Umkehrung (Aufgabe 1):

Satz 4.12. *Schneiden sich die Paare von Gegenseiten eines Sechsecks in drei kollinearen Punkten, so liegen seine Ecken auf einer Kurve 2. Ordnung.*

Dual zum Satz von Pascal ist der folgende Satz, der hier separat formuliert sei.

Satz 4.13 (Satz von Brianchon). *Gehören die Seiten eines Sechsseits einer Kurve 2. Klasse an, so gehen die drei Verbindungsgeraden der Paare von Gegenecken durch einen Punkt, den* Brianchonschen Punkt.

Der Satz von Pascal gibt ein einfaches Mittel zur Hand, um in einem vorgegebenen Punkt A einer Kurve 2. Ordnung die Tangente zu konstruieren. Lässt man nämlich zwei nebeneinander liegende Punkte eines Sechsecks zusammenfallen[80], so geht deren Verbindungsgerade definitionsgemäß in die Tangente über. Die Pascalsche Gerade bleibt dabei erhalten. Ist wie zuvor die Reihenfolge der Ecken gegeben durch A, W, B, Y, X, Z und wählt man $W = A$, so muss die Tangente in A die Gegenseite $\langle X, Y \rangle$ in einem Punkt der Geraden $\langle S, \langle A, B \rangle \cap \langle X, Z \rangle \rangle$ schneiden. Da die beiden letzteren Geraden bekannt sind, lässt sich die Tangente konstruieren (Abb. 4.6).

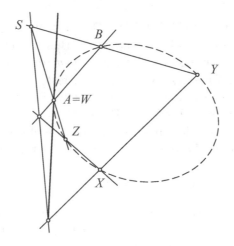

Abbildung 4.6

Bemerkung 4.14. Angewandt auf die nicht ausgearteten Kegelschnitte, die ja Kurven 2. Ordnung im Standardmodell sind, besagt dieses Ergebnis insbesondere, dass die Tangente in einem Punkt allein durch Ziehen gerader Linien aufgefunden werden kann.

Lässt man im Sechseck bei zwei Gegenseiten jeweils die Eckpunkte zusammenfallen, entsteht eine weitere bedeutsame Konfiguration: wir wählen etwa $B = Y$ und $A = Z$ (Abb. 4.7). Es bleibt dann ein der Kurve 2. Ordnung einbeschriebenes Viereck $AWBX$ übrig und sechs Seiten $\langle A, W \rangle$, $\langle W, B \rangle$, $\langle B, B \rangle$, $\langle B, X \rangle$,

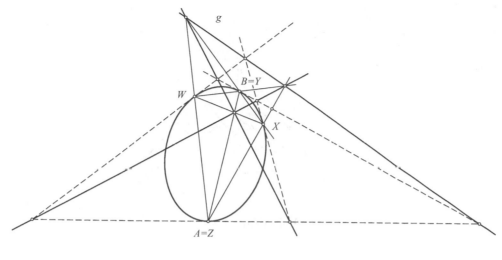

Abbildung 4.7

$\langle X, A \rangle$, $\langle A, A \rangle$. Der Satz von Pascal besagt dann, dass die Verbindungsgerade g der Schnittpunkte gegenüberliegender Seiten des Vierecks, $g = \langle \langle A, W \rangle \cap \langle B, X \rangle$, $\langle W, B \rangle \cap \langle X, A \rangle \rangle$, durch den Schnittpunkt der Tangenten in den (Gegen-)Ecken A, B geht. Hierbei war aber die Auszeichnung von A und B völlig willkürlich, so dass allgemein gilt:

Satz 4.15. *Ist ein Viereck $ABCD$ einer Kurve 2. Ordnung einbeschrieben, so schneiden sich die Tangenten in diesen Punkten paarweise auf den Seiten des Nebendreiecks.*

Auch der Extremfall, dass drei Paare von Punkten eines Sechsecks zusammenfallen, hat interessante Konsequenzen. Wir setzen dazu $A = W$, $B = Y$ und $X = Z =: C$. Dann liegt ein der Kurve einbeschriebenes Dreieck ABC vor, mitsamt den Tangenten in diesen Punkten. Der Pascalsche Satz liefert dann, dass die Schnittpunkte der Seiten des Dreiecks mit den Tangenten in den gegenüberliegenden Ecken kollinear sind.

Die duale Aussage lautet:

Bildet man zu gegebenen drei Punkten einer Kurve 2. Ordnung das ein- und umbeschriebene Dreieck, so gehen die Verbindungsgeraden gegenüberliegender Ecken durch einen Punkt, den sogenannten *Nagelschen Punkt* (Abb. 4.8).

Mit Satz 4.15 haben wir ein Ergebnis erzielt, in welchem Punkte und Tangenten einer Kurve 2. Ordnung eine gleichberechtigte Rolle einnehmen. Dies wird besonders deutlich, wenn man ihn folgendermaßen umformuliert (siehe Abb. 4.7):

Satz 4.16. *Die Ecken und Seiten des Nebendreiecks eines vollständigen Vierecks, dessen Ecken auf einer Kurve 2. Ordnung liegen, stimmen überein mit den Ecken*

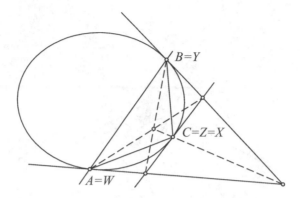

Abbildung 4.8

und Seiten des Nebendreiseits des vollständigen Vierseits, das durch die Tangenten in jenen Ecken gebildet wird.

Damit ist es möglich, den Zusammenhang zwischen Kurven 2. Ordnung und 2. Klasse zu klären.

Satz 4.17.   1) *Die Tangenten an eine Kurve 2. Ordnung bilden eine Kurve 2. Klasse.*

2) *Die Trägerpunkte einer Kurve 2. Klasse bilden eine Kurve 2. Ordnung.*

Beweis. Es genügt 1) zu zeigen, da die beiden Aussagen zueinander dual sind. Dazu wählen wir drei feste Punkte A, B, C und einen variablen Punkt D auf der Kurve 2. Ordnung k (Abb. 4.9). Die Tangenten in diesen Punkten seien entsprechend mit a, b, c, d bezeichnet. Die bewegliche Tangente d schneide b, c in den variablen

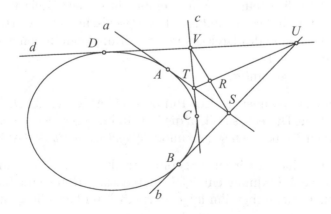

Abbildung 4.9

Punkten U, V. Wir behaupten, dass die Zuordnung $\pi : U \mapsto V$ eine Projektivität zwischen b und c ist. Ist dies bewiesen, so wird die dadurch festgelegte Kurve 2. Klasse durch die Verbindungsgeraden $\langle U, V \rangle$, also durch die variable Gerade d, gebildet.

Um nun π als Projektivität nachzuweisen, verbindet man U mit $T = a \cap c$ und V mit $S = a \cap b$. Dann ist die Behauptung dazu äquivalent, dass $\hat{\pi} : \langle T, U \rangle \mapsto \langle S, V \rangle$ eine Projektivität zwischen den Geradenbüscheln T und S ist. Aber der Schnittpunkt $R = \langle T, U \rangle \cap \langle S, V \rangle$ durchläuft nach Satz 4.15 die Gerade $\langle B, C \rangle$; also ist $\hat{\pi}$ sogar eine Perspektivität. $\qquad\square$

4.2 Pol und Polare

In diesem Abschnitt zeigen wir, dass jede Kurve 2. Ordnung auf natürliche Weise eine Polarität π festlegt, wobei die Punkte P mit $P \in \pi(P)$ gerade die Kurve bilden. Von diesem Ergebnis gilt auch die Umkehrung: Ist eine beliebige Polarität gegeben, so liefern solche Punkte stets eine Kurve 2. Ordnung. (Analoges gilt für Kurven 2. Klasse.) – Dies ist von Staudts Erzeugungsmethode, die eingangs des vorigen Abschnitts erwähnt wurde.

Wir beginnen mit dem folgenden

Lemma 4.18. *Es sei k eine Kurve 2. Ordnung. Dann haben alle k eingeschriebenen Vierecke mit fester Nebenecke die ihr gegenüber liegende Seite des Nebendreiecks gemeinsam.*

Beweis. Es sei $ABCD$ das Viereck, PQR dessen Nebendreieck mit $P = \langle A, B \rangle \cap \langle C, D \rangle$. $p = \langle Q, R \rangle$ ist schon allein durch $\langle A, B \rangle$ festgelegt: zum einen liefert das vollständige Viereck $ABCD$, dass $p \cap \langle A, B \rangle$ der vierte harmonische Punkt zu P bezüglich A, B ist (Satz 3.39); zum anderen liegt nach Satz 4.15 der Schnittpunkt der Tangenten in A bzw. B auf p. Geht man demnach von einem anderen Viereck $A'B'C'D'$ mit Nebenecke P aus, so liefern die Vierecke $ABCD$, $ABC'D'$, $A'B'C'D'$ jeweils dieselbe Gerade.

Durch Dualisierung folgt das Ergebnis für das Nebendreiseit eines k umschriebenen Vierseits. Da dieses nach Satz 4.16 mit dem Nebendreieck übereinstimmt, welches zu dem Nebenviereck gehört, das durch die Berührpunkte der Geraden des Vierseits gebildet wird, folgt die Behauptung auch in der umgekehrten Richtung. $\qquad\square$

Die folgende Definition ist somit sinnvoll:

Definition 4.19. a. Ist $ABCD$ ein einer Kurve 2. Ordnung eingeschriebenes Viereck mit dem Nebendreieck PQR, so heißt ein Paar gebildet aus einer Ecke und der gegenüberliegenden Seite *Pol-Polaren*-Paar.

Es sind dies also die Paare $(P, \langle Q, R \rangle)$, $(Q, \langle P, R \rangle)$, $(R, \langle P, Q \rangle)$. Aufgrund des Lemmas ist also bei gegebenem Pol die entsprechende Polare eindeutig bestimmt und umgekehrt.

Mit dieser Definition werden ersichtlich alle Punkte $P \notin k$ bzw. alle Geraden, die nicht Tangenten an k sind, erfasst. Man definiert daher zusätzlich

Definition 4.19. b. Zum *Pol* $P \in k$ gehört die Tangente in P an k als *Polare* und umgekehrt.

Bemerkung 4.20. 1) Aufgrund von Satz 3.39 kann man für $P \notin k$ die Polare p auch als die Gerade des vierten harmonischen Punktes zu P bezüglich der Schnittpunkte einer beliebigen k schneidenden Geraden des Büschels P definieren. Insbesondere gilt im Fall $P \notin k$ stets $P \notin p$. Mit Teil b) der Definition ergibt das: Es gilt $P \in p$ genau dann, wenn $P \in k$ ist.

Folgerung 4.21. *Ist k Kurve 2. Ordnung, $P \notin k$ und p die Polare zu P bzgl. k, dann lässt die durch P und p bestimmte harmonische Homologie k als Ganzes invariant und bildet das Innere bzw. Äußere in das Innere bzw. Äußere ab.*

2) Aus Satz 4.15 folgt, falls P äußerer Punkt von k ist, dass die Polare die Verbindungsgerade der Berührpunkte der beiden von P aus an die Kurve gelegten Tangenten ist.

3) Ist π zweidimensionale Projektivität mit $\pi(k) = k$, so lässt π die Pol-Polaren-Beziehung invariant; d.h. ist p die Polare zu P bzgl. k, so ist $\pi(p)$ die Polare von $\pi(P)$. Dies folgt unmittelbar aus Bemerkung 1) und 3).

Satz 4.22 (Hauptsatz der Polarentheorie). *Liegt P auf der Polaren von Q bzgl. einer Kurve 2. Ordnung k, so auch Q auf der Polaren von P.*

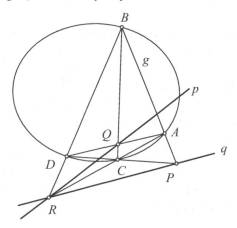

Abbildung 4.10

Beweis. Falls P oder Q auf k liegt, folgt aus Bemerkung 1) und 2) sofort die Behauptung. Wir können also $P, Q \notin k$ annehmen (Abb. 4.10). Dann werde durch P eine k schneidende Gerade g derart gelegt, dass $Q \notin g$ und keiner der Schnittpunkte A, B mit den Berührpunkten der Tangenten aus Q zusammenfällt (falls vorhanden). Es treffen dann die Geraden $\langle Q, A \rangle, \langle Q, B \rangle$ die Kurve k in zwei weiteren Punkten D, C. Nach Definition liegen die Schnittpunkte $R = \langle A, C \rangle \cap \langle B, D \rangle$

und $S = \langle A, B \rangle \cap \langle C, D \rangle$ auf der Polaren q von Q. Wegen $P = q \cap \langle A, B \rangle$ folgt $P = S$, also $P \in \langle C, D \rangle$. Mithin ist $\triangle PQR$ das Nebendreieck des Vierecks $ABCD$, somit $\langle Q, R \rangle$ die Polare zu P. $\qquad\square$

Folgerung 4.23. *Die Zuordnung π, die jedem Punkt P der projektiven Ebene seine Polare p bzgl. einer festen Kurve 2. Ordnung k entsprechen lässt, ist eine Polarität.*

Beweis. 1) π ist bijektiv: Angenommen $P \neq Q$ hätten dieselbe Polare $p = q$. Dann muss wegen Bemerkung 3) jedenfalls $P, Q \notin k$ und $P, Q \notin p$ gelten. Der Schnittpunkt S von $\langle P, Q \rangle$ mit p liegt dann sowohl auf der Polaren von P als auch auf der von Q. Somit muss nach dem Hauptsatz die Polare s von S gleich $\langle P, Q \rangle$ sein. Daher gilt $S \in s$, so dass $\langle P, Q \rangle$ Tangente an k ist mit Berührpunkt S. Insbesondere ist p eine äußere Gerade bzgl. k. Ihr zweiter Schnittpunkt S' mit k hat dieselben Eigenschaften wie S, es müssen also P, Q auch auf dessen Polaren s' liegen. Daraus ergibt sich der Widerspruch $P = Q = s \cap s'$. π ist also injektiv.

Um die Surjektivität von π nachzuweisen, geben wir eine beliebige Gerade g der projektiven Ebene vor. Sind $P, Q \in g$, $P \neq Q$, und p, q ihre Polaren, so folgt aus dem Hauptsatz, dass g Polare des Schnittpunktes $p \cap q$ ist.

2) π ist Korrelation: Aufgrund der Charakterisierung der Korrelationen in Kapitel 3.3.2 ist nur zu zeigen, dass π eine Punktreihe stets in ein Geradenbüschel überführt. Sei also p eine Gerade und P der nach 1) eindeutig bestimmte Pol zu p. Ist $Q \in p$ beliebig, so gehört nach dem Hauptsatz seine Polare q dem Büschel P an. Ist schließlich r eine beliebige Büschelgerade, so liegt, wieder nach dem Hauptsatz, ihr Pol R auf der Geraden p.

3) π ist Polarität: Sind A, B, C, D vier verschiedene Punkte der gegebenen Kurve k, so ist nach Definition das Nebendreieck des dadurch bestimmten vollständigen Vierecks ein selbstpolares Dreieck, d.h. jede Seite ist Polare der gegenüberliegenden Ecke. Nach Satz 3.111 ist π daher Polarität. $\qquad\square$

Wie die Polarität auf Geraden wirkt ist nach den vorangegangenen Ausführungen klar: ist p äußere Gerade bzgl. k mit den Schnittpunkten S_1, S_2, so erhält man den Pol P als Schnitt der Tangenten in S_1, S_2. Ist p Tangente, so ist P der Berührpunkt. Ist schließlich p innere Gerade, so ist der Pol der Schnittpunkt der Polaren zweier beliebiger Punkte von p.

Eine Sonderstellung bei π nehmen diejenigen Punkte bzw. Geraden ein, die mit ihrem Bild unter π inzidieren; das sind also die Punkte bzw. Tangenten der gegebenen Kurve. Genau diese sogenannten *selbstkonjugierten Punkte* bzw. *Geraden* bilden also die Kurve 2. Ordnung bzw. 2. Klasse. Es lässt sich zeigen, dass diese Eigenschaft sogar ein Charakteristikum der genannten Kurven ist, weshalb sie auch dadurch definiert werden können. Wie erwähnt stammt diese Art der Einführung von Chr. von Staudt. Wir formulieren nur den entsprechenden

Satz 4.24. *Ist π eine Polarität der projektiven Ebene, die selbstkonjungierte Punkte (Geraden) besitzt, so bildet die Menge dieser Punkte (Geraden) eine Kurve 2. Ordnung (2. Klasse).*

Ein Beweis dafür findet sich etwa in [Cox1], S. 79ff.

4.3   Analytische Beschreibungen

Im ersten Abschnitt dieses Kapitels wurde bewiesen, dass Kurven 2. Ordnung von Geraden in 0, 1 oder 2 Punkten geschnitten werden können, was den tieferen Grund für die Bezeichnung „von 2. Ordnung" darstellt. Entsprechendes gilt für Kurven 2. Klasse. Die analytische Beschreibung bringt das natürlich auch zum Ausdruck.

Satz 4.25. *Die nicht ausgearteten Kurven 2. Ordnung werden durch eine Gleichung der Gestalt*

$$\mathbf{x}\mathbf{A}\mathbf{x}^t = 0 \ \ mit \ \mathbf{A} \in GL_3(\mathbb{R}) \ und \ \mathbf{A}^t = \mathbf{A} \tag{4.1}$$

beschrieben; dabei sind $\mathbf{x} = (x_0, x_1, x_2)$ *Punktkoordinaten. Umgekehrt stellt jede solche Gleichung eine nicht ausgeartete Kurve 2. Ordnung dar, falls die quadratische Form* $\mathbf{x}\mathbf{A}\mathbf{x}^t$ *nicht definit ist.*

Beweis. Es werde die Kurve k durch die Projektivität π zwischen den Geradenbüscheln G, G' erzeugt. Seien u, v irgend zwei feste verschiedene Geraden von G. In einer gegebenen Koordinatisierung der projektiven Ebene seien $\mathbf{u} = (u_0, u_1, u_2)^t$, $\mathbf{v} = (v_0, v_1, v_2)^t$ fixe Repräsentanten von deren (Geraden-) Koordinaten. Nach der dualisierten Version von Bemerkung 3.57,1) gilt dann für eine beliebige Gerade $w \in G$ und einem fest gewählten Repräsentanten ihrer Koordinaten: $\mathbf{w} = \lambda \mathbf{u} + \mu \mathbf{v}$ mit eindeutig bestimmten $\lambda, \mu \in \mathbb{R}$, $(\lambda, \mu) \neq (0, 0)$. Nach Teil 2) jener Bemerkung sind dabei (λ, μ) homogene Koordinaten von w, wenn man das Geradenbüschel in G als eindimensionales Gebilde auffasst. Entsprechend seien (ρ, σ) die homogenen Koordinaten der Bildgerade $\pi(w) =: \bar{w}$ in Bezug auf irgend zwei feste Repräsentanten der Koordinaten zweier Geraden $u', v' \in G'$: $\bar{\mathbf{w}} = \rho \mathbf{u}' + \sigma \mathbf{v}'$. Nach Folgerung 3.76 gilt $\gamma \begin{pmatrix} \rho \\ \sigma \end{pmatrix} = \begin{pmatrix} a & b \\ c & d \end{pmatrix} \begin{pmatrix} \lambda \\ \mu \end{pmatrix}$ mit $ad - bc \neq 0$, $a, b, c, d \in \mathbb{R}$, $\gamma \in \mathbb{R}^*$. Wir suchen nun die Gleichung der Schnittpunkte $X(x_0, x_1, x_2)$ von w mit $\bar{w}$, wobei $w \in G$ beliebig ist. Es muss also gelten

$$\langle \mathbf{w}^t, \mathbf{x} \rangle = 0, \ \ \langle \bar{\mathbf{w}}^t, \mathbf{x} \rangle = 0$$

bzw. vereinfacht

$$\lambda \langle \mathbf{u}^t, \mathbf{x} \rangle + \mu \langle \mathbf{v}^t, \mathbf{x} \rangle = 0$$

$$\rho \langle \mathbf{u}'^t, \mathbf{x} \rangle + \sigma \langle \mathbf{v}'^t, \mathbf{x} \rangle = (a\lambda + b\mu)\langle \mathbf{u}'^t, \mathbf{x} \rangle + (c\lambda + d\mu)\langle \mathbf{v}'^t, \mathbf{x} \rangle = 0.$$

Fasst man dies als Gleichungssystem in λ, μ auf, so hat es wegen der Bedingung $(\lambda, \mu) \neq (0, 0)$ eine nicht-triviale Lösung. Es muss somit die Determinante der Koeffizientenmatrix gleich 0 sein:

$$\langle \mathbf{u}^t, \mathbf{x} \rangle(b\langle \mathbf{u}'^t, \mathbf{x} \rangle + d\langle \mathbf{v}'^t, \mathbf{x} \rangle) - \langle \mathbf{v}^t, \mathbf{x} \rangle(a\langle \mathbf{u}'^t, \mathbf{x} \rangle + c\langle \mathbf{v}'^t, \mathbf{x} \rangle) = 0. \tag{4.2}$$

Eingesetzt und ausgerechnet erhält man eine Gleichung der Gestalt

$$a_{11}x_1^2 + a_{12}x_1x_2 + a_{22}x_2^2 + a_{01}x_0x_1 + a_{02}x_0x_2 + a_{00}x_0^2 = 0.$$

Setzt man hier

$$A = \begin{pmatrix} a_{00} & \frac{1}{2}a_{01} & \frac{1}{2}a_{02} \\ \frac{1}{2}a_{01} & a_{11} & \frac{1}{2}a_{12} \\ \frac{1}{2}a_{02} & \frac{1}{2}a_{12} & a_{22} \end{pmatrix},$$

so erfüllt x wirklich die Beziehung $xAx^t = 0$ mit $A^t = A$. Sie ist ersichtlich auch für Vielfache von x gültig, also vom gewählten Repräsentanten unabhängig. Wäre dabei $\det A = 0$, so folgte aus der Theorie der quadratischen Formen, dass die linke Seite ein Produkt zweier Linearformen ist, die Kurve k also in zwei Gerade zerfallen würde. Jede der beiden hätte aber mit k mehr als zwei Punkte gemeinsam, ein Widerspruch.

Auch der Beweis der 2. Aussage des Satzes gründet auf der Theorie der quadratischen Formen. Ihr zufolge lässt sich nämlich xAx^t durch eine geeignete lineare Transformation – was der Wahl eines geeigneten Koordinatensystems in $\mathbb{P}_2$ entspricht – auf eine Summe/Differenz von Quadraten bringen. Da hierbei der Rang der Koeffizientenmatrix unverändert bleibt, ergeben sich nur die beiden Möglichkeiten

$$x_0^2 + x_1^2 + x_2^2 \quad \text{bzw.} \quad -x_0^2 + x_1^2 + x_2^2.$$

Der erste Fall ist ausgeschlossen, da die quadratische Form dann positiv definit ist. Die Gleichung $x_0^2 + x_1^2 + x_2^2 = 0$ wird auch von keinem Punkt der projektiven Ebene erfüllt.

Im zweiten Fall führen wir die weitere Koordinatentransformation

$$x_0 \to \frac{1}{2}(x_1 + x_2), \ x_1 \to x_0, \ x_2 \to \frac{1}{2}(x_1 - x_2)$$

durch, wobei sich die Gleichung $-x_0^2 + x_1 x_2 = 0$ ergibt.[81]

Bezüglich der zuletzt erhaltenen Koordinatisierung wählen wir als Büschelzentren die Punkte $G(0,0,1)$ und $G'(0,1,0)$ und für $u, v \in G$ die speziellen Geraden $u = \langle G, G' \rangle : x_0 = 0$ und $v : x_1 = 0$. Damit wird jede Gerade des Büschels G beschrieben durch $w : \lambda x_0 + \mu x_1 = 0$. Analog wählen wir $u', v' \in G'$ so, dass $u' : x_2 = 0$, $v' = \langle G, G' \rangle : x_0 = 0$. Die Zuordnung $\pi : G \to G'$ sei schließlich dadurch festgelegt, dass $\pi(w)$ die Gleichung $\lambda x_2 + \mu x_0 = 0$ besitzt. Nach dem Beweis des ersten Teils des Satzes gilt also $\rho = \lambda$, $\sigma = \mu$ und die π zugeordnete Koordinatentransformation $\hat{\pi}$ ist $\nu \cdot id$. π ist somit nach Folgerung 3.76 eine Projektivität; sie ist keine Perspektivität, da die Schnittpunkte $G' = u \cap u'$, $G = v \cap v'$, $P(-1,1,1) = (u+v) \cap (u'+v')$ nicht kollinear sind. Die Gleichung der dadurch bestimmten Kurve 2. Ordnung ist dann nach (4.2) wegen $u = (1,0,0)^t = v'$, $v = (0,1,0)^t$, $u' = (0,0,1)^t$:

$$-x_0^2 + x_1 x_2 = 0.$$

Mithin entspricht dieser Gleichung eine nicht ausgeartete Kurve 2. Ordnung und damit, wie wir gesehen haben, jeder Gleichung $xAx^t = 0$, wo A die im Satz angegebenen Bedingungen erfüllt. $\qquad \square$

Bemerkung 4.26. Interpretiert man den letzten Teil des Beweises im Standardmodell des $\mathbb{P}_2$, so stellt $-x_0^2 + x_1 x_2 = 0$ die Hyperbel $xy = 1$ mitsamt ihren beiden Fernpunkten dar; G ist der Fernpunkt der y-Achse, G' derjenige der x-Achse. Die Zuordnung π ist gegeben durch $w : x = -\frac{\lambda}{\mu} \mapsto w' : y = -\frac{\mu}{\lambda}$, $\lambda, \mu \neq 0$. Die Schnittpunkte $w \cap w'$ erfüllen dann wirklich $xy = 1$ (Abb. 4.11).

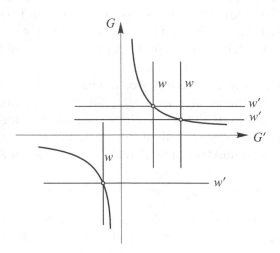

Abbildung 4.11

Bemerkung 4.27. In der Praxis verwendet man im allgemeinen das im 2. Teil des Beweises angegebene Verfahren. Man geht von zwei festen Geraden $u, v \in G$ aus und wählt $u', v' \in G'$ als deren Bildgeraden: $u' := \pi(u), v' := \pi(v)$. Dann ist $\hat{\pi} = \nu \cdot id, \nu \in \mathbb{R}^*$, mithin kann man $(\rho, \sigma) = (\lambda, \mu)$ annehmen. Die Gleichung (4.2) der Kurve 2. Ordnung vereinfacht sich dann zu

$$\langle u^t, x \rangle \langle v'^t, x \rangle - \langle v^t, x \rangle \langle u'^t, x \rangle = 0.$$

Wir formulieren explizit das duale Ergebnis:

Satz 4.28. *Die nicht ausgearteten Kurven 2. Klasse werden durch eine Gleichung der Gestalt*

$$u^t A u = 0 \ \textit{mit } A \in GL_3(\mathbb{R}) \ \textit{und } A^t = A \tag{4.3}$$

beschrieben; dabei sind $u = (u_0, u_1, u_2)^t$ Geradenkoordinaten. Umgekehrt stellt jede solche Gleichung eine nicht ausgeartete Kurve 2. Klasse dar, falls die quadratische Form $u^t A u$ nicht definit ist.

Wie der letzte Beweis zeigt, wäre es an wesentlich früherer Stelle, nämlich zu Beginn des ersten Abschnitts, bereits möglich gewesen, die analytische Darstellung der Kurven 2. Ordnung (2. Klasse) anzugeben. Viele Ergebnisse hätten sich dann leicht algebraisch deduzieren lassen, etwa Satz 4.10. Doch wird man dann mit einem merkwürdigen Phänomen konfrontiert, auf das schon P. S. Laplace 1796 hingewiesen hat:

„Die geometrische Synthesis hat außerdem den Vorzug, dass sie ihren Gegenstand nie aus dem Gesicht verlieren läßt, und den ganzen Weg, von den ersten Grundsätzen an, bis zu deren letzten Folgerungen erleuchtet; an Statt daß die Analysis uns den Hauptgegenstand bald vergessen läßt, um uns mit abstrakten Kombinationen zu beschäftigen, und uns erst am Ende wieder zu demselben führt." ([Lapl], S. 465; zitiert nach der deutschen Ausgabe Teil 2, S. 314.)

Dieses Phänomen ist uns besonders augenfällig bei der Einführung homogener Koordinaten auf einer Geraden g des projektiven Raumes begegnet (Bemerkung 3.57,1)). Dazu wurden *feste* Repräsentanten der räumlichen homogenen Koordinaten verwendet, also ein Sachverhalt, der nicht der projektiven Geometrie angehört.

Im 19. Jahrhundert entflammte wegen der „richtigen" Behandlung geometrischer Fragen sogar ein heftiger Streit zwischen den Mathematikern. Den Anhängern der synthetischen Geometrie, die nur rein geometrische Argumentationen gestatteten – ihr führender Vertreter war J. Steiner – standen diejenigen Geometer gegenüber, die nur bzw. auch algebraisch-analytische Methoden verwendeten. Die sogenannte Algebraisierung der Mathematik ([Monna], 1. Teil) hat inzwischen dazu geführt, dass heute fast ausschließlich der letztere Standpunkt eingenommen wird, mit Tendenz in Richtung des Wortes „nur". Dies aus gutem Grund: so sind die analytischen Methoden allgemeiner bzw. leichter zu verallgemeinern als die rein geometrischen; so gibt es geometrische Probleme, die sich (bisher) nur mittels des „Umweges" über die Algebra lösen lassen – etwa die klassischen Probleme der Konstruktion mit „Zirkel und Lineal" (Winkeldreiteilung, Würfelverdopplung, Quadratur des Kreises). Aber man darf dabei einen Schwachpunkt nicht übersehen: es wird die geometrische Anschauung, die ein völlig eigenständiges Vermögen des menschlichen Erkennens ist, vernachlässigt; ja, es können dadurch zum Beispiel Erklärungsmöglichkeiten für gewisse Naturphänomene zum Teil gar nicht mehr in Betracht gezogen werden. Ein markantes Beispiel dafür liefert die dualeuklidische Geometrie (siehe Kap. 6.7.3), die vom analytischen Standpunkt aus der euklidischen völlig gleicht. Weshalb sich auch kaum jemand der Mühe unterzieht, die diesbezüglichen Aussagen wirklich geometrisch zu veranschaulichen; etwa die sogenannte Leichtgerade eines Dreiseits, die der duale Begriff zum Schwerpunkt eines Dreiecks ist. Und doch werden durch sie Begriffe und Anschauungen zur Verfügung gestellt, die für ein anders geartetes Verständnis mancher Objekte, etwa von Pflanzen, hilfreich sind (siehe Anhang 2 zu Kap. 4 und den Anhang zu Kap. 6.7.3).

Um diesem Schwachpunkt entgegen zu wirken wurde hier die Theorie der Kurven 2. Ordnung (2. Klasse) zunächst synthetisch entwickelt. Im Folgenden werden aber vermehrt analytische Argumentationen angewandt, da die rein synthetischen meist langwieriger sind. Sie können z.B. in [Loch3], Kap. II,4, nachgelesen werden.

Wir kehren zu den Kurven 2. Ordnung zurück und leiten als nächstes die Gleichung der Polaren ab. Nach den auf deren Definition folgenden Bemerkungen 1) und 3) ist die Polare p zu einem Punkt $P \in k$ die Tangente an die gegebene Kurve 2. Ordnung k; falls $P \notin k$, ist es diejenige Gerade, auf der die Punkte Q mit $H(PQ, RS)$ liegen, wo R, S die Schnittpunkte von $\langle P, Q \rangle$ mit k sind. Gemäß Bemerkung 3.57,1) lassen sich im zweiten Fall Repräsentanten $\mathbf{r}, \mathbf{s}$ für die Koordinaten von R, S finden, so dass gilt:

$$\mathbf{r} = \mathbf{p} + \rho\mathbf{q}, \ \mathbf{s} = \mathbf{p} + \sigma\mathbf{q}, \ \rho, \sigma \in \mathbb{R}^* \text{ geeignet;}$$

dabei sind $\mathbf{p}, \mathbf{q}$ fest gewählte Repräsentanten für die Koordinaten von P, Q. Die Bedingung $H(PQ, RS)$ lässt sich dann wegen der Eigenschaften 3.79, 3 und 4, ausdrücken durch

$$-1 = \frac{\sigma}{\rho}, \text{ also } \rho + \sigma = 0.$$

Andererseits liegen R, S auf k, so dass wegen $\mathbf{A} = \mathbf{A}^t$ gilt

$$0 = \mathbf{r}\mathbf{A}\mathbf{r}^t = (\mathbf{p} + \rho\mathbf{q})\mathbf{A}(\mathbf{p} + \rho\mathbf{q})^t = \mathbf{p}\mathbf{A}\mathbf{p}^t + 2\rho\mathbf{p}\mathbf{A}\mathbf{q}^t + \rho^2\mathbf{q}\mathbf{A}\mathbf{q}^t \qquad (4.4)$$

und analog

$$0 = \mathbf{s}\mathbf{A}\mathbf{s}^t = (\mathbf{p} + \sigma\mathbf{q})\mathbf{A}(\mathbf{p} + \sigma\mathbf{q})^t = \mathbf{p}\mathbf{A}\mathbf{p}^t + 2\sigma\mathbf{p}\mathbf{A}\mathbf{q}^t + \sigma^2\mathbf{q}\mathbf{A}\mathbf{q}^t.$$

Subtrahiert man die beiden Gleichungen, so fällt der letzte Summand weg und auch der erste wegen $\rho + \sigma = 0$. Es bleibt

$$2(\rho - \sigma)\mathbf{p}\mathbf{A}\mathbf{q}^t = 0.$$

Nun ist $\rho - \sigma \neq 0$ (sonst wäre $\rho = \sigma = 0$, also $R = S = P \in k$), weshalb $\mathbf{p}\mathbf{A}\mathbf{q}^t = 0$ folgt. Also liegen sämtliche Punkte Q mit $H(PQ, RS)$ auf der Geraden

$$\mathbf{p}\mathbf{A}\mathbf{x}^t = \sum a_{ij}p_i x_j = 0. \qquad (4.5)$$

Dies ist somit die Gleichung der Polaren p im Falle $P \notin k$.

Wir behaupten, dass auch im Falle $P \in k$ durch (4.5) die Polare beschrieben wird. Dazu ist nur zu zeigen, dass diese Gerade Tangente in P an k ist. Hätte sie mit k außer P noch einen weiteren Schnittpunkt Q, so müsste gelten:

$$\mathbf{p}\mathbf{A}\mathbf{q}^t = 0, \ \mathbf{q}\mathbf{A}\mathbf{q}^t = 0 \text{ und } \mathbf{p}\mathbf{A}\mathbf{p}^t = 0.$$

Dann zeigt aber (4.4), dass jeder Punkt R mit der Koordinate $\mathbf{r} = \mathbf{p} + \rho\mathbf{q}$, $\rho \in \mathbb{R}$ beliebig, Schnittpunkt ist, im Widerspruch zu Lemma 4.7.

Da somit (4.5) ganz allgemein die Gleichung der Polaren eines Punktes P darstellt, ist die Polarität π, die jedem Punkt seine Polare bzgl. der Kurve 2. Ordnung $\sum a_{ij}x_i x_j = 0$ zuordnet, analytisch gegeben durch

$$\pi : P(p_0, p_1, p_2) \mapsto p : (u_0, u_1, u_2)^t \text{ mit } u_j = \sum a_{ij}p_i \ (j = 0, 1, 2).$$

Auch daraus erkennt man, dass die selbstkonjugierten Punkte die Kurve 2. Ordnung $\sum a_{ij}p_ip_j = 0$ bestimmen.

Die Kenntnis der Gleichung der Tangente in einem Punkt $\overline{P}$ einer Kurve 2. Ordnung k gestattet es, die ihr entsprechende Kurve 2. Klasse $\bar{k}$ zu beschreiben. Nach (4.5) sind die Geradenkoordinaten der Tangente in $Y \in k$, $Y(y_0, y_1, y_2)$, gleich $\lambda u_j = \sum a_{ij}y_i$, $j = 0, 1, 2$. Es gilt dabei $\sum u_j y_j = 0$. Diese Beziehungen kann man als lineares homogenes Gleichungssystem in den Unbekannten $y_0, y_1, y_2,$ λ auffassen:

$$
\begin{array}{ccccccccc}
a_{00}y_0 & + & a_{10}y_1 & + & a_{20}y_2 & - & \lambda u_0 & = & 0 \\
a_{01}y_0 & + & a_{11}y_1 & + & a_{21}y_2 & - & \lambda u_1 & = & 0 \\
a_{02}y_0 & + & a_{12}y_1 & + & a_{22}y_2 & - & \lambda u_2 & = & 0 \\
u_0y_0 & + & u_1y_1 & + & u_2y_2 & & & = & 0.
\end{array}
$$

Hier stimmt die Koeffizientenmatrix der y_i in den ersten 3 Gleichungen mit der Matrix A der quadratischen Form, die k beschreibt ($\mathsf{x}\mathsf{A}\mathsf{x}^t = 0$), überein, da diese symmetrisch ist. Es gilt also $\mathsf{A}\mathsf{y}^t = \lambda\mathsf{u}$, woraus wegen $\det\mathsf{A} \neq 0$ und A symmetrisch folgt: $\mathsf{y} = \lambda\mathsf{u}^t\mathsf{A}^{-1}$. Eingesetzt in die letzte Gleichung des Systems ergibt sich die gesuchte Klassengleichung der gegebenen Kurve k:

$$
0 = \langle \mathsf{u}^t, \mathsf{y}\rangle = \langle \mathsf{u}^t, \lambda\mathsf{u}^t\mathsf{A}^{-1}\rangle, \text{ d.h. } 0 = \langle \mathsf{u}^t, \mathsf{u}^t\mathsf{A}^{-1}\rangle = \mathsf{u}^t\mathsf{A}^{-1}\mathsf{u},
$$

oder ausgeschrieben

$$
\sum c_{ij}u_iu_j = 0 \text{ mit } \mathsf{C} = (c_{ij}) = \mathsf{A}^{-1}.
$$

Wir fassen das Ergebnis in folgendem Satz zusammen:

Satz 4.29. *Hat die nicht ausgeartete Kurve 2. Ordnung die Darstellung $\mathsf{x}\mathsf{A}\mathsf{x}^t = 0$ mit $\mathsf{A}^t = \mathsf{A}$, $\det\mathsf{A} \neq 0$, so wird die durch die Tangenten gebildete Kurve 2. Klasse beschrieben durch $\mathsf{u}^t\mathsf{A}^{-1}\mathsf{u} = 0$.*

Dual dazu ergeben die Stützpunkte einer nicht ausgearteten Kurve 2. Klasse der Gestalt $\mathsf{u}^t\mathsf{B}\mathsf{u} = 0$ mit $\mathsf{B}^t = \mathsf{B}$, $\det\mathsf{B} \neq 0$, die Kurve 2. Ordnung $\mathsf{x}\mathsf{B}^{-1}\mathsf{x}^t = 0$.

Dabei sind alle Darstellungen eindeutig bis auf skalare Vielfache $\neq 0$.

4.4 Kurven 2. Grades

Beim Beweis von Satz 4.25 hatten wir gefunden, dass sich jede nicht ausgeartete Kurve 2. Ordnung bei geeigneter Wahl des Koordinatensystems analytisch durch

$$
x_1^2 + x_2^2 - x_0^2 = 0
$$

(bzw. $x_0^2 - x_1x_2 = 0$) beschreiben lässt. Die Gleichung der durch sie bestimmten Klassenkurve hat dann nach dem letzten Satz die Gestalt

$$
u_1^2 + u_2^2 - u_0^2 = 0.
$$

Und auf diese Form lässt sich analog durch geeignete Koordinatentransformation die Darstellung jeglicher nicht ausgearteter (reeller) Kurve 2. Klasse bringen.

Vom algebraischen Standpunkt aus ist die Beschränkung, nur Gleichungen der Form $\mathsf{x}\mathsf{A}\mathsf{x}^t = 0$ mit $\det \mathsf{A} \neq 0$ zu betrachen, völlig willkürlich. Wie schon erwähnt wurde und wie aus der Linearen Algebra bekannt ist, lässt sich ganz allgemein eine quadratische Form $\mathsf{x}\mathsf{A}\mathsf{x}^t$ durch eine geeignete lineare Abbildung, die sich geometrisch als Koordinatentransformation der projektiven Ebene interpretieren lässt, auf eine Summe/Differenz von Quadraten bringen; es ist dabei die Anzahl der Summanden gleich dem Rang $\mathrm{rg}\mathsf{A}$ der Matrix A. Es kommen somit ganz allgemein folgende „Normalformen" in Betracht, wobei die Wahl der Indizes an sich willkürlich ist – die hier getroffene wird sich später als vorteilhaft erweisen:

$$
\begin{array}{llrcl}
\mathrm{rg}\mathsf{A} = 3 : & 1) & x_0^2 - x_1^2 - x_2^2 & = & 0 \\
& 2) & x_0^2 + x_1^2 + x_2^2 & = & 0 \\
\mathrm{rg}\mathsf{A} = 2 : & 3) & x_0^2 - x_1^2 & = & 0 \\
& 4) & x_0^2 + x_1^2 & = & 0 \\
\mathrm{rg}\mathsf{A} = 1 : & 5) & x_0^2 & = & 0.
\end{array}
\tag{4.6}
$$

Welche Kurven werden dadurch beschrieben?

1) In diesem Fall liegen genau die nicht ausgearteten Kurven 2. Ordnung vor, die wir bis jetzt behandelt haben.

2) Wie beim Beweis des Satzes 4.25 bereits festgestellt wurde, gibt es keinen Punkt der projektiven Ebene, der diese Gleichung befriedigt (die einzige reelle Lösung ist ja $x_0 = x_1 = x_2 = 0$). Und doch werden wir später auf diesen Fall noch genauer eingehen müssen (siehe Kap. 4.5 und 5.2, Fall 2)). Hier sei nur soviel gesagt, dass sich die Lösungsgesamtheit algebraisch wie folgt angeben lässt: Es ist die Menge aller Tripel (ix_0, x_1, x_2), wobei (x_0, x_1, x_2) der Gleichung in 1) genügt. Aus diesem Grunde spricht man von einer *(nicht ausgearteten) komplexen* oder *imaginären* oder *nullteiligen Kurve* 2. *Ordnung*, die geometrisch dieser Gleichung entspricht.

3) Diese Gleichung lässt sich auch schreiben als $(x_0 - x_1)(x_0 + x_1) = 0$. Geometrisch gesehen liegen zwei verschiedene Geraden vor beschrieben durch $x_0 - x_1 = 0$ und $x_0 + x_1 = 0$. Ihr Schnittpunkt ist der Punkt $(0, 0, 1)$. Interpretiert man das Ergebnis im Standardmodell, so erhält man die beiden parallelen Geraden $x = \pm 1$; ihr Schnittpunkt ist der Fernpunkt der y-Achse.

4) Die Lösung der Gleichung ist gegeben durch $x_0 = x_1 = 0$, x_2 beliebig. Sie entspricht geometrisch dem Punkt $(0,0,1)$ der projektiven Ebene. Lässt man jedoch wie im Fall 2) auch komplexe Koordinaten zu, so erlaubt $x_0^2 + x_1^2$ die Zerlegung in $(x_0 - ix_1)(x_0 + ix_1)$. Die Gleichungen $x_0 - ix_1 = 0$ und $x_0 + ix_1 = 0$ beschreiben dann sogenannte *konjugiert komplexe Geraden*; ihr Schnittpunkt ist gerade der reelle Punkt $(0,0,1)$.

5) $x_0^2 = 0$ ist geometrisch gesehen eine doppelt zu zählende Gerade mit der Gleichung $x_0 = 0$. Ihr entspricht im Standardmodell die Ferngerade.

In den Fällen 3) bis 5) spricht man von *ausgearteten Kurven 2. Ordnung*.

Von geometrischer Seite, also synthetisch, gelangt man zu ihnen, indem man bei der früheren Definition der Kurven 2. Ordnung, die den Fall 1) lieferte, die Voraussetzungen $G \neq G'$ bzw. π ist keine Perspektivität fallen lässt:

Definition 4.30. Ist $\pi \neq id$ eine Projektivität zwischen den Geradenbüscheln G, G' der projektiven Ebene, so bilden die Schnittpunkte einander zugeordneter Geraden eine *Kurve 2. Ordnung*. Gilt dabei $\pi(g) = g$, so sind definitionsgemäß sämtliche Punkte von g Schnittpunkte.

Wie bereits erwähnt wurde (Bemerkung 2 zur früheren Definition) erhält man zwei schneidende Geraden, falls π Perspektivität ist; es liegt also Fall 3) vor.

Stimmen dagegen G, G' überein, so kann π keine Perspektivität sein. Zugeordnete Geraden haben dann, wenn sie verschieden sind, nur G als Schnittpunkt. Es ergeben sich daher drei Möglichkeiten, je nach der Anzahl der Fixgeraden, also der Art der Projektivität (siehe Bemerkung 3.91):

π ist hyperbolisch: schneidende Geraden – Fall 3),

π ist elliptisch: G als einziger (reeller) Punkt – Fall 4),

π ist parabolisch: eine doppelt zu zählende Gerade – Fall 5).

Der Fall 2) ergibt sich, wenn G, G' komplexe Punkte sind; siehe Kap. 4.5. Dort wird auch gezeigt, dass im Fall, wenn π elliptisch ist, wirklich zwei (konjugiert) komplexe Geraden durch G vorliegen.

Durch Dualisieren des geometrischen Zugangs zu den Kurven 2. Ordnung gelangt man zur allgemeinen Definition der Kurven 2. Klasse.

Definition 4.31. Ist $\pi \neq id$ eine Projektivität zwischen den Punktreihen g, g' der projektiven Ebene, so bilden die Verbindungsgeraden einander zugeordneter Punkte eine *Kurve 2. Klasse*. Gilt dabei $\pi(G) = G$, so sind definitionsgemäß sämtliche Geraden von G Verbindungsgeraden.

Im weiteren Verfolg führt das Dualisieren zur Einteilung der reellen Kurven 2. Klasse in vier Typen (der nicht ausgeartete komplexe Fall wird in Abschnitt 4.5 behandelt). Diese hängen mit der Klassifizierung der quadratischen Formen $u^t A u$ auf folgende Weise zusammen – die Wahl der Indizes und Vorzeichen erfolgt wieder allein aufgrund späterer Vorteile:

1) $u_0^2 - u_1^2 - u_2^2 = 0$ nicht ausgeartete Kurve 2. Klasse

$$(4.7)$$

2) $u_0^2 + u_1^2 + u_2^2 = 0$ komplexe oder nullteilige Kurve 2. Klasse

3) $u_1^2 - u_2^2 = 0$ 2 Geradenbüschel mit den Zentren $(0, 1, 1)$ und $(0, 1, -1)$

4) $u_1^2 + u_2^2 = 0$ die reelle Gerade $u_0 = 0$ bzw. 2 Geradenbüschel mit den konjugiert komplexen Zentren $(0, 1, i)$ und $(0, 1, -i)$

5) $u_2^2 = 0$ ein doppelt zu zählendes Geradenbüschel in $(0, 0, 1)$.

Wieder spricht man in den Fällen 3) bis 5) von *ausgearteten Kurven 2. Klasse.*

Wie sich zeigen wird sind in Hinblick auf die Ableitungen nichteuklidischer Geometrien aus der projektiven Geometrie die ausgearteten Kurven 2. Ordnung bzw. 2. Klasse den nicht ausgearteten völlig gleichwertig. Doch sind dabei nicht die einzelnen Kurventypen von Wichtigkeit sondern der Zusammenhang zwischen Ordnungs- und Klassenkurven. Dies exemplifiziert die früher angesprochene Tatsache (Bemerkung 1 zur Definition dieser Kurven in Kap. 4.1), dass Kurven eigenständige Gebilde sind, deren punkt- oder geradenhafte Beschreibung nur einen einseitigen Aspekt darstellt.

Wegen Satz 4.29 (bzw. Satz 4.17) gehören nicht ausgeartete Kurven 2. Ordnung und 2. Klasse zusammen. Die damalige – rein algebraische – Ableitung bleibt aber auch gültig, wenn man komplexe Punkte und komplexe Tangenten, also komplexe Punkt- bzw. Geradenkoordinaten zulässt: wichtig war einzig die Existenz von A^{-1}. Den komplexen nicht ausgearteten Kurven 2. Ordnung entsprechen somit die komplexen nicht ausgearteten Kurven 2. Klasse und umgekehrt.

Dies ist auch vom rein geometrischen Gesichtspunkt aus naheliegend, denn von allen aufgelisteten Ordnungs- bzw. Klassenkurven besitzen nur diese beiden kein einziges reelles Element. Zwingend nachgewiesen wird die Entsprechung in Kapitel 4.5.

In den restlichen Fällen lässt sich die analytische Ableitung nicht mehr anwenden, da wegen rg$A < 3$ A^{-1} nicht existiert. Dagegen führt die geometrische Sichtweise sofort zu plausiblen Zusammenhängen:

   i) schneidende Geraden — Geradenbüschel im Schnittpunkt

   ii) reeller Punkt — Geradenbüschel darin

   iii) Doppelgerade — zwei reelle Punkte (= Geradenbüschel) darauf

   iv) Doppelgerade — zwei (konjugiert) komplexe Punkte darauf

   v) Doppelgerade — Doppelpunkt darauf.

Grenzwertbetrachtungen zu den nicht ausgearteten Fällen im Standardmodell bestätigen diese Zuordnungen: Lässt man den Radius konzentrischer Kreise gegen 0 gehen, so artet die Gesamtheit der Tangenten in ein Geradenbüschel im Zentrum aus (Fall ii; Abb. 4.12 b, → 0) . Strebt dagegen der Radius gegen ∞, so erhält man als Grenzkurve die Ferngerade. Auf ihr ist kein reeller Punkt ausgezeichnet, da jeder der Schnittpunkt von genau zwei Tangenten an die Kreise ist (Fall iv; Abb. 4.12 b, → ∞).

Geht man andererseits von gleichseitigen Hyperbeln der skizzierten Form aus und lässt den Abstand zwischen den beiden Ästen gegen 0 streben, so erhält man als Grenzfall die beiden Asymptoten, wobei deren Schnittpunkt ein ausgezeichneter Punkt ist (Fall i; Abb. 4.12 a, → 0). Wächst dagegen der Abstand gegen ∞, so ist die Grenzkurve wieder die Ferngerade, wobei jetzt deren Schnittpunkte mit den Asymptoten ausgezeichnete Punkte sind (Fall iii; Abb. 4.12 a, → ∞). Um schließlich den letzten Fall zu erhalten, führt man einen doppelten Grenzübergang durch:

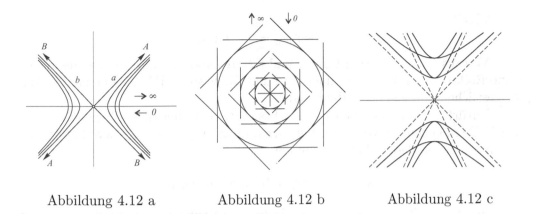

Abbildung 4.12 a   Abbildung 4.12 b   Abbildung 4.12 c

Man betrachtet Hyperbeln, für die der Abstand der beiden Äste gegen ∞ geht, jeweils für fest vorgegebene Asymptoten. Lässt man diese immer steiler werden so fallen sie letztlich in der y-Achse zusammen. Dabei rücken auch die ausgezeichneten Punkte zusammen und ergeben im Grenzfall deren Fernpunkt (Fall v; Abb. 4.12 c).

Damit erhält man insgesamt sieben Möglichkeiten der Entsprechungen von Ordnungskurven k und Klassenkurven $\bar{k}$ – man spricht dann von *Kurven 2. Grades* (siehe Anm. 78); sie werden im weiteren mit k^* bezeichnet:

4.32. Kurven 2. Grades

A) Nicht ausgeartete Kurven k^*

    I) reell: *ovale* Kurve

$$k:\ x_0^2 - x_1^2 - x_2^2 = 0 \quad \bar{k}:\ u_0^2 - u_1^2 - u_2^2 = 0$$

    II) komplex: *nullteilige* Kurve

$$k:\ x_0^2 + x_1^2 + x_2^2 = 0 \quad \bar{k}:\ u_0^2 + u_1^2 + u_2^2 = 0$$

B) Ausgeartete Kurven k^*

    III)

$$k:\ x_0^2 - x_1^2 = 0 \quad \bar{k}:\ u_2^2 = 0$$

    IV)

$$k:\ x_0^2 + x_1^2 = 0 \quad \bar{k}:\ u_2^2 = 0$$

    V)

$$k:\ x_0^2 = 0 \quad \bar{k}:\ u_1^2 - u_2^2 = 0$$

    VI)

$$k:\ x_0^2 = 0 \quad \bar{k}:\ u_1^2 + u_2^2 = 0$$

VII)
$$k : x_0^2 = 0 \quad \bar{k} : u_2^2 = 0.$$

Vertauscht man hierbei Punkt- und Geradenkoordinaten (die Indizes spielen keine Rolle), so erkennt man, dass die Fälle III, V sowie IV, VI zueinander dual, die restlichen dagegen selbstdual sind.

Natürlich lässt sich auch von algebraischer Seite her dieses Ergebnis gewinnen.[82] Dazu gehen wir von einer beliebigen nicht ausgearteten Kurve 2. Ordnung aus und nehmen deren Gleichung in der Form

$$x_0^2 + a x_1^2 + b x_2^2 = 0 \quad \text{mit} \quad a, b \in \mathbb{R}^*$$

an. Nach Satz 4.29 hat dann die zugehörige Klassenkurve bis auf eine nicht verschwindende Konstante die Darstellung

$$u_0^2 + a^{-1} u_1^2 + b^{-1} u_2^2 = 0.$$

Multiplizieren wir die letzte Gleichung mit b und setzen $a = \gamma$, $ba^{-1} = \gamma'$, so folgt
$\mathbf{w} = \lambda \mathbf{u} + \mu \mathbf{v}$

$$x_0^2 + \gamma x_1^2 + \gamma \gamma' x_2^2 = 0, \quad \gamma \gamma' u_0^2 + \gamma' u_1^2 + u_2^2 = 0. \tag{4.8}$$

Hierbei hat man die vier Möglichkeiten

$$\text{a) } \gamma > 0, \ \gamma' > 0 \quad \text{b) } \gamma < 0, \ \gamma' > 0 \quad \text{c) } \gamma > 0, \ \gamma' < 0 \quad \text{d) } \gamma < 0, \ \gamma' < 0. \tag{4.8a}$$

Im Falle a) erhält man eine Kurve vom Typ II), da die Gleichung keine nicht triviale Lösung besitzt; die drei anderen Fälle dagegen beschreiben stets reelle nicht ausgeartete Kurven, also Kurven vom Typ I). Wie später gezeigt wird führen sie zu drei verschiedenen Geometrien.

Sieht man nun γ, γ' als variable Parameter an, so kann man den Grenzübergang $\gamma \to 0$ bzw. $\gamma' \to 0$ durchführen. Man erhält dann die fünf Möglichkeiten

$$\text{e) } \gamma = 0, \ \gamma' > 0, \quad \text{f) } \gamma = 0, \ \gamma' < 0, \quad \text{g) } \gamma > 0, \ \gamma' = 0$$
$$\text{h) } \gamma < 0, \ \gamma' = 0, \quad \text{i) } \gamma = 0, \ \gamma' = 0. \tag{4.8b}$$

Sie liefern genau die ausgearteten Kurven 2. Grades, nämlich: Fall e) entspricht Typ VI; Fall f) Typ V; Fall g) Typ IV; Fall h) Typ III; Fall i) Typ VII.

Durch (4.8) ist eine einheitliche Beschreibung der Kurven 2. Grades gegeben. Sie ist vor allem für die Ableitung der Distanz- und Winkelformeln von Bedeutung. Für die Betrachtung der einzelnen Geometrien werden dagegen stets die zuvor angegebenen „normierten" Darstellungen verwendet. Sie erhält man, indem man $\gamma, \gamma' = 0, \pm 1$ wählt. Dies bedeutet keine Einschränkung, da man die allgemeine Darstellung durch Anwendung einer geeigneten projektiven Transformation, mithin mittels einer Koordinatentransformation, stets auf die normierte Form bringen kann. Die zugrunde liegende Kurve 2. Grades in den Fällen b), c), d) wird dann beschrieben durch

4.33. Ovale Kurven 2. Grades k^*

I)
$$k: \ x_0^2 - x_1^2 - x_2^2 = 0 \quad \bar{k}: \ u_0^2 - u_1^2 - u_2^2 = 0$$

Ia)
$$k: \ x_0^2 + x_1^2 - x_2^2 = 0 \quad \bar{k}: \ u_0^2 + u_1^2 - u_2^2 = 0$$

Ib)
$$k: \ x_0^2 - x_1^2 + x_2^2 = 0 \quad \bar{k}: \ u_0^2 - u_1^2 + u_2^2 = 0.$$

Anhang. Kurven n-ter Ordnung bzw. Klasse mit $n \geq 2$

Wir hatten Kurven 2. Ordnung (und dual dazu der 2. Klasse) mithilfe von Projektivitäten zwischen Geradenbüscheln (bzw. Punktreihen), also synthetisch definiert. Wie gezeigt wurde lassen sie sich genau durch die Nullstellenmengen quadratischer Formen beschreiben.[83] Vom algebraischen Standpunkt aus kann man nun genauso gut und völlig problemlos auch Formen eines beliebigen Grades $n \geq 2$ betrachten. Deren Nullstellenmengen, die also festgelegt sind durch

$$\sum_{i+j+k=n} a_{ijk} x_0^i x_1^j x_2^k = 0, \tag{4.9}$$

stellen dann Kurven n-ter Ordnung[84] dar, falls (x_0, x_1, x_2) Punktkoordinaten bezeichnen; dagegen Kurven n-ter Klasse, falls $\begin{pmatrix} x_0 \\ x_1 \\ x_2 \end{pmatrix}$ Geradenkordinaten sind. (Zur Bezeichnung siehe Anmerkung 78.)

Auch synthetisch lassen sich solche Kurven – zumindest prinzipiell – einfach definieren. Man geht dazu induktiv vor:

Definition 4.34. In der projektiven Ebene seien ein Geradenbüschel, ein Büschel von Kurven $(n-1)$-ter Ordnung $(n \geq 2)$ und eine Projektivität zwischen ihnen gegeben. Dann bilden die Schnittpunkte einander zugeordneter Elemente eine *Kurve* (oder *Punktreihe*) *n-ter Ordnung*.

Damit die Definition sinnvoll ist müssen mittels der Kurven n-ter Ordnung dann Büschel von Kurven n-ter Ordnung und Projektivitäten zwischen ihnen definiert werden. Das wird weiter unten ausgeführt.

Bemerkung 4.35. 1) Durch die Definition wird natürlich nur der punkthafte Anteil dieser Kurven erfasst. Zum Geradenanteil vergleiche man das Ende dieses Anhangs.

2) Die Kurven werden deshalb von n-ter Ordnung genannt, da sich zeigen lässt, dass eine beliebige Gerade, wenn sie nicht ganz der Kurve angehört, diese genau in n eventuell komplexen Punkten schneidet – die sogenannte Vielfachheit

eines Schnittpunktes, auf die nicht näher eingegangen sei, mitgezählt. Wie im weiteren skizziert wird, wird jede solche Kurve durch eine Gleichung der Gestalt (4.9) beschrieben. Somit ist, zumindest von algebraischer Seite her, die Aussage klar, denn eine Gleichung n-ten Grades besitzt genau n komplexe Nullstellen.

In der Definition treten die Begriffe Kurvenbüschel und Projektivität auf, die erklärt werden müssen, was rein synthetisch[85] im allgemeinen Fall anscheinend nie ganz einwandfrei durchgeführt wurde (für $n = 3$ siehe [Juel], XXI. Kap., §1, mit einer Fülle von synthetisch hergeleiteten Ergebnissen; für einen etwas anderen – allgemeinen – synthetischen Zugang zu den Kurven n-ter Ordnung siehe [Kött]). Wir werden im Folgenden teilweise algebraische Hilfsmittel verwenden und uns auf den Fall beschränken, dass die Kurve reelle Punkte besitzt.

Wir beginnen mit den Kurven 3. Ordnung. Wie in Satz 4.10 gezeigt wurde ist durch fünf Punkte, von denen keine drei kollinear sind, eine durch sie gehende Kurve 2. Ordnung eindeutig festgelegt. Somit können zwei verschiedene solche Kurven maximal vier gemeinsame Punkte besitzen. Geht man umgekehrt von vier Punkten P, Q, R, S der projektiven Ebene aus, von denen wiederum keine drei kollinear sind, so gibt es eine unendliche Schar von Kurven 2. Ordnung, die durch sie gehen. Man muss nur in einem der Punkte, etwa P, eine Gerade t vorgeben. Dann bestimmen P, Q, R, S eindeutig eine Kurve 2. Ordnung, die t als Tangente in P besitzt. Die Menge der Kurven, die man erhält, wenn man t das Büschel P durchlaufen lässt, heißt *Büschel 2. Ordnung*. Ein solches werde durch $\mathcal{B}_2$ bezeichnet. Unter dessen Kurven treten stets auch ausgeartete auf, wenn nämlich t durch Q, R oder S geht. In diesem Fall besteht die Kurve aus zwei gegenüberliegenden Seiten des vollständigen Vierecks, weshalb es stets drei solcher ausgearteter Kurven in $\mathcal{B}_2$ gibt.

Um analytisch sämtliche Kurven des durch P, Q, R, S festgelegten Büschels zu erhalten, nimmt man deren Gleichung in der Form (4.1) $\mathbf{x A x}^t = 0$ unbestimmt an und setzt die Koordinaten der Punkte ein. Man bekommt dadurch ein homogenes lineares Gleichungssystem mit vier Gleichungen und den sechs Koeffizienten der symmetrischen Matrix A als Unbekannten. Die Voraussetzung über die Lage der vier Punkte impliziert, dass $2 = 6 - 4$ linear unabhängige Lösungen existieren und alle Lösungen Linearkombinationen zweier solcher sind. Die Lösungen sind also jeweils 6-tupel, die die Kurven eindeutig festlegen. Man kann sie als deren projektive Koordinaten ansehen, da sie nur bis auf skalare Vielfache $\neq 0$ bestimmt sind. Bezeichnet man in Analogie zum Beweis von Satz 4.25 mit $\mathbf{u}', \mathbf{v}'$ fixe Repräsentanten dieser Koordinaten zweier vorgegebener Kurven u', v' durch die Punkte P, Q, R, S, so gilt somit für die allgemeine Kurve $\bar{w}$ des Büschels: $\bar{\mathbf{w}} = \rho \mathbf{u}' + \sigma \mathbf{v}'$ mit eindeutig bestimmten $\rho, \sigma \in \mathbb{R}$, $(\rho, \sigma) \neq (0, 0)$; dabei ist $\bar{\mathbf{w}}$ ein fest gewählter Repräsentant der Koordinaten von $\bar{w}$.

Man kann nun in völlig gleicher Weise wie in Bemerkung 3.57,1) (ρ, σ) als homogene Koordinaten dieser Kurve ansehen – wobei also das Büschel $\mathcal{B}_2$ als eindimensionales projektives Gebilde betrachtet wird. Damit ist es möglich, die harmonische Lage von vier Kurven aus $\mathcal{B}_2$ einzuführen. Geometrisch gesehen ist das gleichwertig damit, dass die Tangenten an die Kurven in einem der Grundpunkte harmonisch liegen; oder auch damit, dass die 2. Schnittpunkte einer durch einen Grundpunkt gehenden Geraden harmonisch sind ([Juel], S. 87). Des weiteren lassen sich Projektivitäten zwischen einem Geradenbüschel G und einem Büschel $\mathcal{B}_2$ (oder auch zwischen zwei Büscheln $\mathcal{B}_2, \mathcal{B}_2'$) definieren. Es sind dies einfach diejenigen bijektiven Abbildungen, welche die harmonische Lage erhalten.

Algebraisch lassen sie sich in Analogie zu Folgerung 3.76 folgendermaßen beschreiben: Es seien u, v zwei verschiedene Geraden des Büschels G und $\mathbf{u}, \mathbf{v}$ fixe Repräsentanten ihrer Geradenkoordinaten. Ordnet man der Geraden $w \in G$, deren fest gewählter Repräsentant $\mathbf{w}$ die Beziehung $\mathbf{w} = \lambda \mathbf{u} + \mu \mathbf{v}$ erfüllt, die durch $\bar{\mathbf{w}} = \rho \mathbf{u}' + \sigma \mathbf{v}'$ gegebene Kurve 2. Ordnung $\bar{w}$ zu, so ist diese Abbildung genau dann eine Projektivität, wenn

$$\gamma \begin{pmatrix} \rho \\ \sigma \end{pmatrix} = \begin{pmatrix} a & b \\ c & d \end{pmatrix} \begin{pmatrix} \lambda \\ \mu \end{pmatrix} \text{ mit } ad - bc \neq 0, \ a, b, c, d \in \mathbb{R}, \ \gamma \in \mathbb{R}^*,$$

gilt.

Somit kann man völlig gleich wie im Fall der Kurven 2. Ordnung die Gleichung der durch die Schnittpunkte zugeordneter Büschelelemente bestimmten Kurve ableiten: Und zwar müssen, wenn u' bzw. v' die Gleichung $\mathbf{x}A\mathbf{x}^t = 0$ bzw. $\mathbf{x}B\mathbf{x}^t = 0$ besitzen, die Koordinaten der Schnittpunkte die beiden Beziehungen

$$\lambda \langle \mathbf{u}^t, \mathbf{x} \rangle + \mu \langle \mathbf{v}^t, \mathbf{x} \rangle = 0$$
$$\rho \mathbf{x}A\mathbf{x}^t + \sigma \mathbf{x}B\mathbf{x}^t = (a\lambda + b\mu)\mathbf{x}A\mathbf{x}^t + (c\lambda + d\mu)\mathbf{x}B\mathbf{x}^t = 0$$

erfüllen. Aus demselben Grund wie damals muss dann die Koeffizientenmatrix bzgl. λ, μ singulär sein:

$$\langle \mathbf{u}^t, \mathbf{x} \rangle (b\mathbf{x}A\mathbf{x}^t + d\mathbf{x}B\mathbf{x}^t) - \langle \mathbf{v}^t, \mathbf{x} \rangle (a\mathbf{x}A\mathbf{x}^t + c\mathbf{x}B\mathbf{x}^t) = 0.$$

Dies ist gerade eine Gleichung der Gestalt (4.10) für $n = 3$, so dass die synthetische Erzeugungsweise wirklich Kurven liefert, die durch kubische Formen beschrieben werden.

Umgekehrt lässt sich ebenfalls in Analogie zum Beweis von Satz 4.25 zeigen, dass jegliche (reelle) Nullstellenmenge einer kubischen Form eine Kurve 3. Ordnung darstellt.

Beispiel 4.36. Im Standardmodell $\mathbb{E}_2^*$ seien die Punkte $G(1, a, b)$ und $P(1, 1, 1)$, $Q(1, 1, -1)$, $R(1, -1, -1)$, $S(1, -1, 1)$ gegeben. Ordnet man einer beliebigen Geraden $g \in G$ die dazu senkrechte Gerade g' durch Q zu, so ist dadurch eine Projektivität zwischen den Geradenbüscheln G und Q definiert. Diese induziert eine zwischen G und dem durch P, Q, R, S festgelegten Büschel $\mathcal{B}_2$, indem man $g \in G$ diejenige Kurve 2. Ordnung γ' zuordnet, die g' als Tangente in Q besitzt. Einige der die Kurve 3. Ordnung bildenden Schnittpunkte entsprechender Büschelelemente sind in Abb. 4.13 für den Fall $G(1, 2, 0)$ eingezeichnet. Im allgemeinen

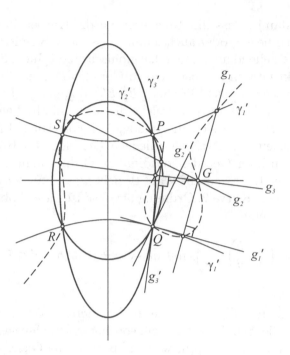

Abbildung 4.13

Fall lautet die Gleichung der Kurve (Aufgabe 6):

$$x_1^3 - x_2^3 + (a-b)x_0^3 - x_0^2 x_1 + x_0^2 x_2 - ax_0 x_1^2 + bx_0 x_2^2 = 0$$

bzw. inhomogen

$$x^3 - y^3 - ax^2 + by^2 - x + y + (a-b) = 0.$$

Es ist nun klar, wie man allgemein die in der obigen Definition der Ordnungskurven vorkommenden Begriffe, Büschel n-ter Ordnung und Projektivität zwischen gewissen Büscheln, induktiv erklärt. Es seien Büschel $(n-1)$-ter Ordnung und mit ihrer Hilfe Kurven n-ter Ordnung für $n \geq 3$ auf die angegebene synthetische Weise definiert und es sei – der Einfachheit halber – bekannt, dass jede solche Kurve analytisch durch die Nullstellenmenge einer Form n-ten Grades beschrieben wird. Da letztere $\binom{n+2}{2}$ Summanden besitzt, folgt aus der Theorie der linearen Gleichungssysteme, dass es $k = \binom{n+2}{2} - 1 = \frac{n(n+3)}{2}$ Punkte in $\mathbb{P}_2$ gibt, durch die genau eine Kurve n-ter Ordnung geht.[86] Solche Punkte heißen von *allgemeiner Lage*. Hält man davon irgend $k-1$ fest und lässt in einem, er sei P genannt, eine Gerade g variieren, so wird dadurch jeweils eindeutig eine durch sie gehende Kurve n-ter Ordnung bestimmt, die durch diese Punkte geht und g

als Tangente in P besitzt.[87] Deren Gesamtheit ist ein *Büschel $\mathcal{B}_n$ n-ter Ordnung*. Analytisch lassen sich die Kurven von $\mathcal{B}_n$ – wie im Fall $n = 2, 3$ – durch Linearkombinationen $\rho\mathbf{u}' + \sigma\mathbf{v}'$ beschreiben, wo $\mathbf{u}'$, $\mathbf{v}'$ zwei linear unabhängige Lösungen des entsprechenden linearen Gleichungssystems sind. Wieder kann man nun (ρ, σ) als homogene Koordinaten der Kurve ansehen, wobei $\mathcal{B}_n$ als eindimensionales projektives Gebilde aufgefasst wird. Somit lässt sich auch wieder die harmonische Lage von vier Büschelkurven definieren; und mit deren Hilfe Projektivitäten zwischen einem Geradenbüschel G und einem Büschel $\mathcal{B}_n$ (oder auch zwischen zwei Büscheln $\mathcal{B}_m, \mathcal{B}_n$ $(m \leq n)$ [88]) als diejenigen Abbildungen, die die harmonische Lage erhalten. Auf die gleiche Weise wie zuvor erkennt man, dass die Schnittpunkte einander hierbei zugeordneter Büschelelemente eine Gleichung der Gestalt (4.9) erfüllen; dabei ist jetzt n durch $n + 1$ zu ersetzen. Und auch die umgekehrte Aussage kann wieder gezeigt werden: Die (reelle) Nullstellenmenge einer Form $(n + 1)$-ten Grades stellt eine Kurve $(n + 1)$-ter Ordnung dar.

Durch Dualisierung des induktiven Vorgehens wird man zu den Begriffen *Büschel $\mathcal{B}^n$ n-ter Klasse*, Projektivitäten zwischen einer Punktreihe und einem Büschel $\mathcal{B}^n$ (oder auch zwischen zwei Büscheln $\mathcal{B}^m, \mathcal{B}^n$ $(m \leq n)$) und schließlich *Kurven n-ter Klasse* – auch *Geradenbüschel n-ter Ordnung* genannt – geführt. Algebraisch werden letztere wieder durch die Nullstellenmenge einer Form n.ten Grades

$$\sum_{i+j+k=n} a_{ijk} u_0^i u_1^j u_2^k = 0$$

beschrieben, wobei $(u_0, u_1, u_2)^t$ jetzt Geradenkoordinaten bedeuten (zur Indizierung siehe Anm. 84). Die Kurven werden deshalb von n-ter Klasse genannt, da ein beliebiges Geradenbüschel, wenn es nicht ganz der Kurve angehört, mit ihr genau n eventuell komplexe Geraden gemeinsam hat (Vielfachheiten mitgezählt).

Der Zusammenhang zwischen Ordnung- und Klassenkurven ist für $n \geq 3$ wesentlich komplizierter als im Fall $n = 2$. Dies liegt daran, dass nur in den sogenannten regulären Punkten einer Ordnungskurve eine eindeutig bestimmte Tangente gelegt werden kann bzw. analog nur die regulären Geraden einer Klassenkurve einen eindeutig bestimmten Stützpunkt besitzen (siehe Anm. 87); wobei die hier auftretenden Begriffe nicht mehr genauer definiert seien. Aber selbst ungeachtet dieser Schwierigkeit ist jener Zusammenhang diffiziler: Die Tangenten an eine Kurve n-ter Ordnung bilden eine Kurve m-ter Klasse mit $m \leq n(n-1)$;[89] analog bilden die Stützpunkte einer Kurve n-ter Klasse eine Kurve m-ter Ordnung mit $m \leq n(n - 1)$. Dennoch gilt natürlich, dass die Zuordnung Ordnungskurve $\rightarrow$ Klassenkurve $\rightarrow$ Ordnungskurve zur Ausgangskurve zurückführt; und entsprechend bei der Zuordnung Klassenkurve $\rightarrow$ Ordnungskurve $\rightarrow$ Klassenkurve (vgl. dazu etwa [Wal], Ch. IV, §6, und Ch. V, §8; oder [Fis], Kap. 5.7).

4.5   Imaginärtheorie

In der analytischen Geometrie, also bei der rechnerischen Ableitung von Ergebnissen der euklidischen oder auch projektiven Geometrie, treten immer wieder imaginäre Lösungen auf. (Hier und im weiteren soll der Begriff *komplex* wie üblich den Begriff reell umfassen; für komplex und nicht reell verwenden wir das Wort *imaginär*.) Geometrisch betrachtet liegt dann Nicht-Existenz (des Schnittpunkts, des Mittelpunkts, der Kurve 2. Ordnung etc.) vor. Während sich darin die geometrische Aussage erschöpft, ist dies in Hinblick auf die konkreten numerischen Werte schwieriger auszusagen, da sie ganz unterschiedlich ausfallen. Es ist also eine Differenziertheit vorhanden, der durchaus eine Bedeutung zukommen könnte. Zudem liefert das analytische Vorgehen manchmal Resultate, die fast zwingend nach einer geometrischen Erklärung verlangen. So liegt etwa ein imaginärer „Punkt" $P(a_1 + ib_1, a_2 + ib_2)$ der Ebene auf genau einer reellen Geraden mit der Parameterdarstellung $x_j = a_j + tb_j$ $(j = 1, 2)$. (Analoges gilt für den Raum.) So hat der „komplexe Kreis" $x^2 + y^2 + r^2 = 0$, auf dem kein einziger reeller Punkt liegt, den *reellen* „Mittelpunkt" $O(0,0)$.

Geschichtlich gesehen standen die Mathematiker aber zunächst vor der Herausforderung, die komplexen Zahlen, die sich ja bei der Lösung gewisser ganzzahliger kubischer Gleichungen auf ganz natürliche Weise ergeben ([Kow2]), überhaupt einmal geometrisch zu interpretieren. Die verschiedenen Versuche kamen durch C. F. Gauß zu einem gewissen Abschluss, der sie in seiner Arbeit „Theoria residuorum biquadraticorum. Commentatio secunda" (1831) als Punkte der Ebene deutete ([Gauß1]).[90] Der Zahl $a + bi$ entspricht dabei der Punkt $P(a,b)$ einer euklidischen Ebene, die mit einem kartesischen Koordinatensystem versehen ist. Man spricht darum von der *Gaußschen Zahlenebene*. Natürlich kann man dieser Zahl auch genauso gut den Ortsvektor von P zuordnen; oder aber $a + bi$ als Drehstreckung interpretieren, die den Ortsvektor $\overrightarrow{OE}$ in $\overrightarrow{OP}$ überführt, wobei $E(1,0)$ der Einheitspunkt auf der Realteilachse ist. Eine simple Modifikation der Gaußschen Ebene ist die sogenannte Riemannsche Zahlenkugel, wobei man die Punkte der Ebene auf eine sie im Ursprung O berührende (Einheits-)Kugel projiziert, und zwar vom O gegenüberliegenden Punkt aus (siehe Kap. 1.2).

Mit diesen Veranschaulichungen hat man jedoch für die geometrische Interpretation selbst einfachster analytischer Ergebnisse, insbesondere der oben erwähnten, nicht viel gewonnen. Wir betrachten als Beispiel eine Gerade g der euklidischen Ebene mit der Gleichung $ux + vy + w = 0$ $(u, v, w \in \mathbb{R}, (u, v) \neq (0, 0))$. Setzt man hier für x eine beliebige komplexe Zahl $a + bi$ ein, so errechnet sich y als $y = -\frac{1}{v}(ua + w) - \frac{ub}{v}i$ (falls $v \neq 0$). Analytisch gesehen ist dann $P(x,y)$ ein Punkt von g. Geometrisch kann man zwar x und y als Punkte in zwei verschiedenen Gaußschen Ebenen deuten und die Zusammengehörigkeit der beiden Werte etwa durch einen Pfeil verbildlichen, wie man es heute meist macht, doch geht dabei die geometrische Darstellung der reellen Ausgangsgeraden g verloren. Sie wird nämlich durch die Gesamtheit von Pfeilen, welche die Realteilachsen der beiden Ebenen gemäß der Zuordnung $y = -\frac{1}{v}(ux + w)$ verbinden, wiedergegeben.

Während man für theoretische Überlegungen mit solchen Pfeildiagrammen einigermaßen das Auslangen findet, sind sie vom geometrischen Standpunkt aus betrachtet unbrauchbar. Aus diesem Grunde wurden seit Gauß immer wieder – vor allem im 19. Jahrhundert – Versuche unternommen, griffigere Darstellungen von komplexen Elementen in Bezug auf die euklidische Ebene $\mathbb{E}_2$ bzw. das Standardmodell $\mathbb{E}_2^*$ zu finden (siehe [Kow2]). Der entscheidende Durchbruch gelang um 1860 Christian von Staudt, der eine in sich völlig geschlossene geometrische Theorie für die projektive Ebene bzw. den Raum entwickelte ([Stau2], Heft 1, §7). Darauf aufbauend stellte Louis Locher-Ernst im Jahre 1949 eine besonders einfache Veranschaulichung der komplexen Punkte bezüglich $\mathbb{E}_2^*$ vor, die es ermöglicht, Fortsetzungen reeller Funktionen ins Komplexe so darzustellen, dass der reelle Anteil wie üblich abgebildet wird. Der Grundgedanke findet sich bereits in einer Preisschrift von E. Kötter aus dem Jahre 1887 ([Kött], S. 237).

Obwohl von Staudts Theorie rein synthetisch ist, hat sich anscheinend niemand die Mühe gemacht, *ohne algebraische Hilfsmittel* nachzuweisen, dass die komplexe projektive Ebene die Axiome 5 (Satz von Desargues) und von Fano erfüllt. Das mag daran liegen, dass von algebraischer Seite her die reelle Argumentation ohne irgendeine Änderung übernommen werden kann, während von geometrischer Seite her die unterschiedlichsten Fallunterscheidungen zu beachten wären. Wie überhaupt das Komplexe algebraisch gesehen gegenüber dem Reellen wenig Unterschiede aufweist, dagegen geometrisch gesehen ganz neue Gedanken vonnöten sind. Um diesen Qualitätsunterschied sichtbar zu machen, werden wir die beiden Sichtweisen getrennt behandeln: zunächst die einfachere algebraische, dann die kompliziertere, aber gewinnbringendere geometrische (vgl. Anmerkung 85). In einem dritten Unterkapitel wird dann die Lochersche Veranschaulichung imaginärer Elemente im Standardmodell behandelt.

4.5.1 Der algebraische Zugang

Von algebraischer Seite her wurden wir bereits auf imaginäre Punkte bzw. Geraden geführt und zwar bei den nullteiligen Kurven 2. Ordnung bzw. Klasse. Liegt etwa die Gleichung $x_1^2 + x_2^2 + x_0^2 = 0$ vor, so wird sie von keinem Punkt der projektiven Ebene erfüllt. Es gibt jedoch unendlich viele komplexe Lösungen

$$x_0 = \pm\lambda i, \ x_1 = \pm\lambda(\pm\cos\varphi), \ x_2 = \pm\lambda(\pm\sin\varphi).$$

Es liegt somit nahe, analog wie im reellen Fall beim arithmetischen Modell $\mathbb{A}_2$ zu definieren:

- Ein *komplexer Punkt* X ist eine Menge von Tripeln $\lambda\mathbf{x} = (\lambda x_0, \lambda x_1, \lambda x_2) \in \mathbb{C}^{3*}$ mit $\lambda \in \mathbb{C}$ beliebig bzw. ein Repräsentant davon;

- eine *komplexe Gerade* u ist eine Menge von Tripeln $\mu\mathbf{u} = (\mu u_0, \mu u_1, \mu u_2) \in \mathbb{C}_3^*$ mit $\mu \in \mathbb{C}$ beliebig bzw. ein Repräsentant davon;

- ein komplexer Punkt X *inzidiert* mit der komplexen Geraden u, wenn gilt $\langle (\mu\mathbf{u})^t, \lambda\mathbf{x}\rangle = 0$ bzw. gleichwertig $\langle \mathbf{u}^t, \mathbf{x}\rangle = 0$.

Dies seien die Grundelemente des *arithmetischen Modells*[91] $\mathbb{A}_2^c$ der *komplexen projektiven Ebene*. Der Unterschied zum reellen Fall liegt einzig darin, dass der Bereich, aus dem die Koordinaten genommen werden, einmal der Körper $\mathbb{R}$ der reellen Zahlen ist, einmal der Körper $\mathbb{C}$ der komplexen Zahlen. Daher lassen sich auch völlig problemlos die im Anhang 1 zu Kapitel 3 gegebenen Beweise für die Gültigkeit der Axiome der projektiven Ebene in Bezug auf $\mathbb{A}_2$ dahingehend überprüfen, ob sie auch für $\mathbb{A}_2^c$ richtig bleiben.

Nun stützen sich die damaligen Beweise für die Axiome 1 bis 5 nur auf Aussagen über lineare homogene Gleichungen bzw. Gleichungssysteme. Diese gelten ganz allgemein für jeden Körper, insbesondere also auch für $\mathbb{C}$. Es erfüllt daher $\mathbb{A}_2^c$ diese Inzidenzaxiome.[92] Das Axiom 6 (von Fano) hatten wir mithilfe gewisser Abbildungen nachgewiesen, die es ermöglichten, für die Punkte spezielle Koordinaten anzunehmen. Diese „Koordinatentransformationen" entsprachen geometrisch interpretiert den zweidimensionalen Kollineationen. Dies lässt sich algebraisch genauso über $\mathbb{C}$ – ganz allgemein wieder für jeden Körper – durchführen: Jeder bijektiven lineare Abbildung $\varphi : \mathbb{C}^3 \to \mathbb{C}^3$,

$$(\varphi(\mathbf{x}))^t = \mathtt{A}\mathbf{x}^t, \quad \mathtt{A} \in GL_3(\mathbb{C}),$$

lässt sich ganz analog wie damals eine Abbildung $\hat{\varphi} : \mathbb{A}_2^c \to \mathbb{A}_2^c$ zuordnen, welche die Eigenschaften i) bis iv) besitzt; geometrisch gesehen werden dadurch die *komplexen Kollineationen* beschrieben (siehe Kap. 4.5.2). Somit kann der Beweis von Axiom 6 wortwörtlich übernommen werden. Auch dieses Axiom ist also für $\mathbb{A}_2^c$ gültig.[93]

Das weitere damalige Vorgehen lässt sich ebenso problemlos parallelisieren. Zunächst folgt, dass die harmonische Lage und die Trennung von Punktepaaren in $\mathbb{A}_2^c$ definiert werden können. Diesbezüglich besitzen die Abbildungen $\hat{\varphi}$ wieder die Eigenschaften v) bis vii). Dann lässt sich das Harmonisch-Liegen der Punkte A, B, C, D einer Geraden wieder durch $DV(A, B; C, D) = -1$ charakterisieren.[93] Dagegen *gilt nicht mehr*, dass $AB \asymp CD$ gleichwertig zu $DV(A, B; C, D) < 0$ ist. Vollzieht man nämlich den Beweis von Satz 3.80 nach, so zeigt sich, dass es zu gegebenen kollinearen Punkten A, B, C, D *stets* ein Punktepaar M, N gibt mit $H(MN, AB)$ und $H(MN, CD)$. Man kann dabei die Koordinatenvektoren $\mathbf{m}, \mathbf{n}$ von M, N genauso wie dort wählen, da $\sqrt{\gamma\delta} \in \mathbb{C}$ ja stets gilt. Es existieren somit überhaupt *keine trennenden Punktepaare* in $\mathbb{A}_2^c$; der Begriff ist hier inhaltsleer. Demzufolge sind natürlich auch die weiteren Axiome 7 bis 10 für $\mathbb{A}_2^c$ hinfällig. Das arithmetische Modell ist somit nur noch ein Beispiel für eine ebene *Inzidenzgeometrie* (d.h. die Axiome 1 bis 4 sind erfüllt), die zusätzlich den Axiomen von Desargues und Fano genügt.

Bemerkung 4.37. Wir hatten den Trennungsbegriff mit Hilfe der harmonischen Lage definiert. Man kann ihn aber auch als undefinierten Grundbegriff des Axiomensystems einführen und für ihn die Axiome 7 bis 9 (bzw. 10) oder dazu äquivalente fordern. Dann lässt sich zeigen, dass das Trennen von Punktepaaren in $\mathbb{A}_2^c$ durchaus sinnvoll festgelegt werden kann, so dass es wirklich trennende und nicht trennende Punktepaare gibt (vgl. etwa [Cox1], S. 182 (algebraisch); [Juel],

Kap. 2, §2, [Stau2], Heft 2, §15 (geometrisch)). Wie auch immer man dies tut, es muss jedoch stets zumindest ein Axiom nicht erfüllt sein, andernfalls $\mathbb{A}_2$ und $\mathbb{A}_2^c$ Modelle für das gesamte Axiomensystem wären, im Widerspruch zu dessen Kategorizität.

Was Kurven 2. Ordnung bzw. 2. Klasse betrifft, so kommen in der Definition nur die Begriffe Geradenbüschel bzw. Punktreihen und (eindimensionale) Projektivitäten zwischen ihnen vor. Was die ersten beiden Begriffe in $\mathbb{A}_2^c$ bedeuten ist klar. Die Interpretation der Projektivitäten macht dagegen Schwierigkeiten. Versteht man nämlich darunter Abbildungen, die die harmonische Lage erhalten, so fällt etwa die folgende darunter:

$$\alpha : g \to g \text{ mit } \alpha((x_0, x_1)) = (\overline{x_0}, \overline{x_1}),$$

wo $\bar{x}$ die konjugiert komplexe Zahl zu x bedeutet; g ist homogen komplex koordinatisiert. Für sie gilt aber nicht der Fundamentalsatz, da α sogar unendlich viele Fixpunkte besitzt ohne die identische Abbildung zu sein. Daher übernimmt man einfach die sich für $\mathbb{A}_2$ ergebende Interpretation (vgl. Folgerung 3.74): *Projektivitäten* bzgl. Punktreihen in $\mathbb{A}_2^c$ sind Abbildungen $\alpha : g \to g'$ der Gestalt

$$\begin{aligned} \lambda x_0' &= ax_0 + bx_1 \\ \lambda x_1' &= cx_0 + dx_1 \end{aligned} \quad \text{mit} \quad ad - bc \neq 0 \ (a, b, c, d \in \mathbb{C}, \ \lambda \in \mathbb{C}^*).$$

Für sie bleibt der Fundamentalsatz richtig. (Das erklärt auch die obige Definition der komplexen Kollineation $\hat{\varphi}$.) Jedoch entfällt die Unterscheidung zwischen hyperbolischen und elliptischen Projektivitäten, da jetzt jede Projektivität genau zwei, eventuell zusammenfallende, Fixpunkte besitzt.

Mittels dieser Projektivitäten lassen sich nun auf völlig analoge Weise wie früher Kurven 2. Ordnung und 2. Klasse für $\mathbb{A}_2^c$ definieren und die gesamte diesbezügliche Theorie aufbauen inklusive Pole, Polaren und Tangenten. Insbesondere bleibt die Ableitung der entsprechenden Gleichungen voll gültig, so dass komplexe Kurven 2. Ordnung bzw. 2. Klasse in $\mathbb{A}_2^c$ gegeben sind durch

$$\mathtt{x}\mathtt{A}\mathtt{x}^t = 0 \text{ bzw. } \mathtt{u}^t\mathtt{B}\mathtt{u} = 0, \ \mathtt{A}^t = \mathtt{A}, \ \mathtt{B}^t = \mathtt{B}, \ \mathtt{A}, \mathtt{B} \in GL_2(\mathbb{C}).$$

4.5.2 Der geometrische Zugang

„Wo ist, fragt sich wohl Jeder, der imaginäre Punkt, wenn man vom Koordinatensystem abstrahirt? So entbehrte denn bisher die Geometrie, wenn sich's von imaginären Elementen handelte, der Evidenz, welche man sonst an ihr rühmt und wohl auch mit Recht von ihr verlangt." So schreibt von Staudt in der Einleitung zum ersten Heft der „Beiträge zur Geometrie der Lage" ([Stau2]). Und er entwickelt darin eine bewundernswerte geschlossene Theorie, die diesen Anforderungen voll gerecht wird. Wir werden im Folgenden nur die Grundgedanken darstellen und beizeiten den Übergang zum arithmetischen Modell $\mathbb{A}_2^c$ suchen. Gewisse im weiteren nur der Vollständigkeit halber benötigte Sachverhalte über Projektivitäten rein synthetisch zu behandeln, überstiege den Rahmen dieses Buches (vgl. dazu z.B. die bereits genannten Bücher [Stau2], [Juel]).

Um von Staudts Idee zu motivieren, betrachten wir in der projektiven Ebene $\mathbb{P}_2$ eine beliebige nicht ausgeartete Kurve 2. Ordnung k und eine Gerade g, die nicht Tangente ist; G sei deren Pol. Ordnet man jedem Punkt $P \in g$ seine Polare p bezüglich k zu, so erhält man eine Abbildung β der Punktreihe g auf das Geradenbüschel G, $\beta : g \to G$. Als Einschränkung auf g der in der Folgerung 4.23 behandelten Polarität ist β jedenfalls Projektivität. $p \in G$ ist dabei stets verschieden von der Ausgangsgeraden g, da g nach Voraussetzung keine Tangente ist, also $G \notin g$ gilt. Daher ist die Korrespondenz $\gamma : G \to g$, die jeder Geraden $p \in G$ ihren Schnittpunkt P' mit g zuordnet, wohldefiniert. Die Zusammensetzung $\alpha := \gamma \circ \beta : g \to g$, $\alpha(P) = P'$, ist somit jedenfalls Projektivität. Da aufgrund des Hauptsatzes der Polarentheorie $\alpha(P') = P$ gilt, folgt $\alpha \circ \alpha = id$, so dass α sogar Involution auf g ist.

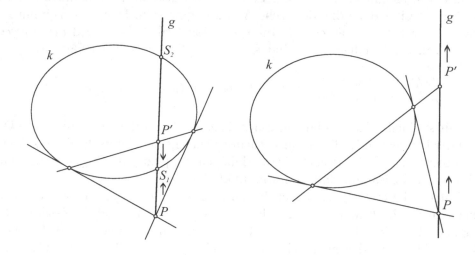

Abbildung 4.14

Es können nun zwei Fälle eintreten: Entweder g schneidet k in zwei verschiedenen reellen Schnittpunkten S_1, S_2 (Abb. 4.14 links) oder $g \cap k = \phi$ (Abb. 4.14 rechts). Im ersten Fall sind die beiden Punkte auch die Fixpunkte der Involution. Sie ist somit hyperbolisch und nach Satz 3.88 eindeutig festgelegt durch diese beiden Punkte; und zwar gilt $H(PP', S_1S_2)$ für $P \in g$. Man kann also die in diesem Fall vorhandenen Schnittpunkte als ausgezeichnete Punkte der Involution auf g ansehen, die es zudem auch gestatten, sie eindeutig zu beschreiben.

Dieser Gedankengang führt auch im zweiten Fall zu einer befriedigenden Deutung. Hat g mit k keine reellen Schnittpunkte, ergibt die Rechnung also zwei konjugiert komplexe Lösungen, so existieren natürlich auch keine Fixpunkte der obigen Involution; sie ist elliptisch. Jedoch kann man in Analogie zum vorigen Fall die nunmehr komplexen Schnittpunkte als durch die elliptische Involution auf g

repräsentiert ansehen.

Die analytische Behandlung zeigt, dass diese Interpretation den Sachverhalt insofern exakt trifft, als stets die Schnittpunkte genau die Fixpunkte der Involution sind. Der einfacheren Rechnung wegen wählen wir die Koordinatisierung der Ebene $\mathbb{P}_2$ derart, dass die Gleichung der Geraden g die Gestalt $x_0 = 0$ besitzt; die der Kurve 2. Ordnung k sei durch $\mathbf{x}\mathbf{A}\mathbf{x}^t = 0$ mit $\mathbf{A} = \mathbf{A}^t$ und $\mathbf{A} \in GL_3(\mathbb{R})$ gegeben. Es sei nun $P(0, p_1, p_2)$ ein beliebiger Punkt von g. Die Polarengleichung lautet dann

$$(0, p_1, p_2)\mathbf{A}(x_0, x_1, x_2)^t = 0; \quad \text{d.h.}$$

$$p_1(a_{01}x_0 + a_{11}x_1 + a_{12}x_2) + p_2(a_{02}x_0 + a_{12}x_1 + a_{22}x_2) = 0.$$

Setzt man hier $x_0 = 0$ erhält man die Koordinaten von P':

$$P'(0, p_1a_{12} + p_2a_{22}, -(p_1a_{11} + p_2a_{12})).$$

Unterdrückt man die erste Komponente, die stets 0 ist, stellt sich die Involution α somit folgendermaßen dar:

$$P(p_1, p_2) \to P'(p_1a_{12} + p_2a_{22}, -(p_1a_{11} + p_2a_{12})).$$

Hierbei ist die der Transformation

$$\begin{aligned} p_1 &\to & a_{12}p_1 + a_{22}p_2 \\ p_2 &\to & -a_{11}p_1 - a_{12}p_2 \end{aligned}$$

entsprechende Matrix $\overline{\mathbf{A}} = \begin{pmatrix} a_{12} & a_{22} \\ -a_{11} & -a_{12} \end{pmatrix}$ regulär, da α bijektiv ist. Für die Fixpunkte muss mit geeignetem $\lambda \in \mathbb{R}^*$, gelten

$$\begin{aligned} \lambda p_1 &= & a_{12}p_1 + a_{22}p_2 \\ \lambda p_2 &= & -a_{11}p_1 - a_{12}p_2. \end{aligned}$$

Eliminiert man hier λ, indem man die erste Gleichung mit p_2, die zweite mit $-p_1$ multipliziert und dann beide Gleichungen addiert, so erhält man

$$a_{11}p_1^2 + 2a_{12}p_1p_2 + a_{22}p_2^2 = 0.$$

Berechnet man andererseits die Schnittpunkte von k mit g, ergibt sich dieselbe Bedingungsgleichung:

$$a_{11}x_1^2 + 2a_{12}x_1x_2 + a_{22}x_2^2 = 0.\text{[94]}$$

Die Rechnung zeigt also, dass die Fixpunkte der Involution stets identisch sind mit den Schnittpunkten von g mit k, gleichgültig ob die Gleichungslösungen reell oder (konjugiert) imaginär sind. Letztere können also stets als ausgezeichnete Punkte der Involution interpretiert und somit als durch diese repräsentiert angesehen werden. Dabei wird im reellen Fall auch umgekehrt die Involution durch die beiden Fixpunkte repräsentiert, da sie diese eindeutig festlegen. (Auch wenn die Fixpunkte konjugiert imaginär sind, bestimmen sie eindeutig die Involution, doch bringt dies nichts für eine Veranschaulichung.)

Bemerkung 4.38. Die Schnittpunkte von g mit k liegen natürlich nicht nur auf g, sondern auch auf k. Sie sollten sich daher ebenfalls mittels Involutionen auf k interpretieren lassen. Und dies ist möglich! Man ordnet dazu einem beliebigen Punkt $X \in k$ den Schnittpunkt $X' := \langle G, X \rangle \cap k$ zu, wo G der Pol zu g bezüglich k ist. Dadurch erhält man eine Involution auf k. Sie ist hyperbolisch, falls G äußerer Punkt ist (Abb. 4.15 links) und besitzt dann die beiden reellen Fixpunkte $g \cap k$; sie ist elliptisch, falls G innerer Punkt ist (Abb. 4.15 rechts). Wieder zeigt die Rechnung, dass auch in diesem Fall deren konjugiert imaginäre Fixpunkte mit den Schnittpunkten von g mit k übereinstimmen (Aufgabe 7). Genaueres dazu findet man in [Loch3], S. 181 f., und [Stoß4], Kap. 2, S. 26–30.

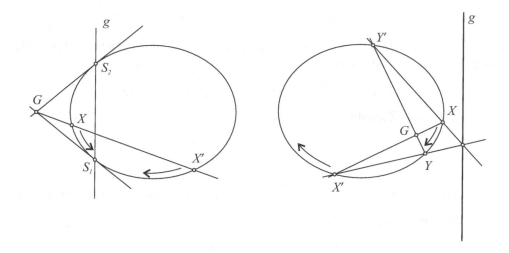

Abbildung 4.15

Um die allgemeine geometrische Interpretation imaginärer Punkte durch von Staudt zu erhalten, lassen wir in der bisherigen Motivierung die Kurve 2. Ordnung beiseite. Dies ist möglich, da ein Punkt $P(r_0 + s_0 i, r_1 + s_1 i, r_2 + s_2 i)$, $(b_0, b_1, b_2) \neq (0, 0, 0)$, auf genau einer reellen Geraden g liegt. Setzt man nämlich unbestimmt an

$$g : u x_0 + v x_1 + w x_2 = 0$$

und setzt die Koordinaten ein, so erhält man durch Nullsetzen des Real- und Imaginärteils ein System von zwei homogenen linearen Gleichungen in den drei Unbekannten u, v, w, dessen reelle Koeffizientenmatrix den Rang 2 besitzt, andernfalls P nicht imaginär wäre. Es gibt somit genau eine reelle linear unabhängige Lösung und diese liefert eine eindeutig bestimmte Gerade g. Deren Parameterform lässt sich unmittelbar angeben, denn

$$g : x_j = r_j \lambda + s_j \mu, \; j = 0, 1, 2,$$

enthält P ($\lambda = 1$, $\mu = i$). Insbesondere erkennt man, dass g durch die beiden reellen Punkte $R(r_0, r_1, r_2)$, $S(s_0, s_1, s_2)$ geht.

Da ersichtlich auf g auch der konjugiert imaginäre Punkt $\overline{P}$ zu P liegt (wähle $\lambda = 1, \mu = -i$), legt die Motivation nahe, das Paar $(P, \overline{P})$ als Fixpunkte einer Involution auf g zu deuten. Und wirklich existiert genau eine dazu passende elliptische Involution auf g. Um dies einzusehen, können wir natürlich g als eindimensionales projektives Gebilde ansehen mit R als Nullpunkt und S als Einheitspunkt. Betrachten wir zunächst eine beliebige *Projektivität* $\pi : g \to g$, die $P(1, i)$ und $\overline{P}(1, -i)$ als Fixpunkte besitzt. Nach Folgerung 3.74 gilt dann

$$\mathtt{A} \begin{pmatrix} 1 \\ i \end{pmatrix} = \nu \begin{pmatrix} 1 \\ i \end{pmatrix} \quad \text{(somit auch } \mathtt{A} \begin{pmatrix} 1 \\ -i \end{pmatrix} = \overline{\nu} \begin{pmatrix} 1 \\ -i \end{pmatrix} \text{)}.$$

Setzt man $\mathtt{A} = \begin{pmatrix} a & b \\ c & d \end{pmatrix} \in M_{2,2}(\mathbb{R})$ und $\nu = m + ni$ unbestimmt an, so folgt

$$(\mathtt{A} - \nu \mathtt{E}) \begin{pmatrix} 1 \\ i \end{pmatrix} = \begin{pmatrix} 0 \\ 0 \end{pmatrix}, \text{ also}$$

$$a - (m + ni) + bi = 0,$$

$$c + (d - (m + ni))i = 0.$$

Das liefert $a = d = m$, $b = -c = n$. $\mathtt{A}$ hat somit jedenfalls die Gestalt $\begin{pmatrix} a & b \\ -b & a \end{pmatrix}$.

Soll nun π zusätzlich Involution sein, so gilt $\pi \circ \pi = id$, also $\mathtt{A}^2 = \kappa \mathtt{E}$ mit $\kappa \in \mathbb{R}^*$. Das impliziert $ab = 0$. Wäre $b = 0$, so folgte $\mathtt{A} = a\mathtt{E}$, d.h. π wäre die identische Abbildung und somit keine elliptische Involution, Widerspruch. Es muss also $a = 0, b \neq 0$ sein. π ist dann die gesuchte Involution. Sie führt $X(x_0, x_1)$ in $X'(x_1, -x_0)$ über und hat $P, \overline{P}$ als Fixpunkte. Um schließlich P vom konjugiert komplexen Punkt $\overline{P}$ zu unterscheiden, der ja durch dieselbe elliptische Involution bestimmt ist, benützt von Staudt noch die beiden Richtungssinne auf g. Es wird somit P durch eine *gerichtete elliptische Involution* beschrieben, $\overline{P}$ durch die entgegengesetzt gerichtete.

Bemerkung 4.39. Involutionen α auf einer Geraden g (oder auch in einem Geradenbüschel oder einer Kurve 2. Ordnung) lassen sich eindrücklich durch Bewegungsabläufe veranschaulichen. Man lässt dazu einen Punkt X in einer vorgegebenen Richtung g durchlaufen und betrachtet diese Bewegung im Verhältnis zur der des Bildpunktes X'. Ist α hyperbolisch, so durchläuft X' g in entgegengesetzter Richtung. Die (reellen) Fixpunkte sind die Punkte des „Zusammenstoßens". Ist α elliptisch, so laufen sich X und X' hinterher ohne sich je zu erreichen; der Wert $|NN'|$ gibt dabei den geringst möglichen Abstand an. Das durch diesen Wert eindeutig festgelegte Zusammenspiel der beiden Bewegungen – also ein qualitatives Element – kann, wenn man noch die zwei möglichen Durchlaufungssinne berücksichtigt, als suggestives Bild für die konjugiert imaginären Fixpunkte genommen werden.[95]

Fasst man die bisherigen motivierenden Ergebnisse zusammen erhält man die geometrische Interpretation der imaginären Elemente nach von Staudt:

Definition 4.40. Ein *imaginärer Punkt* X wird als Fixpunkt einer gerichteten elliptischen Involution π auf einer reellen Geraden g (aufgefasst als Punktreihe) angesehen und durch π repräsentiert; dabei sind die *Trägergerade* g und π bis auf den Richtungssinn, der frei wählbar ist, durch X eindeutig bestimmt.

Im konkreten Fall, wo $P, \overline{P}$ die Schnittpunkte einer nicht ausgearteten Kurve 2. Ordnung mit einer inneren Geraden g sind, wird, wie oben gezeigt wurde, die Involution mit Hilfe der Polaren erhalten.

Dualisierung führt zur

Definition 4.41. Eine *imaginäre Gerade* u wird als Fixgerade einer gerichteten elliptischen Involution π in einem reellen Punkt G (aufgefasst als Geradenbüschel) angesehen und durch π repräsentiert; dabei sind der *Trägerpunkt* G und π bis auf den Richtungssinn, der frei wählbar ist, durch u eindeutig bestimmt.

Im konkreten Fall, wo $u, \overline{u}$ die Verbindungsgeraden einer nicht ausgearteten Kurve 2. Klasse mit einem inneren Punkt G sind, wird die Involution mit Hilfe des Pols erhalten (Abb. 4.16).

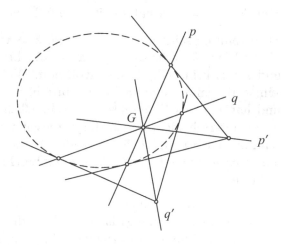

Abbildung 4.16

Definition 4.42. Ein imaginärer Punkt X mit der Trägergeraden g *inzidiert* mit einer imaginären Geraden u mit dem Trägerpunkt G, wenn die gerichtete elliptische Involution auf g die in G induziert (bzw. äquivalent, die in G die auf g induziert); insbesondere gilt stets $G \notin g$. Die einzige reelle mit X inzidente Gerade ist g, der einzige reelle mit u inzidente Punkt ist G.

Damit sind auf synthetische Weise die Grundelemente der *komplexen projektiven Ebene* $\mathbb{P}_2^c$ beschrieben. Sie ist eine Erweiterung der reellen projektiven Ebene $\mathbb{P}_2$ insofern als zu deren Elementen Punkt und Gerade noch mit beliebigen gerichteten elliptischen Involutionen behaftete Punktreihen und Geradenbüschel hinzutreten. Damit erhebt sich die Frage nach der Gültigkeit der in Kap. 3.2.2,A) für $\mathbb{P}_2$ formulierten Axiome auch für $\mathbb{P}_2^c$.

Axiom 1. a) Es sei A reeller Punkt und B imaginärer Punkt mit der Trägergeraden g. Ist $A \in g$ so ist g selbst die Verbindungsgerade von A und B. Andernfalls ist es die imaginäre Gerade, welche durch das Geradenbüschel in A versehen mit der durch B induzierten gerichteten elliptischen Involution bestimmt wird.

b) Es seien A, B imaginäre Punkte mit den Trägergeraden g, h und den gerichteten elliptischen Involutionen α, β. S sei der Schnittpunkt von g und h. Nach Satz 3.92 gibt es eindeutig bestimmte Punktepaare $M, \alpha(M) \in g$, $N, \beta(N) \in g$ mit $H(S\alpha(S), M\alpha(M))$ bzw. $H(S\beta(S), N\beta(N))$. Dabei seien die Bezeichnungen so gewählt, dass $SM\alpha(S)\alpha(M)$ mit dem Richtungssinn von α übereinstimmt; entsprechend für β. Die Perspektivität mit Zentrum $Z = \langle \alpha(S), \beta(S) \rangle \cap \langle M, N \rangle$ führt dann auch $\alpha(M)$ in $\beta(N)$ über. Mithin stellt das Geradenbüschel Z mit der durch α (und β) induzierten gerichteten elliptischen Involution die Verbindungsgerade von A und B dar.

Axiom 2. Dieses gilt, weil es unendlich viele verschiedene elliptische Involutionen in einem Geradenbüschel gibt.

Axiom 3. Dieses wird bereits durch $\mathbb{P}_2$ erfüllt.

Axiom 4. Dessen Gültigkeit folgt durch (reelle) Dualisierung des Beweises von Axiom 1. (Für einen direkten Beweis siehe Aufgabe 8.)

Wie schon zu Beginn des Kapitels 4.5 gesagt wurde, werden wir die *Axiome* 5 und 6, also den Satz von Desargues und das Axiom von Fano, nicht synthetisch beweisen, sondern den Übergang zum arithmetischen Modell aufzeigen. Für den Beweis von Axiom 5 kann man den Umweg über den komplexen projektiven Raum wählen, da es dann aus den Inzidenzaxiomen ableitbar ist. Jedoch müsste dazu der Begriff der imaginäre Geraden behandelt werden, was zu weit führt, gibt es doch zwei verschiedene Typen, wobei eine nicht ganz elementar zu definieren ist (siehe das Ende von Abschnitt 4.5.3).

Um nun die komplexe Ebene $\mathbb{P}_2^c$ zu koordinatisieren gehen wir von der zugrundeliegenden Ebene $\mathbb{P}_2$ aus. Die Grundpunkte für deren Koordinatisierung seien O, E, U, V. Auf ganz analoge Art wie dort führen wir zunächst inhomogene Koordinaten in $\mathbb{P}_2 \setminus \langle U, V \rangle$ ein. Es sei A ein imaginärer Punkt mit der Trägergeraden $g := \langle O, U \rangle$. Die A entsprechende elliptische Involution α auf g ist nach Satz 3.92 durch die von U ausgehende harmonische Darstellung eindeutig festgelegt: $H(U\alpha(U), T\alpha(T))$. Hat dabei $\alpha(U)$ die Koordinaten $(a, 0)$, so sind die von $T, \alpha(T)$ nach Satz 3.52 gegeben durch $(a \pm b, 0)$; dabei können wir $b > 0$ annehmen. Dann definiert man die Koordinaten von A als $(a + ib, 0)$, falls der Richtungssinn von α mit $S(OEU)$ übereinstimmt; andernfalls als $(a-ib,0)$. Analog lassen sich jedem imaginären Punkt A mit der Trägergeraden $h := \langle O, V \rangle$, eindeutig bestimmte Koordinaten $(0, c+id)$, $c, d \in \mathbb{R}$, zuordnen. Ist schließlich A ein beliebiger imaginärer Punkt, $A \notin \langle U, V \rangle$, mit Trägergerade l, so gibt man A die Koordinaten $(a+ib, c+id)$, falls $\langle A, V \rangle \cap g$ durch $(a+ib, 0)$ und $\langle A, U \rangle \cap h$ durch $(0, c+id)$ koordinatisiert sind. Dabei kann jetzt auch der Fall eintreten, dass b oder d gleich 0 ist, nämlich dann, wenn $V \in l$ oder $U \in l$ gilt.

Wie im reellen Fall leiten wir als nächstes die Gleichung einer Geraden ab. Es sei also u imaginäre Gerade festgelegt durch ihren reellen Trägerpunkt P und einen festen imaginären Punkt Q. Gleichgültig wie man die zugrundeliegende Ebene $\mathbb{P}_2$ koordinatisiert, so lässt sich, solange nur $P, Q \notin \langle U, V \rangle$ sind, für u mittels der Zweipunktformel eine lineare Gleichung mit komplexen Koeffizienten aufstellen. Damit diese aber wirklich die Gleichung für u darstellt, muss gezeigt werden, dass die Koordinaten eines beliebigen, aber festen imaginären Punktes $R \in u$, $R \notin \langle U, V \rangle$, ihr genügen.

Es sei nun $\mathbb{P}_2$ so koordinatisiert, dass $P = O$ gilt und der Schnittpunkt der Trägergeraden q, r von Q, R gleich U ist. Die Gleichungen von q, r lauten dann: $q : y = c$, $r : y = d$ $(c, d \in \mathbb{R})$; dabei ist $c \neq 0$, andernfalls u die *reelle* Gerade $\langle O, U \rangle$ wäre. Hat nun Q die Koordinaten $(a+ib, c)$, so liefert die Zweipunktform für u die Gleichung: $cx - (a+ib)y = 0$. Die Q entsprechende elliptische Involution ϖ ist festgelegt durch die von U ausgehende harmonische Darstellung: $H(U\varpi(U), S\varpi(S))$. Geometrisch erhält man die von U ausgehende harmonische Darstellung $H(U\rho(U), T\rho(T))$ von R, indem man jene Punkte mit $P = O$ verbindet und die erhaltenen Geraden mit r schneidet. Vollzieht man das algebraisch nach ergibt sich folgendes: Da Q durch $(a+ib, c)$ koordinatisiert ist, gilt $\varpi(U)(a, c)$, $S(a+b, c)$, $\varpi(S)(a-b, c)$. Damit folgt $\rho(U)(\frac{ad}{c}, d)$, $T(\frac{(a+b)d}{c}, d)$, $\rho(T)(\frac{(a-b)d}{c}, d)$. R hat also die Koordinaten $(\frac{ad+ibd}{c}, d)$ und diese erfüllen wirklich die Gleichung $cx - (a+ib)y = 0$.

Damit ist die inhomogene Koordinatisierung von $\mathbb{P}_2^c$ abgeschlossen. Um auch die imaginären Punkte der bislang nicht berücksichtigten Geraden $\langle U, V \rangle$ zu koordinatisieren, führt man analog zum reellen Fall wieder homogene Koordinaten ein. Dies geschieht völlig gleich wie damals; die entsprechende Motivierung kann unverändert übernommen werden. Insgesamt folgt, dass die Koordinatisierung von $\mathbb{P}_2^c$ genau auf das im vorigen Abschnitt behandelte arithmetische Modell $\mathbb{A}_2^c$ führt.

Aufgrund des nunmehr vollzogenen Übergangs zum arithmetischen Modell folgt die Gültigkeit der noch ausstehenden beiden Axiome 5 und 6. (Dass die Axiome 7 bis 10 dafür nicht erfüllt sind, wurde im vorigen Abschnitt 4.5.1 gezeigt.) Was das *Dualitätsprinzip* betrifft, so ist es natürlich auch für die komplexe projektive Ebene richtig. Der frühere Nachweis erfolgte ja allein mittels der Axiome 1 bis 6.

Um Kurven 2. Ordnung bzw. 2. Klasse in $\mathbb{P}_2^c$ geometrisch einführen zu können, müssen wir noch auf die eindimensionalen komplexen Projektivitäten eingehen. Diese lassen sich völlig gleich wie im reellen Fall als Produkte elementarer Transformationen bzw. bei gleichem Typ von Ausgangs- und Endgebilde als Produkte von Perspektivitäten definieren. Hierbei sind natürlich imaginäre Punktreihen, Geradenbüschel, Perspektivitätszentren und -achsen zugelassen. Auch die entsprechenden Resultate samt ihren Beweisen lassen sich großteils wörtlich übernehmen. Wie eingangs von Kapitel 4.5 bereits erwähnt wurde tritt jedoch beim Beweis des Fundamentalsatzes (Satz 3.68) ein Problem auf. Dort wurde unter anderem damit argumentiert, dass man ausgehend von drei Punkten O, E, U einer Geraden g jeden ihrer Punkte als Grenzpunkt einer durch fortgesetztes Konstruieren des vierten harmonischen Punktes erhaltenen Punktfolge erreichen kann. Dies ist im Komplexen falsch. Damit ist auch die Charakterisierung der Projektivitäten als bijektive Abbildungen, welche die harmonische Lage erhalten, hinfällig. Dagegen bleibt der Fundamentalsatz richtig! Er muss nur auf andere Weise gezeigt werden. Ein rein geometrischer Beweis ist jedoch recht aufwendig ([Juel], Kap. III, §1), weshalb wir ihn algebraisch führen. Wir beginnen mit dem folgenden

Satz 4.43. *Sind g, g' zwei verschiedene Geraden der homogen koordinatisierten Ebene $\mathbb{P}_2^{\mathbb{C}}$, so lässt sich eine beliebige Perspektivität $\varphi : g \to g'$, $Z(\mathsf{z}) \mapsto Z'(\mathsf{z}')$, beschreiben durch*

$$\lambda \mathsf{z}'^t = \mathsf{A} \mathsf{z}^t, \quad \mathsf{A} \in GL_3(\mathbb{C}).$$

Beweis. Es sei $Q(\mathsf{q})$ das Perspektivitätszentrum und es habe g' die Gleichung $\langle \mathsf{v}'^t, \mathsf{x} \rangle = 0$. Die Gerade $z = \langle Q, Z \rangle$ wird beschrieben durch $\langle \mathsf{q} \times \mathsf{z}, \mathsf{x} \rangle = 0$. Wegen $Z' = g' \cap \langle Q, Z \rangle$ folgt

$$\lambda \mathsf{z}' = \mathsf{v}'^t \times (\mathsf{q} \times \mathsf{z}) \text{ bzw. } \lambda \mathsf{z}'^t = \mathsf{v}' \times (\mathsf{q}^t \times \mathsf{z}^t) = \mathsf{A} \mathsf{z}^t.$$

Da φ bijektiv ist muss $\mathsf{A} \in GL_3(\mathbb{C})$ gelten. $\square$

Folgerung 4.44. *Ist g eine beliebige Gerade von $\mathbb{P}_2^{\mathbb{C}}$ und fasst man g als eindimensionales projektives Gebilde auf, so lässt sich jede Projektivität $\pi : g \to g$ beschreiben durch*

$$\lambda \mathsf{z}'^t = \mathsf{A} \mathsf{z}^t, \quad \mathsf{A} \in GL_2(\mathbb{C}). \tag{4.10}$$

Beweis. Wir koordinatisieren $\mathbb{P}_2^{\mathbb{C}}$ in der Weise, dass g die Geradengleichung $x_2 = 0$ besitzt. Da π Produkt von Perspektivitäten ist hat aufgrund des Satzes die π zugeordnete Koordinatentransformation ebenfalls die Gestalt (4.10). Wegen $Z, Z' \in g$ gilt dabei für $\mathsf{z}(z_0, z_1, z_2)$, $\mathsf{z}'(z_0', z_1', z_2')$: $z_2 = z_2' = 0$. Unterdrückung der letzten Komponente, die stets 0 ist, liefert dann die Behauptung. $\square$

Satz 4.45 (Fundamentalsatz). *Sind $A, B, C \in g$, $A', B', C' \in g'$ je drei verschiedene Punkte auf den projektiven Geraden g und g' der komplexen Ebene $\mathbb{P}_2^{\mathbb{C}}$, so existiert genau eine Projektivität $\pi : g \to g'$ mit $\pi(A) = A'$, $\pi(B) = B'$ und $\pi(C) = C'$. Insbesondere ist eine Projektivität $\pi : g \to g$ mit drei Fixpunkten die Identität.*

Beweis. Die Existenz einer derartigen Projektivität folgt genau wie im reellen Fall, eventuell unter Zwischenschaltung von drei Hilfspunkten A'', B'', C'' einer Geraden $h \neq g$, falls $g = g'$. Sind π, ψ zwei Projektivitäten, die A, B, C in A', B', C' überführen, so hat die Projektivität $\psi^{-1} \circ \pi : g \to g$ die drei Fixpunkte A, B, C. Da sie nach der letzten Folgerung die Gestalt (4.10) besitzt, folgt aus einem Ergebnis der Linearen Algebra: $\psi^{-1} \circ \pi = id$, also $\psi = \pi$. $\square$

Bemerkung 4.46. So wie im reellen Fall lässt sich auch eine komplexe Projektivität $\pi : g \to g$ stets als Koordinatentransformation deuten.

Bemerkung 4.47. Die Gültigkeit des Fundamentalsatzes impliziert, dass die mit seiner Hilfe abgeleiteten Sätze 3.71, 3.73 bis 3.77 mitsamt deren Beweisen auch für $\mathbb{P}_2^c$ richtig bleiben und auch die Definition 3.78 sinnvoll bleibt. Insbesondere werden gemäß Folgerung 3.74 genau die Projektivitäten durch Abbildungen der Gestalt (4.10) beschrieben. Dagegen ist Folgerung 3.72, wie bereits erwähnt, für komplexe Projektivitäten falsch.

Damit lassen sich nun komplexe Kurven 2. Ordnung bzw. 2. Klasse sowie Pole, Polaren, Tangenten und Stützpunkte genauso wie im Reellen geometrisch definieren. Und auch die diesbezüglichen Resultate bleiben richtig. Insbesondere werden erstere algebraisch wieder durch

$$\mathtt{x}\mathtt{A}\mathtt{x}^t = 0 \quad \text{bzw.} \quad \mathtt{u}^t\mathtt{B}\mathtt{u} = 0, \ \mathtt{A}^t = \mathtt{A}, \ \mathtt{B}^t = \mathtt{B},$$

beschrieben, wobei natürlich jetzt $\mathtt{A}, \mathtt{B} \in GL_3(\mathbb{C})$ zu nehmen sind. Da die komplexe projektive Ebene eine Erweiterung der reellen ist, folgt weiter, dass die Gesamtheit der reellen und imaginären Punkte einer reellen Kurve 2. Ordnung eine komplexe Kurve 2. Ordnung ist. Die Projektivität zwischen den komplexen Geradenbüscheln mit den reellen Zentren G, G' wird dabei durch eine Matrix A mit reellen Eintragungen beschrieben.

Jetzt können wir auch die damals geometrisch nicht eingeordneten Fälle: a) nicht ausgearteter nullteiliger Kegelschnitt, b) konjugiert imaginäre Gerade nachtragen:

a) Es seien G, G' die konjugiert imaginären Punkte $G(1, i, 0), G'(1, -i, 0)$. Die Projektivität $\pi : G \to G'$ sei festgelegt durch die drei Geraden $u, v, w \in G$ mit den Koordinaten $\mathtt{u} = (1, i, i)^t$, $\mathtt{v} = (-1, -i, i)^t$, $\mathtt{w} = (0, 0, 1)^t$ und deren Bildgeraden $u', v', w' \in G'$ mit den Koordinaten $\mathtt{u}' = (1, -i, i)^t$, $\mathtt{v}' = (1, -i, -i)^t$, $\mathtt{w}' = (1, -i, 0)^t$. Dann hat die dadurch bestimmte Kurve 2. Ordnung die Gleichung $x_1^2 + x_2^2 + x_0^2 = 0$, also die Normalform des nicht ausgearteten nullteiligen Kegelschnitts (Aufgabe 10).

b) Dieser Fall liegt stets vor, wenn $G = G'$ ein reeller Punkt ist und $\pi : G \to G'$ elliptische reelle Projektivität ist (ausgedehnt auf das komplexe Geradenbüschel G). Die Kurve 2. Ordnung ist dann ausgeartet in die beiden konjugiert imaginären Fixgeraden.

Wählt man speziell für G den Punkt $G(0, 0, 1)$ und $u, v, w \in G$ und $u', v', w' \in G$ durch

$$\mathtt{u} = (1, 0, 0)^t, \qquad \mathtt{v} = (0, 1, 0)^t, \qquad \mathtt{w} = (1, -1, 0)^t,$$
$$\mathtt{u}' = (0, 1, 0)^t, \qquad \mathtt{v}' = (-1, 0, 0,)^t, \qquad \mathtt{w}' = (1, 1, 0)^t,$$

so ergibt sich als Gleichung der Kurve gerade die in (4.6) angegebene Normalform $x_0^2 + x_1^2 = 0$.

Auf analoge Weise erhält man die damals nicht behandelten komplexen Kurven 2. Klasse. Der Zusammenhang zwischen nicht ausgearteten komplexen Kurven 2. Ordnung und 2. Klasse, der früher nur algebraisch abgeleitet, folgt aufgrund des auch im Komplexen gültigen Satzes 4.17 nun auch geometrisch.

4.5.3 Die Pfeildarstellung komplexer Punkte

In den vorangegangenen beiden Abschnitten wurde ein imaginärer Punkt dargestellt durch eine mit einer gerichteten elliptischen Involution behafteten reellen Geraden. Um letztere eindeutig festzulegen muss man, wie bei jeder Involution α auf einer Geraden g zwei Punkte und deren Bildpunkte vorgeben. Ist α hyperbolisch, so kann man jedoch für die Ausgangspunkte eine spezielle Wahl treffen: die (reellen) Fixpunkte M, N von α. Es bestimmen also bereits zwei ausgezeichnete Punkte die Involution.

Eine solche Wahl ist bei einer elliptischen Involution α nicht möglich. Im Standardmodell $\mathbb{E}_2^*$ kann man sich jedoch die Auszeichnung des Fernpunktes F unter allen Punkten von g zunutze machen, falls g nicht selbst die Ferngerade ist. Nun gibt es genau eine von F ausgehende harmonische Darstellung von α, d.h. ein Punktepaar $N, \alpha(N) \in g$ mit $H(F\alpha(F), N\alpha(N))$. Insbesondere liegen $N, \alpha(N) =:$ N' symmetrisch zu $\alpha(F) =: M$, dem sogenannten *Mittelpunkt der Involution* α. Da das Punktepaar N, N' eindeutig bestimmt ist, ist es auch das einzige Paar einander bei α entsprechender Punkte, welches symmetrisch zu M liegt. Die Richtungssinne $S(MNF)$, $S(MN'F)$ sind dabei verschieden, so dass man N als denjenigen Punkt wählen kann, für den $S(MNF)$ mit dem Richtungssinn von α übereinstimmt. Auf diese Weise wird α eindeutig durch die beiden Punkte M, N festgelegt: es ist $\alpha(M) = F$ und $\alpha(N) = N' \in g$ mit $|MN'| = |MN|$; schließlich wird die Richtung von α durch den „Pfeil" $\overrightarrow{MN}$ bestimmt. Diese Art der Repräsentierung von α stammt von L. Locher-Ernst und wird *Pfeildarstellung* genannt ([Loch2]). Algebraisch bedeutet dies, dass der imaginäre Punkt $P(a + ib, c + id)$ durch $\overrightarrow{MN}$ mit $M(a, c)$, $N(a + b, c + d)$ beschrieben wird. Dabei ist die Verbindungsgerade $\langle M, N \rangle$ gerade die Trägergerade von P. Insbesondere folgt, dass man den Pfeil $\overrightarrow{MN}$ durch Vektoraddition der den Punkten $P_1(a + ib, 0)$ bzw. $P_2(0, c + id)$ auf der x- bzw. y-Achse entsprechenden Pfeile erhält.

Da man die reellen Punkte von g als Pfeile der Länge 0 auffassen kann hat man insgesamt eine Darstellung aller komplexen Punkte einer Geraden gewonnen.

Auch konstruktiv lässt sich die Pfeildarstellung eines imaginären Punktes $P \in g$ leicht gewinnen (Abb. 4.17): Sind A, A' und B, B' zwei Paare einander bei der P entsprechenden elliptischen Involution α zugeordnete Punkte, so schneiden sich die Kreise mit Durchmesser $|AA'|$ bzw. $|BB'|$ in zwei Punkten S, T.[96] Betrachtet man in einem, etwa S, die Rechtwinkelinvolution im Geradenbüschel, die jeder Geraden die dazu senkrechte zuordnet, so induziert sie auf g eine Involution die A in A', B in

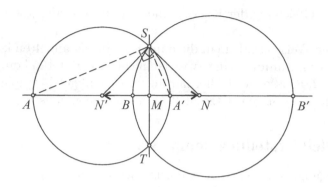

Abbildung 4.17

B' und umgekehrt überführt. Letztere muss also aufgrund des Fundamentalsatzes 3.68 gleich α sein. Man erhält somit den Mittelpunkt M als Fußpunkt von S (bzw. T) auf g; und N, N' liegen im Abstand $|MS|$ von M entfernt.

Umgekehrt findet man bei Vorgabe von M, N auf diese Weise auch beliebige Paare X, X' einander bei α zugeodnete Punkte: Man konstruiert auf der Normalen zu g durch M die beiden Punkte S, T mit $|MS| = |MN| = |MT|$. Es ist dann $\langle X', S \rangle$ orthogonal zu $\langle X, S \rangle$ (analog für T).

Bemerkung 4.48. Legt man das Koordinatensystem von $\mathbb{E}_2^*$ so, dass die Gerade g die x-Achse wird, so erhält man unmittelbar die Pfeildarstellung bzgl. des Standardmodells $\mathbb{E}_1^*$ der projektiven Geraden $\mathbb{P}_1$. Man muss nur die 2. Komponente, die stets 0 ist unterdrücken. Ein imaginärer Punkt $P(a + ib)$ wird somit durch den Pfeil $\overrightarrow{MN}$ mit $M(a)$, $N(a + b)$ dargestellt. Vergleicht man diese *eindimensionale* Darstellung komplexer Zahlen mit der Darstellung in der Gaußschen Zahlenebene Γ, so entspricht g der Realteilachse, M ist der Fußpunkt von $P \in \Gamma$ und N der durch Drehung von P um M im Uhrzeigersinn auf g erhaltene Punkt. Diesem Punkt $P \in \Gamma$ kommt bei Lochers Darstellung, im Gegensatz zur Gaußschen, aufgrund der vorangegangenen Konstruktion sogar eine geometrische Bedeutung zu (Abb. 4.18): Er entspricht nämlich dem Punkt S (bzw. T), von dem aus einander bei α zugeordnete Punkte stets unter einem rechten Winkel erscheinen.

Damit erklärt sich auch, wieso die Gaußsche Zahlenebene durch nur einen „Fernpunkt" abgeschlossen bzw. zur konformen Ebene erweitert wird und nicht durch eine Ferngerade, wie die projektive Ebene. Sie ist eben komplex betrachtet ein eindimensionales Gebilde; und jener eine Punkt entspricht gerade dem – einzigen – Fernpunkt von g!

Wir betrachten nun ein Musterbeispiel genauer, nämlich den Kreis k mit der Gleichung $x^2 + y^2 = r^2$. Die Aufgabe sei, sämtliche komplexen Punkte von k mittels der Locherschen Pfeile zu veranschaulichen. Es ist dies also die Fortsetzung des reellen Kreises ins Komplexe, der sogenannte *komplexe Kreis* (in Hauptlage,

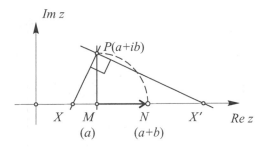

Abbildung 4.18

mit (reellem) Radius r). Die entsprechende Gleichung wird meist in der Form $w^2 + z^2 = r^2$ $(w, z \in \mathbb{C})$ angeschrieben.

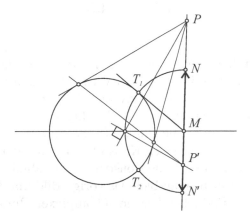

Abbildung 4.19

Um die Aufgabe zu lösen genügt es sämtliche Geraden von $\mathbb{E}_2^*$ inklusive der Ferngeraden mit k zu schneiden, da ja jeder imaginäre Punkt (von k) auf genau einer reellen Geraden liegt. Wir betrachten zunächst die Schnitte mit den Geraden $x = c$ (Abb. 4.19). Sie liefern genau für $r < |c|$ imaginäre Schnittpunkte; deren Koordinaten sind $(c, \pm i\sqrt{c^2 - r^2})$. Der Mittelpunkt M der zugehörigen elliptischen Involution liegt somit stets auf der x-Achse, $M(c, 0)$, und die Pfeilspitze N hat die Koordinaten $(c, \sqrt{c^2 - r^2})$.

Bezeichnet man mit T_1, T_2 die beiden Berührpunkte der von M aus an den Kreis gelegten Tangenten, so gilt nach dem Satz von Pythagoras:

$$|MT_1| = \sqrt{c^2 - r^2}.$$

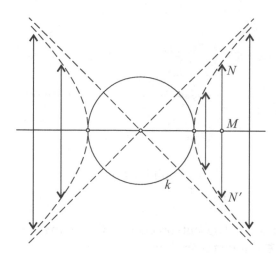

Abbildung 4.20

Man kann daher bei gegebenem $M \in \{y = 0\}$ den zugehörigen Punkt N (bzw. N') leicht konstruieren. Lässt man M variieren, erhält man das folgende Bild (Abb. 4.20). Dabei bilden die Endpunkte der Pfeile eine gleichseitige Hyperbel. Dies zeigt auch die Rechnung: erfüllen die Punkte $P(c, \pm ib)$, $b = \pm\sqrt{c^2 - r^2}$, die Kreisgleichung $x^2 + y^2 = r^2$, so die Punkte $(c, \pm b)$ die Gleichung $x^2 - y^2 = r^2$.

Bisher haben wir den gegebenen Kreis nur mit Geraden der Schar $x = c$ geschnitten. Da jedoch die geometrische Konstruktion unabhängig von der speziellen Lage der Geraden ist, braucht man bloß das vorige Bild um den Kreismittelpunkt O zu drehen, um *alle* im Endlichen liegenden komplexen Punkte von k zu erhalten (Abb. 4.21).

Bemerkung 4.49. Verwendet man das in Bemerkung 4.37 angegebene dynamische Bild für die Involutionen, so lässt sich das Ergebnis folgendermaßen interpretieren: Von außen kommend streben von allen Seiten gleichmäßig sich immer mehr verdichtende gleichsinnige Bewegungsabläufe gegen jeweils denselben Grenzfall, wo jeder Punkt X der Geraden auf ein und denselben Punkt X' abgebildet wird. Diese sogenannte *parabolische Involution*[97] erzeugt jeweils einen Punkt, eben X', des reellen Kreises. Im weiteren Verfolgen der Bewegungsabläufe kehrt sich die Durchlaufungsrichtung von X' um, was zu jeweils zwei reellen Punkten des Zusammenstoßens führt. Qualitativ gesehen entsteht also der reelle Kreis als Grenzfall aus einem Meer von gleichsinnigen Bewegungen, die nach dessen Bildung zu ungleichsinnigen umschlagen und sich am Kreis immer wieder brechen.

Es fehlt nun noch der Schnitt von k mit der Ferngeraden l. Dieser lässt sich natürlich nicht direkt veranschaulichen, doch kann man durch eine einfache Grenzwertüberlegung die entsprechende gerichtete elliptische Involution α_∞ auf l auffinden. Führt man für eine beliebige der in Abbildung 4.21 gezeichneten

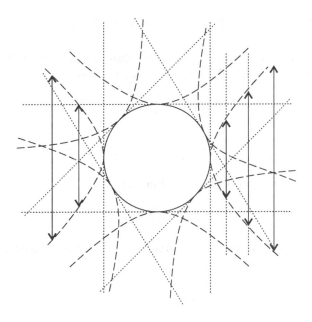

Abbildung 4.21

Geradenscharen gedanklich den Übergang zum Unendlichen durch, so zeigt sich, dass die Pfeilendpunkte N, N' die Schnittpunkte von l mit den beiden Asymptoten der jeweiligen Hyperbel werden. Diese Asymptoten selbst sind demnach einander zugeordnete Geraden bei derjenigen Involution $\hat{\alpha}_\infty$ im Büschel O, die durch α_∞ induziert wird. Da sie stets normal aufeinander stehen, ist $\hat{\alpha}_\infty$ die Rechtwinkelinvolution in O versehen mit einem Richtungssinn. Sie stellt die imaginäre Verbindungsgerade von O mit den Schnittpunkten I, J von k mit l dar (siehe den Beweis von Axiom 1,a) im Abschnitt 4.5.2). Startet man somit umgekehrt mit dieser Geraden, also der gerichteten Rechtwinkelinvolution im Geradenbüschel O, so induziert sie die gesuchte Involution auf l. Einander hierbei entsprechende Punkte heißen *normal* zueinander.

Bevor wir weitere Beispiele für die Veranschaulichung der komplexen Punkte von Kurven im Standardmodell $\mathbb{E}_2^*$ betrachten, gehen wir noch auf einen wichtigen Sachverhalt ein, der sich aus der zuletzt behandelten Tatsache ergibt. Wie wir gesehen haben, lassen sich die komplexen Punkte des Kreises rein geometrisch auffinden. Das Resultat ist also ganz unabhängig von der Wahl des Koordinationssystems in der dem Standardmodell zugrunde liegenden euklidischen Ebene bzw. der Gleichung des Kreises. Denkt man sich somit in Abbildung 4.21 das Achsenkreuz weg, so stellt dieses Bild bereits den allgemeinen Fall dar. Insbesondere folgt, dass *jeder* Kreis auf der Ferngeraden die eben beschriebene Involution induziert. Da diese aber die Schnittpunkte repräsentiert, besagt das, dass *alle* Kreise die Ferngerade in denselben beiden Punkten I, J schneiden bzw. dass die Punkte

I, J auf jedem Kreis liegen. Sie heißen die *absoluten* oder *konjugiert imaginären Kreispunkte.*

Analytisch erhält man dieses Ergebnis ganz leicht: Die Gleichung eines beliebigen Kreises mit Mittelpunkt $C(m, n)$ und Radius r lautet:

$$(x - m)^2 + (y - n)^2 = r^2$$

bzw. homogen

$$(x_1 - mx_0)^2 + (x_2 - nx_0)^2 - r^2 x_0^2 = 0.$$

Der Schnitt mit der Ferngeraden $x_0 = 0$ liefert

$$x_1^2 + x_2^2 = 0.$$

Da es auf Vielfache nicht ankommt, setzen wir $x_2 = 1$ und erhalten als Koordinaten der absoluten Kreispunkte

$$I(0, 1, i), \quad J(0, 1, -i). \tag{4.11}$$

Diese Punkte liegen nicht nur auf jedem Kreis, sondern sie legen sogar die Kreisgestalt im folgenden Sinne fest:

Satz 4.50. *Ist k eine nicht ausgeartete reelle Kurve 2. Ordnung im Standardmodell der projektiven Ebene, die durch die Punkte I, J geht, so ist k ein Kreis.*

Beweis. Die Gleichung der Kurve k in homogenen Koordinaten sei

$$\mathbf{x}A\mathbf{x}^t = a_{11}x_1^2 + 2a_{12}x_1x_2 + a_{22}x_2^2 + 2a_{01}x_0x_1 + 2a_{02}x_0x_2 + a_{00}x_0^2 = 0. \tag{4.12}$$

Setzt man I und J ein, erhält man

$$a_{11} + 2a_{12}i - a_{22} = 0$$
$$a_{11} - 2a_{12}i - a_{22} = 0.$$

Da die Koeffizienten a_{ij} $(0 \leq i, j \leq 2)$ reell sind, impliziert das: $a_{12} = 0$ und $a_{11} = a_{22}$. Dabei ist letzterer Wert $\neq 0$, da die Kurve als nicht ausgeartet vorausgesetzt ist und somit $\mathrm{rg}A = 3$ gilt. Die Gleichung (4.12) erhält somit folgende Form, wenn man durch a_{11} dividiert:

$$x_1^2 + x_2^2 + 2b_{01}x_0x_1 + 2b_{02}x_0x_2 + b_{00}x_0^2 = 0.$$

Übergang zu homogenen Koordination liefert

$$(x - b_{01})^2 + (y - b_{02})^2 = c_{00}.$$

Da k reell und nicht ausgeartet sein soll, ist $c_{00} > 0$. Setzt man $c_{00} = r^2$, so ergibt sich gerade die Kreisgleichung. $\square$

Bemerkung 4.51. Im Standardmodell $\mathbb{E}_2^*$ induzieren die den konjugiert imaginären Kreispunkten I, J entsprechenden zwei gerichteten Involutionen auf der Ferngeraden die beiden möglichen Orientierungen der $\mathbb{E}_2^*$ zugrunde liegenden euklidischen Ebene $\mathbb{E}_2$. Ist nämlich S ein beliebiger Punkt von $\mathbb{E}_2$, so ist die die imaginäre Verbindungsgerade $\langle S, I \rangle$ repräsentierende elliptische Involution im Geradenbüschel S mit einem Richtungssinn versehen, der nur von I und nicht von S abhängt, mithin für jedes $S \in \mathbb{E}_2$ stets derselbe ist. Zur Verbindungsgeraden $\langle S, J \rangle$ gehört dann immer der entgegengesetzte Richtungssinn.

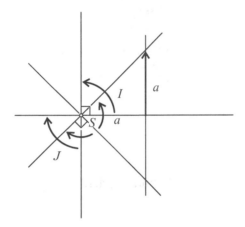

Abbildung 4.22

Um das auch analytisch zu verfolgen koordinatisieren wir $\mathbb{E}_2^*$ derart, dass S gleich dem Ursprung ist: $S(1, 0, 0)$. Wegen $I(0, 1, i)$ hat dann die Gerade $\langle S, I \rangle$ die Gleichung $x_1 + ix_2 = 0$ bzw. inhomogen $x + iy = 0$. Schneidet man sie mit einer Geraden parallel zur y-Achse: $x = a$ $(a \in \mathbb{R})$, so erhält man als Schnittpunkt $P_a = (a, ai)$, dessen Pfeildarstellung in Abbildung 4.22 angegeben ist. Zu I gehört also die *positive Orientierung* der euklidischen Ebene, d.h. die im Gegenuhrzeigersinn; zu J entsprechend die *negative Orientierung*.

Nach diesem ausführlicher behandelten Beispiel gehen wir noch kurz auf die Darstellung der komplexen Punkte anderer Kurven im Standardmodell $\mathbb{E}_2^*$ ein. Dabei beschränken wir uns auf Kurven 2. Ordnung, da, wie wir gesehen haben, in diesem Fall die elliptische Involution stets konkret angegeben werden kann, nämlich über die Pol-Polare-Beziehung.[98] Abbildung 4.23 zeigt die im Endlichen gelegenen komplexen Punkte der Parabel $k : y = x^2$, also die komplexe Parabel $w = z^2$. Dabei sind die Punkte M, N des Locherschen Pfeiles $\overrightarrow{MN}$ (bzw. $\overrightarrow{MN'}$) nicht ganz so leicht zu konstruieren wie beim zuvor besprochenen komplexen Kreis. Man greift hier auf das allgemeine Verfahren zurück: es seien g eine k nicht schneidende Gerade und A, B zwei Punkte auf g. Deren Polaren schneiden g in den Punkten A', B', welche A, B bezüglich der elliptischen Involution $\alpha : g \to g$

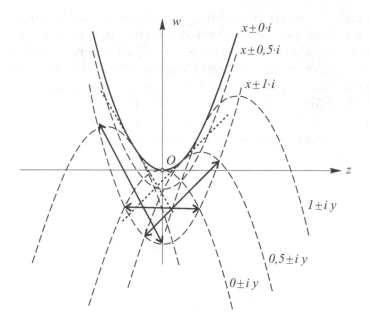

Abbildung 4.23

zugeordnet sind. Die früher angegebene Konstruktion (siehe Abb. 4.17) liefert dann die gesuchten Punkte M, N der Pfeildarstellung. In Abbildung 4.23 sind die einzelnen Schritte nicht durchgeführt, sondern nur das Ergebnis gezeichnet. Es zeigt sich, dass bei jeder Schar paralleler Geraden die Enden der Pfeile $\overrightarrow{MN}$, $\overrightarrow{MN'}$ stets wieder auf einer Parabel liegen, die die gegebene Kurve $k : y = x^2$ berührt.

Um den Schnitt mit der Ferngeraden l zu finden, verwendet man am besten die Schar der zur x-Achse parallelen Geraden $y = c$, $c < 0$. Hier liegt der Mittelpunkt M der durch den Schnitt mit k erzeugten Involutionen stets auf der y-Achse: $M(0, c)$. Der allgemeinen Theorie zufolge erhält man den zugeordneten Punkt M', das ist der Fernpunkt der Geraden $y = c$, dadurch, dass man die Polare zu M bezüglich der Parabel mit dieser Geraden schneidet. Lässt man nun c gegen $-\infty$, also M gegen den Fernpunkt der y-Achse gehen, so strebt die entsprechende Polare gegen die Ferngerade l (siehe Abb. 4.23). Im Grenzfall liegt daher M auf seiner Polaren; d.h. l ist Tangente an die Parabel und $M = M'$ ist ihr (reeller) Berührpunkt.[99]

Als letztes Beispiel sei noch der *nullteilige Kreis* k – auch *Kreis mit imaginärem Radius* genannt – mit der Gleichung $w^2 + z^2 + r^2 = 0$, $r \in \mathbb{R}_+$ fest, behandelt. Hier ist kein reelles Gebilde vorhanden, weshalb das dargestellte Konstruktionsverfahren für die auf k liegenden Punkte nicht durchgeführt werden kann – dies gilt jedoch nur, wenn man sich auf die Ebene beschränkt. Im Standardmodell $\mathbb{E}_3^*$ des projektiven Raumes lässt sich dagegen der nullteilige Kreis als Schnitt einer (reellen) Kugel mit einer daran vorbeilaufenden Ebene konstruieren (siehe weiter unten). Man kann seine Punkte aber auch direkt gemäß der allgemeinen Definition von Kurven 2. Ordnung konstruieren (siehe den folgenden Fall 3).

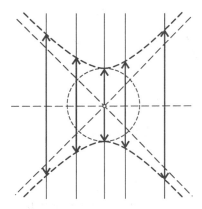

Abbildung 4.24

Rechnerisch bietet das Auffinden der Punkte von k natürlich kein Problem und man kann die Werte dann mittels der Pfeildarstellung veranschaulichen (Abb. 4.24). Aus dem Bild lässt sich ablesen, dass – wie beim reellen Kreis – der Schnitt mit der Ferngeraden l durch diejenige Involution auf l repräsentiert wird, die durch die Rechtwinkelinvolution im Geradenbüschel im Ursprung O induziert wird. Insbesondere liegen also die absoluten Kreispunkte I, J auch auf jedem nullteiligen Kreis.

Im Gegensatz zu den imaginären Punkten gibt es für die imaginären Geraden von $\mathbb{E}_2^*$ keine einfachere Festlegung der gerichteten elliptischen Involution im entsprechenden Geradenbüschel. Es sind also stets zwei Geraden und ihre (dazu verschiedenen) Bildgeraden vorzugeben. Das hat jedoch auf die Anschaulichkeit keinen Einfluss. Dies sei an einigen Beispielen aufgezeigt.

1) Verbindungsgerade zweier imaginärer (nicht konjugiert imaginärer) Punkte P, Q (Abb. 4.25): Das allgemeine geometrische Vorgehen wurde in Abschnitt 4.5.1 beim Beweis von Axiom 1 dargelegt. Für $\mathbb{E}_2^*$ sieht es wie folgt aus: Es seien p, q die Trägergeraden der Punkte P, Q und S ihr Schnittpunkt. Die gerichteten Involutionen α, β auf p, q seien durch je zwei beliebige einander entsprechende Paare von Punkten festgelegt. Gemäß Aufgabe 4 konstruiert man die von S ausgehende harmonische Darstellung von α bzw. β und findet dann den Trägerpunkt G der imaginären Geraden $\langle P, Q \rangle$.

2) Tangente an eine nicht ausgeartete Kurve 2. Ordnung k aus einem inneren Punkt P (Abb. 4.26): Der allgemeinen Theorie zufolge erhält man sie als Verbindungsgerade von P mit den Schnittpunkten von k mit der Polaren von P. Das entsprechende Vorgehen im Standardmodell ist für reelles P und k in der

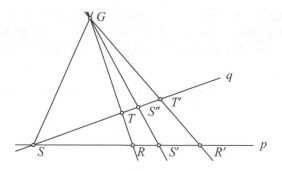

Abbildung 4.25

Abbildung wiedergegeben. Im speziellen Fall eines Kreises k ergibt sich, dass die Rechtwinkelinvolution im Mittelpunkt C versehen mit den beiden Richtungssinnen, die Tangenten von C an k darstellt.

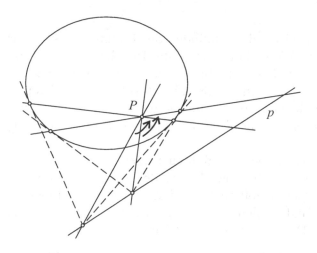

Abbildung 4.26

3) Imaginärer Kreis k: Zu Beginn des Kapitels 4.1 hatten wir den reellen Kreis mithilfe des Peripheriewinkelsatzes als Kurve 2. Ordnung erkannt. Wir formulieren das dortige Vorgehen so um, dass es auf den komplexen Fall angewendet werden kann. Ausgangspunkt sind zwei Geradenbüschel G, G'. Die Projektivität $\pi : G \to G'$ wird dadurch festgelegt, dass man jeder Geraden durch G die um einen festen Winkel σ um G gedrehte und nach G' parallel verschobene Gerade zuordnet. Da die Ausdehnung der Drehung um σ auf $\mathbb{E}_2^*$ klarerweise eine Projektivität $\varphi : G \to G$ ist, induziert sie eine in der Ferngeraden l: $\hat{\varphi} : l \to l$ mit $\hat{\varphi}(Z) = Z'$, $Z \in l$, wobei $\angle(\langle G, Z \rangle, \langle G, Z' \rangle) = \sigma$ gilt. Man kann π also auch als Produkt darstellen:

$\pi = \beta \circ \hat{\varphi} \circ \alpha$, wobei $\alpha : G \to l$, $\beta : l \to G'$ elementare Transformationen sind.

Dies lässt sich nun ins Komplexe übertragen: Gegeben sind zwei Geradenbüschel mit den konjugiert imaginären Zentren G, G'. $\pi : G \to G'$ wird definiert durch $\pi = \beta \circ \hat{\varphi}^c \circ \alpha$, wo α, β wie zuvor festgelegt sind und $\hat{\varphi}^c : \bar{l} \to \bar{l}$ die Ausdehnung von $\hat{\varphi}$ auf die um die imaginären Punkte erweiterte Ferngerade ist. $\hat{\varphi}^c$ ist aufgrund des Fundamentalsatzes wirklich komplexe Projektivität, so dass es auch π ist. Die Schnittpunkte $g \cap \pi(g)$, $g \in G$, ergeben dann definitionsgemäß den imaginären Kreis.

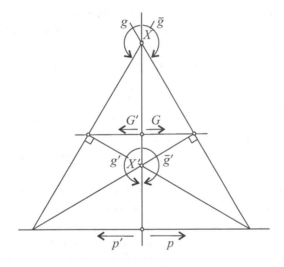

Abbildung 4.27

In Abbildung 4.27 ist das Vorgehen für $\sigma = 90°$ wiedergegeben. $\hat{\varphi}^c$ ordnet dann jedem Punkt von $\bar{l}$ den normalen Punkt zu. Eine beliebige Gerade durch G wird durch einen in $\mathbb{E}_2^*$ frei wählbaren Trägerpunkt X zusammen mit dem G entsprechenden Pfeil festgelegt – der Übersichtlichkeit halber liegt X in der Abbildung „symmetrisch" zu G, G'. Dann hat auch der Trägerpunkt X' von $\pi(g) \in G'$ diese Eigenschaft. Es ist dann die Trägergerade des Punktes $P = g \cap \pi(g)$ parallel zu der von G bzw. G'.

Zum Abschluß dieses Kapitels wollen wir noch kurz auf die Imaginärtheorie bzgl. des projektiven Raumes eingehen. Von algebraischer Seite her wissen wir bereits, dass jeder imaginäre Punkt auf einer eindeutig bestimmten reellen Geraden liegt. Somit wird geometrisch auch im Raum ein solcher Punkt definitionsgemäß durch eine gerichtete elliptische Involution auf einer reellen Geraden, der Trägergeraden, repräsentiert. Sie kann im Standardmodell $\mathbb{E}_3^*$ wieder mittels der Locherschen Pfeildarstellung veranschaulicht werden. Dual dazu entspricht eine imaginäre Ebene einer gerichteten elliptischen Involution in einem Ebenenbüschel, wobei dessen Achse deren einzige reelle Gerade ist. Ein Punkt P

ist mit der imaginären Ebene ε inzident, wenn er entweder auf der Trägerachse von ε liegt (hierin ist auch der Fall P reell inkludiert) oder wenn die P repräsentierende gerichtete elliptische Involution durch diejenige im Ebenenbüschel auf der Trägergeraden von P induziert wird.

Wie schon erwähnt wurde, ist es schwieriger, imaginäre Geraden im Raum geometrisch zu definieren. Hat man nämlich zwei nicht reelle Punkte P, Q mit verschiedenen Trägergeraden g, h gegeben (die anderen Fälle bereiten keine Probleme), so sind zwei Fälle möglich: g, h liegen in einer Ebene oder sie sind windschief. Im ersten Fall erhält man natürlich die Verbindungsgerade $\langle P, Q \rangle$ gemäß der ebenen Konstruktion. Jede solche – man spricht von *Geraden 1. Art* oder *speziellen imaginären Geraden* – wird also durch eine gerichtete elliptische Involution in einem Geradenbüschel repräsentiert.

Sind dagegen g und h windschief, so lässt sich die Gerade $\langle P, Q \rangle$ nicht mehr auf diese Weise veranschaulichen. Doch kann man, wie ebenfalls Christian von Staudt entdeckt hat, ein räumliches (reelles) Gebilde als Repräsentant ansehen. Dazu betrachtet man zu jedem reellen Punkt R des Raumes die Ebene $\langle P, Q, R \rangle$. Sie ist stets imaginär und besitzt demnach stets eine reelle Trägerachse, die naürlich R enthält. Die Gesamtheit all dieser Achsen – zu ihr gehören ersichtlich auch die Trägergeraden von P und Q – bildet eine sogenannte *lineare (Strahlen-)Kongruenz*. Zusätzlich wird durch die P, Q entsprechenden gerichteten elliptischen Involutionen auf jeder der Achsen eine ihnen zugeordnete induziert. Dadurch erhält man eine *gerichtete elliptische lineare Kongruenz*. Und diese wird als Repräsentant der Geraden $\langle P, Q \rangle$ angesehen – man spricht in diesem Fall von einer *imaginären Geraden 2. Art* oder einer *allgemeinen imaginären Geraden* ([Juel], Kap. II, §1; [Loch2], Kap. 8 – dort findet sich auch eine Veranschaulichung im Standardmodell (Fig. 27 in WA)). Zusammen genommen ergibt sich somit, dass eine imaginäre Gerade definitionsgemäß entweder durch eine gerichtete elliptische Involution in einem Geradenbüschel oder durch eine gerichtete elliptische lineare Kongruenz repräsentiert wird. Im ersten Fall liegt auf ihr genau ein reeller Punkt, im zweiten Fall keiner.

Wir wollen diese kurzen Ausführungen mit der Veranschaulichung im Standardmodell der komplexen Kugel k beenden. Da jeder ihrer imaginären Punkte auf einer reellen Geraden und damit auch reellen Ebene liegt, genügt es, die Schnitte der Kugel mit letzteren darzustellen. Wie im ebenen Fall reicht es dabei aus Symmetriegründen, eine Schar paralleler Ebenen zu betrachten – durch geeignete Rotation gelangt man ja zu jeder beliebigen Ebene (Abb. 4.28).

Wir durchlaufen nun diese Ebenenschar, indem wir uns die durch den Kugelmittelpunkt gehende Ebene nach außen (in eine Richtung) wandernd denken. Solange sie die Kugel schneidet, erhalten wir sämtliche gemeinsamen komplexen Punkte gemäß dem zuvor behandelten ebenen Fall; dabei denken wir uns die imaginären Punkte als Pfeile veranschaulicht. Diese streben geometrisch gesehen einem Grenzfall zu, der eintritt, wenn die Ebene die Kugel berührt; der Berührungspunkt sei S. Die Enden der Pfeile $\overrightarrow{MN}$ bzw. $\overrightarrow{MN'}$ liegen dann auf zueinander

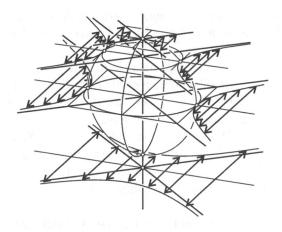

Abbildung 4.28 ([Loch2], WA S. 94)

senkrechten Geraden durch S, so dass also die den imaginären Schnittpunkten entsprechenden Involutionen eine Zuordnung dieser beiden Geraden induzieren. Denkt man sich dieses Bild um die zur Tangentialebene normalen Kugelachse rotierend, so erhält man die Rechtwinkelinvolution des in dieser Ebene gelegenen Geradenbüschels S. Es liegt somit die dadurch bestimmte imaginäre Gerade 1. Art, deren Trägerpunkt S ist, vor und die dazu konjugiert imaginäre Gerade. Da $S \in k$ völlig beliebig war, gehören also der Kugel zwei Scharen von konjugiert imaginären Geraden 1. Art an!

Lässt man die Ebene weiter wandern, so ergeben sich aus Stetigkeitsgründen die in Abbildung 4.28 dargestellten Pfeilbilder. Diese stellen somit jeweils einen nullteiligen Kreis mit „wachsendem" rein imaginären Radius dar.

Vollzieht man schließlich den Grenzübergang zur Fernebene, so werden alle Pfeile „unendlich lang". Dies lässt zwar keine geometrische Interpretation zu, doch da dieses Bild stets erhalten wird, egal von welcher Kugel man ausgeht, deutet es darauf hin, dass analog zum ebenen Fall allen Kugeln ein und dasselbe Gebilde in der Fernebene gemeinsam ist. Die analytische Rechnung bestätigt dies:

Aus der allgemeinen Gleichung einer Kugel mit Mittelpunkt $C(m, n, p)$ und Radius r

$$(x - m)^2 + (y - n)^2 + (z - p)^2 = r^2$$

folgt die Gleichung in homogenen Koordinaten

$$(x_1 - mx_0)^2 + (x_2 - nx_0)^2 + (x_3 - px_0)^2 = r^2 x_0^2.$$

Der Schnitt mit der Fernebene ergibt stets

$$x_1^2 + x_2^2 + x_3^2 = 0$$

$$x_0 = 0.$$

Dieser nullteilige Kreis in der Fernebene wird *absoluter Kugelkreis* genannt. Er übernimmt im Raum die Rolle der absoluten Kreispunkte der Ebene.

Bemerkung 4.52. Die Kugel zählt bekanntlich zu den euklidischen Flächen 2. Ordnung. Projektiv gesehen sind solche Flächen die räumlichen Analoga der Kurven 2. Ordnung in der Ebene. Insbesondere lassen sich die nicht ausgearteten unter ihnen in genauer Entsprechung zum ebenen Fall definieren. Dazu kann man dann eine Polarentheorie entwickeln. Dabei zeigt sich, dass die beiden Schnittpunkte einer beliebigen Geraden mit solch einer nicht ausgearteten Fläche 2. Ordnung wieder die Fixpunkte derjenigen Involution sind, die sich durch die Pol-Polarebene-Beziehung ergibt. Genaueres zum reellen Fall findet man z.B. in [Reye], 2. Abth., 6. Vortrag.

Vom analytischen Standpunkt aus ist die Analogie zwischen Kurven und Flächen 2. Ordnung noch enger: beide werden in homogenen Koordinaten vektoriell beschrieben durch

$$\mathsf{x}\mathsf{A}\mathsf{x}^t = 0 \quad \text{mit} \quad \mathsf{A}^t = \mathsf{A},$$

wobei im letzteren Fall x natürlich eine Komponente mehr besitzt, $\mathsf{x} = (x_0, x_1, x_2, x_3)$, und A entsprechend eine reelle 4×4-Matrix ist, mit $\det \mathsf{A} \neq 0$ genau im nicht ausgearteten Fall.

Anhang 1. Wegkurven

In diesem Anhang gehen wir genauer auf die Fixgebilde zweidimensionaler Kollineationen ein. Gewisse von deren dreidimensionalen Analoga kommen als häufig anzutreffende Formen bzw. Muster in der belebten Natur vor (siehe den folgenden Anhang).

Wir beginnen mit den Fixpunkten und Fixgeraden. Diese werden sich als gemeinsame Elemente zweier Kurven 2. Ordnung bzw. 2. Klasse ergeben. Was die Schnittpunkte zweier Ordnungskurven betrifft, so versteht man unter einem *mehrfach zu zählenden Punkt P* einen solchen, in welchem sich die beiden Kurven berühren, also eine gemeinsame Tangente t besitzen. Genauer heißt P *doppelt* bzw. *dreifach zu zählender Punkt*, wenn zwei bzw. nur ein weiterer Schnittpunkt vorhanden ist; im letzteren Fall sollen zusätzlich für jeden Punkt $Q \in t$, $Q \neq P$, die Polaren in Bezug auf beide Kurven stets verschieden sein. In einem *vierfach zu zählenden Punkt* ist die letztere Eigenschaft für zumindest einen solchen Punkt Q nicht erfüllt – es haben dann sogar alle $Q \in t$ dieselbe Polare in Bezug auf beide Kurven (Abb. 4.29; siehe [Veb2], Vol. I, S. 134 f.).

Durch Dualisierung erhält man die entsprechenden Begriffe für Geraden.

Satz 4.53. *Sei* $\kappa : \mathbb{P}_2 \to \mathbb{P}_2$, $\kappa \neq id$, *eine Kollineation, die nicht zentral ist. Dann gibt es folgende Möglichkeiten für die invarianten Grundelemente:*

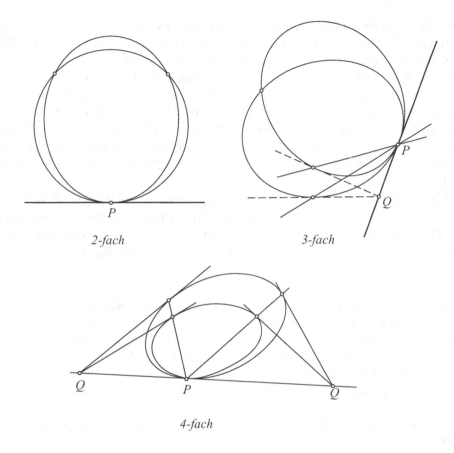

2-fach

3-fach

4-fach

Abbildung 4.29

1) *drei verschiedene Fixpunkte, drei verschiedene Fixgeraden, wobei entweder*

  a) *jeweils alle drei reell sind, oder*

  b) *jeweils ein Element reell ist, die anderen beiden zueinander konjugiert imaginär sind;*

2) *ein doppelt zu zählender Fixpunkt und ein einfacher Fixpunkt, eine doppelt zu zählende Fixgerade und eine einfache Fixgerade;*

3) *ein dreifach zu zählender Fixpunkt, eine dreifach zu zählende Fixgerade.*

Bemerkung 4.54. 1) Aus der Definition einer zentralen Kollineation folgt unmittelbar, dass deren Fixelemente aus einer Fixpunktgeraden z und einem Fixgeradenbüschel Z bestehen. Dabei gilt $Z \in z$ genau im Fall einer Elation.

2) Berücksichtigt man die Vielfachheit erhält man stets drei Fixpunkte und drei Fixgeraden. Diese bilden das sogenannte *Fundamentaldreieck bezüglich* κ, das im Fall 1b *halb imaginär* ist, in den Fällen 2 und 3 *ausgeartet*.

Beweis. Da κ keine zentrale Kollineation ist, gibt es einen Punkt A derart, dass $A' \neq A$ und die Gerade $a := \langle A, A' \rangle$ keine Fixgerade ist – dabei sind die Bilder unter κ hier und im folgenden stets durch einen Strich gekennzeichnet. Insbesondere gilt $A'' \notin a$. Nun induziert κ eine (eindimensionale) Projektivität κ_1 zwischen den Geradenbüscheln A und A', die wegen $a' = \langle A', A'' \rangle \neq a$ keine Perspektivität ist. Mithin wird durch κ_1 eine nicht ausgeartete Kurve 2. Ordnung k_1 bestimmt. Analog induziert κ eine (eindimensionale) Projektivität κ_2 zwischen den Büscheln A' und A'', die eine nicht ausgeartete Kurve 2. Ordnung k_2 festlegen. Nach Konstruktion haben die Kurven k_1, k_2 den gemeinsamen Punkt A', der nicht Fixpunkt von κ ist.

Wir behaupten nun, dass die anderen gemeinsamen Punkte $F \in k_1 \cap k_2$, $F \neq A'$, gerade die Fixpunkte von κ sind. Ist nämlich einerseits F ein solcher Fixpunkt, dann gilt $F = F' = F''$. Somit ist klarerweise F gemeinsamer Punkt von k_1 und k_2. Ist andererseits $F \in k_1 \cap k_2$, $F \neq A'$, so gilt für $b := \langle A, F \rangle$:

$$F = b \cap b' = b' \cap b'' = F'.$$

Nach dem Satz von Bezout (siehe Anmerkung 86) haben zwei Kurven 2. Ordnung genau vier Schnittpunkte, wenn man die Vielfachheit berücksichtigt. Nun ist A' einfacher Schnittpunkt, da die Tangenten in A' an k_1 bzw. k_2 verschieden sind: es ist ja a Tangente an k_2 in A' (wegen $\kappa^{-1}(a)$ ist Tangente an k_1 in A (nach den Ausführungen vor Satz 4.6)), aber a klarerweise nicht auch Tangente an k_1. Es bleiben somit für die Fixpunkte, also die von A' verschiedenen Schnittpunkte, nur die im Satz angegebenen Möglichkeiten.

Dualisiert man den Beweis und verwendet Satz 4.17, so folgt die Aussage über die Fixgeraden. $\Box$

Neben den Fixpunkten und Fixgeraden gibt es im allgemeinen noch weitere Fixgebilde für nicht zentrale Kollineationen. Betrachtet man etwa im Standardmodell $\mathbb{E}_2^*$ die Ausdehnung einer Drehung um einen festen Punkt M, so ist sie eine solche Kollineation und es bleiben alle konzentrischen Kreise mit Mittelpunkt M invariant. Geht man von einer Drehstreckung aus, so sind logarithmische Spiralen die Fixgebilde der ihr entsprechenden Ausdehnung auf $\mathbb{E}_2^*$.

Wir untersuchen nun beliebige nicht zentrale Kollineationen κ in Hinblick auf solche Fixgebilde und legen dabei die im letzten Satz gefundene Klassifikation zugrunde.

Fall 1a. Die Ecken A, B, C des Fundamentaldreiecks sind Fixpunkte von κ, dessen Seiten $a = \langle B, C \rangle$, $b = \langle C, A \rangle$, $c = \langle A, B \rangle$ Fixgeraden. κ ist somit nach Satz 3.102 festgelegt durch die Angabe des Bildpunktes P' eines beliebigen festen Punktes P, der in Bezug auf A, B, C in allgemeiner Lage ist. κ induziert auf jeder der Seiten eine hyperbolische Projektivität. Diese wird z.B. für c bestimmt durch die beiden Fixpunkte A, B und die Zuordnung $P_c \to P_c'$, wobei allgemein $R_c = \langle R, C \rangle \cap c$ für $R \in \mathbb{P}_2$, $R \notin a, b, c$, ist.

Ist nun $Q \in \mathbb{P}_2$, $Q \notin a, b, c$, beliebig und sind Q_a, Q_b, Q_c die entsprechend erhaltenen Punkte auf den Dreieckseiten, so lässt sich etwa der Bildpunkt Q_c' von

Q_c gemäß dem in Abbildung 3.32 angegebenen Verfahren auffinden; analog für Q'_a
und Q'_b. Indem man Q'_c mit C und Q'_b mit B (oder Q'_a mit A) verbindet und diese
Geraden schneidet erhält man den Bildpunkt Q' von Q. Auf diese Weise kann man
schrittweise die Punkte $Q', Q'', \ldots, Q^{(i)}, \ldots$ konstruieren, wobei die Hilfspunkte
$Q'_c, Q''_c, \ldots, Q_c^{(i)}, \ldots$ auf c eine multiplikative Skala bilden – entsprechend auf den
Seiten a, b.

Ist nun κ *nicht springend*, d.h. hat es die Eigenschaft, dass es die vier Gebiete,
in welche $\mathbb{P}_2$ durch die drei Geraden a, b, c zerlegt wird, invariant lässt, so liegen
die Punkte $Q, Q', Q'', \ldots$ auf einer Kurve w (Abb. 4.30 links). Sie heißt *die durch
Q gehende Wegkurve bezüglich* κ. Lässt man $Q \in \mathbb{P}_2$ variieren, so erhält man ein
System von Wegkurven – die Seiten a, b, c zählen als Fixgeraden auch dazu –,
wobei durch jeden Punkt $\neq A, B, C$ genau eine verläuft (Abb. 4.30 rechts). Nach
Konstruktion bleiben sie bei Anwendung von κ einzeln invariant.

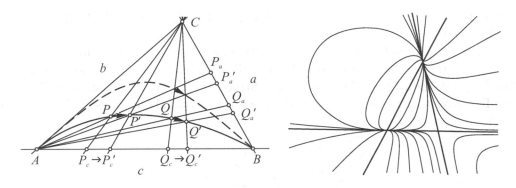

Abbildung 4.30 (rechts: [Osth], S. 79)

Um die Wegkurven analytisch zu beschreiben, koordinatisieren wir $\mathbb{P}_2$ derart,
dass A, B, C die Grundpunkte $(1, 0, 0), (0, 1, 0), (0, 0, 1)$ sind. Nach Satz 3.105 wird
dann κ beschrieben durch

$$\begin{aligned}
\lambda x'_0 &= \alpha x_0 \\
\lambda x'_1 &= \beta x_1 \qquad \alpha, \beta, \gamma, \in \mathbb{R}^*. \\
\lambda x'_2 &= \gamma x_2
\end{aligned}$$

Ist nun $Q(q_0, q_1, q_2)$ ein fester Punkt mit $q_0 \neq 0$ (im Falle $q_0 = 0$ liegt er auf der
Fixgeraden a), so geht er über in $Q'(\alpha q_0, \beta q_1, \gamma q_2)$ bzw. bei i-facher Anwendung
von κ in $Q^{(i)}(\alpha^i q_0, \beta^i q_1, \gamma^i q_2)$. Wie man leicht nachrechnet hat die Wegkurve, die
alle diese Punkte enthält, die Gleichung

$$x_2^{\log \frac{\beta}{\alpha}} = x_1^{\log \frac{\gamma}{\alpha}} x_0^{\log \frac{\beta}{\gamma}} (q_2 q_0^{-1})^{\log \frac{\beta}{\alpha}} (q_0 q_1^{-1})^{\log \frac{\gamma}{\alpha}} \tag{4.13}$$

und sie bleibt unter κ fest. Aus (4.13) ergibt sich die allgemeine Darstellung einer
Wegkurve[100]

$$x_0^\rho x_1^\sigma x_2^\tau = k \quad \text{mit } \rho + \sigma + \tau = 0, \ k = \text{konst} \ (\rho, \sigma, \tau, k \in \mathbb{R}).$$

Fall 1b. Das Fundamentaldreieck hat eine reelle Ecke A und zwei konjugiert imaginäre Ecken B, C; die Seite a ist demnach reell, die beiden anderen sind konjugiert imaginär. In diesem Fall ist die zuvor verwendete geometrische Konstruktionsmethode für die Wegkurven aufwendig, weshalb wir auf die analytische zurückgreifen. Jetzt sei $\mathbb{P}_2$ derart koordinatisiert, dass $A(1, 0, 0)$, $B(0, 1, i)$, $C(0, 1, -i)$ gilt. Da somit a die Gleichung $x_0 = 0$ besitzt, genügt es wie zuvor, die Wirkung von κ auf einen beliebigen Punkt $Q(q_0, q_1, q_2)$ mit $q_0 \neq 0$ zu untersuchen. Nach dem Beweis des im nächsten Kapitel folgenden Satzes 5.1 lassen genau die Transformationen der Gestalt

$$\lambda x_0' = a_{00} x_0$$
$$\lambda x_1' = a_{10} x_0 + a_{11} x_1 + a_{12} x_2 \qquad \mathtt{A} = (a_{ij}) \in GL_3(\mathbb{R})$$
$$\lambda x_2' = a_{20} x_0 + a_{12} x_1 - a_{11} x_2$$

mit $\det \mathtt{A} > 0$ die Punkte B und C einzeln fest. Soll auch A fix bleiben muss zusätzlich $a_{10} = a_{20} = 0$ gelten.

In der euklidischen Ebene interpretiert – die Fixgerade a ist ja im Standardmodell $\mathbb{E}_2^*$ die Ferngerade – werden dadurch die Ähnlichkeitstransformationen $\neq id$ mit Fixpunkt $O(0, 0)$ beschrieben. Ist der Streckfaktor gleich 1, erhält man die reinen Drehungen, die entsprechenden Wegkurven sind dann konzentrische Kreise mit

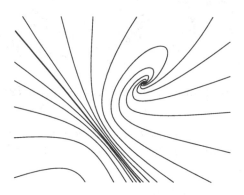

Abbildung 4.31 ([Osth], S. 84)

Mittelpunkt O. Ist der Drehwinkel gleich 0, so liefert das Geradenbüschel durch O die Gesamtheit der Wegkurven. Liegt schließlich keiner dieser Sonderfälle vor, so ist κ eine Drehstreckung; die entsprechenden Wegkurven sind dann logarithmische Spiralen (siehe Abb. 4.31).

Fall 2. Das Fundamentaldreieck ist ausgeartet zu einem einfachen Punkt A und einem Doppelpunkt $B = C$ mit den entsprechenden Seiten $b = c$ (Doppelgerade) und a (einfache Gerade). Gibt man A bzw. B die Koordinaten $(0, 1, 0)$ bzw. $(0, 0, 1)$, so kann man bei der Beschreibung der das Fundamentaldreieck fix lassenden Kollineationen κ einen ähnlichen Weg einschlagen wie bei der Herleitung der Bewegungen der Galileigeometrie (siehe Kap. 6.6.2). κ wird dann (inhomogen) beschrieben durch

$$\begin{aligned} x' &= \alpha x \\ y' &= y + \beta \end{aligned} \quad \alpha, \beta \in \mathbb{R}^*,$$

woraus sich unmittelbar die Darstellung der Wegkurven ergibt (siehe Abb. 4.32); in allgemeiner Form lautet sie

$$y = \rho \log x + \sigma, \quad \rho \in \mathbb{R}^*, \ \sigma \in \mathbb{R},$$

(Aufgabe 11).

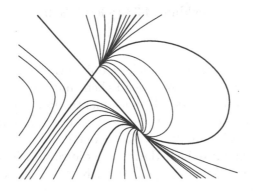

Abbildung 4.32 ([Osth], S. 90)

Fall 3. Ist schließlich das Fundamentaldreieck zu einem Dreifachpunkt $A = B = C$ und einer Dreifachgeraden $a = b = c$ ausgeartet und koordinatisiert man diese Elemente durch $(0,0,1)$ bzw. $(1,0,0)^t$, so lassen sich die entsprechenden Kollineationen (inhomogen) beschrieben durch

$$\begin{aligned} x' &= x + \alpha \\ y' &= \beta x + y + \gamma, \end{aligned} \quad \alpha, \beta \in \mathbb{R}^*, \ \gamma \in \mathbb{R}.$$

Die Gesamtheit der Wegkurven ist dann gegeben durch eine Schar von Kurven 2. Ordnung, für die A ein vierfach zu zählender Punkt, a eine vierfach zu zählende Gerade ist – siehe Abb. 4.33 (Aufgabe 12).

Bemerkung 4.55. In den Fällen 1a und 1b lassen sich die Wegkurven auch folgendermaßen charakterisieren: Es sind diejenigen Kurven, für die das Doppelverhältnis des Berührpunktes und der drei Schnittpunkte einer beliebigen Tangente mit dem Fundamentaldreieck konstant ist ([Klein1], §41).

Im dreidimensionalen Fall erhält man die Fixgebilde der nicht zentralen Kollineationen, das sind die *räumlichen Wegkurven*, auf ganz analoge Weise. Man

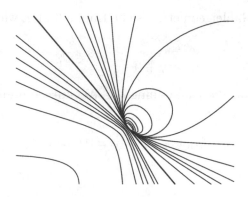

Abbildung 4.33 ([Osth], S. 91)

zeigt zunächst, dass eine beliebige solche Kollineation $\kappa : \mathbb{P}_3 \to \mathbb{P}_3$ im allgemeinen ein Fixtetraeder besitzt, dessen vier Ecken und vier Flächen zusammen mit den sechs Kanten die invarianten Grundelemente sind; wie im ebenen Fall kann dieses wieder auf verschiedene Arten ausgeartet sein. Auf Grundlage der dadurch sich ergebenden Klassifizierung der Kollineationen und mittels dieser Fixelemente lassen sich dann analog zur obigen Herleitung die räumlichen Wegkurven bestimmen. (Für einen anderen Zugang vgl. [Osth], Kap. III,3.; zur Klassifizierung der räumlichen Wegkurven siehe [Boer].)

Wir erwähnen nur den Fall, wo das Fixtetraeder nicht ausgeartet, aber halb imaginär ist, da hierbei diejenigen Formen auftreten, die auch in der Natur häufig vorkommen. Es sind dabei zwei seiner Ecken, etwa A, B, reell und die beiden anderen, C, D, konjugiert imaginär. Entsprechend sind die Flächen $\langle A, C, D\rangle$, $\langle B, C, D\rangle$ reell, die beiden anderen konjugiert imaginär. In diesem Fall gibt es zwei typische Formen der Wegkurven, nämlich eine, wo jede A und B trifft, und eine, wo sie nur B treffen, A dagegen meiden bzw. umgekehrt. In Abbildung 4.34 ist jeweils

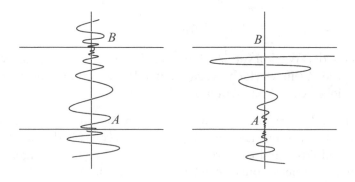

Abbildung 4.34 ([Edw1], S. 66)

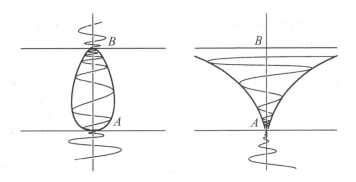

Abbildung 4.35

eine solche Wegkurve abgebildet, wobei die Ecken die Koordinaten $A(1,0,0,0)$, $B(1,0,0,1)$, $C(0,1,i,0)$, $D(0,1,-i,0)$ haben.

Bei dieser Wahl liegt die Gesamtheit der Wegkurven rotationssymmetrisch um die z-Achse (im Standardmodell), wodurch im ersten Fall eine Eiform, im zweiten Fall eine Wirbelform als *Wegfläche* erzeugt wird (Abb. 4.35). Deren Breite ist in Abhängigkeit eines reellen Parameters variabel, wobei verschiedene Zwischenformen auftreten (siehe Abb. 4.36).

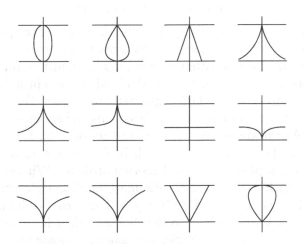

Abbildung 4.36 ([Edw1], S. 72)

Anhang 2. Zur außermathematischen Bedeutung der projektiven Geometrie

Vom ersten Einbeziehen des Unendlichen in die Geometrie beim Studium der Zentralprojektion im 16. Jahrhundert bis zum Anerkennen der projektiven Geometrie als eigenständigem, von der euklidischen (bzw. affinen – siehe Kap. 5.1) Geometrie unabhängigem mathematischen Teilgebiet war es ein langer Weg. Entscheidende Beiträge in dieser Richtung stammen unter anderem von J. V. Poncelet („Traité des propriétés projectives des figures", 1822; [Ponc]) und Chr. von Staudt („Geometrie der Lage", 1847; [Stau1]). Doch gelang es erst F. Klein in den 90er Jahren des 19. Jahrhunderts jene Unabhängigkeit einwandfrei nachzuweisen, indem er zeigte, dass projektive Koordinaten in der Ebene bzw. im Raum ohne jegliche Verwendung euklidischer Koordinaten eingeführt werden können ([Klein2], Kap. V). Schon zuvor hatte A. Cayley entdeckt, dass sich die ebene euklidische Geometrie aus der projektiven gewinnen lässt durch Auszeichnung einer speziellen Kurve 2. Grades („A sixth memoir upon quantics", 1859). Dadurch und durch den genannten Unabhängigkeitsbeweis verlor die euklidische Geometrie ihre seit über zwei Jahrtausenden bestehende dominierende Rolle. Die projektive Geometrie wurde zu ihrer „Muttergeometrie", ebenso wie von der hyperbolischen Geometrie und vieler anderer (siehe das nächste Kapitel). Oder wie A. Cayley es formulierte: „Descriptive [= projective] geometry is all geometry".

Aufgrund der engen Verbindung von euklidischer und projektiver Geometrie ist es kein Wunder, dass letztere nicht nur innermathematisch studiert wurde, sondern auch in anderen Wissenschaften Anwendung fand, insbesondere in der Physik. Hier war es vor allem die „Geometrische Mechanik" – so ein in [Zieg1] eingeführter terminus technicus –, wo Gedankengut der projektiven Geometrie Bedeutung erlangte. (Dass auch der Umschwung im Verhältnis von euklidischer zu projektiver Geometrie seine Auswirkungen hatte, zeigt die Schrift „An Essay on the Foundations of Geometry" (1897) von B. Russell, in der er den projektiven Raum als Gefäss aller möglichen physikalischen Theorien ansieht.) Wir beschränken uns im weiteren auf zwei Sachverhalte, die für die mathematische Beschreibung der Physik relevant wurden, nämlich das Dualitätsgesetz und die Nullpolarität, wobei wir die Darstellung recht knapp halten. Wesentlich ausführlicher wird dieser Themenkreis im genannten Werk von R. Ziegler behandelt, wo auch andere Verbindungen von projektiver Geometrie und Physik angesprochen werden.

Der erste Sachverhalt betrifft das Vorhandensein von gewissen miteinander in Beziehung stehenden physikalischen Phänomenen, die im Sinne des Dualitätsgesetzes des projektiven Raumes interpretiert werden können. Um dies näher zu beleuchten, verwenden wir entgegen der historischen Entwicklung gleich den projektiven Zugang, der erst von F. Klein völlig konsequent gehandhabt wurde. Wir beginnen mit der Beschreibung einer Geraden $g \in \mathbb{P}_3$ durch *(homogene) Plückersche Linienkoordinaten*. Ist g durch die zwei Punkte $A(a_0, a_1, a_2, a_3)$, $B(b_0, b_1, b_2, b_3)$ festgelegt, so können g die sechs Unterdeterminanten $p_{01}, p_{02}, p_{03}, p_{23}, p_{31}, p_{12}$ der

Matrix $\begin{pmatrix} a_0 & a_1 & a_2 & a_3 \\ b_0 & b_1 & b_2 & b_3 \end{pmatrix}$ mit

$$p_{ij} = \det \begin{pmatrix} a_i & a_j \\ b_i & b_j \end{pmatrix}, \ i,j \in \{0,1,2,3\} \text{ passend,}$$

zugeordnet werden; die Wahl der Indizes erklärt sich aus der weiter unten dargestellten Interpretation dieser Zahlen. Da die Koordinaten von A, B nur bis auf einen konstanten Faktor $(\neq 0)$ bestimmt sind, gilt dies auch für die Werte p_{ij}. Man kann somit $(p_{01}, p_{02}, p_{03}, p_{23}, p_{31}, p_{12})$ als homogene Koordinaten von g auffassen. Wie sich aus den Rechenregeln für Determinanten sofort ergibt, liefern dabei zwei beliebige Punkte $C, D \in g$ stets dieselben Koordinaten (bis auf skalare Vielfache).

Da die Determinante der Matrix

$$\begin{pmatrix} a_0 & a_1 & a_2 & a_3 \\ b_0 & b_1 & b_2 & b_3 \\ a_0 & a_1 & a_2 & a_3 \\ b_0 & b_1 & b_2 & b_3 \end{pmatrix}$$

verschwindet, folgt durch Entwickeln nach den ersten beiden Zeilen, dass die Koordinaten p_{ij} die (homogene) Gleichung

$$p_{01}p_{23} + p_{02}p_{31} + p_{03}p_{12} = 0 \tag{4.14}$$

erfüllen.

Hat man umgekehrt sechs Zahlen q_{ij}, $i,j \in \{0,1,2,3\}$ passend, vorgegeben, die der Beziehung (4.14) genügen, so gibt es zwei Punkte $A(a_0, a_1, a_2, a_3)$, $B(b_0, b_1, b_2, b_3)$ derart, dass die ihnen zugeordneten Werte p_{ij} mit q_{ij} übereinstimmen. Sind C, D zwei andere Punkte, die das gleiche leisten, so erkennt man leicht, dass $\langle A, B \rangle = \langle C, D \rangle$ gilt, mithin eine Gerade durch ihre Koordinaten eindeutig festgelegt ist (Aufgabe 16).

Insgesamt ergibt sich der

Satz 4.56. *Jeder Geraden des Raumes lassen sich eindeutig (bis auf skalare Vielfache) die* homogenen Plückerschen Linienkoordinaten $(p_{01}, p_{02}, p_{03}, p_{23}, p_{31}, p_{12})$ *zuordnen, wobei die Bedingung (4.14) erfüllt ist.*

Bemerkung 4.57. Statt von zwei Punkten kann man dual auch von zwei Ebenen α und β der Geraden g mit den Ebenenkoordinaten $(u_0, u_1, u_2, u_3)^t$, $(v_0, v_1, v_2, v_3)^t$ ausgehen und ihr eindeutig die Koordinaten $(q_{01} \ q_{02} \ q_{03} \ q_{23} \ q_{31} \ q_{12})$ mit

$$q_{ij} = \det \begin{pmatrix} u_i & u_j \\ v_i & v_j \end{pmatrix}, \ i,j \in \{0,1,2,3\} \text{ passend,}$$

zuordnen, wobei

$$q_{01}q_{23} + q_{02}q_{31} + q_{03}q_{12} = 0$$

gilt. Dabei sind die beiden Koordinaten einer fest gegebenen Geraden g über die Beziehung

$$(p_{01}, p_{02}, p_{03}, p_{23}, p_{31}, p_{12}) = \lambda(q_{23}, q_{31}, q_{12}, q_{01}, q_{02}, q_{03}), \quad \lambda \in \mathbb{R} \setminus \{0\}$$

verbunden (Aufgabe 17).

Sind A, B Punkte des euklidischen Raumes $\mathbb{E}_3$ mit den inhomogenen Koordinaten $\mathsf{a} = (a_1, a_2, a_3)$, $\mathsf{b} = (b_1, b_2, b_3)$, ihre homogenen Koordinaten mithin gleich $(1, a_1, a_2, a_3)$, $(1, b_1, b_2, b_3)$, so sind die Linienkoordinaten von $g = \langle A, B \rangle$ gegeben durch

$$(b_1 - a_1, b_2 - a_2, b_3 - a_3, a_2 b_3 - a_3 b_2, a_3 b_1 - a_1 b_3, a_1 b_2 - a_2 b_1).$$

Hierbei beschreiben die ersten drei Komponenten den Vektor $\mathsf{b} - \mathsf{a}$, die zweiten drei das Kreuzprodukt $\mathsf{a} \times \mathsf{b}$ – dies ist der Grund für die Wahl der Indizes bei den Linienkoordinaten. Die Gleichung (4.14) entspricht dann einfach der trivialen Identität $(\mathsf{b} - \mathsf{a}) \cdot (\mathsf{a} \times \mathsf{b}) = 0$.

Hat man nun eine Kraft K gegeben, die längs einer Geraden g wirkt und etwa $A \in g$ in $B \in g$ überführt mit den Koordinaten a bzw. b, so wird sie durch den *Kraftvektor* $\mathsf{k} = \mathsf{b} - \mathsf{a}$ und das sogenannte *Moment* $\bar{\mathsf{k}} = \mathsf{a} \times \mathsf{b}$ *bezüglich des Ursprungs O* eindeutig beschrieben. Wie nun L. Poinsot gezeigt hat, lassen sich solche Kräfte vom geometrischen Standpunkt aus bezüglich des ausgezeichneten Punktes O reduzieren:

$$(\mathsf{k}, \bar{\mathsf{k}}) = (\mathsf{k}, \mathsf{o}) + (\mathsf{o}, \bar{\mathsf{k}}),$$

wobei (k, o) eine in O angreifende Kraft ist und $(\mathsf{o}, \bar{\mathsf{k}})$ ein *Kräftepaar* bestehend aus der ursprünglichen Kraft $(\mathsf{k}, \bar{\mathsf{k}})$ und der in O angreifenden zu (k, o) entgegengesetzten Kraft $(-\mathsf{k}, \mathsf{o})$ (siehe Abb. 4.37).

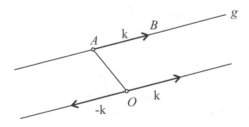

Abbildung 4.37

Hat man andererseits ein beliebiges System von Kräften gegeben, so impliziert die wiederholte Anwendung des Kräfteparallelogramms den

Satz von Poinsot. *Jedes beliebige Kräftesystem lässt sich bezüglich eines Punktes O reduzieren auf eine in O angreifende Einzelkraft (l, o) und ein Kräftepaar $(\mathsf{o}, \bar{\mathsf{l}})$, wobei aber im allgemeinen das skalare Produkt $\mathsf{l} \cdot \bar{\mathsf{l}} \neq 0$ ist.*

Genau die *formal* gleichen Ergebnisse, jetzt aber nicht experimentell belegt sondern rein mathematisch abgeleitet, erhält man, wenn man (infinitesimale) Drehungen D durch einen Vektor d der Drehachse und den sogenannten *Drehgeschwindigkeitsvektor* $\bar{\mathsf{d}}$ beschreibt, wobei analog $\mathsf{d} \cdot \bar{\mathsf{d}} = 0$ gilt. Das entsprechende Reduktionsgesetz für ein System von Drehungen lautet dann ([Zieg1], S. 27):

Jedes beliebige Drehsystem lässt sich bezüglich eines Punktes O reduzieren in eine Einzeldrehung mit der Achse durch O und ein Drehpaar.

Diese Parallelität in der Betrachtung von Kräften bzw. Kraftsystemen und Rotationen bzw. Rotationssystemen war im wesentlichen schon J. L. Lagrange Ende des 18. Jahrhunderts bekannt, wobei natürlich die Beschreibung ganz im Rahmen der euklidischen Geometrie erfolgte. M. Chasles ging (um 1830) einen Schritt weiter, indem er die (infinitesimalen) Rotationen eines starren Körpers nicht durch das Verhalten der Punkte studierte, sondern durch das von mit ihm fix verbundenen Ebenen durch die Rotationsachse. Während sich diese um eine Gerade, die Schnittgerade von Ausgangs- und Endebene drehen, wandern bei Translationen die Punkte längs Geraden. Als ein vehementer Vertreter des Dualitätsprinzips[101] folgerte Chasles daraus, dass ganz allgemein die ebenenhaft-rotatorischen Aspekte der mechanischen Grundbegriffe dual zu den punkthaft-translatorischen seien – ohne dies in irgendeiner Weise zu untermauern. Da weiter zur damaligen Zeit die Wirkung einer Einzelkraft auf einen starren Körper mit einer Translation und die eines Kräftepaares mit einer Rotation gleichgesetzt wurde, ergab sich für Chasles auch die Dualität dieser zwei Arten von Kräften.

Dass hier vorschnell Zusammenhänge postuliert wurden, blieb längere Zeit unbemerkt: so werden nur in Sonderfällen reine Translationen bzw. Rotationen hervorgerufen, im allgemeinen jedoch eine Schraubenbewegung; auch sind die beiden Bewegungen nicht im üblichen Sinn dual zueinander. Es war Felix Klein, der dies klar herausarbeitete und zugleich die mathematisch exakte Lösung präsentierte. Um sie kurz zu beschreiben – die genaue Darstellung übersteigt den Rahmen dieses Buches (siehe [Zieg1], S. 98ff) – wenden wir uns dem neben dem Dualitätsgesetz zweiten Sachverhalt zu, der die Anwendung der projektiven Geometrie im Rahmen der geometrischen Mechanik nahelegte, dem des Nullsystems bzw. dem linearen Komplex.

In Zusammenhang mit der Reduktion eines Kräftesystems entdeckte A. F. Möbius, dass alle Achsen in einer Ebene, für welche das Moment des Systems Null ist, ein Büschel bilden. Lässt man die Ebene variieren, erhält man eine injektive Zuordnung zwischen den Ebenen und den Büschelzentren. Da die Gesamtheit der letzteren mit der aller Punkte des Raumes übereinstimmt, kann man auch umgekehrt jedem Punkt die Trägerebene des entsprechenden Büschels zuordnen, wobei dies ebenfalls eine injektive Abbildung ist. In diesem Zusammenhang spricht man von *Nullpunkten, Nullebenen* und *Nullgeraden,* die zueinander inversen Zuordnungen heißen *Nullsystem* und die Menge der Nullgeraden bildet definitionsgemäß einen *linearer Komplex.* Obzwar nun diese Objekte ursprünglich im Rahmen der euklidischen Liniengeometrie sowohl rein geometrisch als auch analytisch untersucht wurden, tritt ihre Bedeutung doch erst innerhalb der projektiven Geometrie zutage. Hier stellt sich nämlich das Nullsystem einfach als Polarität π, also als involutorische Korrelation des projektiven Raumes dar, wobei Ausgangspunkt und Bildebene (bzw. Ausgangsebene und Bildpunkt) stets inzidieren. Die Menge der Fixgeraden unter π bildet dabei den *linearen Komplex*.

Analytisch wird ein solcher beschrieben durch

$$a_{01}x_{01} + a_{02}x_{02} + a_{03}x_{03} + a_{23}x_{23} + a_{31}x_{31} + a_{12}x_{12} = 0,$$

wobei $(x_{01}\ x_{02}\ x_{03}\ x_{23}\ x_{31}\ x_{12})$ homogene Plückersche Linienkoordinaten der Fixgeraden und die entsprechend indizierten $a_{ij} \in \mathbb{R}$ sind. Klein interpretierte nun die Koeffizienten a_{ij} als (homogene) Koordinaten des linearen Komplexes, wodurch sich der Raum aller Komplexe als fünfdimensionaler projektiver Raum $\mathbb{P}_5$ erweist. Aufgrund der dargestellten formalen Analogie bei der Beschreibung von Kräfte- und Rotationssystemen lassen sich auch in Bezug auf letztere stets eine Nullpolarität und ein linearer Komplex angeben. Dabei sind die Nullgeraden diejenigen Geraden, welche bei der infinitesimalen Drehung senkrecht gegen sich selbst versetzt werden ([Zieg1], S. 102).

In diesem Raum der Komplexe klärt sich nun erst das Verhältnis der Beziehung zwischen Kräftesystemen und Systemen infinitesimaler Rotationen. Werden sie nämlich durch $(\mathbf{k}, \bar{\mathbf{k}})$ bzw. $(\mathbf{d}, \bar{\mathbf{d}})$ oder ausgeschrieben durch $(k_0, k_1, k_2, k_3, k_4, k_5)$ bzw. $(d_0, d_1, d_2, d_3, d_4, d_5)$ dargestellt und fasst man dies einerseits als Komplexkoordinaten andererseits – transponiert – als Hyperebenenkoordinaten[102] auf, so lässt sich eine Gleichung der Gestalt

$$k_3 d_0 + k_4 d_1 + k_5 d_2 + k_0 d_3 + k_1 d_4 + k_2 d_5 = 0$$

auf zwei Arten deuten: als Gleichung zwischen den Koordinaten eines Kräftesystems aufgefasst wird dadurch eine infinitesimale Rotation beschrieben; als Gleichung zwischen den Koordinaten eines infinitesimalen Drehsystems aufgefasst ein Kräftesystem. Die Gültigkeit des Dualitätsgestzes in $\mathbb{P}_5$ ist also „der tiefere Grund der mathematischen Koordination von Kräftesystemen und unendlich kleinen Bewegungen [= Drehsystemen]" ([Zieg1], S. 102).

Betrachtet man die beiden beschriebenen – und auch weitere – Sachverhalte, wo Ideen der projektiven Geometrie Eingang in die Physik gefunden haben, so erkennt man, dass es sich dabei nicht darum handelt, die euklidische Interpretation als falsch nachzuweisen und an ihrer Stelle die richtige, die des Standardmodells der projektiven Geometrie, zu setzen. Dem steht schon entgegen, dass in der physikalischen Welt das euklidisch unendlich Ferne nicht auftritt, somit alles ohne Bezug darauf erklärt werden kann. Die Bedeutung des Heranziehens der projektiven Geometrie liegt vor allem darin, dass sie manchmal den geeigneteren Rahmen darstellt für die mathematische Beschreibung der Phänomene.[103]

Dies trat uns bereits innermathematisch entgegen, wenn etwa die insgesamt sechs verschiedenen Varianten des euklidischen Satzes von Desargues (siehe die Abb. 3.11 und 3.12) in einer einzigen projektiven Version ihren Ausdruck finden.[104]

Zum anderen förderte der umfassendere Blickwinkel der projektiven Geometrie Eigenschaften der euklidischen zutage, die ohne ihn verborgen bleiben: etwa die Charakterisierung der Kreise (im Standardmodell) als nicht ausgeartete Kurven 2. Ordnung, die durch die konjugiert imaginären Punkte I, J der Ferngeraden gehen; oder die Festlegung des rechten Winkels in einem Punkt S durch diejenige Involution im Geradenbüschel S, die $\langle S, I \rangle$, $\langle S, J \rangle$ als Fixgeraden besitzt.

In dieser Richtung liegt auch die Anwendung der projektiven Geometrie in der geometrischen Kristallographie des 19. Jahrhunderts. So wurde etwa eine Darstellungsart verwendet, wo die Flächen und Kanten des Kristalls in dessen Mittelpunkt verschoben und zu Ebenen und Geraden erweitert gedacht wurden und dieses Gebilde mit einer festen Ebene η geschnitten wurde. Man erhält dann eine Punkt–Geraden-Konfiguration in η, die in vielen Fällen auf die harmonische führt (Satz 3.38).

Erst in jüngster Zeit wurde verschiedentlich herausgearbeitet, dass dem Verwenden der projektiven Geometrie in den Naturwissenschaften auch eine eigenständige Bedeutung zukommt, die *neue* Gesichtspunkte zur Erklärung der Phänomene beisteuert. Was etwa die geometrische Kristallographie betrifft, so schreibt R. Ziegler in seinem Werk „Morphologie von Kristallformen und symmetrischen Polyedern" [Zieg4] einleitend als Begründung, warum er Ideen der projektiven Geometrie zu kristallmorphologischen Untersuchungen heranzieht:

„*Naturphilosophischer Grund.* Es soll gezeigt werden, daß eine vollständige Morphologie der Kristallformen aller Kristallsysteme, das heißt eine Einsicht in deren geometrische Gestaltungsprinzipien, möglich ist auch ohne Voraussetzung der Gitterstrukturhypothese. Hierfür ... spielen die Begriffe der projektiven Geometrie eine entscheidende Rolle. In einem weiteren Schritt soll dazu angeregt werden, die Gesetzmäßigkeiten der Mikrostruktur ebenso als Ausdruck, als mögliche Konsequenz der Makrostruktur, das heißt der phänomenologischen Gestalt, von Kristallkörpern zu *denken*, wie man sich normalerweise die Makrogestalt aus der Mikrogestalt hervorgehend vorstellt." Und er resümiert: „*Die projektive Geometrie spielt für die Morphologie der Kristallformen eine ähnliche fundamentale Rolle wie die Gittergeometrie für die Strukturtheorie.*"([Zieg4], S. 4.)

Speziell entwickelt er eine zur Gitterstrukturaussage komplementäre Annahme, die sogenannte *kristallmorphologische Hypothese*, derzufolge Kristallkörper (konvexe) Polyeder sind, deren Ebenen und Kanten die Fernebene in einer durch wenige Schritte rational ergänzten harmonischen Grundfigur schneiden. Und erst die Verbindung beider Hypothesen liefert die mathematisch vollständige Beschreibung der möglichen Kristallpolyeder durch das sogenannte Kristallformengesetz ([Zieg4], S. 221 ff.).

In ähnlicher Weise sind die Beiträge von P. Gschwind zur Mikrophysik zu sehen, in welchen die projektive Geometrie stets eine herausragende Stellung einnimmt ([Gschw2], [Gschw3], [Gschw4]). Dabei geht es vor allem darum, dass der üblichen mathematischen Beschreibung von Gebieten wie der Elementarteilchenphysik oder der Relativitätstheorie eine durch Verwendung von „Umkreisgrößen" zur Seite gestellt wird, wobei also Fernelemente bzw. damit zusammenhängende Objekte eine grundlegende Rolle spielen. Auch hier ist die erkenntnistheoretische Seite dieses Zugangs das Entscheidende, nicht etwa die Vorhersage neuer Phänomene. Insbesondere ist für Gschwind der (dreidimensionale) projektive Geschwindigkeitsraum die Ausgangsbasis, der zum hyperbolischen Geschwindigkeitsraum (siehe Kap. 6.3.4 und 6.3.3) spezialisiert wird, und nicht das vierdimensionale Raum-Zeit-Kontinuum der klassischen theoretischen Physik. (In diesem Zusammenhang spielt übrigens wieder der lineare Komplex eine bedeutsame Rolle.)

Schließlich sei noch auf die schon im vorigen Anhang erwähnte Anwendung der projektiven Geometrie in anderen Bereichen der Natur eingegangen. Wie L. Edwards in langjährigen Versuchsreihen nachgewiesen hat, haben die von ihm untersuchten Pflanzenknospen, z.B. von Rose, Schöllkraut, Erdbeere, Winde, Rosenmalve, sämtlich Wegflächenformen, wobei auch die durch die Blattränder gebildeten Linien Wegkurven sind. Zusätzlich sind auch die verschiedenen Stadien beim Öffnen der Knospe Wegflächen ([Edw1], S. 136ff.). Auch die Formen anderer von ihm untersuchter Objekte, wie Vogeleier, die – linke – Herzkammer des Menschen und zweier Tierarten sowie Wasserwirbel entsprechen geometrisch gesehen genau der Wegflächenform. Es verwundert dann kaum noch, dass sich auch antike Vasenformen als Wegflächen erweisen ([Eberh]), eventuell auch die Formen megalithischer Steinkreise ([Chris]). In den zuerst genannten Fällen treten dabei von den verschiedenen Typen von Wegflächen nur jene auf, wo das Fundamentaltetraeder halbimaginär ist, wobei die beiden konjugiert imaginären Ecken die imaginären Kreispunkte sind und noch eine weitere Ecke in der Fernebene liegt (Wasserwirbel) oder keine (ansonsten); einzig beim Herz ist das Fundamentaltetraeder ganz reell.

Natürlich ließen sich die Resultate von Edwards auch ganz im Rahmen der euklidischen Geometrie interpretieren, doch sind die Hinweise auf die Fernebene, die bei den zuvor besprochenen Beispielen aus der geometrischen Mechanik bzw. Kristallographie noch ganz im erkenntnistheoretischen Bereich lagen, hier schon sehr konkret. Dieser Eindruck verstärkt sich noch, wenn man weitere seiner Ergebnisse betrachtet, wo ein Zusammenhang zwischen den Knospenformen und den samentragenden Teilen der Pflanze hergestellt wird, erstere dualeuklidisch-ebenenhaft, zweitere euklidische-punkthaft interpretiert. Es tritt dann das Unendliche als „absoluter Mittelpunkt" *im* euklidischen Raum auf, hat also dann reale Bedeutung (siehe Anhang zu Kapitel 6.7.3).

Auch von einem qualitativen Standpunkt aus gibt es Hinweise auf die Bedeutung der projektiven Geometrie in außermathematischen Bereichen. So lassen sich etwa die Resultate von E. Schrödinger über die Farbwahrnehmung sinnvoll in diesem Rahmen deuten. Er ging in [Schr] der Frage nach, ob sich die Helligkeit der Farbe derart zahlenmäßig festlegen lässt, dass sie mit der einer anderen Farbe eindeutig verglichen werden kann. Bei den Versuchen, die das Gleichhell-Sein zweier Farbfelder zum Inhalt hatten ohne weitere stützende Kriterien, stellte sich heraus, dass es den Probanden unmöglich war, dies zu entscheiden. Es gibt also kein rein aus der Farbwahrnehmung resultierendes Spezifikum, das Helligkeiten verschiedener Farben in Beziehung bringt, so wie es auch in der projektiven Geometrie keine Vergleichsmöglichkeit für Strecken oder Winkel gibt ([Gschw1], S. 46 f; dort findet man auch weitere Zusammenhänge zwischen projektiver Geometrie und Farbenraum). Ganz allgemein lässt sich überall dort, wo keine Vergleichsmöglichkeit gleichartiger Objekte in Bezug auf ein Maß vorhanden ist, eine derartige qualitative Interpretation geben. Dies deshalb, da die projektive Geometrie metrikfrei ist, die euklidische (und dualeuklidische) dagegen eine Abstands- und Winkelmetrik besitzt.[105]

Dass sich schließlich auch im täglichen Leben Anknüpfungspunkte an die projektive Geometrie finden lassen, wurde schon in Kap. 3.2.1 A am Beispiel des Herstellens einer Kugel erwähnt. Befindet man sich im Inneren eines plastizierbaren Hohlraums und will diesen kugelförmig gestalten, muss man dies durch geeignet weites Hinausdrücken einzelner Stellen machen. Es kommt also der Punktaspekt der Kugel zum Tragen. Formt man dagegen von außen eine Kugel, etwa einen Schneeball, geschieht dies am einfachsten durch Rollen zwischen den parallelen Handflächen, also ebenenhaft. Hier ist also das Dualitätsprinzip der projektive Hintergrund.

Qualitativ ähnlich verhält es sich mit Versuchen im modernen Musikbetrieb, wo das Publikum im Zentrum plaziert ist, die Musiker mit dem Rücken zum Publikum, es umschließend, spielen. Die Musik wird also nicht direkt, sondern von den Wänden reflektiert, empfangen. Der Schall ist somit qualitativ gesehen ebenenhaft ausstrahlend, während er bei der üblichen Spielweise direkt von den Musikinstrumenten kommt, also punkthaft ausgesendet wird.

Aufgaben

1) Man beweise Satz 4.12.

2) Man zeige direkt, dass durch die Gleichung $-x_0^2 + x_1^2 + x_2^2 = 0$ eine Kurve 2. Ordnung beschrieben wird. (Man verwende im Standardmodell den Peripheriewinkelsatz.)

3) Gegeben seien zwei sich nicht trennende Punktepaare (A, A'), (B, B') einer Geraden g. Man konstruiere Punkte C, D, die beide Punktepaare harmonisch trennen. (Man übertrage die Punkte mittels des Geradenbüschels in G auf einen Kreis (oder eine beliebige Kurve 2. Ordnung) k, $G \in k$. Das Nebendreiseit des erhaltenen Vierecks besitzt eine Nebenseite, auf der die Bildpunkte von C, D liegen.)

4) Durch zwei einander entsprechende Punktepaare A, A' und B, B' sei eine gerichtete elliptische Involution α auf einer Geraden g festgelegt. Ist $S \in g$ ein beliebiger, aber fester Punkt, so konstruiere man geometrisch die von S ausgehende harmonische Darstellung von α; d. h. man finde einen Punkt $C \in g$ mit $H(S\alpha(S), C\alpha(C))$. (Wie beim vorigen Beispiel übertrage man die

Punkte auf einen Kreis k. Dort lässt sich die harmonische Darstellung der Involtion leicht auffinden.)

5) Es sei k eine Kurve 2. Ordnung. Man zeige, dass der Pol einer inneren (bzw. äußeren) Geraden ein innerer (bzw. äußerer) Punkt ist.

6) Man leite die Gleichung der in Beispiel 4.36 definierten Kurve her.

7) Die Kurve 2. Ordnung k habe die Gleichung $-x_0^2 + x_1^2 + x_2^2 = 0$. Man beschreibe analytisch die Involution auf k, die durch die Geraden $g : x_1 = ax_0$, $a \neq \pm 1$, gemäß Bemerkung 4.38 induziert wird und bestimme deren Fixpunkte.

8) Man beweise direkt, also ohne Dualisierung, dass Axiom 4 (S. ...) auch für $\mathbb{P}_2^c$ gültig ist.

9) Nach Satz 4.10 ist durch fünf Punkte, von denen keine drei kollinear sind, eine Kurve 2. Ordnung eindeutig besimmt. Wieso sind Kreise bereits durch drei, Parabeln durch vier derartige Punkte festgelegt?

10) Es seien G, G' die konjugiert imaginären Kreispunkte. Weiter sei eine Projektivität $\pi : G \to G'$ gegeben durch $\pi(\mathbf{u}) = \mathbf{u}'$, $\pi(\mathbf{v}) = \mathbf{v}'$, $\pi(\mathbf{w}) = \mathbf{w}'$, wobei diese Geraden die Koordinaten besitzen: $\mathbf{u} = (1, 0, 0)^{\mathrm{t}}$, $\mathbf{v} = (0, 1, 0)^{\mathrm{t}}$, $\mathbf{w} = (1, -1, 0)^{\mathrm{t}}$, $\mathbf{u}' = (0, 1, 0)^{\mathrm{t}}$, $\mathbf{v}' = (-1, 0, 0)^{\mathrm{t}}$, $\mathbf{w}' = (1, 1, 0)^{\mathrm{t}}$. Man bestimme die Gleichung der dadurch bestimmten Kurve 2. Ordnung.

11) Man zeige, dass die Wegkurven, die bei den Kollineationen $x' = \alpha x$, $y' = y + \beta$ ($\alpha, \beta \in \mathbb{R}^*$) fix bleiben, sich durch eine Gleichung der Gestalt $y = \rho \log x + \sigma$ ($\rho \in \mathbb{R}^*$, $\sigma \in \mathbb{R}$) beschreiben lassen.

12) Man zeige, dass die Wegkurven, die bei den Kollineationen $x' = x + \alpha$, $y' = \beta x + y + \gamma$ ($\alpha, \beta \in \mathbb{R}^*$, $\gamma \in \mathbb{R}$) fix bleiben, sich durch eine Gleichung der Gestalt $y = \rho x^2 + \sigma x + \tau$ ($\rho, \sigma \in \mathbb{R}^*$, $\tau \in \mathbb{R}$) beschreiben lassen.

13) Gegeben seien die Punkte A, B und zwei Geraden a, b mit $A \in a$, $B \in b$, $A, B \neq a \cap b$. Man zeige, dass das Büschel von Kurven 2. Ordnung, die a, b als Tangenten mit den Berührpunkten A, B haben, von einer schneidenden Geraden in Punktepaaren einer hyperbolischen Involution geschnitten wird.

14) Gegeben seien drei reelle Punkte A, B, C und zwei konjugiert komplexe Punkte D, E allgemeiner Lage. Man konstruiere weitere reelle Punkte derjenigen eindeutig bestimmten Kurve k 2. Ordnung, die durch diese fünf Punkte geht. (Es genügt, den Pol der Trägergeraden von D, E in Bezug auf k zu konstruieren.)

15) Man dualisiere die vorige Aufgabe.

16) Man beweise, dass ein beliebiges Sechstupel reeller Zahlen q_{01}, q_{02}, q_{03}, q_{12}, q_{23}, q_{31}, die der Beziehung (4.14) genügen, als Plückersche Linienkoordinaten einer eindeutig bestimmten Geraden interpretiert werden kann.

17) Man beweise den in Bemerkung 4.57 angegebenen Zusammenhang zwischen den Plückerschen Linienkoordinaten, die aus Punkt- bzw. Ebenenkoordinaten resultieren.

Kapitel 5

Ableitung spezieller Geometrien aus der ebenen projektiven Geometrie

5.1 Die euklidische Geometrie

In Kapitel 3.1 hatten wir die projektive Ebene dadurch motiviert, dass wir die euklidische Ebene um eine Ferngerade erweiterten. Im Anschluß daran wurde sie jedoch axiomatisch, also ganz unabhängig von der euklidischen Geometrie eingeführt. In diesem Abschnitt soll nun die Frage untersucht werden, wie man von der solcherart gegebenen projektiven Ebene ausgehend wieder zur euklidischen gelangen kann. Dies wird zugleich den Weg aufzeigen, auch andere (ebene) Geometrien, insbesondere die hyperbolische und die elliptische, aus der projektiven abzuleiten.[106]

Wir beginnen zunächst damit, den Gedankengang, der zum Standardmodell der projektiven Ebene geführt hat, umzukehren. Wir gehen also von der projektiven Ebene aus – *sie wird im Folgenden mit $\bar{\varepsilon}$ bezeichnet* – und zeichnen eine beliebige Gerade $\bar{l}$ definitionsgemäß als „Ferngerade" aus. Damit konstruieren wir eine „Ebene" $\varepsilon = \bar{\varepsilon} \backslash \bar{l}$, deren „Punkte" alle diejenigen von $\bar{\varepsilon}$ sind, die nicht auf $\bar{l}$ liegen, und deren „Geraden" die Geraden $\neq \bar{l}$ von $\bar{\varepsilon}$ sind, wobei stets der Schnittpunkt mit $\bar{l}$ entfernt ist; im weiteren bezeichnen wir die Geraden von ε mit $g, h, \ldots$ und die ihnen entsprechenden Geraden von $\bar{\varepsilon}$ mit $\bar{g}, \bar{h}, \ldots$. Schränkt man die Inzidenzrelation der projektiven Ebene auf diese Grundelemente von ε ein, so liefern die entsprechenden Axiome, dass die Inzidenzaxiome der euklidischen Ebene erfüllt sind. Dies lässt sich leicht einsehen: entweder geometrisch (Aufgabe 12) oder analytisch (siehe unten).

Auch die Zwischenaxiome sind, wie wir ebenfalls analytisch nachweisen werden, gültig, wenn man diesen Begriff wie folgt definiert: Sind P, Q, R drei verschiedene Punkte einer Geraden g, so liegt R genau dann zwischen P und Q, wenn $PQ \asymp RS$, wo S der Schnittpunkt von $\bar{g}$ mit $\bar{l}$ ist. Weiter ist unmittelbar klar, dass auch das Parallelenaxiom für ε erfüllt ist, wenn man zwei Geraden $g, h \in \varepsilon$ als parallel definiert, wenn die entsprechenden Geraden $\bar{g}, \bar{h} \in \bar{\varepsilon}$ sich auf $\bar{l}$ schneiden.

Trotzdem ist ε kein Modell für die euklidische Ebene, zunächst einfach deshalb, weil nicht klar ist, wie man Bewegungen definieren soll. Zwar liegt es nahe, diejenigen zweidimensionalen Kollineationen $\bar{\alpha} : \bar{\varepsilon} \rightarrow \bar{\varepsilon}$ zu wählen, die ε invariant lassen – was wegen der Bijektivität von $\bar{\alpha}$ gleichbedeutend damit ist, dass die „Ferngerade" $\bar{l}$ fix bleibt – und dann die Einschränkungen $\bar{\alpha}|_\varepsilon$ als „Bewegungen" anzusehen. Doch führt dies nicht zum Ziel, da es zuviele derartige „Bewegungen" gibt, so dass insbesondere das 4. Bewegungsaxiom nicht erfüllt ist.

Die Geometrie, die man auf diese Weise erhält, ist die sogenannte *affine Geometrie*. Wir werden auf sie nicht näher eingehen. Es sei nur soviel erwähnt, dass sich die zu den eben beschriebenen affinen Transformationen $\bar{\alpha}|_\varepsilon$ gehörenden Projektivitäten $\bar{\alpha} : \bar{\varepsilon} \to \bar{\varepsilon}$ analytisch durch $\lambda \mathbf{x}'^t = \mathbf{A}\mathbf{x}^t$ darstellen lassen, wo $\mathbf{A} \in GL_3(\mathbb{R})$ die Gestalt

$$\mathbf{A} = \begin{pmatrix} a_{00} & 0 & 0 \\ a_{10} & a_{11} & a_{12} \\ a_{20} & a_{21} & a_{22} \end{pmatrix} \tag{5.1}$$

hat – dabei ist die Koordinatisierung von $\bar{\varepsilon}$ so gewählt, dass $\bar{l}$ die Gleichung $x_0 = 0$ besitzt. Im Gegensatz dazu haben euklidische Bewegungen, wenn man sie auf das Standardmodell der projektiven Ebene ausdehnt und dann analytisch beschreibt, die Darstellung $\lambda \mathbf{x}'^t = \mathbf{A}\mathbf{x}^t$, wobei $\mathbf{A}$ – bei gleicher Koordinatisierung – obige allgemeine Form hat, jedoch die 2×2-Matrix $\frac{1}{a_{00}} \begin{pmatrix} a_{11} & a_{12} \\ a_{21} & a_{22} \end{pmatrix}$ orthogonal ist. Dieses Faktum zeigt die schon früher angesprochenen Grenzen des Standardmodells $\mathbb{E}_2^*$ auf (siehe Kap. 3.2.1). Es gelten eben zwar alle Axiome der projektiven Ebene dafür, doch liefern die euklidischen Bewegungen zuwenig zweidimensionale Projektivitäten – und genau diese sind die zur projektiven Ebene gehörigen Transformationen.

Um aus der projektiven Geometrie nun wirklich die euklidische zu gewinnen, betrachten wir zur *Motivation* nochmals das Standardmodell der projektiven Ebene. Und zwar untersuchen wir genauer die Wirkung der Ausdehnungen $\bar{\alpha}$ euklidischer Bewegungen α auf die Ferngerade $\bar{l}$. Diese bleibt natürlich als Ganzes fest.

Nun führt eine beliebige Bewegung α Kreise stets in Kreise über. Für die Ausdehnung $\bar{\alpha}$ folgt daher wegen $\bar{\alpha}(\bar{l}) = \bar{l}$, dass die absoluten Kreispunkte I, J als Gesamtheit fix bleiben – es waren dies ja die Schnittpunkte eines beliebigen Kreises mit $\bar{l}$. Denkt man sich I, J durch die früher beschriebene elliptische Involution dargestellt, so folgt genauer $\bar{\alpha}(I) = I$, $\bar{\alpha}(J) = J$ für die richtungserhaltenden Bewegungen (z.B. Translationen und Drehungen) Äußeres und $\bar{\alpha}(I) = J$, $\bar{\alpha}(J) = I$ für die richtungsumkehrenden (z.B. Spiegelungen). Damit ist auch der genauere Grund offenbar, wieso es soviel mehr affine Transformationen γ gibt, denn diese werden allein durch die Bedingung $\bar{\gamma}(\bar{l}) = \bar{l}$ charakterisiert.

Es gibt jedoch außer den Bewegungen auch andere Transformationen der euklidischen Ebene, deren Ausdehnung auf die projektive Ebene Kollineationen sind und die $\bar{l}$ und $\{I, J\}$ fix lassen. Es sind dies nämlich genau jene, die Kreise wieder in Kreise überführen, also genau die Ähnlichkeitstransformationen (siehe unten). Um unter diesen gerade die euklidischen Bewegungen auszusondern, muss man noch fordern, dass die Distanz zweier Punkte stets gleich der Distanz der Bildpunkte ist.[107] Wie wir in Abschnitt 5.3.2 zeigen werden, lässt sich die übliche euklidische Distanzformel von der projektiven Geometrie aus herleiten, wenn man annimmt, dass die ausgezeichnete Gerade $\bar{l}$ doppelt gezählt wird, mithin $\bar{l}$ und die mit ihr inzidenten konjugiert komplexen Punkte I, J als Kurve 2. Grades (vom Typ VI in 4.32) aufgefasst werden.

Auf Grundlage dieser Motivation kehren wir wieder den gesamten Gedankengang um. Wir gehen von der projektiven Ebene $\bar\varepsilon$ aus, definieren jetzt aber ε durch $\varepsilon = \bar\varepsilon \backslash k^*$, wo k^* eine spezielle Kurve 2. Grades ist, nämlich eine doppelt zu zählende reelle Gerade $\bar l$ und zwei mit ihr inzidente konjugiert imaginäre Punkte I_1, I_2. Wie zuvor sind die Grundelemente der Ebene ε erstens alle Punkte von $\bar\varepsilon$, die nicht auf $\bar l$ liegen, und zweitens alle Geraden von $\bar\varepsilon$ verschieden von $\bar l$, wobei der Schnittpunkt mit $\bar l$ entfernt ist. Die Inzidenzrelation und der Zwischenbegriff werden ebenso wie zuvor definiert: erstere ist also die Einschränkung der Inzidenz von $\bar\varepsilon$ auf diese Grundelemente; und R liegt zwischen P und Q, wenn $PQ \asymp RS$ gilt, mit $S = \bar l \cap \langle P, Q \rangle$.

Wir holen nun den Beweis nach, dass für ε die Inzidenz- und Zwischenaxiome für eine euklidische Ebene erfüllt sind. Dabei verwenden wir, wie erwähnt, die analytische Methode, die im weiteren entscheidende Vorteile bietet. Wir wählen in der projektiven Ebene $\bar\varepsilon$ das Koordinatensystem so, dass die Kurve 2. Grades k^* durch die Gleichungen

$$k : \; x_0^2 = 0 \quad \text{und} \quad \bar k : u_1^2 + u_2^2 = 0 \tag{5.2}$$

beschrieben wird. Damit besitzen alle Punkte von ε Koordinaten der Form $P(x_0, x_1, x_2)$ mit $x_0 \neq 0$. Setzt man $\frac{x_1}{x_0} = x$, $\frac{x_2}{x_0} = y$, so kann man P auch eindeutig durch *inhomogene* Koordinaten festlegen: $P(x, y)$. Eine Gerade wird durch die homogenen Geradenkoordinaten $(u_0, u_1, u_2)^t$ beschrieben. Ist sie verschieden von $\bar l : x_0 = 0$, so muss $(u_1, u_2) \neq (0, 0)$ gelten. Das ist aber genau die Darstellung für Geraden im arithmetischen Modell der euklidischen Ebene (siehe Kap. 2.3). Aus der projektiven Inzidenz eines Punktes P mit einer Geraden g, die gegeben ist durch

$$u_0 x_0 + u_1 x_1 + u_2 x_2 = 0$$

folgt mittels Division durch x_0 und Übergang zu inhomogenen Koordinaten als Bedingung für die Inzidenz

$$u_0 + u_1 x + u_2 y = 0.$$

Wir haben damit exakt die Beschreibung der Grundbegriffe Punkt, Gerade und Inzidenz des euklidischen Koordinatenmodells erhalten.

Wenden wir uns nun dem Zwischenbegriff zu. Es seien P, Q zwei Punkte von ε mit den inhomogenen Koordinaten (p_1, p_2), (q_1, q_2). Ihre homogenen Koordinaten können wir daher in der Form $\mathbf{p} = (1, p_1, p_2)$, $\mathbf{q} = (1, q_1, q_2)$ annehmen. Der Schnittpunkt S von $\bar l$ mit $g = \langle P, Q \rangle$ hat dann die Koordinaten $\mathbf{s} = \mathbf{p} + (-1)\mathbf{q}$. Ist nun $R \in g$ beliebig mit $PQ \asymp RS$, so folgt nach Satz 3.80, wenn man wie dort $\mathbf{r} = \mathbf{p} + \gamma \mathbf{q}$ ansetzt: $\gamma(-1) < 0$, d.h. $\gamma > 0$. Die inhomogenen Koordinaten von R sind dann $\left(\frac{p_1 + \gamma q_1}{1 + \gamma}, \frac{p_2 + \gamma q_2}{1 + \gamma} \right)$. Da allgemein aus $x < y$ $(x, y \in \mathbb{R})$ und $\gamma > 0$ folgt

$$x = \frac{x + \gamma x}{1 + \gamma} < \frac{x + \gamma y}{1 + \gamma} \quad \text{bzw.} \quad \frac{y + \gamma x}{1 + \gamma} < \frac{y + \gamma y}{1 + \gamma} = y,$$

erkennt man, dass die Punkte $R \in g$, mit $PQ \asymp RS$ genau durch die im Koordinatenmodell der euklidischen Ebene angegebene Bedingung charakterisiert werden (siehe Kap. 2.3).

Es fehlt noch die Beschreibung der Bewegungen. Dazu untersuchen wir zunächst gemäß der vorangegangenen Motivation diejenigen Kollineationen $\bar{\alpha}$ der projektiven Ebene $\bar{\varepsilon}$, die die gegebene Kurve 2. Grades k^* in der Form (5.2) invariant lassen. Wir setzen $\bar{\alpha} : \bar{\varepsilon} \to \bar{\varepsilon}$ unbestimmt an:

$$\lambda x_0' = a_{00}x_0 + a_{01}x_1 + a_{02}x_2$$
$$\lambda x_1' = a_{10}x_0 + a_{11}x_1 + a_{12}x_2 \qquad \mathtt{A} = (a_{ij}) \in GL_3(\mathbb{R}).$$
$$\lambda x_2' = a_{20}x_0 + a_{21}x_1 + a_{22}x_2$$

Da $\bar{l} : x_0 = 0$ fix bleiben soll, muss jedenfalls $a_{01} = a_{02} = 0$ gelten. Weiter soll auch die Kurve 2. Klasse $u_1^2 + u_2^2 = 0$ invariant bleiben. Sie zerfällt in die beiden komplexen Geradenbüschel

$$u_1 + iu_2 = 0 \quad \text{und} \quad u_1 - iu_2 = 0$$

mit den konjugiert komplexen Zentren $I_1(0, 1, i)$ und $I_2(0, 1, -i)$ (vgl. (4.11)). Es ergeben sich somit die beiden Möglichkeiten

1) $\bar{\alpha}(I_1) = I_1, \bar{\alpha}(I_2) = I_2$ und

2) $\bar{\alpha}(I_1) = I_2, \bar{\alpha}(I_2) = I_1$.

Im ersten Fall folgt

$$\begin{array}{rclcrcl} \lambda_1 &=& a_{11} + a_{12}i & & \lambda_2 &=& a_{11} + a_{12}(-i) \\ \lambda_1 i &=& a_{21} + a_{22}i & \text{und} & \lambda_2(-i) &=& a_{21} + a_{22}(-i). \end{array}$$

Eliminiert man in den beiden Gleichungssystemen jeweils λ, so erhält man durch Koeffizientenvergleich – die a_{ij} sind ja reell:

$$a_{22} = a_{11}, \quad a_{21} = -a_{12}.$$

Im zweiten Fall ergibt sich ganz analog

$$a_{22} = -a_{11}, \quad a_{21} = a_{12}.$$

Damit haben die gesuchten Transformationen $\bar{\alpha}$ die Gestalt

$$\lambda x_0' = a_{00}x_0$$
$$\lambda x_1' = a_{10}x_0 + a_{11}x_1 + a_{12}x_2 \qquad \mathtt{A} = (a_{ij}) \in GL_3(\mathbb{R}). \qquad (5.3)$$
$$\lambda x_2' = a_{20}x_0 \mp a_{12}x_1 \pm a_{11}x_2$$

Wie man durch Einsetzen nachweist, lassen alle derartigen Abbildungen wirklich die Gerade l fest, ebenso wie die Menge $\{I_1, I_2\}$ und damit auch die Klassenkurve

$u_1^2 + u_2^2 = 0$. Genau bei den Kollineationen dieser Gestalt bleibt also die gegebene Kurve 2. Grades k invariant.

Die Beschreibung dieser Abbildungen in inhomogenen Koordinaten erhält man folgendermaßen: Zunächst ist wegen $\det \mathbf{A} \neq 0$ der Koeffizient $a_{00} \neq 0$ und $a_{11}^2 + a_{12}^2 \neq 0$. Setzt man wie zuvor $x = \frac{x_1}{x_0}$, $y = \frac{x_2}{x_0}$, dann gilt

$$x' = \frac{\lambda x_1'}{\lambda x_0'} = \frac{a_{10}}{a_{00}} + \frac{a_{11}}{a_{00}}x + \frac{a_{12}}{a_{00}}y$$

$$y' = \frac{\lambda x_2'}{\lambda x_0'} = \frac{a_{20}}{a_{00}} \pm \frac{a_{12}}{a_{00}}x \mp \frac{a_{12}}{a_{00}}y.$$

Nun lässt sich das Zahlenpaar $(\frac{a_{11}}{a_{00}}, \frac{a_{12}}{a_{00}})$ bekanntlich eindeutig in der Polarkoordinatenform $(r\cos\varphi, -r\sin\varphi)$, $0 \leq \varphi < 2\pi$, schreiben; da $a_{11}^2 + a_{12}^2 \neq 0$ gilt, ist ja $r > 0$. Schreibt man noch für die Konstanten kurz c_1, c_2, so erhält man schließlich

$$x' = r(\cos\varphi)x - r(\sin\varphi)y + c_1 \qquad (5.4)$$
$$y' = r(\pm\sin\varphi)x + r(\pm\cos\varphi)y + c_2.$$

Vergleicht man diese Gestalt mit den Formeln für die euklidischen Bewegungen im Koordinatenmodell, so ist nur noch der Faktor r störend: statt ihm müsste die Zahl 1 stehen. Es werden eben, wie schon oben ausgeführt wurde, gerade die Ähnlichkeitstransformationen durch (5.4) beschrieben, wobei r den Streckungsfaktor (bzw. Stauchungsfaktor) bedeutet. Denn auch sie – und nur sie – lassen, wenn man sie auf die euklidische Ebene ausdehnt, die Ferngerade und die Menge $\{I, J\} = \{I_1, I_2\}$ als Ganzes fix.

Um schließlich für die Transformationen (5.4) die gewünschte Form zu erhalten, wird, wie oben erwähnt, noch die Invarianz der Distanz gefordert. Wie im Abschnitt 5.3.2 gezeigt wird, lässt sie sich von der projektiven Geometrie ausgehend herleiten und man erhält wie üblich für $P(p_1, p_2)$, $Q(q_1, q_2)$ als Distanz den Wert

$$d(P, Q) = {}_+\sqrt{(p_1 - q_1)^2 + (p_2 - q_2)^2}.$$

Ersichtlich bleibt sie bei einer Transformation (5.4) genau dann invariant, wenn $r = 1$ gilt (wegen $r > 0$).

Damit haben wir sämtliche Grundelemente des analytischen Modells der euklidischen Geometrie erhalten, so dass insgesamt das folgende Ergebnis gilt:

Satz 5.1. *Es sei k^* eine spezielle Kurve 2. Grades in der projektiven Ebene $\bar\varepsilon$, nämlich eine reelle Doppelgerade mit zwei konjugiert imaginären Punkten. Dann bildet die Ebene $\varepsilon := \bar\varepsilon \backslash k^*$ bei geeigneter Definition der Grundelemente ein Modell der euklidischen Ebene. Dabei sind die Bewegungen die auf ε eingeschränkten Kollineationen von $\bar\varepsilon$, die k^* invariant lassen und distanzerhaltend (und damit auch winkelerhaltend) sind.*

Wie Felix Klein erkannte, führt der hier verwendete Gedankengang, der im Wesentlichen von Arthur Cayley stammt, auch bei den anderen Kurven 2. Grades (siehe 4.32) jeweils zu einer (ebenen „Cayley–Klein"-) „Geometrie". Und zwar kann stets auf natürliche Weise ein Distanz- und Winkelmaß definiert werden, wobei die der „Geometrie" entsprechenden Bewegungen gerade die distanz- und winkelerhaltenden Transformationen sind. (Bei der euklidischen Geometrie impliziert ersteres zweiteres.)

Diese „Geometrien" fügen sich in den umfassenden Begriff einer *Geometrie*, wie ihn F. Klein 1872 in seiner berühmten Antrittsvorlesung, dem später sogenannten *Erlanger Programm*, erstmals formulierte. Danach kennzeichnen die „Bewegungen" eine Geometrie. Genauer gesagt geht er von der projektiven Ebene (oder dem projektiven Raum) aus und der Gruppe $\mathcal{G}$ sämtlicher Kollineationen (oder auch Korrelationen). Jede Untergruppe $\mathcal{U}$ von $\mathcal{G}$ führt nun zu einer Geometrie. Und zwar liefern genau diejenigen Aussagen den Bestand an Sätzen dieser Geometrie, die gültig bleiben, wenn man die darin vorkommenden Objekte einer beliebigen Transformation von $\mathcal{U}$ unterwirft. F. Klein beschreibt dies prägnant so:

„Es ist eine Mannigfaltigkeit und in [= bezüglich] derselben eine Transformationsgruppe gegeben; man soll die der Mannigfaltigkeit angehörigen Gebilde hinsichtlich solcher Eigenschaften untersuchen, die durch die Transformationen der Gruppe nicht geändert werden" ([Klein3], S. 463).

Besteht $\mathcal{U}$ beispielsweise aus allen denjenigen Kollineationen der projektiven Ebene $\bar{\varepsilon}$, die eine Gerade $\bar{l}$ invariant lassen, erhält man, wie oben erwähnt wurde, die affine Geometrie. Ein Begriff, der ihr zugehört, ist etwa das *Teilverhältnis* von drei kollinearen Punkten $P, Q, R \in \bar{\varepsilon} \backslash \bar{l}$. Dies ist definiert als $DV(P, Q; R, S)$, wo S der Schnittpunkt von $\langle P, Q \rangle$ mit $\bar{l}$ ist. Es bleibt nämlich bei den Abbildungen von $\mathcal{U}$ invariant; sie besitzen, wie erwähnt wurde, die Gestalt $\lambda \mathbf{x'}^t = \mathbf{A} \mathbf{x}^t$, wo $\mathbf{A}$ die Bedingung (5.1) erfüllt. Ebenso ist die Ähnlichkeitsgeometrie gekennzeichnet durch die Untergruppe $\mathcal{U}$ der in (5.3) angegebenen Kollineationen.

Die Besonderheit der im Folgenden behandelten Geometrien, die sämtlich auf Untergruppen $\mathcal{U}$ von $\mathcal{G}$ fußen, welche eine Kurve 2. Grades invariant lassen, liegt, wie bereits erwähnt darin, dass auf ganz natürliche Weise eine Distanz- und Winkelmessung eingeführt werden kann. Diese Geometrien weisen dadurch eine besonders enge Verwandtschaft mit der euklidischen Geometrie auf.

5.2   Allgemeine Beschreibung der Cayley–Klein-Geometrien

Wir übertragen nun den im vorigen Abschnitt eingeschlagenen Gedankengang auf den Fall einer beliebigen Kurve 2. Grades k^*, von denen es nach der Klassifizierung 4.32 sieben verschiedene Typen gibt. Prinzipiell müsste man dabei auf folgende Art vorgehen: Die Menge $\varepsilon = \bar{\varepsilon} \backslash k^*$ sollte die Ebene einer neuen Geometrie abgeben, wobei deren „Punkte" die Punkte von ε sind und die „Geraden" die auf ε eingeschränkten Geraden von $\bar{\varepsilon}$. Mittels k^* müsste man ein Distanz- und Winkelmaß auf ε einführen (das es ja in der projektiven Geometrie nicht gibt!). Die zu der Geometrie gehörenden „Bewegungen" wären dann definitionsgemäß die Einschränkungen auf ε derjenigen Kollineationen von $\bar{\varepsilon}$, die k^* invariant lassen und zusätzlich distanz- und winkelerhaltend sind. Schließlich müssen sich für die Geometrie relevante Begriffe – es kommen etwa „zwischen", „trennen", „parallel", „zentriert" vor – ebenfalls mittels $\bar{\varepsilon}$ und k^* definieren lassen.

Dieses Vorgehen ist im Wesentlichen zielführend, doch müssen manchmal zusätzliche Details beachtet werden je nach der Art der Ausgangskurve k^*. Die so erhaltenen Geometrien nennt man *metrische* oder *Cayley–Klein-Geometrien*, k^* die zugehörige *Absolutfigur*. Aufgrund der in Kap. 4.4 gegebenen Klassifizierung 4.32 erhalten wir folgende Möglichkeiten:

1) k^* ist eine reelle, nicht ausgeartete Kurve 2. Grades (Typ I). Hier tritt das Problem auf, dass $\varepsilon = \bar{\varepsilon} \backslash k$ in zwei Punktbereiche zerfällt, das Innere bzw. das Äußere der Ordnungskurve k; ebenso zerfällt die Menge der Geraden $\bar{\varepsilon} \backslash \bar{k}$ in die beiden getrennten Bereiche der inneren bzw. äußeren Geraden bzgl. der Klassenkurve $\bar{k}$. Es ist also weder die Punkt- noch die Geradenmenge zusammenhängend, wie man es für die Ebene einer Geometrie fordert. Daher betrachtet man im allgemeinen[108] nur jeweils einen Bereich, wobei von den theoretisch möglichen vier Alternativen eine, nämlich Inneres von k und Inneres bzgl. $\bar{k}$ zusammenzustellen, keinen Sinn macht. Es gibt ja dann für kein Punktepaar P, Q ($P \neq Q$) eine Verbindungsgerade. Es bleiben somit die Fälle:

$$
\begin{array}{ccc}
 & k & \bar{k} \\
\text{I)} & \text{Inneres} & \text{Äußeres} \\
\text{Ia)} & \text{Äußeres} & \text{Inneres} \\
\text{Ib)} & \text{Äußeres} & \text{Äußeres}
\end{array}
\tag{5.5}
$$

Wir gehen zunächst nur auf Fall I) ein, da die entsprechende Geometrie bei weitem einfacher und den gewohnten Vorstellungen näherkommender ausfällt als in den anderen beiden Fällen (zu diesen siehe den nächsten Abschnitt). Die Punkte von $\varepsilon =: \mathcal{H}$, auch $\mathcal{H}$-Punkte genannt, sind also die Punkte des Inneren von k; die $\mathcal{H}$-Geraden sind die äußeren Geraden von $\bar{k}$ – also die k schneidenden Geraden –, eingeschränkt auf $\mathcal{H}$; die $\mathcal{H}$-Bewegungen sind die Einschränkungen auf $\mathcal{H}$ derjenigen Kollineationen von $\bar{\varepsilon}$, die k^*, bzw. äquivalent dazu k oder $\bar{k}$ (Satz 4.17), invariant lassen und natürlich das Innere von k in sich überführen. Andernfalls würde ja die so definierte Bewegung aus $\mathcal{H}$ herausführen können. Damit geht auch die Menge der $\mathcal{H}$-Geraden in sich über. Wie sich zeigen wird lassen sie automatisch sämtlich die dieser Geometrie entsprechenden Distanzen und Winkel invariant.

Die Geometrie, welche man auf diese Weise erhält, ist die uns schon bekannte *hyperbolische Geometrie*[109]. Der Beweis dafür erfolgt in den Abschnitten 6.1.1 und 6.1.2.

Bemerkung 5.2. Im Gegensatz zur euklidischen und projektiven Ebene bzw. den entsprechenden Standardmodellen, die durch lichte Versalien gekennzeichnet

wurden, bezeichnen wir die jeweiligen Ebenen der Cayley–Klein-Geometrien mit
Skriptbuchstaben. Dies deshalb, weil jene axiomatisch eingeführt wurden, diese
dagegen im Unterschied dazu sich als Spezialisierungen der ebenen projektiven
Geometrie ergeben. Außer bei der hyperbolischen Geometrie gehen wir dabei nie
auf Fragen betreffend die Axiomatik ein. Insbesondere ist der im weiteren öfter verwendete Begriff „Modell" dann so zu verstehen, dass es eine bijektive Zuordnung
von dessen Grundelementen zu denen der entsprechenden Cayley–Klein-Ebene
gibt, wobei entsprechende Relationen erhalten bleiben – man spricht dann auch
von *isomorpher Struktur*. Die Cayley–Klein-Geometrien können aber auch axiomatisch eingeführt werden ([Jag2], Suppl. B), wobei die hier vorgestellten Modelle
dann wirklich solche im Sinne der Axiomatik sind.

2) Wir betrachten nun Typ II: k^* ist eine nicht ausgeartete nullteilige Kurve 2.
Grades. Sieht man von dieser ab, ändert sich im Reellen nichts; d.h. die neue Ebene
$\varepsilon =: \mathcal{E}$ ist wieder $\bar{\varepsilon}$. Damit sind auch alle Punkte und Geraden von $\bar{\varepsilon}$ die Grundgebilde dieser neuen Geometrie. Der Unterschied zur projektiven Geometrie liegt
einzig in den $\mathcal{E}$-Bewegungen. Es sind dies wieder diejenigen Kollineationen von $\bar{\varepsilon}$,
die k^* invariant lassen; sie sind ebenfalls ohne weitere Zusatzforderungen distanz-
und winkelerhaltend. Dass dies wirklich eine Einschränkung darstellt, wird sich
bei der genaueren Besprechung dieser Geometrie, der sogenannten *elliptischen*[109]
oder *Riemannschen Geometrie*[110], zeigen.

3) Wir behandeln als nächstes den Typ V: die zu k^* gehörige Kurve 2. Ordnung ist eine doppelt zu zählende reelle Gerade $\bar{l}$ und die Kurve 2. Klasse besteht
aus zwei verschiedenen reellen Geradenbüscheln, deren Zentren A, B auf $\bar{l}$ liegen

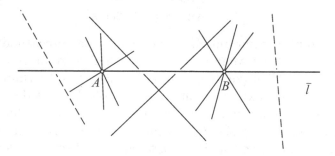

Abbildung 5.1

(Abb. 5.1). Man erhält demnach als Punkte der neuen Ebene $\mathcal{P} := \bar{\varepsilon}\backslash k^*$ alle Punkte von $\bar{\varepsilon}$, die nicht auf $\bar{l}$ liegen – die Punktmenge ist somit dieselbe wie bei der
euklidischen Ebene. Dagegen sind die $\mathcal{P}$-Geraden alle Geraden von $\bar{\varepsilon}$, die nicht
A, B angehören, wobei sie zusätzlich auf $\mathcal{P}$ eingeschränkt sind; d.h. es werden ihre
Schnittpunkte mit $\bar{l}$ entfernt. Aufgrund der ersten Bedingung ist die Geradenmenge nicht zusammenhängend: sie zerfällt in die beiden Bereiche derjenigen Geraden,

die $\bar{l}$ in einem festen offenen Abschnitt bzgl. A, B treffen (siehe Abb. 5.1). Man müsste sich also ähnlich wie im Fall 1) auf eine dieser Geradenmengen beschränken. Im Gegensatz zu jenem Fall sind die zwei solcherart möglichen Geometrien aber völlig gleichwertig, weshalb man sie nicht unterscheidet und meist sogar zusammen studiert. Jedoch werden als $\mathcal{P}$-Bewegungen nur solche genommen, die zum einen gemäß dem allgemeinen Prinzip Einschränkungen derjenigen Kollineationen auf $\mathcal{P}$ sind, die k^* sowie Distanzen und Winkel invariant lassen; zum anderen einen – und damit beide – der Geradenbereiche fix lassen. Die auf diese Weise erhaltene Geometrie ist die sogenannte *pseudoeuklidische* oder *Minkowski-Geometrie*. Der letztere Name rührt daher, dass H. Minkowski 1907 ihr vierdimensionales Analogon für die geometrische Interpretation der speziellen Relativitätstheorie entwickelte ([Mink]).

4) Legt man die zum Typ V duale Kurve 2. Grades k^* zugrunde (Typ III), gelangt man zur *dualen pseudoeuklidischen* bzw. *dualen Minkowski-Geometrie*. k^* besteht also aus zwei verschiedenen reellen Geraden a, b als Punktkurve k und dem Geradenbüschel in deren Schnittpunkt L als Klassenkurve $\bar{k}$ (Abb. 5.2). Jetzt wird

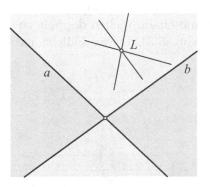

Abbildung 5.2

die Punktmenge $\bar{\varepsilon} \backslash k$ in zwei nicht zusammenhängende Bereiche zerlegt, nämlich die beiden offenen Winkelfelder bzgl. a, b (siehe Abb. 5.2). Da aufgrund des Dualitätsprinzips ein völlig analoges Argument wie im vorigen Fall gilt, differenziert man meist nicht zwischen den beiden Bereichen, sondern studiert sie gemeinsam. Die Ebene $\mathcal{P}^d := \bar{\varepsilon} \backslash k^*$ hat somit genau diejenigen Punkte von $\bar{\varepsilon}$ als Grundelemente, die nicht auf a bzw. b liegen. Die $\mathcal{P}^d$-Geraden sind die Geraden von $\bar{\varepsilon}$ ausgenommen diejenigen, die L angehören, eingeschränkt auf $\mathcal{P}^d$; d.h. es müssen von ihnen die Schnittpunkte mit den Geraden a und b entfernt werden. Es ist hier also insbesondere möglich, dass zwei Punkte $P, Q \in \mathcal{P}^d$ keine Verbindungsgerade besitzen, nämlich dann, wenn die projektive Gerade $\langle P, Q \rangle$ durch L verläuft. Auf dieses zur Parallelität zweier Geraden duale Phänomen werden wir später genauer eingehen.

Die $\mathcal{P}^d$-Bewegungen schließlich erhält man wie üblich durch diejenigen auf

$\mathcal{P}^d$ eingeschränkten Kollineationen von $\bar{\varepsilon}$, die k^* invariant lassen und auch die dieser Geometrie entsprechenden Distanzen und Winkel. Analog zum vorigen Fall sollen sie zugleich einen – und damit beide – Punktbereiche in sich überführen.

5) Typ VI, bei welchem k^* aus einer reellen Doppelgerade $\bar{l}$ und zwei konjugiert imaginären Geradenbüscheln besteht, deren Zentren A, B (bzw. I, J) $\bar{l}$ angehören, haben wir ausführlich im vorigen Abschnitt behandelt. Man erhält hier die *euklidische Ebene* $\mathcal{X}$; sie wird auch *parabolische Ebene*[109] genannt.[111]

6) Die zur euklidischen duale Geometrie erhält man, wenn man die zum Typ VI duale Kurve 2. Grades k^* zugrunde legt, also zwei konjugiert imaginäre Geraden a, b sowie ein doppelt zu zählendes reelles Geradenbüschel in deren reellen Schnittpunkt L (Typ IV). Die Punkte der neuen Ebene $\mathcal{X}^d$ sind somit alle von L verschiedenen Punkte von $\bar{\varepsilon}$, die Geraden alle nicht durch L verlaufenden Geraden von $\bar{\varepsilon}$. Die Bewegungen werden wieder gemäß dem allgemeinen Prinzip definiert. Die solcherart sich ergebende Geometrie ist die *dual-* oder *polareuklidische Geometrie*.

7) Der letzte Typ von Kurven 2. Grades k^* besteht aus einer reellen doppelt zu zählenden Geraden $\bar{l}$ und einem reellen doppelt zu zählenden Geradenbüschel L mit $L \in \bar{l}$ (Typ VII, Abb. 5.3). Dieser Fall ist natürlich selbstdual. Die ent-

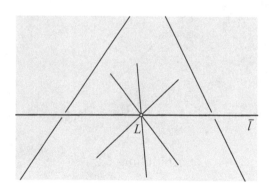

Abbildung 5.3

sprechende Ebene $\mathcal{G} := \bar{\varepsilon} \backslash k^*$ besitzt als Punkte alle Punkte von $\bar{\varepsilon}$, die nicht auf $\bar{l}$ liegen und als Geraden alle Geraden von $\bar{\varepsilon}$, die nicht durch L verlaufen, wobei diese auf $\mathcal{G}$ eingeschränkt sind. Wieder werden die Bewegungen als Einschränkungen auf $\mathcal{G}$ derjenigen Kollineationen von $\bar{\varepsilon}$ definiert, die k^* sowie Distanzen und Winkel invariant lassen. Man gelangt auf diese Weise zur *Galileigeometrie*. Mittels deren vierdimensionalem Analogon lässt sich die klassische Galilei–Newton-Mechanik beschreiben. (Die Ebene $\mathcal{G}$ kann aber auch als zweidimensionaler Fall anderer n-dimensionaler Cayley–Klein-Geometrien aufgefasst werden, weshalb sie auch *Flaggenebene* oder *isotrope Ebene* genannt wird; siehe das Kapitel 6.9, Typ XXVII, für den Fall $n = 3$.)

Bevor wir diese Geometrien im Detail besprechen können, müssen wir noch die jeweilige Distanz- und Winkelmessung behandeln. Dabei wird sich als Nebenprodukt auch die adäquate Beschreibung der beiden noch ausständigen Fälle in (5.5) ergeben, wo der Punktbereich von ε das Äußere einer reellen nicht ausgearteten Kurve 2. Ordnung ist. Insgesamt erhält man also *neun* Cayley–Klein-Geometrien.

5.3 Distanz- und Winkelmessung

5.3.1 Allgemeine Betrachtungen

Wieder betrachten wir zwecks Motivierung das Standardmodell $\mathbb{E}_2^*$ der projektiven Ebene und zeigen, dass sich die euklidische Winkelmessung mittels der der euklidischen Geometrie entsprechenden Kurve 2. Grades (Typ VI) projektiv beschreiben lässt! Dazu berechnen wir den Winkel[112] zweier sich euklidisch schneidender Geraden g, h nach einer Idee von E. Laguerre. Wir wählen das Koordinatensystem so, dass die Ferngerade $\bar{l}$ die Gleichung $x_0 = 0$, die imaginären Kreispunkte I, J die Koordinaten $(0, 1, i)$ und $(0, 1, -i)$ und der Schnittpunkt $S = g \cap h$ die Koordinaten $(1, 0, 0)$ besitzen – letzteres kann man durch eine geeignete Translation, welche ja die Ferngerade invariant lässt, stets erreichen. Dann sind die Gleichungen von g und h von der Form:

$$g : g_1 x_1 + g_2 x_2 = 0, \quad h : h_1 x_1 + h_2 x_2 = 0.$$

Bezeichnet man die Winkel, die g bzw. h mit der x-Achse einschließen, mit φ bzw. ψ, so gilt

$$\tan \varphi = -\frac{g_1}{g_2}, \quad \tan \psi = -\frac{h_1}{h_2}.$$

Der positiv orientierte Winkel ω zwischen g und h berechnet sich sodann aus

$$\tan \omega = \tan(\psi - \varphi) = \frac{\tan \psi - \tan \varphi}{1 + \tan \psi \tan \varphi} = \frac{-\frac{h_1}{h_2} + \frac{g_1}{g_2}}{1 + \frac{g_1}{g_2} \cdot \frac{h_1}{h_2}} = \frac{g_1 h_2 - g_2 h_1}{g_1 h_1 + g_2 h_2},$$

also

$$\omega = \arctan \frac{g_1 h_2 - g_2 h_1}{g_1 h_1 + g_2 h_2}.$$

Bemerkung 5.3. Dieses Resultat ist äquivalent zu der üblicherweise verwendeten Formel

$$\cos \omega = \frac{g_1 h_1 + g_2 h_2}{\sqrt{g_1^2 + g_2^2} \sqrt{h_1^2 + h_2^2}} = \frac{\langle \mathrm{g}, \mathrm{h} \rangle}{\sqrt{\langle \mathrm{g}, \mathrm{g} \rangle \langle \mathrm{h}, \mathrm{h} \rangle}} \quad (\mathrm{g} = (g_1, g_2), \mathrm{h} = (h_1, h_2)),$$

wobei die elementare Umrechnung über die Beziehung $\cos^2 \omega = \frac{1}{1 + \tan^2 \omega}$ erfolgt.

Andererseits kann ω auch mittels des Doppelverhältnisses der vier Geraden $\bar{g}$, $\bar{h}$, $u = \langle S, J \rangle$, $v = \langle S, I \rangle$ ausgedrückt werden, wo die zwei ersteren die um den jeweiligen Fernpunkt $F_g(0, g_2, -g_1)$ bzw. $F_h(0, h_2, -h_1)$ erweiterten Geraden g bzw. h sind. Zunächst gilt

$$DV(\bar{g}, \bar{h}; u, v) = DV(F_g, F_h; J, I).$$

Lässt man die erste Komponente 0 bei allen Punkten fort, so erhält man vier Punkte einer projektiven Geraden mit den homogenen Koordinaten

$$F_g(g_2, -g_1), \quad F_h(h_2, -h_1), \quad J(1, -i), \quad I(1, i).$$

Es folgt

$$
\begin{aligned}
DV(F_g, F_h; I, J) &= \frac{\begin{vmatrix} g_2 & 1 \\ -g_1 & -i \end{vmatrix}}{\begin{vmatrix} h_2 & 1 \\ -h_1 & -i \end{vmatrix}} : \frac{\begin{vmatrix} g_2 & 1 \\ -g_1 & i \end{vmatrix}}{\begin{vmatrix} h_2 & 1 \\ -h_1 & i \end{vmatrix}} = \frac{(g_1 - ig_2)}{(h_1 - ih_2)} \cdot \frac{(h_1 + ih_2)}{(g_1 + ig_2)} \\
&= \frac{(g_1 h_1 + g_2 h_2) + i(g_1 h_2 - g_2 h_1)}{(g_1 h_1 + g_2 h_2) - i(g_1 h_2 - g_2 h_1)} \\
&= \frac{1 + i\tan\omega}{1 - i\tan\omega} = \frac{\cos\omega + i\sin\omega}{\cos\omega - i\sin\omega} = \frac{e^{i\omega}}{e^{-i\omega}} = e^{2i\omega}.
\end{aligned}
$$

Damit ergibt sich die sogenannte *Laguerresche Formel*:

$$\omega = \frac{1}{2i} \log DV(\bar{g}, \bar{h}; u, v); \tag{5.6}$$

dabei ist ω nur bis auf Vielfache von π festgelegt, da der komplexe Logarithmus die Periode $2\pi i$ besitzt. Insbesondere liegen $\bar{g}, \bar{h}, u, v$ bzw. F_g, F_h, I, J harmonisch, falls $\omega = \frac{\pi}{2}$ ist, g, h also orthogonal aufeinander stehen.

Bemerkung 5.4. In Formel (5.6) ist die Reihenfolge der Geraden $\bar{g}, \bar{h}$ bzw. u, v wegen

$$DV(\bar{h}, \bar{g}; u, v) = (DV(\bar{g}, \bar{h}; u, v))^{-1} = DV(\bar{g}, \bar{h}; v, u) \tag{5.7}$$

wichtig. Was letztere beiden betrifft, lässt sich die Reihenfolge eindeutig festlegen. Wir hatten vorausgesetzt, dass ω der positiv orientierte, also im Gegenuhrzeigersinn durchlaufene Winkel zwischen g und h ist, wobei g die Ausgangs- und h die Endgerade war. Nach Bemerkung 4.51 liegt I und somit auch $\langle S, I \rangle$ dieser Orientierung zugrunde, so dass v durch deren Vorgabe ausgezeichnet ist.

Dagegen ist die Reihenfolge der Geraden g, h (bzw. $\bar{g}, \bar{h}$) frei wählbar: gleichgültig ob g oder h die erste Gerade ist und dem entsprechend h oder g die zweite, es gibt stets einen eindeutig bestimmten positiven und negativen Winkel mit $-\pi < \omega < \pi$ zwischen ihnen, da ω nur bis auf Vielfache von π festgelegt ist. Fordert man zusätzlich $0 \leq \omega < \pi$ oder $-\frac{\pi}{2} < \omega \leq \frac{\pi}{2}$, so ist ω erst eindeutig fixiert. Und nur im zweiten Fall spiegelt sich die Beziehung (5.7) im Ergebnis offenkundig wider:

$$\frac{1}{2i} \log DV(\bar{h}, \bar{g}; u, v) = -\omega \quad (\omega \neq \frac{\pi}{2}); \tag{5.8a}$$

im ersten dagegen gilt

$$\frac{1}{2i} \log DV(\bar{h}, \bar{g}; u, v) = \pi - \omega \quad (\omega \neq 0). \tag{5.8b}$$

Die Laguerresche Formel (5.6) ist nun die Basis für die Winkelmessung in sämtlichen Cayley–Klein-Geometrien. Um sie auch allgemein verwenden zu können, müssen wir die Voraussetzungen klären und die möglichen Werte von $DV(\bar{g}, \bar{h}; u, v)$ untersuchen.

Voraussetzungen 5.5. Wir gehen von zwei sich in einem Punkt S schneidenden Geraden g, h *in dieser Reihenfolge* aus, wobei S, g, h Elemente der Ebene ε der jeweils betrachteten Geometrie sind. $\bar{g}, \bar{h}$ seien die Trägergeraden von g, h in $\bar{\varepsilon}$ und u, v diejenigen Geraden der Klassenkurve $\bar{k}$ der zugrundeliegenden Kurve 2. Grades k^*, die durch S gehen – dabei ist zunächst $u \neq v$ vorausgesetzt. Weiter sei im Büschel S ein Richtungssinn σ vorgegeben.

i) Es seien u, v reell und verschieden. Dies ist nach den Beschreibungen im vorigen Abschnitt nur im Fall der pseudoeuklidischen Geometrie erfüllt. (Dieser Fall tritt auch bei der weiter unten behandelten dualhyperbolischen Geometrie und der doppelt-hyperbolischen Geometrie auf, für welche das Folgende genauso gilt.) Den dortigen Überlegungen zufolge liegen g, h in einem der beiden offenen Winkelfelder bezüglich u, v. Man kann daher die Bezeichnungen so festlegen, dass u in Bezug auf den Richtungssinn σ vor v liegt, wenn man ihn in Bezug auf das Komplement des entsprechenden Winkelfeldes betrachtet; siehe Abbildung 5.4. (Der Grund für diese Wahl wird im folgenden Fall 5.6.i) klar.) Liegen g, h im anderen Winkelfeld, so sind natürlich die jetzt u, v genannten Geraden dann mit v, u zu bezeichnen.

ii) Sind u, v konjugiert imaginär, so sei v diejenige Gerade, für die der Richtungssinn der ihr entsprechenden gerichteten elliptischen Involution mit σ übereinstimmt – im Einklang mit dem euklidischen Fall (Bemerkung 5.4). Ausführlicher bedeutet dies: Schneidet man die beiden konjugiert imaginären Geraden mit der Polaren von S bezüglich k, so erhält man zwei konjugiert imaginär Schnittpunkte. Derjenige liegt nun auf v, der im Büschel S den Richtungssinn σ induziert.

Insgesamt ist somit die Reihenfolge der Geraden $\bar{g}, \bar{h}, u, v$ eindeutig festgelegt.

Was nun die Werte von $DV(\bar{g}, \bar{h}; u, v)$ betrifft, gibt es folgende Möglichkeiten:

Fälle 5.6. i) u, v reell. Da $\bar{g}, \bar{h}$ einem Winkelfeld bzgl. u, v angehören, gilt $\bar{g}\bar{h} \not\barwedge uv$, somit nach Satz 3.80: $DV(\bar{g}, \bar{h}; u, v) > 0$. Daher ist $\log DV(\bar{g}, \bar{h}; u, v)$ jedenfalls reell für den Hauptwert des Logarithmus. Aufgrund der Wahl von u und v induziert genau eine der beiden möglichen Reihenfolgen $v, \bar{g}, \bar{h}, u$ bzw. $v, \bar{h}, \bar{g}, u$ einen

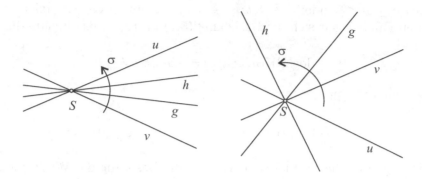

Abbildung 5.4

Richtungssinn – der natürlich mit σ übereinstimmt (siehe Abb. 5.4). Dieser Fall lässt sich durch $DV(\bar{g}, \bar{h}; u, v) > 1$, also $\log DV(\bar{g}, \bar{h}; u, v) > 0$ charakterisieren. Um dies einzusehen koordinatisieren wir $\bar{\varepsilon}$ derart, dass S die Koordinaten $(1, 0, 0)$ erhält und die Geraden $v, \bar{g}, u$ durch $x_1 + x_2 = 0, x_2 = 0, x_1 - x_2 = 0$ beschrieben werden. Wegen $\bar{g}\bar{h} \nmid uv$ lautet dann die Gleichung von $\bar{h}$: $h_1 x_1 + h_2 x_2 = 0$ mit $|h_1| < |h_2|$ bzw. $|h_1| < h_2$, wenn man o.B.d.A. $h_2 > 0$ annimmt. Es folgt

$$DV(\bar{g}, \bar{h}; u, v) = \frac{\begin{vmatrix} 0 & 1 \\ 1 & -1 \end{vmatrix}}{\begin{vmatrix} h_1 & 1 \\ h_2 & -1 \end{vmatrix}} : \frac{\begin{vmatrix} 0 & 1 \\ 1 & 1 \end{vmatrix}}{\begin{vmatrix} h_1 & 1 \\ h_2 & 1 \end{vmatrix}} = \frac{h_2 - h_1}{h_2 + h_1}$$

und dieser Wert ist genau dann > 1, wenn $h_1 < 0$ ist, also $\bar{h}$ dem Winkelfeld $(\bar{g}, u)|_v$ angehört.

ii) u, v konjugiert imaginär. Es gilt ersichtlich

$$DV(\bar{g}, \bar{h}; u, v) = \frac{z}{\bar{z}} = e^{2i\omega} \quad \text{für ein geeignetes } z \in \mathbb{C}, \ z = r e^{i\omega}.$$

$\log DV(\bar{g}, \bar{h}; u, v)$ ist somit rein imaginär und nur bis auf Vielfache von π bestimmt. Um ω eindeutig festzulegen wird der Zweig des Logarithmus meist so gewählt, dass $-\frac{\pi}{2} < \omega \leq \frac{\pi}{2}$ gilt; manchmal aber auch so, dass $0 \leq \omega < \pi$ erfüllt ist.

Definition 5.7. a) Es gelten die Voraussetzungen 5.5. Dann ist der *orientierte Winkel ω_σ von g nach h in Bezug auf den Richtungssinn σ* gegeben durch

$$\omega_\sigma = \angle_\sigma(g, h) := c' \log DV(\bar{g}, \bar{h}; u, v). \tag{5.9a}$$

Sind dabei u, v reell, so ist $c' \in \mathbb{R}_+$ eine spezielle Konstante und $\log$ bezeichnet den Hauptwert des Logarithmus; sind u, v konjugiert imaginär, so ist $c' \in \mathbb{C}$ eine spezielle Konstante mit $ic' \in \mathbb{R}_+$ und der Zweig des Logarithmus ist derart gewählt, dass $-ic'\pi \leq \omega_\sigma \leq ic'\pi$ gilt[113] (oder auch $0 \leq \omega_\sigma < 2ic'\pi$), so dass ω_σ eindeutig festgelegt ist bis auf den Wert $\omega_\sigma = \pm ic'\pi$.

b) Es gelten die Voraussetzungen von a), jedoch ohne die Forderung, dass das Geradenbüschel S mit einem Richtungssinn versehen sei. Der *nicht orientierte Winkel* ω zwischen den Geraden g, h ist gegeben durch

$$\omega = \angle(g, h) := |c' \log DV(\bar{g}, \bar{h}; u, v)|; \qquad (5.9b)$$

dabei gelten die gleichen Festlegungen für c' und log wie zuvor; im Falle u, v konjugiert imaginär werden die beiden angegebenen Einschränkungen meist zu der einen $0 \leq \omega \leq ic'\pi$ zusammengefasst. (Siehe jedoch die Bemerkung 5.16.)

Durch Dualisierung dieser Definition gelangt man zur orientierten bzw. nicht orientierten Distanz. Gegeben sind dabei zwei Punkte $G, H \in \varepsilon$, deren Verbindungsgerade $s \in \varepsilon$ mit einem Richtungssinn σ versehen sei. Ihre Trägergerade $\bar{s} \in \bar{\varepsilon}$ schneide die der Geometrie zugrunde liegende Ordnungskurve k in zwei *verschiedenen* Punkten U, V.

Definition 5.8. a) Es gelten die Voraussetzungen 5.5 für die Punkte G, H, U, V. Dann ist die *orientierte Distanz d_σ von G nach H in Bezug auf den Richtungssinn σ* gegeben durch

$$d_\sigma = d_\sigma(G, H) := c \log DV(G, H; U, V). \qquad (5.10a)$$

Dabei erfolgt die Wahl von c und des Zweiges des Logarithmus wie zuvor.

b) Es gelten die Voraussetzungen von a), jedoch ohne die Forderung, dass die Punktreihe s mit einem Richtungssinn versehen sei. Die *nicht orientierte Distanz d* zwischen den Punkten G, H ist gegeben durch

$$d = d(G, H) := |c \log DV(G, H; U, V)|. \qquad (5.10b)$$

Wieder erfolgt die Wahl von c und des Zweiges des Logarithmus wie zuvor.

Bemerkung 5.9. Die Formeln (5.9) und (5.10) gestatten es im Falle u, v bzw. U, V reell, einen Wert für den Winkel bzw. die Distanz ohne Schwierigkeiten auch dann anzugeben, wenn nur eines oder keines der beiden Elemente der betrachteten Ebene ε angehören. Dies werden wir des öfteren tun. Dabei ist das aber eine Grenzüberschreitung insofern, als die beiden Begriffe gar nicht mehr definiert sind. Trotzdem sind die Ergebnisse plausibel. Es ist aber jedenfalls zu beachten, dass bei Auftreten imaginärer Werte sich diese nicht im Sinne der Orientierung interpretieren lassen und auch der Betrag seine Bedeutung verliert!

Das orientierte Distanzmaß – und analog das orientierte Winkelmaß – erfüllen folgende Eigenschaften:

Lemma 5.10. *Es seien $s \in \varepsilon$ und $G, H \in s$. Dann gilt*

1) a) $d_\sigma(G, H) = 0 \Leftrightarrow G = H$;

b) *sind U, V reell, ist $H \in \varepsilon$ fest und ist $GH \not\equiv UV$, so gilt*

$$d_\sigma(G, H) \to \pm\infty \Leftrightarrow G \to U \ \text{oder} \ G \to V;$$

2) $d_\sigma(H, G) = -d_\sigma(G, H)$.

Beweis. 1) a) Da U, V nicht der Ebene der Geometrie angehören, können G bzw. H nicht mit U bzw. V zusammenfallen. Weiter ist nach Voraussetzung $U \neq V$. Mithin gilt $d_\sigma(G, H) = 0$, also $DV(G, H; U, V) = 1$ nach Eigenschaft 3.79,3) genau dann, wenn $G = H$.

b) Dies folgt sofort aus der Definition des Doppelverhältnisses.

2) erhält man aufgrund der Eigenschaft 3.79,6).   □

Für das nicht orientierte Distanzmaß – und analog das nicht orientierte Winkelmaß – ergeben sich daraus unmittelbar die ersten zwei Eigenschaften der

Folgerung 5.11. *Es seien $s \in \varepsilon$ und $G, H \in s$. Dann gilt*

1)   a) $d(G, H) = 0 \Leftrightarrow G = H$;

  b) *sind U, V reell, ist $H \in \varepsilon$ fest und ist $GH \not\equiv UV$, so gilt*

$$d(G, H) \to \infty \Leftrightarrow G \to U \ \text{oder} \ G \to V.$$

2) $d(H, G) = d(G, H)$.

3) $d(G, H) \leq d(G, K) + d(K, H)$ *falls $K \in s$.*

Der *Beweis* von 3) sei dem Leser überlassen (Aufgabe 5).   □

Bemerkung 5.12. Im Sinne der Topologie besitzt die Distanz wegen 1) a) und 2) jedenfalls zwei Eigenschaften einer Distanzfunktion, nämlich

1) $d(G, H) \geq 0$, $d(G, H) = 0 \Leftrightarrow G = H$,   2) $d(H, G) = d(G, H)$.

Ist auch die Dreiecksungleichung

$$3) \ \ d(G, H) \leq d(G, K) + d(K, H)$$

allgemein erfüllt – wie etwa für die hyperbolische Geometrie –, so ist die entsprechende Ebene ein metrischer topologischer Raum.

Schließlich zeigt 1) b), dass die Punkte der der Geometrie zugrunde liegenden Kurve 2. Grades „unendlich fern" sind.

Man spricht nun von einer *elliptischen Maßbestimmung*, wenn die beiden Elemente u, v bzw. U, V konjugiert imaginär ausfallen. Sie tritt also bei der zuvor behandelten Winkelmessung in der euklidischen (bzw. der Ähnlichkeits-) Geometrie auf. Dagegen heißt die Maßbestimmung *hyperbolisch*, wenn jene Elemente reell und verschieden sind.

Schließlich kann aber auch der bisher ausgeschlossene Fall eintreten, dass u und v bzw. U und V zusammenfallen. Der erste Fall ergibt sich, wenn die Klassenkurve ein doppelt zu zählendes Geradenbüschel ist; der zweite, wenn dual dazu die Ordnungskurve eine doppelt zu zählende Punktreihe ist – also insbesondere für die euklidische Geometrie. Es liegt dann eine sogenannte *parabolische Maßbestimmung* vor, wobei die Formeln (5.9) bzw. (5.10) unbrauchbar sind, da sie stets den Wert 0 liefern ($DV(\bar{g}, \bar{h}; u, u) = 1$). In diesem Fall muss das Winkel- bzw. Distanzmaß auf andere Weise eingeführt werden, worauf wir weiter unten genauer eingehen.

Was elliptische und hyperbolische Maßbestimmungen betrifft, so geht aus den Formeln (5.9b) bzw. (5.10b) unmittelbar hervor, dass das entsprechende nicht orientierte Distanz- bzw. Winkelmaß eine Invariante ist unter den Bewegungen der jeweiligen Geometrie. Ist nämlich α eine solche und $\bar{\alpha}$ die entsprechende projektive Kollineation, welche die Kurve 2. Grades k^* fix lässt, so gilt nach Eigenschaft 3.79,1) jedenfalls

$$DV(\bar{\alpha}(G), \bar{\alpha}(H); \bar{\alpha}(U), \bar{\alpha}(V)) = DV(G, H; U, V).$$

Da die Punkte $\bar{\alpha}(U), \bar{\alpha}(V)$ wieder auf k liegen, sind sie die Schnittpunkte von k mit $\bar{\alpha}(s) = \langle \bar{\alpha}(G), \bar{\alpha}(H) \rangle$. Daher gilt definitionsgemäß

$$d(\bar{\alpha}(G), \bar{\alpha}(H)) = d(G, H); \tag{5.11}$$

im Fall u, v reell ist dabei zu beachten, dass $\bar{\alpha}$ die Relation des Sich-Trennnens respektiert.

Ein völlig analoges Argument liefert die Invarianz des nicht orientierten Winkels

$$\angle(\bar{\alpha}(g), \bar{\alpha}(h)) = \angle(g, h). \tag{5.12}$$

Für das orientierte Distanzmaß gilt dagegen nur

$$d_\sigma(\bar{\alpha}(G), \bar{\alpha}(H)) = \pm d_\sigma(G, H);$$

analog für das orientierte Winkelmaß.

Wir gehen nun kurz auf die Maßbestimmungen bei den einzelnen Geometrien ein, wobei wir, wie schon früher erwähnt, die *normierten* Darstellungen für die zugrunde liegenden Kurven 2. Grades verwenden (siehe 4.32). Genaueres wird bei der detaillierter Behandlung jener Geometrien ausgeführt. Auch werden wir der Einfachheit halber und um Doppelgleisigkeiten zu vermeiden nur die nicht orientierten Maßbestimmungen betrachten. Die notwendigen Änderungen im orientierten Fall sind elementar.

Wir beginnen mit der Distanzmessung. Die Trägergerade $\bar{s}$ von $s = \langle G, H \rangle$ schneidet die Ordnungskurve k der Kurve 2. Grades k^* sowohl im Fall der hyperbolischen Geometrie als auch der dualen Minkowski-Geometrie in den zwei verschiedenen *reellen* Punkten U, V. In beiden Fällen gibt es nach Abschnitt 5.2 zwei Gebiete bzgl. k, die man vom Punktaspekt her als Ebene ε ansehen kann:

im ersten Fall sind es das Innere und Äußere der ovalen Kurve k; im zweiten Fall die durch a, b bestimmten offenen Winkelfelder. Gilt $GH \not\asymp UV$, so ist die Distanz $d(G, H)$ stets reell (vgl. Fall 5.6,i)), gleichgültig in welchem der beiden Gebiete G, H liegen. Die Konstante c spielt hier keine besondere Rolle, da $d(G, H)$ nach Folgerung 5.11 beliebig groß werden kann; doch wählt man meist $c = \frac{1}{2}$.

Wendet man die Formel (5.10b) bei den beiden Geometrien auch dann an, wenn $GH \asymp UV$ gilt, so wird die Distanz rein imaginär, da ja dann $DV(G, H; U, V)$ negativ ist. Die beiden Gebiete sind also jeweils „imaginär weit entfernt" voneinander (vgl. Bemerkung 5.9).

Im Fall der elliptischen und der dualeuklidischen Geometrie sind U, V *konjugiert imaginär*. Nach 5.6,ii) ist dann $\log DV(G, H; U, V)$ stets rein imaginär. Meist wählt man $c = \frac{1}{2i}$ – in Analogie zur euklidischen Winkelmessung (5.6). Es gilt dann $0 \leq d(G, H) \leq \frac{\pi}{2}$.

Schließlich tritt der parabolische Fall bei der Distanzmessung dreimal auf: außer bei der euklidischen (bzw. Ähnlichkeits-) Geometrie auch noch bei der Minkowski-Geometrie und der Galilei-Geometrie. Da die Ordnungskurve stets eine doppelt zu zählende Gerade ist, lassen sich in all diesen Geometrien auf die gleiche Art wie bei der euklidischen Geometrie inhomogene Punktkoordinaten einführen.

Um hier jeweils eine Distanz $d(G, H)$ zweier Punkte $G(g_1, g_2)$, $H(h_1, h_2)$ zu definieren, verwendet man die einheitliche, mit den Parametern γ, γ' versehene Beschreibung (4.8) der Kurven 2. Grades in Kap. 4.4. Wie dort gezeigt wurde, können die den jetzt in Frage kommenden Geometrien zugrunde liegenden Kurven als Grenzfälle von nicht ausgearteten Kurven 2. Grades angesehen werden. Wie wir bei der detaillierten Besprechung der Distanz im nächsten Kapitel sehen werden, enthalten die Formeln in den letztgenannten Fällen ebenfalls die Parameter γ, γ'. Der Grenzübergang $\gamma \to 0$ bzw. $\gamma' \to 0$ führt dann im Fall einer Kurve 2. Grades laut 4.32 auf die Distanz

$$\text{Typ VI } (\gamma' = 1) \quad d(G, H) = {}_+\sqrt{(g_1 - h_1)^2 + (g_2 - h_2)^2},$$
$$\text{Typ V } (\gamma' = -1) \quad d(G, H) = {}_+\sqrt{(g_1 - h_1)^2 - (g_2 - h_2)^2},$$
$$\text{Typ VII} \quad\quad\quad\quad d(G, H) = |g_1 - h_1|.$$

Da wir von den Bewegungen bei den entsprechenden Geometrien stets gefordert hatten, dass die Distanzen invariant bleiben, erhält man im ersten Fall (Typ VI) wirklich genau die euklidische Geometrie (siehe Satz 5.1). Analog werden in den beiden anderen Fällen aus den sich dort ergebenden „Ähnlichkeitstransformationen" die Distanz erhaltenden ausgesondert.

Zusätzlich müssen die Bewegungen auch den Winkel erhalten, dem wir uns nun zuwenden. Wie wir gesehen haben ist die Winkelmessung für die euklidische Geometrie elliptisch; dies gilt auch für die hyperbolische Geometrie und die elliptische Geometrie. Die Geraden u, v sind in diesen beiden Fällen die konjugiert imaginären Tangenten vom Schnittpunkt S der gegebenen Geraden g, h aus an die Kurve 2. Grades k^*. Nach 5.6,ii) fällt dann $\log DV(\bar{g}, \bar{h}; u, v)$ rein imaginär aus und die Konstante c' in Formel (5.9b) wird wieder gleich $\frac{1}{2i}$ gewählt in

Übereinstimmung mit (5.6). Dadurch ist gesichert, dass für den Winkel $\omega = \angle(g, h)$ gilt $0 \leq \omega \leq \frac{\pi}{2}$.

Die hyperbolische Winkelmessung, bei der also u, v reell sind, tritt zunächst nur bei der Minkowskischen Geometrie auf. Da dieser Fall dual zur Distanzmessung in der dualen Minkowski-Geometrie ist, ist der Winkel $\angle(g, h)$ genau dann reell – und kann beliebig groß werden –, falls g, h demselben Winkelfeld bzgl. u, v angehören. Liegen sie dagegen in verschiedenen Winkelfeldern, ist der Wert rein imaginär. Wie zuvor wird dabei die Konstante c' in (5.9b) gleich $\frac{1}{2}$ gesetzt. – Ein hyperbolisches Winkelmaß würde auch vorliegen, falls man im Falle einer ovalen Kurve 2. Grades k^* das Äußere des zugehörigen Punktbereichs als Ebene ε einer Geometrie wählte (siehe unten Typ Ia und Ib).

Schließlich bleibt noch der Fall der parabolischen Winkelmessung, wenn die Klassenkurve aus einem doppelt zu zählenden ($\Rightarrow$ reellen) Geradenbüschel besteht (Typ III, IV und VII in 4.32). Dieser lässt sich wieder mittels Grenzüberlegungen behandeln, wobei man die folgenden Ergebnisse erhält: haben g, h die Geradenkoordinaten $(g_0, g_1, g_2)^t$, $(h_0, h_1, h_2)^t$, so gilt

$$\text{Typ III } (\gamma = -1) \quad \angle(g, h) = {}_+\sqrt{\left(\frac{g_1}{g_2} - \frac{h_1}{h_2}\right)^2 - \left(\frac{g_0}{g_2} - \frac{h_0}{h_2}\right)^2},$$

$$\text{Typ IV } (\gamma = 1) \quad \angle(g, h) = {}_+\sqrt{\left(\frac{g_1}{g_2} - \frac{h_1}{h_2}\right)^2 + \left(\frac{g_0}{g_2} - \frac{h_0}{h_2}\right)^2},$$

$$\text{Typ VII} \quad \angle(g, h) = \left|\frac{g_1}{g_2} - \frac{h_1}{h_2}\right|.$$

Wir fassen die bisherigen Ergebnisse zusammen:

Tabelle 5.13.

	I	II	III	IV	V	VI	VII
$d(G, H)$	hyp	ell	hyp	ell	par	par	par
$\angle(g, h)$	ell	ell	par	par	hyp	ell	par

Die Tabelle legt nahe, dass es noch zwei weitere Geometrien geben könnte, so dass sämtliche mögliche Kombinationen der Arten von Distanz- und Winkelmaßen auftreten. Und diese existieren tatsächlich! Dazu muss man den bisher unberücksichtigten Fall betrachten, dass die Kurve 2. Grades k^* eine ovale Kurve ist und die Punktmenge der Ebene ε der Geometrie das Äußere der Ordnungskurve k ist. Nach (5.5) lassen sich hierbei zwei Fälle unterscheiden, je nachdem welche Objekte man als die Geraden dieser Geometrie ansieht.

Typ Ia: Die Punkte dieser Geometrie sind die im Äußeren von k liegenden Punkte der projektiven Ebene $\bar{\varepsilon}$. Die Geraden sind die inneren Geraden von $\bar{k}$, also die Geraden von $\bar{\varepsilon}$, die k nicht reell schneiden; siehe Abbildung 5.5 am Ende dieses Abschnitts. Die Bewegungen sind die Einschränkungen auf die dadurch bestimmte Ebene $\mathcal{H}^d$ derjenigen Kollineationen von $\bar{\varepsilon}$, die k^*- bzw. äquivalent k oder $\bar{k}$ (Satz 4.17) – invariant lassen und das Äußere von k in sich überführen. Klarerweise sind das dieselben Kollineationen, die das Innere fix lassen. Somit stimmen die hier den Bewegungen zugrundeliegenden Kollineationen überein mit denen, die auf die Bewegungen der hyperbolischen Geometrie führen. Ersichtlich führen die genannten Bewegungen Geraden der neuen Geometrie wieder in solche über. Sie heißt *dualhyperbolische Geometrie* oder *Anti-de Sitter-Geometrie*[114].

Typ Ib: Die Punkte der sich hier ergebenden Ebene $\mathcal{S}$ werden wie zuvor festgelegt. Die Geraden von $\mathcal{S}$ sollen aber nun die Einschränkungen auf das Äußere von k sein derjenigen Geraden von $\bar{\varepsilon}$, die k in zwei (verschiedenen reellen) Punkten schneiden; siehe Abbildung 5.6 am Ende dieses Abschnitts. Definiert man die Bewegungen wie zuvor, so sind ersichtlich die Bilder dieser Geraden wieder derartige Geraden. Die so entstehende Geometrie wird *doppelt-hyperbolische* oder auch *de Sitter-Geometrie*[114] genannt.

In beiden Fällen ist die Winkelmessung hyperbolisch, da durch jeden Punkt S des Äußeren der Ordnungskurve k genau zwei (reelle) Geraden der Klassenkurve $\bar{k}$ gehen. Was die Distanzmessung betrifft, ist sie bei Typ Ia elliptisch, da jede Gerade an k vorbeiläuft; bei Typ Ib dagegen hyperbolisch – daher der Name doppelt-hyperbolische Geometrie. In beiden Fällen ist aber zu beachten, dass sich zwei Punkte der jeweiligen Ebene nur dann durch eine Gerade verbinden lassen, wenn deren Trägergerade k nicht schneidet (Typ Ia) bzw. schneidet (Typ Ib).

Die obige Tabelle kann somit vervollständigt werden:

Tabelle 5.14.

	I	Ia	Ib	II	III	IV	V	VI	VII
$d(G,H)$	hyp	ell	hyp	ell	hyp	ell	par	par	par
$\angle(g,h)$	ell	hyp	hyp	ell	par	par	hyp	ell	par

Vergleicht man die beiden Tabellen 5.13 und 5.14 mit der allgemeinen Beschreibung 4.32 und 4.33 der der jeweiligen Geometrie zugrundeliegenden Kurve 2. Grades, so erkennt man, dass die parabolische Distanzmessung durch $\gamma = 0$ charakterisiert ist, die elliptische duch $\gamma > 0$ und die hyperbolische durch $\gamma < 0$. Ebenso korrespondiert die parabolische Winkelmessung mit $\gamma' = 0$, die elliptische mit $\gamma' > 0$ und die hyperbolische mit $\gamma' < 0$. Damit klärt sich jetzt auch die Bedeutung der anderen Darstellungen in (4.8a) der ovalen Kurve in 4.33 auf:

$$\gamma > 0, \ \gamma' < 0 \ \text{(Fall c) entspricht der Geometrie von Typ Ia,} \qquad (5.13a)$$
$$\gamma < 0, \ \gamma' < 0 \ \text{(Fall d) entspricht der Geometrie von Typ Ib.}$$

Nach (4.33) hat die normierte Beschreibung der ovalen Kurve dann die Form

$$\text{Typ Ia}: x_0^2 + x_1^2 - x_2^2 = 0, \ -u_0^2 - u_1^2 + u_2^2 = 0, \qquad (5.13b)$$
$$\text{Typ Ib}: x_0^2 - x_1^2 + x_2^2 = 0, \quad u_0^2 - u_1^2 + u_2^2 = 0.$$

In den Abbildungen 5.5 und 5.6 sind die Ordnungskurven im Standardmodell dargestellt, wobei auch einige Geraden der jeweils entsprechenden Geometrie eingezeichnet sind.

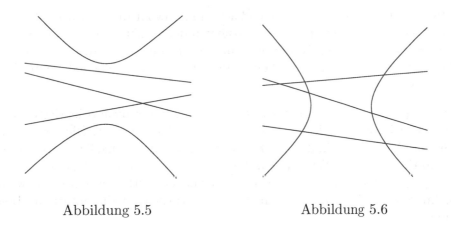

Abbildung 5.5   Abbildung 5.6

Bemerkung 5.15. Es seien ε eine Cayley–Klein-Ebene, k die Ordnungskurve der entsprechenden Absolutfigur und $g \in \varepsilon$ eine Gerade. Ist die Distanzmessung auf g nicht elliptisch, so lässt sich ein dem euklidischen Zwischenbegriff analoger Begriff auf g einführen. Seien dazu $A, B \in g$ zwei verschiedene Punkte und U der (oder einer der beiden) reelle(n) Schnittpunkt(e) der projektiven Trägergeraden $\overline{g}$ von g mit k, so definiert man (siehe Aufgabe 6):

$C \in g$ liegt *zwischen* A und B, falls $AB \asymp CU$.

Sind A, B, C drei nicht kollineare Punkte von ε, deren Verbindungsgeraden a, b, c die Bedingungen dieser Definition erfüllen, so gibt es unter den durch sie bestimmten vier P-Dreiecken genau eines, dessen (offene) Seiten nur Punkte enthalten, die zwischen den jeweiligen Ecken liegen (Aufgabe 7). Dieses wird *ausgezeichnetes P-Dreieck* oder einfach *Dreieck* $\triangle ABC$ genannt.

Es bleiben noch diejenigen Cayley–Klein-Geometrien zu betrachten, in denen das Distanzmaß auf $g \in \varepsilon$ elliptisch ist. Dies tritt bei der dualhyperbolischen, der dualeuklidischen und der elliptischen Geometrie ein. In den ersten beiden Fällen kann man das obige Vorgehen dualisieren: Hat man somit zwei verschiedene Geraden a, b der jeweiligen Ebene ε gegeben, derart dass $S = a \cap b \in \varepsilon$ gilt, so liegt die Gerade

$c \in S$ *zwischen* a und b, falls $ab \asymp cu$;

hierbei ist u wie üblich die (oder eine der beiden) durch S gehende(n) Gerade(n) der entsprechenden Klassenkurve. Somit gibt es zu drei Geraden $a, b, c \in \varepsilon$, deren Schnittpunkte verschieden sind und ε angehören, ein *ausgezeichnetes P-Dreiseit*, kurz *Dreiseit* genannt, dessen (offene) Winkelfelder nur Geraden enthalten, die zwischen den jeweiligen Geradenpaaren (a, b) bzw. (a, c) bzw. (b, c) liegen. Da zu diesem Dreiseit ein eindeutig bestimmtes P-Dreieck gehört (siehe Anhang 2 zu Kapitel 3), kann man auch in diesen Fällen von dem (ausgezeichneten P-)Dreieck sprechen.

In der elliptischen Ebene schließlich sind sowohl die Distanz- als auch die Winkelmessung elliptisch. Da diese Ebene von der Punkt- und Geradenmenge her betrachtet mit der projektiven Ebene übereinstimmt, legen drei nicht kollineare Punkte vier (P-)Dreiecke, wovon keines ausgezeichnet ist (siehe jedoch die folgende Bemerkung).

Bemerkung 5.16. Wie schon bei der Definition 5.7,b) des nicht orientierten Winkels bemerkt wurde, werden dessen Grenzen auch anders gewählt. Dies trifft schon in der Dreieckslehre der euklidischen Ebene zu: Ein stumpfwinkeliges Dreieck besitzt per definitionem einen Winkel ω mit $\frac{\pi}{2} < \omega < \pi$, während dort die Schranken $0 \le \omega \le \frac{\pi}{2}$ angegeben wurden. Diese Möglichkeit tritt nur dann auf, wenn die Winkelmessung elliptisch ist. Analoges gilt natürlich für die elliptische Distanzmessung.

Wir gehen nur auf den Fall des nicht orientierten *Winkels* ein, da der der nicht orientierten Distanz dual ist. An Geometrien kommen somit die hyperbolische, die euklidische und die elliptische in Frage. In den ersten zwei Fällen ist aufgrund der vorangegangenen Bemerkung durch drei nicht kollineare Punkte A, B, C der jeweiligen Ebene ε ein Dreieck $\triangle ABC$ eindeutig festgelegt – die Verbindungsgeraden $a = \langle B, C \rangle$, $b = \langle C, A \rangle$, $c = \langle A, B \rangle$ gehören dabei automatisch ε an. Um nun den Wert etwa des Winkels (= Innenwinkelfeldes) $\angle_A$ festzulegen, betrachten wir die Geraden $\overline{b}^\perp, \overline{c}^\perp$ gegeben durch $H(\overline{b}, \overline{b}^\perp; u, v)$ bzw. $H(\overline{c}, \overline{c}^\perp; u, v)$, wo $\overline{b}, \overline{c}$ die projektiven Trägergeraden von b, c und u, v wie üblich die durch A gehenden konjugiert imaginären Geraden der Klassenkurve der Absolutfigur sind. Deren Einschränkungen auf die jeweilige Ebene sind genau diejenigen Geraden, die mit b bzw. c den Winkel $\frac{\pi}{2}$ einschließen. Für diese Geraden gilt nun entweder

  i) $\overline{b}^\perp = \overline{c}$ und $\overline{c}^\perp = \overline{b}$; oder

 ii) beide liegen im offenen Innenwinkelfeld bei A bezüglich $\overline{b}, \overline{c}$; oder

iii) beide liegen im anderen offenen Winkelfeld bezüglich $\overline{b}, \overline{c}$

(siehe Aufgabe 8). Man definiert nun den Winkel(-wert) $\angle_A$ den Fällen entsprechend durch

$$\text{i) } \angle_A = \frac{\pi}{2}, \quad \text{ii) } \angle_A = \pi - \omega, \quad \text{iii) } \angle_A = \omega,$$

wobei ω der nach Definition 5.7,b) definierte nicht orientierte Winkel ist, den die Geraden b, c miteinander einschließen. Es gilt somit $0 \le \angle_A < \pi$.

Entsprechend werden die Winkel $\angle_B$ und $\angle_C$ definiert. Offensichtlich erhält man im euklidischen Fall gerade die üblichen Werte für die Innenwinkel eines Dreiecks.

Es bleibt wieder der Fall der elliptischen Ebene. Hier kann man für jedes der vier durch die Punkte A, B, C festgelegten Dreiecke auf die eben beschriebene Weise das Winkelmaß und dual dazu das Distanzmaß definieren. Hierbei bleibt die metrische Dualität erhalten, wenn man die Entsprechungen, wie sie im Anhang 2 von Kapitel 3 vorgestellt wurden, exakt durchführt. Genauer gehen wir in Kapitel 6.2.2 darauf ein.

Aus *topologischer* Sicht ist diese Vorgehensweise bei der elliptischen Ebene jedoch unbrauchbar, da je zwei Eckpunkte sowohl einen Abstand δ als auch $\delta' := \pi - \delta$ besitzen. Um diese Mehrdeutigkeit zu vermeiden setzt man $d = \min(\delta, \delta')$, so dass man eine Abstands*funktion* erhält. Hat keine der Seiten eines der Dreiecke (und damit aller vier) die Länge $\frac{\pi}{2}$ hat, so ist auch *geometrisch* dadurch *eindeutig* ein „E-Dreieck" bestimmt, dessen sämtliche Seitenlängen $< \frac{\pi}{2}$ sind; das geht, da die orientierte Länge einer elliptischen Geraden gleich π ist. Bezüglich dieser Distanzfunktion gilt die Dreiecksungleichung, so dass die elliptische Ebene ein metrischer topologischer Raum ist ([Ber], Vol. II, ch. 19.1).

Jedoch muss ein solches E-Dreieck mit keinem der P-Dreiecke übereinstimmen. Es lassen sich aber die Innenwinkelfelder wie in Definition 3.115 eindeutig zuordnen; das entsprechende Winkelmaß wird dann wie zuvor gewählt. Dadurch kann aber der Fall eintreten, dass auch Winkel ω mit $\frac{\pi}{2} < \omega < \pi$ auftreten. Beispielsweise gibt es dann ein spitz- und ein stumpfwinkeliges E-Dreieck, die in ihren Seitenlängen übereinstimmen. Es ist also nicht nur das Dualitätsprinzip in Bezug auf das Distanz- und Winkelmaß aufgrund der unterschiedlichen Schranken verletzt[115], sondern auch ein naheliegender Kongruenzsatz. Überhaupt treten bei dieser Art der Festlegung der Dreiecke viele eigenartige Phänomene auf (siehe [Gans], ch. VIII, oder [Ber], Vol. II, ch. 19.1; siehe auch Anm. 123).

5.3.2 Formeln für Distanz und Winkel

Wir setzen zunächst eine nicht ausgeartete Geometrie voraus, d.h. eine solche, die keine parabolische Maßbestimmung besitzt; sie ist also vom Typ I, II, Ia oder Ib. Hier lassen sich Distanz und Winkel im nicht orientierten[116] Fall auch ohne die entsprechenden Hilfselemente U, V bzw. u, v der Kurve 2. Grades, die bei der allgemeinen Definition auftreten, angeben und zwar mittels eines einheitlichen Verfahrens. Dies wird es dann, wie erwähnt, ermöglichen, auch bei den restlichen Geometrien Formeln für Distanz und Winkel abzuleiten.

Wir gehen von der allgemeinen Form (4.8) einer nicht ausgearteten Kurve 2. Grades k^* aus

$$k: \ x_0^2 + \gamma x_1^2 + \gamma\gamma' x_2^2 = 0, \quad \bar{k}: \ \gamma\gamma' z_0^2 + \gamma' z_1^2 + z_2^2 = 0 \quad \text{mit } \gamma, \gamma' \neq 0. \quad (5.14)$$

Diese Gleichungen sind zwar nur bis auf skalare Vielfache $\neq 0$ eindeutig bestimmt, doch hat dies auf die nachfolgenden Überlegungen keinerlei Einfluß, wie man unmittelbar nachrechnet und auch am Ergebnis erkennt.

Wir beginnen mit der Distanzmessung. Seien G, H zwei verschiedene Punkte mit den homogenen Koordinaten $\mathrm{g} = (g_0, g_1, g_2)$, $\mathrm{h} = (h_0, h_1, h_2)$, sei $\bar{s} = \langle G, H \rangle$ deren Verbindungsgerade in der projektiven Ebene und $X \in \bar{s}$ beliebig; dabei ist es gleichgültig, ob G, H, X der betrachteten Ebene angehören oder nicht! Die

Koordinaten $\mathbf{x} = (x_0, x_1, x_2)$ von X erfüllen dann nach Bemerkung 3.57,1)

$$x_i = \lambda g_i + \mu h_i, \quad i = 0, 1, 2, \tag{5.15}$$

mit geeigneten $\lambda, \mu \in \mathbb{R}$, $(\lambda, \mu) \neq (0, 0)$. Um die Schnittpunkte U, V mit k zu erhalten, setzen wir in die Gleichung von k ein und dividieren durch μ^2. Mit $\alpha = \frac{\lambda}{\mu}$ erhalten wir

$$\alpha^2 (g_0^2 + \gamma g_1^2 + \gamma\gamma' g_2^2) + 2\alpha(g_0 h_0 + \gamma g_1 h_1 + \gamma\gamma' g_2 h_2) + (h_0^2 + \gamma h_1^2 + \gamma\gamma' h_2^2) = 0.$$

Setzen wir zur Abkürzung allgemein $\langle \mathbf{x}, \mathbf{y} \rangle := x_0 y_0 + \gamma x_1 y_1 + \gamma\gamma' x_2 y_2$, so folgt

$$\alpha_{1,2} = \frac{-\langle \mathbf{g}, \mathbf{h} \rangle \pm \sqrt{\langle \mathbf{g}, \mathbf{h} \rangle^2 - \langle \mathbf{g}, \mathbf{g} \rangle \langle \mathbf{h}, \mathbf{h} \rangle}}{\langle \mathbf{g}, \mathbf{g} \rangle}. \tag{5.16}$$

Bemerkung 5.17. Hier sind zwei Fälle möglich:

a) Die Diskriminante ist positiv, d.h. U, V sind reell. Es liegt somit die hyperbolische Geometrie oder die de Sitter-Geometrie vor.

b) Die Diskriminante ist negativ, d.h. U, V sind konjugiert imaginär. Es liegt daher die elliptische Geometrie oder die dualhyperbolische Geometrie vor.

Ein Vergleich mit den entsprechenden Parametern zeigt, dass das Vorzeichen der Diskriminante mit dem Vorzeichen von γ in Zusammenhang steht. Und zwar gilt:

$$D > 0 \Leftrightarrow \gamma < 0, \qquad D < 0 \Leftrightarrow \gamma > 0.$$

Aus (5.15) und (5.16) folgt für die Koordinaten von U, V:

$$u_i = \alpha_1 \mu_u g_i + \mu_u h_i, \quad v_i = \alpha_2 \mu_v g_i + \mu_v h_i \quad (i = 0, 1, 2)$$

mit beliebigen $\mu_u, \mu_v \in \mathbb{R}^*$. Nun ist $DV(G, H; U, V) = DV(U, V; G, H)$ und letzteres ist nach Formel (3.10) gleich

$$\frac{\mu_u}{\alpha_1 \mu_u} : \frac{\mu_v}{\alpha_2 \mu_v} = \frac{\alpha_2}{\alpha_1}.$$

Formel (5.10b) liefert somit, wenn man wie dort $d := d(G, H)$ setzt und o.B.d.A. das positive Vorzeichen vor der Wurzel in (5.16) zu α_1, das negative zu α_2 gehörig annimmt:

$$e^{\frac{1}{c}(\pm d)} = DV(G, H; U, V) = \alpha_2 : \alpha_1 = \frac{\langle \mathbf{g}, \mathbf{h} \rangle + \sqrt{\langle \mathbf{g}, \mathbf{h} \rangle^2 - \langle \mathbf{g}, \mathbf{g} \rangle \langle \mathbf{h}, \mathbf{h} \rangle}}{\langle \mathbf{g}, \mathbf{h} \rangle - \sqrt{\langle \mathbf{g}, \mathbf{h} \rangle^2 - \langle \mathbf{g}, \mathbf{g} \rangle \langle \mathbf{h}, \mathbf{h} \rangle}}. \tag{5.17}$$

Unter Verwendung von $\cosh^2 \frac{t}{2} = \frac{1}{4}(e^t + e^{-t} + 2)$ folgt

$$\cosh \frac{d}{2c} = \pm\sqrt{\frac{(\alpha_1 + \alpha_2)^2}{4\alpha_1 \alpha_2}} = \pm\sqrt{\frac{\langle \mathbf{g}, \mathbf{h} \rangle^2}{\langle \mathbf{g}, \mathbf{g} \rangle \langle \mathbf{h}, \mathbf{h} \rangle}}; \tag{5.18}$$

da cosh eine gerade Funktion ist spielt das Vorzeichen von d keine Rolle mehr.

Damit ist die Distanz nur noch mittels der Koordinaten von G und H ausgedrückt. Hierbei ist zu beachten, dass d von den Parametern γ, γ' abhängt: $d = d_{(\gamma, \gamma')}(G, H)$. Die Konstante c wird so gewählt, dass sich im Grenzfall $\gamma \to 0$ bei $\gamma' > 0$, wie früher behauptet, gerade die euklidische Distanz ergibt. Das folgt für $c = \frac{1}{2\sqrt{-\gamma}}$ (siehe später). Zugleich impliziert diese Wahl, dass für $\gamma = -1$ (und $\gamma' = 1$), also bei Zugrundelegung des Einheitskreises im Standardmodell, $c = \frac{1}{2}$ wird, was mit der Wahl im vorigen Abschnitt übereinstimmt. Formel (5.18) hat somit nun folgende Gestalt

$$\cosh \sqrt{-\gamma} d_{(\gamma, \gamma')}(G, H) = \pm \sqrt{\frac{\langle \mathrm{g}, \mathrm{h} \rangle^2}{\langle \mathrm{g}, \mathrm{g} \rangle \langle \mathrm{h}, \mathrm{h} \rangle}}. \tag{5.19}$$

Ist hier $\gamma < 0$, liegt also nach Bemerkung 5.17 die hyperbolische oder die de Sitter-Geometrie vor, so ist $\sqrt{-\gamma}$ und daher auch das Argument von cosh positiv reell. Da dann cosh nur nicht negative Werte annimmt ist das Vorzeichen der Wurzel stets positiv zu nehmen und es folgt

$$\cosh \sqrt{-\gamma} d_{(\gamma, \gamma')}(G, H) = \frac{|\langle \mathrm{g}, \mathrm{h} \rangle|}{+\sqrt{\langle \mathrm{g}, \mathrm{g} \rangle \langle \mathrm{h}, \mathrm{h} \rangle}} \qquad \text{bzw.} \tag{5.20a}$$

$$d_{(\gamma, \gamma')}(G, H) = \frac{1}{\sqrt{-\gamma}} \operatorname{arcosh} \frac{|\langle \mathrm{g}, \mathrm{h} \rangle|}{+\sqrt{\langle \mathrm{g}, \mathrm{g} \rangle \langle \mathrm{h}, \mathrm{h} \rangle}} \qquad (\gamma < 0); \tag{5.20b}$$

insbesondere gilt stets $0 \le d < \infty$ in Übereinstimmung mit Folgerung 5.11.

Ist dagegen $\gamma > 0$, so liegt nach Bemerkung 5.17 die elliptische oder die dual-hyperbolische Geometrie vor und man erhält wegen $\cosh iz = \cos z$ die Darstellung

$$\cos \sqrt{\gamma} d_{(\gamma, \gamma')}(G, H) = \frac{|\langle \mathrm{g}, \mathrm{h} \rangle|}{+\sqrt{\langle \mathrm{g}, \mathrm{g} \rangle \langle \mathrm{h}, \mathrm{h} \rangle}} \qquad \text{bzw.} \tag{5.21a}$$

$$d_{(\gamma, \gamma')}(G, H) = \frac{1}{\sqrt{\gamma}} \arccos \frac{|\langle \mathrm{g}, \mathrm{h} \rangle|}{+\sqrt{\langle \mathrm{g}, \mathrm{g} \rangle \langle \mathrm{h}, \mathrm{h} \rangle}} \qquad (\gamma > 0); \tag{5.21b}$$

dabei läuft d in den Schranken $0 \le d \le \frac{\pi}{2\sqrt{\gamma}}$ (vgl. Def. 5.7,b)). Berücksichtigt man dies, kann man in diesem Fall den Betrag auch weglassen und das Vorzeichen der Wurzel negieren. Im Fall der normierten elliptischen Geometrie, d.h. $\gamma = 1$, gilt speziell $0 \le d \le \frac{\pi}{2}$, wie früher behauptet wurde.

Wir gehen nun zur Winkelmessung in den vier nicht ausgearteten Geometrien über. Seien g, h zwei verschiedene Geraden, die sich in einem der jeweiligen betrachteten Ebene angehörenden Punkt S schneiden. Seien $\hat{\mathrm{g}} = (g_0, g_1, g_2)^t$, $\hat{\mathrm{h}} = (h_0, h_1, h_2)^t$ die Geradenkoordinaten der Trägergeraden $\bar{g}, \bar{h}$ von g, h in der projektiven Ebene. Weiter seien $u(u_0, u_1, u_2)^t, v(v_0, v_1, v_2)^t$ die beiden durch S gehenden Geraden der der Geometrie zugrundeliegenden Klassenkurve $\bar{k}$; das sind die reellen oder konjugiert imaginären Tangenten von S aus an die Ordnungskurve k. Definitionsgemäß gilt

$$\angle(g,h) = |c' \log DV(\bar{g}, \bar{h}; u, v)|.$$

Um u, v zu eliminieren, gehen wir ganz analog wie oben vor. Da u, v dem von $\bar{g}, \bar{h}$ erzeugten Geradenbüschel S angehören gilt

$$u_i = \lambda_u g_i + \mu_u h_i \quad (i = 0, 1, 2);$$

entsprechend für v:

$$v_i = \lambda_v g_i + \mu_v h_i \quad (i = 0, 1, 2).$$

Andererseits müssen u, v der Klassenkurve $\bar{k}$ angehören, d.h. gemäß (5.14)

$$\gamma\gamma' z_0^2 + \gamma' z_1^2 + z_2^2 = 0$$

erfüllen. Es gelten somit genau die gleichen Beziehungen wie zuvor für die Distanz, so dass sich mit $\alpha_1 = \frac{\lambda_a}{\mu_a}$, $\alpha_2 = \frac{\lambda_b}{\mu_b}$ wie dort ergibt

$$\alpha_{1,2} = \frac{-\langle \hat{g}, \hat{h} \rangle_* \pm \sqrt{\langle \hat{g}, \hat{h} \rangle_*^2 - \langle \hat{g}, \hat{g} \rangle_* \langle \hat{h}, \hat{h} \rangle_*}}{\langle \hat{g}, \hat{g} \rangle_*};$$

dabei ist jetzt $\langle \,,\, \rangle_*$ allgemein gegeben durch

$$\langle \hat{x}, \hat{y} \rangle_* = \gamma\gamma' x_0 y_0 + \gamma' x_1 y_1 + x_2 y_2.$$

Auch die weiteren Überlegungen verlaufen völlig analog wie bei der Distanzmessung. Wir listen deshalb nur die Ergebnisse auf, wobei D' die Diskriminante $D' = \langle \hat{g}, \hat{h} \rangle_*^2 - \langle \hat{g}, \hat{g} \rangle_* \langle \hat{h}, \hat{h} \rangle_*$ bedeutet:

$$\cosh \frac{\angle(g,h)}{2c'} = \frac{|\langle \hat{g}, \hat{h} \rangle_*|}{\sqrt{\langle \hat{g}, \hat{g} \rangle_* \langle \hat{h}, \hat{h} \rangle_*}} \quad (D' > 0), \tag{5.22a}$$

$$\cos \frac{\angle(g,h)}{2c'} = \frac{|\langle \hat{g}, \hat{h} \rangle_*|}{\sqrt{\langle \hat{g}, \hat{g} \rangle_* \langle \hat{h}, \hat{h} \rangle_*}} \quad (D' < 0). \tag{5.22b}$$

Vergleicht man wieder das Vorzeichen der Diskriminante D' mit dem der Parameter γ, γ', so zeigt sich, dass die Alternative, ob D' positiv oder negativ ist, äquivalent mit $\gamma' < 0$ bzw. $\gamma' > 0$ ist. Man wählt in beiden Fällen $c' = \frac{1}{2\sqrt{-\gamma'}}$ und erhält nach (5.13b) bzw. (4.8a)

$D > 0 \Leftrightarrow \gamma' < 0$: dualhyperbolische und doppelt-hyperbolische Geometrie (Typ Ia, Ib in (4.33))

$$\cosh(\sqrt{-\gamma'} \angle_{(\gamma,\gamma')}(g,h)) = \frac{|\langle \hat{g}, \hat{h} \rangle_*|}{\sqrt{\langle \hat{g}, \hat{g} \rangle_* \langle \hat{h}, \hat{h} \rangle_*}} \quad \text{bzw.} \tag{5.23a}$$

$$\angle_{(\gamma,\gamma')}(g,h) = \frac{1}{\sqrt{-\gamma'}} \operatorname{arcosh} \frac{|\langle \hat{g}, \hat{h} \rangle_*|}{\sqrt{\langle \hat{g}, \hat{g} \rangle_* \langle \hat{h}, \hat{h} \rangle_*}}; \tag{5.23b}$$

$D < 0 \Leftrightarrow \gamma' > 0$: hyperbolische und elliptische Geometrie (Typ I, II in (4.32))

$$\cos(\sqrt{\gamma'}\angle_{(\gamma,\gamma')}(g,h)) = \frac{|\langle \hat{\mathbf{g}}, \hat{\mathbf{h}} \rangle_*|}{\sqrt{\langle \hat{\mathbf{g}}, \hat{\mathbf{g}} \rangle_* \cdot \langle \hat{\mathbf{h}}, \hat{\mathbf{h}} \rangle_*}} \quad \text{bzw.} \tag{5.24a}$$

$$\angle_{(\gamma,\gamma')}(g,h) = \frac{1}{\sqrt{\gamma'}} \arccos \frac{|\langle \hat{\mathbf{g}}, \hat{\mathbf{h}} \rangle_*|}{\sqrt{\langle \hat{\mathbf{g}}, \hat{\mathbf{g}} \rangle_* \cdot \langle \hat{\mathbf{h}}, \hat{\mathbf{h}} \rangle_*}}. \tag{5.24b}$$

Vergleicht man die Formeln für den Winkel und die Distanz, so sieht man, dass sie völlig gleich lauten. Nur stehen beim Winkelmaß $\hat{\mathbf{g}}, \hat{\mathbf{h}}$ für die Geradenkoordinaten der Trägergeraden von g, h und es gilt

$$\langle \hat{\mathbf{g}}, \hat{\mathbf{h}} \rangle_* = \gamma\gamma' g_0 h_0 + \gamma' g_1 h_1 + g_2 h_2.$$

Beim Distanzmaß dagegen repräsentieren $\mathbf{g}, \mathbf{h}$ Punktkoordinaten und es ist

$$\langle \mathbf{g}, \mathbf{h} \rangle = g_0 h_0 + \gamma g_1 h_1 + \gamma\gamma' g_2 h_2.$$

Da im weiteren stets aus dem Zusammenhang klar hervorgeht, ob auf Distanzen oder Winkel Bezug genommen wird, *lassen wir von nun an die Symbole ˆ und *
weg*, so dass die Analogie noch stärker hervortritt.

Die Formeln für Distanz und Winkel ermöglichen es nun, solche für die ausgearteten Geometrien abzuleiten. Dazu sei daran erinnert, dass die entsprechenden ausgearteten Kurven 2. Grades durch einen Grenzübergang $\gamma \to 0$ oder/und $\gamma' \to 0$ aus den nicht ausgearteten Kurven 2. Grades erhalten werden (siehe (4.8b)). Damit liefern die Formeln (5.20) bis (5.24) unmittelbar

$$\frac{|g_0 h_0 + \gamma g_1 h_1|}{\sqrt{g_0^2 + \gamma g_1^2} \sqrt{h_0^2 + \gamma h_1^2}} = \begin{cases} \cos \sqrt{\gamma} d_{(\gamma,0)}(G,H) & \text{falls } \gamma > 0 \\ \cosh \sqrt{-\gamma} d_{(\gamma,0)}(G,H) & \text{falls } \gamma < 0 \end{cases} \tag{5.25}$$

bzw.

$$\frac{|\gamma' g_1 h_1 + g_2 h_2|}{\sqrt{\gamma' g_1^2 + g_2^2} \sqrt{\gamma' h_1^2 + h_2^2}} = \begin{cases} \cos \sqrt{\gamma'} \angle_{(0,\gamma')}(g,h) & \text{falls } \gamma' > 0 \\ \cosh \sqrt{-\gamma'} \angle_{(0,\gamma')}(g,h) & \text{falls } \gamma' < 0. \end{cases} \tag{5.26}$$

Bemerkung 5.18. Im Falle der euklidischen Geometrie, also $\gamma' = 1$, ergibt sich wirklich die übliche Formel für den Kosinus des Winkels, ausgedrückt mit Hilfe des Skalarproduktes der Normalvektoren der beiden Geraden g und h.

Um auch die anderen Fälle zu erledigen, verwenden wir, dass ganz allgemein für eine differenzierbare Funktion $f : \mathbb{R}^2 \to \mathbb{R}^2$ gilt

$$\lim_{\delta \to 0} \frac{\tan(\sqrt{\delta} f(\delta, \varepsilon))}{\sqrt{\delta}} = f(0, \varepsilon) = \lim_{\delta \to 0} \frac{\tanh(\sqrt{\delta} f(\delta, \varepsilon))}{\sqrt{\delta}} \quad (\delta > 0). \tag{5.27}$$

Die Richtigkeit dieser Beziehungen folgt unmittelbar durch Anwenden der Regel von de l'Hospital, wenn man $\delta \to 0$ durch die äquivalente Bedingung $\sqrt{\delta} \to 0$ ersetzt.

Setzt man nun zunächst $\delta = \gamma \ (\gamma > 0)$, $\varepsilon = \gamma'$, $f(\delta, \varepsilon) = d_{(\gamma, \gamma')}$, so liefert Formel (5.21a) unter Verwendung von $\tan y = \sqrt{\frac{1}{\cos^2 y} - 1}$

$$\frac{\tan \sqrt{\gamma} d_{(\gamma, \gamma')}(G, H)}{\sqrt{\gamma}} = \frac{1}{\sqrt{\gamma}} \sqrt{\frac{\langle \mathbf{g}, \mathbf{g} \rangle \langle \mathbf{h}, \mathbf{h} \rangle}{\langle \mathbf{g}, \mathbf{h} \rangle^2} - 1}$$

$$= \frac{1}{\sqrt{\gamma} |\langle \mathbf{g}, \mathbf{h} \rangle|} \sqrt{\langle \mathbf{g}, \mathbf{g} \rangle \langle \mathbf{h}, \mathbf{h} \rangle - \langle \mathbf{g}, \mathbf{h} \rangle^2}$$

$$= \frac{1}{|\langle \mathbf{g}, \mathbf{h} \rangle|} \sqrt{(h_1 g_0 - h_0 g_1)^2 + \gamma'(h_2 g_0 - h_0 g_2)^2 + \gamma \gamma'(h_2 g_1 - h_1 g_2)^2}.$$

Damit folgt für $\gamma \to 0 \ (\gamma > 0)$:

$$d_{(0, \gamma')}(G, H) = \frac{\sqrt{(h_1 g_0 - h_0 g_1)^2 + \gamma'(h_2 g_0 - h_0 g_2)^2}}{|\, g_0 h_0 \,|} \qquad (\gamma' \neq 0 \text{ beliebig}). \quad (5.28)$$

Genau das gleiche Resultat ergibt sich, wenn man die rechte Seite von (5.27) und Formel (5.20a) verwendet, wo $\gamma < 0$ vorausgesetzt war – hier muss man also $\delta = -\gamma, \varepsilon = \gamma', f(\delta, \varepsilon) = d_{(\gamma, \gamma')}$ setzen und die Beziehung $\tanh y = \sqrt{1 - \frac{1}{\cosh^2 y}}$ benützen.

Bemerkung 5.19. Für $\gamma' = 1$, also bei Zugrundelegung einer Kurve 2. Grades k^* vom Typ VI, erhält man als Distanz

$$d_{(0,1)}(G, H) = \frac{\sqrt{(h_1 g_0 - h_0 g_1)^2 + (h_2 g_0 - h_0 g_2)^2}}{|g_0 h_0|}.$$

Da in der entsprechenden Geometrie, der euklidischen Geometrie, die Punkte nicht auf $x_0 = 0$ liegen dürfen, kann man zu inhomogenen Koordinaten übergehen: $G(\bar{g}_1, \bar{g}_2)$, $H(\bar{h}_1, \bar{h}_2)$ mit $\bar{g}_i = \frac{g_i}{g_0}$, $\bar{h}_i = \frac{h_i}{h_0}$ $(i = 1, 2)$, und erhält gerade die euklidische Distanz

$$d(G, H) = \sqrt{(\bar{g}_1 - \bar{h}_1)^2 + (\bar{g}_2 - \bar{h}_2)^2}.$$

Ganz analog wie bei der Distanz führen die Formeln (5.23a) und (5.24a) beide auf

$$\angle_{(\gamma, 0)}(g, h) = \frac{\sqrt{\gamma(g_0 h_2 - g_2 h_0)^2 + (g_1 h_2 - g_2 h_1)^2}}{|\, g_2 h_2 \,|} \qquad (\gamma \neq 0 \text{ beliebig}). \quad (5.29)$$

Die Beziehungen (5.25) bzw. (5.26) gestatten nun noch den Grenzübergang $\gamma' \to 0$ bzw. $\gamma \to 0$, so dass wir schließlich für die Galileigeometrie $(\gamma = \gamma' = 0)$ erhalten

$$d = d_{(0,0)}(G, H) = \frac{|h_1 g_0 - h_0 g_1|}{|g_0 h_0|} = \left| \frac{g_1}{g_0} - \frac{h_1}{h_0} \right| \qquad (5.30)$$

und

$$\angle = \angle_{(0,0)}(g,h) = \left| \frac{g_1}{g_2} - \frac{h_1}{h_2} \right|. \tag{5.31}$$

Tabelle 5.20. Wir fassen die Ergebnisse tabellarisch zusammen, wobei wie bisher $d = d_{(\gamma,\gamma')}(G,H)$ und $\omega = \angle_{(\gamma,\gamma')}(g,h)$ bedeutet und weiter gesetzt wird:

$$\Diamond = \frac{|\langle \mathbf{g}, \mathbf{h}\rangle|}{\sqrt{\langle \mathbf{g}, \mathbf{g}\rangle \langle \mathbf{h}, \mathbf{h}\rangle}}, \quad \triangle = \frac{\sqrt{(h_1 g_0 - h_0 g_1)^2 + \gamma'(h_2 g_0 - h_0 g_2)^2}}{|g_0 h_0|},$$

$$\heartsuit = \frac{\sqrt{\gamma(g_0 h_2 - g_2 h_0)^2 + (g_1 h_2 - g_2 h_1)^2}}{|g_2 h_2|}.$$

Geometrie	γ, γ'	*Distanz*	*Winkel*
		$\mathbf{g}=(g_0,g_1,g_2),\ \mathbf{h}=(h_0,h_1,h_2)$ $\langle \mathbf{g},\mathbf{h}\rangle = g_0 h_0 + \gamma g_1 h_1 + \gamma\gamma' g_2 h_2$	$\mathbf{g}=(g_0,g_1,g_2)^t,\ \mathbf{h}=(h_0,h_1,h_2)^t$ $\langle \mathbf{g},\mathbf{h}\rangle = \gamma\gamma' g_0 h_0 + \gamma' g_1 h_1 + g_2 h_2$
hyperbolisch	$\gamma < 0, \gamma' > 0$	$\cosh\sqrt{-\gamma}d = \Diamond$	$\cos\sqrt{\gamma'}\omega = \Diamond$
elliptisch	$\gamma > 0, \gamma' > 0$	$\cos\sqrt{\gamma}d = \Diamond$	$\cos\sqrt{\gamma'}\omega = \Diamond$
dualhyperb.	$\gamma > 0, \gamma' < 0$	$\cos\sqrt{\gamma}d = \Diamond$	$\cosh\sqrt{-\gamma'}\omega = \Diamond$
doppelt-hyperb.	$\gamma < 0, \gamma' < 0$	$\cosh\sqrt{-\gamma}d = \Diamond$	$\cosh\sqrt{-\gamma'}\omega = \Diamond$
euklidisch	$\gamma = 0, \gamma' > 0$	$d = \triangle$	$\cos\sqrt{\gamma'}\omega = \Diamond$
dualeuklidisch	$\gamma > 0, \gamma' = 0$	$\cos\sqrt{\gamma}d = \Diamond$	$\omega = \heartsuit$
Minkowski	$\gamma = 0, \gamma' < 0$	$d = \triangle$	$\cosh\sqrt{-\gamma'}\omega = \Diamond$
dual Minkowski	$\gamma < 0, \gamma' = 0$	$\cosh\sqrt{-\gamma}d = \Diamond$	$\omega = \heartsuit$
Galilei	$\gamma = 0, \gamma' = 0$	$d = \triangle = \left\|\frac{g_1}{g_0} - \frac{h_1}{h_0}\right\|$	$\omega = \heartsuit = \left\|\frac{g_1}{g_2} - \frac{h_1}{h_2}\right\|$

Dabei ist die Maßbestimmung elliptisch, hyperbolisch oder parabolisch je nachdem ob der entsprechende Parameter > 0, < 0 oder $= 0$ ist.

Anhang. Komplexe Zahlen als Koordinaten

Wir wollen kurz eine spezielle Art der Einführung komplexer Koordinaten in der euklidischen Ebene angeben, die uns bei zwei anderen Geometrien, der pseudoeuklidischen und der Galileigeometrie, als Muster für eine eindimensionale Koordinatisierung dienen wird (vgl. auch [Yag], S. 91 ff.). Üblicherweise wird die x-Achse einfach als Realteilachse, die y-Achse als Imaginärteilachse angesehen, wodurch die euklidische Ebene durch die Gaußsche Zahlenebene koordinatisiert wird. Ein Punkt $P(a,b)$ wird dann durch $P(a+ib)$ eindimensional beschrieben.

Wir gehen nun anders vor: Hat man einen beliebigen Punkt $P(a,b) \neq O(0,0)$ der euklidischen Ebene ε gegeben, so stehen seine Koordinaten in engster Beziehung zu der Transformation von ε der Gestalt

$$\alpha_P : \begin{array}{l} x' = ax - by \\ y' = bx + ay. \end{array} \tag{5.32}$$

Es gilt nämlich $\alpha_P(E) = P$, wo $E(1,0)$ der Einheitspunkt auf der x-Achse ist. Umgekehrt ist ersichtlich eine Transformation α der Gestalt

$$
\begin{aligned}
x' &= cx - dy \\
y' &= dx + cy
\end{aligned}
\qquad c, d \in \mathbb{R},\ (c,d) \neq (0,0),
$$

durch die Forderung $\alpha(E) = P$ eindeutig festgelegt. Dies sind bekanntlich Ähnlichkeitstransformationen (vgl. (5.3) bzw. (5.4)). Genauer gilt: sie sind die orientierungerhaltenden Drehstreckungen mit O als Fixpunkt, wobei $r = \sqrt{c^2 + d^2}$ der Streck- (bzw. Stauch-)faktor ist und $\varphi = \arctan \frac{d}{c}$ der Drehwinkel. Es stehen somit die Punkte ($\neq O$) in bijektiver Zuordnung mit diesen Drehstreckungen bzw. den entsprechenden Transformationsmatrizen $\begin{pmatrix} a & -b \\ b & a \end{pmatrix}$ (bzgl. der Standardbasis). Nun lassen sich diese Matrizen folgendermaßen schreiben

$$
\begin{pmatrix} a & -b \\ b & a \end{pmatrix} = \begin{pmatrix} a & 0 \\ 0 & a \end{pmatrix} + \begin{pmatrix} b & 0 \\ 0 & b \end{pmatrix} \begin{pmatrix} 0 & -1 \\ 1 & 0 \end{pmatrix}. \tag{5.33}
$$

Dabei entsprechen diejenigen der Gestalt $\begin{pmatrix} a & 0 \\ 0 & a \end{pmatrix}$ den reinen Streckungen (bzw. Stauchungen) eventuell gefolgt von einer Drehung um π, falls $a < 0$ gilt. Identifiziert man sie mit dem orientierten Streck- (bzw. Stauch-)faktor $a \in \mathbb{R}$ und setzt $\begin{pmatrix} 0 & -1 \\ 1 & 0 \end{pmatrix} = i$, so haben wir insgesamt die bijektive Zuordnung

$$
P(a,b) \overset{(5.32)}{\longmapsto} \alpha_P \longmapsto \begin{pmatrix} a & -b \\ b & a \end{pmatrix} \overset{(5.33)}{\longmapsto} a + ib, \quad (a,b) \neq (0,0).
$$

Dabei ist $i \notin \mathbb{R}$ und es gilt $i^2 = \begin{pmatrix} -1 & 0 \\ 0 & -1 \end{pmatrix}$; i^2 wird also mit -1 identifiziert. Zusätzlich ordnet man den Ursprung $(0,0)$ die Zahl $0 + i0 = 0$ zu. Man kann also jeden Punkt $P(a,b)$ auch durch $P(a+ib)$ beschreiben, wobei eben $i \notin \mathbb{R}$ und $i^2 = -1$ ist.

Aus algebraischer Sicht lassen sich die komplexen Zahlen addieren und multiplizieren:

$$
(a + bi) + (c + di) = (a + c) + (b + d)i \tag{5.34a}
$$

$$
(a + bi) \cdot (c + di) = (ac - bd) + (ad + bc)i, \tag{5.34b}
$$

wobei sie einen Körper bzw. eine sogenannte 2-dimensionale reelle Divisionsalgebra bilden. Diese Operationen lassen sich auf naheliegende Weise geometrisch interpretieren: Sind $P(a + bi)$, $Q(c + id)$ gegeben, so erhält man den Punkt R, dessen Koordinate durch (5.34a) festgelegt ist, mittels Vektoraddition:

$$
\overrightarrow{OP} + \overrightarrow{OQ} = \overrightarrow{OR}.
$$

Dagegen erhält man den Punkt S mit der Produktkoordinate (5.34b), indem man das Produkt der P bzw. Q entsprechenden Drehstreckungen α_P, α_Q auf den Einheitspunkt $E(1,0)$ anwendet:

$$(\alpha_P \; o \; \alpha_Q) \, (E) = S.$$

Dies folgt sofort daraus, dass diesem Produkt das Produkt der zugehörigen Transformationsmatrizen entspricht.

Aufgaben

1) Die euklidische Geometrie sei gemäß Satz 5.1 aus der projektiven Geometrie hergeleitet. Welche Projektivitäten entsprechen dabei den euklidischen Spiegelungen an einer Geraden?

2) Man zeige, dass sich eine gemäß Satz 5.1 definierte euklidische Bewegung als Produkt von höchstens drei euklidischen Spiegelungen erhalten lässt.

3) Eine Drehung sei als eine Kollineation definiert, die Produkt zweier den euklidischen Spiegelungen entsprechenden Kollineationen ist (siehe Aufgabe 1). Man zeige, dass eine solche Drehung eine projektive Ausdehnung entweder einer euklidischen Drehung oder einer Translation ist.

4) Man übertrage die Begriffe euklidische Spiegelung an einer Geraden, Drehung, Translation auf den dualeuklidischen Fall. (Sie werden entsprechend auch manchmal Fernspiegelung, Schabung und Scherung genannt; siehe Kap. 6.7.3.) Für ein gegebenes Dreieck konstruiere man die Bilder unter diesen Abbildungen.

5) Man beweise Folgerung 5.11,c): Für drei Punkte G, H, K einer Geraden gilt stets: $d(G, H) \leq d(G, K) + d(K, H)$.

6) Man zeige, dass die Definition des Zwischenbegriffs in Bemerkung 5.15 sinnvoll, d.h. im Falle von $\bar{g} \cap k = \{U, V\}$ unabhängig vom Schnittpunkt ist.

7) Man beweise, dass in Cayley–Klein-Ebenen, für die der Zwischenbegriff definiert ist, drei nicht kollineare Punkte A, B, C ein eindeutig bestimmtes Dreieck festlegen, dessen (offene) Seiten nur Punkte enthalten, die zwischen den jeweiligen Ecken liegen.

8) Gegeben sei eine Cayley–Klein-Ebene mit elliptischer Winkelmessung und in ihr zwei Geraden g, h eines Büschels S. Weiter seien $g^\perp, h^\perp \in S$ diejenigen Geraden für die $\angle(g, g^\perp) = \angle(h, h^\perp) = \frac{\pi}{2}$. Man zeige, dass genau eine der folgenden Möglichkeiten betreffend die Lage von $g^\perp, h^\perp$ eintritt:

  i) $g^\perp = h$ und $h^\perp = g$; oder

  ii) beide liegen in einem offenen Winkelfeld bezüglich g, h.

9) Gegeben sei ein Kreis k im Standardmodell $\mathbb{E}_2^*$ als Absolutfigur der hyperbolischen Ebene, zwei Punkte A, B im Inneren von k sowie hyperbolische Gerade a, b mit $A \in a$, $B \in b$. Man beweise geometrisch, dass es stets eine hyperbolische Bewegung gibt, die A in B und a in b überführt. (Es genügt B gleich O zu wählen, O der Mittelpunkt von k.)

10) Sei k wie im vorigen Beispiel, $\bar{g}$ die (projektive) Trägergerade einer hyperbolischen Gerade g und $\bar{G}$ der Pol von $\bar{g}$ in Bezug auf k. Man berechne den Winkel, den eine g schneidende hyperbolische Gerade h, deren Trägergerade durch $\bar{G}$ geht, mit g einschließt.

11) In Fortsetzung von Aufgabe 10) beweise man, dass die Linien konstanten Abstands von g Ellipsen sind.

12) Es sei $\bar{l}$ eine Gerade der projektiven Ebene $\bar{\varepsilon}$. Man zeige geometrisch, dass die euklidischen Inzidenzaxiome für die Ebene $\varepsilon := \bar{\varepsilon} \backslash \bar{l}$ gelten, wobei die Grundelemente wie eingangs von Abschnitt 5.1 definiert sind.

Kapitel 6

Ebene Cayley–Klein-Geometrien

Nach der allgemeinen Beschreibung der verschiedenen Geometrien, die sich mittels Kurven 2. Grades aus der projektiven ebenen Geometrie gewinnen lassen, wenden wir uns nun diesen im Detail zu.

6.1 Hyperbolische Geometrie

6.1.1 Gültigkeit der Axiome

In Kapitel 5.2 wurden die Grundelemente Punkt, Gerade, Bewegung der hyperbolischen Geometrie definiert, wobei die hyperbolische Ebene $\mathcal{H}$ durch das Innere einer nicht ausgearteten ovalen Kurve 2. Ordnung k festgelegt wurde; im Standardmodell speziell durch das Innere des Einheitskreises. Andererseits hatten wir bereits in Kap. 2.2 die ebene hyperbolische Geometrie besprochen. Und zwar hatten wir dort das Poincarésche Halbebenenmodell vorgestellt. Wir werden nun im Folgenden zeigen, dass $\mathcal{H}$ alle Axiome der (ebenen) euklidischen Geometrie (siehe Kap. 2.3) erfüllt ausgenommen das Parallelenaxiom. Statt dessen ist seine Negation gültig, die wie folgt lautet:

Axiom H: Es existiert zumindest eine Gerade g und zumindest ein Punkt $P \notin g$ derart, dass durch P mindestens zwei Gerade gehen, die zu g *parallel* sind, d.h. g nicht schneiden.

An späterer Stelle (Abschnitt 6.1.2) werden wir angeben, wie man von $\mathcal{H}$ zum Halbebenenmodell isomorph übergehen kann, so dass also auch in ihm jene Axiome gelten.

Nimmt man die genannten Axiome als Axiomensystem für die hyperbolische Geometrie, so erhebt sich die Frage, ob es – ebenso wie das der euklidischen Geometrie – kategorisch ist. Dies lässt sich tatsächlich zeigen. Doch werden wir den etwas langwierigen Beweis nicht vorführen (siehe [Pog], Ch. IV, §5). Insbesondere gibt es keine neue Geometrie, wenn man statt mindestens zwei zu g parallelen Geraden die Existenz von mindestens n, $n \geq 2$ fest, oder unendlich vielen fordert. Wie sich zeigen wird impliziert Axiom H bereits die beiden anderen Fälle. Man unterscheidet daher noch oft zwischen eigentlich parallelen Geraden, von denen es nur zwei zu einer gegebenen Geraden g und einem Punkt $P \notin g$ gibt, und den anderen sogenannten überparallelen Geraden (siehe Bem. 6.3 und die Ausführungen davor).

Mittels des kommenden Satzes 6.1 folgt übrigens sofort, dass das Axiom H durch das schärfere Axiom H′ ersetzt werden kann:

Axiom H′: Zu *jeder* Geraden g und *jedem* Punkt $P \notin g$ gibt es durch P mindestens zwei Gerade, die zu g parallel sind.

Wir beginnen mit den drei Inzidenzaxiomen (zur Formulierung dieser und der weiteren Axiome der ebenen euklidischen Geometrie siehe Kap.2.3). Wie man unmittelbar einsieht, folgen diese direkt aus den Inzidenzaxiomen der ebenen projektiven Geometrie, da jeder hyperbolische Punkt ein projektiver Punkt und jede hyperbolische Gerade die Einschränkung einer projektiven Geraden ist.

Um die euklidischen Anordnungsaxiome für $\mathcal{H}$ zu prüfen, müssen wir zunächst den „Zwischen"-begriff festlegen. Dazu beachten wir, dass die Trägergerade $\bar{g}$ der projektiven Ebene einer beliebigen Geraden g von $\mathcal{H}$ die Kurve 2. Ordnung k in zwei Punkten U, V schneidet, die $\bar{g}$ in zwei offene Abschnitte teilen. Sind nun $P, Q \in \mathcal{H}$ $(P \neq Q)$ vorgegeben und ist $g = \langle P, Q \rangle \in \mathcal{H}$, so definieren wir $R \in g$ als *zwischen* P, Q liegend, falls $PQ \asymp RU$. Wegen $PQ \not\asymp UV$ ist das nach dem 3. Trennungsaxiom (Kap. 3.2.2 A)) gleichwertig mit $PQ \asymp RV$.

Wieder ist unmittelbar ersichtlich, dass gewisse Anordnungsaxiome direkt aus den Trennungsaxiomen der projektiven Ebene folgen; nämlich das erste aus dem zweiten und das zweite aus dem ersten. Das Axiom von Pasch schließlich ergibt sich aus Satz 3.43, der ja dessen projektive Version ist. Ebenso ist die Gültigkeit des Dedekindschen Stetigkeitsaxioms eine unmittelbare Folge der entsprechenden projektiven Aussage.

Wir wenden uns nun den Bewegungsaxiomen zu. Eine (hyperbolische) Bewegung war als Einschränkung auf $\mathcal{H}$ einer solchen Kollineation definiert, die die Kurve 2. Grades k^* bzw. äquivalent die Ordnungskurve k als Ganzes invariant lässt und das Innere von k in sich überführt. Aufgrund dessen sind das erste und dritte Bewegungsaxiom klarerweise erfüllt. Das zweite folgt sofort aus der obigen Definition des Zwischenbegriffs und daraus, dass Kollineationen die Trennungsaxiome erhalten. Das 4. Bewegungsaxiom schließlich zeigen wir unter Verwendung des folgenden Satzes:

Satz 6.1. *Es seien k^* eine ovale Kurve 2. Grades, $P, P' \notin k^*$ zwei Punkte, die beide im Inneren bzw. Äußeren von k liegen, und $g, g' \notin k^*$ zwei Geraden der projektiven Ebene mit $P \in g$, $P' \in g'$. Dann gibt es genau zwei Kollineationen α, welche k^* bzw. äquivalent die Ordnungskurve k invariant lassen, $\alpha(P) = P'$ und $\alpha(g) = g'$ erfüllen und zusätzlich eine vorgegebene Durchlaufungsrichtung von g in eine vorgegebene von g' überführen. Dabei lässt α das Innere und Äußere von k invariant.*

Beweis. Es sei G der Pol von g bzgl. k, G' derjenige von g', p bzw. p' die Polare von P bzw. P' und $Q = p \cap g$, $Q' = p' \cap g'$. Es ist dann $\triangle PQG$ ein Polardreieck bezüglich k, ebenso $\triangle P'Q'G'$ (Abb. 6.1). Wir koordinatisieren nun $\mathcal{H}$, indem wir P, Q, G als Grundpunkte wählen: $P(1, 0, 0)$, $Q(0, 1, 0)$, $G(0, 0, 1)$. Der vierte Grundpunkt $E(1, 1, 1)$ ist zunächst noch willkürlich.

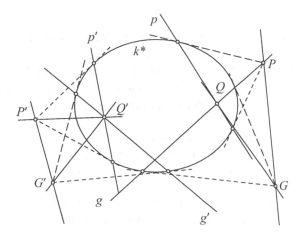

Abbildung 6.1

Damit lauten die Gleichungen von $p = \langle Q, G \rangle$ und $g = \langle P, Q \rangle$:

$$p : x_0 = 0; \quad g : x_2 = 0.$$

Setzt man andererseits k unbestimmt an:

$$k : a_{11}x_1^2 + a_{22}x_2^2 + 2a_{01}x_0x_1 + 2a_{02}x_0x_2 + 2a_{12}x_1x_2 + a_{00}x_0^2 = 0,$$

so erhält man die folgenden Gleichungen für die Polaren von P bzw. G:

$$p : \quad a_{01}x_1 + a_{02}x_2 + a_{00}x_0 = 0$$
$$g : \quad a_{22}x_2 + a_{02}x_0 + a_{12}x_1 = 0.$$

Koeffizientenvergleich ergibt

$$a_{01} = a_{02} = 0 \, , \, a_{12} = 0.$$

Damit reduziert sich die Gleichung von k zu

$$a_{11}x_1^2 + a_{22}x_2^2 + a_{00}x_0^2 = 0;$$

dabei sind die Koeffizienten $a_{ii} \neq 0$ ($i = 0, 1, 2$), da k nicht ausgeartet ist. Durch geeignete Wahl des Einheitspunktes E kann man dann erreichen, dass k durch

$$x_1^2 + x_2^2 - x_0^2 = 0$$

beschrieben wird.

Auf analoge Weise wählen wir ein zweites homogenes Koordinatensystem mit den Grundpunkten $P'(1, 0, 0)$, $Q'(0, 1, 0)$, $G'(0, 0, 1)$; der Einheitspunkt $E'(1, 1, 1)$ wird wieder so gewählt, dass k in den neuen Koordinaten die Gleichung

$$x_1'^2 + x_2'^2 - x_0'^2 = 0$$

erhält.

Es sei nun α eine Kollineation, die k invariant lässt, P in P' und zunächst nur g in g' überführt ohne Berücksichtigung eines Durchlaufungssinns. Da α die Pol-Polaren-Beziehung erhält (siehe Teil 3) von Folgerung 4.21), folgt $\alpha(p) = p'$, $\alpha(G) = G'$ und damit weiter $\alpha(Q) = Q'$. Es wird somit das Polardreieck $\triangle PQG$ durch α in das Polardreieck $\triangle P'Q'G'$ übergeführt. Setzt man α unbestimmt an

$$\lambda x'_0 = c_{00}x_0 + c_{01}x_1 + c_{02}x_2$$
$$\lambda x'_1 = c_{10}x_0 + c_{11}x_1 + c_{12}x_2$$
$$\lambda x'_2 = c_{20}x_0 + c_{21}x_1 + c_{22}x_2$$

und verwendet $\alpha(P) = P'$, $\alpha(Q) = Q'$, $\alpha(G) = G'$, so ergibt sich $c_{ij} = 0$ für $i \neq j$, $i, j \in \{0, 1, 2\}$. Damit hat die Kurve 2. Ordnung $\alpha(k)$ in den alten Koordinaten die Gleichung

$$0 = \lambda(x'^2_1 + x'^2_2 - x'^2_0) = c^2_{11}x^2_1 + c^2_{22}x^2_2 - c_{00}x^2_0.$$

Wegen $\alpha(k) = k$ folgt $|c_{11}| = |c_{22}| = |c_{00}|$ ($\neq 0$). Da es auf Vielfache nicht ankommt, können wir $c_{00} = 1$ wählen und wir erhalten vier Möglichkeiten für die Kollineation α:

$$
\begin{array}{lll}
c_{00} = 1 & c_{11} = 1 & c_{22} = 1 \\
c_{00} = 1 & c_{11} = 1 & c_{22} = -1 \\
c_{00} = 1 & c_{11} = -1 & c_{22} = 1 \\
c_{00} = 1 & c_{11} = -1 & c_{22} = -1.
\end{array}
$$

Nun soll α nicht nur g in g' überführen, sondern auch einen gegebenen Richtungssinn auf g in einen gegebenen auf g', wodurch man noch eine weitere Einschränkung erhält. Dazu wählen wir zwei Punkte $S, T \in g$ und $S', T' \in g'$ mit den Koordinaten $(1, 1, 0)$, $(1, -1, 0)$ im jeweiligen Koordinatensystem und geben auf g die Richtung $\overrightarrow{SPT}$, auf g' die Richtung $\overrightarrow{S'P'T'}$ vor. Ersichtlich induzieren dann gerade α_1 und α_2 auf g' den gewünschten Richtungssinn, während α_3 und α_4 ihn umkehren.

Die beiden Kollineationen

$$\lambda x'_0 = x_0, \ \lambda x'_1 = x_1, \ \lambda x'_2 = \pm x_2 \tag{6.1}$$

erfüllen nun wirklich die Aussage des Satzes. Auch ist die zusätzliche Behauptung klar, da das Innere (bzw. Äußere) von k durch $x^2_1 + x^2_2 - x^2_0 < 0$ bzw. (> 0) beschrieben wird. $\square$

Aus diesem Satz folgt nun sofort die Gültigkeit des letzten noch fehlenden Bewegungsaxioms. Ein Grundgebilde wird ja durch einen Punkt P, eine von P ausgehende Halbgerade (in $\mathcal{H}$) und eine der beiden durch dessen hyperbolischen Trägergerade g berandete Halbebene (von $\mathcal{H}$) gebildet. Statt der Halbgeraden kann man offenbar auch einen Richtungssinn auf g auszeichnen. Koordinatisiert man die projektive Ebene wie zuvor, so liegt g auf der projektiven Geraden $x_2 = 0$.

Die beiden Halbebenen sind daher durch $x_2 < 0$ bzw. $x_2 > 0$ festgelegt (wobei natürlich die entsprechenden Punkte (x_0, x_1, x_2) im Inneren von k liegen müssen). Formel (6.1) zeigt nun, dass sich die beiden Kollineationen und daher auch die dadurch festgelegten hyperbolischen Bewegungen darin unterscheiden, dass eine die Halbebene $x_2 > 0$ in $x_2' > 0$ überführt, die andere in $x_2' < 0$. Es gibt somit wirklich zu zwei vorgegebenen Grundgebilden genau eine hyperbolische Bewegung, die das erste in das zweite überführt.

Bemerkung 6.2. Das 4. Bewegungsaxiom kann auch rein geometrisch bewiesen werden – siehe Aufgabe 1. Hier wurde der analytische Weg eingeschlagen, da sich dieser unmittelbar auch auf andere Fälle übertragen lässt.

Damit haben wir alle Axiome der euklidischen Geometrie bis auf das Parallelenaxiom für die Grundelemente von $\mathcal{H}$ bewiesen. Dass dieses nicht gilt ist offensichtlich. Gibt man eine Gerade g und einen Punkt P von $\mathcal{H}$ vor mit $P \notin g$, so existieren *unendlich* viele Geraden h von $\mathcal{H}$ durch P, die mit g keinen gemeinsamen $\mathcal{H}$-Punkt haben (siehe Abb. 6.2). Meist differenziert man diese Geraden noch: Und zwar heißt h *randparallel* oder *parallel (im eigentlichen Sinn)*, falls $h \cap g \in k$, andernfalls *überparallel*.

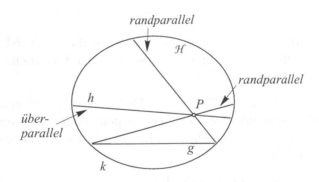

Abbildung 6.2

Bemerkung 6.3. Insbesondere kann man in Axiom H' die Forderung nach der Existenz von mindestens zwei parallelen Geraden durch die nach unendlich vielen Geraden ersetzen.

Fassen wir die bisherigen Ausführungen zusammen, so ist die Ebene $\mathcal{H}$ vom Typ I (Kap. 5.2) ein Modell für das eingangs beschriebene Axiomensystem der hyperbolischen Geometrie. Es wird *Kleinsches* oder auch *Beltrami-Modell* genannt.

Bevor wir nun auf weitere Modelle und die Distanz- und Winkelmessung in $\mathcal{H}$ eingehen, fügen wir noch einige Bemerkungen in Zusammenhang mit dem grundlegenden Satz 6.1 an, auf die wir später zurückgreifen werden.

Bemerkung 6.4. Die Argumentation betreffend das 4. Bewegungsaxiom kann wortwörtlich auch für die beiden anderen Fälle von hyperbolischen Geometrien (Typ Ia und Ib) übernommen werden. Man muss dazu nur beachten, dass die Mengen der Kollineationen, die jeweils den Bewegungen zugrunde liegen, ident sind und dabei k schneidende bzw. nicht schneidende Geraden stets in ebensolche übergeführt werden.

Bemerkung 6.5. Der Beweis des Satzes lässt sich auch ohne Schwierigkeiten auf den Fall übertragen, dass k^* nicht ausgeartete nullteilige Kurve 2. Grades ist. Man muss dazu nur beachten, dass es auch bezüglich derartiger Kurven ein reelles Polardreieck gibt (siehe Kap. 4.5.1). Damit gilt der für die elliptische Geometrie grundlegende

Satz 6.6. *Es seien k^* eine nicht ausgeartete nullteilige Kurve 2. Grades, P, P' zwei Punkte und g, g' zwei Geraden der projektiven Ebene mit $P \in g$, $P' \in g'$. Dann gibt es genau zwei Kollineationen α, welche k^* invariant lassen, $\alpha(P) = P'$ und $\alpha(g) = g'$ erfüllen und zusätzlich einen vorgegebenen Richtungssinn auf g in einen vorgegebenen auf g' überführen. Bei geeigneter Koordinatisierung haben diese beiden Kollineationen die Gestalt*

$$\lambda x_0' = x_0, \ \lambda x_1' = x_1, \ \lambda x_2' = \pm x_2.$$

Bemerkung 6.7. In Analogie zum bekannten Satz, dass sich jede euklidische Bewegung (in der Ebene) als Produkt von Spiegelungen darstellen lässt, gilt auch in der hyperbolischen Geometrie der

Satz 6.8. *Jede Bewegung im Kleinschen Modell ist Produkt von hyperbolischen Spiegelungen, das sind hyperbolische Bewegungen, die durch harmonische Homologien induziert werden. Dabei stehen Zentrum und Achse stets in der Pol-Polaren-Beziehung bezüglich k.*

Beweis. Zunächst gilt nach Folgerung 4.21,1), dass jede solche harmonische Homologie k – und damit k^* – invariant lässt und das Innere $\mathcal{H}$ von k in sich überführt. Daher ist die Einschränkung auf $\mathcal{H}$ wirklich eine hyperbolische Bewegung.

Ist nun α eine beliebige hyperbolische Bewegung, so sei P ein festgewählter Punkt, g eine festgewählte Gerade (des Modells) mit $P \in g$ und sei $P' = \alpha(P)$, $g' = \alpha(g)$. Wir unterscheiden dann mehrere Fälle:

a) $P = P'$, $g = g'$. Sei G der Pol der Trägergeraden $\bar{g}$ von g, $\bar{h} = \langle P, G \rangle$; dann gilt $P = \bar{g} \cap \bar{h}$. Nun lassen die den harmonischen Homologien bzgl. $\bar{g}, \bar{h}$ entsprechenden Bewegungen σ_g, σ_h sowohl P als auch g invariant. Dasselbe leisten $id = \sigma_g \circ \sigma_g$ und $\sigma_g \circ \sigma_h (= \sigma_h \circ \sigma_g)$. Da es nach Satz 6.1 genau vier Bewegungen gibt mit dieser Eigenschaft, ist α gleich eine dieser, also wie behauptet Produkt harmonischer Homologien.

b) $P = P'$, $g \neq g'$. Seien U_i, V_i $(i = 1, 2)$ die Schnittpunkte der Trägergeraden $\bar{g}, \bar{g}'$ von g, g' mit k und sei $S = \langle U_1, U_2 \rangle \cap \langle V_1, V_2 \rangle$ (Abb. 6.3). Nach Konstruktion liegt S auf der Polaren von P, so dass auch P auf der Polaren $\bar{s}$ von S liegt. Die der harmonischen Homologie bzgl. $\bar{s}$ entsprechende hyperbolische Spiegelung σ_s lässt somit P invariant und führt g in g' über.

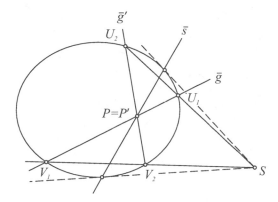

Abbildung 6.3

Die Bewegung $\sigma_s \circ \alpha$ hat somit P als Fixpunkt und g als Fixgerade, so dass sie nach Fall a) Produkt hyperbolischer Spiegelungen ist. Durch Multiplikation mit σ_s folgt, dass dasselbe auch für α gilt.

c) $P \neq P'$. Es sei $h = \langle P, P' \rangle$, H der Pol der Trägergeraden $\bar{h}$ von h. Weiter seien $\bar{h}_1 = \langle P, H \rangle$, $\bar{h}_2 = \langle P', H \rangle$ und U_i, V_i die Schnittpunkte von $\bar{h}_i$ mit k ($i = 1, 2$) (Abb. 6.4). Von den beiden Schnittpunkten $S_1 = \langle U_1, U_2 \rangle \cap \langle V_1, V_2 \rangle$ und $S_2 = \langle U_1, V_2 \rangle \cap \langle U_2, V_1 \rangle$ liegt genau einer, er sei S genannt, im Äußeren von k. Dessen Polare $\bar{s}$, $\bar{h}$ und $\langle S, H \rangle$ bilden dann das Nebendreieck des Vierecks U_1, U_2, V_1, V_2. Daher führt die der harmonischen Homologie bzgl. $\bar{s}$ entsprechende hyperbolische Spiegelung σ_s P' in P über. Die Bewegung $\sigma_s \circ \alpha$ hat somit P als Fixpunkt, womit dieser Fall auf einen der beiden vorigen zurückgeführt ist. Wie zuvor im Fall b) folgt dann die Behauptung.

Damit ist α als harmonische Homologie nachgewiesen. Die weitere Aussage des Satzes folgt aufgrund der Voraussetzung $\alpha(k) = k$ unmittelbar aus der Definition der Polaren. $\qquad\square$

6.1.2 Modelle

Wie bereits erwähnt wurde, werden wir in diesem Abschnitt zeigen, dass man vom Kleinschen Modell isomorph zum Poincaréschen Halbebenenmodell – und zu weiteren Modellen – übergehen kann. Zwar kann man von diesem weiter zu Pseudosphäre von Beltrami gelangen, indem man den in Kap. 2.2 angegebenen Übergang umkehrt. Wie schon öfters erwähnt wurde, liefert jedoch die Geometrie auf letzterer Fläche wegen der Singularität am Rand nur ein lokales Modell der hyperbolischen Geometrie, d.h. es gelten manche Axiome nur lokal, aber nicht in Bezug auf die ganze Fläche.

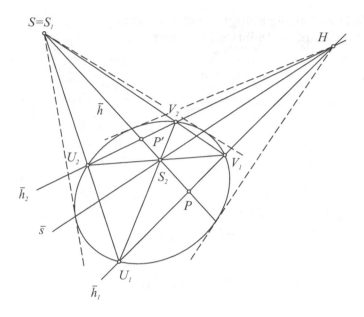

Abbildung 6.4

Wir nehmen nun das Kleinsche Modell $\mathcal{H}$ für die ebene hyperbolische Geometrie als Ausgangspunkt; genauer nehmen wir k^* als (Einheits-)Kreis k im Standardmodell $\mathbb{E}_2^*$ der projektiven Ebene an, zusammen mit der Menge $\bar{k}$ seiner Tangenten.
Wir gehen von da zunächst zu einem neuen Modell über, das so wie das Halbebenenmodell auch von Poincaré stammt. Zu dessen Konstruktion verwenden wir eine
Hilfskugel κ, die k als Großkreis besitzt. Wir projizieren die Punkte und Geraden
des Kleinschen Modells orthogonal auf die durch k berandete untere Halbkugel
und projizieren diese sodann vom Nordpol von κ stereographisch auf das Innere
des Kreises k zurück (Abb. 6.5). Dieses neue Modell $\bar{\mathcal{H}}$ der hyperbolischen Ebene
heißt deshalb *Poincarésches Kreismodell*. Offenbar stimmt die Menge der Punkte
von $\bar{\mathcal{H}}$ mit der von $\mathcal{H}$ überein. Dagegen gehen Geraden des Kleinschen Modells
zunächst in Halbkreise auf der Halbkugel über, die κ orthogonal schneiden; bei
der stereographischen Projektion gehen diese entweder in Kreisbögen über, deren
Randpunkte auf k liegen oder in Durchmesser von k. Dabei schneiden alle diese
Geraden des neuen Modells den Kreis k orthogonal, da die stereographische Projektion winkeltreu ist (die Schnittpunkte gehören natürlich nicht diesen Geraden
an).

Wie sich die Relation „zwischen" des Kleinschen Modells $\mathcal{H}$ auf dieses Poincarésche Kreismodell $\bar{\mathcal{H}}$ überträgt, ist anschaulich unmittelbar evident. Ebenso die
Bedeutung des Begriffs „parallel". Es fehlt noch die Angabe der entsprechenden
Bewegungen. Wir gehen von den uns bekannten Bewegungen des Kleinschen Mo-
dells aus. Ist $\alpha : \mathcal{H} \to \mathcal{H}$ eine solche, $\Phi : \mathcal{H} \to \bar{\mathcal{H}}$ die beschriebene Transformation,

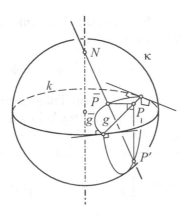

Abbildung 6.5

die das erste in das zweite Modell überführt (in beiden Fällen ist damit der Übergang von Punkten zu Punkten *und* Geraden zu Geraden gemeint), so ist ersichtlich

$$\Phi \circ \alpha \circ \Phi^{-1} : \bar{\mathcal{H}} \to \bar{\mathcal{H}}$$

eine Bewegung des Poincaréschen Modells. Umgekehrt lässt sich jede auf diese Weise erhalten: Ist nämlich $\bar{\alpha} : \bar{\mathcal{H}} \to \bar{\mathcal{H}}$ eine Bewegung, so ist $\Phi^{-1} \circ \bar{\alpha} \circ \Phi =: \alpha$ eine Bewegung im 1. Modell und es gilt

$$\Phi \circ \alpha \circ \Phi^{-1} = \bar{\alpha}.$$

Damit kennen wir zumindest theoretisch die *Bewegungen* von $\bar{\mathcal{H}}$. Um sie geometrisch zu beschreiben, beachten wir, dass sie jedenfalls Gerade des Modells wieder in solche überführen müssen. Betrachtet man statt dessen die ganzen Trägerkreise bzw. Trägergeraden, so liegt es nahe, die Bewegungen als Einschränkungen von gewissen Kreisverwandtschaften zu erhalten, denn letztere führen ja sogar die Gesamtheit aller Kreise und Geraden in sich über. (Man muss dazu natürlich statt der projektiven Ebene die konforme Ebene zugrundelegen, also die Ferngerade durch einen einzigen Fernpunkt ersetzen; doch hat dies auf die weitere Argumentation keinerlei Einfluß.)

Wir suchen also die Bewegungen des Kreismodells $\bar{\mathcal{H}}$ unter denjenigen Kreisverwandtschaften, die k als Ganzes festlassen und dessen Inneres in sich überführen, wobei wir sie natürlich auf $\bar{\mathcal{H}}$ einzuschränken haben.

Gehen wir zunächst von einer hyperbolischen Spiegelung α mit Fixgerade g des Kleinschen Modells aus, so wissen wir, dass sie durch eine harmonische Homologie der projektiven Ebene induziert wird, deren Fixgerade die Trägergerade $\bar{g}$ von g ist und deren Fixpunkt der Pol von $\bar{g}$ bzgl. k ist. Die zugehörige Bewegung $\Phi \circ \alpha \circ \Phi^{-1}$ im Poincaréschen Modell hat dann wegen

$$(\Phi \circ \alpha \circ \Phi^{-1})(\Phi(g)) = \Phi(\alpha(g)) = \Phi(g)$$

$\Phi(g)$ als Fixgerade. Da $\Phi \circ \alpha \circ \Phi^{-1}$ die Einschränkung einer Kreisverwandtschaft ist, folgt nach Folgerung 1.20, 2) entweder

$$\Phi \circ \alpha \circ \Phi^{-1} = id \quad \text{oder} \quad \Phi \circ \alpha \circ \Phi^{-1} = \sigma,$$

wobei σ die Einschränkung der Inversion am Trägerkreis von $\Phi(g)$ ist. Hier kann nur der letzte Fall eintreten, da der erste zum Widerspruch $\alpha = id$ führt.

Ist nun γ eine beliebige Bewegung des Modells $\mathcal{H}$, so gilt nach Satz 6.8 $\gamma = \prod \alpha_i$, wobei die α_i hyperbolische Spiegelungen sind. Wegen

$$\Phi \circ \gamma \circ \Phi^{-1} = \Phi \circ \prod \alpha_i \circ \Phi^{-1} = \prod (\Phi \circ \alpha_i \circ \Phi^{-1}) \tag{6.2}$$

erhalten wir, dass jede Bewegung des Modells $\bar{\mathcal{H}}$ Produkt von Transformationen ist, die durch Inversionen an den Trägerkreisen der Geraden des Modells induziert werden. Da diese orthogonal zum Grundkreis k verlaufen, lassen letztere nach Satz 1.3 wirklich k invariant; auch führen sie das Innere von k in sich über. Das leisten dann natürlich auch beliebige Produkte solcher Abbildungen.

Völlig analog zu den Überlegungen für das Kleinsche Modell (Satz 6.8) lässt sich zeigen, dass jede Kreisverwandtschaft, die k invariant lässt und $\bar{\mathcal{H}}$ in $\mathcal{H}$ überführt, Produkt von Inversionen an zu k orthogonalen Kreisen ist. Wir erhalten somit zusammenfassend das folgende Ergebnis:

Satz 6.9. *Die Bewegungen des Poincaréschen Kreismodells $\bar{\mathcal{H}}$ sind genau die Einschränkungen derjenigen Kreisverwandtschaften der konformen Ebene, die k invariant lassen und $\bar{\mathcal{H}}$ in $\mathcal{H}$ überführen. Sie sind Produkte von hyperbolischen Spiegelungen des Modells, das sind die Einschränkungen von Inversionen an zu k orthogonalen Kreisen.*

Bemerkung 6.10. Da wir dies später benötigen (Kap. 6.8) geben wir noch die analytische Beschreibung der Geraden und Bewegungen des Poincaréschen Kreismodells an. Wir können es als in der konformen Ebene angesiedelt denken und daher nach Kap. 1.5 komplexe (eindimensionale) Koordinaten bzw. gebrochen lineare Transformationen verwenden. Die Gleichung einer Geraden lautet

$$z\bar{z} + \alpha z - \bar{\alpha}\bar{z} + 1 = 0, \ \alpha \in \mathbb{C};$$

die (orientierungserhaltenden) Bewegungen werden beschrieben durch

$$z' = \frac{\alpha z + \beta}{\bar{\beta} z + \bar{\alpha}} \quad \text{mit } \alpha, \beta \in \mathbb{C}, \ \alpha\bar{\alpha} - \beta\bar{\beta} = 1$$

(Aufgabe 2).

Der Übergang vom Poincaréschen Kreismodell zum bereits in Kap. 2.2 besprochenen *Halbebenenmodell* $\mathcal{H}^*$ ist einfach: Seien N, S zwei feste diametral gegenüberliegende Punkte von k und t die Tangente in N an k. Die Inversion Ψ am Kreis l mit Mittelpunkt S und Radius $|NS|$ bildet die Kreislinie k auf t ab und das Innere von k auf die durch t berandete Halbebene ε^*, die S nicht enthält (Abb. 6.6). Dabei liegt jetzt natürlich nicht die projektive, sondern wie zuvor die konforme Ebene zugrunde. Auf diese Weise erhält man wirklich die früher angegebenen Grundelemente: die *Punkte* dieses Modells sind die Punkte in ε^*; da Inversionen winkeltreu sind und Kreise wieder in Kreise überführen, sind die *Geraden* in diesem Modell Halbgeraden, die orthogonal auf t stehen, oder Halbkreise, deren Mittelpunkt auf t liegt (jeweils ohne die Randpunkte). Die Bedeutung der *Zwischen*beziehung ist anschaulich unmittelbar klar, ebenso die des Begriffs der *Parallelität*.

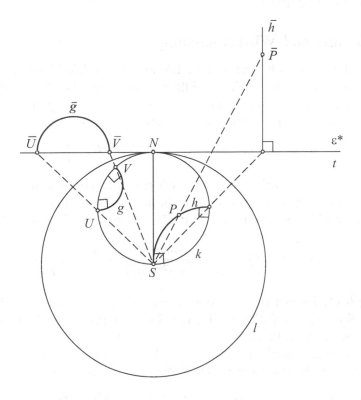

Abbildung 6.6

Die *Bewegungen* in diesem Modell schließlich sind wie zuvor Produkte von Inversionen, jetzt an zu t orthogonalen Kreisen, wobei natürlich deren Definitionsbereich auf ε^* eingeschränkt werden muss. (Im Falle, dass der zu t orthogonale Kreis eine euklidische Gerade h ist, ist die entsprechende Inversion einfach die (euklidische) Spiegelung an h.) Um dies zu verifizieren können wir denselben Gedankengang wie beim Übergang vom Kleinschen zum Poincaréschen Kreismodell $\mathcal{H}$ verwenden:

Jede Bewegung α^* von ε^* lässt sich durch $\Psi \circ \bar{\alpha} \circ \Psi^{-1}$ erhalten, wobei $\bar{\alpha}$ beliebige Bewegung von $\mathcal{H}$ ist. Wird letztere zunächst durch die Inversion $\bar{\sigma}$ an einem zu k orthogonalen Kreis h induziert, so ist $\Psi \circ \bar{\sigma} \circ \Psi^{-1}$ nach Satz 1.20, 2) wieder eine Inversion, und zwar am Bildkreis $\Psi(h)$; die Einschränkung auf ε^* liefert dann die $\bar{\alpha}$ entsprechende Bewegung α^*. Der allgemeine Fall folgt genauso wie früher (siehe Formel (6.2)).

Auch hier lassen sich die Bewegungen wieder einheitlich beschreiben als die Einschränkungen derjenigen Kreisverwandtschaften, die t invariant lassen und ε^* in sich überführen.

Ein weiteres Modell der hyperbolischen Ebene, das Hyperboloidmodell $\hat{\mathcal{H}}$, wird in Kap. 6.3.5 vorgestellt.

6.1.3   Distanz- und Winkelmessung

In Kapitel 5.3.2 hatten wir Formeln für Distanz und Winkel in den verschiedenen Cayley–Klein-Geometrien abgeleitet. Für die hyperbolische Geometrie hatten wir dabei folgendes erhalten: Wählt man $\gamma = -1$, $\gamma' = 1$, so genügt die zugrunde liegende Kurve 2. Grades k^* den Gleichungen

$$k : x_0^2 - x_1^2 - x_2^2 = 0, \quad \bar{k} : -z_0^2 + z_1^2 + z_2^2 = 0$$

(siehe (5.14)). Im Standardmodell der projektiven Ebene interpretiert ist die hyperbolische Ebene $\mathcal{H}$ das Innere des Einheitskreises. Sind nun $G(g_0, g_1, g_2)$, $H(h_0, h_1, h_2)$ zwei Punkte von $\mathcal{H}$, so gilt für die Distanz (Tabelle 5.20):

$$\cosh d(G, H) = \frac{g_0 h_0 - g_1 h_1 - g_2 h_2}{\sqrt{(g_0^2 - g_1^2 - g_2^2)(h_0^2 - h_1^2 - h_2^2)}}. \tag{6.3}$$

Bemerkung 6.11. Formel (6.3) unterscheidet sich von der in der Tabelle angegebenen Formel durch den fehlenden Betrag. Doch ist dieser unnötig: Ist nämlich G fest und H variabel, so beschreibt $\langle \mathbf{g}, \mathbf{h} \rangle = 0$ die Polare von G bzgl. k. Da G im Inneren von k liegt schneidet sie k nicht. Wegen $\langle \mathbf{o}, \mathbf{o} \rangle > 0$ für $\mathbf{o} = (1, 0, 0)$ gilt auch $\langle \mathbf{g}, \mathbf{g} \rangle > 0$, weshalb k ganz in der Halbebene $\langle \mathbf{g}, \mathbf{h} \rangle > 0$ liegt.

Sind $g(g_0, g_1, g_2)^t$, $h(h_0, h_1, h_2)^t$ zwei schneidende Gerade von $\mathcal{H}$, $S \in \mathcal{H}$ ihr Schnittpunkt, so ist der Winkel gegeben durch

$$\cos \angle(g, h) = \frac{-g_0 h_0 + g_1 h_1 + g_2 h_2}{\sqrt{(-g_0^2 + g_1^2 + g_2^2)(-h_0^2 + h_1^2 + h_2^2)}}. \tag{6.4}$$

Um einen Eindruck der möglichen Distanz- und Winkelwerte im Kreismodell $\mathcal{H}$ zu erhalten, bringen wir durch geeignete Bewegungen G und $s = \langle G, H \rangle$ bzw. g in spezielle Lagen. Dies ist aufgrund von Satz 6.1 möglich. Was die Distanz betrifft, so können wir demnach G als Ursprung $O(1, 0, 0)$ und s als x-Achse annehmen, so dass folgt

$$\cosh d(G, H) = \frac{h_0}{\sqrt{h_0^2 - h_1^2 - h_2^2}}.$$

Lässt man nun H von O aus in Richtung positiver oder negativer x-Achse laufen, so wächst $d(G, H) \in \mathbb{R}_+ \cup \{0\}$ monoton und wird unendlich, falls $H \in k$, also $H(1, \pm 1, 0)$ gilt. Liegt H außerhalb von k, so ist $d(G, H)$ imaginär (man beachte diesbezüglich die Bemerkung 5.9).

Was den Winkel betrifft, so legen wir g auf die x-Achse. Wegen $\bar{g}^t = (0, 0, 1)$ folgt

$$\cos \angle(g, h) = \frac{h_2}{\sqrt{-h_0^2 + h_1^2 + h_2^2}}. \tag{6.5}$$

Da S die Koordinaten $(1, s, 0)$ besitzt, hat die Trägergerade $\bar{h}$ einer beliebigen Geraden h durch S die Geradenkoordinaten $(-s, 1, r)^t$, $r \in \mathbb{R}$ beliebig. Solange S im Inneren von k liegt, ist die rechte Seite von (6.5) betragsmäßig < 1, der Winkel daher – natürlich – reell. Im Spezialfall $S = O$, also $s = 0$, stimmt dabei der Winkel mit dem euklidisch gemessenen überein: dies folgt sofort aus (6.5) bzw. Bemerkung 5.3.

Liegt S auf k, ist also $s = \pm 1$, so ist $\angle(g, h)$ stets 0 ausgenommen h ist die Tangente an k; die Randparallelen schließen also stets den Winkel 0 mit jeder Geraden $g \in \mathcal{H}$ ein. Im Ausnahmefall ist $r = 0$ und $\angle(g, h)$ existiert nicht. Liegt schließlich S außerhalb von k, was für die Überparallelen zu g zutrifft, so ist die rechte Seite von (6.5) betragsmäßig > 1, der Winkel somit stets imaginär.

Wir untersuchen im weiteren, wie sich diese Maßbestimmungen in den anderen Modellen beschreiben lassen. Dabei beginnen wir mit der Distanz. Da $\mathcal{H}$ in der euklidischen Ebene realisiert ist, kann man in (6.3) zu inhomogenen Koordinaten übergehen, wobei wir für $\frac{g_i}{g_0}$, $\frac{h_i}{h_0}$ der Einfachheit halber wieder g_i, h_i $(i = 1, 2)$ schreiben:

$$\cosh d(G, H) = \frac{1 - (g_1 h_1 + g_2 h_2)}{\sqrt{(1 - (g_1^2 + g_2^2))(1 - (h_1^2 + h_2^2))}}. \tag{6.6}$$

Für die weitere Rechnung verwenden wir meist komplexe Koordinaten $G(g)$, $H(h)$ mit $g = g_1 + ig_2$, $h = h_1 + ih_2$.[117] Wegen

$$g_1 h_1 + g_2 h_2 = \mathrm{Re}\, g\bar{h} = \frac{1}{2}(g\bar{h} + \bar{g}h), \quad g_1^2 + g_2^2 = g\bar{g}, \quad h_1^2 + h_2^2 = h\bar{h}$$

lautet die Formel (6.6) dann

$$\cosh d(G, H) = \frac{1 - \frac{1}{2}(g\bar{h} + \bar{g}h)}{\sqrt{(1 - g\bar{g})(1 - h\bar{h})}}. \tag{6.7}$$

Wie ändert sich diese beim Übergang vom Kleinschen Modell zum Poincaréschen Kreismodell $\bar{\mathcal{H}}$? Da k der Einheitskreis ist, hat die Hilfskugel κ die Gleichung (in inhomogenen Koordinaten)

$$x^2 + y^2 + z^2 = 1.$$

Ist nun $P(p_1, p_2, 0)$ ein beliebiger Punkt im Inneren von k, so hat der Bildpunkt $\bar{P}$ bei der Orthogonalprojektion auf die untere Halbkugel die Koordinaten

$\bar{P}(p_1, p_2, -\sqrt{1 - p_1^2 - p_2^2})$. Dieser wurde nun vom Nordpol $N(0, 0, 1)$ der Kugel zurück auf das Innere von k projiziert. Hat dieser Bildpunkt P' die Koordinaten $(p_1', p_2', 0)$, so gilt wegen $\bar{P} \in \langle N, P' \rangle$:

$$p_1 = 0 + \lambda p_1', \quad p_2 = 0 + \lambda p_2', \quad -\sqrt{1 - p_1^2 - p_2^2} = 1 + \lambda(-1).$$

Es folgt

$$(\lambda - 1)^2 = 1 - \lambda^2 {p_1'}^2 - \lambda^2 {p_2'}^2,$$

also

$$\lambda^2(1 + {p_1'}^2 + {p_2'}^2) - 2\lambda = 0.$$

Da wir $\lambda \neq 0$ annehmen können – der Ursprung bleibt ja invariant – ist $\lambda = \frac{2}{1 + {p_1'}^2 + {p_2'}^2}$. Damit erhalten wir

$$p_1 = \frac{2p_1'}{1 + {p_1'}^2 + {p_2'}^2}, \quad p_2 = \frac{2p_2'}{1 + {p_1'}^2 + {p_2'}^2},$$

bzw. unter Verwendung komplexer Koordinaten

$$p = \frac{2p'}{1 + p'\overline{p'}}.$$

Verwendet man dies in (6.5), so ergibt sich für die Distanz d_K im Poincaréschen Kreismodell

$$\cosh d_K(G', H') = \cosh d(G, H) = \frac{1 - \frac{1}{2}\left(\frac{2g'}{1 + g'\overline{g'}} \cdot \frac{2\overline{h'}}{1 + \overline{h'}h'} + \frac{2\overline{g'}}{1 + g'\overline{g'}} \cdot \frac{2h'}{1 + h'\overline{h'}}\right)}{\sqrt{\left(1 - \frac{2g'}{1 + g'\overline{g'}} \cdot \frac{2\overline{g'}}{1 + g'\overline{g'}}\right)\left(1 - \frac{2h'}{1 + h'\overline{h'}} \cdot \frac{2\overline{h'}}{1 + h'\overline{h'}}\right)}}$$

$$= \frac{(1 + g'\overline{g'})(1 + h'\overline{h'}) - 2(g'\overline{h'} + \overline{g'}h')}{(1 - g'\overline{g'})(1 - h'\overline{h'})}.$$

Durch weiteres Umformen zeigt sich, dass die Distanz auch wieder mittels eines Doppelverhältnisses ausgedrückt werden kann. Dazu verwenden wir die Beziehung $\cosh^2 \frac{\epsilon}{2} = \frac{1 + \cosh \epsilon}{2}$:

$$\cosh^2 \frac{d_K(G', H')}{2} = \frac{1}{2(1 - g'\overline{g'})(1 - h'\overline{h'})}[2 + 2g'\overline{g'}h'\overline{h'} - 2(g'\overline{h'} + \overline{g'}h')]$$

$$= \frac{(1 - g'\overline{h'})(1 - h'\overline{g'})}{(1 - g'\overline{g'})(1 - h'\overline{h'})},$$

d.h.

$$\cosh^2 \frac{d_K(G', H')}{2} = \frac{g' - \overline{h'}^{-1}}{h' - \overline{h'}^{-1}} : \frac{g' - \overline{g'}^{-1}}{h' - \overline{g'}^{-1}}. \tag{6.8}$$

Da nun bei der Inversion am zugrundeliegenden Einheitskreis k ein Punkt $Z(z)$ übergeht in $\hat{Z}(\bar{z}^{-1})$ (siehe Formel (1.6)), können wir die rechte Seite als Doppelverhältnis interpretieren:

$$\cosh^2 \frac{d_K(G', H')}{2} = DV(G', H'; \widehat{H'}, \widehat{G'}). \tag{6.9}$$

Dabei ist aber zu beachten, dass diese vier Punkte im allgemeinen nicht auf einer Geraden, sondern auf einem Kreis der konformen Ebene liegen, wobei $\widehat{G'}$, $\widehat{H'}$ nicht der Ebene $\bar{\mathcal{H}}$ angehören (siehe Abb. 6.7).

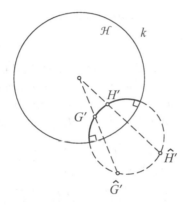

Abbildung 6.7

Das letzte Ergebnis lässt sich nun leicht ins Poincarésche Halbebenenmodell übertragen. Dazu ist nur zu beachten, dass das Doppelverhältnis von vier Punkten ganz allgemeiner Lage, wenn es so wie hier reell ist, unter beliebigen Kreisverwandtschaften invariant bleibt. Da der Übergang vom Poincaréschen Kreis- zum Halbebenenmodell mittels einer Inversion, also einer Kreisverwandtschaft erfolgte, gilt somit auch für die Distanz d_H im Halbebenenmodell $\mathcal{H}^*$

$$\cosh^2 \frac{d_H(G, H)}{2} = DV(G, H; \hat{H}, \hat{G}). \tag{6.10}$$

Hier sind nun $\hat{G}$ bzw. $\hat{H}$ die G bzw. H bezüglich der Inversion an der Randgeraden t zugeordneten Punkte, es sind also einfach die an t (euklidisch) gespiegelten Punkte (siehe Abb. 6.8). Koordinatisiert man die (konforme) Ebene neu durch (inhomogene) komplexe Koordinaten derart, dass t die Realteilachse wird, so lauten diese $\hat{G}(\bar{g})$, $\hat{H}(\bar{h})$ für $G(g)$, $H(h)$. Statt Formel (6.8) erhalten wir somit

$$\cosh^2 \frac{d_H(G, H)}{2} = \frac{g - \bar{h}}{h - \bar{h}} : \frac{g - \bar{g}}{h - \bar{g}}. \tag{6.11}$$

Zum Abschluss wollen wir noch zeigen, dass auch in den beiden Poincaréschen Modellen eine zur allgemeinen Distanzformel (5.10) analoge Formel gilt. Dazu

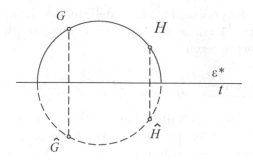

Abbildung 6.8

betrachten wir im Halbebenenmodell den Sonderfall, dass die durch zwei Punkte P und Q verlaufende hyperbolische Gerade eine euklidische Halbgerade ist, die dann senkrecht auf die Randgerade t steht. Insbesondere gilt $p = p_1 + ip_2$, $q = p_1 + iq_2$. Mittels Formel (6.11) berechnen wir $d_H := d_H(P,Q)$ explizit:

$$\cosh^2 \frac{d_H}{2} = \frac{(p_1 + ip_2) - (p_1 - iq_2)}{(p_1 + iq_2) - (p_1 - iq_2)} : \frac{(p_1 + ip_2) - (p_1 - ip_2)}{(p_1 + iq_2) - (p_1 - ip_2)}$$

$$= \frac{p_2 + q_2}{2q_2} : \frac{2p_2}{q_2 + p_2} = \frac{(p_2 + q_2)^2}{4p_2 q_2} =: \epsilon.$$

Verwendet man $\cosh \frac{d}{2} = \frac{e^{d/2} + e^{-d/2}}{2}$, so folgt

$$e^{d_H} = 2\epsilon - 1 \pm \sqrt{(2\epsilon - 1)^2 - 1} = \frac{p_2^2 + q_2^2}{2p_2 q_2} \pm \sqrt{\frac{(p_2^2 + q_2^2)^2}{4p_2^2 q_2^2} - 1}$$

$$= \frac{p_2^2 + q_2^2}{2p_2 q_2} \pm \frac{p_2^2 - q_2^2}{2p_2 q_2}.$$

Man erhält also die beiden Möglichkeiten

$$e^{d_H} = \frac{p_2}{q_2} \quad \text{oder} \quad e^{d_H} = \frac{q_2}{p_2}.$$

Diese lassen sich zusammenfassen zu

$$d_H = |\log p_2 - \log q_2|. \tag{6.12}$$

Wir gehen nun zurück zum Poincaréschen Kreismodell. Nach Formel (6.9) gilt

$$\cosh^2 \frac{d_K(G,H)}{2} = DV(G,H;\widehat{H},\widehat{G})$$

– der Einfachheit halber lassen wir hier und im weiteren die Striche weg. Es seien U, V die Schnittpunkte des Trägerkreises der Geraden $\langle G, H \rangle$ des Modells mit k, wobei die Bezeichnung so gewählt sei, dass durch G, H, U, V bzw. äquivalent V, G, H, U ein Richtungssinn bestimmt wird (vergleiche Vorauss. 5.5). Wir behaupten dann

$$d_K(G, H) = \log DV(G, H; U, V). \tag{6.13}$$

Da die rechte Seite > 0 ist und beliebig groß werden kann (vgl. Fall 5.6,i) und Eigenschaft 3.79,5)) ist jedenfalls

$$d_K(G, H) = \log DV(G, H; U, X)$$

mit einem eindeutig bestimmten Punkt X des Trägerkreises von $\langle G, H \rangle$. Indem wir eine geeignete Bewegung des Modells anwenden bzw. genauer die ihr entsprechende Kreisverwandtschaft – bei der ja sowohl die Distanz als auch das Doppelverhältnis invariant bleiben –, können wir annehmen, dass der Trägerkreis von $\langle G, H \rangle$ die Gerade $\langle O, N \rangle$ ist, wo O der Mittelpunkt und N der Nordpol des Kreises k ist, und dass $U = N$ gilt. Nun führt ja die Inversion α am Kreis l, dessen Mittelpunkt der Südpol S und dessen Radius gleich dem Durchmesser von k ist, das Kreismodell $\bar{\mathcal{H}}$ ins Halbebenenmodell $\mathcal{H}^*$ über. Dabei ist das Bild der hyperbolischen Geraden $\langle G, H \rangle$ eine zur Realteilachse orthogonale (euklidische) Halbgerade $\langle \alpha(G), \alpha(H) \rangle$, die verlängert sie in $\alpha(U) = U$ schneidet. Bei diesem Übergang bleibt das Doppelverhältnis invariant, so dass folgt

$$d_H(G, H) = \log DV(\alpha(G), \alpha(H); U, \alpha(X)).$$

Da die vier Bildpunkte nun auf einer Geraden mit konstantem Realteil liegen, können wir sie allein durch die Imaginärteilkomponente koordinatisiert denken: $\alpha(G)(g_2)$, $\alpha(H)(h_2)$, $U(0)$, $\alpha(X)(x)$. Damit wird die rechte Seite zu

$$\log \left(\frac{g_2 - 0}{h_2 - 0} : \frac{g_2 - x}{h_2 - x} \right).$$

Andererseits ist nach Formel (6.12) $d_H = |\log \frac{g_2}{h_2}|$. Da der Richtungssinn G, H, U wieder in einen übergeht: $\alpha(G)$, $\alpha(H)$, U, gilt $g_2 > h_2 > 0$, weshalb $d_H = \log \frac{g_2}{h_2}$ ist. Es folgt

$$\frac{g_2}{h_2} = \frac{g_2}{h_2} : \frac{g_2 - x}{h_2 - x},$$

also $x = \infty$. Da in der dem Halbebenenmodell zugrundeliegenden konformen Ebene ein Punkt mit der Koordinate ∞ auch auf der Realteilachse t liegt, gilt für dessen Urbild im Poincaréschen Kreismodell wirklich: $X = V$. Damit ist Formel (6.13) gezeigt. $\qquad\square$

Eine ganz analoge Formel gilt auch für das Halbebenenmodell

$$d_H(G, H) = \log DV(G, H; U, V),$$

da der Übergang durch eine Kreisinversion geleistet wird. Hierbei sind natürlich U, V jetzt die Schnittpunkte des durch G, H verlaufenden Halbkreises mit der Realteilachse und V, G, H, U folgen gemäß einem Richtungssinn aufeinander. Artet der Halbkreis zu einer Halbgeraden aus, so ist die Distanz bereits früher durch (6.12) bestimmt worden.

Mithilfe der Formel (6.13) lässt sich nun relativ einfach die Dreiecksungleichung für die nicht orientierte hyperbolische Distanz $d := d_K$ beweisen, wodurch dann die hyperbolische Ebene zu einem metrischen topologischen Raum wird (siehe Bemerkung 5.12). Wir legen also das Poincarésche Kreismodell $\bar{\mathcal{H}}$ zugrunde (k der Einheitskreis) und geben darin drei Punkte G, H, K vor. Wegen Lemma 5.10,3) können wir annehmen, dass sie nicht kollinear sind. Weiter können wir durch Anwendung einer hyperbolischen Bewegung erreichen, dass K gleich dem Mittelpunkt O des Kreises k ist. Um

$$d(G, H) \leqq d(G, K) + d(K, H) \tag{6.14}$$

zu zeigen, berechnen wir zunächst allgemein $d(K, P) = d(O, P)$ für einen beliebigen Punkt P des Modells.

Sind R, S die Schnittpunkte der (euklidischen) Geraden $\langle O, P \rangle$ mit k, so sind ihre komplexen Koordinaten gleich r und $s = -r$, so dass nach Formel (6.13) folgt

$$d(O, P) = \log DV(O, P; R, S) = \log \left(\frac{0-r}{p-r} : \frac{0-s}{p-s} \right) = \log \frac{r+p}{r-p}.$$

Da S, O, P, R gemäß einen Richtungssinn aufeinander folgen, liegt R auf der Halbgeraden $\overrightarrow{OP}$, so dass weiter gilt

$$\frac{r+p}{r-p} = \frac{1+\frac{p}{r}}{1-\frac{p}{r}} = \frac{1+|p|}{1-|p|}.$$

Daher ist

$$d(O, P) = \log \frac{1+|p|}{1-|p|}. \tag{6.15}$$

Wir verwenden im weiteren die folgende Abschätzung: ist $W(w)$ ein beliebiger Punkt auf k, so gilt

$$0 < 1 - |p| = |w| - |p| \leq |w - p| \leq |w| + |p| = 1 + |p|. \tag{6.16}$$

Sind nun U, V die Randpunkte der hyperbolischen Geraden $\langle G, H \rangle$ auf k, wobei die Bezeichnung so gewählt ist, dass V, G, H, U gemäß einem Richtungssinn aufeinander folgen (siehe Fall 5.6,i)), so erhalten wir

$$1 < DV(G, H; U, V) = \frac{g-u}{h-u} : \frac{g-v}{h-v} = \frac{(g-u)(h-v)}{(g-v)(h-u)} = \left| \frac{(g-u)(h-v)}{(g-v)(h-u)} \right|$$
$$= \frac{|g-u||h-v|}{|g-v||h-u|}.$$

Den Ausdruck rechts kann man nun mittels (6.16) abschätzen, indem G bzw. H für P und U bzw. V für W gesetzt wird:

$$\leq \frac{1+|g|}{1-|g|} \cdot \frac{1+|h|}{1-|h|}.$$

Durch Logarithmieren ergibt sich wegen Formel (6.15) die behauptete Dreiecksungleichung.

Wir wenden uns nun dem Winkelmaß zu, das, wie schon eingangs erwähnt wurde, im Kleinschen Modell $\mathcal{H}$ gegeben ist durch (Formel (6.4)):

$$\cos \angle(g,h) = \frac{-g_0 h_0 + g_1 h_1 + g_2 h_2}{\sqrt{(-g_0^2 + g_1^2 + g_2^2)(-h_0^2 + h_1^2 + h_2^2)}}.$$

Nimmt man speziell an, dass der Schnittpunkt S von g und h gleich dem Ursprung $O(1,0,0)$ ist, so liefert $O \in g, h$ zunächst $g_0 = h_0 = 0$ und damit weiter

$$\cos \angle(g,h) = \frac{g_1 h_1 + g_2 h_2}{\sqrt{(g_1^2 + g_2^2)(h_1^2 + h_2^2)}}.$$

Das ist gerade die Formel für den euklidisch gemessenen Winkel! Im Kleinschen Modell $\mathcal{H}$ stimmt somit der Winkel zwischen zwei sich in O schneidenden Geraden mit dem euklidischen überein. Dies lässt sich auch geometrisch sofort einsehen. Die Tangenten u, v von O an k sind ja die beiden Geraden, die O mit den imaginären Kreispunkten I, J verbinden (siehe Kap. 4.5.3). Aufgrund der Laguerreschen Formel (5.6) und Bemerkung 5.3 folgt somit, dass dann $\angle(g,h)$ gleich dem euklidischen Winkel ist, den diese Geraden einschließen.

Um das Winkelmaß in die anderen Modelle zu übertragen, genügt es, den eben hervorgehobenen Fall zu verfolgen, dass der Scheitel S mit O zusammenfällt. Beim Übergang zum Poincaréschen Kreismodell $\bar{\mathcal{H}}$ bleibt nämlich S invariant, ebenso wie durch S verlaufende Geraden. Es gilt also auch für dieses Modell, dass die Winkelmessung in O euklidisch ist. Bilden nun zwei beliebige hyperbolische Geraden g, h in irgendeinem Punkt $S \in \bar{\mathcal{H}}$ einen Winkel, so kann man durch Anwendung einer Bewegung α des Modells erreichen, dass S mit O zusammenfällt. Da die Bewegungen nach dem letzten Abschnitt aber Produkte der Einschränkungen von Inversionen (an zu k orthogonalen Kreisen) und letztere stets winkelerhaltend sind, folgt

$$\angle(g,h) = \angle(\alpha(g), \alpha(h)).$$

Der Winkel auf der rechten Seite ist nun gerade der euklidisch gemessene Winkel, also ist es auch der auf der linken Seite. Mithin ist ganz allgemein im Poincaréschen Kreismodell die Winkelmessung euklidisch – man spricht daher von einem *konformen* Modell. Schließlich geschieht auch der Übergang von $\bar{\mathcal{H}}$ zum Halbebenenmodell $\mathcal{H}^*$ mittels einer Inversion, ist demnach ebenfalls winkelerhaltend. Das heißt, dass auch dieses Modell konform, die Winkelmessung also durchgängig euklidisch ist.

6.1.4 Ausgewählte Ergebnisse

Aufgrund der Konformität der beiden Poincaréschen Modelle lassen sich grundlegende Sätze der hyperbolischen Geometrie unmittelbar geometrisch verifizieren. Wir verwenden dazu im Folgenden stets das Kreismodell $\overline{\mathcal{H}}$, wobei wir o.B.d.A. den Einheitskreis k zugrundelegen. Dabei sei daran erinnert, dass erstens drei nicht kollineare Punkte der hyperbolischen Ebene eindeutig ein Dreieck festlegen (Bem. 5.15); dass zweitens unter den Winkeln eines solchen Dreiecks die Innenwinkelfelder bzw. deren Maßzahl verstanden werden (Def. 3. 115).

Satz 6.12. *Die Winkelsumme im Dreieck ist stets $< \pi$. Allgemein gilt, dass im einfachen n-Eck die Winkelsumme $< (n-2)\pi$ ist.*

Für das Dreieck folgt der *Beweis* unmittelbar aus Abbildung 6.9, da man mittels einer Bewegung eine Ecke in den Mittelpunkt von k legen kann.

Die allgemeine Aussage ergibt sich mittels Triangularisierung.   □

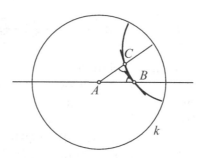

Abbildung 6.9

Satz 6.13. *Dreiecke mit drei gleichen Winkeln sind kongruent, d.h. sie lassen sich durch eine hyperbolische Bewegung ineinander überführen. Es gibt also keine nicht kongruenten „ähnlichen" Dreiecke.*

Beweis. Es seien φ, ψ, χ die Winkel der beiden Dreiecke $\triangle PQR, \triangle P'Q'R'$. Indem wir nötigenfalls geeignete hyperbolische Bewegungen anwenden, können wir annehmen, dass $P = P' = O$ gilt und Q' auf der Halbgeraden $\overrightarrow{PQ}$ liegt. Klarerweise liegt dann auch R' auf dem Halbstahl $\overrightarrow{PR}$. Seien nun p bzw. p' die Trägerkreise der Geraden $\langle Q, R \rangle$ bzw. $\langle Q', R' \rangle$. Sie stehen orthogonal zu k und schneiden nach Voraussetzung die Gerade $\langle P, Q \rangle$ im Winkel ψ, die Gerade $\langle P, R \rangle$ im Winkel χ. Nehmen wir indirekt an, p wäre von p' verschieden, so sind drei Fälle möglich:

i) p, p' schneiden einander im φ entsprechenden Winkelfeld,

ii) p, p' schneiden einander am Rand des Winkelfeldes, d.h. $Q = Q'$ oder $R = R'$,

iii) p, p' schneiden einander nicht im φ entsprechenden abgeschlossenen Winkelfeld.

Im ersten Fall hat das Dreieck $\triangle QQ'S$ (und $\triangle RR'S$), wo S der Schnittpunkt von p, p' ist, eine Winkelsumme $> \pi$; im zweiten Fall ist die Winkelsumme des Dreiecks $\triangle QRR'$ (oder $\triangle QQ'R$) $> \pi$; im dritten Fall ist die Winkelsumme des Vierecks $QQ'R'R$ gleich 2π. In allen Fällen ergibt sich also ein Widerspruch zu Satz 6.12. □

Der letzte Satz hat die folgende bedeutsame Konsequenz: In der euklidischen Geometrie sind Winkel- und Distanzmessung insofern qualitativ unterschiedlich, als es für erstere eine absolute Maßeinheit gibt, für letztere jedoch nicht. So ist etwa der Wert des rechten Winkels (oder auch des gestreckten oder des Vollwinkels) ein „naturgegebenes" Maß, in Bezug auf das jeder Winkel gemessen werden kann; dagegen kann eine Distanz erst bestimmt werden, wenn man eine frei wählbare Strecke als Einheitsstrecke vorgibt. In der hyperbolischen Geometrie nun gibt es sowohl eine ausgezeichnete Maßeinheit für den Winkel – wiederum z.B. der rechte – als auch für die Distanz. Dies folgt daraus, dass es aufgrund von Satz 6.13 möglich ist, die Seiten in gewissen speziellen Dreiecken mittels der Winkel festzulegen.

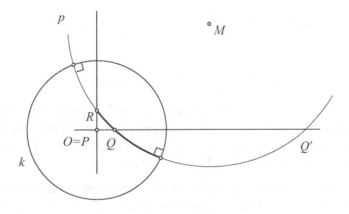

Abbildung 6.10

Sei dazu $\triangle PQR$ ein gleichschenkelig-rechtwinkeliges Dreieck mit dem rechten Winkel in P. O.B.d.A. können wir $P = O$, Q auf der positiven x-Achse und R auf der positiven y-Achse annehmen (Abb. 6.10). Wir berechnen nun den Winkel, den der Trägerkreis p der hyperbolischen Geraden $\langle Q, R \rangle$ mit $\langle P, Q \rangle$ (bzw. $\langle P, R \rangle$) einschließt. Sei dazu Q euklidisch durch $(x, 0)$ mit $0 < x < 1$ koordinatisiert. Nach Folgerung 1.4 geht p auch durch den zu Q bzgl. k inversen Punkt $Q'(x^{-1}, 0)$. Da der Mittelpunkt M von p ersichtlich auf der 1. Mediane liegt, besitzt er somit die Koordinaten $(\frac{1}{2}(x+x^{-1}), \frac{1}{2}(x+x^{-1}))$. Damit gilt $\overrightarrow{MQ} = (\frac{1}{2}(x-x^{-1}), -\frac{1}{2}(x+x^{-1}))$ und der Anstieg κ der Tangente in Q an p ist

$$\kappa = \tan(180 - \psi) = \frac{-1}{\frac{-\frac{1}{2}(x+x^{-1})}{\frac{1}{2}(x-x^{-1})}} = \frac{x - x^{-1}}{x + x^{-1}},$$

d.h.

$$\tan\psi = -\frac{x - x^{-1}}{x + x^{-1}} = \frac{1 - x^2}{1 + x^2}. \tag{6.17}$$

Nun müssen wir noch x durch die hyperbolische Distanz x_h ausdrücken. Nach (6.13) gilt

$$x_h = \log DV(O, Q; U, V),$$

wobei diese Punkte die eindimensionalen inhomogenen Koordinaten $O(0)$, $Q(x)$, $U(1)$, $V(-1)$ besitzen. Es folgt

$$e^{x_h} = \frac{0 - 1}{x - 1} : \frac{0 + 1}{x + 1} = \frac{1 + x}{1 - x}$$

und weiter

$$x = \frac{e^{x_h} - 1}{e^{x_h} + 1}. \tag{6.18}$$

Eingesetzt in (6.17) ergibt sich schließlich

$$\tan\psi = \frac{(e^{x_h} + 1)^2 - (e^{x_h} - 1)^2}{(e^{x_h} + 1)^2 + (e^{x_h} - 1)^2} = \frac{4e^{x_h}}{2e^{2x_h} + 2}$$

bzw.

$$\cot\psi = \frac{1}{2}(e^{x_h} + e^{-x_h}) = \cosh x_h. \tag{6.19}$$

Durch diesen Zusammenhang zwischen hyperbolischer Distanz und dem Winkel ψ ergibt sich speziell, dass $x_h = 1$ – also die hyperbolische Einheitsstrecke – gleich der Länge der Katheten im gleichschenkelig-rechtwinkeligen Dreieck ist, dessen Basiswinkel gleich $\operatorname{arccot} \cosh 1 \approx 32°56'44''$ sind. $\qquad\square$

Bemerkung 6.14. Formel (6.19) impliziert übrigens, wenn Q die Strecke OU durchläuft, also $x_h(\in \mathbb{R}_+ \cup \{0\})$ stetig wächst, dass der entsprechende Winkel ψ monoton und stetig abnimmt; und zwar von $\psi = \frac{\pi}{4}$ (im Grenzfall $Q = O$) zu $\psi = 0$ (im Grenzfall $Q = U$). Da die Winkelsumme im betrachteten Dreieck $\triangle PQR$ gleich $\frac{\pi}{2} + 2\psi$ ist, folgt insbesondere, dass es zu jedem vorgegebenen Wert σ mit $\frac{\pi}{2} < \sigma < \pi$ ein hyperbolisches Dreieck gibt, dessen Winkelsumme gleich σ ist – man braucht ja nur $\psi = \frac{1}{2}(\sigma - \frac{\pi}{2})$ zu wählen. Ganz analog erkennt man, dass es auch zu jedem Wert σ mit $0 < \sigma \le \frac{\pi}{2}$ ein – sogar gleichschenkeliges – Dreieck gibt mit σ als Winkelsumme. Man muss dazu nur statt dem rechten Winkel in P dort einen Winkel $\varphi < \sigma$ vorgeben; die Seiten der beiden gleichlangen Schenkel sind dann so zu wählen, dass $\psi = \frac{1}{2}(\sigma - \varphi)$ ist.

Ein Zusammenhang zwischen Winkel- und Streckenmaß kann nicht nur mittels des gleichschenkelig-rechtwinkeligen Dreiecks hergestellt werden, sondern auf mehrere Weisen. Wir wollen noch den Zugang über den sogenannten Parallelwinkel vorstellen, der von Lobatschewski stammt. Dazu betrachten wir wieder ein rechtwinkeliges Dreieck $\triangle PQR$ mit $\angle QPR = \frac{\pi}{2}$, wobei o.B.d.A. wieder die spezielle Lage $P = O$, Q und R auf der positiven x- bzw. y-Achse angenommen sei

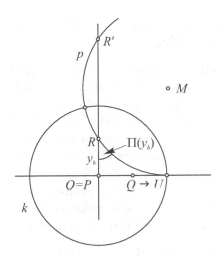

Abbildung 6.11

(Abb. 6.11). Weiter sei der Abstand $|PR| = y_h$ (also hyperbolisch gemessen) fest vorgegeben und Q wandere gegen den Randpunkt $U \in k$ längs der x-Achse. Im Grenzfall $Q = U$ erhält man ein sogenanntes *einfach asymptotisches* (rechtwinkeliges) *Dreieck*, das bei Q den Winkel 0 hat, da die Tangente an den Trägerkreis der Geraden $\langle Q, R \rangle$ mit der Geraden $\langle P, Q \rangle$ übereinstimmt. Aus diesem Grunde heißt der bei R entstehende Winkel *Parallelwinkel bzgl. des* gegebenen *Abstandes* y_h. Er wird mit $\Pi(y_h)$ bezeichnet. Er lässt sich mit derselben Methode wie zuvor berechnen.

Sei dazu y der euklidische Abstand $|PR|$ und M wieder der Mittelpunkt des Trägerkreises der Geraden $\langle Q, R \rangle$. Nun hat M die Koordinaten $(1, \frac{1}{2}(y + y^{-1}))$, so dass $\overrightarrow{MR} = (-1, \frac{1}{2}(y - y^{-1}))$ gilt. Damit erhält man für $\Pi(y_h)$:

$$\tan(\frac{\pi}{2} + \Pi(y_h)) = -\frac{1}{\frac{\frac{1}{2}(y - y^{-1})}{-1}} = 2(y - y^{-1})^{-1}, \text{ also } \cot \Pi(y_h) = 2(y^{-1} - y)^{-1}.$$

Drückt man y mittels der Beziehung (6.18) durch y_h aus, so folgt weiter

$$\cot \Pi(y_h) = 2 \left(\frac{e^{y_h} + 1}{e^{y_h} - 1} - \frac{e^{y_h} - 1}{e^{y_h} + 1} \right)^{-1} = \frac{e^{2y_h} - 1}{2e^{y_h}}.$$

Unter Verwendung von $\cot \frac{\alpha}{2} = \cot \alpha + \sqrt{1 + \cot^2 \alpha}$ (für $0 < \alpha < \frac{\pi}{2}$) impliziert dies

$$\cot \frac{\Pi(y_h)}{2} = \frac{e^{2y_h} - 1}{2e^{y_h}} + \frac{e^{2y_h} + 1}{2e^{y_h}} = e^{y_h}$$

bzw. die *Formel von Lobatschewski*

$$\tan \frac{\Pi(y_h)}{2} = e^{-y_h}. \tag{6.20}$$

Setzt man hier $y_h = 1$, so folgt $\Pi(y_h) \approx 40°23'42''$, so dass also dieser Parallel-winkel die Einheitsstrecke festlegt.

Wie wir gesehen haben, existieren in der hyperbolischen Geometrie Grenz-dreiecke, bei denen ein Winkel gleich 0 ist. Da alle Kreise, die den Randkreis k in einem Punkt Q orthogonal schneiden, die gleiche Tangente, nämlich $\langle O, Q \rangle$, besitzen, ist jeglicher Winkel mit Scheitel Q gleich 0; dieses Resultat hatten wir auf andere Art schon bei der Interpretation der Formel (6.5) erhalten. Es gibt somit nicht nur einfach sondern auch zwei- und dreifach asymptotische Dreiecke – dabei liegen entsprechend zwei oder drei Ecken auf k. Insbesondere hat daher ein dreifach asymptotisches Dreieck die Winkelsumme 0! Wenn man den Beweis von Satz 6.13 durch eine Grenzüberlegung modifiziert (und statt dem rechten Winkel einen beliebigen Winkel φ in $P = O$ vergibt) erhält man den

Satz 6.15. *Zu einem vorgegebenen Winkel φ mit $0 < \varphi < \pi$ gibt es ein bis auf (hy-perbolische) Bewegungen eindeutig bestimmtes zweifach asymptotisches Dreieck, dessen nicht verschwindender Winkel gleich φ ist.*

Dies gilt auch für den Fall $\varphi = 0$; oder anders formuliert:

Satz 6.16. *Je zwei dreifach asymptotische Dreiecke sind (hyperbolisch) kongruent.*

Dieses letzte Resultat hat zur Folge, dass es in der hyperbolischen Geometrie eine ausgezeichnete Fläche gibt, eben die des dreifach asymptotischen Dreiecks. Da sich beweisen lässt, dass es eine endliche Fläche besitzt, liegt hier dasselbe Phänomen wie beim Winkel und der Distanz vor: es gibt eine ausgezeichnete Größe, an der sich die anderen messen lassen.

Wir wollen nicht mehr auf die Flächenmessung eingehen (siehe dazu z.B. [Ram], Ch. 3.12, Ch. 5.8)), sondern erwähnen nur noch den grundlegenden

Satz 6.17. *Setzt man den Flächeninhalt des dreifach asymptotischen Dreiecks gleich π, so ist die Fläche eines beliebigen Dreiecks mit den Winkeln φ, ψ, χ gleich dem sogenannten* Defekt $\pi - (\varphi + \psi + \chi)$. *([Cox2], Kap. 16.4, 16.5; [Bran], Ch. 6.4.5.)*

6.1.5 Der Sehraum

Der Mathematiker R. Luneburg zog Ende der 40er Jahre des 20. Jahrhunderts aus Experimenten über den Sehsinn den Schluss, dass der Sehraum jedenfalls nichteuklidisch, genauer negativ gekrümmt, ist, so dass in ihm die hyperbolische Geometrie gilt (vgl. Kap. 2.2). Bis heute wurden eine Vielzahl von Untersuchungen in dieser Richtung durchgeführt, die fast durchwegs zum selben Resultat führten, jedoch mit der Einschränkung, dass die negative Krümmung des Sehraums nicht konstant, sondern variabel ist in Abhängigkeit zum Beispiel vom Fixationspunkt und der Intentionalität (vgl. etwa [Koen]). Der Sehraum ist somit mathematisch gesehen ein allgemeiner sogenannter Riemannscher Raum mit einem von mehreren Parametern abhängigen Krümmungstensor, in dem die hyperbolische Geometrie lokal gilt (in wenigen Ausnahmefällen auch die elliptische Geometrie). Dies wurde anscheinend zum ersten Mal von G. Kienle 1968 herausgearbeitet.

Einige grundlegende Experimente, die sämtlich [Kien] entnommen sind, seien kurz vorgestellt:

1) *Blumenfeld-Alleen* (nach W. Blumenfeld; Abb. 6.12): Es werden zwei Punktreihen, etwa Lichtquellenpaare, vom Versuchsleiter gemäß den Angaben der Versuchsperson so in Blickrichtung aufgestellt, dass der Abstand je zweier hintereinander liegender Punkte jeder Reihe als konstant und weiter

a) die beiden Reihen als gleichgerichtet bzw. (*Parallelalleen*),

b) entsprechende Punkte der beiden Reihen als von konstantem Abstand empfunden werden (*Distanzalleen*).

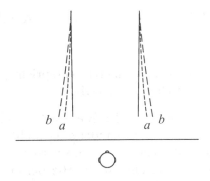

Abbildung 6.12

Bei diesem Versuch zeigt sich, dass die beiden Reihen unterschiedlich aufgestellt werden je nach der Intention a) oder b). Die in der euklidischen Geometrie geltende Äquivalenz von parallelen und äquidistanten Linien ist also für den Sehraum nicht zutreffend.

2) *Ames-Räume* (nach A. Ames; Abb. 6.13): Das sind nach einer Seite hin offene, in Farbe und Helligkeit homogene Kästen, die so konstruiert sind, dass sie einer in sie hineinblickenden Versuchsperson als offene Quader erscheinen. Dabei stellt sich heraus, dass nur in einem gewissen Entfernungsbereich die Wände wirklich flach und rechtwinkelig aufeinander stehen sein dürfen. Davor müssen sie konvex, dahinter konkav gekrümmt sein. Luneburg deutete dieses Phänomen als hyperbolische Transformation.

3) *Blank-Dreieck* (nach A. A. Blank; Abb. 6.14): Drei punktförmige Lichtquellen sind in einem (meist) gleichseitigen Dreieck ABC aufgestellt, dessen Front AB parallel zur Versuchsperson ausgerichtet ist. Gemäß deren Angaben werden die beiden anderen Seiten durch Einbringen zweier weiterer Lichtquellen D, E halbiert. Hierbei zeigt sich, dass die Punkte (fast) stets im Inneren des Dreiecks plaziert werden und ihr Abstand kleiner als die Hälfte der Streckenlänge $|AB|$ ist.

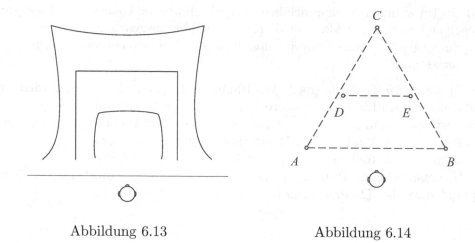

Abbildung 6.13   Abbildung 6.14

Dies widerspricht der euklidischen Geometrie, entspricht jedoch der Halbierung im Poincarémodell der hyperbolischen Geometrie.

4) *Parallelitätswinkel* ([Kien], S. 54): Zwei zur Versuchsperson parallele Fähnchen sind in einem fixen Abstand voneinander aufgestellt. Der Versuchsleiter dreht eines um einen bestimmten Winkel, das zweite wird von ihm nach den Angaben der Versuchsperson dazu parallel eingestellt. Hierbei ergibt sich im allgemeinen eindeutig ein Winkel*feld*, in welchem die Fähnchen als parallel eingestuft werden.

5) *Konzentrische Kreise* ([Kien], S. 61): Ein Kreisringbogen wird in Augenhöhe horizontal aufgehängt, je nach der Versuchsreihe mit unterschiedlichem Abstand von der Nasenwurzel. Nach Angabe der Versuchsperson werden weitere kleiner oder größer werdende Kreisringbögen so in aufsteigender Höhe plaziert, dass sie ihr als konzentrisch liegend erscheinen. Es zeigt sich, dass die Kreisschar stets exzentrisch liegt in der Art, wie dies in der hyperbolischen Geometrie für konzentrisch liegende Kreise der Fall ist (Abb. 6.15).

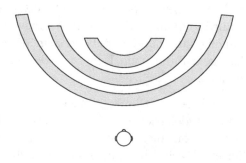

Abbildung 6.15

Interessanterweise führen Experimente, die das Abbildungsverhalten des physikalischen Raumes auf den Sehraum zum Gegenstand haben, zu unterschiedlichen Ergebnissen. Manche lassen darauf schließen, dass das Kleinsche, manche, dass das Poincarésche Kreismodell der hyperbolischen Ebene als Abbild lokal auftritt ([Kien], S. 85–90). Das lässt sich etwa dadurch überprüfen, ob Winkel verzerrt wiedergegeben werden, da nur das letztere Modell winkeltreu ist. Auch dies deutet darauf hin, dass der Sehraum nicht homogen gestaltet ist.

6.2 Elliptische Geometrie

6.2.1 Modelle

Zunächst seien die bereits bekannten Tatsachen über die elliptische Geometrie, das ist die Geometrie vom Typ II in 4.32 bzw. Fall 2) in Kap. 5.2, zusammengestellt. Die Grundgebilde (Punkte, Geraden) der elliptischen Ebene $\mathcal{E}$ sind genau die der projektiven Ebene $\bar{\varepsilon}$. Insbesondere schneiden sich je zwei Geraden in $\mathcal{E}$ – es gibt also keine parallelen Geraden! Weiter gilt daher in der elliptischen Geometrie das

Dualitätsprinzip. Jede Aussage bleibt richtig, wenn man die Grundbegiffe Punkt und Gerade vertauscht, wobei dies auch die Bestimmungen eventuell vorkommender abgeleiteter Begriffe betrifft.

Die elliptischen Bewegungen sind diejenigen Kollineationen von $\bar{\varepsilon}$, die eine nicht ausgeartete imaginäre Kurve 2. Grades k^* invariant lassen. Nach Satz 6.6 gibt es zu vorgegebenen Punkten $P, P' \in \mathcal{E}$ und Geraden $g, g' \in \mathcal{E}$ mit $P \in g$, $P' \in g'$ genau zwei derartige Bewegungen, die $\alpha(P) = P'$ und $\alpha(g) = g'$ erfüllen und zusätzlich einen vorgegebenen Richtungssinn auf g in einen ebensolchen auf g' überführen. Schließlich wissen wir noch aus der allgemeinen Theorie, dass in dieser Geometrie sowohl die Distanz- als auch die Winkelmessung elliptisch sind. Genauer gelten im nicht orientierten Fall nach Tabelle 5.20 folgende Beziehungen, wobei wir nur den Spezialfall $\gamma = \gamma' = 1$, d.h. im Standardmodell ist k der imaginäre Einheitskreis, anführen:

$$\cos d(G, H) = \frac{|g_0 h_0 + g_1 h_1 + g_2 h_2|}{\sqrt{(g_0^2 + g_1^2 + g_2^2)(h_0^2 + h_1^2 + h_2^2)}}, \quad G(g_0, g_1, g_2), \ H(h_0, h_1, h_2),$$

$$(6.21)$$

$$\cos \angle(g, h) = \frac{|g_0 h_0 + g_1 h_1 + g_2 h_2|}{\sqrt{(g_0^2 + g_1^2 + g_2^2)(h_0^2 + h_1^2 + h_2^2)}}, \quad g(g_0, g_1, g_2)^t, \ h(h_0, h_1, h_2)^t.$$

$$(6.22)$$

Der maximal mögliche Wert ist jeweils $\frac{\pi}{2}$; nach der Bemerkung 5.16 kann auch π als obere Schranke genommen werden, worauf im nächsten Abschnitt genauer eingegangen wird. Insbesondere gibt es in der elliptischen Geometrie für beide Grössen eine ausgezeichnete Maßeinheit; z.B. die, wo jener Wert angenommen wird – unabhängig davon, welche Normierung gewählt wird.[118] Für die orientierten

Maßbestimmungen laufen beide Werte in den Grenzen $-\frac{\pi}{2} < d(G, H), \angle(g, h) \leq \frac{\pi}{2}$; bzw. $0 \leq d(G, H), \angle(g, h) < \pi$ bei anderer Normierung. Natürlich sind Distanz und Winkel invariant unter elliptischen Bewegungen.

Zunächst geben wir verschiedene Modelle für die elliptische Ebene an, wobei sich als Nebeneffekt eine einfache Charakterisierung der elliptischen Bewegungen ergeben wird. (Zum Begriff „Modell" vgl. das in Bemerkung 5.2 Gesagte. Die elliptische Ebene (bzw. der elliptische Raum) lässt sich auch axiomatisch einführen und zwar derart, dass das Axiomensystem kategorisch ist. Die im weiteren beschriebenen „Modelle" sind dann wirklich (isomorphe) Modelle im Sinne der Axiomatik. Siehe z.B. [Réd], insbesondere §64.)

1) Fernebenenmodell. Wir nehmen zunächst eine Konkretisierung der elliptischen Ebene $\mathcal{E}$ vor. Dazu gehen wir vom Standardmodell $\mathbb{E}_3^*$ des projektiven Raumes aus. $\mathcal{E}$ sei nun dessen Fernebene und k^* der imaginäre Kugelkreis, also der Schnitt dieser Ebene mit jeglicher Kugel mitsamt den dazugehörigen Tangenten. Zur besseren Unterscheidung bezeichnen wir diese Konkretisierung mit $\mathcal{E}_F$.

2) Bündelmodell. Es sei O ein beliebiger eigentlicher Punkt des Standardmodells $\mathbb{E}_3^*$, also ein Punkt des ihm zugrundeliegenden euklidischen Raumes $\mathbb{E}_3$. Verbindet man sämtliche Grundelemente von $\mathcal{E}_F$ mit O, so erhält man sämtliche Geraden bzw. Ebenen des projektiven Raumes, die durch O gehen. Und dies seien die Punkte bzw. Geraden des neuen Modells, des sogenannten *Bündelmodells* $\mathcal{E}_B$ (in O). Die entsprechenden Bewegungen werden durch die des vorigen Modells induziert. Es sind somit diejenigen Kollineationen von $\mathbb{E}_3^*$, die den imaginären Kugelkreis k in sich überführen und den Punkt O invariant lassen. Das hat zur Folge, dass die Fernebene in sich übergeführt wird und der durch k^* und O erzeugte imaginäre Kegel invariant bleibt.

Überträgt man den für das Modell $\mathcal{E}_F$ geltenden Satz 6.6 auf das neue Modell, so gibt es genau zwei derartige Bewegungen, die bei gegebenen Geraden g_1, g_2 durch O und Ebenen η_1, η_2 durch O mit $g_1 \in \eta_1$, $g_2 \in \eta_2$ g_1 in g_2, η_1 in η_2 überführen sowie einen gegebenen Drehsinn in η_1 im Geradenbüschel O (das entspricht im jetzigen Modell dem Durchlaufungssinn einer Geraden) in einen ebensolchen in η_2. Um diese Kollineationen einfacher beschreiben zu können, betrachten wir diejenigen eigentlichen euklidischen Bewegungen von $\mathbb{E}_3$, die O festlassen. Bekanntlich sind dies gerade die Rotationen um O. Die Ausdehnungen dieser Bewegungen auf $\mathbb{E}_3^*$ sind dann klarerweise Kollineationen und sie erfüllen auch die eben genannten Eigenschaften. Sie führen ja Kugeln wieder in Kugeln über, lassen also k^* (und damit die Fernebene) invariant; O nach Konstruktion sowieso. Auch ist es offensichtlich, dass sie die geforderten Eigenschaften erfüllen: sind z.B. eine Gerade g durch O und eine durch sie vorlaufende Ebene η gegeben, so gibt es genau vier Rotationen α mit $\alpha(O) = O$, $\alpha(g) = g$, $\alpha(\eta) = \eta$, wovon zwei einen gegebenen Drehsinn in η erhalten, nämlich die Identität und die Drehung in η um 180° in dessen Richtung um die Achse durch O senkrecht auf η; die anderen zwei sind drehsinnumkehrend, und zwar sind dies die Rotationen um 180° um die Drehachsen g bzw. h, wobei letztere Gerade in O senkrecht auf g steht und in η

liegt. Der dem Satz 6.6 entsprechende allgemeine Fall lässt sich unmittelbar auf diesen zurückführen (Aufgabe 6).

Insgesamt folgt, dass die Bewegungen in diesem Modell genau die Erweiterungen der räumlichen O festlassenden, *eigentlichen* euklidischen Bewegungen auf das Standardmodell des projektiven Raumes sind.

Aus der hiermit vollständigen Beschreibung der Grundelemente lässt sich ersehen, dass das Bündelmodell auch im euklidischen Raum angesiedelt werden kann, da dabei die Fernebene keinerlei Rolle mehr spielt. Dies entspricht dann dem Bündelmodell der projektiven Ebene (siehe Kap. 3.2.2,B)).

3) Kugel- oder Standardmodell. In Weiterführung des vorigen Modells sei κ eine fest gewählte Kugel mit Mittelpunkt O. Schneiden wir die Grundelemente von $\mathcal{E}_B$ mit κ, so erhalten wir ein neues Modell, das *Kugelmodell* oder *Standardmodell* $\mathcal{E}_S$ der elliptischen Ebene: dessen Punkte sind die diametral gegenüberliegenden Punkt*paare* auf κ; dessen Geraden sind die Großkreise. Die vom Modell $\mathcal{E}_B$ induzierten Bewegungen sind die auf κ eingeschränkten eigentlichen euklidischen Bewegungen, die O invariant lassen, das sind die Rotationen um O – sie führen ja κ in sich über.

Dieses Modell hat von den Grundelementen her gesehen zwar große Ähnlichkeit mit der sphärischen Geometrie, jedoch besteht ein wesentlicher Unterschied: Bei letzterer sind diametral gegenüberliegende Punkte verschieden, beim *Kugelmodell* $\mathcal{E}_S$ dagegen stellen sie einen einzigen Punkt dar. Insbesondere gibt es in $\mathcal{E}_S$ keine Zweiecke wie in der sphärischen Geometrie, was ja auch der Eindeutigkeit der Verbindungsgeraden zweier Punkte widerspräche.

Anhand dieses besonders einfachen Modells lassen sich grundlegende Sachverhalte der elliptischen Geometrie unmittelbar einsehen. Z.B. gilt

Satz 6.18. *Die elliptische Ebene – und daher auch die projektive Ebene – ist nicht orientierbar*[119].

Beweis. Wäre das Kugelmodell orientierbar, so müsste es orientierungsumkehrende Bewegungen geben. Da aber alle Bewegungen eigentlich sind, ist das nicht der Fall. Das Resultat überträgt sich auf die projektive Ebene, da das ursprüngliche Kleinsche Modell $\mathcal{E}$ isomorph zu $\mathcal{E}_S$ ist. $\square$

Satz 6.19. *Jede Bewegung im Kugelmodell $\mathcal{E}_S$ ist das Produkt von maximal zwei elliptischen Spiegelungen, das sind auf κ eingeschränkte Halbdrehungen um O. Bei einer solchen bleibt eine Gerade punktweise fix, nämlich derjenige Großkreis, dessen durch ihn festgelegte Ebene senkrecht zur Drehachse steht.*

Beweis. Dies folgt unmittelbar aus dem allgemeinen Ergebnis, dass jede Drehung im Raum mit Achse t und Drehwinkel τ als Produkt zweier Halbdrehungen erhalten werden kann, deren Achsen den Winkel $\frac{\tau}{2}$ einschließen und die in einer frei wählbaren zu t orthogonalen Ebene liegen ([Veb2], Vol. II, S. 325). $\square$

4) Halbkugelmodell. Der einzige Mangel des Standardmodells $\mathcal{E}_S$ ist, dass Punkte nicht durch Punkte sondern durch Punktepaare auf der Kugel κ repräsentiert werden. Um ihm abzuhelfen, braucht man nur diametral gegenüberliegende Punkte zu identifizieren. Man gelangt auf diese Weise zum *Halbkugelmodell* $\mathcal{E}_H$. Die elliptische Ebene ist jetzt eine Halbkugel $\hat{\kappa}$, wobei von deren Begrenzungskreis nur ein halboffener Halbkreis dazugehört.[120] Die Punkte von $\mathcal{E}_H$ sind die Punkte von $\hat{\kappa}$, die Geraden die auf $\hat{\kappa}$ liegenden Großkreisbögen; die Bewegungen schließlich sind die auf $\hat{\kappa}$ eingeschränkten Rotationen um O.

5) Kleinsches Modell.[121] Projiziert man das vorige Modell stereographisch vom (nicht der Halbkugel angehörenden) Südpol von κ auf die Ebene des Randkreises l, so erhält man das *Kleinsche Modell* $\mathcal{E}_K$ der elliptischen Ebene. Die Ebene des Modells besteht somit aus dem Inneren von l und der halboffenen Halbkreislinie am Rand – oft wird die ganze Randkreislinie dazugezählt, wobei dann gegenüberliegende Punkte identifiziert werden müssen (bzw. solche Punktepaare einen Punkt repräsentieren). Die Geraden sind entweder halboffene Abschnitte (euklidischer) Geraden durch O oder halboffene Kreisbögen, die l in diametralen Punkten schneiden.

Um die Bewegungen vom vorigen auf dieses Modell zu übertragen, können wir ganz analog wie beim Poincaréschen Modell der hyperbolischen Geometrie argumentieren (Kap. 6.1.2). Wegen Satz 6.19 können wir dabei das Problem so wie dort auf den Fall einer Spiegelung zurückführen, jetzt natürlich einer elliptischen Spiegelung. Nun müssen durch sie jedenfalls Geraden des Modells wieder in Geraden übergeführt werden und die Spiegelgerade, das ist das Bild der in Satz 6.19 genannten Fixgerade, punktweise fest bleiben. Wie beim erwähnten Poincarémodell folgt somit, dass es sich um Inversionen an den Trägerkreisen der elliptischen Geraden handelt, natürlich eingeschränkt auf $\mathcal{E}_K$. Dabei ist zu beachten, dass jetzt der Randkreis l im allgemeinen nicht fix bleibt, da ja die Geraden des Modells im allgemeinen l nicht orthogonal schneiden; jedoch gibt es stets eine Gerade, deren Bild l ist, nämlich die Bildgerade von l unter der angegebenen Inversion. – Insgesamt sind somit die Bewegungen des Modells die Produkte von auf $\mathcal{E}_K$ eingeschränkten Inversionen an den Trägerkreisen der Geraden.

Bemerkung 6.20. Für spätere Zwecke (Kap. 6.8) geben wir noch die analytische Beschreibung der Geraden und Bewegungen dieses Modells an. Wie beim entsprechenden Modell der hyperbolischen Ebene können wir es als in der konformen Ebene liegend annehmen und daher komplexe Koordinaten und gebrochen lineare Transformationen verwenden (siehe Bem. 6.10). Die Gleichung einer Geraden lautet

$$z\bar{z} + \alpha z - \bar{\alpha}\bar{z} - 1 = 0, \ \alpha \in \mathbb{C};$$

die Bewegungen werden beschrieben durch

$$z' = \frac{\alpha z + \beta}{-\bar{\beta}z + \bar{\alpha}}, \ \alpha, \beta \in \mathbb{C}, \ \alpha\bar{\alpha} + \beta\bar{\beta} = 1,$$

(siehe [Gie], S. 418; Aufgabe 10).

6.2.2 Distanz- und Winkelmessung

Zu Beginn des vorigen Abschnitts hatten wir das nicht orientierte Distanz- und Winkelmaß, wie es sich aus der allgemeinen Theorie ergibt, für den Spezialfall des imaginären Einheitskreises ($\gamma = \gamma' = 1$) im Standardmodell angegeben. Wir übertragen nun die entsprechenden Formeln (6.21) und (6.22) auf die anderen Modelle, wobei wir zunächst $\frac{\pi}{2}$ als obere Schranke für das nicht orientierte Distanz- bzw. Winkelmaß annehmen (siehe Def. 5.7,b)). Wir beginnen mit dem Kugelmodell $\mathcal{E}_S$. Als Kugel κ wählen wir die Einheitskugel mit dem Ursprung O als Mittelpunkt; der imaginäre Einheitskreis ist der imaginäre Kugelkreis in der Fernebene von $\mathbb{E}_3^*$; er wird durch die Gleichungen $x_1^2 + x_2^2 + x_3^2 = 0$, $x_0 = 0$ beschrieben. Seien nun zwei Punkte $G(g_1, g_2, g_3)$, $H(h_1, h_2, h_3)$ auf κ gegeben, so wird die Distanz längs der kürzeren der beiden verbindenden Großkreisbögen gemessen, wobei zu beachten ist, dass G mit $-G(-g_1, -g_2, -g_3)$ zusammenfällt und analog H mit $-H$. Die G, H entsprechenden Punkte G', H' im Fernebenenmodell $\mathcal{E}_F$ haben die homogenen Koordinaten $G'(0, g_1, g_2, g_3)$, $H'(0, h_1, h_2, h_3)$. Deren Distanz ist, da man die 0 unterdrücken kann, nach (6.21) gegeben durch

$$\cos d(G', H') = \frac{|\langle \mathbf{g}, \mathbf{h} \rangle|}{\sqrt{\langle \mathbf{g}, \mathbf{g} \rangle \langle \mathbf{h}, \mathbf{h} \rangle}},$$

wobei jetzt $\mathbf{g} = (g_1, g_2, g_3)$, $\mathbf{h} = (h_1, h_2, h_3)$ und $\langle \mathbf{g}, \mathbf{h} \rangle$ das Standardskalarprojekt bedeutet. Da $G, H \in \kappa$ sind, gilt $\langle \mathbf{g}, \mathbf{g} \rangle = \langle \mathbf{h}, \mathbf{h} \rangle = 1$ und wir erhalten für die Distanz im Kugelmodell

$$d_{\mathcal{E}_S}(G, H) = \arccos |\langle \mathbf{g}, \mathbf{h} \rangle| = \arccos |g_1 h_1 + g_2 h_2 + g_3 h_3|.$$

Dies ist bekanntlich gerade die nicht orientierte Distanz in der sphärischen Geometrie; lässt man in der Beziehung die Betragsstriche weg, erhält man die orientierte Distanz (siehe [Klein2], S. 146f.). Eine unmittelbare Konsequenz davon ist die schon öfters erwähnte Tatsache, dass $0 \le d_{\mathcal{E}_S} \le \frac{\pi}{2}$ gilt. Für die orientierte Distanz wählt man wegen der engen Beziehung zu jener Geometrie die Grenzen 0 und π (statt $\pm\frac{\pi}{2}$; siehe Def. 5.7 und Anm. 113).

Aber auch das orientierte (nicht orientierte) Winkelmaß im Kugelmodell ist dasselbe wie in der sphärischen Geometrie, d. i. gleich dem (kleineren der beiden) euklidischen Winkel der Tangenten an die Kugel im Schnittpunkt S der gegebenen Großkreise g, h; bzw. gleich dem Winkel, den die durch g, h festgelegten Ebenen η_g, η_h miteinander einschließen. Dass diese beiden Aussagen äquivalent sind, ist aus der euklidischen Geometrie bekannt. Wir beweisen etwa die letztere.[122] Seien $a_i x_1 + b_i x_2 + c_i x_3 = 0$ ($i = 1, 2$) die (homogenen) Gleichungen der Ebenen η_g, η_h. Der von ihnen eingeschlossene euklidische Winkel ist dann bekanntlich (siehe auch Kap. 6.9) gleich

$$\cos \angle(\eta_g, \eta_h) = \frac{a_1 a_2 + b_1 b_2 + c_1 c_2}{\sqrt{(a_1^2 + b_1^2 + c_1^2)(a_2^2 + b_2^2 + c_2^2)}}. \tag{6.23}$$

Schneidet man η_g, η_h mit der Ebene $x_0 = 0$, erhält man die g, h entsprechenden Geraden g', h' im Fernebenenmodell $\mathcal{E}_{\mathcal{F}}$. Deren Gleichungen sind (nach der notwendigen Umbenennung) gleich $a_i x_0 + b_i x_1 + c_i x_2 = 0$ $(i = 1, 2)$. Der Winkel $\angle(g', h')$ in $\mathcal{E}_F$ stimmt nun nach (6.22) gerade mit der rechten Seite von (6.23) überein, so dass das nicht orientierte – und damit auch das orientierte (siehe Anm. 116) – Winkelmaß im Kugelmodell wie behauptet euklidisch ist.

Im Halbkugelmodell ändert sich im Vergleich zum Kugelmodell ersichtlich nichts an den Maßbestimmungen, so dass wir nur noch das Kleinsche Modell $\mathcal{E}_K$ zu betrachten haben. Um die Distanz $d_{\mathcal{E}_K}$ zu erhalten, kann man analog zu deren Berechnung im Poincaréschen Modell der hyperbolischen Geometrie vorgehen (siehe Kap. 6.1.3). Es ergibt sich für $G(g_1, g_2), H(h_1, h_2)$ im Inneren des Randkreises l $(l : x^2 + y^2 = 1)$:

$$\cos d_{\mathcal{E}_K}(G, H) = \frac{1}{g_1^2 + g_2^2 + 1} \cdot \frac{1}{h_1^2 + h_2^2 + 1} (4g_1 h_1 + 4g_2 h_2 + (g_1^2 + g_2^2 - 1)(h_1^2 + h_2^2 - 1))$$

(Aufgabe 9). Durch Einführung komplexer Koordinaten $g = g_1 + i g_2$, $h = h_1 + i h_2$ folgt daraus

$$\cos^2 \frac{d_{\mathcal{E}_K}(G, H)}{2} = \frac{(1 + \bar{g}h)(1 + g\bar{h})}{(1 + g\bar{g})(1 + h\bar{h})} = \frac{g + \bar{h}^{-1}}{g + \bar{g}^{-1}} : \frac{h + \bar{h}^{-1}}{h + \bar{g}^{-1}} = DV(G, H; \hat{H}, \hat{G}),$$
$$(6.24)$$

wobei $\hat{G}$ bzw. $\hat{H}$ die Punkte mit den Koordinaten $-\bar{g}^{-1}$ bzw. $-\bar{h}^{-1}$ sind; damit dies auch für $g = 0$ sinnvoll ist, muss l als in der konformen Ebene liegend angenommen werden – es ist dann $0^{-1} = \omega$. Diese Beziehung entspricht den Formeln (6.8), (6.9) beim Poincaréschen Kreismodell $\bar{\mathcal{H}}$ der hyperbolischen Geometrie. In Analogie zur damaligen Interpretation kann man die Punkte $\hat{G}, \hat{H}$ als die zu G, H inversen Punkte bezüglich des Kreises vom Radius i deuten.

Was die Winkelmessung im Modell $\mathcal{E}_K$ betrifft, so ist sie euklidisch, da dies für das Halbkugelmodell gilt und die stereographische Projektion winkeltreu ist. Es liegt also ein konformes Modell vor.

Wie in der Bemerkung 5.16 dargelegt wurde, verwendet man in der geometrisch motivierten Dreieckslehre der elliptischen Ebene meist π als obere Schranke für das nicht orientierte Distanz- und Winkelmaß. Dies lässt sich völlig problemlos auf die einzelnen Modelle übertragen, da diese Variante allein auf der eben besprochenen basiert. Der Gewinn liegt darin, dass beim Kugelmodell die Maßbestimmungen nun genau mit denen der sphärischen Geometrie übereinstimmen; natürlich mit der in jener Bemerkung betonten Einschränkung, dass drei nicht kollineare Punkte A, B, C *vier* Dreiecke bestimmen.[123] Genau eines davon – es sei mit $\triangle_0(ABC)$ bezeichnet – liegt ganz in der oberen (offenen) Halbkugel (eventuell nach Anwendung einer geeigneten Drehung). $\triangle_0(ABC)$ ist also ein *Eulersches Kugeldreieck* und somit gelten dafür die Ergebnisse der sphärischen Trigonometrie. Diese kann man auf die elliptische Geometrie übertragen und erhält damit zum Beispiel die folgenden beiden Sätze:

Satz 6.21. *Es existiert ein durch drei nicht kollineare Punkte bestimmtes Dreieck, in welchem*

a) *die Winkelsumme $> \pi$ ist;*

b) *die Summe der Seitenlängen $< 2\pi$ ist;*

c) *die Dreiecksungleichung gilt.*

Beweis. Die Aussagen a) und c) gelten für ein beliebiges Eulersches Kugeldreieck. Wie Abbildung 6.16 zeigt, kann man die Gültigkeit von Teil a) auch unmittelbar aus dem Kleinschen Modell $\mathcal{E}_K$ ablesen; zusätzlich sind dabei die vier Dreiecke gekennzeichnet. (Siehe auch Aufgabe 8.)

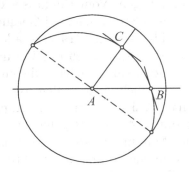

Abbildung 6.16

Die Aussage b) folgt durch Dualisieren von a). Dazu sei daran erinnert, dass der duale Begriff zu den Winkeln (= Innenwinkelfeldern) eines Dreiecks die Innensegmente des entsprechenden Dreiseits sind. Die Summe Σ ihrer Längen ist somit $> \pi$. Da diese Segmente die (abgeschlossenen) Komplemente der Seiten des Ausgangsdreiecks sind, ist die Summe der Seitenlängen gleich $3\pi - \Sigma < 2\pi$. □

Satz 6.22. 1) a) *Stimmen zwei Dreiecke in ihren Seiten überein, so sind sie kongruent; d.h. es gibt eine elliptische Bewegung, die sie ineinander überführt ([Cox], S. 115).*

b) *Dual: Es gibt – wie in der hyperbolischen Geometrie – keine ähnlichen, nicht kongruenten Dreiecke.*

2) *Die Fläche eines Dreiecks mit den Winkeln φ, ψ, χ ist bei geeigneter Normierung gleich dem sogenannten* Exzess $(\varphi + \psi + \chi) - \pi$ ([Cox], S. 242).

Beweis. Die wörtliche Dualisierung von Teil 1,a) besagt, dass Dreiseite, die in ihren Sektoren übereinstimmen, kongruent sind. Da aber die Sektoren gerade die Komplemente der Innenwinkelfelder sind, folgt die Aussage von Teil 1,b).

Zum Beweis von 2) vergleiche man die Aufgabe 8. □

6.3 Pseudoeuklidische Geometrie

6.3.1 Grundlagen

Wir betrachten als nächstes diejenige Geometrie, deren zugrunde liegende Kurve 2. Grades k^* aus einer doppelt zu zählenden reellen Geraden $\bar{l}$ und zwei reellen Geradenbüscheln besteht, deren Zentren A, B $(A \neq B)$ $\bar{l}$ angehören (Kap. 5.2, Fall 3)). Da k^* sich von derjenigen Kurve 2. Grades, die zur euklidischen Geometrie gehört, nur dadurch unterscheidet, dass bei letzterer A, B konjugiert imaginäre Punkte sind, spricht man hier von der pseudoeuklischen Geometrie; wie erwähnt, heißt sie auch Minkowski-Geometrie.

Die Punkte der pseudoeuklidischen Ebene $\mathcal{P}$ sind alle Punkte der projektiven Ebene $\bar{\varepsilon}$, die nicht auf $\bar{l}$ liegen. Vom Punktaspekt her ist also $\mathcal{P}$ ident mit der euklidischen Ebene. Insbesondere haben zwei Geraden entweder einen Schnittpunkt oder sie sind parallel, d.h. dass ihre Trägergeraden sich in einem Punkt von $\bar{l}$ schneiden. Zugleich gilt offensichtlich auch das Parallelenaxiom in der Fassung von Playfair (Kap. 2.2). Geraden sind zunächst diejenigen Geraden von $\bar{\varepsilon}$, die $\bar{l}$ in einem festen Abschnitt bezüglich A, B treffen, ohne diesen Schnittpunkt. Da man diese Bedingung vernachlässigen kann (siehe Kap. 5.2, Fall 3)) sind es alle Geraden von $\bar{\varepsilon}$, die nicht durch A oder B gehen, wobei der mit $\bar{l}$ gemeinsame Punkt ihnen nicht angehört. Man muss also aus der euklidischen Ebene alle Geraden entfernen, die projektiv gesehen durch die Punkte A, B verlaufen; es „fehlen" also jedem Büschel, dessen Zentrum $\mathcal{P}$ angehört, zwei Geraden. Dies hat zur Folge, dass zwei verschiedene Punkte $G, H \in \mathcal{P}$ nicht immer eine Verbindungsgerade besitzen! Man nennt solche Punktepaare *zentriert*, genauer A- bzw. *B-zentriert*, wenn $A \in \langle G, H \rangle$ bzw. $B \in \langle G, H \rangle$. Dieses Phänomen ist eine zur euklidischen Parallelität von Geraden duale Eigenschaft.

Berücksichtigt man den etwas unterschiedlichen Geradenaspekt kann man somit die pseudoeuklidische Ebene in der euklidischen realisiert denken. Insbesondere lässt sie sich in deren Standardmodell veranschaulichen, was wir im weiteren stets tun werden.

Um die Bewegungen von $\mathcal{P}$ zu beschreiben, gehen wir von der Normalform (5.14) für die Kurve 2. Grades k^* aus, wobei wir speziell $\gamma = 0$ und $\gamma' = -1$ setzen:

$$k: \ x_0^2 = 0, \quad \bar{k}: \ -z_1^2 + z_2^2 = 0.$$

Wegen $0 = z_2^2 - z_1^2 = (z_2 + z_1)(z_2 - z_1)$ besitzen A, B die Koordinaten

$$A(0, 1, 1), \quad B(0, 1, -1);$$

$\bar{l}$ ist die Gerade $x_0 = 0$. In der obigen Interpretation der Ebene $\mathcal{P}$ sind also alle Geraden, die zu den beiden Medianen parallel sind, nicht vorhanden (siehe Abbildung 6.17 – dort sind auch ein A- und ein B-zentriertes Punktepaar eingezeichnet). Auf die Möglichkeit, sie als Ausnahmegeraden doch zu $\mathcal{P}$ hinzuzunehmen, wird im Abschnitt 6.3.2 B) eingegangen.

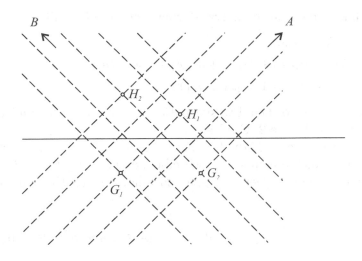

Abbildung 6.17

Die Bewegungen sind nun unter denjenigen Kollineationen der projektiven Ebene zu finden, die $\bar{l}$ als Ganzes und die zwei Punkte A, B als Gesamtheit festlassen (siehe Fall 3) in Kap. 5.2). Da hier der analoge Fall wie bei Ableitung der euklidischen bzw. Ähnlichkeitsgeometrie vorliegt (Kap. 5.1), kann man völlig gleich wie damals argumentieren, wobei wieder zwei Fälle zu unterscheiden sind: eine solche Kollineation α wird beschrieben durch

$$\lambda x_0' = a_{00} x_0$$
$$\lambda x_1' = a_{10} x_0 + a_{11} x_1 + a_{12} x_2 \qquad \mathtt{A} = (a_{ij}) \in GL_3(\mathbb{R})$$
$$\lambda x_2' = a_{20} x_0 + a_{21} x_1 + a_{22} x_2$$

und muss

$$1)\ \alpha(A) = A,\ \alpha(B) = B \quad \text{oder} \quad 2)\ \alpha(A) = B,\ \alpha(B) = A$$

erfüllen. Im Fall 1) folgt

$$\begin{aligned} \lambda_1 &= a_{11} + a_{12} \\ \lambda_1 &= a_{21} + a_{22} \end{aligned} \quad \text{und} \quad \begin{aligned} \lambda_2 &= a_{11} - a_{12} \\ -\lambda_2 &= a_{21} - a_{22}. \end{aligned}$$

Eliminiert man aus den beiden Gleichungssystemen jeweils λ, so erhält man

$$a_{11} = a_{22},\ a_{12} = a_{21}.$$

Der Fall 2) liefert

$$a_{22} = -a_{11},\ a_{21} = -a_{12}.$$

Damit haben die gesuchten Transformationen die Gestalt

$$\lambda x_0' = a_{00} x_0$$
$$\lambda x_1' = a_{10} x_0 + a_{11} x_1 + a_{12} x_2 \qquad \mathtt{A} = (a_{ij}) \in GL_3(\mathbb{R}).$$
$$\lambda x_2' = a_{20} x_0 \pm a_{12} x_1 \pm a_{11} x_2$$

Umgekehrt lassen alle solchen Transformationen offensichtlich $\bar{l}$ und $\{A, B\}$ invariant und damit die Kurve 2. Grades k^*.

Analog wie bei der euklidischen bzw. Ähnlichkeitsgeometrie kann man die Transformationen auch inhomogen beschreiben, da ja auch jetzt die Gerade $x_0 = 0$ nicht der Ebene angehört. Der Übergang zu inhomogenen Koordinaten ($x = \frac{x_1}{x_0}$, $y = \frac{x_2}{x_0}$) liefert:

$$\begin{matrix} x' = ax + by + c_1 \\ y' = \pm bx \pm ay + c_2 \end{matrix} \quad \text{mit } a, b, c_1, c_2 \in \mathbb{R} \text{ und } a^2 - b^2 \neq 0. \qquad (6.25)$$

In Analogie zum euklidischen Fall spricht man von *Pseudo-Ähnlichkeitsabbildungen*, wenn zusätzlich $|a| > |b|$ gilt. Dies ist äquivalent damit, dass die in der Beschreibung der pseudoeuklidischen Geometrie (Kap. 5.2, Fall 3)) geforderte Bedingung erfüllt ist, dass jede der beiden Mengen von Geraden, die $x_0 = 0$ in einem festen offenen Intervall bezüglich A, B schneiden, in sich übergeführt wird (Aufgabe 11).
indexpseudoeuklidische Ähnlichkeitsabbildung

Die *pseudoeuklidischen Bewegungen* zeichnen sich der allgemeinen Theorie zufolge nun dadurch aus, dass Distanzen und Winkel invariant bleiben. Nach Tabelle 5.20 sind diese gegeben durch ($\gamma = 0$, $\gamma' = -1$)

$$d(G, H) = \frac{\sqrt{(h_1 g_0 - h_0 g_1)^2 - (h_2 g_0 - h_0 g_2)^2}}{|g_0 h_0|}, \quad G(g_0, g_1, g_2), \ H(h_0, h_1, h_2),$$
$$(6.26)$$

und

$$\cosh \angle(g, h) = \frac{-g_1 h_1 + g_2 h_2}{\sqrt{(-g_1^2 + g_2^2)(-h_1^2 + h_2^2)}}, \quad g(g_0, g_1, g_2)^t, \ h(h_0, h_1, h_2)^t. \quad (6.27)$$

Die erste Formel vereinfacht sich bei Einführung inhomogener Koordinaten zu

$$d(G, H) = \sqrt{(\bar{h}_1 - \bar{g}_1)^2 - (\bar{h}_2 - \bar{g}_2)^2}, \quad G(\bar{g}_1, \bar{g}_2), \ Q(\bar{h}_1, \bar{h}_2). \qquad (6.28)$$

Wendet man nun eine Transformation α der Gestalt (6.25) an (und lässt die Querstriche in Formel (6.28) weg), so folgt

$$d(\alpha(G), \alpha(H))^2$$
$$= [(ah_1 + bh_2 + c_1) - (ag_1 + bg_2 + c_1)]^2$$
$$\quad - [(\pm bh_1 \pm ah_2 + c_2) - (\pm bg_1 \pm ag_2 + c_2)]^2$$
$$= (a^2 - b^2) d(G, H)^2.$$

Die Invarianz der Distanz ist daher äquivalent zu $a^2 - b^2 = 1$ (insbesondere ist die oben genannte Bedingung $|a| > |b|$ automatisch erfüllt). Die pseudoeuklidische Bewegungen haben daher jedenfalls die Gestalt

$$\begin{aligned} x' &= ax + by + c_1 \\ y' &= \pm bx \pm ay + c_2 \end{aligned} \quad \text{mit } a, b, c_1, c_2 \in \mathbb{R} \text{ und } a^2 - b^2 = 1. \tag{6.29}$$

Diese Transformationen lassen nun nicht nur die Distanz, sondern auch die Winkel invariant, so dass *durch (6.29) genau die pseudoeuklidischen Bewegungen beschrieben werden*. Sind nämlich $P(1, p_1, p_2)$, $Q(1, q_1, q_2)$ zwei verschiedene (nicht zentrierte) Punkte, so sind die Geradenkoordinaten von $g = \langle P, Q \rangle$ (bis auf einen Skalar $\neq 0$)

$$\mathbf{g} = (c, -(q_2 - p_2), q_1 - p_1)^t, \quad c \in \mathbb{R} \text{ geeignet}.$$

Unterwirft man andererseits P, Q einer Transformation der Gestalt (6.29), so hat die Bildgerade $g' = \langle P', Q' \rangle$ die Koordinaten

$$\mathbf{g'} = (d, -(\pm b(q_1 - p_1) \pm a(q_2 - p_2)), a(q_1 - p_1) + b(q_2 - p_2))^t, \quad d \in \mathbb{R} \text{ geeignet}.$$

Die beiden letzten Koordinaten – die erste tritt in der Formel (6.27) nicht auf – transformieren sich also gemäß

$$\begin{aligned} g_1' &= \pm a g_1 \mp b g_2 \\ g_2' &= -b g_1 + a g_2 \end{aligned} \quad (a^2 - b^2 = 1).$$

Wie man sofort nachrechnet, lassen solche Transformationen das in (6.27) auftretende innere Produkt $\langle g, h \rangle = -g_1 h_1 + g_2 h_2$ invariant, so dass folgt

$$\cosh \angle(g, h) = \cosh \angle(g', h').$$

Oft werden die pseudoeuklidischen Bewegungen im anderer Form geschrieben. Einmal kann man $b = \sinh \xi$ mit eindeutig bestimmten $\xi \in \mathbb{R}$ setzen, da $\sinh \colon \mathbb{R} \to \mathbb{R}$ bijektiv ist. Die Beziehung $a^2 - b^2 = 1$ liefert dann $a = \pm \cosh \xi$, so dass sich aus (6.29) ergibt

$$\begin{aligned} x' &= \pm(\cosh \xi) x + (\sinh \xi) y + c_1 \\ y' &= \pm((\sinh \xi) x \pm (\cosh \xi) y) + c_2 \end{aligned} \quad \xi, c_1, c_2 \in \mathbb{R}.$$

Diese Darstellung entspricht der Beschreibung (5.4) der euklidischen Bewegungen.

Da aus $a^2 - b^2 = 1$ folgt $|a| > 1$, kann man aber auch $a = \pm \dfrac{1}{\sqrt{1 - u^2}}$ setzen mit $|u| < 1$, wobei u bis auf das Vorzeichen eindeutig bestimmt ist. Es ergibt sich $b^2 = a^2 - 1 = \dfrac{u^2}{1 - u^2}$ und weiter $b = \dfrac{u}{\sqrt{1 - u^2}}$, wenn man $\operatorname{sgn} u = \operatorname{sgn} b$ wählt. Damit erhält man die Darstellung

$$\begin{aligned} x' &= \pm \frac{1}{\sqrt{1 - u^2}} x + \frac{u}{\sqrt{1 - u^2}} y + c_1 \\ y' &= \pm(\frac{u}{\sqrt{1 - u^2}} x \pm \frac{1}{\sqrt{1 - u^2}} y) + c_2 \end{aligned} \quad \text{mit } |u| < 1, \tag{6.30}$$

deren vierdimensionales Analogon in der Relativitätstheorie verwendet wird (siehe Kap. 6.3.4). Dort bedeutet u das *negative* Verhältnis der Geschwindigkeit v eines Objektes zur Lichtgeschwindigkeit c ($u = -\frac{v}{c}$) – dann muss man natürlich in (6.30) u durch $\pm u$ ersetzen.

6.3.2 Elementare Resultate

A) Bewegungen

Wir gehen von der Form (6.29) der pseudoeuklidischen Bewegungen aus. Offenbar lässt sich jede solche Bewegung zusammensetzen aus einer, die $O(0,0)$ invariant lässt und einer Translation der Gestalt

$$\begin{aligned} x' &= x + c_1 \\ y' &= y + c_2. \end{aligned} \qquad (6.31)$$

In Bezug auf die ersteren gilt in Analogie zur Klassifizierung der euklidischen Bewegungen mit einem Fixpunkt der

Satz 6.23. *Sei α eine pseudoeuklidische Bewegung der Gestalt* (6.29) *mit $\alpha(O) = O$ und A die entsprechende 2×2-Transformationsmatrix. Falls $\det A = +1$ ist, gilt*

i) *$\alpha = id$; oder*

ii) *O ist der einzige Fixpunkt von α.*

Falls $\det A = -1$ ist, liegen alle Fixpunkte auf einer Gerade g durch O. Es ist dann $\alpha^2 = id$.

Im ersten Fall bezeichnet man die Bewegung als *pseudoeuklidische Drehung*, im zweiten Fall als *pseudoeuklidische Spiegelung* mit der *Spiegelachse g.*

Beweis. Es sei $\det A = +1$. A hat somit die Gestalt

$$A = \begin{pmatrix} a & b \\ b & a \end{pmatrix}.$$

Ist nun $P(x, y)$ ein Fixpunkt, verschieden von O, so muss gelten

$$\begin{aligned} (a-1)x + by &= 0 \\ bx + (a-1)y &= 0. \end{aligned}$$

Wegen $(x, y) \neq (0,0)$ muss die Determinate dieses Gleichungssystems verschwinden, d.h.

$$(a-1)^2 - b^2 = 2 - 2a = 0.$$

Das impliziert $a = 1, b = 0$, also $\alpha = id$.

Ist andererseits $\det A = -1$, so hat A die Gestalt

$$A = \begin{pmatrix} a & b \\ -b & -a \end{pmatrix}$$

und jeder Fixpunkt $P(x, y)$ muss das Gleichungssystem

$$(a - 1)x + by = 0$$
$$-bx - (a + 1)x = 0$$

erfüllen. Die Determinate ist $-a^2 + 1 + b^2 = 0$, so dass dessen Rang gleich 1 ist. Die Fixpunkte liegen also auf einer Geraden. Dass schließlich $\mathtt{A}^2 = \mathtt{E}$ in diesem Fall gilt, ist klar. $\square$

Auch die folgenden Resultate haben ein Analogon in der euklidischen Geometrie.

Satz 6.24. *Jede pseudoeuklidischen Bewegung, die O invariant lässt, ist Produkt von höchstens zwei Spiegelungen.*

Beweis. Da die Bewegungen mit $\det \mathtt{A} = -1$ bereits Spiegelungen sind, müssen wir nur den Fall $\det \mathtt{A} = 1$ betrachten. Hier folgt das Ergebnis sofort aus

$$\begin{pmatrix} a & b \\ b & a \end{pmatrix} = \begin{pmatrix} 1 & 0 \\ 0 & -1 \end{pmatrix} \begin{pmatrix} a & b \\ -b & -a \end{pmatrix}.$$
$\square$

Bemerkung 6.25. Die letzten beiden Sätze gelten natürlich auch für pseudoeuklidische Bewegungen α mit einem Fixpunkt $P(p_1, p_2) \neq O$. Man führt diesen Fall auf den obigen zurück, indem man $\tau^{-1} \circ \alpha \circ \tau$ betrachtet, wo τ die Translation $x' = x + p_1$, $y' = y + p_2$ bedeutet. Diese Bewegung hat O als Fixpunkt und die Menge aller ihrer Fixpunkte ist $\{\tau^{-1}(Q);\ Q$ Fixpunkt von $\alpha\}$. Sie ist also bijektiv zur Menge der Fixpunkte von α. Schließlich ist jede Bewegung geradentreu, so dass der allgemeine Fall folgt.

Satz 6.26. *Eine pseudoeuklidische Bewegung ist eindeutig festgelegt durch drei nicht kollineare Punkte und ihre nicht kollinearen Bildpunkte.*

Beweis. Seien α, β zwei Bewegungen, die P, Q, R in P', Q', R' überführen. Dann hat $\beta^{-1} \circ \alpha$ die drei Fixpunkte P, Q, R. Aufgrund von Satz 6.23 folgt $\beta^{-1} \circ \alpha = id$, also $\alpha = \beta$. $\square$

B) Distanz und Winkel

Im Vergleich mit den bisher behandelten Geometrien besitzt die pseudoeuklidische Geometrie in Bezug auf das Distanz- und Winkelmaß eine Besonderheit. Die entsprechenden Formeln zeigen nämlich, dass reelle Punkte auch imaginäre Distanz besitzen können bzw. sich schneidende reelle Geraden einen imaginären Winkel einschließen können.

Betrachten wir zunächst die Distanz:

$$d(G, H) = \sqrt{(h_1 - g_1)^2 - (h_2 - g_2)^2}, \quad G(g_1, g_2),\ H(h_1, h_2).$$

Diese wird genau dann gleich 0, wenn $h_2 - g_2 = \pm(h_1 - g_1)$ gilt, also G und H zentriert liegen oder $G = H$ ist. Innerhalb der von den beiden durch G verlaufenden Medianen aufgespannten Winkelfeldern ist die Distanz $d(G, H)$ genau dann reell und positiv, wenn H im horizontalen Winkelfeld liegt; rein imaginär, wenn H dem vertikalen angehört. Da pseudoeuklidische Bewegungen die Distanz invariant lassen, kann jedes Winkelfeld immer nur in ein gleichgeartetes übergehen; insbesondere bleiben beide als Ganze fest, wenn die Bewegung G invariant lässt. Es sind dann also die Mediane (die ja nicht der Geometrie angehören) „unüberwindbare Grenzen". Oft nimmt man diese Geraden doch zur pseudoeuklidischen Ebene hinzu. Sie wird somit uneingeschränkt durch das Standardmodell der euklidischen Ebene veranschaulicht soweit es den Punkt- und Geradenaspekt betrifft. Der Ausnahmecharakter jener Geraden zeigt sich dadurch, dass die Distanz je zweier ihrer Punkte stets 0 ist. Geraden mit dieser Eigenschaft heißen *isotrop*. Bei dieser *erweiterten pseudoeuklidischen Ebene* gehen somit durch jeden Punkt genau zwei isotrope Geraden, nämlich die durch die Punkte $A(0, 1, 1)$ bzw. $B(0, 1, -1)$ verlaufenden.

Bemerkung 6.27. Aufgrund der engen Verwandtschaft von euklidischer und pseudoeuklidischer Geometrie liegt es nahe, auch bei ersterer nach isotropen Geraden zu fragen. Wie man sofort einsieht, sind dies genau die imaginären Geraden $y - g_2 = \pm i(x - g_1)$, $G(g_1, g_2) \in \mathbb{E}_2$ beliebig, also ganz analog die der Kurve 2. Grades angehörenden Geraden; es sind die durch die absoluten Kreispunkte I, J verlaufenden.

Das Auftreten imaginärer Distanzen in der pseudoeuklidischen Geometrie führt zu ungewohnten Phänomenen, worauf später genauer eingegangen wird. Hier sei als Beispiel nur folgendes erwähnt: Hat ein Punkt H von einem Punkt G nicht reelle Distanz, so lässt er sich doch immer über einen Hilfspunkt K mittels reeller Distanz erreichen. Man muss dazu K nur so wählen, dass er im horizontalen Winkelfeld bzgl. G liegt und H im horizontalen Winkelfeld bzgl. K. Daraus folgt übrigens sofort, dass die Dreiecksungleichung im allgemeinen nicht gilt, denn $d(G, H)$ ist als imaginäre Zahl nicht vergleichbar mit der reellen Zahl $d(G, K) + d(K, H)$. Die Distanz liefert demnach keine Metrik für die pseudoeuklidische Ebene $\mathcal{P}$. Es gelten nur die folgenden Beziehungen:

Lemma 6.28.   1) *Sind G, H nicht zentriert, so ist $d(G, H) = 0$ genau dann, wenn $G = H$.*

2) $d(G, H) = d(H, G)$.

3) *Sind G, H, K kollinear und gilt bezüglich der euklidischen Distanz δ: $\delta(G, H) = \lambda\delta(G, K)$ $(\lambda \in \mathbb{R}_+)$, so gilt auch für die pseudoeuklidische Distanz*

$$d(G, H) = \lambda d(G, K).$$

4) *Sind G, H, K kollinear und liegt K zwischen[124] G und H, so gilt*

$$d(G, H) = d(G, K) + d(K, H).$$

Beweis. Die ersten beiden Eigenschaften sind klar. Die dritte sieht man wie folgt ein: Durch Anwenden einer geeigneten Translation können wir $G = O$ erreichen. Hat dann H die Koordinaten (h_1, h_2), so sind die von K $(\lambda h_1, \lambda h_2)$ oder $(-\lambda h_1, -\lambda h_2)$. Verwendet man dies in der Distanzformel folgt die Behauptung.

4) schließlich ergibt sich unmittelbar aus 3), da ja $d(G, K) = \lambda d(G, H)$ und $d(H, K) = (1 - \lambda) d(G, H)$ ist mit einem geeigneten λ, $0 < \lambda < 1$. $\qquad\square$

Die verschiedenen Möglichkeiten für die Werte des Distanzmaßes liefern auch verschiedene Arten von *pseudoeuklidischen Kreisen*: Ist G der Mittelpunkt eines solchen und r sein Radius, so gilt für die Kreispunkte H definitionsgemäß

$$(h_1 - g_1)^2 - (h_2 - g_2)^2 = r^2.$$

Ist r positiv reell, so liegen sie daher euklidisch gesehen auf einer gleichseitigen Hyperbel im horizontalen Winkelfeld bzgl. G, mit den isotropen Geraden als Asymptoten. Ist dagegen r rein imaginär, $r = is$ mit $s \in \mathbb{R}_+$, dann gilt

$$-(h_1 - g_1)^2 + (h_2 - g_2)^2 = r^2$$

und der Kreis ist jetzt eine gleichseitige Hyperbel im vertikalen Winkelfeld mit den gleichen Asymptoten. Ist schließlich $r = 0$, so ergibt sich der Ausartungsfall der beiden isotropen Geraden.

Satz 6.29. *Sind G, P, Q Punkte mit $d(G, P) = d(G, Q) \neq 0$, so gibt es eine pseudoeuklidische Bewegung, die G invariant läßt und P in Q überführt.*

Beweis. Es sei zunächst $G = O$. Weiter nehmen wir an, dass $P(p_1, p_2)$, $Q(q_1, q_2)$ im horizontalen Winkelfeld liegen, das von den isotropen Geraden durch O aufgespannt wird; im anderen Fall verläuft der Beweis völlig gleich.

Aus $d(O, P) = d(O, Q) =: r \in \mathbb{R}_+$ folgt

$$p_1^2 - p_2^2 = r^2 = q_1^2 - q_2^2.$$

Setzt man die gesuchte Transformation α gemäß (6.25) unbestimmt an

$$x' = ax + by$$
$$y' = bx + ay,$$

so impliziert die Forderung $\alpha(P) = Q$

$$ap_1 + bp_2 = q_1$$
$$bp_1 + ap_2 = q_2$$

mit Unbekannten $a, b \in \mathbb{R}$. Da die Determinante des Gleichungssystems gleich

$$\begin{vmatrix} p_1 & p_2 \\ p_2 & p_1 \end{vmatrix} = r^2 \neq 0$$ ist, lässt es sich lösen:

$$a = \frac{q_1 p_1 - q_2 p_2}{r^2}, \quad b = \frac{p_1 q_2 - p_2 q_1}{r^2}.$$

Dabei gilt

$$a^2 - b^2 = \frac{1}{r^4}(p_1^2 - p_2^2)(q_1^2 - q_2^2) = 1,$$

so dass α wirklich eine pseudoeuklidische Bewegung ist.

Der allgemeine Fall folgt unter Heranziehung der Translation $\tau : O \to G$. Ist nämlich $\tau^{-1}(P) = P'$, $\tau^{-1}(Q) = Q'$ und bezeichnet σ eine Bewegung mit $\sigma(O) = O$ und $\sigma(P') = Q'$, so ist $\tau \circ \sigma \circ \tau^{-1}$ eine Bewegung mit Fixpunkt G, die P in Q überführt. $\square$

Wir wenden uns nun dem Winkelmaß zu. Dieses war gegeben durch (Formel 6.27))

$$\cosh \angle(g,h) = \frac{|-g_1 h_1 + g_2 h_2|}{\sqrt{(-g_1^2 + g_2^2)(-h_1^2 + h_2^2)}},$$

wobei $(g_0, g_1, g_2)^t$, $(h_0, h_1, h_2)^t$ die Geradenkoordinaten von g, h sind. Dividiert man Zähler und Nenner durch $g_2 h_2$ und bezeichnet die Anstiege $-\frac{g_1}{g_2}$ von g bzw. $-\frac{h_1}{h_2}$ von h mit k_g bzw. k_h, so ergibt sich

$$\cosh \angle(g,h) = \frac{|-k_g k_h + 1|}{\sqrt{(k_g^2 - 1)(k_h^2 - 1)}}. \tag{6.32}$$

Hierbei wird der Nenner 0, falls $k_g = \pm 1$ oder/und $k_h = \pm 1$ ist, d.h. genau dann wenn g oder/und h eine isotrope Gerade durch den Schnittpunkt S ist. Diese beiden Geraden schließen daher mit jeder anderen Geraden durch S sowie miteinander den Winkel ∞ ein, sind also winkelmäßig unerreichbar. Somit erhalten die isotropen Geraden, die ja ursprünglich nicht zur pseudoeuklidischen Geometrie zählten, auch von dieser Seite her eine ausgezeichnete Stellung unter allen Geraden. – Unbestimmt wird der Winkel $\angle(g,h)$ einzig dann, wenn g und h dieselbe isotrope Gerade bezeichnen.

Der Winkel ist nun reell, falls $(k_g^2 - 1)(k_h^2 - 1) > 0$ ist, also $|k_g|, |k_h| > 1$ oder $|k_g|, |k_h| < 1$ gilt. Dies besagt, dass g und h im selben Winkelfeld bzgl. der isotropen Geraden von S liegen. Sind sie dagegen in verschiedenen Winkelfeldern, so ist $(k_g^2 - 1)(k_k^2 - 1) < 0$ und der Winkel ist somit rein imaginär.

Um einen Eindruck von der Veränderung des Winkelmaßes zu erhalten, setzen wir $S = O$ und wählen g als x-Achse (Abb. 6.18). Es ist dann $\cosh \angle(g,h) = \frac{1}{\sqrt{1 - k_h^2}}$. Dreht man nun h von g beginnend gegen den Uhrzeigersinn, so wächst der Winkel zunächst unbegrenzt an; erreicht h die Stellung der 1. Mediane, ist er ∞; dann nimmt er rein imaginäre Werte $i\epsilon$ an, wobei ϵ von ∞ monoton abnimmt bis $\frac{\pi}{2}$ ($h = y$-Achse) und danach wieder gegen ∞ ansteigt; ist h gleich der 2. Mediane ist der Winkel wieder ∞; von dort fällt er schließlich gegen 0.

Fixiert man zusätzlich einen Punkt $H(\neq O)$ auf der Anfangsstellung von h, etwa $H(1,0)$, und lässt H im euklidischen Sinne mitwandern, so dass H also den (euklidischen) Einheitskreis beschreibt, so ändert sich die pseudoeuklidische Distanz $d(O, H)$ folgendermaßen: Vom Anfangswert 1 strebt sie gegen 0

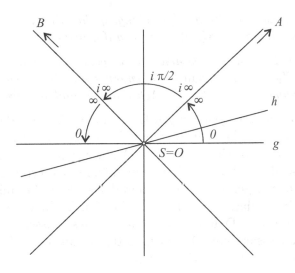

Abbildung 6.18

($h = 1$. Mediane), wird dann rein imaginär mit einem Wert ic, wobei c von 0 beginnend monoton gegen 1 wächst ($h = y$-Achse). Die weiteren Werte sind dann gleich denen der spiegelbildlichen Lage von H bzgl. der y-Achse.

In der erweiterten pseudoeuklidischen Ebene gibt es einen ausgezeichneten rechten Winkel, wobei man ihn analog wie in der analytischen euklidischen Geometrie definiert.

Definition 6.30. Sind $g(g_0, g_1, g_2)^t$, $h(h_0, h_1, h_2)^t$ zwei Geraden der pseudoeuklidischen Ebene, so stehen g, h aufeinander *orthogonal* bzw. ist $\angle(g, h)$ ein *rechter Winkel*, falls

$$\langle g, h \rangle = -g_1 h_1 + g_2 h_2 = 0$$

gilt. Das ist gleichwertig mit

i) $\cosh \angle(g, h) = 0$, d.h. $\angle(g, h) = i\frac{\pi}{2}$, wenn man sich wie üblich auf den Hauptwert festlegt;

bzw. aufgrund der Definition des Winkelmaßes mit

ii) $H(gh, \langle S, A \rangle \langle S, B \rangle)$, wobei $S = g \cap h$ gilt (vgl. die Laguerresche Formel (5.4)).

Insbesondere bleibt die Orthogonalität bei pseudoeuklidischen Bewegungen erhalten.

Wie in der euklidischen Geometrie gilt der folgende

Satz 6.31. 1) *Alle zu einer festen Geraden g von $\mathcal{P}$ orthogonalen Geraden sind parallel, gehen also durch einen Punkt von l.*

2) *Ist σ eine pseudoeuklidische Spiegelung, g ihre Spiegelachse, so stehen alle Verbindungsgeraden $\langle P, \sigma(P)\rangle$, $P \notin g$, auf g orthogonal.*

Genauer gilt: Die pseudoeuklidischen Spiegelungen sind, aufgefasst als Abbildungen von $\mathbb{P}_2$ in sich, genau die harmonischen Homologien, deren Zentrum der gemeinsame Punkt aller zur Achse orthogonalen Geraden ist.

Beweis. 1) Die Bedingungsgleichung in Definition 6.30 zeigt, dass die zu g orthogonalen Geraden ein Büschel mit Zentrum $(0, -g_1, g_2)$ bilden.

2) O.B.d.A. nehmen wir an, dass der Anstieg von g kleiner 1 ist. Durch Anwendung einer pseudoeuklidischen Bewegung können wir erreichen, dass g parallel zur x-Achse ist. Die Spiegelung an dieser Geraden stimmt aber mit der euklidischen Spiegelung überein, so dass die in Frage stehenden Verbindungsgeraden sämtlich parallel zur y-Achse sind. Damit ist der mit g eingeschlossene Winkel stets $i\frac{\pi}{2}$.

Die restliche Aussage von 2) folgt unmittelbar aus dem eben Bewiesenen, da sie für euklidische Spiegelungen richtig ist. $\qquad\qquad\square$

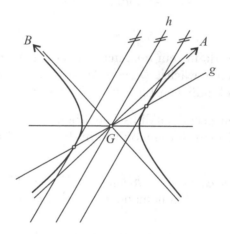

Abbildung 6.19

Konstruktiv erhält man die zu einer Geraden g orthogonale *Richtung* ganz einfach (Abb. 6.19): Wir nehmen wieder o.B.d.A. für deren Anstieg $k_g < 1$ an; weiter sei $G \in g$ ein fester Punkt und m euklidisch gesehen eine gleichseitige Hyperbel mit Mittelpunkt G, deren Achsen parallel zur x- bzw. y-Achse liegen und die von g reell geschnitten wird. Dann liefern die (zueinander parallelen) Tangenten h in den Schnittpunkten $g \cap m$ die Richtung der zu g orthogonalen Geraden – es sind also alle diese parallel zu den beiden Geraden h. Der Grund dafür liegt darin, dass die Anstiege k_g, k_h die Beziehung $k_g k_h = 1$ erfüllen. Mit $k_g = -\frac{g_1}{g_2}, k_h = -\frac{h_1}{h_2}$ folgt daraus wirklich $g_1 h_1 = g_2 h_2$.

Bemerkung 6.32. Für die pseudoeuklidischen Bewegungen κ, die einen Punkt C festlassen, kann man besonders leicht die entsprechenden Wegkurven angeben.

Dabei nehmen wir an, dass κ die Punkte A, B invariant lässt (andernfalls vertauscht sie diese). Es sind dann A, B, C die Ecken des Fundamentaldreiecks bezüglich κ, so dass Fall 1b vom Anhang 1 zu Kapitel 4 vorliegt. Hat C die Koordinaten $(1, 0, 0)$, so ergibt sich das in Abb. 6.20 dargestellte Wegkurvensystem.

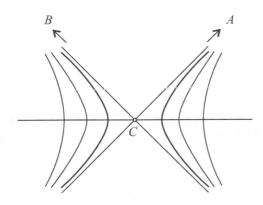

Abbildung 6.20

C) Dreiecke

Viele die pseudoeuklidische Ebene $\mathcal{P}$ betreffende elementargeometrische Sätze lassen sich leichter verifizieren bzw. sind unmittelbar einsichtig, wenn man einen Punkt oder/und eine Strecke durch Anwendung einer pseudoeuklidischen Bewegung in eine ausgezeichnete Lage bringt. Beispielsweise erkennt man auf diese Weise den folgenden

Satz 6.33. *Gegeben sei ein Dreieck $\triangle PQR$ mit reellen Seitenlängen und Winkeln. Dann gilt:*

a) *die längste Seite ist größer als die Summe der beiden anderen;*

b) *der größte Winkel ist gleich der Summe der beiden anderen.*

Beweis. Teil a) folgt aus Abb. 6.21, wobei die längste Seite r auf die x-Achse gelegt wurde. Es sind $R', R'' \in PQ$ derart, dass

$$d(P, R') = d(P, R) \quad \text{und} \quad d(Q, R'') = d(Q, R).$$

Daher ist

$$d(P, R) + d(Q, R) = d(P, R') + d(R'', Q) < d(P, Q).$$

b) Die Verbindungsgeraden von P, Q, R seien $r = \langle P, Q \rangle$, $p = \langle Q, R \rangle$, $q = \langle P, R \rangle$; deren Anstiege seien entsprechend k_r, k_p, k_q. Bezeichnet man die Winkel

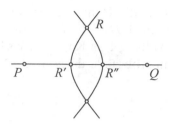

Abbildung 6.21

von $\triangle PQR$ mit $\alpha = \angle(q,r)$, $\beta = \angle(r,p)$, $\gamma = \angle(p,q)$ und ist γ der größte Winkel, so sei r auf die x-Achse gelegt. Somit gilt $k_r = 0$, $0 < k_q < 1$, $-1 < k_p < 0$. Nach (6.32) folgt dann

$$\cosh\alpha = \frac{1}{\sqrt{1 - k_q^2}}, \quad \cosh\beta = \frac{1}{\sqrt{1 - k_p^2}}, \quad \cosh\gamma = \frac{-k_p k_q + 1}{\sqrt{(1 - k_p^2)(1 - k_q^2)}}.$$

Anwendung der Summenformel für cosh liefert die Behauptung.   □

Auf ähnliche Weise ergibt sich der

Satz 6.34. *In der pseudoeuklidischen Geometrie gibt es keine gleichseitigen Dreiecke.*

Beweis. Legt man nämlich eine Seite des Dreiecks, etwa PQ, auf die x- oder y-Achse (je nachdem ob die Seitenlänge reell oder imaginär ist), so liegen ja alle Punkte R mit $d(P,R) = d(P,Q)$ auf einer gleichseitigen Hyperbel mit Mittelpunkt P; entsprechendes gilt für die Punkte S mit $d(Q,S) = d(Q,P)$. Offensichtlich haben diese beiden Hyperbeln keinen Schnittpunkt.   □

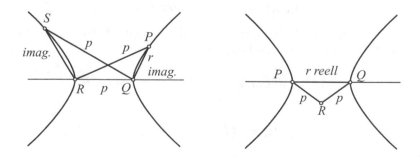

Abbildung 6.22 a, b

Hat ein Dreieck zwei gleich lange Seiten, etwa p und q, so existieren sowohl solche, deren dritte Seite r reell ist (Abb. 6.22 rechts), als auch solche, mit r rein imaginär (Abb. 6.22 links). In jedem Fall gilt

Satz 6.35. *Im gleichschenkeligen Dreieck sind die Basiswinkel gleich. Umgekehrt: Sind die Basiswinkel gleich, so ist das Dreieck gleichschenkelig.*

Beweis. Durch eine pseudoeuklidische Bewegung können wir die Seite r mit den Ecken P, Q auf die x- bzw. y-Achse legen. Ist M der Mittelpunkt der Strecke PQ (dieser existiert nach Lemma 6.28,3)), so liegt R auf den pseudoeuklidischen Kreisen um P bzw. Q vom selben Radius, also auf der (euklidischen) Mittelsenkrechten von r. Spiegelung an ihr führt das Dreieck $\triangle PMR$ in das Dreieck $\triangle QMR$ über, woraus $\angle P = \angle Q$ folgt. – Für die Umkehrung siehe Aufgabe 12. $\square$

Schließlich sei noch der pythagoräische Lehrsatz angeführt:

Satz 6.36. *Im rechtwinkeligen Dreieck gilt*

$$r^2 = p^2 + q^2;$$

dabei ist r die dem rechten Winkel gegenüberliegende Seite.

Beweis. Da die Seiten $q = PR$ und $p = QR$ orthogonal aufeinander stehen, hat eine, etwa q, reelle Länge, die andere rein imaginäre Länge. Wir legen nun R in den Ursprung O und P auf die x-Achse. Dann liegt Q auf der y-Achse. Mit $P(x, 0)$ und $Q(0, y)$ erhält man

$$d(P, Q)^2 = x^2 - y^2 = d(P, R)^2 + d(Q, R)^2. \qquad \square$$

Weitere Resultate zur Dreieckslehre in der pseudoeuklidischen Geometrie findet man in [Ros2], Kap. 3.2; einen geometrisch konstruktiven Zugang zu dieser Geometrie in [Liebs1].

6.3.3 Pseudoeuklidische Geometrie und Relativitätstheorie

Wie schon bei der Beschreibung der pseudoeuklidischen Bewegungen kurz ausgeführt wurde, treten deren vierdimensionale Analoga in der Relativitätstheorie auf, wobei dort die Form (6.30) relevant ist. In diesem Kapitel gehen wir etwas genauer auf diesen Sachverhalt ein, wobei wir uns bei den Herleitungen jedoch auf den dreidimensionalen Fall beschränken, da dieser auch im nächsten Kapitel benötigt wird. Die Verallgemeinerung auf vier Dimensionen ist völlig problemlos.[125] Wir beginnen mit den rein mathematischen Ableitungen. Die Bedeutung der Ergebnisse im Rahmen der Physik wird daran anschließend geklärt.

Die Fläche 2. Grades K^* im projektiven Raum $\mathbb{P}_3$, die dem pseudoeuklidischen Raum $\mathcal{P}_3$ zugrundeliegt, besteht aus einer doppelt zu zählenden (punkthaften) Ebene K und der Menge $\bar{K}$ aller Ebenen, die K (aufgefasst als Grundelement) in den Geraden einer festen ovalen Kurve $\bar{k}$ 2. Klasse schneiden; die zugehörige

Ordnungskurve sei wie üblich mit k bezeichnet (vgl. Kapitel 6.9, Typ XIV). Durch Anwendung einer geeigneten Projektivität kann man erreichen, dass die entsprechenden Gleichungen die Gestalt

$$K: \ x_0^2 = 0, \quad \bar{K}: \ u_1^2 + u_2^2 - u_3^2 = 0 \tag{6.33}$$

besitzen, wobei (x_0, x_1, x_2, x_3) Punkt- und $(u_0, u_1, u_2, u_3)^t$ Ebenenkoordinaten sind. Vom Punktaspekt her stimmt dann $\mathcal{P}_3$ mit dem euklidischen Raum $\mathbb{E}_3$ überein. Insbesondere kann man also stets das Standardmodell von $\mathbb{E}_3$ zur Veranschaulichung heranziehen und inhomogene Koordinaten zur Beschreibung verwenden.

Was die Ebenen von $\mathcal{P}_3$ betrifft, so sind es im Standardmodell genau diejenigen euklidischen Ebenen, deren Ferngerade nicht $\bar{k}$ angehört. Um diese Ausnahmeebenen zu beschreiben, betrachten wir im (inhomogen) koordinatisierten Raum $\mathbb{E}_3$ die Tangentialflächen an den Kegel

$$\Lambda: x^2 + y^2 - z^2 = 0, \tag{6.34}$$

dessen Spitze der Ursprung $O(0,0,0)$ ist. Deren Schnitte mit der Ebene $x_0 = 0$ ergeben ersichtlich $\bar{k}$. Da Parallelverschiebungen $\bar{k}$ invariant lassen, gehen also durch jeden Punkt $P \in \mathbb{E}_3$ unendlich viele Ebenen von $\bar{K}$ und zwar gerade die Hüllflächen an den zu Λ parallelen Kegel mit Spitze P. Diese Ausnahmeebenen übernehmen somit nun die Rolle der jeweils zwei Ausnahmegeraden in jedem Punkt im zweidimensionalen Fall. Wie dort gibt es auch hier zwei Zusammenhangsbereiche – jetzt natürlich die Ebenen betreffend: die Mengen derjenigen Ebenen, deren Ferngerade k schneidet bzw. nicht schneidet.

Die Geraden von $\mathcal{P}_3$ schließlich sind sämtliche Geraden des euklidischen Raumes, die nicht Erzeugende eines Ausnahmekegels sind. Dabei zerfällt auch die Menge aller Geraden in zwei Zusammenhangsgebiete, die sich dadurch unterscheiden, dass der Fernpunkt stets innerhalb bzw. außerhalb von k liegt.

Wie im ebenen Fall erweitert man üblicherweise auch den pseudoeuklidischen Raum um diese Ausnahmeelemente – jetzt also gewisse Geraden und Ebenen –, so dass der gesamte euklidische Raum als Modell für $\mathcal{P}_3$ dient. (Dies entspricht dem Zusammenziehen der Typen XIII–XV von Kap. 6.9 zu einer einheitlichen Geometrie, indem man die entsprechenden Klassenflächen mittels geeigneter projektiver Transformationen auf die gleiche Form bringt. Auf analoge Weise vereinheitlicht man die drei hyperbolischen ebenen Geometrien (Typ I, Ia, Ib), wenn man für alle das entsprechende Kleinsche Kreismodell zugrundelegt.)

Die räumlichen pseudoeuklidischen Bewegungen sind definiert als die Einschränkungen auf $\mathcal{P}_3$ derjenigen Kollineationen von $\mathbb{P}_3$, welche die Fläche K^* invariant lassen, distanz- und winkelerhaltend sind und die beiden Ebenen- und Geradenbereiche jeweils in sich überführen. Um sie zu beschreiben benötigen wir zunächst die metrischen Beziehungen für $\mathcal{P}_3$. Die zueinander dualen Begriffe Distanz und Winkel zwischen zwei Ebenen sind analog zum ebenen Fall erklärt und auch die Ableitung der entsprechenden Formeln verläuft wie dort. Man erhält für die Distanz zweier Punkte $G, H \notin K$

$$d(G, H) = \sqrt{(h_1 - g_1)^2 + (h_2 - g_2)^2 - (h_3 - g_3)^2}, \quad G(g_1, g_2, g_3), \quad H(h_1, h_2, h_3).$$
(6.35)

$d(G, H)$ ist genau dann gleich 0, wenn $(h_1 - g_1)^2 + (h_2 - g_2)^2 - (h_3 - g_3)^2 = 0$ gilt, die Verbindungsgerade $\langle G, H \rangle$ also eine ursprünglich von $\mathcal{P}_3$ ausgenommene Erzeugende des Kegels Λ ist. Diese sind somit die isotropen Geraden.

Die oben genannten zwei Geradenbereiche unterscheiden sich durch den Wertebereich der Distanzfunktion: Wählt man etwa G fix und H variabel, so ist $d(G, H) \in \mathbb{R}_+$ genau dann, wenn im Standardmodell des euklidischen Raumes II im horizontalen Bereich des Ausnahmekegels mit Spitze G liegt; rein imaginär dagegen, wenn H sich im vertikalen Bereich befindet (siehe Abb. 6.23). Aufgrund von deren Bedeutung in der Relativitätstheorie nennt man Geraden $\langle G, H \rangle$ *raum-* bzw. *zeitartig*, je nachdem, ob H im ersten oder zweiten Bereich liegt; isotrope Geraden werden *lichtartig* genannt.

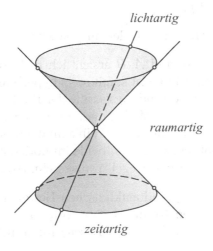

lichtartig

raumartig

zeitartig

Abbildung 6.23

Was den Winkel zwischen zwei Ebenen ζ, θ von $\mathcal{P}_3$ betrifft, so ist er nur definiert, wenn keine der entsprechenden projektiven Trägerebenen $\bar{\zeta}, \bar{\theta}$ durch eine Gerade von $\bar{k}$ geht und deren Schnittgerade weder isotrop ist noch in K liegt. Es gilt dann definitionsgemäß

$$\log \angle(\zeta, \theta) = c'' DV(\bar{\zeta}, \bar{\theta}; \alpha, \beta),$$

wo α, β die beiden durch $\bar{\zeta} \cap \bar{\theta}$ gehenden Ebenen von $\mathbb{P}_3$ sind, in denen eine Gerade von $\bar{k}$ liegt. Analog zum zweidimensionalen Fall erhält man

$$\cosh \angle(\zeta, \theta) = \frac{-g_1 h_1 - g_2 h_2 + g_3 h_3}{\sqrt{(-g_1^2 - g_2^2 + g_3^2)(-h_1^2 - h_2^2 + h_3^2)}},$$
(6.36)

wo $(g_0, g_1, g_2, g_3)^t$, $(h_0, h_1, h_2, h_3)^t$ die Ebenenkoordinaten von $\bar{\zeta}, \bar{\theta}$ sind. Ist die Schnittgerade $\zeta \cap \theta$ raumartig, so sind α, β reelle Ebenen, die Winkelmessung also hyperbolisch. Dagegen ist sie elliptisch, falls $\zeta \cap \theta$ zeitartig ist, da dann α, β konjugiert imaginäre Ebenen sind.

Der Winkel $\angle(g, h)$ zweier sich in einem Punkt $S \notin K$ schneidenden Geraden g, h von $\mathcal{P}_3$ ist der allgemeinen Theorie zufolge definiert durch

$$\log \angle(g, h) = c' DV(\bar{g}, \bar{h}; a, b), \tag{6.37}$$

wo $\bar{g}, \bar{h}$ die Trägergeraden von g, h in $\mathbb{P}_3$ und a, b die Verbindungsgeraden von S mit den Schnittpunkten A, B der Ordnungskurve k mit der Ebene $\langle \bar{g}, \bar{h} \rangle$ sind; insbesondere dürfen g, h keine lichtartigen Geraden und auch nicht Erzeugende eines Ausnahmekegels sein. Es können somit drei Fälle auftreten:

1) g, h sind beide raumartig,

2) g, h sind beide zeitartig,

3) g ist zeitartig, h ist raumartig (oder umgekehrt).

In den Fällen 2) und 3) sind A, B ersichtlich reell, da zumindest $\bar{g} \cap K$ im Inneren von k liegt; das Winkelmaß ist somit stets hyperbolisch. Im Fall 1) dagegen ist es hyperbolisch, wenn die Verbindungsgerade der Punkte $\bar{g} \cap K$, $\bar{h} \cap K$ die Kurve k schneidet; andernfalls elliptisch. Wählt man etwa im Standardmodell für S den Ursprung O, so ist in der x, y-Ebene das Winkelmaß elliptisch; in der x, z-Ebene ist es genau dann hyperbolisch, wenn g, h beide im horizontalen Winkelfeld liegen, welches in dieser Ebene durch den Kegel Λ ausgeschnitten wird.

Um nun die räumlichen pseudoeuklidischen Bewegungen zu bestimmen, gehen wir von einer allgemeinen Kollineation α von $\mathbb{P}_3$ aus und schränken sie auf $\mathbb{E}_3$ ein, wobei wir, wie erwähnt, bei deren Beschreibung inhomogene Koordinaten verwenden können:

$$\alpha: \ \mathsf{x}'^t = \mathsf{A}\mathsf{x}^t + \mathsf{a}^t \quad \text{mit} \quad \mathsf{A} = (a_{ij}) \in GL_3(\mathbb{R}), \ \mathsf{a} = (a_1, a_2, a_3) \in \mathbb{R}^3. \tag{6.38}$$

Da die Translationen $\mathsf{x}'^t = \mathsf{x}^t + \mathsf{a}^t$ die Ebene $x_0 = 0$ punktweise festlassen, bleiben auch die Fläche 2. Grades K^* (6.33) und die beiden oben beschriebenen Geraden- bzw. Ebenenbereiche invariant. Dass auch das Distanz- und die beiden Winkelmaße bei Translationen unverändert bleiben, ist leicht einzusehen (siehe auch Aufgabe 13). Wir können uns somit auf die homogenen Transformationen (6.38), also auf den Fall $\mathsf{a} = \mathsf{o} = (0, 0, 0)$ beschränken. Insbesondere muss also der Kegel Λ fix bleiben. Wegen

$$x^2 + y^2 - z^2 = \mathsf{x}\mathsf{C}\mathsf{x}^t \quad \text{mit} \quad \mathsf{C} = \begin{pmatrix} 1 & 0 & 0 \\ 0 & 1 & 0 \\ 0 & 0 & -1 \end{pmatrix} \text{ und } \mathsf{x} = (x, y, z)$$

folgt $0 = \mathbf{x}\mathbf{A}^t\mathbf{C}\mathbf{A}\mathbf{x}^t$. Aufgrund des Trägheitssatzes von Sylvester wird dadurch wieder ein Kegel beschrieben. Er stimmt genau dann mit Λ überein, wenn $\mathbf{A}^t\mathbf{C}\mathbf{A} = \lambda\mathbf{C}$ gilt mit $\lambda \in \mathbb{R}^*$.

Sollen unter α auch die beiden Geraden- bzw. Ebenenbereiche fix bleiben, so muss offenbar $\lambda \in \mathbb{R}_+$ gelten. Die dadurch charakterisierten räumlichen *pseudoeuklidischen Ähnlichkeitsabbildungen* sind das genaue Analogon der entsprechenden ebenen Transformationen (6.25).

Unter diesen sind die distanzerhaltenden dadurch ausgezeichnet, dass (6.34) und damit die quadratische Form $x^2 + y^2 - z^2$ unverändert bleibt. Das impliziert $\lambda = 1$. Wie im zweidimensionalen Fall folgt daraus bereits die Invarianz des Winkels sowohl zwischen Ebenen als auch zwischen schneidenden Geraden (Aufgabe 13). Insgesamt ergibt sich der

Satz 6.37. *Die räumlichen pseudoeuklidischen Bewegungen stimmen mit denjenigen Transformationen des euklidischen Raumes überein, welche sich durch*

$$\alpha: \ \mathbf{x}'^t = \mathbf{A}\mathbf{x}^t + \mathbf{a}^t \ \ mit \ \ \mathbf{A}^t\mathbf{C}\mathbf{A} = \mathbf{C} \ \ und \ \ \mathbf{a} \in \mathbb{R}^3$$

beschreiben lassen. Sie heißen allgemeine Lorentztransformationen.

Die Ableitung zeigt, dass dies genau diejenigen Transformationen (6.38) sind, für welche der zugehörige homogene Anteil $\mathbf{x}'^t = \mathbf{A}\mathbf{x}^t$ die quadratische Form $x^2 + y^2 - z^2$ invariant lässt.[126]

In der Physik spielen vor allem gewisse dieser Transformationen eine herausragende Rolle (siehe unten):

Definition 6.38. Eine allgemeine homogene Lorentztransformation mit

$$\mathbf{A} = \begin{pmatrix} a_{11} & a_{12} & a_{13} \\ 0 & 1 & 0 \\ a_{31} & a_{32} & a_{33} \end{pmatrix}$$

heißt *spezielle Lorentztransformation*.[126]

Wie man sofort nachrechnet impliziert dabei $\mathbf{A}^t\mathbf{C}\mathbf{A} = \mathbf{C}$ die Relationen

$$a_{11}^2 - a_{31}^2 = 1, \ a_{13}^2 - a_{33}^2 = -1, \ a_{11}a_{13} - a_{31}a_{33} = 0, \ a_{12} = a_{32} = 0.$$

Setzt man in Analogie zum zweidimensionalen Fall $a_{13} = \sinh\xi$ mit eindeutig bestimmten $\xi \in \mathbb{R}$, so erhält man für die spezielle Lorentztransformation die Gestalt

$$\begin{aligned} x' &= \pm(\cosh\xi)x + (\sinh\xi)z \\ y' &= y \\ z' &= \pm((\sinh\xi)x \pm (\cosh\xi)z). \end{aligned}$$

Man kann sie aber auch in der Form

$$\begin{aligned} x' &= \pm\frac{1}{\sqrt{1-u^2}}x + \frac{u}{\sqrt{1-u^2}}z \\ y' &= y \qquad\qquad\qquad\qquad\qquad \text{mit } |u| < 1 \\ z' &= \pm(\frac{u}{\sqrt{1-u^2}}x \pm \frac{1}{\sqrt{1-u^2}}z) \end{aligned}$$

schreiben, wenn man wie bei der Herleitung von (6.30) vorgeht.

Zwischen den allgemeinen homogenen und den speziellen Lorentztransformationen gibt es einen einfachen Zusammenhang. Dazu bestimmen wir zunächst alle homogenen Lorentztransformationen ψ, die den Punkt $S(0,0,1)$ festlassen. Aus $\mathtt{As}^t = \mathtt{s}^t$ ($\mathtt{s} = (0,0,1)$) folgt zunächst $a_{13} = a_{23} = 0$, $a_{33} = 1$. Die Bedingung $\mathtt{A}^t\mathtt{CA} = \mathtt{C}$ impliziert zusätzlich $a_{31} = a_{32} = 0$. A ist daher von der Gestalt

$$\mathtt{A} = \begin{pmatrix} a_{11} & a_{12} & 0 \\ a_{21} & a_{22} & 0 \\ 0 & 0 & 1 \end{pmatrix}.$$

Aus jener Bedingung folgt daher weiter, dass die Untermatrix $\bar{\mathtt{A}} = \begin{pmatrix} a_{11} & a_{12} \\ a_{21} & a_{22} \end{pmatrix}$ orthogonal ist. ψ ist somit eine euklidische Bewegung, welche die z-Achse punktweise fest lässt.

Ist nun α eine allgemeine homogene Lorentztransformation, so hat der Punkt $\alpha(S) =: S'$ die Koordinaten (a_{13}, a_{23}, a_{33}). Wegen $\mathtt{A}^t\mathtt{CA} = \mathtt{C}$ gilt dabei $a_{13}^2 + a_{23}^2 - a_{33}^2 = -1$. S' liegt somit auf dem zweischaligen Hyperboloid $x^2 + y^2 - z^2 = -1$ (mit dem Asymptotenkegel Λ (6.34)). Wendet man die Drehung φ um die z-Achse an, die S' in $S''(b_1, 0, b_3)$ überführt, so gilt somit $b_1^2 - b_3^2 = -1$.

Nun gibt es eine spezielle Lorentztransformation σ, welche S'' in S zurückführt. Dies deshalb, weil das Gleichungssystem

$$0 = b_1 w + b_3 z$$
$$1 = b_3 w + b_1 z$$

die (eindeutig bestimmte) Lösung $w = b_3$, $z = -b_1$ besitzt; wegen $w^2 - z^2 = 1$ gibt es dann wirklich ein $\xi \in \mathbb{R}$ mit $w = \cosh\xi$, $z = \sinh\xi$.

Da die Abbildung $\sigma \circ \varphi \circ \alpha$ eine allgemeine homogene Lorentztransformation ist, welche S fest lässt, ist sie nach dem zuvor Bewiesenen eine euklidische Bewegung ψ. Es folgt somit

$$\alpha = \varphi^{-1} \circ \sigma^{-1} \circ \psi,$$

wo $\varphi^{(-1)}$, ψ euklidische (und natürlich auch pseudoeuklidische) Bewegungen sind, welche die z-Achse punktweise fest lassen, und $\sigma^{(-1)}$ eine spezielle Lorentztransformation ist. Ein analoges Resultat gilt im vierdimensionalen Fall (siehe etwa [Gie], Kap. 13 C).

Nach der rein mathematischen Herleitung der Maßbestimmungen und Bewegungen des pseudoeuklidischen Raumes gehen wir nun kurz auf die physikalische Bedeutung ein. In der Relativitätstheorie wird ganz allgemein ein Ereignis P durch vier Koordinaten festgelegt: $P(x, y, z, t)$, wobei die kartesischen Koordinaten x, y, z den Ort im Raum angeben und t die Zeit, gemessen in Bezug auf einen vorgegebenen Anfangspunkt $P_0(x_0, y_0, z_0, t_0)$. Betrachtet man speziell ein freies Teilchen[127], so bewegt es sich aufgrund der Theorie geradlinig gleichförmig mit einer Geschwindigkeit v, die stets kleiner als die Lichtgeschwindigkeit c ist. Für den entsprechenden Geschwindigkeitsvektor $\mathbf{v} = (v_x, v_y, v_z)$, mit $\frac{\partial x}{\partial t} = v_x$, $\frac{\partial y}{\partial t} = v_y$, $\frac{\partial z}{\partial t} = v_z$, gilt daher

$$v = \sqrt{v_x^2 + v_y^2 + v_z^2} < c.$$

Diskretisiert bedeutet dies in Bezug auf den Ausgangspunkt P_0:

$$\frac{x - x_0}{t - t_0} = v_x, \quad \frac{y - y_0}{t - t_0} = v_y, \quad \frac{z - z_0}{t - t_0} = v_z, \tag{6.39}$$

so dass also folgt

$$(x - x_0)^2 + (y - y_0)^2 + (z - z_0)^2 < c^2(t - t_0)^2. \tag{6.40}$$

Normiert man c zu 1, indem man die t-Koordinate durch ct ersetzt, so wird durch (6.40) gerade der zeitartige Teil des zum Kegel Λ parallelen Kegels Λ_0 mit Spitze P_0 beschrieben. Das Teilchen kann somit nur zu den Punkten dieses Teils gelangen. Anders gesagt können zwei Ereignisse P_0, P genau dann durch ein mittels des Teilchens übertragenen Signal verbunden werden, falls sich P im zeitartigen Teil von Λ_0 befindet; liegt P auf einer Erzeugenden von Λ_0, so wird P von P_0 aus durch ein Lichtsignal erreicht; befindet sich schließlich P im raumartigen Teil von Λ_0, so kann P durch keinerlei Signal von P_0 aus erreicht werden.

Da in der Relativitätstheorie zwei Inertialsysteme (siehe Anm. 126) physikalisch völlig gleichwertig sind, wenn sich eines gegenüber dem anderen mit geradlinig gleichförmiger Geschwindigkeit bewegt, stellt sich die Frage nach dem Zusammenhang der jeweiligen Koordinatensysteme. Es werde dazu in P_0 von einer punktförmigen Quelle Licht ausgesendet und dieses Ereignis bezüglich eines beliebigen zweiten Koordinatensystems Ξ' am Ort (x_0', y_0', z_0') zur Zeit t_0' registriert. Aufgrund der absoluten Konstanz der Lichtgeschwindigkeit breitet sich das Licht auch bezüglich Ξ' in einer Kugelwelle aus, so dass für die Koordinaten von $P(x', y', z', t')$ eine zu (6.40) analoge Beziehung gilt:

$$(x' - x_0')^2 + (y' - y_0')^2 + (z' - z_0')^2 < c^2(t' - t_0')^2. \tag{6.41}$$

Die Koordinatentransformationen sind somit genau jene, die den Lichtkegel mit Spitze P_0 in einen mit beliebiger Spitze $P_0'(x_0', y_0', z_0', t_0')$ überführen. Wie oben (für den dreidimensionalen Fall) gezeigt wurde sind dies gerade die allgemeinen Lorentztransformationen. Ihre in der Physik verwendete Form ist in Anmerkung 125 angegeben. Die speziellen Lorentztransformationen zeichnen sich unter den allgemeinen dadurch aus, dass sich die x'-Komponente von Ξ' auf der x-Achse bewegt, y- und y'-Achse sowie z- und z'-Achse übereinstimmen und zum Zeitpunkt t_0 beide Koordinatensysteme zusammenfallen.

Auch die relativistische Addition der Geschwindigkeiten besitzt eine einfache mathematische Interpretation im pseudoeuklidischen Raum. Dazu betrachten wir wieder ein freies Teilchen und nehmen wie bei der speziellen Lorentztransformation an, dass dessen Bewegung längs der x-Achse erfolgt, so dass sie im Diagramm in der x, t-Ebene beschrieben werden kann. Hat es ursprünglich die Geschwindigkeit v, so ist demnach der Geschwindigkeitsvektor von der Gestalt $\mathbf{v} = (v_1, 0, 0)$; ändert man wie zuvor das Koordinatensystem, indem man t durch ct ersetzt, so liefert (6.39) die normierte Form $(\frac{v_1}{c}, 0, 0)$ – sie werde der Einfachheit halber wieder mit $\mathbf{v}$ bezeichnet. Im Punkt $P_1(x_1, y_0, z_0, t_1)$ wirke nun ein zusätzlicher Impuls in x-Richtung auf das Teilchen, dem eine Geschwindigkeit $\bar{v}$ entspreche mit dem normierten Vektor $(\frac{v_2}{c}, 0, 0)$. Gemäss der Relativitätstheorie besitzt es dann die resultierende Geschwindigkeit w mit $\mathbf{w} = (\frac{w_1}{c}, 0, 0)$, wobei gilt

$$\frac{w_1}{c} = \frac{\frac{v_1}{c} + \frac{v_2}{c}}{1 - \frac{v_1}{c}\frac{v_2}{c}}. \tag{6.42}$$

Im Diagramm kann man solche Bewegungen in der x, t-Ebene ξ beschreiben, und zwar durch den Winkel, den die entsprechende Gerade mit der t-Achse h einschließt. Im Fall der ursprünglichen Bewegung ergibt sich wegen $P_0(x_0, y_0, z_0, t_0)$ für jene Gerade g_1 als Koordinaten bezüglich ξ: $(*, -(t_1 - t_0), x_1 - x_0)^t$; die von h sind $(-x_0, 1, 0)^t$. Nun gilt, wie wir beweislos bemerken, dass der pseudoeuklidische Winkel $\angle(g_1, h)$ im vierdimensionalen Raum mit dem in ξ gemessenen übereinstimmt. Somit ist

$$\cosh \angle(g_1, h) = \frac{t_1 - t_0}{\sqrt{(t_1 - t_0)^2 - (x_1 - x_0)^2}} = \frac{1}{\sqrt{1 - \frac{v_1^2}{c^2}}}.$$

Wegen $\tanh^2 z = 1 - \frac{1}{\cosh^2 z}$ folgt $\tanh \angle(g_1, h) = \frac{v_1}{c}$. Analog gilt für die zweite Bewegung $\tanh \angle(g_2, h) = \frac{v_2}{c}$. Somit entspricht die Addition der Geschwindigkeiten gerade dem hyperbolischen Tangens der Summe der entsprechenden Winkel in der Ebene ξ; diesen erhält man ja genau durch (6.42).

6.3.4   Das Hyperboloidmodell der hyperbolischen Ebene

Im vorigen Kapitel hatten wir erkannt, dass der euklidische Raum als Modell für den pseudoeuklidischen Raum dienen kann soweit es die Grundelemente Punkt, Gerade, Ebene betrifft. Damit in engem Zusammenhang steht ein weiteres Modell der hyperbolischen Ebene, welches je nach dem, ob es im euklidischen oder pseudoeuklidischen Raum $\mathcal{P}_3$ angesiedelt wird, *Hyperboloidmodell* oder *Kugelmodell* (für eine Kugel vom Radius i) genannt wird. Dabei ist die letztere Interpretation die natürlichere, da, wie sich zeigen wird, alle Maßbestimmungen und die Bewegungen vom umgebenden Raum induziert werden.

Wir gehen vom Standardmodell $\mathbb{E}_3^*$ des projektiven Raumes aus und betrachten im zugrundeliegenden euklidischen Raum das zweischalige Hyperboloid $\hat{\kappa} : x^2 + y^2 - z^2 = -1$ – in $\mathcal{P}_3$ entspricht es wegen (6.35) der Kugel vom Radius i. Die hyperbolische Ebene sei durch das Kleinsche (Kreis-) Modell $\mathcal{H}$ in der Ebene $z = 1$ mit Mittelpunkt $M(0, 0, 1)$ realisiert. Projiziert man es von O aus auf $\hat{\kappa}$ erhält man das Hyperboloidmodell $\hat{\mathcal{H}}$. Dabei sind die Verbindungsgeraden von O

mit den Punkten des Kreislinie die Erzeugenden des Asymptotenkegels von $\hat{\kappa}$, das ist gerade der Ausnahmekegel $\Lambda : x^2 + y^2 - z^2 = 0$ von $\mathcal{P}_3$ (siehe (6.34)).

Punkte von $\hat{\mathcal{H}}$ sind somit bzgl. O gegenüberliegende Punktepaare auf $\hat{\kappa}$; Geraden die Schnitte der (projektiv erweiterten) Verbindungsebenen $\langle O, g \rangle$, $g \in \mathcal{H}$, mit $\hat{\kappa}$, also Hyperbeln, deren Äste identifiziert zu denken sind. Dies entfällt natürlich, wenn man nur eine Schale des Hyperboloids als Ebene des Modells zugrundelegt.

Die von $\mathcal{H}$ in $\hat{\mathcal{H}}$ induzierten Bewegungen sind auf $\mathbb{E}_3$ eingeschränkte Projektivitäten, die $\hat{\kappa}$ invariant lassen. Klarerweise bilden diese Projektivitäten die Fernebene η in sich ab, so dass nach dem dreidimensionalen Analogon von Folgerung 4.21 auch der Pol von η bzgl. $\hat{\kappa}$, das ist O, unter ihnen fix bleiben muss. Da die projektiven Erweiterungen von Λ und $\hat{\kappa}$ dieselbe Schnittfigur mit η besitzen, müssen jene Projektivitäten auch Λ unverändert lassen. Insgesamt sind somit die gesuchten Bewegungen auf $\mathbb{E}_3$ eingeschränkte Projektivitäten, die Λ und $\hat{\kappa}$ jeweils in sich überführen. Nach der Ableitung im letzten Abschnitt sind dies somit genau die homogenen Lorentztransformationen, also die O fest lassenden Bewegungen von $\mathcal{P}_3$.

Um die Distanzmessung zu bestimmen, seien zwei Punkte $G(g_1, g_2, g_3)$, $H(h_1, h_2, h_3) \in \hat{\mathcal{H}}$ gegeben. Es gilt somit $g_1^2 + g_2^2 - g_3^2 = -1$ und analog für H. Deren Urbilder $\tilde{G}, \tilde{H}$ im Kreismodell $\mathcal{H}$ haben die Koordinaten $(\frac{g_1}{g_3}, \frac{g_2}{g_3}, 1)$ bzw. $(\frac{h_1}{h_3}, \frac{h_2}{h_3}, 1)$. Unterdrückt man hier die dritte Komponente, die nach Konstruktion stets 1 ist, so liefert (6.3)

$$\cosh d_{\hat{\mathcal{H}}}(G, H) = \cosh d_{\mathcal{H}}(\tilde{G}, \tilde{H}) = \frac{g_3 h_3 - g_1 h_1 - g_2 h_2}{\sqrt{(g_3^2 - g_1^2 - g_2^2)(h_3^2 - h_1^2 - h_2^2)}}$$

$$= g_3 h_3 - g_1 h_1 - g_2 h_2. \tag{6.43}$$

Denselben Wert erhält man, wenn man die räumliche pseudoeuklidische Distanz in $\hat{\kappa}$ induziert, d.h. die Strecke GH längs der Verbindungsgeraden bzgl. $\hat{\mathcal{H}}$ pseudoeuklidisch misst. Dieses mittels differentialgeometrischer Methoden schnell herleitbare Resultat (siehe z.B. [Levy], S. 83) sei im Folgenden nur heuristisch begründet:

Wie die bisher vorgestellten Eigenschaften zeigen, steht das Hyperboloidmodell $\hat{\mathcal{H}}$ in engster Beziehung zum Kugelmodell $\mathcal{E}_S$ der elliptischen Ebene, die beide im euklidischen Raum angesiedelt sind. Liegt bei diesem die Kugel vom Radius 1 bzgl. der euklidischen Distanz zugrunde, so bei jenem die Kugel vom Radius i bzgl. der pseudoeuklidischen Distanz. Bei beiden werden bzgl. O gegenüberliegende Punkte identifiziert und die Bewegungen durch diejenigen des jeweils umgebenden Raumes induziert. Wie in Kap. 6.2.2 gezeigt wurde stimmt der Abstand zweier Punkte $G, H \in \mathcal{E}_S$ mit dem (unorientierten) Abstand in der sphärischen Geometrie überein. Dieser ist für eine Kugel vom Radius r und Mittelpunkt Q in Bogenmaß gegeben durch $d_{\mathcal{E}_S}(G, H) = r\varphi$ mit $\varphi = \angle(QG, QH)$.

Wegen $\cos\varphi = \frac{g_1h_1 + g_2h_2 + g_3h_3}{r^2}$ folgt

$$\cos\frac{d_{\mathcal{E}_S}(G,H)}{r} = \frac{1}{r^2}(g_1h_1 + g_2h_2 + g_3h_3).$$

Analogisiert man dies für den pseudoeuklidischen Fall, so erhält man wegen $r = i$:

$$\cos\frac{d_{\hat{\mathcal{H}}}(G,H)}{i} = \frac{1}{i^2}(g_1h_1 + g_2h_2 - g_3h_3),$$

was wegen $\cos\frac{d}{i} = \cosh d$ genau mit (6.43) überstimmt.

Dass auch die Winkelmessung in $\hat{\mathcal{H}}$ vom pseudoeuklidischen Raum induziert wird, ist aufgrund der eben aufgezeigten Analogie naheliegend, soll aber schlüssig nachgewiesen werden. Dabei ist der Winkel $\angle_{\hat{\mathcal{H}}}(g,h)$ für zwei sich in einem Punkt S schneidende Geraden $g, h \in \hat{\mathcal{H}}$ gleich dem Winkel in $\mathcal{P}_3$, den die durch sie erzeugten Ebenen miteinander einschließen, bzw. gleich dem, den die Tangenten an g, h in S in $\mathcal{P}_3$ bilden. Wir beweisen die zweite Aussage; für die (einfachere) erste und die daraus folgende Äquivalenz beider Aussagen siehe Aufgabe 14.

Wir betrachten zunächst den Fall, dass $S = M(0,0,1)$ gilt. Der Winkel $\angle_{\hat{\mathcal{H}}}(g,h)$ ist dann laut Konstruktion gleich dem Winkel, den die g, h entsprechenden Geraden $\tilde{g}, \tilde{h}$ im Kreismodell $\mathcal{H}$ einschließen. Da M der Mittelpunkt des Kreises ist folgt aufgrund der Erläuterungen zu Formel (6.5), dass dies gerade der euklidisch gemessene Winkel ist.

Um den pseudoeuklidischen Winkel $\angle_{\mathcal{P}_3}(g,h)$ zu bestimmen, beachten wir zunächst, dass ganz allgemein per definitionem $\angle(g,h) = \angle(\bar{\tilde{g}}, \bar{\tilde{h}})$ gilt, wo $\bar{\tilde{g}}, \bar{\tilde{h}}$ die Trägergeraden von $\tilde{g}, \tilde{h}$ in $\mathbb{P}_3$ sind. Den letzteren Winkel erhält man in $\mathcal{P}_3$ nach (6.37) durch

$$\log\angle_{\mathcal{P}_3}(\bar{\tilde{g}}, \bar{\tilde{h}}) = c'DV(\bar{\tilde{g}}, \bar{\tilde{h}}; a, b),$$

wo a, b die Verbindungsgeraden von M mit den Schnittpunkten der projektiv erweiterten Ebene $z = 1$, also $x_3 = x_0$, mit der Ordnungskurve $x_0 = 0$, $x_1^2 + x_2^2 - x_3^2 = -x_0^2$ sind. Dies sind gerade die imaginären Kreispunkte in der Ebene $x_3 = x_0$ (bzw. $x_0 = 0$), so dass auch die pseudoeuklidische Winkelmessung in M mit der euklidischen übereinstimmt.

Sind nun $g, h \in \hat{\mathcal{H}}$ zwei beliebige Geraden mit Schnittpunkt S, so sei α eine pseudoeuklidische Bewegung, die S in M überführt. Wie eben gezeigt wurde gilt $\angle_{\hat{\mathcal{H}}}(\alpha(g), \alpha(h)) = \angle_{\mathcal{P}_3}(\alpha(g), \alpha(h))$. Dabei bleibt sowohl $\hat{\mathcal{H}}$ als auch $\angle_{\mathcal{P}_3}$ bei pseudoeuklidischen Bewegungen invariant – letzteres da der Winkel nach (6.37) über das Doppelverhältnis definiert ist. Mithin gilt auch wie behauptet $\angle_{\hat{\mathcal{H}}}(g,h) = \angle_{\mathcal{P}_3}(g,h)$.

Bemerkung 6.39. Man beachte, dass im allgemeinen der pseudoeuklidische Winkel nicht mit dem euklidische Winkel übereinstimmt, obwohl das Winkelmaß in $\hat{\mathcal{H}}$ natürlich elliptisch ist, da es von $\mathcal{H}$ genommen ist.

Bemerkung 6.40. Da das Hyperboloidmodell eine natürliche Entsprechung im pseudoeuklidischen Raum besitzt, ist es nicht verwunderlich, dass man auch Aussagen der Relativitätstheorie von letzterem auf ersteres übertragen kann, wobei man natürlich die Dimension jeweils um 1 erhöhen muss. Insofern lassen sich gewisse Aussagen bzw. Begriffe jener Theorie im Rahmen der hyperbolischen Geometrie formulieren. Beispielsweise lässt sich der Geschwindigkeitsraum der relativistischen Kinematik mit dem Hyperboloidmodell in $\mathcal{P}_4$ und damit mit dem hyperbolischen Raum identifizieren, wobei die Distanz zweier Geschwindigkeiten per definitionem die Relativgeschwindigkeit ist ([Jag2], S.225 ff.).

6.3.5 Pseudokomplexe Zahlen als Koordinaten

Auf ähnliche Art wie die euklidische lässt sich auch die pseudoeuklidische Ebene $\mathcal{P}$ eindimensional koordinatisieren (siehe den Anhang in Kap. 5). Wir gehen dabei analog von denjenigen Transformationen $\alpha : \mathcal{P} \to \mathcal{P}$ aus, welche die zugrundeliegende Kurve 2. Grades k^* sowie O fix lassen und orientierungserhaltend sind. Nach (6.25) haben sie die Gestalt

$$\begin{aligned} x' &= ax + by \\ y' &= bx + ay \end{aligned} \quad a, b \in \mathbb{R}, \ a^2 - b^2 \neq 0. \tag{6.44}$$

Dabei geht der Einheitspunkt $E(1,0)$ in $P(a,b)$ über. Wegen $a^2 - b^2 \neq 0$ sind das gerade die Punkte, die nicht auf den beiden isotropen Geraden durch O liegen. Klarerweise gibt es umgekehrt bei gegebenem $P(a,b)$ mit $a^2 - b^2 \neq 0$ genau eine solche Abbildung, die dies leistet. Somit stehen diese Punkte in bijektiver Beziehung zu den Transformationen der Gestalt (6.44) bzw. zu den ihnen bezüglich der Standardbasis entsprechenden Matrizen $\begin{pmatrix} a & b \\ b & a \end{pmatrix}$. Letztere lassen sich schreiben als

$$\begin{pmatrix} a & b \\ b & a \end{pmatrix} = \begin{pmatrix} a & 0 \\ 0 & a \end{pmatrix} + \begin{pmatrix} b & 0 \\ 0 & b \end{pmatrix} \begin{pmatrix} 0 & 1 \\ 1 & 0 \end{pmatrix}.$$

Identifiziert man wie im euklidischen Fall $\begin{pmatrix} a & 0 \\ 0 & a \end{pmatrix}$ mit $a \in \mathbb{R}$ und setzt $\begin{pmatrix} 0 & 1 \\ 1 & 0 \end{pmatrix} = \epsilon$, so erhält man die bijektive Zuordnung

$$P(a,b) \mapsto a + b\epsilon, \ a^2 - b^2 \neq 0. \tag{6.45}$$

Diese lässt sich erweitern auf ganz $\mathcal{P}$, indem man die Nebenbedingung in (6.45) einfach weglässt. Die Bildelemente sind die sogenannten *pseudokomplexen Zahlen*. Für sie gilt $\epsilon \notin \mathbb{R}$ und $\epsilon^2 = \begin{pmatrix} 1 & 0 \\ 0 & 1 \end{pmatrix}$ wird mit 1 identifiziert. Es lassen sich somit alle Punkte von $\mathcal{P}$ eindimensional beschreiben: $P(a + b\epsilon)$, $a, b \in \mathbb{R}$, $\epsilon \notin \mathbb{R}$, $\epsilon^2 = 1$.

Überträgt man die Addition und Multiplikation der entsprechenden Matrizen auf die pseudokomplexen Zahlen, so erhält man folgende Operationen

$$(a + b\epsilon) + (c + d\epsilon) = (a + c) + (b + d)\epsilon$$
$$(a + b\epsilon) \cdot (c + d\epsilon) = (ac + bd) + (bc + ad)\epsilon.$$

Wie man sofort nachrechnet, bildet dabei die Menge der pseudokomplexen Zahlen eine zweidimensionale, reelle assoziative und kommutative Algebra. Die geometrische Interpretation dieser Operationen ist, soweit die entsprechenden Transformationen existieren, völlig ident mit der im euklidischen Fall (siehe Anhang in Kap. 5).

6.4 Doppelt-hyperbolische Geometrie

6.4.1 Grundlagen

Wir wenden uns nun der Geometrie von Typ Ib (Kap. 5.3.1) zu, bei der sowohl das Distanz- als auch das Winkelmaß hyperbolisch ist, weshalb sie meist *doppelt-hyperbolische Geometrie* heißt; zur auch verwendeten Bezeichnung de Sitter-Geometrie siehe Anmerkung 114.

Dieser Geometrie liegt eine ovale Kurve 2. Grades zugrunde. Die Punkte der doppelt-hyperbolischen Ebene $\mathcal{H}^h$ sind die des Äußeren der Ordnungskurve k. Die Geraden sind die Einschränkungen auf $\mathcal{H}^h$ derjenigen Geraden der projektiven Ebene $\bar{\varepsilon}$, die k in zwei verschiedenen reellen Punkten schneiden. Im Standardmodell $\mathbb{E}_2^*$ von $\bar{\varepsilon}$ sind folgende zwei Realisierungen dieser Geometrie von Bedeutung:

1) Beim Kleinschen Kreismodell $\mathcal{H}_K^h$ wählt man wie bei der hyperbolischen Geometrie für k den Einheitskreis. Der Vorteil ist, dass dann die den jeweiligen Bewegungen zugrundeliegenden Kollineationen von $\mathbb{E}_2^*$ dieselben sind, nämlich diejenigen, die k als Ganzes festlassen und das Innere – und daher auch das Äußere – in sich überführen.

2) Das Hyperbelmodell $\mathcal{H}_H^h$ wird durch die Beschreibung von Distanz und Winkel nahegelegt (siehe Kap. 5.3.1). Hierbei war die Kurve 2. Grades k^* – bei der speziellen Wahl $\gamma = \gamma' = -1$ – gegeben durch (5.13b):

$$k : x_0^2 - x_1^2 + x_2^2 = 0, \quad \bar{k} : u_0^2 - u_1^2 + u_2^2 = 0.$$

Bei Verwendung von inhomogenen Koordinaten führt ersteres auf $x^2 - y^2 = 1$, d.h. k ist die gleichseitige („Einheits"-)Hyperbel. Die Menge der Punkte der doppelt-hyperbolische Ebene $\mathcal{H}_H^h$ ist in Abbildung 6.24 schraffiert; weiter sind zwei Geraden von $\mathcal{H}_H^h$ eingezeichnet. Die Bewegungen sind natürlich völlig analog dem Kreismodell definiert.

Nach Tabelle 5.20 gilt in diesem Modell für die Distanz zweier Punkte $G(g_0, g_1, g_2)$, $H(h_0, h_1, h_2)$, die natürlich so liegen müssen, dass sie durch eine Gerade verbunden

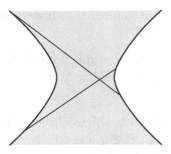

Abbildung 6.24

werden können:

$$\cosh d(G, H) = \frac{|g_0 h_0 - g_1 h_1 + g_2 h_2|}{\sqrt{(g_0^2 - g_1^2 + g_2^2)(h_0^2 - h_1^2 + h_2^2)}}. \tag{6.46a}$$

Der Winkel zweier sich in $\mathcal{H}_H^h$ schneidenden Geraden ist gegeben durch

$$\cosh \angle(g, h) = \frac{|g_0 h_0 - g_1 h_1 + g_2 h_2|}{\sqrt{(g_0^2 - g_1^2 + g_2^2)(h_0^2 - h_1^2 + h_2^2)}}, \quad g(g_0, g_1, g_2)^t, \ h(h_0, h_1, h_2)^t. \tag{6.47a}$$

Da der Einheitskreis analytisch durch

$$-x_0^2 + x_1^2 + x_2^2 = 0$$

beschrieben wird, ist der Übergang von einem der Modelle zum anderen (zum Beispiel) durch die Transformation

$$\tau: \quad \begin{aligned} x_0 &\to x_1 \\ x_1 &\to x_0 \\ x_2 &\to x_2 \end{aligned}$$

gegeben. Damit lassen sich Distanz und Winkel[128] unmittelbar auf das Kreismodell übertragen:

$$\cosh d_{\mathcal{H}_K^h}(G, H) = \frac{|-g_0 h_0 + g_1 h_1 + g_2 h_2|}{\sqrt{(-g_0^2 + g_1^2 + g_2^2)(-h_0^2 + h_1^2 + h_2^2)}}, \tag{6.46b}$$

$$\cosh \angle_{\mathcal{H}_K^h}(g, h) = \frac{|-g_0 h_0 + g_1 h_1 + g_2 h_2|}{\sqrt{(-g_0^2 + g_1^2 + g_2^2)(-h_0^2 + h_1^2 + h_2^2)}}. \tag{6.47b}$$

Was die Bewegungen betrifft, so können wir beim Kreismodell, wie erwähnt, auf die Bewegungen des Kleinschen Modells der hyperbolischen Geometrie zurückgreifen. Da letztere nach Satz 6.8 das Produkt hyperbolischer Spiegelungen sind, d.h. durch harmonische Homologien induziert werden, gilt dies auch für die Bewegungen im Hyperbelmodell.

Wir führen einige Eigenschaften der doppelt-hyperbolischen Geometrie an, die man sich leicht an einem der beiden Modelle klar machen – wir verwenden dazu das Kreismodell $\mathcal{H}_K^h$.

Eigenschaften 6.41. 1) *Parallelität:* Offensichtlich gibt es zu jeder Geraden g von $\mathcal{H}_K^h$ und jedem Punkt $P \in \mathcal{H}_K^h, P \notin g$, unendlich viele durch P verlaufende Geraden, die g (in $\mathcal{H}_K^h$) nicht schneiden. Dabei sind im allgemeinen zwei *Randparallele* ausgezeichnet, die durch die Schnittpunkte U, V von g mit k gehen. Eine oder beide gehören aber nicht der Geometrie an, falls $\langle P, U \rangle$ oder/und $\langle P, V \rangle$ Tangente(n) an k ist/sind. Alle durch P gehenden, g nicht schneidenden Geraden, die keine Randparallelen sind, heißen auch *überparallel zu g*.

2) *Distanz:* Ist G ein beliebiger Punkt von $\mathcal{H}_K^h$, so liegen alle Punkte H, die von G aus distanzmäßig erreichbar sind, im Inneren desjenigen der zwei durch die Tangenten von G aus an k gebildeten Winkelfelder, welches die k schneidenden Geraden enthält. Die entsprechend liegenden Punkte auf k selbst – die also nicht mehr $\mathcal{H}_K^h$ angehören – haben von G die Distanz ∞ (vgl. Bemerkung 5.9).

Wir wollen die Distanzwerteverteilung noch etwas genauer betrachten. Sei dazu G zunächst wieder ein beliebiger Punkt des Kreismodells. Durch eine geeignete Bewegung von $\mathcal{H}_K^h$ lässt sich G in den Punkt $E(0, 1, 0)$ überführen: dazu bringt man zunächst G mittels einer geeigneten Drehung α um O (genauer der ihr entsprechenden Kollineation) auf die positive x-Achse, so dass also $\alpha(G)$ die Koordinaten $(1, c, 0)$ mit $c > 1$ besitzt. Dann wendet man die harmonische Homologie β an mit Zentrum $Z(1, c + \sqrt{c^2 - 1}, 0)$ und Achse z mit der (inhomogenen) Gleichung: $x = c - \sqrt{c^2 - 1}$. Ist somit P ein beliebiger Punkt der x-Achse, so ist $\beta(P)$ der vierte harmonische Punkt zu P bzgl. Z und $Z'(1, c - \sqrt{c^2 - 1}, 0)$. Da $\alpha(G)$ der (euklidische) Mittelpunkt von ZZ' ist, folgt $\beta(\alpha(G)) = E(0, 1, 0)$. Klarerweise gilt dabei $\alpha(k) = k = \beta(k)$; letzteres deshalb, da z die Polare von Z in Bezug auf k ist. Somit sind $\alpha|_{\mathcal{H}_K^h}, \beta|_{\mathcal{H}_K^h}$ Bewegungen des Kreismodells.

Die von E aus distanzmäßig erreichbaren Punkte liegen nun im Inneren des durch die Geraden $y = \pm 1$ (und deren Fernpunkte) gebildeten Streifens und zugleich außerhalb von k (siehe unten Abb. 6.25). Es sei nun $X(x_0, x_1, x_2)$ ein beliebiger Punkt der projektiven Ebene und δ der Wert des Ausdrucks auf der rechten Seite von (6.46b), wenn man G, H durch E, X ersetzt: $\delta = \frac{|x_1|}{\sqrt{-x_0^2 + x_1^2 + x_2^2}}$.

Ist $x_0 = 0$, liegt also X (im Standardmodell $\mathbb{E}_2^*$) auf der Ferngeraden, so gilt $0 \leq \delta \leq 1$; $d_{\mathcal{H}_K^h}(E, X)$ ist also stets imaginär falls $\delta \neq 1$. $\delta = 1$ gilt genau dann, wenn $|x_1| = \sqrt{x_1^2 + x_2^2}$, somit $x_2 = 0$ ist; also genau dann wenn $X = E$ ist.

Ist andererseits $x_0 \neq 0$, so gilt $X(1, \bar{x}_1, \bar{x}_2)$ mit $\bar{x}_i = \frac{x_i}{x_0}$ $(i = 1, 2)$ und $\delta = \frac{|\bar{x}_1|}{\sqrt{-1 + \bar{x}_1^2 + \bar{x}_2^2}}$. Ist X distanzmäßig erreichbar, so gilt $|\bar{x}_1| > 1$ und $|\bar{x}_2| < 1$, woraus $\delta > 1$ folgt – der entsprechende Wert für die Distanz $d_{\mathcal{H}_K^h}(E, X) = \text{arcosh}\delta$ fällt dann wirklich positiv aus. Liegt X auf k, so ist $\delta = \infty$ und (6.46b) liefert

$d_{\mathcal{H}^h_K}(E, X) = \infty$. Ist X im Inneren von k, so folgt $-1 + \bar{x}_1^2 + \bar{x}_2^2 < 0$, mithin ist δ rein imaginär. Liegt X auf einer der Tangenten an k durch E, gilt also $|\bar{x}_2| = 1$, so ist $\delta = 1$ und daher $d_{\mathcal{H}^h_K}(E, X) = 0$. Wie zu erwarten, sind dies die isotropen Geraden. Ist schließlich $|\bar{x}_2| > 1$, so ergibt sich $0 \le \delta \le 1$; dabei tritt der Fall $\delta = 0$ genau dann ein, wenn $x_1 = 0$ ist. – In der Abbildung 6.25 sind die Ergebnisse zusammengefasst: links sind die δ-Werte angegeben, rechts die entsprechenden Werte arcosh δ.

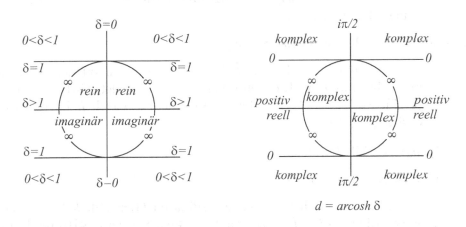

Abbildung 6.25

Ergänzend sei bemerkt, dass zwei Punkte $G, H \in \mathcal{H}^h_K$ mit imaginärer Distanz mittels eines geeigneten Hilfspunktes K distanzmäßig reell verbunden werden

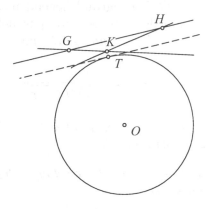

Abbildung 6.26

können (Abb. 6.26). Da die projektive Gerade $\langle G, H \rangle$ k nicht schneidet, kann man eine Tangente euklidisch parallel zu $\langle G, H \rangle$ an k legen. Ist T der Berührpunkt, so braucht man nur $K \in \mathcal{H}_K^h$ genügend nahe an T auf der projektiven Geraden $\langle O, T \rangle$ zu wählen.

3) *Winkel:* Es sei g eine beliebige Gerade von $\mathcal{H}_K^h$ und $\bar{g}$ ihre Trägergerade in $\bar{\varepsilon}$. Ganz analog zum Fall der Distanz kann man durch eine geeignete Bewegung der doppelt-hyperbolischen Ebene erreichen, dass $\bar{g}$ gleich der x-Achse ist. Es sei nun $\bar{h}$ eine beliebige Gerade in $\bar{\varepsilon}$, $\bar{h} \neq \bar{g}$, und $S = \bar{h} \cap \bar{g}$. Je nach der Lage von S erhält man folgende Möglichkeiten für die Werte ω der rechten Seite von (6.47b); die entsprechenden Werte $\angle_{\mathcal{H}_K^h}(g, h) = \operatorname{arcosh}\omega$ sind natürlich gegebenfalls im Sinne von Bemerkung 5.9 aufzufassen:

α) S liegt außerhalb von k, d.h. $S \in \mathcal{H}_K^h$:

    i) $\omega \in \mathbb{R}_+$ mit $\omega \geq 1$, falls $\bar{h}$ im $\bar{g}$ enthaltenden offenen Winkelfeld liegt, das durch die Tangenten von S an k gebildet wird; es gibt dann ja eine Gerade $h \in \mathcal{H}_K^h$, deren Trägergerade gleich $\bar{h}$ ist und es gilt $\cosh \angle_{\mathcal{H}_K^h}(g, h) = \omega$.

    ii) $\omega = \infty$, falls $\bar{h}$ Tangente an k ist;

    iii) ω ist rein imaginär sonst.

β) $S \in k$, d.h. S hat die homogenen Koordinaten $(1, \pm 1, 0)$. $\bar{h}$ hat daher die Geradenkoordinaten $(h_0, h_1, h_2)^t$ mit $h_1 = \mp h_0$. Formel (6.47b) ergibt dann

$$\omega = \frac{|h_2|}{\sqrt{-h_0^2 + h_1^2 + h_2^2}} = 1, \quad \text{also } \angle_{\mathcal{H}_K^h}(\bar{g}, \bar{h}) = 0 \quad \text{für alle } \bar{h} \in \bar{\varepsilon} \text{ mit } h_2 \neq 0.$$

Ist $h_2 = 0$, also $\bar{h}$ Tangente an k, so ist ω unbestimmt.

γ) S liegt im Inneren von k: die $\bar{g}, \bar{h}$ zugrundeliegenden Geraden g, h der doppelt-hyperbolische Ebene sind jedenfalls stets überparallel. Mit $S(1, a, 0)$ $(|a| < 1)$ folgt für $h(h_0, h_1, h_2)^t$, dass $h_0 = -a h_1$ gelten muss. Dies impliziert

$$\omega = \frac{|h_2|}{\sqrt{(1 - a^2)h_1^2 + h_2^2}}.$$

$\bar{h} \neq \bar{g}$ impliziert $h_1 \neq 0$, so dass wegen $|a| < 1$ der Nenner größer ist als der Zähler. Somit ist $\angle_{\mathcal{H}_K^h}(\bar{g}, \bar{h})$ imaginär.

4) *Dreiecke: Ist $\triangle ABC$ ein Dreieck der doppelt-hyperbolischen Ebene mit reellen Seiten und Winkeln, so ist*

    a) *die längste Seite größer als die Summe der beiden anderen,*

    b) *der größte Winkel größer als die Summe der beiden anderen.*

Legt man nämlich im Kreismodell eine Ecke, etwa B, nach $E(0, 1, 0)$ und die Trägergerade der längsten Seite auf die x-Achse, so kann man o.B.d.A. annehmen, dass $A(1, r, 0)$, $C(1, s, t)$ gilt mit $1 < r < s$, $0 < |t| < 1$. Damit erhält man für die Seitenlängen nach (6.46b)

$$\cosh d(A, B) = \frac{r}{\sqrt{r^2 - 1}}, \quad \cosh d(C, B) = \frac{s}{\sqrt{s^2 + t^2 - 1}},$$
$$\cosh d(A, C) = \frac{rs - 1}{\sqrt{(r^2 - 1)(s^2 + t^2 - 1)}}.$$

Wie man sofort nachrechnet folgt daraus

$$\cosh(d(A, B) - d(C, B)) > \cosh(d(B, C)),$$

also wegen der Monotonie von cosh die Behauptung.

Die Aussage b) ist zu a) dual, da bei hyperbolischem Winkelmaß der Wert des Innenwinkelfeldes gleich dem Wert von dessen Komplement ist. $\square$

6.4.2 Das Hyperboloidmodell der doppelt-hyperbolischen Ebene

Da sowohl der doppelt-hyperbolischen als auch der hyperbolischen Ebene eine ovale Kurve 2. Grades zugrunde liegt, ist es nicht verwunderlich, dass auch für jene in Analogie zu Kap. 6.3.5 ein Hyperboloidmodell im euklidischen Raum $\mathbb{E}_3$ (bzw. im Standardmodell $\mathbb{E}_3^*$ des projektiven Raumes) existiert. Dieses entspricht wieder einem Kugelmodell, jetzt vom Radius 1, im pseudoeuklidischen Raum, welches wie auch damals insofern natürlicher ist als sowohl die Bewegungen als auch die Maßbestimmungen vom umgebenden Raum auf das Modell induziert werden. Insbesondere lassen sich auch hier gewisse Aussagen der Relativitätstheorie interpretieren (vgl. Bemerkung 6.40).

Um zum *Hyperboloidmodell* $\mathcal{H}_\mathcal{X}^h$ im euklidischen Raum zu gelangen, gehen wir wieder vom Kreismodell $\mathcal{H}_K^h$ in der Ebene $z = 1$ von $\mathbb{E}_3$ aus mit dem Mittelpunkt $M(0, 0, 1)$. Im Gegensatz zum entsprechenden Modell der hyperbolischen Ebene sei nun das *einschalige* Hyperboloid κ mit der Gleichung

$$x^2 + y^2 - z^2 = 1 \tag{6.48}$$

gegeben. Es besitzt aber denselben Asymptotenkegel Λ (Formel (6.34)) wie das dort zugrundeliegende zweischalige Hyperboloid. Nimmt man den pseudoeuklidischen Raum $\mathcal{P}_3$ als umgebenden Raum so wird durch (6.48) gerade die Einheitskugel beschrieben. Man erhält dann das *Kugelmodell* $\mathcal{H}_\mathcal{P}^h$.

Von O aus werde nun wieder das Kreismodell $\mathcal{H}_K^h$ auf κ projiziert. Da in ihm die Punkte außerhalb des Kreises k liegen, schneiden deren Verbindungsgeraden mit O κ stets in zwei bezüglich O gegenüberliegenden Punkten. Diese Punktepaare müssen somit wieder identifiziert werden, um einen Punkt des Hyperboloidmodells zu erhalten. Die Geraden des Modells sind die Schnitte der Verbindungsebenen $\langle O, \bar{g} \rangle$ mit κ, wobei g eine Gerade des Kreismodells ist und $\bar{g}$ ihre Trägergerade in $\mathbb{E}_3^*$. Da letztere mit k stets zwei Punkte gemeinsam hat, sind jene Ebenen gerade diejenigen, die den Kegel Λ schneiden und durch O gehen. Somit sind die Geraden gleichseitige Hyperbeln mit O als Zentrum, wobei natürlich die beiden Äste identifiziert werden. – Klarerweise kann man zur Vermeidung dieser Identifizierungen wieder einfach ein „halbes" (= senkrecht halbiertes) einschaliges Hyperboloid als Modell für die doppelt-hyperbolische Ebene verwenden, wobei dann von der Randhyperbel nur ein Ast zur Ebene zu rechnen ist.

Was die Bewegungen des Modells betrifft, so werden sie von denselben pseudoeuklidischen Bewegungen von $\mathcal{P}_3$ induziert wie die des Hyperboloidmodells der hyperbolischen Geometrie (siehe Kap. 6.3.4). Dies einfach deshalb, da ein analoger Sachverhalt ja auch für die jeweiligen Kreismodelle in der Ebene $z = 1$ gilt. Es sind also wieder genau die Lorentztransformationen, d.h. diejenigen linearen Transformationen, die die quadratische Form $x^2 + y^2 - z^2$ invariant lassen, jetzt natürlich eingeschränkt auf das einschalige Hyperboloid κ.

Die Ableitung des Distanzmaßes erfolgt völlig analog wie beim Hyperboloidmodell der hyperbolischen Geometrie (Aufgabe 15); und auch das Ergebnis ist dasselbe, da es von $\mathcal{P}_3$ in $\mathcal{H}_{\mathcal{P}}^h$ induziert ist. Man erhält für zwei Punkte $G(g_1, g_2, g_3)$, $H(h_1, h_2, h_3) \in \kappa$ als Distanz

$$\cosh d_{\mathcal{H}_{\mathcal{X}}^h}(G, H) = |-g_3 h_3 + g_1 h_1 + g_2 h_2|. \tag{6.49}$$

Ist dabei H der an O gespiegelte Punkt G, also $H(-g_1, -g_2, -g_3)$, so folgt

$$\cosh d_{\mathcal{H}_{\mathcal{X}}^h}(G, H) = |g_1^2 + g_2^2 - g_3^2| = 1, \ \text{d.h.} \ d(G, H) = 0.$$

Die gemäß dem Modell zu identifizierenden Punkte haben also wirklich den Abstand 0.

Schließlich stimmt auch die Winkelmessung wieder mit der pseudoeuklidischen überein. Um dies einzusehen kann man ganz analog wie damals argumentieren (Kap. 6.3.4): Es genügt zu zeigen, dass der von $\mathcal{P}_3$ in κ induzierte Winkel in einem Punkt, z.B. $T(1, 0, 0)$, übereinstimmt mit dem von der doppelt-hyperbolischen Ebene (dem Kreismodell $\mathcal{H}_K^h$ in $z = 1$) auf κ übertragenen.

Wir berechnen zunächst den ersteren: Gegeben sind zwei Geraden g, h in Hyperboloidmodell $\mathcal{H}_{\mathcal{X}}^h$, die sich in T schneiden. Die (euklidischen) Tangenten $\tilde{g}, \tilde{h}$ in T an g, h liegen in der Tangentialebene ζ in $T(1, 0, 0)$ an das einschalige Hyperboloid κ und diese hat die Gleichung $x = 1$. $\tilde{g}, \tilde{h}$ mögen die Ebene $z = 1$ in $G(1, c, 1)$, $H(1, d, 1)$ schneiden. In der Ebene $x = 1$ haben somit $\tilde{g}, \tilde{h}$ die Gleichung

$$\tilde{g} : cz = y, \quad \tilde{h} : dz = y.$$

Deren Geradenkoordinaten sind $(0, 1, -c)^t$, $(0, 1, -d)^t$.

Um den pseudoeuklidischen Winkel zu bestimmen, benötigen wir wieder die Schnittpunkte A, B der Kurve $x_0 = 0, x_1^2 + x_2^2 - x_3^2 = x_0^2$ mit der von $\tilde{g}, \tilde{h}$ erzeugten, um die Ferngerade erweiterten Ebene $\bar{\zeta} : x_1 = x_0$. Die Koordinaten von A, B sind dann $(0, 0, \pm 1, 1)$, so dass die der Geraden $\langle T, A \rangle$, $\langle T, B \rangle$ – aufgefasst als Geraden von ζ – gleich $(0, -1, 1)^t$, $(0, 1, 1)^t$ sind. Somit ist das Winkelmaß hyperbolisch und die Definition des räumlichen pseudoeuklidischen Winkels (6.37) zwischen $\tilde{g}, \tilde{h}$ stimmt mit der des Winkels in ζ, aufgefasst als pseudoeuklidische Ebene $\mathcal{P}_2$, überein (Def. 5.7). Da definitionsgemäß $\angle(g,h) = \angle(\tilde{g},\tilde{h})$ gilt folgt nach Tab. 5.20

$$\cosh \angle(g,h) = \frac{|cd - 1|}{\sqrt{(c^2 - 1)(d^2 - 1)}}.$$

Um andererseits den von der doppelt-hyperbolischen Ebene in κ induzierten Winkel zu berechnen müssen wir die Urbilder der Ebenen $\langle O, \tilde{g} \rangle = \langle O, T, G \rangle$, $\langle O, \tilde{h} \rangle = \langle O, T, H \rangle$ im Kreismodell $\mathcal{H}_K^h$ aufsuchen. Dies sind ersichtlich die Geraden $\hat{g} : y = c$, $\hat{h} : y = d$ in der Ebene $z = 1$. Deren Schnittpunkt hat die homogenen Koordinaten $(0, 1, 0, 0)$. Unterdrückt man die Bedingung $z = 1$ (bzw. homogen $x_3 = x_0$), so haben $\hat{g}, \hat{h}$ die Geradenkoordinaten $(-c, 0, 1)^t$ bzw. $(-d, 0, 1)^t$. Dann ist der gesuchte Winkel gleich dem von $\hat{g}, \hat{h}$ eingeschlossenen im Kreismodell $\mathcal{H}_K^h$, also nach (6.47b) gleich

$$\cosh \angle_{\mathcal{H}_K^h}(\tilde{g},\tilde{h}) = \frac{|-cd + 1|}{\sqrt{(-c^2 + 1)(-d^2 + 1)}}.$$

Es stimmen somit wirklich die beiden Winkel überein.

Aufgrund der Ergebnisse ist es, wie beim Hyperboloidmodell der hyperbolischen Ebene, natürlicher, das Modell $\mathcal{H}_\chi^h$ im pseudoeuklidischen Raum zu interpretieren. Man gelangt dadurch, wie schon erwähnt, zum Kugelmodell $\mathcal{H}_\mathcal{P}^h$, wobei die Oberfläche der Einheitskugel κ^* mit Mittelpunkt O die doppelt-hyperbolische Ebene darstellt. Vergleicht man dieses Modell $\mathcal{H}_\mathcal{P}^h$ mit dem Kugelmodell $\mathcal{E}_S$ der elliptischen Ebene im euklidischen Raum (siehe Kap. 6.2.1), so erkennt man, dass jetzt die exakte Entsprechung im pseudoeuklidischen Raum vorliegt. Der einzige Unterschied besteht in Bezug auf die Geraden, da hier nur gewisse Großkreise sie repräsentieren. Und zwar die *Großkreise 1. Art*, das sind die Schnitte von κ^* mit den *inneren Ebenen* durch O, wobei diese dadurch charakterisiert sind, dass sie den durch die Tangentialebenen aus O an κ^* gebildeten Kegel in zwei Geraden schneiden.

6.5 Dualhyperbolische Geometrie

Die dritte und letzte Geometrie, der eine ovale Kurve 2. Grades zugrunde liegt, ist die Geometrie von Typ Ia (Kap. 5.3.1). Sie heißt dualhyperbolische bzw. Anti-de Sitter-Geometrie – ersteres, weil sie dual zur hyperbolischen Geometrie ist (genaueres dazu vgl. Kap. 6.7), zweiteres, weil sie das Pendant zur de Sitter-Geometrie darstellt: die Ebene $\mathcal{H}^d$ unterscheidet sich ja nur in den Geraden von der doppelt-hyperbolischen Ebene $\mathcal{H}^h$. Insbesondere verlaufen auch sämtliche Argumentationen völlig analog wie bezüglich $\mathcal{H}^h$, weshalb wir die Ergebnisse beweislos auflisten.

Geht man vom Standardmodell $\mathbb{E}_2^*$ der projektiven Ebene aus, so sind wieder zwei Modelle bedeutsam:

1) Im *Kleinschen Kreismodell* $\mathcal{H}_K^d$ ist die Ordnungskurve k wie stets der Einheitskreis. Wie schon früher ausgeführt wurde (siehe Kap. 5.3.1), sind die Punkte von $\mathcal{H}_K^d$ die Punkte der projektiven Ebene, die im Äußeren von k liegen. Die Geraden sind diejenigen projektiven Geraden, die mit k keinen Punkt gemeinsam haben. Insbesondere haben also je zwei Geraden einen Schnittpunkt, dagegen zwei Punkte nicht immer eine Verbindungsgerade in $\mathcal{H}_K^d$. Schließlich werden die Bewegungen wie stets durch diejenigen Kollineationen induziert, die k als Ganzes invariant lassen und das Innere – und somit auch das Äußere – in sich überführen. Es sind also genau dieselbe Bewegungen wie beim Kreismodell der hyperbolischen bzw. doppelt-hyperbolischen Ebene.

2) Durch die projektive Transformation

$$\tau: \quad \begin{aligned} x_0 &\to x_2 \\ x_1 &\to x_1 \\ x_2 &\to x_0 \end{aligned}$$

gelangt man vom Kreis- zum *Hyperbelmodell* $\mathcal{H}_H^d$ der dualhyperbolischen Ebene. Dieses liegt unserer Beschreibung des Distanz- und Winkelmaßes in Kapitel 5.3.2 zugrunde. Der Einheitskreis $-x_0^2 + x_1^2 + x_2^2 = 0$ geht durch τ über in die Hyperbel

$$x_0^2 + x_1^2 - x_2^2 = 0 \quad \text{bzw. inhomogen} \quad y^2 - x^2 = 1.$$

Die Kurve 2. Grades k^* ist somit gegeben durch

$$x_0^2 + x_1^2 - x_2^2 = 0, \quad -u_0^2 - u_1^2 + u_2^2 = 0.$$

Nach Tabelle 5.20 erhält man die Distanz durch

$$\cos d(G, H) = \frac{|g_0 h_0 + g_1 h_1 - g_2 h_2|}{\sqrt{(g_0^2 + g_1^2 - g_2^2)(h_0^2 + h_1^2 - h_2^2)}}, \quad G(g_0, g_1, g_2), \ H(h_0, h_1, h_2),$$

$$(6.50a)$$

und den Winkel durch

$$\cosh \angle(g, h) = \frac{|-g_0 h_0 - g_1 h_1 + g_2 h_2|}{\sqrt{(-g_0^2 - g_1^2 + g_2^2)(h_0^2 - h_1^2 + h_2^2)}}, \quad g(g_0, g_1, g_2)^t, \ h(h_0, h_1, h_2)^t.$$

$$(6.51a)$$

Insbesondere ist daher der maximale Abstand, d.i. die Länge einer beliebigen Geraden, gleich $\frac{\pi}{2}$. Der Winkel kann dagegen beliebig groß werden.

Indem man die inverse Transformation $\tau^{-1} = \tau$ auf das Hyperbelmodell anwendet, erhält man die entsprechenden Formeln im Kreismodell (siehe Anm. 127):

$$\cos d_{\mathcal{H}_K^d}(G, H) = \frac{|-g_0 h_0 + g_1 h_1 + g_2 h_2|}{\sqrt{(-g_0^2 + g_1^2 + g_2^2)(-h_0^2 + h_1^2 + h_2^2)}}, \qquad (6.50b)$$

$$\cosh \angle_{\mathcal{H}_K^d}(g, h) = \frac{|g_0 h_0 - g_1 h_1 - g_2 h_2|}{\sqrt{(g_0^2 - g_1^2 - g_2^2)(h_0^2 - h_1^2 - h_2^2)}}. \qquad (6.51b)$$

Insbesondere stimmt also die Winkelmessung bezüglich $\mathcal{H}_K^d$ mit der im Kreismodell $\mathcal{H}_K^h$ der doppelt-hyperbolischen Ebene formal überein (Formel (6.47b)) – wie schon öfter betont sind aber die Geraden der beiden Geometrien unterschiedlich definiert. Die Distanzmessung differiert natürlich, da sie hier elliptisch, bei der Geometrie vom Typ Ib dagegen hyperbolisch ist. Der Unterschied drückt sich formelmäßig nur dadurch aus, dass im ersten Fall $\cos d(G, H)$, im zweiten Fall $\cosh d(G, H)$ erhalten wird. Wegen $\cosh iz = \cos z$ kann man aber aus Abbildung 6.25 unmittelbar auch die Distanzverhältnisse bzgl. der dualhyperbolischen Ebene ablesen. Man erhält das folgende Ergebnis (Abb. 6.27), wobei $d_{\mathcal{H}_K^d}(E, X)$ wie damals für den festen Punkt $E(0, 1, 0)$ angegeben ist:

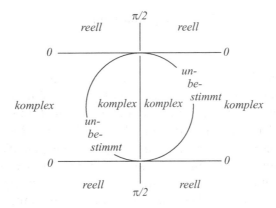

Abbildung 6.27

Die Distanz zweier Punkte auf der Geraden $x_0 = 0$ ist jetzt stets reell.

Was den Winkel $\angle_{\mathcal{H}_K^d}(g, h)$ betrifft, wählen wir als Referenzgerade $g \colon x_0 = 0$. Nun kann jeder Punkt $P \in g$ durch eine geeignete Bewegung von $\mathcal{H}_K^d$ in $E(0, 1, 0)$ übergeführt werden, wobei g invariant bleibt (Aufgabe 24). Es reicht somit, die Winkelverhältnisse im Büschel E bzgl. g anzugeben. Diese sind offensichtlich wie in Abbildung 6.28 gegeben.

Natürlich lässt sich wie für die doppelt-hyperbolische Ebene (siehe Kap. 6.4.1) auch für die dualhyperbolische Ebene ein *Hyperboloidmodell* $\mathcal{H}_\chi^d$ im euklidischen Raum angeben: wieder gehen wir vom Einheitskreismodell $\mathcal{H}_K^d$ in der Ebene $z = 1$ aus, wobei der Mittelpunkt gleich $M(0, 0, 1)$ sei. Dieses projizieren wir auf dieselbe Weise wie damals vom Ursprung $O(0, 0, 0)$ aus auf das einschalige Hyperboloid $\kappa \colon x^2 + y^2 - z^2 = 1$. Der einzige Unterschied bei den Grundelementen betrifft natürlich die Geraden, die nun Ellipsen auf κ sind mit Mittelpunkt O, wobei bzgl. O gegenüberliegende Punkte wieder identifiziert werden.

Die Distanz zweier Punkte $G(g_1, g_2, g_3), H(h_1, h_2, h_3)$ auf κ ist gegeben durch

$$\cos d_{\mathcal{H}_\chi^d}(G, H) = |g_1 h_1 + g_2 h_2 - g_3 h_3|$$

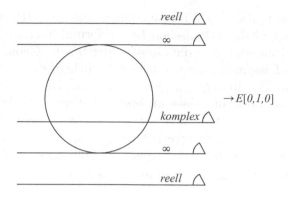

Abbildung 6.28

(vgl. (6.49)). Da die Winkelmessung im Kreismodell der Geometrien von Typ Ia und Ib übereinstimmt, gilt dies auch für das Hyperboloidmodell. Sie stimmt also wieder mit der Winkelmessung im pseudoeuklidischen Raum $\mathcal{P}_3$ überein.

Somit ist natürlich auch in diesem Fall wie bei der doppelt-hyperbolischen Ebene das in $\mathcal{P}_3$ angesiedelte *Kugelmodell* $\mathcal{H}_{\mathcal{P}}^d$ das sachgemäßere. Es wird genauso erhalten wie damals, nur sind die Geraden jetzt *Großkreise* 2. *Art*, das sind die Schnitte der pseudoeuklidischen Einheitskugel mit den *äußeren Ebenen* durch deren Mittelpunkt O, wobei diese definiert sind als diejenigen Ebenen, die den Tangentialkegel Λ nur in O schneiden. Die Aussage von Bemerkung 6.40 gilt in angepasster Form auch hier.

6.6 Galileigeometrie

6.6.1 Allgemeines

Bei der Galileigeometrie, das ist die Geometrie von Typ VII in 4.32 bzw. Fall 7) in Kap. 5.2 ist die zugrunde liegende Kurve 2. Grades k^* total ausgeartet: die Ordnungskurve k ist die Doppelgerade $x_0^2 = 0$, die Klassenkurve $\bar{k}$ das doppelt zu zählende Geradenbüschel $u_2^2 = 0$ mit dem Zentrum $A(0,0,1)$. Im Standardmodell $\mathbb{E}_2^*$ der projektiven Ebene interpretiert besagt dies, dass die Punkte der Galileiebene $\mathcal{G}$ alle Punkte von $\mathbb{E}_2^*$ sind, ausgenommen diejenigen der Ferngeraden; und die Geraden sind sämtliche von $\mathbb{E}_2^*$ ohne ihren Fernpunkt, außer die durch A verlaufenden – das sind genau die Parallelen zur y-Achse. Somit ist die euklidische Ebene, aus der man – zunächst – letztere Geraden entfernt denkt, ein Modell (im Sinne von Bemerkung 5.2) der Galileiebene $\mathcal{G}$. Insbesondere gibt es auch in dieser Geometrie den klassischen Begriff der Parallelität: Zwei verschiedene Geraden g, h von $\mathcal{G}$ heißen *parallel*, falls sie sich projektiv gesehen auf der Ferngeraden schneiden. Klarerweise gilt auch das Parallelenaxiom.

Der Art der Klassenkurve impliziert ähnlich wie bei der pseudoeuklidischen Geometrie, dass der zur Parallelität duale Begriff eingeführt werden kann: Zwei verschiedene Punkte G, H von $\mathcal{G}$ liegen *zentriert*, wenn die (projektive) Verbindungsgerade $\langle G, H \rangle$ dem Büschel A angehört.

Gemäß dem allgemeinen Prinzip sind die Bewegungen der Galileigeometrie gewisse derjenigen Kollineationen, die k^* invariant lassen, natürlich eingeschränkt auf $\mathcal{G}$. Aus der entsprechenden Herleitung bei der euklidischen bzw. pseudoeuklidischen Geometrie (Kap. 5.1 und 6.3.2) wissen wir bereits, dass diejenigen Kollineationen, die $x_0 = 0$ fest lassen, beschrieben werden durch

$$
\begin{aligned}
\lambda x_0' &= u_{00}x_0 \\
\lambda x_1' &= a_{10}x_0 + a_{11}x_1 + a_{12}x_2 \qquad \mathtt{A} = (a_{ij}) \in GL_3(\mathbb{R}). \\
\lambda x_2' &= a_{20}x_0 + a_{21}x_1 + a_{22}x_2
\end{aligned}
\tag{6.52}
$$

Soll nun zusätzlich $A(0,0,1)$ Fixpunkt sein, so folgt $a_{12} = 0$.

Wie bei den beiden genannten Geometrien lassen sich klarerweise auch hier alle Punkte durch inhomogene Koordinaten (x, y) beschreiben, wobei wie üblich $x = \frac{x_1}{x_0}$, $y = \frac{x_2}{x_0}$ gesetzt wird. Damit haben die Bewegungen jedenfalls die Form

$$
\begin{aligned}
x' &= ax + r \\
y' &= bx + cy + s
\end{aligned}
\qquad a, b, c, r, s \in \mathbb{R}, \; a, c \neq 0.
\tag{6.53}
$$

Um genau sie zu erhalten, müssen unter diesen Transformationen die distanz- und winkelerhaltenden ausgesondert werden. Was die Distanz betrifft, so ist sie nach Tabelle 5.20 gegeben durch

$$
d(G, H) = \frac{|h_1 g_0 - h_0 g_1|}{|g_0 h_0|}, \qquad G(g_0, g_1, g_2), \; H(h_0, h_1, h_2),
\tag{6.54a}
$$

bzw. inhomogen

$$
d(G, H) = |x_G - x_H| \quad \text{für} \quad G(x_G, y_G), \; H(x_H, y_H).
\tag{6.54b}
$$

Anwendung einer Transformation α der Gestalt (6.53) liefert

$$
d(\alpha(G), \alpha(H)) = |a| d(G, H).
$$

Sie ist somit genau dann distanztreu, wenn $a = \pm 1$ gilt.

Im Gegensatz zu den oben genannten Geometrien, euklidische und pseudoeuklidische Geometrie, folgt jedoch aus der Invarianz der Distanz noch nicht die des Winkels! Nach Tabelle 5.20 ist der Winkel zwischen zwei Geraden $g(g_0, g_1, g_2)^t$, $h(h_0, h_1, h_2)^t$ gegeben durch

$$
\angle(g, h) = \left| \frac{g_1}{g_2} - \frac{h_1}{h_2} \right|.
\tag{6.55}
$$

Unterwirft man die Punkte einer beliebigen Geraden $l : l_0 + l_1 x + l_2 y = 0$ ganz allgemein einer Transformation α der Gestalt (6.53), so erhält man

$$\alpha(l) : \quad l_0 + \frac{l_1}{a}(x' - r) + \frac{l_2}{c}\left(y' - s - \frac{b}{a}(x' - r)\right) = 0;$$

d.h. die Geradenkoordinaten von $\alpha(l)$ sind $(l_0^*, cl_1 - bl_2, al_2)^t$. Damit folgt

$$\angle(\alpha(g), \alpha(h)) = \left| \frac{cg_1 - bg_2}{ag_2} - \frac{ch_1 - bh_2}{ah_2} \right| = \frac{|c|}{|a|}\angle(g, h). \tag{6.56}$$

Die Winkelinvarianz ist also äquivalent zu $c = \pm a$.

Sollen somit Distanz und Winkel unverändert bleiben, muss $|a| = |c| = 1$ gelten. Die Bewegungen der Galileigeometrie, die *Galileitransformationen*, sind somit gegeben durch

$$\begin{aligned} x' &= \pm x + r \\ y' &= bx \pm y + s \end{aligned} \qquad \text{mit } b, r, s \in \mathbb{R}. \tag{6.57}$$

Da in dieser Geometrie sowohl die Distanz- als auch die Winkelmessung parabolisch sind, nennt man sie auch *parabolische Geometrie*.

Wie schon früher erwähnt wurde rührt der Name Galileigeometrie davon her, dass diese Geometrie die zweidimensionale Version der Galilei–Newtonschen Mechanik beschreibt: dabei interpretiert man die x-Koordinate eines Punktes als Zeitkoordinate t, seine y-Koordinate als Ortskoordinate x. Traditionellerweise werden auch noch beide Koordinaten vertauscht – das entspricht der projektiven Koordinatentransformation: $x_0 \to x_0$, $x_1 \to x_2$, $x_2 \to x_1$, so dass also die Punkte, physikalisch gesehen die Ereignisse, beschrieben werden durch $G(x, t)$. Die Distanz ist dann gegeben durch

$$d(G, H) = |t_G - t_H|, \quad G(x_G, t_G), H(x_H, t_H), \tag{6.58}$$

und gibt den zeitlichen Abstand der Ereignisse G, H an (siehe die folgende Abbildung 6.29).

Die allgemeine Geradengleichung lautet nun

$$g_0 + g_1 x + g_2 t = 0 \quad \text{mit } g_1 \neq 0;$$

denn die Geraden mit $g_1 = 0$, d.h. $t = \text{const.}$ gehören nicht der Geometrie an. Formt man sie um, erhält man

$$x = vt + d.$$

Interpretiert man hier den Koeffizienten v als gleichförmige Bewegung, so wird dadurch die geradlinig gleichförmige Bewegung des Punktes $P(x, t)$ beschrieben.

Die Transformationen (6.57) haben in der physikalischen Interpretation die Form

$$\begin{aligned} x' &= \pm x - vt + a \\ t' &= \pm t + b \end{aligned} \qquad a, b, v \in \mathbb{R}. \tag{6.59}$$

Dabei werden meist nur diejenigen betrachtet, bei denen das Vorzeichen beide Male
+ ist, die sogenannten *speziellen* Galileitransformationen. Sieht man dabei v wieder
als gleichförmige Bewegung an, so werden dadurch die möglichen Wechsel des
Bezugssystems beschrieben, bei denen die mechanischen Eigenschaften (im Sinne
der Galilei–Newtonschen Mechanik) erhalten bleiben. Neben der Zeitdifferenz ist
dies u.a. auch die Geschwindigkeitsdifferenz – sie entspricht gerade der Invarianz
des Winkels unter Galileitransformationen: aufgrund des Wechsels der Indizes in
der physikalischen Interpretation ist ja

$$\angle(g, h) = \left| \frac{g_2}{g_1} - \frac{h_2}{h_1} \right| = |v_g - v_h|. \tag{6.60}$$

Bemerkung 6.42. In der Physik ist natürlich die vierdimensionale Galileigeometrie
von Interesse. Hierbei wird das Absolutgebilde beschrieben durch

$$x_0^2 = 0, \quad u_2^2 + u_3^2 + u_4^2 = 0,$$

wobei $(x_0, x_1, x_2, x_3, x_4)$ Punkt- und $(u_0, u_1, u_2, u_3, u_4)^t$ Hyperebenenkoordinaten
sind; zum dreidimensionalen Fall vgl. Kap. 6.9, Typ XXIV. Interpretiert man
die durch $x_0 = 0$ beschriebene Hyperebene als Fernhyperebene des erweiterten
vierdimensionalen euklidischen Raumes, so kann man wie üblich zu inhomogenen
Koordinaten übergehen, die in der Physik wie folgt bezeichnet werden: $t = \frac{x_1}{x_0}$,
$x = \frac{x_2}{x_0}$, $y = \frac{x_3}{x_0}$, $z = \frac{x_4}{x_0}$. Ein Ereignis wird beschrieben durch die drei räumlichen
Koordinaten x, y, z und die zeitliche Koordinate t.

Die (speziellen) Galileitransformationen haben dann die Gestalt

$$\begin{aligned}
x' &= a_{11}x + a_{12}y + a_{13}z - v_x t + a \\
y' &= a_{21}x + a_{22}y + a_{23}z - v_y t + b \\
z' &= a_{31}x + a_{32}y + a_{33}z - v_z t + c \\
t' &= \phantom{a_{31}x + a_{32}y + a_{33}z - v_z} t + d
\end{aligned} \qquad a, b, c, d \in \mathbb{R};$$

dabei ist die aus den Koeffizienten a_{ij}, $i, j = 1, 2, 3$, gebildete Matrix orthogonal
und $\mathbf{v} = (v_x, v_y, v_z)$ der Geschwindigkeitsvektor.

6.6.2 Distanz, Winkel und Bewegungen

Wir gehen nun etwas genauer auf die metrischen Beziehungen und die Bewegungen der Galileigeometrie ein. Dabei verwenden wir weiterhin die physikalischen
Bezeichnungen. So wie bei den bisher behandelten Geometrien, bei denen ein analoger Sachverhalt auftrat, fügen wir zunächst die fehlenden Geraden, hier also $t =$
const., der Geometrie hinzu, um keine Ausnahmen betrachten zu müssen. Auf
ihnen ist die Distanz zweier Punkte, die somit zentrisch liegen, stets 0; sie sind
also die isotropen Geraden. Dagegen ist $d(G, H) > 0$ für nicht zentrisch liegende
verschiedene Punkte G, H.

Für Punkte mit gleicher Zeitkoordinate $G(x_G, t)$, $H(x_H, t)$ ist es naheliegend, eine zusätzliche Distanz δ einzuführen:

$$\delta(G, H) = |x_G - x_H|.$$

Diese sogenannte *Spanne* bedeutet physikalisch die Länge des Ortsvektors $\overrightarrow{GH}$.

Aufgrund der Einfachheit des Ausdruckes für die Distanz (6.58) ist es unmittelbar klar, wie in der Galileigeometrie *Kreise* mit Mittelpunkt $P(x_0, t_0)$ und Radius r aussehen: Es sind die beiden isotropen Geraden $t = t_0 \pm r$.

Auch die geometrische Interpretation des Winkels ist einfach. Schreiben wir die allgemeine Geradengleichung $x = vt + c$ etwas anders, nämlich $x = k_g^* t + c_g$ für die Gerade g und analog für die Gerade h, so gilt

$$\angle(g, h) = |k_g^* - k_h^*|.$$

Dabei kann k_g^* als Anstieg der Geraden g interpretiert werden (Abb. 6.29): der entsprechende Winkel wird im Schnittpunkt von g mit der t-Achse gemessen und zwar von t_+ in Richtung nach x_+.

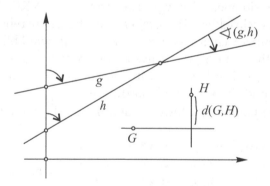

Abbildung 6.29

Die folgenden Eigenschaften sind sofort einzusehen:

a) parallele, nicht isotrope Geraden schließen den Winkel 0 ein;

b) der Winkel zwischen zwei Geraden, wovon eine isotrop ist, ist nicht definiert (bzw. ∞);

c) der Winkel kann, so wie die Distanz, beliebig groß werden.

Was die Dreiecksgeometrie in der Galileiebene betrifft, so gelten einige ungewöhnliche Eigenschaften; dabei beschränkt man sich auf *zulässige* Dreiecke, das sind solche, bei denen keine Seite auf einer isotropen Geraden liegt:

Satz 6.43.   a) *Die Länge der längsten Seite eines Dreiecks ist gleich der Summe der Längen der beiden anderen Seiten.*

b) *Der größte Winkel in einem Dreieck ist gleich der Summe der beiden anderen Winkel.*

Der *Beweis* sei dem Leser überlassen (Aufgabe 19).

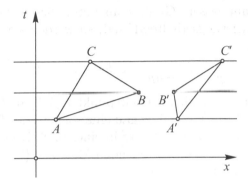

Abbildung 6.30

Weiter erkennt man aus Abbildung 6.30 unmittelbar, dass die Übereinstimmung zweier Dreiecke in ihren Seitenlängen nicht nach sich zieht, dass auch entsprechende Winkel gleich sind; sie sind also nicht *Galileikongruent*, wobei man darunter natürlich versteht, dass sie durch eine Galileitransformation ineinander übergeführt werden können. Wie man zeigen kann, ist dafür notwendig, dass die Dreiecke in den drei Seiten und einem Winkel übereinstimmen (Aufgabe 21).

Was schließlich die Galileitransformationen

$$\alpha: \begin{array}{l} x \to \pm x - vt + a \\ t \to \quad \pm t + b \end{array}$$

betrifft (6.59), so lässt sich jede ersichtlich als Produkt schreiben: $\alpha = \tau \circ \beta \circ \sigma$ mit

$$\tau: \begin{array}{l} x \to x + a \\ t \to t + b \end{array} \qquad \beta: \begin{array}{l} x \to x - vt \\ t \to t \end{array} \qquad \sigma: \begin{array}{l} x \to \pm x \\ t \to \pm t. \end{array}$$

Dabei ist τ eine Translation, σ eine Spiegelung am Nullpunkt oder an einer der Achsen (falls $\sigma \neq id$) und β eine spezielle Galileitransformation, wie sie in der physikalischen Interpretation verwendet wird (siehe oben).

6.6.3 Duale Zahlen als Koordinaten

Nach der euklidischen und der pseudoeuklidischen Geometrie ist die Galileigeometrie die dritte und letzte Geometrie, deren zugrunde liegende Ordnungskurve eine doppelt zu zählende Gerade ist, die „Ferngerade" der entsprechenden Ebene. In Analogie zu den beiden anderen Geometrien lassen sich auch hier die Punkte durch eine einzige Koordinate beschreiben, wobei sich die Herleitung aufgrund der Ausartung der Galileigeometrie sogar wesentlich vereinfacht.

Wir verwenden wieder die ursprüngliche Koordinatisierung, also x, y-Koordinaten. Zunächst betrachten wir in Analogie zur euklidischen Geometrie (siehe Anhang zu Kapitel 5) diejenigen Transformationen (6.53) der Galileiebene in sich, die die Winkel invariant lassen. Greift man unter diesen diejenigen heraus, die O fix lassen und orientierungserhaltend sind, so werden sie aufgrund von (6.56) beschrieben durch

$$\begin{aligned} x' &= ax \\ y' &= bx + ay \end{aligned} \qquad a, b \in \mathbb{R}, \ a \neq 0. \tag{6.61}$$

Insbesondere führt eine solche den Einheitspunkt $E(1, 0)$ in $P(a, b)$ über. Da umgekehrt zu gegebenem $P(a, b)$, $a \neq 0$, genau eine solche Transformation (6.61) existiert, die dies leistet, stehen diese Punkte in einer bijektiven Zuordnung zu jenen Transformationen bzw. zu den entsprechenden Matrizen $\begin{pmatrix} a & 0 \\ b & a \end{pmatrix}$ bzgl. der Standardbasis. Letztere lassen sich schreiben als

$$\begin{pmatrix} a & 0 \\ b & a \end{pmatrix} = \begin{pmatrix} a & 0 \\ 0 & a \end{pmatrix} + \begin{pmatrix} b & 0 \\ 0 & b \end{pmatrix} \begin{pmatrix} 0 & 0 \\ 1 & 0 \end{pmatrix}.$$

Identifiziert man wie üblich $\begin{pmatrix} a & 0 \\ 0 & a \end{pmatrix}$ mit $a \in \mathbb{R}$ und setzt $\begin{pmatrix} 0 & 0 \\ 1 & 0 \end{pmatrix} = \epsilon$, so erhält man schließlich die bijektive Zuordnung

$$P(a, b) \mapsto a + b\epsilon, \quad a \neq 0. \tag{6.62}$$

Diese kann man natürlich auf die Punkte mit $a = 0$, also auf die Punkte der isotropen Geraden $x = 0$, ausdehnen. Auf der rechten Seite von (6.62) stehen hier die sogenannten *dualen Zahlen*, wobei $\epsilon \notin \mathbb{R}$ ist und $\epsilon^2 = \begin{pmatrix} 0 & 0 \\ 0 & 0 \end{pmatrix}$ mit 0 identifiziert wird. Es lassen sich also die Punkte der Galileiebene auch mittels dualer Zahlen als eindimensionale Koordinate beschreiben: $P(a + b\epsilon)$, $a, b \in \mathbb{R}$, $\epsilon \neq 0$, $\epsilon^2 = 0$.

Überträgt man die Addition und Multiplikation der entsprechenden Matrizen auf die dualen Zahlen erhält man die folgenden Operationen:

$$\begin{aligned} (a + b\epsilon) + (c + d\epsilon) &= (a + c) + (b + d)\epsilon \\ (a + b\epsilon) \cdot (c + d\epsilon) &= ac + (bc + ad)\epsilon. \end{aligned}$$

Diesbezüglich bildet die Menge der dualen Zahlen eine zweidimensionale, reelle assoziative und kommutative Algebra.

Völlig gleich wie bei den komplexen und den pseudokomplexen Zahlen lassen sich diese Operationen auch wieder geometrisch deuten, falls sie definiert sind. Siehe dazu den Anhang von Kapitel 5.

6.7 Duale Geometrien

Da Kurven 2. Grades bei Dualisierung natürlich wieder in Kurven 2. Grades übergehen, erhält man zu jeder Cayley–Klein-Geometrie eine duale, indem man die

Grundelemente Punkt und Gerade vertauscht. Und zwar gilt unter Verwendung der Beschreibung 4.32:

6.44. a. Die Kurven vom Typ

> I, II, VII sind selbstdual,
> III und V, IV und VI sind zueinander dual.

Vergleicht man dies mit der einheitlichen analytischen Darstellung (4.8), so entspricht das einer Vertauschung von γ und γ'. Die Dualität gilt dann auch für die entsprechenden Geometrien, wobei aber der Fall der ovalen Kurve 2. Grades (Typ I) noch gesondert zu untersuchen ist, da dieser ja drei verschiedene Fälle (Typ I, Ia, Ib) umfasst, die jeweils auf eine neue Geometrie führen.

Betrachten wir dazu die dem Fall $\gamma < 0$, $\gamma' > 0$ entsprechende hyperbolische Geometrie, so hatten wir sie bei der Normierung $\gamma = -1$, $\gamma' = 1$ im Standardmodell $\mathbb{E}_2^*$ der projektiven Ebene durch das Innere des Einheitskreises k repräsentiert. Dualisiert man deren Grundelemente, so erhält man folgendes: aus einer Geraden – sie schneidet (verlängert) die Ordnungskurve k in zwei verschiedenen Punkten – wird ein Punkt im Äußeren von k; d.h. ein Punkt, durch den zwei verschiedene Geraden der Klassenkurve $\bar{k}$ gehen; aus einem Punkt – der also im Inneren von k liegt, somit nur k schneidende Geraden enthält – wird eine innere Gerade, d.h. eine solche, die nur äußere Punkte enthält, k also nicht schneidet. Dies sind aber genau die Grundelemente der dem Fall $\gamma > 0$, $\gamma' < 0$ entsprechenden Geometrie vom Typ Ia, die eben aufgrund dieser Eigenschaft auch dualhyperbolische Geometrie heißt.

Der letzte Fall schließlich, Typ Ib mit $\gamma < 0$, $\gamma' < 0$ bzw. normiert $\gamma = \gamma' = -1$, der auf die doppelt-hyperbolische Geometrie führte, ist wirklich selbstdual: die Punkte, die ja hier im Äußeren von k liegen, werden bei Dualisierung zu k schneidenden Geraden, also zu den Geraden der doppelt-hyperbolischen Ebene und umgekehrt.

Die Aussage 6.44.a lautet also für die entsprechenden Geometrien:

6.44. b. Die Geometrien vom Typ

> Ib, II, VII sind selbstdual,
> I und Ia, III und V, IV und VI sind zueinander dual.

Betrachtet man die Definitionen 5.8 und 5.7 von Distanz und Winkel – entweder beide orientiert oder beide nicht orientiert – bei denjenigen Geometrien, denen eine nicht ausgeartete Kurve 2. Grades k^* zugrunde liegt, so erkennt man unmittelbar, dass die beiden Begriffe zueinander dual sind. D.h. die Eigenschaften bezüglich Distanz bzw. Winkel werden in der dualen Geometrie zu Eigenschaften bezüglich Winkel bzw. Distanz. Dies gilt aber auch, wenn eine oder beide Teile von k^*, also die entsprechende Ordnungs- bzw. Klassenkurve ausgeartet ist, da dann die Formeln für die Distanz und den Winkel aus den nicht ausgearteten Fällen entweder direkt anwendbar sind oder mittels Grenzübergangs aus ihnen abgeleitet wurden (Kap. 5.3.2).

Insbesondere gilt für die selbstdualen Geometrien eine *metrische Dualität*: Ersetzt man in einer Aussage die Begriffe Punkt, Gerade, Distanz, Winkel durch die dualen Begriffe Gerade, Punkt, Winkel, Distanz, so erhält man wieder eine gültige Aussage. Dabei muss man natürlich auch abgeleitete Begriffe exakt dualisieren, in der Art wie dies für die Dreiecksgeometrie im Anhang 2 zu Kapitel 3 durchgeführt wurde. Beispielweise gilt in der *elliptischen Geometrie* der Satz:

> *Je zwei Dreiecke mit gleichen Seitenlängen sind (elliptisch) kongruent* (Satz 6.22, 1a));

daher ist auch der metrisch duale Satz richtig:

> *Je zwei Dreiseite (und damit auch Dreiecke) mit gleichen Sektorenwerten sind kongruent.* (Das ist äquivalent zu Satz 6.22, 1b).)

Als Beispiel für die *Galileigeometrie* erwähnen wir die Sätze:

> *In jedem (zulässigen) Dreieck ist die längste Seite gleich lang wie die Summe der beiden anderen Seiten* (Satz 6.43,a));

bzw. metrisch dual:

> *In jedem (zulässigen) Dreieck (genauer: Dreiseit) ist der größte Sektor gleich groß wie die Summe der beiden anderen Sektoren.* (Das ist äquivalent zu Satz 6.43,b).)

In den nicht selbstdualen führt das metrische Dualisieren zu gültigen Sätzen in der entsprechenden dualen Geometrie. So gilt beispielweise in der *hyperbolischen Geometrie* der Satz:

> *Die Winkelsumme im dreifach asymptotischen Dreieck ist* 0.

In der *dualhyperbolischen Geometrie* lautet der entsprechende Satz:

> *Die Summe der Längen der Innensegmente eines dreifach asymptotischen Dreiseits ist* 0;

dabei versteht man natürlich allgemein unter einem *i-fach asymptotischen Dreiseit* ($i = 1, 2, 3$) eines, bei welchem i seiner Geraden der Klassenkurve des Absolutgebildes der dualhyperbolischen Geometrie angehören, also Tangenten an die Ordnungskurve k sind. Diesen Satz kann man auch leicht direkt einsehen, da jede Tangente isotrope Gerade ist, die Distanz zweier Punkte darauf also stets gleich 0 ist (Aufgabe 25).

Da wir die euklidische, hyperbolische und pseudoeuklidische Geometrie schon ausführlich besprochen haben, lassen sich durch metrisches Dualisieren unmittelbar Resultate für die entsprechenden dualen Geometrien erhalten.[129] Für die letzteren beiden Fälle listen wir einige davon nur auf. Die dualeuklidische Geometrie besprechen wir dagegen etwas genauer: zum einen, weil dadurch der ganz allgemein in der Geometrie vorherrschende Punktaspekt etwas zurückgedrängt wird; zum anderen, weil diese Geometrie für das qualitative Studium der Pflanzenwelt besonders geeignet scheint.

6.7.1 Dualhyperbolische Geometrie

In Kapitel 6.5 hatten wir bereits einige Modelle für die dualhyperbolische Ebene $\mathcal{H}^d$ vorgestellt und die jeweiligen Grundelemente beschrieben. Auch die Distanz- und Winkelmessung hatten wir dort besprochen. Hier sollen nur noch einige Theoreme für diese Geometrie aufgelistet werden. Wie zuvor festgestellt wurde, ergeben sich dabei die Aussagen und Beweise durch einfaches Dualisieren der entsprechenden Resultate der hyperbolischen Geometrie (in Klammern zitiert). Geometrisch lassen sich die Ergebnisse im Kreismodell $\mathcal{H}^d_K$ leicht dadurch veranschaulichen, dass man die entsprechenden dualen Aussagen im Kreismodell $\mathcal{H}$ interpretiert (siehe Kap. 5.2, Fall 1) und darauf die Polarität am Randkreis k anwendet. Es werden also Punkte von $\mathcal{H}$ in ihre Polare, Geraden von $\mathcal{H}$ in ihren Pol bezüglich k transformiert.

Satz 6.45. *Es seien A, B, C drei nicht kollineare Punkte von $\mathcal{H}^d$ und $\triangle ABC$ das gemäß Bemerkung 5.15 dadurch eindeutig festgelegte Dreieck. Dann gilt:*

a) (Satz 6.12) *Die Summe der Seitenlängen ist $> 2\pi$. (Abb. 6.31.)*

b) (Formel (6.14)) *Jeder Winkel ist kleiner als die Summe der beiden anderen.*

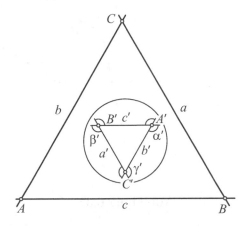

Abbildung 6.31

Beweis. Teil a) folgt genau wie die entsprechende Aussage für die elliptische Ebene (Satz 6.21,b)). Da bei hyperbolischem Winkelmaß der Wert des Innenwinkels

gleich dem des Komplementes ist, ergibt sich Teil b) durch Dualisieren der Dreiecksungleichung (6.14).   □

Satz 6.46. (Satz 6.13) *Dreiecke mit gleichen Seiten sind (dualhyperbolisch) kongruent.*

Satz 6.47. (Sätze 6.15 und 6.16) *Zu einer vorgegebenen Distanz d mit $0 \leq d < \pi$
gibt es bis auf dualhyperbolische Bewegungen genau ein zweifach asymptotisches
Dreieck, dessen dritte Seite die Länge d hat. Insbesondere sind je zwei dreifach
asymptotische Dreiecke (dualhyperbolisch) kongruent.*

Die im nächsten Satz angesprochenen *dualhyperbolischen Spiegelungen* sind
die zu den hyperbolischen Spiegelungen dualen Bewegungen in $\mathcal{H}^d$.

Satz 6.48. (Satz 6.8) *Jede Bewegung von $\mathcal{H}^d$ ist Produkt dualhyperbolischer Spiegelungen.*

Die geometrische Konstruktion solcher Spiegelungen lässt sich im Kreismodell $\mathcal{H}^d_K$ mittels des oben angegebenen Verfahrens leicht gewinnen. In Abbildung
6.32 ist die dualhyperbolische Spiegelung einer Geraden g an einem Punkt P dargestellt, wobei allgemein Q der Pol von q, q die Polare zu Q in Bezug auf k ist
und $\bar{G}$ den Bildpunkt von G bei der hyperbolischen Spiegelung an p bezeichnet. $\bar{g}$
ist dann die gesuchte Bildgerade.

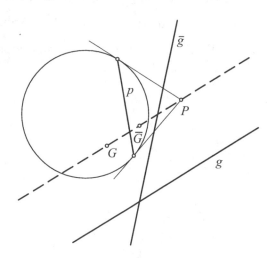

Abbildung 6.32

6.7.2   Duale pseudoeuklidische Geometrie

Das Absolutgebilde k^* der ebenen dualen pseudoeuklidischen Geometrie besteht
aus zwei Geraden a, b als Ordnungskurve k und dem Geradenbüschel im Schnittpunkt L als Klassenkurve $\bar{k}$; L wird oft der *absolute Mittelpunkt* genannt. Wie

schon bei der kurzen Besprechung in Kap. 5.2 (Fall 4) erwähnt wurde, ist zunächst nur durch eines der beiden durch a, b erzeugten Winkelfelder die Punktmenge der dualen pseudoeuklidischen Ebene gegeben. Da die Geometrie des anderen aber völlig gleichwertig ist, betrachtet man meist beide zusammen. Zusätzlich nimmt man dann noch die Punkte der Ausnahmegeraden a, b außer L hinzu, wie es dual auch für die Geraden der pseudoeuklidischen Ebene gemacht wurde, die durch die entsprechenden Ausnahmepunkte A, B verliefen (siehe Kap. 6.3.2 B). Damit stellt die gesamte projektive Ebene ohne den Punkt L die Punktmenge der dualen pseudoeuklidischen Ebene $\mathcal{P}^d$ dar. Die Geraden von $\mathcal{P}^d$ sind dann genau diejenigen von $\mathbb{P}_2$, die nicht durch L verlaufen. Insbesondere gibt es also zu zwei verschiedenen Punkten G, H nur dann eine Verbindungsgerade in $\mathcal{P}^d$, wenn L nicht auf der projektiven Geraden $\langle G, H \rangle$ liegt. Andernfalls heißen G, H wie üblich *zentriert*. Schneiden sich zwei Geraden g, h auf a oder b, so werden sie a- oder b-*parallel* genannt. Dieser Begriff ist dual zur A- bzw. B-zentriertheit in der pseudoeuklidischen Geometrie.

Analytisch wird das Absolutgebilde k^* der ebenen dualen pseudoeuklidischen Geometrie nach 4.32, Fall III, beschrieben durch

$$k : x_0^2 - x_1^2 = 0, \text{ also } x_1 = \pm x_0, \quad \bar{k} : u_2^2 = 0. \tag{6.63}$$

L hat somit die Koordinaten $(0, 0, 1)$. Im Standardmodell $\mathbb{E}_2^*$ interpretiert ist L der Fernpunkt der y-Achse und a, b sind die Geraden $x = \pm 1$.

Bemerkung 6.49. Oft wendet man auf (6.63) die Projektivität

$$\begin{aligned} \lambda x_0' &= x_2 \\ \lambda x_1' &= x_0 \qquad \lambda \in \mathbb{R}^* \\ \lambda x_2' &= x_1 \end{aligned} \tag{6.64}$$

an, so dass das Absolutgebilde beschrieben wird durch $x_1^2 - x_2^2 = 0$, $u_0^2 = 0$. In $\mathbb{E}_2^*$ interpretiert ist dann L gleich dem Ursprung O und die Geraden a, b sind die Medianen $y = \pm x$.

Um die Bewegungen von $\mathcal{P}^d$ geometrisch zu beschreiben müssen wir die pseudoeuklidischen Bewegungen dualisieren. Letztere lassen sich aufgrund von Formel (6.31) und Satz 6.24 stets als Produkt einer Translation und pseudoeuklidischer Spiegelungen, die O invariant lassen, darstellen. Dabei wird eine pseudoeuklidische Translation beschrieben durch

$$\begin{aligned} x' &= x + c_1 \\ y' &= y + c_2 \end{aligned} \quad \text{bzw. homogen} \quad \begin{aligned} \lambda x_0' &= x_0 \\ \lambda x_1' &= x_1 + c_1 x_0 \\ \lambda x_2' &= x_2 + c_2 x_0 \end{aligned} \quad (c_1, c_2 \in \mathbb{R}).$$

Sie ist somit eine Elation, deren Achse z (doppelt gezählt) gleich der Ordnungskurve k des Absolutgebildes der pseudoeuklidischen Ebene ist (ihr Zentrum ist $Z(0, c_1, c_2)$). Durch Dualisierung erhält man den der Translation in der dualen pseudoeuklidischen Geometrie entsprechenden Begriff:

Definition 6.50. Eine Elation, deren Zentrum der absolute Mittelpunkt L ist, heißt *Scherung*.

Um das Äquivalent der pseudoeuklidischen Spiegelungen in Bezug auf $\mathcal{P}^d$ zu finden verwenden wir Satz 6.31. Dazu müssen wir zunächst den Begriff des rechten Winkels (Def. 6.30) dualisieren.

Definition 6.51. Zwei nicht zentrierte Punkte $G, H \in \mathcal{P}^d$ liegen *orthogonal* zueinander bzw. bilden ein *rechtes Innensegment* bzw. eine *rechte Strecke*, falls $H(\langle L, G \rangle \langle L, H \rangle, ab)$ gilt.

Im Standardmodell veranschaulicht liegen die zu G orthogonalen Punkte auf einer Geraden durch L, wobei nur L selbst diese Eigenschaft nicht zukommt. Nun lässt sich der duale Begriff zur pseudoeuklidischen Spiegelung gemäß Satz 6.31 definieren.

Definition 6.52. Eine *Fernspiegelung von* $\mathcal{P}^d$ ist eine harmonische Homologie, deren Achse die gemeinsame Gerade aller zum Zentrum orthogonal liegenden Punkte ist.

In Abb. 6.33 ist die Fernspiegelung einer Geraden g an einem Punkt P dargestellt sowohl im Fall, dass L wie bisher der Fernpunkt der y-Achse im Standardmodell ist (Abb. 6.33 links) als auch für ein beliebig in $\mathbb{P}_2$ liegendes L und irgend zwei Geraden $a, b \in L$ als Ordnungskurve des Absolutgebildes (Abb. 6.33 rechts).

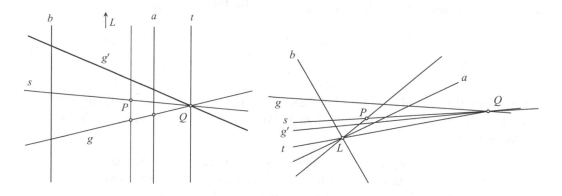

Abbildung 6.33

Bemerkung 6.53. Wie bei den pseudoeuklidischen Bewegungen, die einen Punkt C fest lassen, kann man auch im Fall der dualen pseudoeuklidischen Bewegungen κ mit einer Fixgeraden c die entsprechenden Wegkurven besonders leicht angeben (vgl. Bem. 6.32). Dabei nehmen wir an, dass a, b einzeln invariant bleiben (andernfalls sie vertauscht werden), so dass a, b, c das Fundamentaldreiseit für κ bilden. Es liegt also wie damals Fall 1a vom Anhang 1 zu Kapitel 4 vor. Hat c die Gleichung $y = 0$, so erhält man das in Abbildung 6.34 dargestellte Wegkurvensystem für κ.

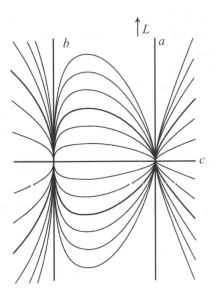

Abbildung 6.34 ([Osth], S. 81; modifizicrt)

Das Distanz- und Winkelmaß von $\mathcal{P}^d$ ist nach Tabelle 5.20 gegeben durch

$$\cosh d(G, H) = \frac{|g_0 h_0 - g_1 h_1|}{\sqrt{(g_0^2 - g_1^2)(h_0^2 - h_1^2)}}, \quad G(g_0, g_1, g_2),\ H(h_0, h_1, h_2), \qquad (6.65)$$

$$\angle(g, h) = \frac{\sqrt{-(g_0 h_2 - g_2 h_0)^2 + (g_1 h_2 - g_2 h_1)^2}}{|g_2 h_2|}, \quad g(g_0, g_1, g_2)^t,\ h(h_0, h_1, h_2)^t.$$
$$(6.66)$$

Wie man leicht nachrechnet bzw. durch Dualisierung der entsprechenden Resultate der pseudoeuklidischen Geometrie erkennt, haben zentrierte Punkte die Distanz 0 voneinander. Die durch L gehenden Geraden – ausgenommen a und b – sind also die isotropen Geraden. Liegen die Punkte G, H im selben Winkelfeld bezüglich a, b, so ist $d(G, H)$ reell, liegen sie in verschiedenen, so ist $d(G, H)$ imaginär. Für die Punkte G von a und b gilt $d(G, H) = \infty$, falls $H \in \mathcal{P}^d$, $H \notin a, b$.

Um den Wertebereich des Winkels $\angle(g, h)$ zu klären, legen wir g mittels einer dualen pseudoeuklidischen Bewegung in die x-Achse. Somit gilt $\mathbf{g} = (0, 0, 1)^t$. Formel (6.66) reduziert sich dann zu

$$\angle(g, h) = \frac{\sqrt{h_1^2 - h_0^2}}{|h_2|}.$$

Sei zunächst $h_2 \neq 0$. Ist $|h_1| \geq |h_0|$ so ist der Winkel reell, andernfalls imaginär. Da der Schnittpunkt $S = g \cap h$ die Koordinaten $(-h_1, h_0, 0)$ hat ist die erstere Aussage gleichwertig damit, dass S im O enthaltenden Abschnitt bezüglich der

Punkte $A = a \cap g$, $B = b \cap g$ liegt, die zweitere damit, dass S dem anderen Abschnitt angehört. Dabei ist der Winkel gleich 0 falls $S \in a$ oder $S \in b$ gilt – es sind ja dann g und h parallel.

Ist $h_2 = 0$, so geht h durch L. Es ist dann $\angle(g,h) = \infty$, ausgenommen die Fälle $h = a$ bzw. $h = b$, wo dieser Wert unbestimmt ist.

Dem allgemeinen Prinzip nach muss man nur die Theoreme der pseudoeuklidischen Geometrie dualisieren um solche der dualen pseudoeuklidischen Geometrie zu erhalten. Wir erwähnen nur die beiden folgenden, wobei in Klammern die entsprechenden Sätze, die Ebene $\mathcal{P}$ betreffend, angegeben sind:

Satz 6.54. (Satz 6.33) *Es seien P, Q, R drei nicht kollineare Punkte von $\mathcal{P}^d$ und $\triangle PQR$ das gemäß Bemerkung 5.15 dadurch eindeutig festgelegte* Dreieck. *Dann gilt*

a) *der größte Winkel ist* größer *als die Summe der beiden anderen;*

b) *die längste Seite ist* gleich *der Summe der beiden anderen.*

Satz 6.55. (Satz 6.36) *In einem Dreiseit (bzw. Dreieck) mit einer rechten Strecke RS gilt für die Sektoren (bzw. gleichwertig die Winkel) die Beziehung*

$$\tau^2 = \rho^2 + \sigma^2.$$

Dabei ist τ der RS gegenüberliegende Sektor (bzw. Winkel).

Zum Abschluß geben wir noch ein Modell für die duale pseudoeuklidische Ebene an, das an den Kugelmodellen für die hyperbolische, dualhyperbolische und doppelt-hyperbolische Ebene orientiert ist. War dort jeweils der pseudoeuklidische Raum der geeignete, ist es hier der sogenannte isotrope Raum $\mathcal{J}_3^-$ mit einer hyperbolischen Maßbestimmung – siehe Kap. 6.9, Typ XXV. Wie dort ausgeführt ist wird dessen Absolutgebilde beschrieben durch $x_0^2 = 0$, $u_3^2 = 0$; dabei sind (x_0, x_1, x_2, x_3) Punkt- und $(u_0, u_1, u_2, u_3)^t$ Ebenenkoordinaten. Es besteht also aus einer doppelt zu zählenden Ebene η (punkthaft) und einem doppelt zu zählenden Punkt L (ebenenhaft). Im Standardmodell $\mathbb{E}_3^*$ des projektiven Raumes ist η die Fernebene und L der Fernpunkt der z-Achse. Insbesondere kann man vom Punktaspekt her den isotropen Raum $\mathcal{J}_3^-$ mit dem euklidischen identifizieren. Von Geradenseite her besteht das Absolutgebilde aus zwei Geraden $a, b \in \eta$ mit $L = a \cap b$ und allen ihren Treffgeraden; dies findet keinen Ausdruck in der analytischen Beschreibung.

Die Distanz zweier Punkte $G(g_0, g_1, g_2, g_3)$, $H(h_0, h_1, h_2, h_3) \in \mathcal{J}_3^-$ ist gegeben durch

$$d(G, H) = \frac{1}{|g_0 h_0|} \sqrt{(g_0 h_1 - g_1 h_0)^2 - (g_0 h_2 - g_2 h_0)^2}$$

bzw. inhomogen

$$d(G, H) = \sqrt{(\bar{h}_1 - \bar{g}_1)^2 - (\bar{h}_2 - \bar{g}_2)^2}, \quad G(\bar{g}_1, \bar{g}_2, \bar{g}_3), H(\bar{h}_1, \bar{h}_2, \bar{h}_3). \tag{6.67}$$

Der Winkel zwischen zwei Ebenen $\phi(g_0, g_1, g_2, g_3)^t$, $\psi(h_0, h_1, h_2, h_3)^t$ ist festgelegt durch

$$\angle(\phi, \psi) = \frac{1}{|g_3 h_3|} \sqrt{-(g_1 h_3 - g_3 h_1)^2 + (g_2 h_3 - g_3 h_2)^2}.$$

Wie bei den genannten drei hyperbolischen Geometrien denken wir uns nun die duale pseudoeuklidische Ebene $\mathcal{P}^d$ in der Ebene $z = 1$ (in $\mathbb{E}_3^*$) realisiert mit $M(0, 0, 1)$ als absoluten Mittelpunkt und dem *horizontalen* Winkelfeld, das durch die Medianen in M gebildet wird als entsprechende Punktmenge. Sodann projizieren wir $\mathcal{P}^d$ von $O(0, 0, 0)$ aus auf die Einheitskugel χ von $\mathcal{J}_3^-$ mit Mittelpunkt O. Deren Gleichung lautet aufgrund von (6.67): $\chi : x^2 - y^2 = 1$. Euklidisch gesehen ist dies also ein hyperbolischer Zylinder, dessen Erzeugende parallel zur z-Achse liegen (Abb. 6.35). Die Punkte in diesem Modell $\hat{\mathcal{P}}^d$ sind dann bezüglich O gegenüberliegende Punktepaare auf χ; Geraden die Schnitte der Verbindungsebenen $\langle O, g \rangle$, $g \in \mathcal{P}^d$, mit χ, also Hyperbeln, deren Äste identifiziert zu denken sind. Dies entfällt natürlich, wenn man nur eine Hälfte des Zylinders als Ebene des Modells zugrunde legt.

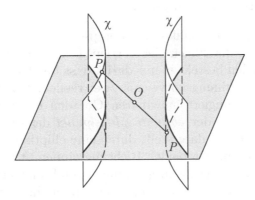

Abbildung 6.35

Wie sich zeigen lässt sind die von $\mathcal{P}^d$ in $\hat{\mathcal{P}}^d$ induzierten Bewegungen genau diejenigen Bewegungen von $\mathcal{J}_3^-$, die χ und O invariant lassen. Und auch die Distanz- und Winkelmessung in $\hat{\mathcal{P}}^d$ ist von $\mathcal{J}_3^-$ induziert: was erstere betrifft, so ist die Distanz zweier Punkte $G, H \in \hat{\mathcal{P}}^d$, die definitionsgemäß gleich der Distanz der Urbildpunkte $\bar{G}, \bar{H} \in \mathcal{P}^d$ ist, gleich der längs der (kürzeren) Verbindungsstrecke auf χ gemessenen Distanz, die durch das Distanzmaß von $\mathcal{J}_3^-$ erhalten wird. Dies zeigt man mittels differentialgeometrischer Methoden.

Der Winkel $\angle(g, h)$ zwischen zwei sich in einem Punkt $S \in \hat{\mathcal{P}}^d$ schneidenden Geraden $g, h \in \hat{\mathcal{P}}^d$ ist einerseits gleich dem Winkel, den die durch g, h festgelegten Ebenen ϕ, ψ einschließen; andererseits auch gleich dem Winkel, den die Tangenten $\bar{g}, \bar{h}$ an g, h in S bilden – beides gemessen bezüglich des Winkelmaßes von $\mathcal{J}_3^-$. Um ersteres zu beweisen (für zweiteres siehe Aufgabe 37) gehen wir von den zwei

Schnittgeraden $\tilde{g}, \tilde{h}$ der Ebenen ϕ, ψ mit der Ebene $z = 1$ aus. Deren Gleichungen
seien

$$\tilde{g} : g_0 + g_1 x + g_2 y = 0, \quad \tilde{h} : h_0 + h_1 x + h_2 y = 0 \quad (g_0, h_0 \neq 0).$$

Der duale Winkel ist dann, wenn man die Transformation (6.64) berücksichtigt,
nach Tab. 5.20 gegeben durch

$$\angle(\tilde{g}, \tilde{h}) = \frac{1}{|g_0 h_0|} \sqrt{-(g_0 h_1 - g_1 h_0)^2 + (g_0 h_2 - g_2 h_0)^2}. \tag{6.68}$$

Wie man leicht nachrechnet haben die Ebenen $\phi = \langle O, \tilde{g} \rangle$, $\psi = \langle O, \tilde{h} \rangle$ die Gleichungen

$$\phi : g_1 x + g_2 y + g_0 z = 0, \quad \psi : h_1 x + h_2 y + h_0 z = 0.$$

Der Winkel $\angle(\phi, \psi)$ ist nach Kap. 6.9 dann wie behauptet gleich der rechten Seite
von (6.68).

6.7.3   Dualeuklidische Geometrie

Die enge Verwandtschaft von euklidischer und pseudoeuklidischer Geometrie überträgt sich natürlich auf die dualen Geometrien. Der Unterschied bei den entsprechenden Absolutgebilden besteht ja nur darin, dass bei der dualen pseudoeuklidischen Geometrie die Ordnungskurve aus zwei reellen, bei der dualeuklidischen
Geometrie aus zwei konjugiert imaginären Geraden a, b besteht. Deren reeller
Schnittpunkt L ist wieder der *absolute Mittelpunkt* der dualeuklidischen Ebene
$\mathcal{X}^d$. a, b werden geometrisch dargestellt durch eine elliptische Involution im Geradenbüschel L versehen mit den beiden Richtungssinnen. $\mathcal{X}^d$ ist vom Punktaspekt
her die ganze projektive Ebene $\mathbb{P}_2$ ausgenommen den Punkt L; vom Geradenaspekt
her gehören ihr alle Geraden von $\mathbb{P}_2$ an ausgenommen die durch L gehenden. Wie
bei der dualen pseudoeuklidischen Geometrie nimmt man diese Ausnahmegera-
den – ohne den Punkt L – meist zu $\mathcal{X}^d$ hinzu, wobei Punkte P, Q $(P \neq Q)$, die
auf solchen liegen, wiederum *zentriert* genannt werden. Offensichtlich haben je
zwei (verschiedene) Geraden stets einen Schnittpunkt außer beide gehen projektiv
gesehen durch L.

Analytisch wird das Absolutgebilde k^* der dualeuklidischen Ebene nach 4.32,
Fall IV, beschrieben durch

$$k : x_0^2 + x_1^2 = 0, \text{ also } x_1 = \pm i x_0, \quad \bar{k} : u_2^2 = 0.$$

L hat somit die Koordinaten $(0, 0, 1)$. Wie bei der dualen pseudoeuklidischen Geometrie wendet man darauf meist die Projektivität (6.64)

$$\begin{aligned}
\lambda x_0' &= x_2 \\
\lambda x_1' &= x_0 \quad \lambda \in \mathbb{R}^* \\
\lambda x_2' &= x_1
\end{aligned}$$

an, so dass im Standardmodell L gleich dem Ursprung O ist und die Geraden a, b gemäß Kap. 4.5.2 durch die beiden gerichteten Rechtwinkelinvolutionen im Geradenbüschel L veranschaulicht werden (Abb. 6.36 rechts). Bei der ursprünglichen Beschreibung ist L der Fernpunkt der y-Achse; die elliptische Involution in L ist diejenige, die auf der Geraden $y = 1$ dieselbe Involution induziert wie die Rechtwinkelinvolution in O (siehe Abb. 6.36 links; Aufgabe 28).

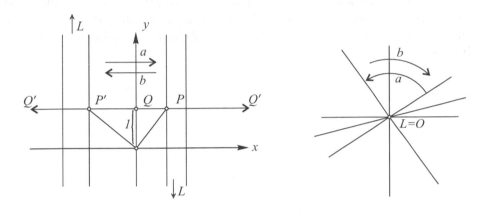

Abbildung 6.36

Bemerkung 6.56. Ganz analog wie bei der dualen pseudoeuklidischen Geometrie lässt sich auch für die dualeuklidische Geometrie ein räumliches Modell angeben, dass sowohl im euklidischen als auch in einem isotropen Raum interpretiert werden kann. Der geeignete isotrope Raum $\mathcal{J}_3^+$ besitzt diesmal eine elliptische Maßbestimmung des Winkels zwischen zwei Geraden. Sein Absolutgebilde unterscheidet sich analytisch nicht von dem des Raumes $\mathcal{J}_3^-$, geometrisch dagegen dadurch, dass die Geraden $a, b \in \eta$, $L = a \cap b$, jetzt konjugiert imaginär sind und dadurch von Seiten der Geraden nur das Geradenbüschel in L zu ihm zählt – siehe Tabelle 6.71, Fall XXVI. Insbesondere kann auch dieser isotrope Raum vom Punktaspekt her mit dem euklidischen Raum identifiziert werden.

Die Distanz zweier Punkte $G(g_0, g_1, g_2, g_3)$, $H(h_0, h_1, h_2, h_3)$ ist nun gegeben durch

$$d(G, H) = \frac{1}{|g_0 h_0|} \sqrt{(g_0 h_1 - g_1 h_0)^2 + (g_0 h_2 - g_2 h_0)^2}$$

bzw. inhomogen

$$d(G, H) = \sqrt{(\bar{h}_1 - \bar{g}_1)^2 + (\bar{h}_2 - \bar{g}_2)^2}, \quad G(\bar{g}_1, \bar{g}_2, \bar{g}_3), \quad H(\bar{h}_1, \bar{h}_2, \bar{h}_3); \qquad (6.69)$$

der Winkel zwischen zwei Ebenen $\phi(g_0, g_1, g_2, g_3)^t$, $\psi(h_0, h_1, h_2, h_3)^t$ ist festgelegt durch

$$\angle(\phi, \psi) = \frac{1}{|g_3 h_3|} \sqrt{(g_1 h_3 - g_3 h_1)^2 + (g_2 h_3 - g_3 h_2)^2}. \qquad (6.70)$$

Man denkt sich nun die dualeuklidische Ebene $\mathcal{X}^d$ in der Ebene $z = 1$ realisiert wieder mit $M(0,0,1)$ als absoluten Mittelpunkt. Sodann projiziert man $\mathcal{X}^d$ von $O(0,0,0)$ aus auf die Einheitskugel χ von $\mathcal{J}_3^+$ mit Mittelpunkt O. Deren Gleichung lautet aufgrund von (6.69): $\chi : x^2 + y^2 = 1$. Sie stellt also euklidisch gesehen einen Kreiszylinder dar, dessen Erzeugende parallel zur z-Achse liegen (Abb. 6.37). Die Punkte dieses Modells $\hat{\mathcal{X}}^d$ sind dann bezüglich O gegenüber liegende Punktepaare auf χ; die Geraden die Schnitte der Verbindungsebenen $\langle O, g \rangle$, $g \in \mathcal{X}^d$, mit χ, also Ellipsen, wobei gegenüber liegende Punkte identifiziert werden. Diese Doppeltheit entfällt natürlich, wenn man von einem halben Zylinder ausgeht, wobei nur eine Randlinie zum Modell zählt.

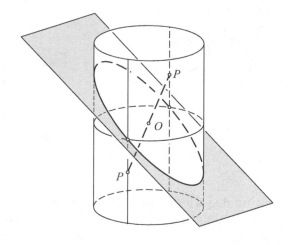

Abbildung 6.37

Die beim entsprechenden Modell der dualen pseudoeuklidischen Ebene gemachten Aussagen gelten nun – angepasst – auch hier: Zum einen sind die von $\mathcal{X}^d$ in $\hat{\mathcal{X}}^d$ induzierten Bewegungen genau diejenigen Bewegungen von $\mathcal{J}_3^+$, die χ und O invariant lassen; zum anderen ist die Distanz- und Winkelmessung in $\hat{\mathcal{X}}^d$ von $\mathcal{J}_3^+$ induziert, auf ganz analoge Weise wie damals (Aufgabe 38).

Was die Beschreibung der Bewegungen von $\mathcal{X}^d$ betrifft gehen wir wie im Fall der dualen pseudoeuklidischen Ebene vor. Jetzt sind die euklidischen Bewegungen der Ausgangspunkt. Sie lassen sich darstellen als Produkt einer Translation und (euklidischen) Spiegelungen, die L invariant lassen. Da euklidische und pseudoeuklidische Translationen sich nicht unterscheiden, sind die zu den ersteren dualen Bewegungen wieder die Scherungen (siehe Def. 6.50). Um das Äquivalent der euklidischen Spiegelungen in Bezug auf $\mathcal{X}^d$ zu finden, muss zunächst wieder der Begriff der Orthogonalität, jetzt natürlich der euklidischen, dualisiert werden. In Analogie zu Def. 6.51 erhält man:

Definition 6.57. Zwei nicht zentrierte Punkte $G, H \in \mathcal{X}^d$ liegen *orthogonal* zueinander bzw. bilden ein *rechtes Innensegment* bzw. eine *rechte Strecke*, falls $H(\langle L, G \rangle \langle L, H \rangle, ab)$ gilt.

Wie damals liegen die zu G orthogonal liegenden Punkte auf einer Geraden durch L, wobei L selbst diese Eigenschaft nicht zukommt. Geometrisch erhält man sie bei gegebener elliptischer Involution in L als die $\langle G, L \rangle$ zugeordnete Gerade. Im Fall $L = O$ ist dies die darauf senkrecht stehende; im Fall $L(0,0,1)$ erhält man sie mittels der zuvor beschriebenen elliptischen Involution auf der Geraden $y = 1$.

Da Satz 6.31 auch für euklidische Spiegelungen richtig ist, kann man den dazu dualen Begriff wie in Def. 6.52 bilden:

Definition 6.58. Eine *Fernspiegelung von* $\mathcal{X}^d$ ist eine harmonische Homologie, deren Achse die gemeinsame Gerade aller zum Zentrum orthogonal liegenden Punkte ist.

In Abbildung 6.38 ist die Fernspiegelung einer Geraden g an einem Punkt P dargestellt für den Fall, dass $L = O$ bzw. $L(0,0,1)$ gilt (vgl. Abb. 6.33).

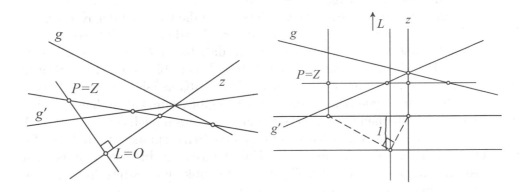

Abbildung 6.38

Bemerkung 6.59. Wie bei den euklidischen Bewegungen, die einen Punkt festlassen, kann man auch bei den dualeuklidischen Bewegungen κ mit einer Fixgeraden c die zugehörigen Wegkurven leicht angeben (vgl. Fall 1b im Anhang 1 zu Kapitel 4). Unter der Annahme, dass a, b einzeln fest bleiben, bilden a, b, c das halb imaginäre Fundamentaldreiseit, wieder dem Fall 1b entsprechend. Hat c die Gleichung $x_0 = 0$, so erhält man das in Abbildung 6.39 dargestellte Wegkurvensystem für κ.

Das Distanz- und Winkelmaß von $\mathcal{X}^d$ ist nach Tabelle 5.20 gegeben durch

$$\cos d(G, H) = \frac{|g_0 h_0 + g_1 h_1|}{\sqrt{(g_0^2 + g_1^2)(h_0^2 + h_1^2)}}, \quad G(g_0, g_1, g_2), \ H(h_0, h_1, h_2),$$

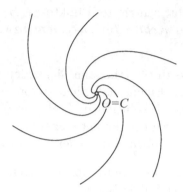

Abbildung 6.39

$$\angle(g,h) = \frac{\sqrt{(g_0h_2 - g_2h_0)^2 + (g_1h_2 - g_2h_1)^2}}{|g_2h_2|}, \quad g(g_0,g_1,g_2)^t, \; h(h_0,h_1,h_2)^t.$$

Wie schon im pseudoeuklidischen Fall haben genau die zentrierten Punkte Distanz 0 voneinander; es sind also wie stets genau die Geraden der Klassenkurve isotrop. Was den Winkel bezüglich einer festen Geraden g betrifft, so ist L von jedem Punkt S aus winkelmäßig unerreichbar, da $\angle(g, \langle S, L \rangle) = \infty$ ist. Die Geraden h, die mit g einen konstanten Winkel einschließen, bilden einen *Winkelkreis*, die duale Entsprechung zum euklidischen (Distanz-)Kreis (siehe Satz 6.62 unten).

An Sätzen der dualeuklidischen Geometrie gibt es unzählige, hat doch jedes Theorem der euklidischen Geometrie ein duales Analogon (siehe etwa [Burk]). Wir wollen dies nur an zwei Beispielen vorführen, dem Schwerpunktsatz und dem Satz von Thales (vgl. auch Aufgabe 32).[130] Um ersteren zu dualisieren müssen wir zunächst die entsprechenden Begriffe für Mittelpunkt und Schwerlinie angeben. Es ist leicht einzusehen, dass es die folgenden sind:

Definition 6.60. 1) Sind a, b zwei Geraden mit Schnittpunkt S, so ist deren *Mittelgerade m* festgelegt durch $H(ab, m\langle S, L \rangle)$.

2) Der *Leichtpunkt* eines Dreiseits abc ist der Schnittpunkt einer Seite mit der Mittelgerade der beiden anderen Seiten.

Satz 6.61. *Die drei Leichtpunkte eines Dreiseits liegen auf einer Geraden, der* Leichtgeraden.

In Abbildung 6.40 ist die Leichtgerade für $L \in \mathbb{P}_2$ in beliebiger Lage dargestellt.

Den Satz von Thales formulieren wir wie folgt:

Alle Punkte, unter denen eine feste Strecke RS unter einem rechten Winkel erscheint, bilden einen (Distanz-)Kreis.

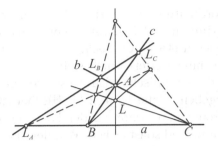

Abbildung 6.40

Satz 6.62. *Alle Geraden, von denen aus ein fester Winkel von einer rechten Strecke aus gesehen wird, bilden einen* Winkelkreis.

Für die Konstruktion gehen wir von zwei festen Geraden r, s aus, wählen einen beliebigen Punkt $G \in r$ und suchen den dazu orthogonal liegenden Punkt $H \in s$. Die Geraden $\langle G, H \rangle$ liefern dann den Winkelkreis (siehe Abb. 6.41 für $L = O$). Da der euklidische Kreis eine Kurve 2. Ordnung ist, ist der Winkelkreis eine Kurve 2. Klasse. Während man bei ersteren im Standardmodell eine einheitliche Form, eben stets den Kreis, erhält, treten bei letzteren je nach Lage von r, s alle nicht ausgearteten ovalen Klassenkurven auf, also die Einhüllenden von Ellipsen, Hyperbeln und Parabeln (Aufgabe 33).

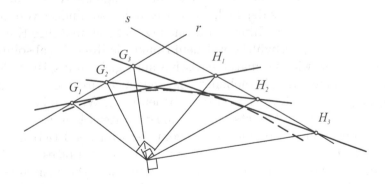

Abbildung 6.41

Anhang. Zur Bedeutung der dualeuklidischen Geometrie

Wie schon öfter betont wurde, ist vom rein analytischen Standpunkt aus keinerlei Unterschied in den Formeln der euklidischen bzw. dualeuklidischen Geometrie auszumachen. Es hängt nur davon ab, ob man die auftretenden Variablen als

Punkt- oder Ebenenkoordinaten interpretiert. Von rein mathematischer Seite her gibt es somit kein Kriterium, in welchem Sinne Formeln etwa der Physik zu deuten sind. (Man vergleiche hierzu etwa [Adams2], wo die Mechanik im Sinne der dualeuklidischen Geometrie interpretiert wird; siehe auch [Gschw2], [Tho], [Conr1], [Conr2].) Natürlich ist die euklidische Sichtweise die naheliegendere, ist sie doch gewissermaßen naturgegeben (siehe Kap. 2.1). Hierbei ist aber der Punktaspekt vorherrschend. Dies erkennt man schon an der Formulierung der Inzidenzaxiome für den euklidischen Raum. Und so ist es kein Wunder, dass jede Naturwissenschaft immer mehr in Richtung des Punkthaften strebt, aus ihm den entsprechenden Naturbereich erklären will: Elementarteilchen in der Physik, Moleküle und Atome in der Chemie, Zellen und ihre Teile oder auch Gene in der Biologie.

Wie nun aber im Anhang 2 zu Kapitel 4 gezeigt wurde hat die Anwendung der projektiven Geometrie in den Wissenschaften (und darüber hinaus) eine gewisse Berechtigung, wobei speziell dem Dualitätsgesetz große Bedeutung zukommt. Ihm zufolge sollte daher auch das Pendant zur euklidischen Geometrie, die dualeuklidische Geometrie, mit Gewinn zur Erklärung von Phänomenen herangezogen werden können, wobei dann vor allem der ebenenhafte Aspekt in den Vordergrund tritt.

Bevor wir darauf eingehen sei bemerkt, dass sich der dualeuklidische vom projektiven Raum vom Ebenenaspekt her überhaupt nicht, vom Punktaspekt her nur dadurch unterscheidet, dass ein Punkt, der absolute Mittelpunkt, daraus entfernt ist – genau wie im ebenen Fall (siehe Kap. 6.9, Typ XII). Die Antwort auf die Frage, wann der eine, wann der andere Raum zur Anwendung kommen soll, hängt also nur davon ab, ob ein ausgezeichneter, auf irgendeine Weise unerreichbarer Punkt vorhanden ist. Ist das der Fall, so liegt es nahe, zumindest von qualitativer Seite her eine dualeuklidische Interpretation vorzunehmen und ihre Konsequenzen zu prüfen. Dabei ist es gleichgültig, welchem Punkt die Rolle des absoluten Mittelpunktes zukommt, so wie es – mathematisch – auch gleichgültig ist, welche Ebene des projektiven Raumes als „Fernebene" ausgezeichnet wird, um zum euklidischen Raum zu gelangen (siehe Kap. 5.1 für den ebenen Fall). Während aber für das naturwissenschaftliche Weltbild stets nur die eine dem Menschen distanzmäßig nicht erreichbare Ebene in Frage kommt, gibt es vom menschlichen Erleben her keinerlei Einschränkung für jenen ausgezeichneten Punkt. Insofern gibt es nur einen euklidischen Raum für das Naturerkennen aber – zumindest theoretisch – unendlich viele dualeuklidische Räume. Hat man einen solchen Mittelpunkt im euklidisch endlichen Bereich gefunden, so durchdringen sich dort der punkthaft-euklidische und der dem Punkt entsprechende ebenenhaft-dualeuklidische Raum.

Ein naheliegendes Beispiel, das aber bis jetzt anscheinend noch nie vom dualeuklidischen Gesichtspunkt aus konsequent durchdacht wurde, sind die schwarzen Löcher (vgl. [Tho], S. 56 und S. 106). Sie sind durch ihre jegliches Vorstellungsvermögen übersteigenden Eigenschaften ausgezeichnet, ihr Zentrum kann also als absoluter Mittelpunkt angesehen werden. Obzwar sie natürlich eine bestimmte euklidische Distanz von der Erde besitzen eignet ihnen auch die Qualität des Ebenenhaft-unerreichbaren. Denkt man sich nämlich einen flachen starren Körper mit einer weit über das schwarze Loch hinausreichenden Ausdehnung in der Nähe des Zentrums, so kann er aufgrund der enormen Anziehungskräfte nicht bestehen bleiben. Nur die über den „Rand" ragenden Teile würden den Ebenencharakter beibehalten. Hier scheint also eine dualeuklidische Interpretation sinnvoll anwendbar, wobei das Ineinanderwirken von euklidischen und dualeuklidischen Aspekten vielleicht manche jener paradoxen Eigenschaften einsichtiger macht. Eine Vielzahl weiterer möglicher Anwendungsbeispiele der dualeuklidischen Geometrie findet man in [Tho].

Ein bedeutsames Beispiel liefert die Botanik. Wie G. Adams entdeckt hat, haben viele Blütenknospen im Inneren einen winzigen Hohlraum, der für die Blütenblätter gewissermaßen nicht erreichbar ist. Von einem qualitativen Standpunkt aus kann also dieses Zentrum stets als absoluter Mittelpunkt eines dualeuklidischen Raumes angesehen werden. Dies wird durch Untersuchungen von L. Edwards mathematisch untermauert. Er fragte sich, ob es einen Zusammenhang zwischen den Blütenknospen und den mit ihnen vereinten Anlagen der samentragenden Teile der Pflanze gibt. Letztere werden dabei punkthaft-euklidisch gedacht, sind doch die Samen qualitativ gesehen oft punktförmig; erstere ebenenhaft-dualeuklidisch zufolge der Idee von Adams – die Ebenen umhüllen dabei die Wegflächenform (siehe Anhang 1 zu Kapitel 4).[131] Es zeigte sich nun, dass ein direkter Zusammenhang anscheinend nicht besteht, jedoch die auf den Wegflächen liegenden und sie erzeugenden Wegkurven eine Verbindung herstellen. Genauer gilt, dass bei fast allen der von ihm untersuchten 31 Pflanzenarten die Wegkurven der Knospenform vermöge der sogenannten *Pivottransformation*[132] den Übergang immer desselben (ebenenhaften) Wasserwirbels in die Form der Samenanlage vermitteln ([Edw1], S. 204ff.).

Zuletzt sei noch auf die Philosophie hingewiesen, wo in der geometrischen Mystik bzw. im geometrischen Symbolismus dem „Allmittelpunkt" und der „unendlichen Sphäre" – mathematisch gesehen die Fernebene – grundlegende Bedeutung zukommt (siehe [Mahn]). Beispielsweise hat nach Friedrich von Hardenberg (Novalis) jedes Ding, aber auch das Ich, zwei Wesensseiten, eine gegenständliche und eine gegensätzliche oder zuständige. „Die einheitliche 'Sphäre des Gegenstandes', d.h. der selbsttätigen, 'von innen aus einem Mittelpunkt heraus wirkenden ... Substanz', und die vielfältige 'Sphäre des Zustandes', d.h. der 'fremdtätigen', von außen aufgenommenen 'Akzidenzen', machen zusammen die 'gemeinschaftliche Sphäre' der Realität eines bestimmten Dinges aus." ([Mahn], S. 2.) Erst die Verbindung von Außenwelt und innerer Substanz ergibt also die Ganzheit z.B. eines physischen Gegenstandes. Dabei ist jener Mittelpunkt, also der innere Wesenskern, von der Außenseite her nicht erreichbar, kann also von einem qualitativen Standpunkt aus als absoluter Mittelpunkt eines dualeuklidischen Raumes aufgefasst werden. Damit durchdringen sich dann der punkthaft-euklidische und ein ebenenhaft-dualeuklidischer Raum, deren Zusammenspiel erst den Gegenstand ausmacht.

6.8　Koordinatisierung der Cayley–Klein-Ebenen

Für die euklidische, pseudoeuklidische und Galilei-Ebene wurden bereits in früheren Kapiteln jeweils eine eindimensionale Koordinatisierung vorgestellt; und zwar mittels komplexer, pseudokomplexer bzw. dualer Zahlen. Hier wird nun ein einheitlicher Zugang zur Einführung von Koordinaten für alle neun ebenen Cayley–Klein-Geometrien aufgezeigt, der sich auf diese Zahlen stützt. Dabei wird aber nicht sehr ins Detail gegangen, da das exakte Vorgehen auf differentialgeometrischen Ergebnissen und Methoden beruht, die über den Rahmen des Buches hinausgehen.

Wir betrachten zunächst die elliptische ebene Geometrie, wobei wir das Kleinsche Kreismodell zugrunde legen (siehe Kap. 6.2.1). Nach (6.24) gilt für die nicht orientierte Distanz $d(G, H)$ zweier Punkte G, H im Inneren des Einheitskreises l mit den komplexen Koordinaten g, h:

$$\cos^2 \frac{d(G, H)}{2} = \frac{(1 + g\bar{h})(1 + \bar{g}h)}{(1 + g\bar{g})(1 + h\bar{h})};　\qquad (6.71)$$

dabei wird d längs der Geraden des Modells gemessen, das sind die im Inneren von l gelegenen Bögen von Kreisen, die l in gegenüberliegenden Punkten schneiden. Vom Standpunkt der Differentialgeometrie aus betrachtet entspricht (6.71) die (reell geschriebene) Riemannsche Metrik

$$ds^2 = 4 \frac{dx^2 + dy^2}{(1 + x^2 + y^2)^2}.　\qquad (6.72)$$

Wie sich zeigen lässt werden die entsprechenden geodätischen Linien beschrieben durch

$$x^2 + y^2 + ax + by - 1 = 0 \text{ mit } a, b \in \mathbb{R}.$$

Dies sind genau die Geraden des Kleinschen Modells (siehe Aufgabe 10).

Nach (6.24) kann man (6.71) auch mittels eines Doppelverhältnisses ausdrücken:

$$\cos^2 \frac{d(G, H)}{2} = DV(G, H; \hat{H}, \hat{G}),　\qquad (6.73)$$

wobei $\hat{G}, \hat{H}$ die Koordinaten $-\bar{g}^{-1}$ bzw. $-\bar{h}^{-1}$ besitzen. Dabei wird l als in der konformen Ebene $\varepsilon^* = \varepsilon \cup \{U\}$ liegend angenommen.

Die Formel kann natürlich auch auf Punkte außerhalb von l angewendet werden. Jeder solche lässt sich als ein Punkt $\hat{G}$ deuten, wobei G innerhalb von l liegt, und es gilt dann wegen (6.73) $d(\hat{G}, \hat{H}) = d(G, H)$. Das wird auch durch die Herleitung des Kleinschen Modells nahegelegt. Dieses hatten wir aus dem Halbkugelmodell durch stereographische Projektion vom Südpol aus auf die Ebene ε^* erhalten. Projiziert man vom Nordpol aus ergibt sich gerade das Äußere von l. l selbst wird durch die beiden Modelle genau einmal überdeckt, da jedem eine halboffene Halbkreislinie von l entspricht. Insofern kann man somit die konforme

Ebene ε^* versehen mit der durch (6.71) festgelegten Distanz als doppelte elliptische Ebene ansehen, wobei die beiden Ebenen durch die Beziehung $G \leftrightarrow \hat{G}$ verbunden sind. Die Koordinatisierung erfolgt durch die der konformen Ebene, also durch $\mathbb{C}^* = \mathbb{C} \cup \{\omega\}$.[133]

Zwecks Motivierung bemerken wir noch, dass die Punkte des der elliptischen Geometrie entsprechenden Absolutgebildes k^* die Distanz ∞ von jedem Punkt H der elliptischen Ebene besitzen: Geht man nämlich zur komplexen Fortsetzung von cos über, so wird $\cos^2 \frac{d(G,H)}{2}$ und damit $d(G, H)$ genau dann unendlich, wenn $1 + g\bar{g} = 0$ gilt. Dies ist gleichwertig mit $g_1^2 + g_2^2 = -1$, d.h. dass G auf der zu k^* gehörenden Ordnungskurve liegt.

Ganz analog wie eben lässt sich die hyperbolische Ebene koordinatisieren. Hier geht man vom Poincaréschen Kreismodell aus (siehe Kap. 6.1.2), das ebenfalls in der konformen Ebene ε^* angesiedelt ist. Nach (6.8) gilt für die Distanz zweier Punkte G, H im Inneren des Einheitskreises k:

$$\cosh^2 \frac{d(G,H)}{2} = \frac{(1 - g\bar{h})(1 - \bar{g}h)}{(1 - g\bar{g})(1 - h\bar{h})}; \tag{6.74}$$

dabei wird sie längs der Geraden des Modells gemessen, das sind die im Inneren von k gelegenen Bögen von Kreisen, die k orthogonal schneiden. Differentialgeometrisch gesehen entspricht (6.74) die Riemannsche Metrik

$$ds^2 = 4 \frac{dx^2 + dy^2}{(1 - x^2 - y^2)^2} \tag{6.75}$$

und die zugehörigen geodätische Linien werden beschrieben durch

$$x^2 + y^2 + ax + by + 1 = 0 \text{ mit } a, b \in \mathbb{R}$$

([Levy], S. 71). Dies sind genau die Geraden des Poincarémodells (siehe Aufgabe 2).

Wie früher gezeigt wurde (Formel (6.9)), lässt sich die Beziehung (6.75) auch wieder mittels eines Doppelverhältnisses beschreiben

$$\cos^2 \frac{d(G,H)}{2} = DV(G, H; \hat{H}, \hat{G}), \tag{6.76}$$

wobei jetzt $\hat{G}, \hat{H}$ die Bildpunkte von G, H bei der Inversion an k sind; sie haben somit die Koordinaten $\bar{g}^{-1}$ bzw. $\bar{h}^{-1}$.

Wie zuvor lässt sich auch das Äußere von k als hyperbolische Ebene interpretieren, wenn man dessen Punkte als Punkte $\hat{G}$ deutet, wo G im Inneren von k liegt, und gemäß (6.76) $d(\hat{G}, \hat{H}) = d(G, H)$ setzt. Insgesamt kann man daher die konforme Ebene ε^* versehen mit der Distanz (6.74) als doppelte hyperbolische Ebene ansehen, wobei die zwei Ebenen wieder durch die Beziehung $G \leftrightarrow \hat{G}$ verbunden sind. Jetzt ist deren gemeinsamer Rand doppelt zu zählen. Genau seine

Punkte, das sind also die Elemente der dem Absolutgebilde k^* der hyperbolischen Ebene entsprechenden Ordnungskurve k, haben von den Punkten der beiden Ebenen unendliche Entfernung. Die Koordinatisierung erfolgt wie zuvor durch die der konformen Ebene, also durch $\mathbb{C}^*$.

Da nach dem Anhang zu Kapitel 5 auch die euklidische Ebene durch komplexe Zahlen koordinatisiert werden kann, haben wir nun drei Cayley–Klein-Ebenen gefunden, die – eventuell doppelt gezählt – durch die Koordinatenmenge $\mathbb{C}$ bzw. $\mathbb{C}^*$ eindimensional beschrieben werden können: die euklidische, die elliptische und die hyperbolische Ebene. Was erstere betrifft, so schreibt sich die euklidische Distanz komplex als

$$d(G, H) = |g - h| = \sqrt{(g - h)(\bar{g} - \bar{h})}. \tag{6.77}$$

Ihr entspricht die Riemannsche Metrik

$$ds^2 = dx^2 + dy^2, \tag{6.78}$$

wobei die üblichen Geraden die entsprechenden geodätischen Linien sind. Auch hier sind wieder genau die Punkte des Absolutgebildes, das sind die der „Ferngeraden" $x_0 = 0$, unendlich entfernt von allen Punkten der euklidischen Ebene.

Bemerkung 6.63. 1) Wie im weiteren gezeigt wird lassen sich auch die restlichen Cayley–Klein-Ebenen auf ganz analoge Weise mithilfe der gleichen Distanzmaße bezüglich der beiden anderen Zahlenarten, den pseudokomplexen bzw. dualen Zahlen, koordinatisieren. Dabei können wir die Gleichungen der Ordnungskurven der jeweiligen Absolutgebilde unverändert übernehmen, solange man sich auf Punkte beschränkt, deren erste (homogene) Koordinate nicht verschwindet. Es können ja dann die Koordinaten inhomogen gewählt werden, $P(p_1, p_2)$. Wie diese interpretiert werden, ob im Sinne der pseudokomplexen Zahlen als $p_1 + ep_2$ oder der dualen Zahlen als $p_1 + \epsilon p_2$ (oder wie zuvor im Sinne der komplexen Zahlen als $p_1 + ip_2$), steht frei.

2) Ähnliches gilt für die Gleichungen der geodätischen Linien bezüglich der jeweiligen Riemannschen Metriken (6.72), (6.75) bzw. (6.78), wenn man sie in einheitlicher Form und komplex anschreibt:

$$u z\bar{z} + v z - \bar{v}\bar{z} + w = 0 \text{ mit } u, w \text{ rein imaginär;} \tag{6.79}$$

dabei ist $u + w = 0$ im Falle von (6.72) und $u - w = 0$ im Falle von (6.75); für die reellen Darstellungen vgl. die Bem. 6.10 und 6.20. Auch die euklidischen Geraden, also die geodätischen Linien bezüglich (6.78), subsumieren sich darunter, indem man $u = 0$ setzt. Formel (6.79) lässt sich nun unmittelbar für pseudokomplexe und duale Zahlen interpretieren, wenn man unter der „Konjugierten" $\bar{z}$ versteht:

$$\bar{z} = x - ey \quad \text{bzw.} \quad \bar{z} = x - \epsilon y$$

und „rein imaginär" durch Zahlen der Gestalt ae bzw. $a\epsilon$, $a \in \mathbb{R}$, ersetzt. Insbesondere werden die geodätischen Linien bzgl. der Riemannschen Metrik (6.78) stets durch (euklidische) Geraden dargestellt, gleichgültig durch welche der Zahlen die Ebene koordinatisiert wird.

Wählt man nun bei den dualen Zahlen (6.77) als Distanz, so erhält man wegen $\epsilon^2 = 0$:

$$d(G, H) = \sqrt{(g_1 - h_1)^2} = |g_1 - h_1|, \qquad (6.80)$$

also genau das Distanzmaß der Galileiebene. Sie lässt sich somit durch die dualen Zahlen koordinatisieren (was wir schon aus Kapitel 6.6.3 wissen), wobei die Distanz durch (6.80) festgelegt ist.

Um die Cayley–Klein-Ebene zu finden, die man erhält, wenn man (6.74) als Distanzmaß wählt, benötigen wir das dadurch bestimmte Absolutgebilde. Wie im zuvor behandelten Fall der hyperbolischen Geometrie wird es so charakterisiert, dass seine Punkte von allen Punkten der gesuchten Ebene „unendlich" weit entfernt sind. Es muss also $1 - g\bar{g} = 0$ gelten, somit $g_1^2 = 1$ d.h. $g_1 = \pm 1$. Das ist gerade die Ordnungskurve k des Absolutgebildes der dualen pseudoeuklidischen Ebene.

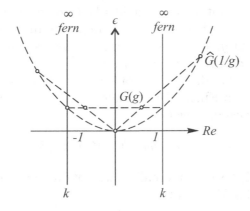

Abbildung 6.42

Aufgrund von Bemerkung 6.63, Teil 1, kann es ohne jegliche Abänderung in der durch die dualen Zahlen koordinatisierten Ebene ζ interpretiert und dargestellt werden (Abb. 6.42). Sie wird dadurch in zwei Gebiete zerlegt, dass „Innere" und das „Äußere" von k. Beide können als duale pseudoeuklidische Ebenen angesehen werden, wenn man analog zum obigen Fall der hyperbolischen Ebene die Punkte $G, \hat{G}$ mit den Koordinaten g und $\frac{1}{\bar{g}} = \frac{g}{g\bar{g}} = \frac{g_1 + \epsilon g_2}{g_1^2}$ identifiziert. Dabei ist aber zu beachten, dass bei den dualen Zahlen nicht nur die Null sondern auch die Zahlen der Form $g = a\epsilon$, $a \in \mathbb{R}$, kein Inverses und damit kein zugeordnetes Element $\frac{1}{\bar{g}}$ besitzen. Es sind dies gerade die Nullteiler in der zweidimensionalen Algebra Δ der dualen Zahlen[134]; sie liegen in Abbildung 6.42 auf der ϵ-Achse. Man erweitert daher die Ebene ζ um Elemente, deren Koordinaten durch die „idealen" dualen Zahlen $\omega_a = (a\epsilon)^{-1}$, $a \in \mathbb{R}$, beschrieben werden. Dadurch können beide Gebiete jeweils als duale pseudoeuklidische Ebene angesehen werden. Die neue Ebene ζ^* besteht also aus der doppelten dualen pseudoeuklidischen Ebene und deren „Ferngeraden" $g_1 = \pm 1$, die wie im Fall der hyperbolischen Ebene doppelt zu zählen sind. Insbesondere lässt sich also die duale pseudoeuklidische Ebene durch die Elemente von $\Delta^* :=$ $\Delta \cup \{\omega_a; a \in \mathbb{R}\}$ eindimensional koordinatisieren.

Was die Geraden bei dieser Interpretation der dualen pseudoeuklidischen Ebene betrifft, so werden sie nach Bemerkung 6.63, Teil 2, durch (6.79) beschrieben. Ausgerechnet ergibt sich

$$x^2 + ax + by + 1 = 0, \ a, b \in \mathbb{R}.$$

Geometrisch gesehen erhält man somit Parabeln, deren Achse parallel zur ϵ-Achse liegt (siehe Abb. 6.42). Wie man sofort nachrechnet wird bei der Zuordnung $G \leftrightarrow \hat{G}$ der innerhalb bzw. außerhalb von k liegende Teil identifiziert.

Den gleichen Gedankengang verfolgt man bei der Wahl des Distanzmaßes (6.71). Die Ordnungskurve k des Absolutgebildes der sich dabei ergebenden Cayley–Klein-Geometrie wird jetzt durch $1 + g\bar{g}$, also $g_1^2 = -1$, d.h. $g_1 = \pm i$ beschrieben. Man erhält somit die dualeuklidische Geometrie. Und zwar liegt analog zum Fall der elliptischen Ebene wieder die doppelte dualeuklidische Ebene vor, wobei die beiden durch $g_1 = \pm 1$ beranderten Gebiete je eine darstellen und jetzt die Punkte $G, \hat{G}$ mit den Koordinaten g und $-\frac{1}{\bar{g}}$ – in der erweiterten Ebene ζ^* – identifiziert werden. Von den Randgeraden zählt eine zur einen, die andere zur anderen dualeuklidischen Ebene. Die Geraden werden nun nach Bemerkung 6.63, Teil 2) durch eine Gleichung der Gestalt

$$x^2 + ax + by - 1 = 0, \ a, b \in \mathbb{R},$$

beschrieben, wobei wieder der innerhalb bzw. außerhalb von $g_1 = \pm 1$ liegende Teil identifiziert wird (siehe Abb. 6.43).

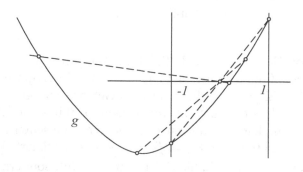

Abbildung 6.43

Insgesamt lässt sich also die Galileiebene durch die Algebra Δ der dualen Zahlen eindimensional koordinatisieren, die doppelte duale pseudoeuklidische bzw.

doppelte dualeuklidische Ebene durch Δ^*. In Bezug auf die letzten beiden führt dabei die Einführung des Distanzmaßes (6.74) bzw. (6.71) auf die erstere bzw. zweitere.

Schließlich kann man das Verfahren auch bei Zugrundelegung der Algebra Π der pseudokomplexen Zahlen als Koordinatenbereich anwenden. Wählt man zunächst wieder die Distanz (6.77), so erhält man wegen $e^2 = 1$:

$$d(G, H) = \sqrt{(g_1 - h_1)^2 - (g_2 - h_2)^2}, \tag{6.81}$$

also genau die pseudoeuklidische Distanz. Die pseudoeuklidische Ebene lässt sich somit durch die pseudokomplexen Zahlen koordinatisieren (was wir bereits aus Kap. 6.3.5 wissen), wobei die Distanz durch (6.81) festgelegt ist.

Um für die beiden anderen Distanzmaße die entsprechenden Geometrien zu finden, suchen wir zunächst die Nullteiler in der Algebra Π. Wie man leicht nachrechnet sind es genau die Zahlen der Form

$$a + ae = ae_+, \quad a - ae = ae_-, \ a \in \mathbb{R},$$

wobei $e_+ := 1 + e$, $e_- := 1 - e$ gesetzt wurde. In der durch die pseudokomplexen Zahlen koordinatisierten Ebene η entspricht dies gerade den beiden Medianen (a, a) bzw. $(a, -a)$, $a \in \mathbb{R}$. Analog zum vorher behandelten Fall der Algebra Δ müssen jetzt die „idealen" Elemente $\omega_a^+ = (ae_+)^{-1}$ und $\omega_a^- = (ae_-)^{-1}$, $a \in \mathbb{R}$, zu Π hinzugefügt werden, um den passenden Koordinatenbereich, er sei Π^* genannt, zu erhalten. Die zugehörige Erweiterung von η sei mit η^* bezeichnet.

Wählt man nun wieder (6.74) als Distanzmaß, so wird die Ordnungskurve k des entsprechende Absolutgebilde beschrieben durch $1 - g\bar{g} = 0$, d.h. $g_1^2 - g_2^2 = 1$. Man erhält somit die doppelthyperbolische Ebene. η^* wird durch k in zwei Gebiete zerlegt, die beide jene Ebene darstellen und über die Zuordnung $G(g) \leftrightarrow \hat{G}(\frac{1}{g})$, $\frac{1}{\bar{g}} = \frac{g_1 + eg_2}{g_1^2 - g_2^2}$, verbunden sind (siehe Abb. 6.44). Die „unendlich weit entfernte"

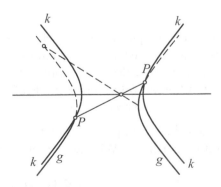

Abbildung 6.44

Ordnungskurve k ist natürlich wieder doppelt zu zählen. Die geodätischen Linien
bzgl. der (6.74) entsprechenden Riemannschen Metrik (6.75) werden nun beschrieben durch

$$x^2 - y^2 + ax + by + 1 = 0$$

(Bem. 6.63, Teil 2)). Es sind dies also gleichseitige Hyperbeln, wobei wieder der
innerhalb bzw. außerhalb von k gelegene Teil identifiziert werden (Abb. 6.44).[135]

Wählt man andererseits (6.71) als Distanzmaß, so erhält man für die Ordnungskurve k des Absolutgebildes die Darstellung $1 + g\bar{g} = 0$, d.h. $g_1^2 - g_2^2 = -1$,
also diejenige der dualhyperbolischen Geometrie. Wieder wird η^* durch k in zwei
Gebiete zerlegt, die beide jene Ebene repräsentieren und jetzt über die Zuord-
nung $G(g) \leftrightarrow \hat{G}(-\frac{1}{g})$ zusammenhängen. Jeweils eine Randkurve gehört zu je einer
solchen Ebene. Die geodätischen Linien sind wieder gleichseitige Hyperbeln[135],
diesmal beschrieben durch

$$x^2 - y^2 + ax + by - 1 = 0$$

(siehe Abb. 6.45). Die Aussage über die Identifizierung gilt wie zuvor.

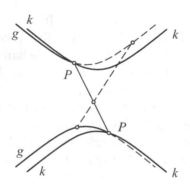

Abbildung 6.45

Insgesamt lässt sich somit die pseudoeuklidische Ebene durch die zweidimensionale Algebra Π der pseudokomplexen Zahlen eindimensional koordinatisieren,
die doppelte dualhyperbolische bzw. doppelte doppelthyperbolische Ebene durch
Π^*. In Bezug auf die letzten beiden führt dabei die Einführung des Distanzmaßes
(6.71) bzw. (6.74) auf die erstere oder zweitere.

Wie die Ausführungen dieses Kapitels gezeigt haben, lassen sich sämtliche
Cayley–Klein-Ebenen auf einheitliche Weise koordinatisieren, wobei ein Punkt P
stets durch

$$a + b\iota \ \text{mit} \ a, b \in \mathbb{R}, \ \iota \in \{i, e, \epsilon\},$$

beschrieben werden kann.[136] Damit lassen sich analytische Ergebnisse ableiten,
die dann für mehrere oder alle Cayley–Klein-Geometrien gültig sind. Dargestellt

werden können die Punkte immer in einer Ebene mit rechtwinkelig aufeinander stehenden Achsen, wobei die horizontale die Realteilachse ist ($b = 0$), die vertikale die ι-Achse ($a = 0$).

Als erstes Beispiel sei die einheitliche und allgemein gültige Beschreibung der Geraden in Bemerkung 6.63, Teil 2), genannt. Ein weiteres Beispiel bilden die im Vorangehenden öfters auftretenden Identifizierungen von Punkten. Es kommen dabei die Fälle vor, dass G und $\hat{G}$ als gleich angesehen werden, falls deren Koordinaten sind:

$$\text{i)} \;\; g \text{ und } \frac{1}{\bar{g}} \quad \text{bzw.} \quad \text{ii)} \;\; g \text{ und } -\frac{1}{\bar{g}} \quad (g = a + b\iota, \; \bar{g} = a - b\iota).$$

Definiert man allgemein den Einheitskreis in einer Cayley–Klein-Ebene durch $z\bar{z} = 1$ ($z = x + y\iota$), so lässt sich der Fall i) als Inversion am Einheitskreis interpretieren (vgl. Kap. 1 für $\iota = i$), der Fall ii) als diese Inversion gefolgt von einer Spiegelung an der Realteilachse.

Tieferliegende Beispiele erhält man, wenn man die Punkte durch „Polarkoordinaten" darstellt, also

$$z = x + y\iota = \sqrt{z\bar{z}}(\text{Cos}\,\alpha + \iota\text{Sin}\,\alpha)$$

setzt, wobei Cos, Sin Analoga der trigonometrischen Funktionen sin, cos sind, die man für $\iota = i$ bekommt. Damit kann man etwa für die euklidische, pseudoeuklidische und Galileiebene in einem ableiten, dass in einem Dreieck $\triangle ABC$ bei geeigneter Wahl der Strecken und des auftretenden Winkels gilt

$$d(B,C)^2 = d(A,B)^2 + d(A,C)^2 + 2d(A,B)d(A,C)\text{Cos}(\angle A).$$

Im Falle der Galileigeometrie ist stets $\text{Cos}(\angle A) = 1$, woraus

$$d(B,C) = d(A,B) + d(A,C)$$

folgt. Im Falle der anderen beiden Geometrien erhält man den Satz von Pythagoras, falls die Seiten $\langle A, B\rangle$, $\langle A, C\rangle$ orthogonal aufeinander stehen (siehe Satz 6.36 für die pseudoeuklidische Geometrie). Für dieses und weitere allgemeine Ergebnisse, die sich aufgrund der einheitlichen Koordinatisierung der Cayley–Klein-Ebenen ableiten lassen, siehe [Jag2], Suppl. C, insbesondere S. 278ff.

6.9 Ausblick. Räumliche Cayley–Klein-Geometrien

Die Methode, von der projektiven Ebene ausgehend zu metrischen ebenen Geometrien zu gelangen, lässt sich auf projektive Räume beliebiger Dimension verallgemeinern. Hier soll kurz auf den dreidimensionalen Fall eingegangen werden.

Ausgangspunkt ist der projektive Raum $\mathbb{P}_3$, für den in Kapitel 3.2.1 ein Axiomensystem angegeben und einige der grundlegenden Begriffe bereits behandelt wurden. Um das räumliche Analogon der Kurven 2. Ordnung, 2. Klasse und

2. Grades auf rein synthetische Weise einzuführen kann man verschiedene Wege einschlagen. Wir wählen denjenigen, für den sich auch die analytische Behandlung als unmittelbare Verallgemeinerung des zweidimensionalen Vorgehens herausstellt. Für einen anderen Zugang vergleiche etwa [Zieg5].

Definition 6.64. 1) Gegeben seien zwei Ebenenbüschel mit den windschiefen Trägergeraden g, h und eine (eindimensionale) Projektivität zwischen ihnen. Die Punkte der Schnittgeraden einander zugeordneter Ebenen bilden eine *(reelle) nicht ausgeartete Fläche 2. Ordnung.*

2) Dual: Gegeben seien zwei Punktreihen mit den windschiefen Trägergeraden g, h und eine (eindimensionale) Projektivität zwischen ihnen. Die Ebenen der Verbindungsgeraden einander zugeordneter Punkte bilden eine *(reelle) nicht ausgeartete Fläche 2. Klasse.*

Wie sich geometrisch leicht zeigen lässt werden vom Aspekt der Geraden aus gesehen durch 1) bzw. 2) die gleichen Gebilde beschrieben (siehe [Stoß1], S. 23), wobei die Ebenen der Klassenfläche gerade die Tangentialebenen an die Ordnungsfläche bzw. umgekehrt die Punkte der Ordnungsfläche die Stützpunkte der Klassenfläche sind (vgl. unten Satz 6.65). Dies motiviert zugleich, dass in Analogie zum zweidimensionalen Fall (Bem. 4.2) eine solche Fläche als Gebilde angesehen werden muss, welches punkt-, geraden- und ebenenhafte Ausprägungen besitzt. Von Seiten der Geraden werden dabei genau diejenigen der Fläche zugerechnet, die ihr gemäß der Definition entweder angehören oder mit der Ordnungsfläche genau einen Punkt bzw. äquivalent mit der Klassenfläche genau eine Ebene gemeinsam haben; im letzteren Fall wird eine solche Gerade *Tangente* genannt. Bezieht man alle jene drei Aspekte ein, so spricht man von einer *Fläche 2. Grades.* Allgemein sind sie natürlich bei jeder Fläche des $\mathbb{P}_3$ zu berücksichtigen, will man sie vollständig erfassen.

Die analytische Beschreibung erhält man – zumindest in einer Richtung – in genau der gleichen Weise wie im ebenen Fall (Kap. 4.3), wobei nur zu beachten ist, dass im ersten Teil des Beweises von Satz 4.25 mit $X(x_0, x_1, x_2, x_3)$ jetzt irgendein Punkt einer beliebigen Schnittgeraden bezeichnet wird. Es ergibt sich somit das folgende Ergebnis:

Satz 6.65. *Die nicht ausgearteten Flächen 2. Ordnung werden durch eine Gleichung der Gestalt*

$$\mathbf{x}\mathbf{A}\mathbf{x}^t = 0 \ \textit{mit} \ \mathbf{A} \in GL_4(\mathbb{R}) \ \textit{und} \ \mathbf{A}^t = \mathbf{A}$$

beschrieben; dabei sind $\mathbf{x} = (x_0, x_1, x_2, x_3)$ *Punktkoordinaten.*

Dual: *Die nicht ausgearteten Flächen 2. Klasse werden durch eine Gleichung der Gestalt*

$$\mathbf{u}^t\mathbf{B}\mathbf{u} = 0 \ \textit{mit} \ \mathbf{B} \in GL_4(\mathbb{R}) \ \textit{und} \ \mathbf{B}^t = \mathbf{B}$$

beschrieben; dabei sind $\mathbf{u} = (u_0, u_1, u_2, u_3)^t$ *Ebenenkoordinaten.*

Um zu untersuchen, inwieweit die Umkehrung dieses Satzes gilt, verfolgen wir den zweiten Teil des Beweises von Satz 4.25: Da jede quadratische Form $\mathsf{x}\mathsf{A}\mathsf{x}^t$ durch Anwendung einer geeigneten linearen Transformation – was wieder der Wahl eines projektiven Koordinatensystems entspricht – auf eine Summe/Differenz von Quadraten gebracht werden kann, ergeben sich unter der Voraussetzung $\det \mathsf{A} \neq 0$ die drei Fälle

$$
\begin{array}{ll}
1) & x_0^2 + x_1^2 + x_2^2 + x_3^2 = 0, \\
2) & -x_0^2 + x_1^2 + x_2^2 + x_3^2 = 0, \\
3) & -x_0^2 - x_1^2 + x_2^2 + x_3^2 = 0.
\end{array}
$$

Genau im ersten Fall ist die quadratische Form positiv definit; hier erfüllt kein Punkt der projektiven Ebene die Beziehung. Er ist also (im Reellen) wiederum auszuschließen.

Interpretiert man die anderen beiden Fälle im Standardmodell $\mathbb{E}_3^*$ des projektiven Raumes, so wird durch 2) eine Kugel, durch 3) ein einschaliges Hyperboloid beschrieben. Letztere Fläche ist Träger von zwei Geradenscharen und es lässt sich leicht einsehen, dass jede dieser als Menge der Schnittgeraden zweier zueinander projektiver Ebenenbüschel erhalten werden kann. Durch 3) wird also wirklich eine Fläche 2. Ordnung beschrieben. Dagegen durch 2) klarerweise nicht, da auf einer Kugel keine reellen Geraden liegen. Jedoch wurde bei der Veranschaulichung der imaginären Elemente der Kugel erwähnt, dass durch jeden ihrer Punkte zwei imaginäre Geraden 1. Art gehen (siehe Abb. 4.28). Lässt man in Definition 6.64 Ebenenbüschel mit imaginären Trägergeraden 1. Art zu, so fällt auch die Kugel unter die Flächen 2. Ordnung. Schließlich lässt sich auch der erste Fall darunter subsumieren, wenn man imaginäre Trägergeraden 2. Art berücksichtigt (zur Definition siehe Kap. 4.5.3). Er beschreibt dann die *nicht ausgearteten imaginären* oder *nullteiligen Flächen 2. Ordnung*. Insgesamt ergibt sich

Satz 6.66. 1) *Die nicht ausgearteten (reellen und imaginären) Flächen 2. Ordnung werden genau durch die Gleichungen*

$$
\mathsf{x}\mathsf{A}\mathsf{x}^t = 0 \ \textit{mit}\ \mathsf{A} \in GL_4(\mathbb{R}) \ \textit{und}\ \mathsf{A}^t = \mathsf{A}
$$

beschrieben.

2) *Die nicht ausgearteten (reellen und imaginären) Flächen 2. Klasse werden genau durch die Gleichungen*

$$
\mathsf{u}^t\mathsf{B}\mathsf{u} = 0 \ \textit{mit}\ \mathsf{B} \in GL_4(\mathbb{R}) \ \textit{und}\ \mathsf{B}^t = \mathsf{B}
$$

beschrieben.

Ganz analog zum ebenen Fall lassen sich nun die Begriffe Pol, Polar- und Tangentialebene, Stützpunkt einführen und entsprechende Resultate herleiten. Insbesondere gilt der

Satz 6.67. (Vgl. Satz 4.29.) *Hat die nicht ausgeartete Fläche 2. Ordnung die Darstellung $\mathsf{x}\mathsf{A}\mathsf{x}^t = 0$ mit $\mathsf{A}^t = \mathsf{A}$, $\det \mathsf{A} \neq 0$, so wird die durch die Tangentialebenen gebildete Fläche 2. Klasse beschrieben durch $\mathsf{u}^t\mathsf{A}^{-1}\mathsf{u} = 0$.*

Dual dazu ergeben die Stützpunkte einer nicht ausgearteten Fläche 2. Klasse der Gestalt $\mathrm{u}^t\mathrm{Bu} = 0$ *mit* $\mathrm{B}^t = \mathrm{B}$, $\det \mathrm{B} \neq 0$, *die Fläche 2. Ordnung beschrieben durch* $\mathrm{x}\mathrm{B}^{-1}\mathrm{x}^t = 0$.

Dabei sind alle Darstellungen eindeutig bis auf skalare Vielfache $\neq 0$.

Um alle metrischen Geometrien zu erhalten müssen wir auch die ausgearteten Fälle betrachten. Man erhält sie wieder indem man in Satz 6.66, Teil 1), an A die Bedingung $\det \mathrm{A} = 0$ stellt. Durch Anwendung einer geeigneten Koordinatentransformation kommen dann folgende Normalformen in Betracht, wobei die geometrische Bedeutung mit angeführt ist; der Vollständigkeit halber listen wir auch die nicht ausgearteten Fälle auf. Die Wahl der Indizes und Vorzeichen erfolgt wie im ebenen Fall aus rein praktischen Gründen:

6.68. Flächen 2. Ordnung

A) Nicht ausgeartet

$$
\begin{array}{lll}
1) & x_0^2 - x_1^2 - x_2^2 - x_3^2 = 0 & \text{ovale Fläche 2. Ordnung} \\
2) & x_0^2 - x_1^2 - x_2^2 + x_3^2 = 0 & \text{ringartige Fläche 2. Ordnung} \\
3) & x_0^2 + x_1^2 + x_2^2 + x_3^2 = 0 & \text{imaginäre Fläche 2. Ordnung}
\end{array}
$$

B) Ausgeartet

$$
\begin{array}{lll}
4) & x_0^2 - x_1^2 - x_2^2 = 0 & \text{reeller Kegel} \\
5) & x_0^2 + x_1^2 + x_2^2 = 0 & \text{imaginärer Kegel, reeller Punkt } (0,0,0,1) \\
6) & x_0^2 - x_1^2 = 0 & \text{zwei reelle Ebenen} \\
7) & x_0^2 + x_1^2 = 0 & \text{zwei konjugiert imaginäre Ebenen, reelle Gerade} \\
8) & x_0^2 = 0 & \text{doppelt zu zählende Ebene.}
\end{array}
$$

6.69. Flächen 2. Klasse

A) Nicht ausgeartet

$$
\begin{array}{lll}
1) & u_0^2 - u_1^2 - u_2^2 - u_3^2 = 0 & \text{ovale Fläche 2. Klasse} \\
2) & u_0^2 - u_1^2 - u_2^2 + u_3^2 = 0 & \text{ringartige Fläche 2. Klasse} \\
3) & u_0^2 + u_1^2 + u_2^2 + u_3^2 = 0 & \text{imaginäre Fläche 2. Klasse}
\end{array}
$$

B) Ausgeartet

$$
\begin{array}{lll}
4) & -u_1^2 - u_2^2 + u_3^2 = 0 & \text{ovale Kurve 2. Klasse (als Ebenengebilde)} \\
5) & u_1^2 + u_2^2 + u_3^2 = 0 & \text{imaginäre Kurve 2. Klasse (als Ebenengebilde),} \\
  & & \text{reelle Ebene } (1,0,0,0)^t \\
6) & u_2^2 - u_3^2 = 0 & \text{zwei Ebenenbündel mit reellen Zentren} \\
7) & u_2^2 + u_3^2 = 0 & \text{zwei Ebenenbündel mit konjugiert imaginären} \\
  & & \text{Zentren bzw. reelle Gerade} \\
8) & u_3^2 = 0 & \text{doppelt zu zählendes Ebenenbündel.}
\end{array}
$$

Um nun die Absolutgebilde der räumlichen metrischen Geometrien zu erhalten, müssen die Flächen 2. Grades bestimmt werden. Man bekommt sie *im allgemeinen* dadurch, dass man wie im zweidimensionalen Fall die Zusammengehörigkeit von Ordnungs- und Klassengebilden untersucht. Jedoch besitzen die Flächen 2. Grades per definitionem nicht nur einen punkt- und ebenenhaften Aspekt sondern auch einen geradenhaften und dieser ergibt sich nicht immer automatisch aus den anderen beiden. Im Fall der Doppelebene mit darauf liegendem Doppelpunkt ist er unabhängig und muss gesondert berücksichtigt werden.

Aufgrund von Satz 6.66 ist die Zusammengehörigkeit der Ordnungs- und Klassenflächen im nicht ausgearteten Fall klar; wie bei Def. 6.64 bereits erwähnt wurde bestehen dabei die entsprechenden Geradengebilde aus den (reellen oder imaginären) Tangenten bzw. den ganz der Fläche angehörenden Geraden. Man erhält die drei Möglichkeiten

6.70. Flächen 2. Grades – geometrisch

A) Nicht ausgeartet

1) ovale Fläche 2. Ordnung – ovale Fläche 2. Klasse

2) ringartige Fläche 2. Ordnung – ringartige Fläche 2. Klasse

3) nullteilige Fläche 2. Ordnung – nullteilige Fläche 2. Klasse.

Die ausgearteten Flächen 2. Grades lassen sich auf verschiedene Weisen ableiten. Rein geometrisch kann man ähnlich wie im ebenen Fall Grenzwertüberlegungen anstellen; dies ist (zum Teil) in [Klein2], S. 87ff., durchgeführt. Bezieht man die sieben Entsprechungen bei der Doppelebene aus dem zweidimensionalen Fall mit ein – natürlich angepasst an den räumlichen Fall –, ergeben sich fünfzehn Möglichkeiten, wobei die Geradengebilde, soweit es deren reelle Anteile betrifft, mit aufgelistet sind:

B) Ausgeartet

4) Kegel reell – doppelt zu zählendes Ebenenbündel in Spitze S – Geradenbündel in S sowie (reelle) Tangenten an den Kegel

5) Kegel imaginär – doppelt zu zählendes Ebenenbündel im reellen Punkt S – Geradenbündel in S

6) zwei reelle Ebenen – zwei reelle Ebenenbündel (Zentren auf Schnittgerade s) – doppelt zu zählende Treffgeraden von s

7) zwei reelle Ebenen – zwei konjugiert imaginäre Ebenenbündel (Zentren auf Schnittgerade s) – doppelt zu zählende Treffgeraden von s

8) zwei reelle Ebenen – doppelt zu zählendes Ebenenbündel (Zentrum auf Schnittgerade s) – doppelt zu zählende Treffgeraden von s

9) zwei konjugiert imaginäre Ebenen – zwei reelle Ebenenbündel (Zentren auf Schnittgerade s) – doppelt zu zählende Treffgeraden von s

10) zwei konjugiert imaginäre Ebenen – zwei konjugiert imaginäre Ebe-nenbündel (Zentren auf Schnittgerade s) – doppelt zu zählende Treff-geraden von s

11) zwei konjugiert imaginäre Ebenen – doppelt zu zählendes Ebenenbündel (Zentrum auf Schnittgerade s) – doppelt zu zählende Treffgeraden von s

12) Doppelebene ξ – ovale Kurve 2. Klasse in ξ – Geradenbündel in allen Stützpunkten der ovalen Klassenkurve sowie alle Geraden von ξ

13) Doppelebene ξ – nicht ausgeartete imaginäre Kurve 2. Klasse in ξ – Geraden von ξ

14) Doppelebene ξ – zwei reelle Ebenenbündel mit Zentren $S, T \in \xi$ – dop-pelt zu zählende Treffgeraden von $\langle S, T \rangle$

15) Doppelebene ξ – zwei konjugiert imaginäre Ebenenbündel mit Zentren $S, T \in \xi$ – doppelt zu zählende Treffgeraden von $\langle S, T \rangle$

16) Doppelebene ξ – doppelt zu zählendes Ebenenbündel mit Zentrum $S \in \xi$ – zwei reelle Geraden in ξ durch S mitsamt den jeweiligen Treffgeraden

17) Doppelebene ξ – doppelt zu zählendes Ebenenbündel mit Zentrum $S \in \xi$ – zwei konjugiert imaginäre Geraden in ξ durch S sowie Geradenbüschel in S und Geraden in ξ

18) Doppelebene ξ – doppelt zu zählendes Ebenenbündel mit Zentrum $S \in \xi$ – doppelt zu zählende Gerade in ξ durch S mitsamt den doppelt zu zählenden Treffgeraden.

Ein anderer Weg, der sich auch leicht auf beliebige Dimensionen verallge-meinern lässt, besteht darin, die Klassifikation rein aus den Ordnungstypen 6.68 herzuleiten ([Gie], S. 110ff.). Und zwar wird für jeden solchen die Menge der sin-gulären Elemente betrachtet; diese bildet stets einen projektiven Raum niederer Dimension, also eine Ebene, eine Gerade oder einen Punkt. Dann werden sämtliche möglichen der Dimension des singulären Raumes entsprechende Typen von Kurven 2. Ordnung genommen, die darin liegen können; falls vorhanden wird von diesen wiederum die Menge der singulären Elemente betrachtet und darin die sämtlichen möglichen entsprechend dimensionalen Typen von Kurven 2. Ordnung. Spätestens hier stoppt das Verfahren. Im n-dimensionalen Fall wird es bis zum Erreichen einer Hyperfläche (bzw. Fläche bzw. Kurve) 2. Ordnung fortgesetzt, die kein singuläres Element mehr besitzt.[137] Beispielsweise ist für zwei reelle Ebenen, beschrieben durch $x_0^2 - x_1^2 = 0$, deren Schnittgerade die Menge der singulären Punkte. Auf ihr gibt es drei mögliche Typen von Kurven 2. Ordnung, nämlich $x_2^2 - x_3^2 = 0$, $x_2^2 + x_3^2 = 0$, $x_2^2 = 0$. Die ersteren beiden sind nicht ausgeartet (im eindimensio-nalen projektiven Raum); letztere stellt einen Doppelpunkt dar, der zugleich das singuläre Element ist; er führt weiter auf die leere Menge (siehe Anm. 136). Damit ergeben sich gerade die Fälle 6), 7) und 8) in 6.70.

Auch bei diesem Verfahren gelangt man zu den insgesamt achtzehn Typen, die in Nummer 6.70 aufgelistet sind.

Zusätzliche Darstellungen gewisser Typen, die im Verfolg zu weiteren metrischen Geometrien führen, erhält man, wenn man wie im ebenen Fall versucht, eine einheitliche analytische Darstellung für alle bisherigen Flächen 2. Grades zu finden. Wir gehen dazu von einer nicht ausgearteten Fläche 2. Ordnung aus, die durch die allgemeine Gleichung

$$x_0^2 + ax_1^2 + bx_2^2 + cx_3^2 = 0, \quad a, b, c \in \mathbb{R}^*,$$

beschrieben werde. Die zugehörige Fläche 2. Klasse hat dann nach Satz 6.67 bis auf eine multiplikative Konstante $\neq 0$ die Darstellung

$$u_0^2 + a^{-1}u_1^2 + b^{-1}u_2^2 + c^{-1}u_3^2 = 0.$$

Multipliziert man die letzte Gleichung mit c und setzt $a = \gamma$, $ba^{-1} = \gamma'$, $cb^{-1} = \gamma''$, so erhält man die Beziehungen

$$x_0^2 + \gamma x_1^2 + \gamma\gamma' x_2^2 + \gamma\gamma'\gamma'' x_3^2 = 0, \quad \gamma\gamma'\gamma'' u_0^2 + \gamma'\gamma'' u_1^2 + \gamma'' u_2^2 + u_3^2 = 0. \quad (6.82)$$

Da die Parameter $\gamma, \gamma', \gamma''$ sämtlich nicht verschwinden ergeben sich acht Möglichkeiten für die Beschreibung der drei nicht ausgearteten Flächen 2. Grades

a) $\gamma > 0, \gamma' > 0, \gamma'' > 0,$ b) $\gamma < 0, \gamma' > 0, \gamma'' > 0,$

c) $\gamma < 0, \gamma' < 0, \gamma'' > 0,$ d) $\gamma > 0, \gamma' < 0, \gamma'' < 0,$

e) $\gamma > 0, \gamma' > 0, \gamma'' < 0,$ f) $\gamma < 0, \gamma' > 0, \gamma'' < 0,$

g) $\gamma < 0, \gamma' < 0, \gamma'' < 0,$ h) $\gamma > 0, \gamma' < 0, \gamma'' > 0.$

Dabei entsprechen der Fall a) der Fläche 2. Grades vom Typ 3), die Fälle b)–e) derjenigen vom Typ 1) und die restlichen Fälle f)–h) derjenigen vom Typ 2).

Wie im zweidimensionalen Fall kann man die Parameter als variabel ansehen und daher in (6.82) die Grenzübergänge $\gamma \to 0$ bzw. $\gamma' \to 0$ bzw. $\gamma'' \to 0$ durchführen. Man erhält dann neunzehn weitere Möglichkeiten. Sie sind zusammen mit den nicht ausgearteten Fällen in der Tabelle 6.70 aufgelistet mit der jeweils entsprechenden Normalform. Dabei erhält man diese wie damals, indem man $\gamma = 1$ bzw. $= -1$ wählt falls $\gamma > 0$ bzw. < 0 gilt; analog für γ', γ''. Der zugehörige Typ von Nr. 6.70 ist ebenfalls angegeben.

Tabelle 6.71. Flächen 2. Grades – analytisch

$\gamma \quad \gamma' \quad \gamma''$

$< 0 \;\; > 0 \;\; > 0:$	I)	$x_0^2 - x_1^2 - x_2^2 - x_3^2 = 0$	$-u_0^2 + u_1^2 + u_2^2 + u_3^2 = 0$	Typ 1
$< 0 \;\; < 0 \;\; > 0:$	II)	$x_0^2 - x_1^2 + x_2^2 + x_3^2 = 0$	$u_0^2 - u_1^2 + u_2^2 + u_3^2 = 0$	Typ 1
$> 0 \;\; < 0 \;\; < 0:$	III)	$x_0^2 + x_1^2 - x_2^2 + x_3^2 = 0$	$u_0^2 + u_1^2 - u_2^2 + u_3^2 = 0$	Typ 1
$> 0 \;\; > 0 \;\; < 0:$	IV)	$x_0^2 + x_1^2 + x_2^2 - x_3^2 = 0$	$-u_0^2 - u_1^2 - u_2^2 + u_3^2 = 0$	Typ 1
$< 0 \;\; > 0 \;\; < 0:$	V)	$x_0^2 - x_1^2 - x_2^2 + x_3^2 = 0$	$u_0^2 - u_1^2 - u_2^2 + u_3^2 = 0$	Typ 2
$< 0 \;\; < 0 \;\; < 0:$	VI)	$x_0^2 - x_1^2 + x_2^2 - x_3^2 = 0$	$-u_0^2 + u_1^2 - u_2^2 + u_3^2 = 0$	Typ 2
$> 0 \;\; < 0 \;\; > 0:$	VII)	$x_0^2 + x_1^2 - x_2^2 - x_3^2 = 0$	$-u_0^2 - u_1^2 + u_2^2 + u_3^2 = 0$	Typ 2
$> 0 \;\; > 0 \;\; > 0:$	VIII)	$x_0^2 + x_1^2 + x_2^2 + x_3^2 = 0$	$u_0^2 + u_1^2 + u_2^2 + u_3^2 = 0$	Typ 3
$< 0 \;\; > 0 \;\; = 0:$	IX)	$x_0^2 - x_1^2 - x_2^2 = 0$	$u_3^2 = 0$	Typ 4
$< 0 \;\; < 0 \;\; = 0:$	X)	$x_0^2 - x_1^2 + x_2^2 = 0$	$u_3^2 = 0$	Typ 4
$> 0 \;\; < 0 \;\; = 0:$	XI)	$x_0^2 + x_1^2 - x_2^2 = 0$	$u_3^2 = 0$	Typ 4
$> 0 \;\; > 0 \;\; = 0:$	XII)	$x_0^2 + x_1^2 + x_2^2 = 0$	$u_3^2 = 0$	Typ 5
$= 0 \;\; < 0 \;\; > 0:$	XIII)	$x_0^2 = 0$	$-u_1^2 + u_2^2 + u_3^2 = 0$	Typ 12
$= 0 \;\; > 0 \;\; < 0:$	XIV)	$x_0^2 = 0$	$-u_1^2 - u_2^2 + u_3^2 = 0$	Typ 12
$= 0 \;\; < 0 \;\; < 0:$	XV)	$x_0^2 = 0$	$u_1^2 - u_2^2 + u_3^2 = 0$	Typ 12
$= 0 \;\; > 0 \;\; > 0:$	XVI)	$x_0^2 = 0$	$u_1^2 + u_2^2 + u_3^2 = 0$	Typ 13
$< 0 \;\; = 0 \;\; < 0:$	XVII)	$x_0^2 - x_1^2 = 0$	$-u_2^2 + u_3^2 = 0$	Typ 6
$< 0 \;\; = 0 \;\; > 0:$	XVIII)	$x_0^2 - x_1^2 = 0$	$u_2^2 + u_3^2 = 0$	Typ 7
$> 0 \;\; = 0 \;\; < 0:$	XIX)	$x_0^2 + x_1^2 = 0$	$-u_2^2 + u_3^2 = 0$	Typ 9
$> 0 \;\; = 0 \;\; > 0:$	XX)	$x_0^2 + x_1^2 = 0$	$u_2^2 + u_3^2 = 0$	Typ 10
$< 0 \;\; = 0 \;\; = 0:$	XXI)	$x_0^2 - x_1^2 = 0$	$u_3^2 = 0$	Typ 8
$> 0 \;\; = 0 \;\; = 0:$	XXII)	$x_0^2 + x_1^2 = 0$	$u_3^2 = 0$	Typ 11
$= 0 \;\; = 0 \;\; < 0:$	XXIII)	$x_0^2 = 0$	$-u_2^2 + u_3^2 = 0$	Typ 14
$= 0 \;\; = 0 \;\; > 0:$	XXIV)	$x_0^2 = 0$	$u_2^2 + u_3^2 = 0$	Typ 15
$= 0 \;\; < 0 \;\; = 0:$	XXV)	$x_0^2 = 0$	$u_3^2 = 0$	Typ 16
$= 0 \;\; > 0 \;\; = 0:$	XXVI)	$x_0^2 = 0$	$u_3^2 = 0$	Typ 17
$= 0 \;\; = 0 \;\; = 0:$	XXVII)	$x_0^2 = 0$	$u_3^2 = 0$	Typ 18

Es zeigt sich, dass die letzten drei Fälle von der Normalform her ununterscheidbar sind, obwohl sie verschiedenen Parametervarianten entsprechen. Dies ist natürlich darin begründet, dass nur der Punkt- und Ebenenaspekt in den Gleichungen von Tabelle 6.71 zum Ausdruck kommt, nicht jedoch der Geradenaspekt. Die richtige Zuordnung erhält man aufgrund des unten angegebenen Zusammenhangs des Parameters γ' mit dem Typ des Winkelmaßes zweier schneidender Geraden. Verbindet man die frühere Klassifizierung mit der jetzigen – wie in der Tabelle bereits vorgenommen – ergeben sich insgesamt 27 *Typen von Flächen* 2. *Grades*, was genau der möglichen Wahl der Parameter $\gamma, \gamma', \gamma''$ größer, gleich oder kleiner 0 zu sein entspricht.

Diese Flächen 2. Grades K^* stellen nun die möglichen Absolutgebilde für die räumlichen Cayley–Klein-Geometrien dar, von denen es demnach 27 gibt. Dabei werden der entsprechende Raum Ω sowie die Grundelemente Punkt, Gerade, Ebene, Bewegung ganz analog wie im zweidimensionalen Fall definiert (Kap. 5.2): Man setzt $\Omega = \mathbb{P}_3 \backslash K^*$; die Punkte von Ω sind die „Punkte" der jeweiligen Geometrie; deren „Geraden" und „Ebenen" sind die von $\mathbb{P}_3$, eingeschränkt auf Ω.

Insbesondere gehören die Punkte, Geraden und Ebenen von K^* nicht der Geometrie an. Schließlich sind die „Bewegungen" diejenigen auf Ω eingeschränkten Kollineationen von $\mathbb{P}_3$, die K^* invariant lassen. So wie in Kapitel 5.2 müssen aber auch hier bei diesem allgemeinen Vorgehen einige Punkte beachtet werden, um wirklich alle Geometrien zu erhalten. Dies wird weiter unten durchgeführt.

Zuvor sei auf die Maßbestimmungen eingegangen. Wir beginnen mit der Distanz. Seien G, H zwei Punkte eines Cayley–Klein-Raumes Ω, deren (projektive) Verbindungsgerade $\bar{s}$ nicht K^* angehöre. Dann lässt sich sowohl geometrisch als auch algebraisch leicht zeigen, dass $\bar{s}$ mit der Fläche 2. Ordnung K höchstens zwei reelle Punkte gemeinsam hat. Wie im ebenen Fall spricht man wieder von elliptischer, parabolischer oder hyperbolischer Distanzmessung, wenn $\bar{s}$ K in 0, 1 oder 2 reellen Punkten schneidet; bzw. äquivalent in 2 konjugiert imaginären, einem doppelt zu zählenden oder 2 reellen Punkten. Nennt man im ersten und dritten Fall die zwei Punkte wie damals U, V, so kann man wörtlich die Definition 5.8 der orientierten bzw. nicht orientierten Distanz übernehmen. Es gilt also für erstere in Bezug auf den Richtungssinn σ von $\bar{s}$

$$d_\sigma(G, H) := c \log DV(G, H; U, V);$$

für letztere

$$d(G, H) := |c \log DV(G, H; U, V)|.$$

Die Wahl der Konstanten c und der im weiteren auftretenden Konstanten c', c'' erfolgt wie im ebenen Fall; siehe die Def. 5.7 und 5.8.

Dual dazu ist der Winkel zwischen zwei Ebenen ϕ, ψ von Ω definiert, deren (projektive) Schnittgerade $\bar{s}$ nicht K^* angehöre. Mit der K^* entsprechenden Fläche 2. Klasse hat $\bar{s}$ zwei konjugiert imaginäre (elliptischer Fall), eine doppelt zu zählende (parabolischer Fall) oder zwei reelle Ebenen (hyperbolischer Fall) gemeinsam. Sind sie verschieden – und dann mit υ, ϖ bezeichnet –, so definiert man den orientierten Winkel durch

$$\angle_\sigma(\phi, \psi) := c'' \log DV(\phi, \psi; \upsilon, \varpi);$$

dabei ist σ ein gegebener Richtungssinn im Ebenenbüschel mit Trägergerade $\bar{s}$. Der nicht orientierte Winkel ist entsprechend durch

$$\angle(\phi, \psi) := |c'' \log DV(\phi, \psi; \upsilon, \varpi)|$$

festgelegt (vgl. Def. 5.7).

Was schließlich den Winkel zwischen zwei sich in einem Punkt $S \in \Omega$ schneidenden Geraden g, h von Ω betrifft, so kann man die Definition 5.7 wörtlich übernehmen, da der Schnitt jeder Ebene, insbesondere also der (projektiven) Verbindungsebene $\tau = \langle g, h \rangle$, mit K^* eine Kurve 2. Ordnung ergibt. Es ist somit der orientierte Winkel in Bezug auf einen Richtungssinn σ des Büschels S (in der Ebene τ) definiert durch

$$\angle_\sigma(g, h) := c' \log DV(g, h; u, v),$$

bzw. nicht orientiert

$$\angle(g,h) := |c' \log DV(g,h;u,v)|;$$

dabei sind u,v wie in Def. 5.7 bestimmt.

Um auch den parabolischen Fall mit einbeziehen zu können, versucht man wieder in den nicht ausgearteten Fällen für die Maße Beziehungen abzuleiten, die unabhängig von den K^* angehörenden Hilfselementen sind. Dies gelingt für die Distanz und den Winkel zwischen zwei Ebenen, wobei man ganz genauso wie in Kap. 5.3.2 vorgehen kann. Dabei zeigt sich zunächst wieder, dass $\gamma < 0$ bzw. $\gamma'' < 0$ genau für die jeweilige hyperbolische Maßbestimmung gilt; entsprechend $\gamma > 0$ bzw. $\gamma'' > 0$ für die elliptische. Dies folgt dann notwendigerweise auch für die ausgearteten Fälle. Insbesondere ist daher der parabolische Fall zu $\gamma = 0$ bzw. $\gamma'' = 0$ äquivalent. Auch die Formeln haben genau die gleiche Form wie im ebenen Fall, so dass also für die Distanz nach (5.20a) (bzw. der wegen $\cosh iz = \cos z$ äquivalenten Beziehung (5.21a) gilt:

$$\cosh\sqrt{-\gamma}\,d_{(\gamma,\gamma',\gamma'')}(G,H) = \frac{|\langle \mathbf{g},\mathbf{h}\rangle|}{\sqrt{\langle \mathbf{g},\mathbf{g}\rangle\langle \mathbf{h},\mathbf{h}\rangle}}. \qquad (6.83)$$

Hierbei sind natürlich allgemein $\mathbf{x} = (x_0,x_1,x_2,x_3)$ Punktkoordinaten und es ist

$$\langle \mathbf{x},\mathbf{y}\rangle = x_0 y_0 + \gamma x_1 y_1 + \gamma\gamma' x_2 y_2 + \gamma\gamma'\gamma'' x_3 y_3.$$

Entsprechend gilt für den Winkel zwischen Ebenen in Analogie zu (5.23a) (bzw. äquivalent (5.24a))

$$\cosh\sqrt{-\gamma''}\,\angle_{(\gamma,\gamma',\gamma'')}(\phi,\psi) = \frac{|\langle \mathbf{g}^*,\mathbf{h}^*\rangle|}{\sqrt{\langle \mathbf{g}^*,\mathbf{g}^*\rangle\langle \mathbf{h}^*,\mathbf{h}^*\rangle}}, \qquad (6.84)$$

wobei jetzt allgemein $\mathbf{x}^* = (x_0,x_1,x_2,x_3)^t$ Ebenenkoordinaten sind und

$$\langle \mathbf{x}^*,\mathbf{y}^*\rangle = \gamma\gamma'\gamma'' x_0 y_0 + \gamma'\gamma'' x_1 y_1 + \gamma'' x_2 y_2 + x_3 y_3$$

bedeutet.

Aus den Formeln (6.83) und (6.84) lassen sich wieder entweder unmittelbar oder nach geeigneter Umformung durch den Grenzübergang $\gamma \to 0$ bzw. $\gamma'' \to 0$ die entsprechenden Maßbestimmungen im parabolischen Fall gewinnen. Man erhält

$$d_{(0,\gamma',\gamma'')}(G,H) = \frac{\sqrt{(g_0 h_1 - g_1 h_0)^2 + \gamma'(g_0 h_2 - g_2 h_0)^2 + \gamma'\gamma''(g_0 h_3 - g_3 h_0)^2}}{|g_0 h_0|}$$

bzw.

$$\angle_{(\gamma,\gamma',0)}(\phi,\psi) = \frac{\sqrt{\gamma\gamma'(g_0 h_3 - g_3 h_0)^2 + \gamma'(g_1 h_3 - g_3 h_1)^2 + (g_2 h_3 - g_3 h_2)^2}}{|g_3 h_3|}.$$

Was den Winkel zwischen einander in einem Punkt S schneidenden Geraden g, h betrifft, so gilt auch hier, dass die Maßbestimmung hyperbolisch, elliptisch oder parabolisch ist je nachdem, ob für den Parameter γ' gilt < 0, > 0 oder $= 0$ (siehe [Som], §2 – §5). Doch lässt sich jetzt keine Formel ähnlicher Bauart wie zuvor angeben, da es keine räumlichen Geradenkoordinaten gibt. Man hilft sich hier meist damit, dass man mittels einer Ω-Bewegung die von g, h erzeugte Ebene τ in eine spezielle Lage bringt, wo eine Komponente von deren Ebenenkoordinaten gleich 0 ist. Diese kann man unterdrücken, womit der Sachverhalt auf den zweidimensionalen Fall zurückgeführt ist.

Eine andere Möglichkeit besteht darin den Winkel $\angle(g, h)$ über den Winkel zwischen den Ebenen ζ_g, ζ_h zu berechnen, wobei dies die zu g, h orthogonalen Ebenen durch S sind, so wie man das in der euklidischen (Vektor-) Geometrie machen kann. Jedoch ist dabei ein allgemeiner Orthogonalitätsbegriff vonnöten, der zwar für alle Cayley–Klein-Räume eingeführt werden kann, aber nicht immer auf die eindeutige Existenz jener Ebenen schließen lässt (siehe [Gie], Kap. 9D).

Die noch fehlende genaue Beschreibung der zu den einzelnen Cayley–Klein-Räumen gehörigen Grundelemente Punkte, Geraden, Ebenen folgt im allgemeinen leicht aus der jeweiligen Art der drei Maßbestimmungen. Dabei treten fast nur in denjenigen Fällen Besonderheiten auf, wo mehrere Flächen 2. Grades einem geometrischen Typ entsprechen. Ansonsten kommt das allgemeine Prinzip zum Tragen, demzufolge von den Grundelementen des projektiven Raumes nur die des Absolutgebildes auszuschließen und entsprechend einzuschränken sind. Wir listen im Folgenden die Ergebnisse auf, wobei die Nummerierung von Tabelle 6.71 genommen ist; die Aussagen über die Geraden und Ebenen betreffen dabei stets die projektiven Trägerelemente. K bezeichnet die zur Absolutfigur K^* gehörige Fläche 2. Ordnung, $\bar{K}$ die zu ihr gehörige Fläche 2. Klasse und K' die Menge der Geraden, die K^* angehören. Wie im ebenen Fall wird manchmal die Menge einer Art von Grundelementen des projektiven Raumes durch die entsprechenden Elemente von K^* in zwei nicht zusammenhängende Gebiete geteilt; z.B. bei Typ VII (siehe unten) oder Typ XIV (siehe Kap. 6.3.3). Diese führen so wie damals stets zu gleichwertigen Geometrien, weshalb meist beide Gebiete zusammen betrachtet werden, so dass außer bei Typ VII, wo diese Erscheinung erstmals auftritt, nicht gesondert darauf hingewiesen wird. Die Dualitätsaussagen schließlich ergeben sich aus Tabelle 6.70 aufgrund der Zuordnung $\gamma \leftrightarrow \gamma''$, $\gamma' \leftrightarrow \gamma'$.

I) Punkte im Inneren von K; Geraden und Ebenen schneiden K. Von den letzteren beiden gehören der Geometrie jeweils nur deren im Inneren von K gelegene Anteile an. (*Hyperbolische Geometrie; dual zu* IV.)

II) Punkte im Äußeren von K; Geraden und Ebenen schneiden K. Von den letzteren beiden gehören der Geometrie jeweils nur deren im Äußeren von K gelegene Anteile an. (*Doppelt-hyperbolische Geometrie 1. Art; dual zu* III.)

III) Punkte im Äußeren von K; Geraden schneiden K nicht; Ebenen schneiden K, von ihnen gehören nur deren im Äußeren von K gelegene Anteile der Geometrie an. (*Doppelt-hyperbolische Geometrie 2. Art; dual zu* II.)

IV) Punkte im Äußeren von K; Geraden und Ebenen schneiden K nicht. (*Dualhyperbolische Geometrie; dual zu* I.)

V) Geraden schneiden K; Ebenen schneiden K. Nimmt man eine beliebige Ebene durch irgendeine dieser Geraden, so schneidet sie K in einer Kurve 2. Ordnung k. Punkte, Geraden- und Ebenenanteile stets im Inneren von k (Abb. 6.46 links). (*Hyperbolische Geometrie vom Index 2, zweifach hyperbolische Maßbestimmung; selbstdual.*)

VI) Geraden, Ebenen und k wie in V); Punkte, Geraden- und Ebenenanteile stets im Äußeren von k (Abb. 6.46 rechts). (*Hyperbolische Geometrie vom Index 2, dreifach hyperbolische Maßbestimmung; selbstdual.*)

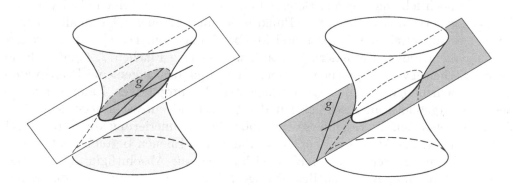

Abbildung 6.46

VII) Geraden schneiden K nicht – die Menge der Geraden wird durch K' in zwei nicht zusammenhängende Gebiete geteilt, die beide zur selben Geometrie führen. Punkte auf den Geraden eines fest gewählten Gebietes; Ebenen durch diese Geraden, wobei nur der durch den Schnitt mit K berandete Anteil der Geometrie angehört (Abb. 6.47). (*Hyperbolische Geometrie vom Index 2, einfach hyperbolische Maßbestimmung; selbstdual.*)

VIII) Punkte, Geraden, Ebenen in $\mathbb{P}_3$. (*Elliptische Geometrie; selbstdual.*)

IX) Punkte im Inneren von K; Geraden und Ebenen schneiden K. Von den letzteren beiden gehören der Geometrie jeweils nur deren im Inneren von K gelegene Anteile an. (*Dualpseudoeuklidische Geometrie 1. Art; dual zu* XIV.)

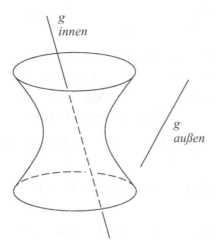

Abbildung 6.47

X) Punkte im Äußeren von K; Geraden und Ebenen schneiden K. Von den letzteren beiden gehören der Geometrie jeweils nur deren im Äußeren von K gelegene Anteile an. (*Dualpseudoeuklidische Geometrie 2. Art; dual zu* XV.)

XI) Punkte im Äußeren von K; Geraden schneiden K nicht; Ebenen schneiden K, deren im Äußeren von K gelegener Anteil gehört der Geometrie an. (*Dualpseudoeuklidische Geometrie 3. Art; dual zu* XIII.)

XII) Punkte, Geraden, Ebenen nicht in K^*. (*Dualeuklidische Geometrie; dual zu* XVI.)

XIII) Punkte nicht in ξ; Geraden schneiden ξ im Inneren der $\bar{K}$ in ξ entsprechenden Ordnungskurve k; Ebenen schneiden k. (*Pseudoeuklidische Geometrie 3. Art; dual zu* XI.)

XIV) Punkte nicht in ξ; Geraden schneiden ξ im Äußeren der $\bar{K}$ in ξ entsprechenden Ordnungskurve k; Ebenen schneiden k nicht. (*Pseudoeuklidische Geometrie 1. Art; dual zu* IX.)

XV) Punkte nicht in ξ; Geraden schneiden ξ im Äußeren der $\bar{K}$ in ξ entsprechenden Ordnungskurve k; Ebenen schneiden k. (*Pseudoeuklidische Geometrie 2. Art; dual zu* X.)

XVI) Punkte, Geraden, Ebenen nicht in K^*. (*Euklidische Geometrie; dual zu* XII.)

XVII) Punkte, Geraden, Ebenen nicht in K^*. (*Quasihyperbolische Geometrie, zweifach hyperbolische Maßbestimmung; selbstdual.*)

XVIII) Punkte, Geraden, Ebenen nicht in K^*. (*Quasihyperbolische Geometrie, einfach hyperbolische Maßbestimmung; dual zu* XIX.)

XIX) Punkte, Geraden, Ebenen nicht in K^*. (*Quasielliptische Geometrie, einfach elliptische Maßbestimmung; dual zu* XVIII.)

XX) Punkte, Geraden, Ebenen nicht in K^*. (*Quasielliptische Geometrie, zweifach elliptische Maßbestimmung; selbstdual.*)

XXI) Punkte, Geraden, Ebenen nicht in K^*. (*Dualpseudogalileische Geometrie; dual zu* XXIII.)

XXII) Punkte, Geraden, Ebenen nicht in K^*. (*Dualgalileische Geometrie; dual zu* XXIV.)

XXIII) Punkte, Geraden, Ebenen nicht in K^*. (*Pseudogalileische Geometrie; dual zu* XXI.)

XXIV) Punkte, Geraden, Ebenen nicht in K^*. (*Galileische Geometrie; dual zu* XXII.)

XXV) Punkte, Geraden, Ebenen nicht in K^*. (*Isotrope Geometrie, einfach hyperbolische Maßbestimmung; selbstdual.*)

XXVI) Punkte, Geraden, Ebenen nicht in K^*. (*Isotrope Geometrie, einfach elliptische Maßbestimmung; selbstdual.*)

XXVII) Punkte, Geraden, Ebenen nicht in K^*. (*Flaggenraum bzw. isotrope Geometrie, dreifach parabolische Maßbestimmung; selbstdual.*)

Aufgaben

1) Man zeige geometrisch, dass das 4. Bewegungsaxiom für die (ebene) hyperbolische Geometrie erfüllt ist. (Man verwende Beispiel 9 von Kapitel 5.)

2) Man beweise, dass im Poincaréschen Kreismodell der hyperbolischen Ebene

   a) Geraden sich durch eine komplexe Gleichung der Gestalt

   $$z\bar{z} + \alpha z - \bar{\alpha}\bar{z} - 1 = 0, \ \alpha \in \mathbb{Z},$$

   beschreiben lassen;

   b) die orientierungserhaltenden Bewegungen durch

   $$z' = \frac{\alpha z + \beta}{\bar{\beta} z + \bar{\alpha}} \ \text{ mit } \ \alpha\bar{\alpha} + \beta\bar{\beta} = 1, \ \alpha, \beta \in \mathbb{Z},$$

   beschrieben werden.

3) In der euklidischen Ebene lässt sich der Satz über die Winkelsumme im Dreieck $\triangle ABC$ auf folgende Art suggestiv beweisen: Man gehe von A aus nach B, wende sich dort in Richtung C, gehe sodann nach C, wende sich in Richtung A und gehe nach A zurück, wo man sich zuletzt wieder in die Ausgangslage wendet. Die Umwendewinkel sind gerade die Außenwinkel des Dreiecks, also entsprechend $180° -$Innenwinkel. Da man sich beim Abgehen des Dreiecks genau einmal um seine Achse gedreht hat, folgt $3 \times 180° - (\alpha + \beta + \gamma) = 360°$ und somit die Behauptung. Wieso funktioniert dieser Beweis im Poincaréschen Kreismodell nicht, obwohl die Winkelmessung euklidisch ist?

4) Gegeben sei ein Dreieck $\triangle ABC$ im Poincaréschen Kreismodell. Weiter sei D ein Punkt der hyperbolischen Geraden $\langle A, B \rangle$ mit B zwischen A und D. Wie hängen die Winkelsummen der Dreiecke $\triangle ABC$ und $\triangle ADC$ zusammen?

5) Man zeige: In einem hyperbolischen Dreieck sind genau dann zwei Winkel gleich groß, wenn es gleichschenkelig ist. (Man führe den Beweis z. B. im Poincaréschen Kreismodell und lege einen geeigneten Seitenmittelpunkt in den Mittelpunkt der Absolutfigur.)

6) Gegeben seien ein eigentlicher Punkt $O \in \mathbb{E}_3^*$, Geraden g_1, g_2 durch O und Ebenen η_1, η_2 mit $g_1 \in \eta_1$, $g_2 \in \eta_2$. Man zeige, dass es genau zwei den Rotationen um O entsprechende Kollineationen auf $\mathbb{E}_3^*$ gibt, die g_1 in g_2, η_1 in η_2 und einen gegebenen Drehsinn in η_1 in einen ebensolchen in η_2 überführen.

7) Man beweise den Seiten-Winkel-Seiten-Satz für Dreiecke in der elliptischen Ebene.

8) Man zeige ohne Rückgriff auf die sphärische Geometrie, dass der Exzess eines Dreiecks in der elliptischen Ebene positiv ist. Vorausgesetzt sei dabei, dass die beiden kongruenten Winkelfelder gebildet von zwei Geraden g, h mit $\angle(g, h) = \frac{\pi}{2}$ endliche Fläche besitzen. (Man zeige zunächst mittels fortgesetzter Halbierung eines dieser Winkelfelder, dass die Fläche eines beliebigen Winkelfeldes proportional zu dessen Innenwinkel ist.)

9) Man beweise die Formel (6.24) für die Distanz im Kleinschen Modell der elliptischen Ebene.

10) Man leite die allgemeine Gleichung einer Geraden im Kleinschen Kreismodell der elliptischen Ebene ab (Bemerkung 6.20).

11) Man zeige, dass die in Formel (6.25) beschriebenen Transformationen genau dann (vom Geradenaspekt her) die pseudoeuklidische Ebene in sich überführen, wenn $|a| > |b|$ gilt.

12) Man beweise den aus der euklidischen Geometrie bekannten Satz für die pseudoeuklidische Geometrie: Sind die Basiswinkel eines Dreiecks gleich, dann ist es gleichschenkelig.

13)   a) Man beweise, dass die räumlichen pseudoeuklidischen distanzerhalten-
      den Abbildungen zugleich winkelerhaltend sind sowohl was den Winkel
      zwischen schneidenden Geraden als auch den zwischen zwei Ebenen be-
      trifft.

      b) Man zeige, dass die räumlichen pseudoeuklidischen Translationen die
      Distanz invariant lassen.

14) Bezüglich des Hyperboloidmodells der hyperbolischen Ebene zeige man, dass
    der Winkel zweier sich in einem Punkt S schneidenden Geraden g, h gleich
    dem Winkel im pseudoeuklidischen Raum ist, den die durch sie erzeugten
    Ebenen einschließen.

15) Man leite die Formel für das Distanzmaß der doppelt-hyperbolischen Ebene
    ab.

16) Es sei g eine Gerade der doppelt-hyperbolischen Ebene. Man beweise, dass
    alle zu ihr senkrechten Geraden durch einen Punkt der Ebene gehen. Welcher
    ist das im Kreismodell? (Vergleiche Beispiel 10 zu Kapitel 5.)

17) Es seien A, B, C drei nicht kollineare Punkte der doppelt-hyperbolischen
    Ebene, deren sämtliche Verbindungsgeraden Geraden der Geometrie sind. In
    Fortsetzung der vorigen Aufgabe zeige man die Gültigkeit des Höhensatzes.

18) Man formuliere und veranschauliche sich das zur vorigen Aufgabe duale Er-
    gebnis.

19) Man zeige, dass in der Galileiebene ein zulässiges Dreieck die folgenden Ei-
    genschaften besitzt:

      a) Die Länge der längsten Seite eines Dreiecks ist gleich der Summe der
      Längen der beiden anderen Seiten.

      b) Der größte Winkel in einem Dreieck ist gleich der Summe der beiden
      anderen Winkel.

20) Man beweise, dass in jedem zulässigen Dreieck der Galileiebene die Sei-
    tenlängen a, b, c proportional den gegenüberliegenden Winkeln α, β, γ sind:

$$\frac{a}{\alpha} = \frac{b}{\beta} = \frac{c}{\gamma}.$$

21) Man zeige analytisch, dass zwei zulässige Dreiecke der Galileiebene, die in
    den Seitenlängen und einem Winkel übereinstimmen, Galileikongruent sind.

22) Wie sehen Ellipsen, Hyperbeln, Parabeln, die gemäß der üblichen Brenn-
    punktdefinition erklärt sind, in der Galileiebene aus?

23) Übertragung des euklidischen Peripheriewinkelsatzes: Ein *Zykel* in der Gali-
    leiebene ist die Menge aller Punkte, von denen aus eine vorgegebene Strecke
    unter einem festen (orientierten) Winkel gesehen wird. Man berechne die
    allgemeine Gleichung eines Zykels. Welche Gestalt hat er euklidisch gesehen?

24) Es seien P, P' zwei Punkte und g eine Gerade der dualhyperbolischen Ebene. Man zeige, dass es stets eine dualhyperbolische Bewegung gibt, die g invariant lässt und P in P' überführt.

25) Man zeige, dass in der dualhyperbolischen Ebene die Tangenten an die Ordnungskurve isotrope Geraden sind.

26) Man dualisiere Satz 6.35 und veranschauliche sich ihn in der dualen pseudoeuklidischen Ebene.

27) Man konstruiere die Bildfigur eines Dreiecks der dualen pseudoeuklidischen Ebene unter einer Scherung.

28) Man beweise den in Abbildung 6.36 (links) dargestellten Zusammenhang zwischen der elliptischen Involution im absoluten Mittelpunkt L der dualeuklidischen Ebene und der Rechtwinkelinvolution im Ursprung O.

29) Wie lautet der dem euklidischen Höhensatz für Dreiecke entsprechende Satz der dualeuklidischen Geometrie?

30) Man dualisiere die Konstruktion des Umkreismittelpunktes eines Dreiecks der euklidischen Ebene. Welche Kurve entspricht dem Umkreis in der dualeuklidischen Geometrie?

31) Man dualisiere die Konstruktion des Inkreismittelpunktes eines Dreiecks der euklidischen Ebene. Welche Kurve entspricht dem Inkreis in der dualeuklidischen Geometrie?

32) Wie lauten die entsprechenden dualeuklidischen Ergebnisse der euklidischen Sätze: a) Dreiecksungleichung; b) die Winkelsumme im Dreieck ist π?

33) Durch geeignete Wahl zweier festen Geraden r, s konstruiere man (dualeuklidische) Winkelkreise, die euklidisch gesehen Einhüllende von Ellipsen oder Hyperbeln sind.

34)–35) Welche der folgenden Eigenschaften gilt für die einzelnen Cayley–Klein-Geometrien? (Die Antwort ist stets eindeutig und zeigt, dass die neun möglichen Alternativen eindeutig die Geometrie festlegen.)

34) Gegeben sei ein Punkt P und eine Gerade g der jeweiligen Ebene ε und es gelte $P \notin g$. Dann gibt es

i) keine   ii) genau eine   iii) unendlich viele

Geraden h durch P, die mit g keinen Punkt gemeinsam haben.

35) Dual: Gegeben sei eine Gerade p und ein Punkt G der jeweiligen Ebene ε und es gelte $G \notin p$. Dann gibt es

i) keine   ii) genau einen   iii) unendlich viele

Punkte H auf p, die keine Verbindungsgerade mit G besitzen.

36) Man charakterisiere die einzelnen Cayley–Klein-Ebenen mittels entsprechender Aussagen der Dreieckslehre betreffend die Beziehung der Seiten bzw. Winkel zueinander. (Fast alle relevanten Ergebnisse sind im Text zu finden. Sie müssen nur vereinheitlicht werden.)

37) Man zeige, dass der Winkel bezüglich des Zylindermodells der dualen pseudoeuklidischen Ebene zweier sich in einem Punkt S schneidenden Geraden g, h gleich dem Winkel ist, den die Tangenten an g, h in S einschließen, gemessen bezüglich des Winkelmaßes des isotropen Raumes $\mathcal{J}_3^-$.

38) Man zeige, dass das Distanz- und Winkelmaß bezüglich des Zylindermodells der dualeuklidischen Ebene durch das entsprechende des isotropen Raumes $\mathcal{J}_3^+$ induziert wird.

Anmerkungen

1) Dass dieses Weltbild im Prinzip unangreifbar ist, erkennt man am einfachsten daran, dass es ähnlich demjenigen ist, die Welt in einer verspiegelten Kugel zu sehen. Jedem realen Vorgang entspricht ein gespiegelter und dieser lässt sich genauso durch eine adaptierte Physik erklären wie jener durch die übliche Physik.

2) Doch liefert dies natürlich kein endgültiges Argument für die Falschheit des Inversionsweltbildes. Es weist nur deutlich auf die dem gängigen Weltbild zugrundeliegende Annahme hin, dass alle Himmelskörper im wesentlichen gleichgestaltet sind.

3) Größere Abweichungen bestehen nur in Bezug auf den Planeten Merkur, der schwierig zu beobachten ist und dessen Daten besonders in der Antike mit Unsicherheiten behaftet waren.

4) Dass die Keplerschen Gesetze nicht das letzte Wort die Planetenbahnen betreffend sind, folgt schon daraus, dass die Sonne in Wirklichkeit nicht ruht, sondern sich gegen den Fixsternhimmel bewegt.

Übrigens lassen sich die Gesetze auch dualeuklidisch deuten (siehe [Pink]). So besagt dann das erste, dass sich die Planetenbahnen stets auf dualeuklidischen (Winkel-)Kreisen bewegen; vergleiche dazu Kap. 6.7.3.

5) Wie in Kap. 4.1 herausgearbeitet wird, sind von einem umfassenden Standpunkt aus betrachtet ebene Kurven (bzw. Flächen im Raum – siehe Kap. 6.9) eigenständige Gebilde, die sowohl von Seiten des Punkthaften wie des Geradenhaften (im Raum zusätzlich des Ebenenhaften) betrachtet werden müssen. Da aber die Kurven durch die ihnen angehörende Menge von Punkten im allgemeinen eindeutig festgelegt sind, genügt deren Angabe allein. Ebenso ist das Bild einer Kurve bei einer Transformation im allgemeinen bereits eindeutig bestimmt, wenn man die Bilder ihrer Punkte kennt.

Ein Fall einer Fläche im Raum, die vom Punkt- und Ebenenaspekt her eindeutig festgelegt ist, von Seiten des Geradenhaften jedoch Variationsmöglichkeiten besitzt, tritt in Kap. 6.9 auf (Typ XXV bis XXVII).

6) In der mathematischen Logik versteht man unter einem Modell die Realisierung eines durch ein Axiomensystem festgelegten Begriffs bzw. mathematischen Gegenstandes. Führt man die konforme Ebene mit entsprechenden undefinierten Grundbegriffen axiomatisch ein – man spricht dann von einer *Möbiusebene* –, so ist die Kugel bei geeigneter Interpretation jener Grundbegriffe ein Modell auch in diesem Sinn (siehe [Waer]).

7) Der Radius des Inversionskreises darf natürlich bei der Übertragung keine Rolle spielen, weshalb er weggelassen werden kann.

8) Je nach Lage von A bzw. C kann sich für die letzte Summe auch der Wert α ergeben, was aber für das Ergebnis keinen Unterschied ausmacht.

9) Eine Ausnahme bilden etwa die zirkelhaften Definitionen bei Finsler, z.B. die der zirkelhaften Menge ([Fins1] bzw. [Booth], S. 120ff.).

10) Weiteres zur Bildung von Begriffen und deren Bedeutung wird im folgenden Anhang ausgeführt.

11) Man kann sie etwa durch die Positionen eines fallenden Steins interpretieren, auf dessen Bahn man von oben schaut. Nach Aristoteles gehört ja zum Irdischen die geradlinige Bewegung, zum Kosmischen die kreisförmige ([Arist1], A.2 269 a 15f., B.3 286 a 10f.).

12) Die Fortschritte beim physiologischen Studium der Sinnesorgane führten manchen Wissenschaftler zu der Ansicht, dass die Grundbegriffe der Geometrie nicht durch die Außenwahrnehmung angeregt, sondern durch (unbewusste) Introspektion erhalten werden. So schreibt zum Beispiel E. von Cyon: „Der Begriff der geraden Linie rührt von den Richtungsempfindungen des Ohrlabyrinths her." ([Cyon], S. 373).

13) Wie man aus der Verwendung dieser Postulate in den „Elementen" erkennt, meint Euklid beim ersten genauer, dass die Strecke *eindeutig* durch die zwei Punkte festgelegt ist; beim zweiten, dass die Gerade *eindeutig* und *kontinuierlich* verlängert werden kann ([Prok], S. 296 ff., [Eukl], S. 419) – und zwar bis ins Unendliche ([Prok], S. 297).

14) So die meist verbreitete Interpretation, die auf Proklos zurückgeht. Wie K. v. Fritz in seiner tiefgehenden Studie über die Grundlagen der griechischen Mathematik schreibt, bereitet die Verteilung der Sätze auf die beiden Gruppen der Aitemata und Koine Ennoia beträchtliche

Schwierigkeiten. Dies hat schon Proklos zu einer weiteren, ganz anders gearteten Interpretation veranlasst ([Fritz], S. 370–372).

15) Euklid hat die Grundsätze sicher nicht in (detaillierter) Kenntnis der Aristotelischen Forderungen formuliert ([Fritz], z.B. S. 424). Jedoch genügen ihnen die Koine Ennoia. Was die Aitemata betrifft, so arbeitet K. v. Fritz heraus, dass sie ebenfalls die Forderungen der Unbeweisbarkeit und des unmittelbar einsichtig Seins erfüllen ([Fritz], S. 372f.). Was jedoch den Wahrheitsgehalt betrifft, so lässt Aristoteles selbst den der Winkelsumme im Dreieck und damit implizit den des 5. Postulats offen (siehe den Schluss von Kap. 2.2). Die Benennung der euklidischen Postulate als Axiome ist somit, wenn man letztere Bezeichnung im Aristotelischen Sinn versteht, nicht ganz gerechtfertigt. Erst in späterer Zeit und dann bis gegen Ende des 18. Jahrhunderts wurde das Parallelenpostulat auch als absolut wahre Aussage angesehen (vergleiche dazu die detaillierten Ausführungen in [Toth2]).

16) Dies ist umso erstaunlicher als der Sehsinn vermutlich nach den Gesetzen der hyperbolischen Geometrie funktioniert, zumindest jedenfalls eine gewisse Affinität zu ihr besitzt (siehe Kap. 6.1.5). Auch sollte die sogenannte *Inselgeometrie* auf diese Geometrie führen (siehe Anm. 34).

17) Zum faszinierenden Vorgang des Erlernens von Begriffen beim Kind vergleiche man [Kühl], Kap.1.3.

18) Gemeint ist damit nur die leichte Anwendbarkeit des Axioms.

19) Wie I. Toth nachgewiesen hat ([Toth1], [Toth2]), wurde die Unbeweisbarkeit des Parallelenaxioms schon eine Generation vor Euklid hinterfragt. Zugleich finden sich bei Aristoteles mehrere Stellen, in denen Aussagen, die nur in der hyperbolischen Geometrie gültig sind, als denkmöglich postuliert werden. Siehe dazu den Schluss des Kapitels.

20) Die Aussagen, die hier und im weiteren als zum Parallelenaxiom äquivalent bezeichnet werden, sind dies genau genommen nur vom modernen Standpunkt aus, also unter Vorgabe eines vollständigen Axiomensystems für die euklidische Geometrie, etwa des Hilbertschen ([Hilb4], 1. Kap.) oder des in Kap. 2.3 vorgestellten Axiomensystems. Die impliziten Annahmen, die früheren Äquivalenzbeweisen zugrunde liegen, sind dagegen oft nicht klar ersichtlich.

21) Es genügt zu fordern, dass es *ein* zu irgendeinem Dreieck ähnliches gibt, das also mit ihm in den Winkeln nicht jedoch in den Seiten übereinstimmt (siehe Satz 6.13).

22) Andererseits qualifizierten auch bedeutende Mathematiker das Parallelenproblem immer wieder als Zeitverschwendung und „nutzloses Kopfzerbrechen" ab, so z.B. Arnauld, d'Alembert, Lacroix ([Toth2], S. 56).

23) Manchmal wird das Playfair-Axiom bereits Ptolemaios oder Proklos zugeschrieben, jedoch lassen die entsprechenden Stellen Interpretationsspielraum. Zur Geschichte des Parallelenpostulats in der Antike siehe zum Beispiel [Ger], S. 204 – 213, oder direkt bei Proklos ([Prok], S. 420–426).

24) Zu der spannenden Interaktion von Mathematik und Religion bzw. Theologie gibt es kaum Literatur; außer auf den Artikel von Toth ([Toth2], Kap. 3–6) sei auf [Rad], Kap. IV, und [Rei] verwiesen.

25) Vor der Veröffentlichung des Buches bat der Vater Wolfgang Bolyai seinen Jugendfreund Gauß um die Beurteilung der Entdeckung seines Sohnes. Der berühmt-berüchtigte Antwortbrief von Gauß, der selbst nichts in dieser Richtung veröffentlicht hatte, beginnt mit den Worten: „Jetzt einiges über die Arbeit Deines Sohnes. Wenn ich damit anfange, "dass ich solche nicht loben darf": so wirst Du wohl einen Augenblick stutzen: aber ich kann nicht anders; sie loben hiesse mich selbst loben: denn der ganze Inhalt der Schrift, der Weg, den Dein Sohn eingeschlagen hat, und die Resultate, zu denen er geführt ist, kommen fast durchgehends mit meinen eigenen, zum Theile schon seit 30–35 Jahren angestellten Meditationen überein." ([Gauß2], S. 221). Diese Antwort führte zu einem völligen Bruch der Beziehung.

26) „Man wird von einem eigentümlichen Gefühl ergriffen, wenn man in den Arbeiten von 4 Gelehrten [Schweikart, Bolyai, Gauß, Lobatschewski] dieselben Figuren wie von einer Hand gezeichnet wiederfindet, obwohl die Verfasser ohne Verbindung untereinander waren. Man wird von der Idee gepackt, daß solch eine wunderbar rätselhafte und geheimnisvolle menschliche Tätigkeit [. . .] nicht auf bloßem Zufall beruhen kann, sondern irgendein Ziel haben muß" ([Scha], S. 33; siehe auch [Cool], S. 73).

27) Siehe auch Anmerkung 19.

28) Die Gaußsche Krümmung in einem Punkt P einer Fläche des euklidischen Raumes ist das Produkt der beiden Extremwerte $k_1(P)$, $k_2(P)$ von $k_n(\mathbf{v})$, das ist die Normalkrümmung in Richtung eines Tangentialvektors $\mathbf{v}$ in P. Während bei einer Kugel vom Radius r in jedem Punkt $k_1(P) = k_2(P) = \frac{1}{r}$ gilt, variieren diese beiden Werte bei der Pseudosphäre von Punkt zu Punkt, nur deren Produkt hat einen konstanten negativen Wert.

29) Die Widerspruchsfreiheit der hyperbolischen Geometrie kann natürlich viel schneller eingesehen werden, etwa mittels des Kleinschen oder des Poincaréschen Modells (siehe Kap. 6.1.1). Wir folgen hier im Groben der geschichtlichen Entwicklung, wobei auch einsichtig wird, wie man auf diese Modelle kommen kann.

30) Die Kommensurabilität von Diagonale d und Seite s eines Quadrates bedeutet, dass d und s ganzzahlige Vielfache einer Strecke a sind: $d = m \cdot a$, $s = n \cdot a$ $(m, n \in \mathbb{N})$. Das ist äquivalent mit der Aussage, dass das Verhältnis $d : s$, also $\sqrt{2}$, rational ist.

31) Die Originalzitate findet man bei Aristoteles: Analyt. post. II 2, 90 a 13ff., bzw. Probl. XXX.7, 956 a 15ff.

32) J. Hjelmslevs Grundlegung der praktischen Geometrie liegt die gleiche Ansicht zugrunde. Er kommt zu dem Schluß: „Die formale Euklidische Geometrie wird also nur als eine bequem abgerundete Formulierung der Resultate der praktischen Geometrie hervortreten." ([Hjel1], S. 40); und meint damit, dass die Sätze der euklidischen Geometrie stets näherungsweise gültig sind, und man aus „Ökonomie der Sprache ... die beschränkenden Worte '[gültig] mit einer gewissen Annäherung' und dgl." weglässt.

33) Schon Platon spricht von der „lächerlicherweise mit dem irdischen Namen der Landmessung bezeichneten Geometrie ... Es ist jedem Verständigen klar, dass dieses Juwel nicht menschlichen, sondern göttlichen Ursprungs ist." (geo = Erde, metrein = messen; „Epinomis" 990 c ff., zitiert nach [Sten], S. 90; siehe auch [Weil], S. 142). Sie wurde zwar vermutlich im Gefolge der ägyptischen Landvermessung nach den jährlichen Nilüberflutungen entwickelt, ist aber rein in der Begriffswelt beheimatet.

34) An sich könnte man durch den Sehsinn auf die hyperbolische Geometrie geführt werden. Steht man auf einer kleinen Insel im Meer und dreht sich einmal rundherum, so erweist sich der Horizont als Kreis. Auf ihm treffen sich parallele Geraden ([Zieg3], Kap. VII,4). Diese *Inselgeometrie* entspricht genau dem in Kap. 6.1.1 behandelten Kleinschen Kreismodell der hyperbolischen Geometrie. Dass dennoch kein Mensch auf diese Weise auf sie gestoßen ist, zeigt, dass die Rolle des Sehsinns für das Zustandekommen der geometrischen Begriffe überschätzt wird, wie dies bereits im Anhang zu Kap. 2.1 festgestellt wurde.

35) Es ist wenig bekannt, dass bereits Desargues die Zwischen-Beziehung studierte und sogar den Zusammenhang mit der Trennungsrelation in der projektiven Geometrie herstellte (siehe Kap. 3.2.1 B; vgl. [Schre], S. 49).

36) Dabei wurde auch versucht, mit möglichst wenigen Grundrelationen auszukommen. So gibt es Axiomensysteme, die allein auf der Relation der Kongruenz gründen oder auf einer der dreiwertigen Relationen „die Punkte B und C haben vom Punkt A den gleichen Abstand" bzw. „das Punktetripel A, B, C bildet bei B einen rechten Winkel" (für letzteres siehe [Bern]).

37) Das Verwenden des undefinierten Grundbegriffs „Bewegung" anstelle von „Kongruenz" hat noch weitere Vorteile; unter anderem den, dass die Bewegungen bezüglich des Hintereinander-Ausführens eine Gruppe bilden und sich somit besser in die Kleinsche Auffassung einer Geometrie fügen (siehe [Scri], S. 482 f.). Interessanterweise wählen heutzutage russische Mathematiker oft die Bewegung als Grundbegriff, während west- und mitteleuropäische sowie amerikanische Mathematiker meist von der Kongruenz ausgehen.

38) Punkte, Geraden, Ebenen sind hier sämtlich als undefinierte Grundbegriffe zu verstehen, wie das auch bei Hilbert der Fall ist. Da Geraden und Ebenen sich durch die auf ihnen liegenden Punkte eindeutig festlegen lassen, kann man auch nur von dem einzigen Grundbegriff „Punkt" ausgehen und diese beiden anderen Objekte als Mengen von Punkten mit axiomatisch geforderten Eigenschaften charakterisieren. So geht man heute meist vor, doch ergeben sich beim Übergang zur projektiven Geometrie dadurch Schwierigkeiten (siehe Kap. 3.2.1 A). Ein Beispiel eines Axiomensystem für den euklidischen Raum, das nur auf dem Punktbegriff basiert wird im Anhang 1 zu Kap. 2.3 gegeben.

39) Beispielsweise enthielt die ursprüngliche Definition des Winkelinneren anschauliche Elemente. Sie wurde zwar ab der 7. Auflage der „Grundlagen der Geometrie" verbessert, doch fand nun der nirgends definierte Begriff des überstumpfen Winkels Eingang.

40) Man darf natürlich die Punkte diese Modells nicht vom Standardmodell aus interpretieren, insbesondere nicht als Menge von (Standard-)punkten, andernfalls man zwei Punktbegriffe verwenden würde.

41) Pogorelov wählt andere Anordnungsaxiome, doch ergibt sich die Äquivalenz mit den hier angegebenen aus den Ausführungen in [Hilb4], §4, bzw. [Efim], S. 42 f.

42) Parallelität und Stetigkeit sind keine Grund- sondern abgeleitete Begriffe, müssen also nicht angeführt werden. Bekanntlich sind zwei verschiedene Geraden (a_i, b_i, c_i), $i = 1, 2$, genau dann parallel, wenn die Paare (a_i, b_i), $i = 1, 2$, linear abhängig (über $\mathbb{R}$) sind.

43) Über den Umweg der projektiven Geometrie wurde übrigens erstmals in vollem Umfang die Kategorizität des Axiomensystems der euklidischen Geometrie nachgewiesen ([Veb1]).

44) Dieses Axiom, welches fälschlicherweise Archimedes zugeschrieben wird, jedoch vermutlich von Eudoxos erstmals formuliert wurde, lautet in der Hilbertschen Fassung: „Sind AB und CD irgendwelche Strecken, so gibt es eine Anzahl n derart, daß das n-malige Hintereinander-Abtragen der Strecke CD von A aus auf der durch B gehenden Halbgeraden über den Punkt B hinausführt."

45) Dies ist bemerkens- und bedenkenswert, da die geometrischen Grund- objekte *direkt* von der Sinneswelt angeregt sind, der Anzahlbegriff jedoch nicht. Das Zählen bezieht sich nämlich nie auf die konkreten Gegenstände sondern stets auf einen Begriff. Man zählt beispielsweise fünf „Finger" an einer Hand, genauer die Urteile: „das ist ein Finger" und „das ist ein Finger" usw; und nicht: Daumen, Zeigefinger, usw. Es liegt somit in Bezug auf die Zahlen ein höherer Abstraktionsgrad vor als in Bezug auf die geometrischen Objekte (siehe dazu [Schu]).

46) Benannt nach dem italienischen Mathematiker Giuseppe Peano. In moderner Fassung lauten die Peano-Axiome:

> Jede natürliche Zahl besitzt eine eindeutig bestimmte natürliche Zahl als Nachfolger;

> es gibt eine eindeutig bestimmte natürliche Zahl – aus naheliegenden Gründen 1 genannt –, die nicht Nachfolger einer natürlichen Zahl ist;

> verschiedene natürliche Zahlen haben stets verschiedene Nachfolger;

> eine Menge natürlicher Zahlen, die 1 enthält und mit jeder Zahl auch ihren Nachfolger, stimmt mit der Menge aller natürlichen Zahlen überein.

In diesem Axiomensystem ist also „natürliche Zahl" ein undefinierter Grundbegriff und „Nachfolger" eine undefinierte (einstellige) Grundrelation.

47) Der Gödelsche Unvollständigkeitssatz wurde bereits 1926 – in nicht formalisierter Weise – von P. Finsler bewiesen ([Fins2]).

48) Nach Finsler ist es eine Verirrung zu glauben, dass das Denken auf Widersprüche führen könnte. Jedoch lassen sich nur durch inhaltliches Denken – und nicht durch Formalisierung – sämtliche vermeintlichen Widersprüche lösen ([Fins1]).

49) Ähnlich verhält es sich mit dem heliozentrischen Weltsystem. Auch dieses wurde in der Zeit der Griechen schon vereinzelt vertreten, vor allem durch Archytas, doch konnte es erst durch Kopernikus' Arbeiten in die Wissenschaft und in das allgemeine Bewußtsein Eingang finden. „In fact, we shall find that in both celestial and terrestial physics ... change is brought about, not by new observations or additional evidence in the first instance, but by transpositions that were taking place inside the minds of the scientists themselves." ([Butt], S. 13.) Diese Aussage gilt in ganz besonderem Maße für das perspektive Darstellen, denn rein physikalisch betrachtet sehen wir nicht anders als die Griechen oder die Menschen des Mittelalters, nämlich perspektiv. Insofern weist das Sich-Abwenden von der Perspektive in der Malerei seit dem Beginn des 20. Jahrhunderts wieder markant auf einen Bewußtseinswandel hin.

50) Dieser Umschwung in der Betrachtungsweise lässt sich auch in der Literatur nachweisen. Beispielsweise passen in dem von Rudolf von Ems stammenden Versroman „Der gute Gerhard" aus dem 13. Jahrhundert manche geschichtlichen Ereignisse überhaupt nicht zusammen. Sie dienen nur als Hintergrund, um die Bedeutung der Personen umso mehr herauszustreichen.

Dass es noch andere Möglichkeiten gibt, ein Objekt zu „sehen", zeigen Untersuchungen mit Kindern und Erwachsenen gewisser afrikanischer Stämme. Für diese ist bei der Draufsicht auf einen Elefanten die „aufgeschnittene" Darstellung – mit nach links und rechts bzw. nach vorne abstehenden Extremitäten – wesentlich natürlicher als die perspektive (siehe [Der], zitiert nach [Zaj], S. 81 f.).

51) Zur mathematischen Seite diese Malstils vergleiche man [And].

Beschränkt man den Zusammenhang von Geometrie und Kunst nicht wie hier auf die projektive Geometrie, so ist er sehr vielfältig; siehe etwa [Glae], [Scri], Kap. 8.6, [Stru2], Teil 1.

52) Oft wird der Terminus Anamorphosis nur dann verwendet, wenn ein solch extremer Standpunkt bei einer der beiden perspektiven Abbildungen eingenommen wird. Dass das mehrfach perspektive Abbilden in der Frühzeit dieses Malstils noch nicht beherrscht wurde, erkennt man zum Beispiel an Dürers Gemälde „Hieronymus im Gehäus": hier wird ein Fensterrahmen mitsamt den Verstrebungen völlig exakt perspektiv gezeichnet, dessen von der Sonne an der Wand hervorgerufenes Schattenbild dagegen falsch. Das Gemälde ist wiedergegeben z.B. in [Schrö1], S. 75 oder auf der Internetseite de.wikipedia.org/wiki/Der_heilige_Hieronymus_im_Gehäus

53) Heute werden durchwegs weitere Grundrelationen verwendet oder ein direkter Bezug zum Körper $\mathbb{R}$ der reellen Zahlen hergestellt, um den Aufbau der projektiven Geometrie schneller durchführen zu können. Hier soll aber gerade gezeigt werden, dass erstens die reelle (bzw. komplexe) projektive Geometrie eine reine Inzidenzgeometrie ist (diese Vorgehensweise stammt ursprünglich von Heffter [Heff]); und dass zweitens die Existenz von $\mathbb{R}$ (bzw. $\mathbb{C}$) nicht notwendigerweise vorausgesetzt werden muss (siehe Bemerkung 3.63).

54) Die Fernpunkte lassen sich leichter erfassen, wenn man sie sich durch die ihnen entsprechende Richtung auf der Geraden veranschaulicht, wobei der Richtungssinn keine Rolle spielt.

55) Dies wird gefordert um den Entartungsfall eines projektiven Raumes, der nur aus vier allgemein liegenden Punkten und den entsprechenden Verbindungsgeraden und -ebenen besteht auszuschließen.

56) Wie schon in Anmerkung 5 festgestellt wurde, ist jede Fläche im Raum ein eigenständiges Gebilde, das einen punkt-, ebenen- und geradenhaften Aspekt besitzt. Von Geradenseite betrachtet wird die Kugel durch ihre Tangenten gebildet. (Genaueres siehe Kap. 6.9.)

57) Auch der algebraische Zugang bietet keinen Ausweg. Hier muss man den ursprünglichen Vektorraum mit seinem Doppeldualraum identifizieren. Dies wird zwar manchmal umgangen (siehe z.B. [Gie], Kap. 3A; oft auch bei der verbandstheoretischen Variante), die im Text angesprochene Problematik bleibt aber bestehen.

58) Das gilt natürlich nicht nur für Geraden und Ebenen sondern für die meisten ebenen Kurven bzw. räumlichen Flächen. Daher werden sie üblicherweise als Menge von Punkten mit gewissen Eigenschaften definiert.

59) Am offenkundigsten tritt die Problematik beim sogenannten Pfeilparadoxon von Zenon zutage: Schießt man einen Pfeil von A nach B ab, so kann er überhaupt nicht fliegen, falls die Zeit aus Zeitpunkten zusammengesetzt wäre. In jedem solchen ruht er nämlich offensichtlich. Dies lässt sich heutzutage sogar „beweisen". Fotografiert man den fliegenden Pfeil in schneller Folge mit sehr kleiner Verschlusszeit, so ist er niemals verschwommen sondern stets gestochen scharf. Die Fotos gleichen somit völlig denen eines ruhenden Pfeils.

60) Nimmt man den Geradenaspekt hinzu (siehe Anmerkung 5 und Kap. 4.1), so erhält man das vollständige Bezeichnungsschema:

	punkthaft:	geradenhaft:	ebenenhaft:
Punkt:	Punkt	Geradenbündel	Ebenenbündel
Gerade:	Punktreihe	Gerade	Ebenenbüschel
Ebene:	Punktfeld	Geradenfeld	Ebene

Im ebenen Fall reduziert es sich auf:

	punkthaft:	geradenhaft:
Punkt:	Punkt	Geradenbüschel
Gerade:	Punktreihe	Gerade

61) Im Folgenden wird ein Beispiel eines selbstdualen Axiomensystems für die projektive Ebene angegeben; für den räumlichen Fall siehe [Meng].

1. Zwei verschiedene Punkte/Geraden inzidieren mit genau einer Geraden/ einem Punkt.

2. Es gibt zwei Punkte und zwei Geraden derart, dass jeder Punkt mit genau einer Geraden inzidiert.

3. Es gibt zwei Punkte und zwei Geraden (die Punkte nicht inzident mit den Geraden) derart, dass die Verbindungsgerade der Punkte mit dem Schnittpunkt der Geraden inzidiert.

4. Wenn die vier Punkte A, B, C, D und die vier Geraden a, b, c, d so gelegen sind, dass die fünf Verbindungsgeraden $\langle A, B \rangle$, $\langle A, C \rangle$, $\langle A, D \rangle$, $\langle B, D \rangle$, $\langle C, D \rangle$ mit den entsprechenden Schnittpunkten $c \cap d$, $b \cap d$, $b \cap c$, $a \cap c$, $a \cap b$ inzidieren, dann inzidieren auch die sechste Gerade $\langle B, C \rangle$ und der sechste Punkt $a \cap d$. ([Cox1], S. 22.)

62) Hier und im weiteren nehmen wir an, dass keine Punkte zusammenfallen oder andere spezielle Lagen auftreten. Ist dies der Fall vereinfacht sich der Beweis.

63) Die Wortwahl leitet sich aus der Musik her. Erzeugt man auf einem Monochord zum Grundton die große Terz und die Quint, so erklingt ein harmonischer Dreiklang. Dabei erhält man die Terz bzw. Quint, indem man die Saite im Verhältnis 5:4 bzw. 3:2 verkürzt. Sind A, D die Endpunkte der Saite und B, C die entstehenden Teilungspunkte, so liegen A, B und C, D harmonisch.

64) Die Existenz eines Vierflachs folgt sofort aus Aussage 8^d.

65) Falls der Nenner gleich 0 ist, gilt zunächst $0 < c, d < b$ und das gesuchte Punktepaar P, Q ist gegeben durch: P ist der Mittelpunkt von AB und CD, also $p = \frac{c+d}{2} = \frac{b+0}{2}$; Q ist der Fernpunkt von g.

66) Man beachte, dass $\prec$ keine Ordnungsrelation ist, da ja $A \prec B$ und $B \prec A$ gilt. Die Symbolik soll aber darauf hinweisen, dass genau *ein* Punkt, hier A, zweimal in dieser Kette vorkommt. Mehrfaches Durchlaufen von g ist also ausgeschlossen.

67) Der Schnittpunkt zweier Seiten des Vierseits bildet zusammen mit dem Schnittpunkt der beiden anderen Seiten ein Paar gegenüberliegender Ecken.

68) Die Begriffe lassen sich leicht auf den räumlichen Fall übertragen. Für die Korrespondenzen gibt es aber außer den angeführten Möglichkeiten noch die Fälle, dass sie definiert sind zwischen

i) einer Punktreihe g und einem Ebenenbüschel mit Trägergerade h, wobei g, h windschief sind,

ii) einem Geradenbüschel G mit Trägerebene ε und einem Ebenenbüschel mit Trägergerade h, wobei $G \in h$, $h \notin \varepsilon$ ist.

Im ersten Fall ist die Zuordnung gegeben durch:

$$X \in g \mapsto \langle X, h \rangle \text{ (Schein)}, \quad \eta \in h \mapsto \eta \cap g \text{ (Schnitt)};$$

im zweiten Fall durch:

$$g \in G \mapsto \langle g, h \rangle \text{ (Schein)}, \quad \eta \in h \mapsto \eta \cap \varepsilon \text{ (Schnitt)}.$$

Perspektivitäten und Projektivitäten sind wie im ebenen Fall definiert. Klarerweise gilt auch Satz 3.36.

69) Die geometrische Durchführung findet sich der Idee nach bereits auf einem der späten Skizzenblätter A. Dürers (abgebildet z.B. in [Schrö1], S. 47, [Schrö2], S. 92, [Scri], S. 255).

70) Auf U, V selbst ist das Verfahren nicht anwendbar. Setzt man im Grenzfall $\langle U, U \rangle = \langle V, V \rangle = \langle U, V \rangle$, so stimmt die Aussage auch für diese beiden Punkte.

71) Algebraisch erhält man diese Klassen als Äquivalenzklassen der Relation $\sim$ auf der Menge $\mathbb{R}^3 \backslash \{(0, 0, 0)\}$, die gegeben ist durch $(a_0, a_1, a_2) \sim (b_0, b_1, b_2)$ genau dann, wenn $b_i = \lambda a_i$, $\lambda \in \mathbb{R}^*$, $i = 0, 1, 2$. Jede solche Klasse bzw. ein Repräsentant davon ist also die homogene Koordinate eines Punktes der projektiven Ebene. Analoges gilt im ein- bzw. dreidimensionalen Fall.

72) Man beachte, dass auf diese Weise auf g homogene Koordinaten eingeführt wurden aufgrund von *nur zwei* Punkten A, B statt der sonst notwendigen drei. Dies ist deshalb möglich, da die Beschreibung von A, B nicht durch die üblichen homogenen Koordinaten erfolgt – wo es ja auf skalare Vielfache nicht ankommt – sondern durch „gewichtete" Koordinaten.

73) Aus algebraischer Sicht werden die Punkte durch Zeilenvektoren, also Elemente des Vektorraums $\mathbb{R}^3$ beschrieben, die Geraden durch Spaltenvektoren, das sind Elemente des *Dualraumes* $\mathbb{R}_3$.

Beim arithmetischen Modell der euklidischen Geometrie ist die Unterscheidung nicht nötig, da Punkte und Geraden sowieso verschieden beschrieben werden, weshalb wir für beide die Zeilenschreibweise verwendeten. Leitet man die euklidische aus der projektiven Geometrie her (siehe Kap. 5.1), so ist eine unterschiedliche Schreibweise vorzuziehen.

74) Allgemeiner gilt, dass man durch entsprechende Wahl von Punkt- und Geradenkoordinatensystem stets erreichen kann, dass die Geradengleichung die Gestalt $\langle \mathbf{u}^t, \mathbf{Ax} \rangle = 0$ besitzt, wo $\mathbf{A}$ eine beliebig vorgegebene reguläre 3×3-Matrix ist (vgl. [Stoß2], [Stoß3]). Hier wird der Sonderfall $\mathbf{A} = \mathbf{I}_3$ betrachtet.

75) Das war nicht immer so. Die Mathematiker von der griechischen Antike bis in die beginnende Neuzeit empfanden in der Geometrie mehr Sicherheit als in der Arithmetik, woraus sich auch mancherlei Einschränkungen in Bezug auf den Umgang mit Zahlen erklären. Beispielsweise beinhalten zwar Euklids „Elemente" drei arithmetische Bücher ([Eukl], VII.–IX. Buch), doch werden Gleichungen selbst einfachster Art dort überhaupt nicht behandelt. Dagegen kommen quadratische Gleichungen mitsamt der Bedingungen für die Existenz einer reellen Lösung in geometrischer Verkleidung vor ([Eukl], VI. Buch, §28 und §29); man spricht in diesem Zusammenhang von geometrischer Algebra.

Noch 1545 schreibt G. Cardano in seinem bedeutenden Werk „Ars Magna" über die algebraischen Gleichungen: „... we conclude our detailed consideration with the cubic [equation], others being merely mentioned ... in passing. For as *positio* [the first power] refers to a line, *quadratum* [the square] to a surface, and *cubum* [the cube] to a solid body, it would be very foolish for us to go beyond this point. Nature does not permit it." ([Car], S. 9).

76) Der Beweis von Axiom 6 in seiner allgemeinen Form ist sehr mühsam. Die Gültigkeit der Axiome 7–10 dagegen ließe sich wieder ganz allgemein zeigen. Doch nützen wir den Vorteil der speziellen Repräsentanten.

77) Eine Ausnahme bildet der Fall zweier paralleler Geraden. Projektiv gesehen resultiert er aus dem Ebenenschnitt eines Kegels, dessen Spitze in der Fernebene liegt; euklidisch gesehen also eines Zylinders.

78) Die Bezeichnungen sind uneinheitlich. Die beiden Kurvenarten in Definition 4.1 werden wie erwähnt auch Punktreihe bzw. Geradenbüschel 2. Ordnung genannt – siehe z.B. [Stoß4], Def. 2-27. Seine Kurven 2. Ordnung werden hier als Kurven 2. Grades bezeichnet. In der modernen algebraischen Geometrie haben letztere Kurven keinen eigenen Namen. Dort werden dafür unsere Kurven 2. Ordnung Kurven 2. Grades genannt, entsprechend dem Grad des sie beschreibenden Polynoms bzw. der homogenen Form.

79) Ausführlich wird auf diese Problematik in [Zieg3], Kap. V, eingegangen.

80) Diese anschauliche Ausdrucksweise besagt nicht, dass hier ein Stetigkeitsargument vonnöten ist. Die Existenz der Pascalschen Geraden in diesem und den weiteren behandelten Spezialfällen folgt stets unabhängig von einem solchen (siehe [Hilb4], §14).

81) Die Anwendung der Koordinatentransformation erfolgt nur der Einfachheit halber. Für den direkten Nachweis, dass durch $-x_0^2 + x_1^2 + x_2^2 = 0$ eine Kurve 2. Ordnung beschrieben wird siehe Aufgabe 2 zu Kap. 4.

82) Für andere Herleitungen der Kurven 2. Grades siehe [Sam], S. 117f, bzw. [Gie], Kap. 6A. Der letztere Zugang wird für den dreidimensionalen Fall in Kap. 6.9 kurz vorgestellt.

83) Was die imaginären Kurven 2. Ordnung betrifft, so werden sie erst im folgenden Kapitel behandelt.

84) Die Indizes in Formel (4.9) sind dem allgemeinen Fall angepasst, während für den Spezialfall der Kurven 2. Ordnung die aus der Matrixdarstellung $\mathbf{xAx}^t = 0$ resultierende Indizierung naheliegender ist.

85) Was ganz allgemein den synthetischen Zugang zur Geometrie betrifft, so sei dazu eine gewichtige Aussage zitiert: „[...] it would be a disaster to the whole geometric fabric if a time ever came when synthetic methods were completely abandoned. Not only do they have a permanent beauty, but they afford an invaluable insight into geometric science. May we not paraphrase Plato's inscription over the door of the Academy by writing, 'Let none ignorant of the fundamentals of synthetic presume to the title of geometer'?" ([Cool], S. 105).

86) Nach dem Bezoutschen Satz schneiden sich zwei Kurven n-ter Ordnung in n^2 komplexen, eventuell mehrfach zu zählenden Punkten. Da $n^2 > \frac{n(n+3)}{2} - 1$ für $n > 2$ ist, haben zwei Kurven n-ter Ordnung durch $\frac{n(n+3)}{2} - 1$ Punkte immer noch weitere, nämlich $\frac{n(n-3)}{2} + 1$ Punkte gemeinsam. Somit gehen sämtliche Kurven des Büschels $\mathcal{B}_n$ nicht nur durch die $\frac{n(n+3)}{2} - 1$ vorgegebenen Punkte, sondern noch durch die weiteren gemeinsamen Punkte. Dieses Phänomen wird manchmal als *Cramersches Paradoxon* bezeichnet.

87) Damit werden nur die in P singularitätenfreien Kurven erfasst; also diejenigen, die in P eine eindeutig bestimmte Tangente besitzen. Um auch diejenigen Kurven mit einzubeziehen, die in P eine Singularität haben, muss man das Verfahren nicht nur für einen sondern für mehrere Punkte durchführen.

88) Die Schnittpunkte einander zugeordneter Büschelelemente liefern dann eine Kurve $(m + n)$-ter Ordnung.

89) Genauer gilt für (irreduzible) Kurven n-ter Ordnung ($n \geq 2$), die nur gewöhnliche Singularitäten besitzen, die Plückerformel: $m = n(n - 1) - 2d - 3s$, wo d die Anzahl der Doppelpunkte und s die Anzahl der Spitzen bezeichnet; bzw. für (irreduzible) Kurven m-ter Klasse ($m \geq 2$) mit nur gewöhnlichen Singularitäten: $n = m(m - 1) - 2d^* - 3s^*$, wo d^* die Anzahl der Doppeltangenten und s^* die Anzahl der Wendepunkte (bzw. Wendetangenten) ist.

90) Genau genommen hat Gauß in der genannten Arbeit nur die Zahlen $a + bi$, $a, b \in \mathbb{Z}$, auf diese Weise gedeutet, weshalb sie heute oft *ganze Gaußsche Zahlen* genannt werden.

91) Die Bezeichnung Modell ist hier nicht im Sinne der mathematischen Logik gemeint. Wie gezeigt wird, erfüllt $\mathbb{A}_2^c$ auch gar nicht alle Axiome einer projektiven Ebene. Man kann aber die komplexe projektive Ebene axiomatisch einführen, wobei dann $\mathbb{A}_2^c$ ein Modell im strengen Sinn ist.

92) Legt man bei der Definition des arithmetischen Modells statt $\mathbb{C}$ einen endlichen Körper zugrunde, so erhält man Beispiele für Modelle *endlicher Inzidenzgeometrien*, also von Geometrien, für die nur die Inzidenzaxiome gefordert werden.

93) Diese Aussage gilt nicht nur für $\mathbb{C}$ als Koordinatenbereich sondern für beliebige Körper der Charakteristik $\neq 2$.

94) Da nach Voraussetzung g nicht Tangente an k ist, die Gleichung also keine Doppellösung besitzt, folgt auch von dieser Seite her, dass $\det \overline{A} = a_{11}a_{22} - a_{12}^2 \neq 0$ ist, da dies gerade die Diskriminante der quadratischen Gleichung ist.

95) Eine darüber hinaus führende Veranschaulichung konjugiert imaginärer Punkte erhält man, wenn man sie mittels einer Gruppe von vertauschbaren elliptischen Projektivitäten interpretiert (siehe z.B. [Edw1], Part 17 und Part 19).

96) Falls einer der Punkte, etwa B', gleich F ist, ist der zweite Kreis durch die Normale auf g durch B zu ersetzen.

97) Diese Zuordnung ist natürlich keine Involution im Sinne von Definition 3.83.

98) Die von Staudtsche Theorie wurde von E. Kötter auf Kurven höherer Ordnung verallgemeinert. Man gelangt dann zu allgemeineren Involutionen ([Kött], Drittes Cap.). Natürlich kann man die imaginären Punkte auch analytisch berechnen und dann den entsprechenden Pfeil in das Bild eintragen. Doch geht dabei die inhaltliche Bedeutung verloren.

99) Dieses Ergebnis erhält man direkt, wenn man die Parabel als perspektives Bild eines Kreises interpretiert (siehe Kap. 4.4).

100) Erstmals wurden diese Kurven in einer berühmten Arbeit von F. Klein und S. Lie studiert, die am Beginn der Theorie der Liegruppen steht ([Klein3]).

101) Das Dualitätsprinzip wurde in seiner allgemeinen Form erstmals von J.-D. Gergonne (1825) verwendet. Kurz zuvor hatte J. V. Poncelet auf ähnliche Weise Sätze abgeleitet, jedoch benutzte er die Pol-Polaren-Beziehung bezüglich einer Kurve 2. Ordnung.

102) Hyperebenen sind $(n-1)$-dimensionale projektive Unterräume eines n-dimensionalen projektiven Raumes. Für $n = 3$ sind es die projektiven Ebenen, für $n = 2$ die projektiven Geraden.

103) Neben den im weiteren Text genannten Beispielen sei noch speziell auf die Arbeit [Conr2] hingewiesen.

Ein gewichtiger Kommentar zu der Bedeutung der projektiven Geometrie in der Physik stammt von P. A. M. Dirac: „The second thing I learned from Fraser was projective geometry. Now, that had a profound influence on me because of the mathematical beauty involved in it. There was also very great power in the methods employed. I think most pysicists know very little about projective geometry. [...] It was a most useful tool for research, but I did not mention it in my published work [...] because I felt that most physicists were not familiar with it. When I had obtained a particular result, I translated it into an analytic form and put down the arguments in terms of equations. That was an argument which any physicist would be able to understand without having any special training." ([Dirac]; zitiert nach [Conr1], S. 142.)

104) Diese durch die projektive Sichtweise zu erzielende Vereinheitlichung und Vereinfachung ist auch der Grund, warum beispielsweise in der algebraischen Geometrie stets der projektive Raum zugrunde gelegt wird.

105) In diesem Zusammenhang ist es bemerkenswert, dass die Maxwellgleichungen eine metrikunabhängige Verallgemeinerung besitzen ([Schou]; zitiert nach [Gschw2], S. 130).

106) Für andere synthetische Zugänge zu jenen Geometrien vergleiche man [Stoß4], Kap. 5, und [Stru1]; siehe auch den Überblicksartikel [Stru2], Teil II, und [Lieb2], Kap. 9. In letzten drei Werken werden alle neun ebenen metrischen Geometrien hergeleitet. In [Stru2], Teil I, wird die Anwendbarkeit dieser Geometrien in der Physik aufgezeigt.

Für die rein algebraische Herleitung und Beschreibung der Cayley–Klein-Geometrien sei z.B. auf das vor kurzem erschienene Buch [Oni] verwiesen.

107) Es reicht natürlich, die Forderung für ein einziges Paar verschiedener Punkte zu stellen.

108) Man kann aber auch die sich aufgrund der folgenden Einteilung (5.5) ergebenden drei Geometrien (siehe Kap. 5.3.1) in einem betrachten.

109) Die Namensgebung hyperbolische, elliptische bzw. parabolische Geometrie stammt von Felix Klein. Sie rührt davon her, dass im ersten Fall eine Gerade stets zwei reelle Fernpunkte besitzt, im zweiten Fall keinen, im dritten Fall einen doppelt zu zählenden. Ganz analog schneidet die Ferngerade im Standardmodell $\mathbb{E}_2^*$ eine Hyperbel, Ellipse bzw. Parabel in ebenso vielen Punkten.

110) In seinem berühmten Habilitationsvortrag „Über die Hypothesen, welche der Geometrie zu Grunde liegen" behandelte B. Riemann unter anderem die Frage, in welchen Mannigfaltigkeiten ein Objekt ohne Formänderung bewegt werden kann. Dies lässt sich in Räumen konstanter Krümmung durchführen. Ist diese positiv, so erhält man einen Raum mit elliptischer Geometrie ([Rie], II 4,5).

111) Wie sich später herausstellen wird, ist die euklidische Ebene die einzige unter allen Cayley–Klein-Ebenen, wo zu je zwei (verschiedenen) Punkten eine Verbindungsgerade existiert und das Parallelenaxiom gilt (siehe auch die Aufgaben 34 und 35). Sie ist auch die einzige, wo die Dreiecksungleichung gilt und zugleich jeder Außenwinkel eines Dreieck gleich der Summe der gegenüberliegenden Innenwinkel ist (siehe Aufgabe 36).

112) Während für die Maßzahl einer Strecke ein eigenes Wort, nämlich Distanz, verwendet wird, ist das dem Winkel entsprechende Wort Winkelgröße oder Winkelwert wenig gebräuchlich. Wir verwenden dafür ebenfalls das Wort Winkel, wobei aus dem Zusammenhang stets klar ist, ob das geometrische Objekt oder die Maßzahl damit gemeint ist.

113) Um Fallunterscheidungen zu vermeiden, wird in beiden Grenzfällen das Gleichheitszeichen mit einbezogen.

114) Der Name (Anti-)de Sitter-Geometrie rührt davon her, weil der Astronom W. de Sitter (1872–1934) diese Geometrie bei seiner kosmologischen Deutung der allgemeinen Relativitätstheorie verwendet hat.

115) Wenn man die in den Definitionen 5.7 b) und 5.8 b) festgelegten Grenzen 0 und $\frac{\pi}{2}$ ($c = c' = \frac{1}{2i}$) beibehielte, wäre die metrische Dualität natürlich gesichert, auch die Dreiecks-

ungleichung für die Distanz würde gelten. Jedoch gibt es dann Dreiecke, die nicht nur keine P-Dreiecke sind, sondern wo auch an einer Ecke das Innenwinkelfeld, an einer anderen dessen Komplement gemessen wird. Der Bezug zur Geometrie geht dann völlig verloren.

116) Von daher kann man auf die orientierte Maßbestimmung weiter schließen, in dem man die Fälle 5.6 direkt nachprüft.

117) Eine Verwechslung mit den Geraden g, h ist nicht zu befürchten.

118) Dies gilt auch für die räumliche elliptische Geometrie. Wäre der Wahrnehmungsraum elliptisch, so könnte man aufgrund der Endlichkeit jeder Geraden seinen eigenen Rücken – zumindest theoretisch – sehen, so wie es Christian Morgenstern in einem seiner Gedichte scherzhaft beschrieb ([Morg], S. 7):

Ein Fernrohr wird gezeigt, womit/ man seinen eignen Rücken sieht./ Es führt durchs Weltall deinen Blick/ im Kreis zurück auf dein Genick./ Zwar braucht es so geraume Frist,/ daß du schon längst verstorben bist,/ doch wird ein Standbild dir geweiht,/ empfängt es ihn zu seiner Zeit.

119) Etwas vereinfacht gesagt, heißt eine Fläche *orientierbar*, wenn eine durch einen Kreis gegebene Orientierung eines Punktes in eindeutiger Weise an jede Stelle durch Verschieben übertragen werden kann. Das bekannteste Beispiel einer nicht orientierbaren Fläche ist das *Möbiusband*.

120) Aufgrund der Identifizierung der Punkte ist der Begrenzungskreis natürlich kein unüberschreitbarer Rand. Dies beweist wieder, dass die elliptische Ebene nicht orientierbar ist.

121) Die Nomenklatur ist nicht eindeutig. Z.B. wird dieses Modell in [Cox4], S. 258, so wie hier Kleinsches Modell genannt, dagegen in [Gie], S. 414, Poincarémodell.

122) Die zweite Aussage ist zwar wesentlich einfacher zu beweisen, doch wird dazu der Winkel zwischen zwei Ebenen benutzt, der erst in Kap. 6.9 behandelt wird.

123) Durch 3 nicht auf einem Großkreis liegende Punkte werden acht sphärische Dreiecke festgelegt. Da gegenüberliegende Punkte beim Kugelmodell identifiziert werden, reduzieren sie sich auf vier – sie entsprechen den vier P-Dreiecken der projektiven Ebene.

Nimmt man den topologischen Standpunkt ein, wie er in Bemerkung 5.16 dargestellt wurde, so legen drei Punkte im allgemeinen zwar ein eindeutig bestimmtes E-Dreieck fest, doch liegt diesem nicht immer ein sphärisches Dreieck zugrunde. Dies ist der tiefere Grund für die damals genannten Pathologien.

124) Da die pseudoeuklidische Ebene durch das Standardmodell der euklidischen Ebene repräsentiert werden kann, ist die Bedeutung des Zwischen-Begriffs klar. (Siehe auch Bemerkung 5.15.)

125) In diesem Fall wird die durch (6.33) festgelegte Fläche 2. Grades ersetzt durch deren Analogon im vierdimensionalen projektiven Raum, beschrieben durch:

$$x_0^2 = 0, \quad u_1^2 + u_2^2 + u_3^2 + u_4^2 = 0;$$

dabei sind $(x_0, x_1, x_2, x_3, x_4)$ Punkt- und $(u_0, u_1, u_2, u_3, u_4)^t$ Hyperebenenkoordinaten.

126) In dem für die Physik relevanten vierdimensionalen Fall sind die allgemeinen Lorentztransformationen gegeben durch

$$\alpha : \ \mathsf{x'}^t = \mathsf{A}\mathsf{x}^t + \mathsf{a}^t \ \text{ mit } \ \mathsf{A}^t\mathsf{C}\mathsf{A} = \mathsf{C} \ \text{ und } \ \mathsf{a} \in \mathbb{R}^3;$$

dabei ist C die Diagonalmatrix mit den Eintragungen $1, 1, 1, -1$ in der Hauptdiagonale. Es sind genau diejenigen regulären linearen Transformationen, die die quadratische Form $x^2 + y^2 + z^2 - t^2$ invariant lassen.

Die speziellen Lorentztransformationen sind allgemeine homogene Lorentztransformationen, für welche A die Gestalt

$$\begin{pmatrix} a_{11} & a_{12} & a_{13} & a_{14} \\ 0 & 1 & 0 & 0 \\ 0 & 0 & 1 & 0 \\ a_{41} & a_{42} & a_{43} & a_{44} \end{pmatrix}$$

besitzt. Die Bedingung $\mathtt{A}^t\mathtt{CA} = \mathtt{C}$ impliziert dabei unter anderem $a_{12} = a_{13} = a_{42} = a_{43} = 0$. In der Physik verwendet man die äquivalente Form

$$x' = \pm\frac{1}{\sqrt{1 - u^2}}x + \frac{u}{\sqrt{1 - u^2}}t$$
$$y' = y$$
$$z' = z \qquad \text{mit } u = \frac{v}{c};$$
$$t' = \pm(\frac{u}{\sqrt{1 - u^2}}x \pm \frac{1}{\sqrt{1 - u^2}}t)$$

dabei ist v die Geschwindigkeit des Teilchens, c die Lichtgeschwindigkeit.

127) Ein *freies Teilchen* ist ein physikalisches Objekt, auf welches keine Kraft wirkt. Ein Bezugssystem, in welchem jedes freie Teilchen sich geradlinig und gleichförmig bewegt nennt man ein *Inertialsystem*.

128) Ist π eine Permutation der Zahlen $0, 1, 2$ und τ eine Transformation der Gestalt

$$\tau\;.\quad\begin{array}{c} x_0 \to x_{\pi(0)} \\ x_1 \to x_{\pi(1)} \\ x_2 \to x_{\pi(2)}, \end{array}$$

so ändern sich, wie man sofort sieht, die Koordinaten $(u_0, u_1, u_2)^t$ einer Geraden bei Anwendung der Transformation τ in $(u_{\pi(0)}, u_{\pi(1)}, u_{\pi(2)})^t$.

129) Was die Literatur betrifft, so wird das metrische Dualisieren in der Dreieckstheorie oft nicht ganz konsequent durchgeführt. Dadurch ergeben sich zwar teilweise elegante Aussagen bzw. Klassifizierungen, jedoch ist im einzelnen immer zu überlegen, ob ein bzw. welches P-Dreieck gemeint ist. Dies gilt auch für formelmäßige Beschreibungen. (Z.B. [Liebs2], S. 141, [Yag], S. 60, [Jag2], S. 226.) Da wir in Bemerkung 5.15 für alle Cayley–Klein-Ebenen außer der elliptischen zu drei nicht kollinearen Punkten eindeutig ein Dreieck festgelegt hatten, tritt dieses Problem hier nicht auf. Die Ergebnisse der Literatur lassen sich leicht aus unseren gewinnen.

130) Genau genommen ist der Schwerpunktsatz ein Satz der affinen Geometrie, der Satz von Thales einer der Ähnlichkeitsgeometrie.

131) In diesem Zusammenhang ist es erwähnenswert, dass bei der Sonnenblume die winzigen Einzelblüten eines Körbchens von außen nach innen wachsen, die Spiralen also vom Peripheren zum Zentrum sich bilden ([Jean], S. 26f.).

132) Die *Pivottransformation* ist eine Transformation, die den Tangentialebenen einer Fläche des $\mathbb{P}_3$ vermittels einer räumlichen Kollineation deren *Pivot-* (oder *Angel-* bzw. *Oskulations-*) *Punkt* zuordnet; das ist der Schnittpunkt dreier „infinitesimal benachbarter" Ebenen.

133) Aus Gründen der Einheitlichkeit schreiben wir hier ω statt dem in Kap. 1.1 verwendeten Symbol ∞.

134) Definitionsgemäß heisst ein Element $a \neq 0$ einer Algebra Γ Nullteiler, wenn es ein $b \in \Gamma$, $b \neq 0$, gibt mit $ab = 0$. Der Einfachheit halber zählen wir hier das Nullelement 0 auch zu den Nullteilern.

135) Vom Standpunkt der doppelt-hyperbolischen Ebene – bzw. im weiteren der dualhyperbolischen – Geometrie aus sind die beiden Hyperbelabschnitte natürlich nicht getrennt, da deren vier (euklidische) Schnittpunkte mit k paarweise identifiziert werden. Diese geodätischen Linien haben somit keine Sprungstellen.

136) Was die einheitliche Koordinatisierung durch reelle Algebren betrifft, so ist diese nicht auf den ebenen Fall beschränkt. Für höhere Dimensionen siehe Kap. 6.2 und 6.3 in [Yag]. Zugleich lassen sich dadurch auch wieder neue Modelle für die entsprechenden Geometrien herleiten.

Ein ganz anders geartetes Verfahren zur einheitlichen Ableitung von Modellen für die ebenen Cayley–Klein-Geometrien wird in [Stru1] angegeben (siehe auch [Stru2], Teil II, und [Lieb2], Kap. 9). Ausgangspunkt ist das Bündelmodell der projektiven Ebene in einem festen Punkt O des projektiven Raumes $\mathbb{P}_3$ sowie drei Arten nicht ausgearteter Flächen im $\mathbb{P}_3$: eine ovale Fläche, ein Kegel und eine ringartige Fläche (siehe die Einteilung 6.70, Fälle 1,2,4). Je nach Lage dieser Fläche in Bezug auf O werden dann gewisse der Grundelemente des Bündelmodells als Punkte und Geraden einer Cayley–Klein-Geometrie spezifiziert. Die entsprechenden Bewegungen werden über Spiegelungen an diesen Elementen definiert.

137) Die leere Menge wird dabei als Menge ohne singuläre Elemente aufgefasst.

Literaturverzeichnis

[Adams1] Adams, G., Whicher, O.: Die Pflanze in Raum und Gegenraum. 2. Aufl. Freies Geistesleben, Stuttgart, 1979.

[Adams2] Adams, G.: Universalkräfte in der Mechanik. Verlag am Goetheanum, Dornach, Schweiz, 1996.

[Agr] Agricola, I., Friedrich, T.: Elementargeometrie. Vieweg, Wiesbaden, 2005.

[And] Andersen, K.: The Mathematical Treatment of Anamorphosis from Piero della Francesca to Niceron. In: Dauben, J. W. et al. (Eds.): History of Mathematics: States of the Art, S. 3–28. Academic Press, San Diego Boston New York, 1996.

[Arist1] Aristoteles: Lehrschriften. Band 4,2. Über den Himmel. F. Schöningh, Paderborn, 1958.

[Arist2] Aristoteles: Metaphysik. Rowohlt, Reinbek/Hamburg, 1966.

[Arist3] Aristoteles: Werke in deutscher Übersetzung. Band 11: Physikvorlesung. 5. Aufl. Akademie-Verlag, Berlin, 1989.

[Ber] Berger, M.: Geometry I, II. Springer, Berlin Heidelberg, 1987.

[Bern] Bernays, P.: Die Mannigfaltigkeit der Direktiven für die Gestaltung geometrischer Axiomensysteme. In: Henkin, L., et al. (Hg.): The Axiomatic Method. S. 1–15. North-Holland, Amsterdam, 1959.

[Boer] Boer, L. de: Classification of Real Projective Pathcurves. Math.-Phys. Korresp. **219**, 3–48 (2004).

[Booth] Booth, D., Ziegler, R. (Eds.): Finsler Set Theory: Platonism and Circularity. Birkhäuser, Basel Boston Berlin, 1996.

[Bor] Borsuk, K., Szmielew, W.: Foundations of Geometry. North-Holland, Amsterdam, 1960.

[Bran] Brannan, D. A., Esplen, M. F., Gray, J. J.: Geometry. Cambridge Univ. Press, Cambridge, 1999.

[Braun] Braun, F.: Das dreistöckige Weltall der Bibel. Rauschenberg, o.J.

[Burk] Burkhardt, R.: Elemente der euklidischen und polareuklidischen Geometrie. Urachhaus, Stuttgart, 1986.

[Butt] Butterfield, H.: The Origins of Modern Science. Rev. Ed. Free Press, New York, 1965.

[Cant] Cantor, G.: Gesammelte Abhandlungen. Hg. v. E. Zermelo. Springer, Berlin, 1932.

[Car] Cardano, G.: Ars Magna or The Rules of Algebra. Transl. and ed. by T. R. Widmer. Dover, New York, 1993.

[Chris] Christian, B.: Megalithic Stone Path-Curves? Math.-Phys. Corresp. **30**, 2–7 (1979).

[Conr1] Conradt, O.: Mathematical Physics in Space and Counterspace. Inaugu-raldissertation, Basel (2000); Wiederabdruck: Verlag am Goetheanum, Dornach, Schweiz, 2008.

[Conr2] Conradt, O.: Mechanics in Space and Counterspace. J. Math. Physics **41** (10), 6995–7028 (2000).

[Cool] Coolidge, J. L.: A History of Geometrical Methods. Dover, New York, 1963.

[Cox1] Coxeter, H. S. M.: Reelle projektive Geometrie der Ebene. Oldenbourg, München, 1955.

[Cox2] Coxeter, H. S. M.: Unvergängliche Geometrie. Birkhäuser, Basel Boston Stuttgart, 1981.

[Cox3] Coxeter, H. S. M.: Projective Geometry. Corr. 3rd print. of 2nd ed. Springer, New York, 1998.

[Cox4] Coxeter, H. S. M.: Non-Euclidean Geometry. Math. Assoc. of America, Washington, D. C., 1998.

[Cyon] Cyon, E. v.: Das Ohrlabyrinth als Organ der mathematischen Sinne für Raum und Zeit. Springer, Berlin, 1908.

[Der] Deregowski, J.: Pictorial Perception and Culture. In: Held, R. (Ed.): Image, Object and Illusion: Readings from Scientific American, Kap. 8. Freeman, Reading, England, 1975.

[Dieu] Dieudonné, J.: Geschichte der Mathematik 1700–1900. Vieweg, Braun-schweig Wiesbaden, 1985.

[Dijk] Dijksterhuis, E. J.: Die Mechanisierung des Weltbildes. Springer, Heidelberg Berlin, 1956.

[Din1] Dingler, H.: Die Grundlagen der angewandten Geometrie. Eine Untersu-chung über den Zusammenhang zwischen Theorie und Erfahrung in den exakten Wissenschaften. Akad. Verl.-Ges., Leipzig, 1911.

[Din2] Dingler, H.: Die Grundlagen der Geometrie. Ihre Bedeutung für Philosophie, Mathematik, Physik und Technik. Enke, Stuttgart, 1933.

[Dirac] Dirac, P.: Recollections of an Exciting Era. In: C. Weiner (Ed.): History of Twentieth Century Physics, S. 109–146. Academic Press, New York London, 1977.

[Eberh] Eberhardt, St.: Grecian Amphorae as Path-Curve Shapes. Math. Phys. Corresp. **27**, 2–8 (1979).

[Edw1] Edwards, L.: Geometrie des Lebendigen. Freies Geistesleben, Stuttgart, 1986.

[Edw2] Edwards, L.: Projective Geometry. Floris Books, Edinburgh, 2003.

[Efim] Efimov, N. W.: Höhere Geometrie. VEB Dtsch. Vlg. d. Wiss., Berlin, 1960.

[Einst] Einstein, A.: Geometrie und Erfahrung. (1921.) In: Strubecker, K. (Hg.): Geometrie, S. 413–420. Wiss. Buchges., Darmstadt, 1972.

[Eukl] Euklid: Die Elemente. Übers. u. hg. v. Cl. Thaer. 7. Aufl. Wiss. Buchges., Darmstadt, 1980.

[Fins1] Finsler, P.: Gibt es Widersprüche in der Mathematik? Jber. DMV **34**, 143–155 (1925). WA: Paul Finsler Aufsätze zur Mengenlehre. Hg. v. G. Unger, S. 1–10. Wiss. Buchges., Darmstadt, 1975.

[Fins2] Finsler, P.: Formale Beweise und die Entscheidbarkeit. Math. Z. **25**, 676–682 (1926). WA: Paul Finsler Aufsätze zur Mengenlehre. Hg. v. G. Unger, S. 11–17. Wiss. Buchges., Darmstadt, 1975.

[Fis] Fischer, G.: Ebene algebraische Kurven. Vieweg, Braunschweig, 1994.

[Ford] Forder, H. G.: The Foundations of Euclidean Geometry. Republ. New York, Dover, 1958.

[Frege] Frege, G.: Über die Grundlagen der Geometrie I. Deutsche Math. Ver. **15**, 293–309 (1906). WA: Gottlob Frege, Kleine Schriften. 2. Aufl. Hg. v. I. Agnelelli, S. 281–323. Georg Olms Verlag, Hildesheim Zürich New York, 1990.

[Freu] Freudenthal, H., Baur, A.: Geometrie – phänomenologisch. In: Behnke, H. et al. (Hg.): Grundzüge der Mathematik, Bd. II: Geometrie, S. 1–28. Vandenhoeck & Ruprecht, Göttingen, 1960.

[Fritz] Fritz, K. v.: Grundprobleme der Geschichte der antiken Wissenschaft. de Gruyter, Berlin, 1971.

[Gans] Gans, D.: An Introduction to Non-Euclidean Geometry. Academic Press, New York, 1973.

[Gauß1] Gauß, C. F.: Theoria residuorum biquadraticorum. Commentatio secunda. (1831). WA: Carl Friedrich Gauss, Werke 2. Band, S. 93–148. Hg. Königl. Ges. Wiss. Göttingen, 1876.

[Gauß2] Gauß, C. F.: Carl Friedrich Gauss, Werke 8. Band. Hg. Königl. Ges. Wiss. Göttingen. Teubner, Leipzig, 1900.

[Ger] Gericke, H.: Mathematik in Antike und Orient. 6. Aufl. Fourier-Vlg., Wiesbaden, 2003.

[Gie] Giering, O.: Vorlesungen über höhere Geometrie. Vieweg, Braunschweig Wiesbaden, 1982.

[Glae] Glaeser, G.: Geometrie und ihre Anwendungen in Kunst, Natur und Technik. Elsevier, München, 2005.

[Gol] Golowina, L. I., Jaglom, I. M.: Vollständige Induktion in der Geometrie. VEB Dtsch. Vlg. d. Wiss., Berlin, 1973.

[Gschw1] Gschwind, P.: Mass, Zahl und Farbe. Verlag am Goetheanum, Dornach, Schweiz, 2000.

[Gschw2] Gschwind, P.: Projektive Mikrophysik. Verlag am Goetheanum, Dornach, Schweiz, 2004.

[Gschw3] Gschwind, P.: Die Bedeutung der projektiven Metrik für die Form der Maxwellgleichungen. Math.-Phys. Korresp. **220**, 18–38 (2005).

[Gschw4] Gschwind, P.: Die innere Struktur der Materie I, II. Math.-Phys. Korresp. **224**, 3–32; **225** 3–27 (2006).

[Heff] Heffter, L.: Grundlagen und analytischer Aufbau der Projektiven, Euklidischen, Nichteuklidischen Geometrie. 3. Aufl. Teubner, Stuttgart, 1958.

[Heit] Heitler, W.: Wahrheit und Richtigkeit in den exakten Wissenschaften. Akad. Wiss. u. Lit. Mainz, Abh. Math.-Naturw. Kl. Jg. **1972**, Nr. 3.

[Hilb1] Hilbert, D.: Über den Zahlbegriff. Jber. DMV **8**, 180–184 (1899). WA: Grundlagen der Geometrie. 6. Aufl., Anhang VI. Teubner, Leipzig Berlin, 1923.

[Hilb2] Hilbert, D.: Neubegründung der Mathematik, erste Mitteilung. Abh. Math. Sem. Hamburg **1**, S. 157–177 (1922). WA: David Hilbert Gesammelte Abhandlungen, Bd. 3. 2. Aufl., S. 157–177. Springer, Berlin, 1970.

[Hilb3] Hilbert, D.: Gesammelte Abhandlungen, Bd. 3. 2. Aufl. Springer, Berlin, 1970.

[Hilb4] Hilbert, D.: Grundlagen der Geometrie. 14. Aufl. Hg. v. M. Toepell. Teubner, Stuttgart Leipzig, 1999.

[Hjel1] Hjelmslev, J.: Die Geometrie der Wirklichkeit. Acta Math. **40**, 35–66 (1915).

[Hjel2] Hjelmslev, J.: Die natürliche Geometrie. Abh. Math. Sem. Hamburg **2**, 1–36 (1923). WA: Hamburger mathematische Einzelschriften, Bd. 1. Math. Sem. Univ., Hamburg, 1948.

Jaglom, I. M. – s. auch Yaglom, I. M.

[Jag1] Jaglom, I. M.: Projektive Maßbestimmungen in der Ebene und komplexe Zahlen. (Russisch.) Trudy Sem. Vektor. Tenzor. Analizu **7**, 276–318 (1949).

[Jag2] Jaglom, I. M.: A Simple Non-Euclidean Geometry and its Physical Basis. Springer, Berlin, 1979.

[Jean] Jean, R. V.: Phyllotaxis. Cambridge University Press, Cambridge, 1994.

[Juel] Juel, Chr.: Vorlesungen über projektive Geometrie. Springer, Berlin, 1934.

[Kant1] Kant, I.: Kritik der reinen Vernunft. In: Kant's gesammelte Schriften. Abteilung I: Werke, Band IV. Hg. v. d. Deutschen Akad. d. Wiss. Berlin. de Gruyter, Berlin, 1968.

[Kant2] Kant, I.: Metaphysische Anfangsgründe der Naturwissenschaft. In: Kant's gesammelte Schriften. Abteilung I: Werke, Band IV. Hg. v. d. Deutschen Akad. d. Wiss. Berlin. de Gruyter, Berlin, 1968.

[Kien] Kienle, G.: Die optischen Wahrnehmungsstörungen und die nichteuklidische Struktur des Sehraumes. Georg Thieme Verlag, Stuttgart, 1968.

[Klein1] Klein, F.: Vorlesungen über höhere Geometrie. 3. Aufl. Springer, Berlin, 1926.

[Klein2] Klein, F.: Vorlesungen über nicht-euklidische Geometrie. Springer, Berlin, 1928.

[Klein3] Klein, F.: Vergleichende Betrachtungen über neuere geometrische Forschungen. Math. Ann. **43**, 63–100 (1893). WA: Felix Klein Gesammelte mathematische Abhandlungen, Bd. 1. Hg. v. R. Fricke, S. 460–497. Springer, Berlin, 1973.

[Klein4] Klein, F., Lie, S.: Über diejenigen ebenen Curven, welche durch ein geschlossenes System von einfach unendlich vielen vertauschbaren linearen Transformationen in sich übergehen. Math. Ann. **4**, 50–84 (1871). WA: Felix Klein Gesammelte mathematische Abhandlungen, Bd. 1. Hg. v. R. Fricke, S. 424–459. Springer, Berlin, 1973.

[Koen] Koenderink, J. J., Doorn, A. J. v., Lappin, J. S.: Direct Measurement of the Curvature of Visual Space. Perception **29**, 69–79 (2000).

[Kött] Kötter, E.: Grundzüge einer rein geometrischen Theorie der algebraischen ebenen Curven. Reimer, Berlin, 1887.

[Kow1] Kowol, G.: Gleichungen. Freies Geistesleben, Stuttgart, 1990.

[Kow2] Kowol, G.: Zur Geschichte der geometrischen Darstellung komplexer Zahlen und Funktionen. In: Toepell, M. (Hg.): Mathematik im Wandel, Bd. 3, S. 370–379. Franzbecker, Hildesheim Berlin, 2006.

[Kühl] Kühlewind, G.: Vom Normalen zum Gesunden. 5. Aufl. Freies Geistesleben, Stuttgart, 1995.

[Kun] Kunle, H., Fladt, K., Süss, W.: Erlanger Programm und Höhere Geometrie. In: Behnke, H. et al. (Hg.): Grundzüge der Mathematik, Bd. II: Geometrie, Teil B: Geometrie in analytischer Behandlung. S. 192–252. Vandenhoeck & Ruprecht, Göttingen, 1971.

[Lapl] Laplace, P. S.: Exposition du système du monde. [Franz.] 1796. WA: Oeuvres complètes de Laplace, Tome sixième. Gauthier-Villars, Paris, 1884. Dtsch: Darstellung des Weltsystems. Teil 1, 2. Varrentrapp u. Wenner, Frankfurt am Mayn, 1797.

[Levy] Levy, S. (Ed.): Flavors of Geometry. Cambridge Univ. Press, Cambridge, 1997.

[Lieb] Liebmann, H.: Einfaches Beispiel eines Punktsystems, das bei seiner Bewegung einer nicht holonomen Bedingung unterworfen ist. Ztschr. f. Math. u. Physik (Schlömilch) **44**, 355–356 (1899).

[Liebs1] Liebscher, D-E.: Relativitätstheorie mit Zirkel und Lineal. 2. Aufl. Akademie-Vlg., Berlin, 1991.

[Liebs2] Liebscher, D-E.: Einsteins Relativitätstheorie und die Geometrien der Ebene. Teubner, Stuttgart, 1999.

[Loch1] Locher-Ernst, L.: Einführung in die freie Geometrie ebener Kurven. Birkhäuser, Basel, 1952.

[Loch2] Locher-Ernst, L.: Das Imaginäre in der Geometrie. Elem. Math. **IV**, 97–105, 121–128 (1949). WA: Locher-Ernst, L.: Geometrische Metamorphosen, S. 76–95. Verlag am Goetheanum, Dornach, 1970.

[Loch3] Locher-Ernst, L.: Projektive Geometrie und die Grundlagen der Euklidischen und Polareuklidischen Geometrie. 2. Aufl. Verlag am Goetheanum, Dornach, 1980.

[Lor] Lorenzen, P.: Elementargeometrie. Bibliogr. Inst., Mannheim Wien Zürich, 1984.

[Mahn] Mahnke, D.: Unendliche Sphäre und Allmittelpunkt. Frommann, Stuttgart, 1966.

[Meng] Menger, K.: The Projective Space. Duke Math. J. **17**, 1–14 (1950).

[Mesch] Meschkowski, H.: Richtigkeit und Wahrheit in der Mathematik. 2. Aufl. Bibliogr. Inst., Mannheim Wien, 1978.

[Mink] Minkowski, H.: Raum und Zeit. Jber. DMV **18**, 75–88 (1909). WA: D. Hilbert (Hg.): Gesammelte Abhandlungen von Hermann Minkowski, 2. Bd., S. 431–444. Teubner, Leipzig Berlin, 1911.

[Mohr] Mohrmann, H.: Einführung in die nicht-euklidische Geometrie. Akad. Verlagsges., Leipzig, 1930.

[Monna] Monna, A. F.: Methods, Concepts and Ideas in Mathematics. Centrum v. Wisk. en Inform., Amsterdam, 1986.

[Morg] Morgenstern, Chr.: Böhmischer Jahrmarkt. Piper, München, 1938.

[Nic] Niceron, J. F.: La Perspective curieuse. Jean Du Puis, Paris, 1663.

[Oni] Onishchik, A. L., Sulanke, R.: Projective and Cayley–Klein Geometries. Springer, Berlin, 2006.

[Osth] Ostheimer, C., Ziegler, R.: Skalen und Wegkurven. Verlag am Goetheanum, Dornach, Schweiz, 1996.

[Pasch] Pasch, M.: Vorlesungen über neuere Geometrie. 2. Aufl. Springer, Berlin, 1926.

[Pfis] Pfister, K.: Die mittelalterliche Buchmalerei des Abendlandes. Holbein-Verlag, München, 1922.

[Pink] Pinkall, U.: Gegenräumliches über Kepler-ellipsen. Math.-Phys. Korresp. **148**, 5–15 (1988).

[Pog] Pogorelov, A. V.: Lectures on the Foundations of Geometry. Noordhoff, Groningen, 1966.

[Ponc] Poncelet, J. V.: Traité des propriétés projectives des figures. Bachelier, Paris, 1826.

[Prok] Proklus Diadochus 410–485, Euklid-Kommentar. Eingel. v. M. Steck. Kaiserl. Leop.-Carol. Deutsche Akad. d. Naturf., Halle/Saale, 1945.

[Purk] Purkert, W., Ilgauds, H. J.: Georg Cantor 1845 – 1918. Birkhäuser, Basel Boston Stuttgart, 1987.

[Rad] Radbruch, K.: Mathematik in den Geisteswissenschaften. Vandenhoeck & Ruprecht, Göttingen, 1989.

[Ram] Ramsay, A., Richtmyer, R. D.: Introduction to Hyperbolic Geometry. Springer, New York Berlin Heidelberg, 1995.

[Réd] Rédei, L.: Begründung der euklidischen und nichteuklidischen Geometrien nach F. Klein. Akad. Kiadó, Budapest, 1965.

[Rei] Reichel, H.-C.: Mathematische Denkweisen als Propädeutik theologischer Fragen. In: Flachsmeyer, J., Fritsch, R., Reichel, H.-C. (Hg): Mathematik – interdisziplinär, S. 281–289. Shaker, Aachen, 2000.

[Reye] Reye, Th.: Die Geometrie der Lage. 1.–3. Abth. (3 Bde.). 3. Aufl. Baumgärtner's Buchhdlg., Leipzig, 1892.

[Rie] Riemann, B.: Über die Hypothesen, welche der Geometrie zu Grunde liegen. In: Weber, H., Dedekind, R. (Hg.): Bernhard Riemann's gesammelte mathematische Werke und wissenschaftlicher Nachlass. 2. Aufl. S. 254–269. Teubner, Leipzig, 1892.

[Ros1] Rosenfeld, B. A.: Axiome und Grundbegriffe der Geometrie. In: Alexandroff, P. S., et al. (Red.): Enzyklopädie der Elementarmathematik, Bd. IV: Geometrie, S. 3–42. VEB Dtsch. Vlg. d. Wiss., Berlin, 1980.

[Ros2] Rosenfeld, B. A., Jaglom, I. M.: Nichteuklidische Geometrie. In: Alexandroff, P. S., et al. (Red.): Enzyklopädie der Elementarmathematik, Bd. V: Geometrie, S. 387–472. VEB Dtsch. Vlg. d. Wiss., Berlin, 1980.

[Sam] Samuel, P.: Projective Geometry. Springer, New York, 1988.

[Scha] Schafarevitsch, I. R.: Über einige Tendenzen in der Entwicklung der Mathematik. Jahrbuch Akad. Wiss. Göttingen **1973**, S. 31–36. WA: Igor R. Shafarevich Collected Mathematical Papers, S. 571–576. Springer, Berlin Heidelberg New York, 1989.

[Schm] Schmidt, A.: Zu Hilberts Grundlegung der Geometrie. In: David Hilbert Gesammelte Abhandlungen, Bd. 2. 2. Aufl., S. 404–414. Springer, Berlin, 1970.

[Schou] Schouten, J. A., Dantzig, D. v.: Electromagnetism, Independent of Metrical Geometry. Proc. Koninkl. Acad. Wetensch. **37**, 521–525, 643–652 (1934).

[Schre] Schreiber, P.: Grundlagen der Geometrie von Hilbert bis heute. In: Toepell, M. (Hg.): Mathematik im Wandel, Bd. 3, S. 45–55. Franzbecker, Hildesheim Berlin, 2006.

[Schrö1] Schröder, E.: DÜRER Kunst und Geometrie. Birkhäuser, Basel Boston Stuttgart, 1980.

[Schrö2] Schröder, E.: Sichtung und Wertung einiger bei Albrecht Dürer nachweisbarer geometrischer Konstruktionen. In: Toepell, M. (Hg.): Mathematik im Wandel, Bd. 3, S. 90–107. Franzbecker, Hildesheim Berlin, 2006.

[Schr] Schrödinger, E.: Grundlinien einer Theorie der Farbenmetrik im Tagessehen. Ann. d. Physik (IV. Folge) **63**, 397–520 (1920). WA: Erwin Schrödinger Gesammelte Abhandlungen, Bd. 4, S. 33–132. Hg. v. Österr. Akad. Wiss. Vlg. Österr. Akad. Wiss. & Vieweg, Wien, 1984.

[Schub] Schuberth, E.: Der Aufbau des Mathematikunterrichts in der Waldorfschule. In: Leber, St.: Die Pädagogik der Waldorfschule und ihre Grundlage, S. 196–210. Wiss. Buchges., Darmstadt, 1985.

[Scri] Scriba, C. J., Schreiber, P.: 5000 Jahre Geometrie. Springer, Berlin Heidelberg New York, 2001.

[Sexl] Sexl, R.: Die Hohlwelttheorie. Math.-Naturw. Unterr. **36** (8), 453–460 (1983).

[Som] Sommerville, D. M. Y.: Classification of Geometries with Projective Metric. Proc. Edinburgh Math. Soc. **2**, 25–41 (1910).

[Stä] Stäckel, P. (Hg.): Die Theorie der Parallellinien von Euklid bis auf Gauß. Teubner, Leipzig, 1895.

[Stau1] Staudt, Chr. v.: Geometrie der Lage. Bauer u. Raspe, Nürnberg, 1847.

[Stau2] Staudt, Chr. v.: Beiträge zur Geometrie der Lage, 3 Hefte. Bauer u. Raspe, Nürnberg, 1856/1857/1860.

[Sten] Stenzel, J.: Zahl und Gestalt bei Platon und Aristoteles. 2. Aufl. Teubner, Leipzig, 1933.

[Stoß1] Stoß, H.-J.: Einführung in die synthetische Liniengeometrie. Verlag am Goetheanum, Dornach, Schweiz, 1999.

[Stoß2] Stoß, H.-J.: Koordinatenbildung. Math.-Phys. Korrespond. **209**, 3–14 (2002).

[Stoß3] Stoß, H.-J.: Koordinatenbildung – eine Ergänzung. Math.-Phys. Korrespond. **212**, 21–22 (2003).

[Stoß4] Stoß, H.-J.: Projektive Geometrie I. Vorlesungsskript Univ. Konstanz, WS 2003/04.

[Stru1] Struve, H., Struve, R.: Eine synthetische Charakterisierung der Cayley–Kleinschen Geometrien. Z. Math. Logik Grundlag. Math. **31**, 569–573 (1985).

[Stru2] Struve, H., Struve, R.: Klassische nicht-euklidische Geometrien – ihre historische Entwicklung und Bedeutung und ihre Darstellung. Teil 1 und 2. Math. Semesterber. **51**, 37–67; 207–223 (2004).

[Süss] Süss, W., Fladt, K.: Kleins Erlanger Programm. In: Behnke, H. et al. (Hg.): Grundzüge der Mathematik, Bd. II: Geometrie, S. 365–402. Vandenhoeck & Ruprecht, Göttingen, 1960.

[Tho] Thomas, N.: Science Between Space and Counterspace. New Science, London, 1999.

[Toep] Toepell, M.: Über die Entstehung von David Hilberts "Grundlagen der Geometrie". Vandenhoeck & Ruprecht, Göttingen, 1986.

[Toth1] Toth, I.: Non-Euclidean Geometry Before Euclid. Scientific American Nov. 1969, 87–98.

[Toth2] Toth, I.: Spekulationen über die Möglichkeit eines nicht euklidischen Raumes vor Einstein. In: Nelkowski, H., et al. (Eds.): Einstein Symposium Berlin. Lecture Notes in Physics **100**, S. 46–83. Springer, Berlin, 1979.

[Trud] Trudeau, R. J.: The Non-Euclidean Revolution. Birkhäuser, Basel Boston Stuttgart, 1987.

[Veb1] Veblen, O.: A System of Axioms for Geometry. Amer. Math. Soc. Trans. **5**, 343–384 (1904).

[Veb2] Veblen, O., Young, J. W.: Projective Geometry, Vols. I, II. Blaisdell, New York Toronto London, 1938/1946.

[Waer] Waerden, B. L. van der, Smid, L.J.: Eine Axiomatik der Kreisgeometrie und der Laguerregeometrie. Math. Ann. **110**, 753–776 (1935).

[Wal] Walker, R. J.: Algebraic Curves. Princeton Univ. Press, Princeton, 1950.

[Weil] Weil, S.: On Science, Necessity and the Love of God. Oxford University Press, London New York Toronto, 1968.

[Yag] Yaglom, I. M., Rozenfeld, B. A., Yasinskaya, E. U.: Projective Metrics. [Russisch.] Uspehi Mat. Nauk **19** (3), 51–113 (1964); [Englisch] Russ. Math. Surveys **19** (5), 49–107 (1964).

[Zaj] Zajonc, A.: Die gemeinsame Geschichte von Licht und Bewußtsein. Rowohlt, Reinbek, 1994.

[Zieg1] Ziegler, R.: Die Geschichte der Geometrischen Mechanik im 19. Jahrhundert. F. Steiner Vlg., Stuttgart, 1985.

[Zieg2] Ziegler, R.: Die Entdeckung der nichteuklidischen Geometrien und ihre Folgen; Bemerkungen zur Bewußtseinsgeschichte des 19. Jahrhunderts. Elem. d. Naturwiss. **47**, 31–58 (1987).

[Zieg3] Ziegler, R.: Mathematik und Geisteswissenschaft. Verlag am Goetheanum, Dornach, Schweiz, 1992.

[Zieg4] Ziegler, R.: Morphologie von Kristallformen und symmetrischen Polyedern. Verlag am Goetheanum, Dornach, Schweiz, 1998.

[Zieg5] Ziegler, R.: Selected Topics in Three-dimensional Synthetic Projective Geometry. Chapter 3, 4. Math.-Phys. Korrespond. **225**, 40–48, **226**, 20–39 (2006).

[Zieg6] Ziegler, R.: Intuition und Ich-Erfahrung. Freies Geistesleben, Stuttgart, 2006.

Stichwortverzeichnis